U0172852

岩土工程技术创新与实践丛书

# 建筑地基基础若干问题试验研究

## TRIAL RESEARCH ON SOME DIFFICULT PROBLEMS IN FOUNDATION ENGINEERING

康景文 杨燕伟 刘 康 刘昌清 张 琪 著

中国建筑工业出版社

图书在版编目（CIP）数据

建筑地基基础若干问题试验研究＝TRIAL RESEARCH
ON SOME DIFFICULT PROBLEMS IN FOUNDATION
ENGINEERING/康景文等著. —北京：中国建筑工业出
版社，2022.9
（岩土工程技术创新与实践丛书）
ISBN 978-7-112-27714-8

Ⅰ.①建… Ⅱ.①康… Ⅲ.①地基-基础（工程）-研
究 Ⅳ.①TU47

中国版本图书馆 CIP 数据核字（2022）第 141538 号

　　随着城市化建设进程，大量工程建设中的场地形成、岩土特性、特定条件、特定性能、设计优化、工后隐患等诸多技术问题已成了工程界乃至学术界关注的焦点。本书通过不同试验方法、试验成果分析、理论推演和验证，尝试深入认识和解决工程实践中遇到的部分地基基础技术问题，提出一些能够指导工程实践的建议，期望将地基基础工程问题的解决方案从执行现有技术标准方式变为研究型的科学方法，以减少工程建设期和使用期的工程灾害，保证工程安全，为工程建设提质增效提供参考。

　　本书主要内容包括吹填土场地工后沉降预测、软黏土动力特性、膨胀土特性及膨胀力分布、桩土相互作用、填土负摩阻力分布、索道锚承载特性、桩板与加筋挡土墙抗震特性等试验与分析，点线结合的方式介绍地基基础实践中遇到的问题和深入认识及获取解决问题的基本途径与方法，具有一定的实用性。本书可供建筑与市政工程领域的岩土工程及相关专业研究生、科研人员和工程技术人员学习参考。

责任编辑：辛海丽　杨　允
责任校对：张　颖

岩土工程技术创新与实践丛书
建筑地基基础若干问题试验研究
TRIAL RESEARCH ON SOME DIFFICULT PROBLEMS IN
FOUNDATION ENGINEERING
康景文　杨燕伟　刘　康　刘昌清　张　琪　著
*
中国建筑工业出版社出版、发行（北京海淀三里河路9号）
各地新华书店、建筑书店经销
北京科地亚盟排版公司制版
天津翔远印刷有限公司印刷
*
开本：787毫米×1092毫米　1/16　印张：33½　字数：831千字
2022年9月第一版　　2022年9月第一次印刷
定价：**118.00**元
ISBN 978-7-112-27714-8
（39607）

# 《岩土工程技术创新与实践丛书》
# 总　　序

　　由全国勘察设计行业科技带头人、四川省学术和技术带头人、中国建筑西南勘察设计研究院有限公司康景文教授级高级工程师主编的《岩土工程技术创新及实践丛书》即将陆续面世，我们对康总在数十年坚持不懈的思考、针对热点难点问题的研究与总结的基础上，为行业与社会的发展做出的积极奉献表示衷心的感谢！

　　该《丛书》的内容十分丰富，包括了专项岩土工程勘察、岩土工程新材料应用、复合地基、深大基坑围护与特殊岩土边坡、场地形成工程、工程抗浮治理、地基基础鉴定与纠倾加固、地下空间与轨道交通工程监测等，较全面地覆盖了岩土工程行业近 20 年来为满足社会经济的不断发展创造科技服务价值的诸多重要方面，其中部分工作成果具有显著的首创性。例如，近年我国社会经济发展对超大面积人造场地的需要日益增长，以解决其所引发的岩土工程问题为目标，以多年企业与高校联合开展的系列工程应用研究为基础，对场地形成工程的关键技术研究填补了这一领域的空白，建立起相应的工程技术体系，其在场地形成工程所创建的基本理念、系统方法和关键技术的专项研究成果是对岩土工程界及至相近建设工程项目的一项重要贡献。又如，面对城市建设中高层、超高层建筑和地下空间对地基基础性能和功能不断提高的需求，针对与之密切相关的地基处理、工程抗浮和深大基坑围护等岩土工程问题，以实际工程为依托，通过企业研发团队与高校联合开展系列课题研究，获得的软岩复合地基、膨胀土和砂卵石层等不同地质条件下深大基坑围护结构设计、地下结构抗浮治理等主要技术成果，弥补了这一领域的缺陷，建立起相应的工程技术体系，推进了工程疑难问题的切实解决，其传承与创新的工作理念、处理工程问题的系统方法和关键技术成果运用，在岩土工程的技术创新发展中具有显著的示范作用。再如，随着社会可持续发展对绿色、节能、环保等标准要求在加速提高，在工程建设中积极采用新型材料替代生产耗能且污染环境的钢材已成为岩土工程师新的重要使命，针对工程抗浮构件、基坑支护结构、既有建筑加固和公路及桥梁面层结构增强等问题解决的需求，以室内模型试验成果为依据，以实际工程原型测试成果为验证支撑，对玄武岩纤维复合筋材在岩土工程中的应用进行深入探索，建立起相应的工程应用技术方法，其技术成果是岩土工程及至土木工程领域中积极践行绿色建造、环保节能战略所取得的一个创新性进展。

　　借康景文主编邀约拟序之机，回顾和展望"岩土工程"与"岩土工程技术服务"及其在工程建设行业中的作用和价值发挥，希望业界和全社会对"岩土工程"的认知能够随着技术的创新与实践而不断地深入和发展，以共同促进整个岩土工程技术服务行业为社会、为客户继续不断创造出新的更大的价值。

  **岩土工程**（*geotechnical engineering*）在国际上被公认为土木工程的一个重要基础性的分支。在工程设计中，地基与基础在理念上被视为结构（工程）的一部分，然而与以钢筋混凝土和钢材为主的结构工程之间却有着巨大的差异。地质学家出身、知识广博的一代宗师太沙基，通过近 20 年坚持不懈的艰苦研究，到他不惑之年所创立的近代土力学，已经指导了我们近 100 年，其有效应力原理、固结理论等至今仍是岩土工程分析中不可或缺的重要基础。太沙基教授在归纳岩土工程师工作对象时说"不幸的是，土是天然形成而不是人造的，而土作为大自然的产品却总是复杂的，一旦当我们从钢材、混凝土转到土，理论的万能性就不存在了。天然土绝不会是均匀的，其性质因地而异，而我们对其性质的认知只是来自少数的取样点（*Unfortunately，soils are made by nature and not by man，and the products of nature are always complex. As soon as we pass from steel and concrete to earth，the omnipotence of theory ceases to exist. Natural soil is never uniform. Its properties change from point to point while our knowledge of its properties are limited to those few spots at which the samples have been collected*）"。同时他还特别强调岩土工程师在实现工程设计质量目标时必须考虑和高度重视的动态变化风险："施工图只不过是许愿的梦想，工程师最应该担心的是未曾预测到的工作对象的条件变化。绝大多数的大坝破坏是由于施工的疏漏和粗心，而不是由于错误的设计（*The one thing an engineer should be afraid of is the development of conditions on the job which he has not anticipated. The construction drawings are no more than a wish dream.······ the great majority of dam failures were due to negligent construction and not to faulty design*）"。因此，对主要工程结构材料（包括岩土）的成分、几何尺寸、空间分布和工程性状加以精准的预测和充分的人为控制的程度的差异，是岩土工程师与结构工程师在思考方式、技术标准和工作方法显著不同的主要根源。作为主要的建筑材料，水泥发明至今近 195 年，混凝土发明至今近 170 年，钢材市场化也近百年，我们基本可以通过物理或化学的方法对混凝土、钢材的元素及其成分比例的改变加以改性，满足新的设计性能（能力）的需要，并进行可靠的控制；相比之下，天然形成的岩土材料，以及当今岩土工程师必须面对和处理、随机变异性更大、由人类生活或其他活动随机产生和随机堆放的材料——如场地形成、围海造地和人工岛等工程中被动使用的"岩土"（包括各类垃圾），一是材料成分和空间分布（边界）的控制难度更大，其尺度远远大于由钢筋混凝土或钢结构组成的工程结构体；二是这些非人为预设制作、组分复杂的材料存在更大的动态变异特性，会因气候条件、含水量、地下水等条件变化和场地的应力历史的不同而不同。从这个角度，岩土工程师通常需要面对和为客户承担更大的风险，需要综合运用地质学、工程地质学、水文学、水文地质学、材料力学、土力学、结构力学以及地球物理化学等多学科、跨专业的理论知识，借助岩土工程的分析方法和所积累的地域工程实践经验，为建设开发项目提供正确、恰当的解决方案，并选用适用的检测、监测方法加以验证，以规避在多种动态变化的不确定性因素下的工程风险损失。这是岩土工程师们为客户创造的最首要和最基本的价值，并且随着建成环境的日益复杂和社会对可持续发展要求的不断强化，岩土工程师还要特别注意规避对建成环境产生次生灾害和对自然环境质量造成破坏的风险。岩土工程师这种解决问题的方法和过程，显然不同于结构工程中主要依靠的力学（数学）计算和逻辑推理，是一种具有专业性十分独特的"心智过程"，太沙基将其描述为"艺术"或"技艺"（"*Soil mechanics arrived at the borderline between science and art. I use the term "art" to indicate mental processes leading to satisfactory results without the assistance of step-for-step logical reasoning.*"）。

**岩土工程技术服务**（*geotechnical engineering services* 或 *geotechnical engineering consultancy activities* 或 *geotechnical engineers*）在国际也早已被确定为标准行业划分（SIC：*Standard Industry Classification*）中的一类专业技术服务，如联合国统计署的 CPC86729、美国的 871119/8711038、英国的 M71129。以 1979 年的国际化调研为基础，由当年国家计委、建设部联合主导，我国于 1986 年开始正式推行"岩土工程体制"，其明确"岩土工程"应包括岩土工程勘察、岩土工程设计、岩土工程治理、岩土工程检测和岩土工程监理等与国际接轨的岩土工程技术服务内容。经过政府主管部门及行业协会 30 多年的不懈努力，我国市场化的岩土工程技术服务体系基本建立起来（包括技术标准、企业资质、人员执业资格及相应的继续教育认定等），促使传统的工程勘察行业实现了服务能力和产品价值的巨大提升，"工程勘察行业"的内涵已发生了显著的变化，全行业（包括全国中央和地方的工程勘察单位、工程设计单位和科研院所）通过岩土工程技术服务体系，为社会提供了前所未有、十分广泛和更加深入的专业技术服务价值，创造了显著的经济效益、环境效益和社会效益，科技水平和解决复杂工程问题的能力获得大幅度的提升，满足了国家建设发展的时代需要。从这个角度，可以说伴随我国改革开放推行的"岩土工程体制"，是传统勘察设计行业在实现"供给侧结构性改革"的最大驱动力。

《岩土工程技术创新及实践丛书》所介绍的工作成果，是按照岩土工程的工作方法，基于前瞻性的分析和关键问题及技术标准的研究所获得的体系性的工作成果，对今后的岩土工程创新与实践具有重要的指导意义和借鉴的价值。

因此，由于岩土工程的地域、材料的变异性和施工质量控制的艰巨性，希望广大同仁针对新的需要（包括环境）继续开展基于工程实践的深入研究，不断丰富和完善岩土工程的技术体系以及市场管理体系。这些成果是岩土工程工作者通过科技创新和研究服务于社会可持续发展专项新需求的一个方面，岩土工程及环境岩土工程（*geo-environmental engineering*）在很多方面应当和必将发挥越来越大的作用，在满足社会可持续发展和客户日益增长新需求的进程中使命神圣、责任重大，正如由中国工程院土木、水利与建筑工程学部与深圳市人民政府主办、23 位院士出席的"2018 岩土工程师论坛"的大会共识所说："岩土工程是地下空间开发利用的基石，是保障 21 世纪我国资源、能源、生态安全可持续发展的重要基础领域之一；在认知岩土体继承性和岩土工程复杂多变性的基础上，新时期岩土工程师应创新理论体系、技术装备和工作方法，发展智能、生态、可持续岩土工程，服务国家战略和地区发展。"

《岩土工程技术创新及实践丛书》中的工作成果既是经过实际项目建设实践验证和考验的理论及方法的创新，也是时代背景下的岩土工程与其他科学技术的交叉融合，既为项目参与者提供基础认识，又为岩土工程领域专业人员提供研究思路、研究方法，同时也为工程建设实践提供了宝贵的经验。我相信有许多人和我一样，随着《岩土工程技术创新及实践丛书》的陆续出版，将会从中不断获得有价值的信息和收益。

中国勘察设计协会
副理事长兼工程勘察与岩土分会会长
中国土木工程学会
土力学及岩土工程分会副理事长
全国工程勘察设计大师
2018 年 12 月 28 日

# 前　言

　　建筑场地的岩土体是自然界的产物，其形成过程、物质成分以及工程特性极为复杂，且随受力状态、应力历史、加载速率和浸水条件等的不同而变得更加复杂。所以，在进行各类工程项目设计和施工之前，必须对工程所在场地的岩土体进行土工试验及原位测试，以充分了解和掌握岩土体的物理和力学性质，而面对工程需要的解决方案，尚需要进行特殊的试验或模型试验，为场地岩土工程条件的正确评价和深化解决方案提供必要的依据。

　　所有的工程建设项目，包括建筑、公路、铁路、隧道等，都与其赖以存在环境的岩土体有着密切的关系，在很大程度上取决于岩土体自身性质以及受荷后提供的承载性能和抗变形能力。而地基承载力和地基变形计算中的参数除主要来自受诸多因素影响的土工试验、原位测试外，由于现场原状土的结构性，工程的模型试验及原位测试对于重要或特定要求工程项目也是不可缺少的深化手段。足尺试验、模型试验、原型测试可以为反算和实现信息化施工提供依据且验证设计计算结果的合理性，同时也是认识和解决实际工程问题的重要途径。

　　土工试验是土力学中的基本内容，通过试验揭示土作为一种碎散多相地质材料的不同类型场地、不同状态的不同力学性质，特别是对于非饱和土、区域性土、混合土等，通过试验确定工程设计方法及参数、验证理论方法的正确性及适用性。狭义的土工试验一般指勘察阶段进行的物理性质试验、力学性质试验和水力学性质试验或特定试验项目的室内试验；广义的土工试验包括室内试验、原位测试、模型试验和原型测试等，可以从宏观和微观不同尺度进行试验和测试。

　　原位测试是在保持岩土体天然结构、天然含水率以及天然应力状态的条件下，测试岩土体在原有位置工程性质的测试手段。原位测试不仅是岩土工程勘察的重要组成部分，而且是岩土工程质量检验的主要手段。采用原位测试方法对岩土体的工程性质进行测定，避免了取土扰动和取土卸荷回弹等对试验结果的影响，试验结果能直接反映原位土层的物理力学性状。某些不易采取原状试样的土层（如深层的砂）只能采用原位测试的方法，且可在现场重复进行验证。目前，各种原位测试方法已受到越来越广泛的重视和应用，并在向多功能和综合测试方面发展。

　　模型试验是通过在比例缩小或等比模型上进行相应的测试，获取需要数据及检查设计缺陷。优点在于直观地复制现实情况后直接获取成果，不用在实地进行复杂的全尺寸试验，经济且对比数值模型更具真实性；缺点是模型因比例不可能做到1∶1，而对试验成果造成一定影响。近年来许多重大的工程，利用模型试验使得对岩土工程问题的认识逐渐深入。各种模型试验因受到越来越多的重视而得到了很大的发展。离心模型试验是利用离心机提供的离心力模拟重力，按相似准则将原型的几何形状按比例缩小，用相同物理性状的土体制成模型，使其在离心力场中的应力状态与原型在重力场中一致，以研究工程性状的测试技术。离心模型试验可以减小模型尺寸、模型所承受的压力状态与原型相同、模型内各点应力途径与原型相符以及可作为数值分析的验证工具。模拟地震振动台可以很好地再现地震过程和进行人工地震波的试验，以研究结构地震反应和破坏机理及结构动力特性、抗震性能及检验结构抗震措施有效性等，是目前抗震研究中的重要手段之一。

原型测试是岩土工程研究中的重要内容。如地基处理中的预压固结工程、深基坑开挖工程、地下工程、软土上路堤、高土填土与高边坡等进行监测，借以发现施工中土体、结构物的各项反应，指导工程措施实施和实现工程建设信息化；借助原型观测资料的积累更可以提高对工程技术问题的认识，优化工程实践，发展和改进理论和数值计算。

试验验证是最常用的方法。无论土工试验还是模型试验均会受到许多条件限制，其结果与其他材料试验相比精度不高，除试验本身需进行检验外，理论模型与数值计算的预测结果可信性亦需验证。因此，采用多种检验试验和设计计算结果对比，以提高成果的客观性和可靠性。

本书共分 12 章，内容主要包括场地工程特性试验研究（吹填土、软黏土、膨胀土）、桩土相互作用试验研究（组合桩复合地基、新近填土负摩阻力、隧道锚抗拔）、支护结构特殊性能试验研究（边坡膨胀土膨胀力分布、桩板墙及加筋土墙抗震性能），对工程建设中地基基础遇到的部分问题采用不同的试验方法进行分析、研究，以期为面对工程问题从深化理解再到工程实践提供借鉴途径和成果。

对本书的完成起了重要的作用和作出显著贡献的有：天津大学郑刚教授的研究团队、西南交通大学罗强教授的研究团队和郭永春教授的研究团队、杭州西南检测技术股份有限公司董事长姚文宏教授的研究团队及其相关项目的科研工作，特此对他们的无私奉献和支持表示衷心感谢！

由于作者的水平所限，书中的错误和不当之处在所难免，敬请读者批评指正和不吝赐教。

康景文

2022 年 7 月于成都

# 目　　录

# 第1章 绪　　论

改革开放促进了我国国民经济的繁荣，自20世纪90年代以来，我国土木工程建设进展迅速。在地基基础工程领域，结合工程建设实践，发展了许多新方法、新技术、新理论，使得地基基础工程理论和技术水平得以大幅度提升。

地基基础是工程结构的关键与核心，由于基础形式不同，尤其地基条件的变化，相比地上结构而言，地基基础的不确定性、难度较大，容易成为工程结构体系的薄弱点，虽出现问题不易立即察觉，但灾难发生却危害巨大。因此，应对地基基础问题予以高度重视并提升认知深度。

## 1.1　吹填土场地工后沉降研究

我国幅员辽阔，但人均国土利用面积分布不均衡。为了解决"人多地少"的状况，沿海很多地区开始以吹填法为基本手段，改良滩涂或直接围海造田，以实现陆域大面积增加，吹填造陆已成为开发土地资源的主要途径。大面积的吹填土场地投入建设使用，给工程安全带来了更大的挑战。

以往的围海造陆多以开山石或海运砂作为工程填料，但随着围海造陆工程规模不断扩大，吹填土工程相关区域已日益远离原来可取料源的河、海口沉积区，吹填的土质由早期的无黏性粒料，逐渐转为以黏粒占主要成分的黏性土。经处理达到使用要求的围海成陆区域地基土，一般仍属于淤泥或淤泥质土范畴，强度低、压缩性高、透水性小，在工程特性上与自然形成的天然地基土存在着较大差异。吹填土场地工程地质条件的复杂性决定了其既不同于天然地基，又有别于其他人工填筑地基。围海造陆工程经验表明，对吹填土工程特性的理论研究远远落后于工程实践。从大量的工程实际资料来看，在软土地基上进行工程建设，随着时间的推移，表现出在不同荷载作用下地基产生的变形、破坏方式有所不同，并由此带来其他岩土工程问题以及建（构）筑物产生不同程度的不良影响。国内外很多城市交通工程在竣工投入运营后，往往出现较大的工后沉降，甚至远远大于施工期地基土的变形量。Tarumi等对日本某铁路在运营期间的沉降观测结果显示，铁路使用期间的13年内由循环荷载引起的轨道累积最大沉降量超过1.0m；日本东海道新干线通车后不久，路基下沉严重超限且病害不断，10年内中断行车200多次，列车运营速度由原设计值220km/h下降到100～110km/h，不得不对其以年均30km以上的进度大举修整；被誉为"轰动世界的壮举"的日本大阪关西机场围海造陆工程，自1994年夏季投入使用到现在，人工岛已经下陷了近12m。在国内，香港新机场填海区7年沉降约10cm，澳门机场和珠海机场填海区分别下沉了100cm和60cm。

软土地基在较大荷载作用下，不但产生弹性变形和塑性变形，还会发生随时间发展的次固结变形，这种现象在荷载施加初期、地基固结度较低时尤其明显。工程经验表明，软土地基的工程事故大多发生在施工期，主要是由于软土自身特点形成的塑性变形所致。其结果是对附近的结构物产生不良影响，或增加作用在挡土结构上的土压力。如某人工岛是通过建造围堤、吹填造陆形成的陆域，在对散货码头进行地基加固过程中，距围堤 100m 左右处堆积了约 3m 高的砂料使下面的软黏土发生了塑性流动，直接挤向围堤，导致近 200m 长的围堤滑入海中；京津塘高速公路修建在 5～17m 厚的滨海相沉积软土地基上，根据监测资料，经处理过的公路路基在运营后仍以平均每天 0.03～0.05mm 的速率发生沉降变形，每年约有 10～15mm 的累计沉降量；天津经济技术开发区在大面积新填土堆载作用下，13 年累计沉降量高达 505mm，且目前每年仍有约 10mm 的沉降，给新区建设带来很大的困扰。天津滨海地区工程实践表明，在建筑物或构筑物荷载的长期作用下，即使在主固结基本完成后，地基土仍然会发生显著的次固结变形，如天津经济开发区近 10 年来已发生了近 100mm 的附加沉降，基本上都是次固结变形。建于回填软土地基上的上海浦东开发区，观测到的附加变形超过了天津开发区的次固结变形速率。软土的次固结变形特性对于土坡稳定和地基承载力等有着重要的影响。从工程建设的发展与实际要求来看，若忽略软土地基的次固结变形量，其分析和计算结果可能会出现较大的偏差，由此关系到地基的长期稳定性和基础及上部结构的安全性。

总体上来说，对于软土地基变形特性的研究虽然起步较早，且取得了许多有价值的成果，但仍有很多尚待解决和进一步研究的问题，尤其是在吹填土区域地基变形的合理预测和有效控制方面。目前在计算地基变形、估算区域性地面沉降时，固结系数与压缩系数、压缩模量等参数应用较多，次固结系数应用较少，很多规范中并没有明确规定次固结系数这个指标，更缺少明确的试验方法及使用说明；另外，地基工程事故中所表现出的地基失稳或工后沉降过大等问题严重影响着软土地区的发展和建设，尤其是在吹填土地区。加强吹填土场地工后沉降研究对工程安全运营和降低不良工程影响有十分重要的意义。本章试验研究以滨海新区吹填土以及正常沉积软土为研究对象，通过宏观力学试验，明确主次固结划分标准，探讨其变形特征，揭示不同类型吹填土的固结及次固结特性，建立适合吹填土地基的固结变形经验模型，实现对地基长期沉降的有效预测，为防止吹填土地区工程事故提供理论依据，并为工程设计及施工提供客观科学的实用参考。

## 1.2　软黏土动力特性研究

通常所说的软土是指孔隙比大于或等于 1.0，且天然含水量大于液限的细粒土，包含淤泥、淤泥质土、泥炭、泥炭质土、软黏性土、吹填土等。因其具有天然含水量高、孔隙比大、压缩性高、强度低、抗剪强度低等特征，对软土地区的工程建设和抗震设防工作产生很大的安全隐患，并给软土工程灾变的防抓及维护带来巨大的经济负担。理论研究表明，软土在地震作用下容易发生强度破坏或产生残余变形（永久变形），是造成土体震陷、建（构）筑物灾害的重要原因。因此，软土的动力特性和放大效应问题越来越引起广泛关注，并受到地震学界和工程学界的高度重视，成为地震工程学中最重要的研究课题之一。

从抗震设计规范角度来看，美国《结构抗震设计推荐规范》《统一建筑法规》UBC

(Uniform Building Code)（1997 版）、IB 2009 及 ASCE 7 Provisions、欧洲规范 Eurocode 8、中国《建筑抗震设计规范》GB 50011—2010 以及《中国地震动参数区划图》GB 18306—2015 等，对于软土特性及软土地震动特征均采用地震动参数调整方法来确定，即利用强震记录丰富、理论研究较为深入且非线性较弱的硬土场地的科研成果，通过经验系数或者一定的转换关系给出软土场地的设计地震动参数。但此类内容类型繁多、结果不一、差别很大，究其原因是软土场地地震动参数调整方案大多为经验推导，少有深入的理论分析、可信的数据支撑和强有力的验证手段。

从数值模拟情况来看，当前的理论研究取得了一定的进展，尤其是软土大变形下的动本构模型问题非常复杂，直至今日仍没有一个较为可信和被大家所公认的研究成果。此外，无论采用何种数值模拟方法，均有一定的假设或限制条件，存在着某种程度的局限性和不适宜性，相应地计算结果带有某种不确定性，甚至有时遭到质疑。毋庸置疑，验证数值模拟最有效的办法是利用强震记录进行检验，遗憾的是，当前所获取的强震动观测记录大多缺少场地条件资料，尤其是在覆盖软土的场地条件下，几乎没有可供使用的强震记录，使得软土场地地震反应这一问题的深入研究遇到了一定的困难。

近年来，随着国内外土动力学和岩土地震工程学研究的不断深入，土体室内试验技术和测试理论的突破与创新，以及大型振动台、土工离心机等试验手段与土动力学理论研究的深度融合，使得关于软土动力特性及地震动特征这一研究领域达到了一个新的高度，并取得了丰硕的研究成果。

**1. 土的动剪切模量和阻尼比**

动模量和阻尼比是土体重要的动力学参数，反映了土体自身的坚硬程度以及在地震等动荷载作用下的力学表现，是利用等效线性化方法中考虑土体非线性性能时必须考虑的重要参数。由于土是非线性材料，获取土体动力学参数的试验条件、试验方法的不同，以及土体埋深、土颗粒性能、含水量、坚硬密实程度等自身因素的影响，使得土体动力学参数的测试结果有很大的不确定性和离散性，这种偏差对工程抗震效果的结果产生影响，乃至对工程安全造成一定的危害。另外，墨西哥地震（1985）、Loma Prieta 地震（1990）等震害经验表明，土动模量和阻尼比对地震动具有显著的影响。

目前在场地地震反应分析、边坡地震稳定性评价及土-结构动力相互作用分析等岩土抗震工作中，一般采用动剪切模量比、阻尼比与剪应变的关系曲线（即 $G/G_{max}$-$\gamma$ 和 $\lambda$-$\gamma$）来考虑土的非线性动力特征（图 1.2.1）。国内外学者大多采用室内共振柱、动三轴、扭剪仪、联合测试等试验手段来获取这两个参数。

国外最早是针对无黏性土开展这两个参数的研究工作。20 世纪 70 年代 Seed 和 Idriss 利用大量的试验数据，给出了最具代表性的砂土动模量和阻尼比曲线，在国外获得了广泛的认可，并纳入美国核安全有关结构抗震设计标准；而后 Hardin 等、Sherif 等、Iwasaki 等也都给出了砂性土的动剪切模量比、阻尼比与剪应变的经验关系曲线，其成果大多与 Seed 等的研究成果类似。从试验结果看，砂性土的动模量和阻尼比均位于一个不太宽的条带内。

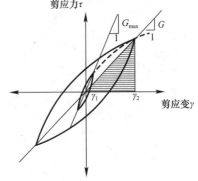

图 1.2.1 土的应力-应变滞回曲线

已有研究表明，相比于砂性土、砾石土等无黏性土，黏性土的动模量和阻尼比试验结果要离散得多，这一结论均被 Seed 和 Idriss、Sun 等经过大量的试验研究数据整理总结得以证实。究其原因在于黏性土的动模量阻尼曲线受孔隙比、塑性指数等因素影响较大，而无黏性土受其影响较小，因此无黏性土的试验结果相对集中，而黏性土则离散性较大。目前来看，由于软土的特殊物理力学性质，使其在室内试验中试样的制备存在着一定的难度，且试验过程较为复杂，因此国内外关于软土的动力特征研究尚不多见，针对覆盖区域、沉积环境等因素软土动力特征的各类成果散见于国内外学术期刊或研究报告中，尚无统一公认的结论。Kagawa 利用共振柱仪和循环单剪仪，针对不同埋深、不同物理力学性质的海相软黏土进行了大量的试验，探讨了动模量和阻尼比的变化规律以及影响因素，认为孔隙比和固结应力对其试验结果具有一定的影响。由于国内是从 20 世纪 80 年代初才从国外通过技术引进研制出第一台共振柱仪，关于土的动力特性试验这方面的研究起步较晚。

在国外已有成果的基础上，适应国内软土地区的工程建设及抗震设防的需要，我国学者也开展了一系列关于软土动力学参数的研究工作，给出了不同软土覆盖地区的 $G/G_{max}$-$\gamma$ 和 $\lambda$-$\gamma$ 的平均值或推荐值，供无实测数据时参考使用。石兆吉首次给出包括淤泥、淤泥质黏土在内的常规土类的动剪切模量比和阻尼比的建议值，并于 1994 年纳入中国地震局《工程场地地震安全性评价工作规范》，其统计样本主要来自大连等少数几个地区，且数量较少，可靠程度不高；袁晓铭等利用改进的共振柱仪进行了大量的试验，提出了全国范围内的典型土类的动剪切模量比、阻尼比的推荐值，其统计样本分布较广泛，覆盖范围更大，数量较丰富，有更强的代表性，并考虑了围压的影响，数值模拟结果表明其淤泥质土的成果相对更符合真实情况，具有较好的适用性和代表性，并在各类重大工程的地震安全性评价工作中推广使用；陈国兴等利用自振柱仪，通过大量的试验，利用 Davidenkov 模型对试验数据进行了拟合，给出了江苏沿海地区、南京及邻近地区的淤泥质土的动剪切模量比和阻尼比关系曲线；刘雪珠等、赵志伟等、江明元等、史法战等也依据试验数据给出了不同地区、不同性质的软土动模量和阻尼比的经验估计值。就本质而言，土的物理力学性质、覆盖区域和沉积特征等差异因素和条件，都会对土体的动剪切模量比和阻尼比的试验结果产生重要影响，因此任何一种推荐值或经验值都不足以完全替代实际测得的结果，在土动力特性的研究过程中应考虑区域性及分布特征（图 1.2.2）。

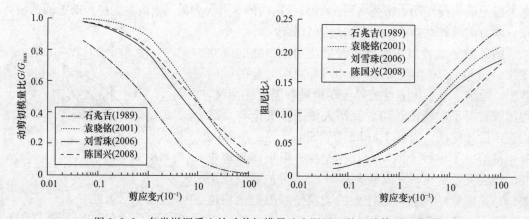

图 1.2.2 各类淤泥质土的动剪切模量比和阻尼比的经验值对比曲线

**2. 动力本构关系**

土体动力本构关系指在动荷载作用下的应变响应，是表征土动力特性的最基本关系之一，被广泛应用于边坡地震反应分析、地基稳定性评价、土-结构相互作用等工作中。因此，土体动力本构关系一直是土动力学及岩土地震工程研究的热点问题之一。土体本构关系通常是在试验结果分析基础上，运用合适的数学模型和实用简单的试验参数，描述土体的应力-应变的特征及规律。基于这一思想，国内外学者开展了大量的理论分析和试验研究，提出了近百种的形式不一、种类多样的本构关系。就已有的本构关系而言，可分为线弹性模型、黏弹性模型、弹塑性模型、边界面模型、内时模型和结构性模型等。

由于土体是一种非线性极强的材料，在循环荷载或不规则荷载作用下，往往表现为强烈的非线性特征、滞回特征和变形累积性（图 1.2.3）。由于本构关系极为复杂，同时考虑到土体自身的多样性、动荷载形式的复杂性以及应力路径和应力历史的各向异性等因素，要建立一个既简单又比较符合实际情况的动力本构关系的数学模型并非易事。

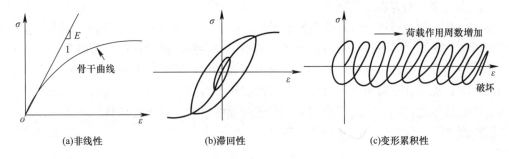

图 1.2.3　土体动应力-应变的特点

黏弹性本构模型具有比较接近土体的实际非线性情况、数学参数易于通过试验确定和数学表达式比较简单、便于计算分析等优点，近几十年来发展较快。尽管还存在多方面的不足，如不能考虑应变软化、应力路径的影响、各向异性以及大应变时误差等问题，但不妨碍黏弹性本构模型在目前理论和工程应用上的主流地位。

**3. 软土地震动效应**

震害经验和工程地震理论研究表明，场地条件是影响震害的重要因素之一。软土场地对地震波的放大作用是国内外地震工程界公认的事实。特别是 1985 年墨西哥大地震，距震中 400km 的墨西哥城地处深厚的软弱的古河床上，城内 SCT 台的记录相比盆地边缘 UNAM 台记录的峰值加速度结果放大接近 5 倍；同时运用理论分析的方法研究软土场地条件对地震动的放大效应，定性地分析软土场地的地震动特征，揭示软土场地地震动效应的放大机理，合理地估计软土条件下发生地震的地面运动强度及破坏特征，并给出适合工程所需的软土场地地震动参数。

近年来，国内学者尝试着利用普通振动台或离心机振动台试验开展场地地震反应的研究工作，并取得了一定的研究成果，但一般振动台模型试验室在 1g 的重力加速度环境下进行，由于模型与原型相比尺寸缩小了数倍，在正常重力条件下尤其是自重应力水平与原型不同，试验结果与实际情况相比有一定的差距。Lii 等采用层状剪切箱，以内华达州典型砂为试验材料进行了一系列离心机试验，模拟饱和砂在一维地震响应下，土体从线性到非线性的响应过程；刘晶波等采用叠环式模型箱，利用离心机振动台试验研究了砂土地基的地震反应情况，分析了叠环式模型箱的边界效应；曹杰等利用离心模型试验研究了软弱土层中不同强度地震作用下场地的响应，得到了有价值的结论。

间接近似估计方法是利用已获得的强震地面运动记录资料，结合场地详勘资料，按照一定的规则确定其所归属的场地类别，借用统计方法给出以场地类别为统计控制量的地震动频谱特征，确定场地地震动参数的调整关系。实际工作中只需通过工程勘察探明场地条件，便可利用场地类别与设计反应谱特征参数的统计关系，近似地估计出场地土层对地震动的影响。美国《结构抗震设计推荐规范》和《中国地震动参数区划图》GB 18306—2015，均明确了依据场地类别调整加速度反应谱的平台值和特征周期，并明确提出了调整系数。间接近似估计方法虽因其形式简单，表格数据查询便捷，被广大工程人员所接受，但是要依靠所取得的强震动观测记录。对于坚硬、中硬的场地条件，已获取到足够多的强震动的观测记录可供统计分析，然而对于中软、软弱场地条件，国内外几乎没有可供分析总结的强震记录。因此，尽管各国抗震规范中规定了软弱场地的地震动参数调整系数，但客观上此类成果还是存在一定的争议，有些甚至差别巨大。

本书中软土动力特性研究以典型软土场地为依托，采用室内动力试验、原位试验以及数值分析方法相结合的方式，分析软土场地的地震动特性，基于试验和数值分析验证软土的动本构模型及参数，最终确定相应的设计地震动参数，研究揭示软土在地震作用下的真实动力反应，提出软土自由场地震反应分析的若干可行建议，有利于进一步推动和加深软土场地的抗震性能和动力灾变过程的关键科学问题的研究，对于提高软土场地的设计地震动参数精度和可靠性有一定的理论和工程意义。

## 1.3 膨胀土湿度影响研究

膨胀土是一种富含高岭石、蒙脱石以及伊利石等矿物成分的特殊土，属于多孔多相介质，具有强水敏性、胀缩性及低渗透性等性质，其对环境湿热变化非常敏感。其中膨胀土较强的水敏性及土体含水量的变化，是膨胀土收缩开裂或膨胀变形的主要因素，且胀缩现象受自然环境的变化（例如干旱、降雨）会反复发生。工程界及学术界的研究发现膨胀土边坡具有浅层性、胀缩性及季节性等特性。膨胀土工程特性归根结底，均与其含水量的变化有密切联系，在"南水北调工程"中线施工阶段累计发生的具有一定规模的膨胀土滑坡超过100处。因此，开展膨胀土含水量对其工程性状的影响研究，对治理膨胀土灾害具有重要的理论及工程意义。

**1. 膨胀土工程特性研究**

膨胀土工程性质在各类工程实践中都会有所涉及，主要包括胀缩、崩解、裂隙、超固结等。各国的工程师和技术人员对膨胀土的工程性状问题进行了大量而深入的探讨。

（1）胀缩性：Hanaf 通过研究膨胀土干燥收缩和吸水膨胀过程中孔隙比与含水量变化，认为膨胀收缩特征曲线以体积变化与含水率关系的形式呈现为一种 S 形变化曲线；杨和平通过有荷条件下膨胀土的干湿循环胀缩变形试验得出膨胀土的胀缩特性随干湿循环是一个不断衰减过程；唐朝生、施斌在干湿循环试验中通过控制吸力的方法研究了吸力与胀缩变形的关系，结果显示胀缩变形是一个可逆的过程，且只有在吸力足够大时才能发生可逆，其不可逆的程度会因吸力的降低而逐渐增加，否则会表现为明显的不可逆性。

（2）崩解性：H. Al-Dakheeli 和 R. Bulut 采用约束环法对土样进行收缩约束试验，诱导土样产生裂缝，用土-水特征曲线和土收缩曲线来解释约束环试验的结果，分析表明初始饱和土在吸力接近大气值时首先产生裂纹，并用自由收缩试验来预测土的收缩曲线；潘宗俊研究了膨胀土在水中崩解过程，结果表明崩解速率受起始含水量的影响，起始含水量越高崩解速率越小，反之越大。

（3）裂隙性：汪锦文通过数理统计方法对干湿循环下膨胀土裂隙发育进行了研究，得出裂隙的发育程度随着干湿循环的次数不断增加，表现为裂隙率、裂块数量和裂隙条数的不断增加；曹玲借助 SLOP/W 软件建立了能同时反映两种水力特性的裂隙-孔隙双重介质渗流模型，设定了三种不同裂隙深度，比较坡体安全系数随时间变化情况，发现坡体安全系数在裂隙开裂深度 0~1.5m 段明显呈下降趋势，且前半段的下降速度明显大于后半段，并通过控制裂隙深度不变得出裂隙透水性与裂隙开度的平方成正比，裂隙变大又会使土体越来越疏松，同时土体强度也会随渗透性增大而降低，从而使坡体稳定性降低。

**2. 膨胀土含水量对边坡稳定性影响的机理研究**

膨胀土"浸水体积膨胀，失水体积收缩"的胀缩性是影响膨胀土边坡稳定性的核心因素。国内外众多学者从矿物学、物理化学、物理力学等角度深入地分析了胀缩性机理，对深入了解膨胀土的胀缩机理具有重要意义，但却难以真正地应用于实际工程中，而且相关的机理研究尚未统一定论。在地基基础问题中，工程师更关心外界环境影响膨胀土含水量变化导致胀缩变形影响地基基础的宏观变形。尽管在天然条件下膨胀土抗剪强度一般都比较高，但从失稳的膨胀土边坡进行反算得到的抗剪强度却往往很低，主要原因有：①含水量不断变化，胀缩循环次数多，土体抗剪强度减小的幅度增大；②土体表面存在裂隙，不仅有利于水分的入渗和蒸发，也大大降低了地基的整体性和稳定性。

为得到膨胀土强度衰减与含水量变化之间的关系，廖世文通过对膨胀土在不同初始含水量时进行剪切试验，分析含水量变化与抗剪强度之间的关系；杨和平等研究了膨胀土的干湿循环次数与抗剪强度之间的关系，模拟剪切试验所得抗剪强度参数均随循环次数增加而降低，且当强度参数降低到一定程度后达到稳定不再衰减；吕海波等进行了原状膨胀土干缩湿胀效应试验，发现干湿循环次数增加会造成土体抗剪强度参数减弱、土体抗剪强度达到稳定值和干湿循环次数均与含水量变化幅度有较大的相关性，土体含水量不断变化，产生胀缩循环及降低了土体抗剪强度。

**3. 膨胀土边坡含水量变化试验研究**

在膨胀土边坡模型试验研究方面，国内外学者也开展了大量的研究。Rahardjo 等通过监测降雨时雨水在坡面的变化情况及边坡土体含水量的变化，得出了在降雨时坡面雨水入渗量与径流量之间的分配关系，进一步得出边坡土体含水量随降雨条件的变化规律；Gasmo 等通过建立边坡土体孔隙水压力监测，研究了由于降雨蒸发和入渗而引起土体孔隙水压力的变化规律；Li 等对残积土坡含水量影响因素开展了现场监测和模型试验研究；包承纲、康景文等开展了边坡人工降雨模型试验，针对膨胀土边坡滑动变形特性分析其失稳机理；孔令伟等建立了缓坡、陡坡和坡面植绿三种膨胀土边坡模型，并研究了边坡土体含水量和土体变形等因素随气候的变化规律；梁树、詹良通等开展了膨胀土边坡人工降雨试验，并对降雨期间土体的变形和坡面含水量演化规律进行了研究；黄绍铿等以天然膨胀土边坡为研究对象，通过对气象影响下边坡土体的不同深度土层吸力、含水量、变形等监测，总结了气象变化与膨胀土土体含水量的变化关系；陈建斌等建立了缓坡、陡坡和坡面植绿三种膨胀土边坡模型，并对其进行了原位监测，研究了边坡变形的变化规律，揭示了在降雨条件下膨胀土边坡土体的含水量变化及其引起的应力变形特性。

目前针对膨胀土边坡土体含水量的研究较多，但是多以含水量对土体力学性质影响的角度进行研究，缺乏不同因素对膨胀土边坡土体含水量的变化规律的研究，而且膨胀土具有区域性，不同地区的膨胀土性质有所差别。因此，基于具体场地研究区域膨胀土土体含水量变化规律及其影响因素，对当地膨胀土场地地基的工程建设更具有实际意义。

## 1.4 桩土相互作用研究

由于城市拓展，大量的多、高层建筑不得不建于松软地基之上，桩基础因其在提高地基承载力、控制地基及基础沉降、稳定性及抗震性等方面的优势，得到了广泛的应用。建筑基础的分析与设计方法经历了不考虑共同作用的阶段、仅考虑基础与地基共同作用的阶段以及考虑上部结构与基础和地基共同作用的阶段，而是否考虑共同作用，势必影响到基础内的桩土荷载分担，并最终影响到桩土相互作用；属于桩基范畴的复合桩基因其考虑了桩土相互作用，已经成为新的桩基设计理论；复合地基是一种人工地基，属于地基的范畴。在受力特性、设计思路、计算方法等方面，三种处理方法依然具有各自的特点。由此可见，桩土相互作用已经成为各类桩基础、各种地基处理方法必须考虑的内容，而对桩土相互作用的研究，不仅可以丰富地基基础的理论内容，而且可通过设计优化产生经济效益。已有研究表明，考虑桩土相互作用的地震作用下整体模型柔度更大，频率更小，数值模拟结果更贴合实际情况，所以考虑桩土相互作用是十分必要。

桩基础在受到荷载后通过桩侧摩阻力将荷载扩散到桩周土体中，从而满足建筑物的荷载要求。在工程领域，桩-土体系相互作用一直以来都是学者们不断讨论研究的问题之一。桩土相互作用研究经历六个阶段：①最早的简单相互作用阶段；②不考虑相互作用阶段；③只考虑地基与基础的相互作用阶段；④综合考虑上部结构、地基及基础共同作用阶段；⑤通过控制沉降的设计阶段；⑥按差异沉降控制的变形设计阶段。在进行了大量的现场试验、理论分析以及数值模拟的基础上，现在已经形成一系列关于桩-土体系相互作用的计算与分析方法。

为了得到桩土相互作用分析过程中具有重要价值的参数及规律，在不断地进行理论拓展研究的同时，也在改进着试验研究的方法与手段。国内外学者关于桩土相互作用研究方法可概况为：①选择更加合适的模型和方法；②探讨动荷载作用下桩土相互作用的研究手段、土体的本构模型选择以及桩土接触形式的新认识；③通过经典理论、实际应用并借助于数值模拟分析方法；④桩基沉降问题的理论与试验对比。目前桩土相互作用的理论研究主要是由Poulos等提出并完善的弹性理论法；Seed和Reese根据试验数据推导得到荷载传递法；用于纯摩擦刚性桩地基处理的剪切位移法；有限元法；边界单元法；混合法。现阶段主要的试验方法包括现场原位试验、静载试验、浸水模型试验及室内物理力学试验等。借助这些试验研究手段，有助于更加深刻地了解桩-土体系相互作用机理，推动进一步的研究。

Hasan 等通过模型试验、水泥土搅拌桩和现浇桩的现场承载力试验以及有限元方法，解释了水泥土搅拌桩的工作机制，并研究了试验过程中承载板-桩-土三者间的相互作用，讨论分析垫层对水泥土搅拌桩复合材料承载力的影响，结果表明，不能简单地认为垫层能大幅度提高复合材料的承载能力，且可减少复合地基整体沉降；Ming-hua Zhao 建立了考虑锥形墩特性和桩土共同作用的振动计算模型，根据 Southwell 频率合成理论，分别用有限元法和能量法求解桥墩的弹性变形和群桩的刚性变形，然后推导固有频率以及影响固有频率的主要参数（墩高、截面变化系数和地基水平比例系数），结果表明，固有频率随基础水平比例系数的增大而增大；Xiao H B 分析膨胀土基础中的桩土相互作用推导过程，扩展了各种条件下处理桩土相互作用问题的能力，结果表明，增加桩长可以有效地减小桩的向上运动，但同时沿桩身的拉应力也增加，当直径小于临界桩直径（$d \approx 0.04L$）时，可以适当地减小桩的向上运动，但是对于直径较大的桩，减小桩的向上运动几乎没有效果，随着含水量的变化，拉应力和位移都减小，随着时间的推移拉应力会增加，并且两者都对水的进入不再敏感；唐玲等基于前人研究成果，运用 ANSYS 建立单桩和群桩两种桩基础的数值模型，讨论分析承台在承受上部竖向荷载作用下考虑初始地应力场桩土共同作用的机理，并得出桩顶受竖向荷载作用下桩基础的承载能力与沉降特性一般规律，结果表明，承台下桩周土的反力分布呈现马鞍形，随着桩间距增加土体承担的荷载比逐渐增大，单桩的轴力随入土深度的增加逐渐减小；胡利宝基于对影响接触面设置相关参数的敏感性分析，针对不同桩长、不同桩径以及不同桩间距等敏感参数建立相应的数值模型，探讨分析在不同工况下，敏感参数对桩基承载能力的影响，以及桩侧摩阻力、桩身轴力以及变形等的分布与规律性，结果表明，桩侧接触面的刚度、土体的黏聚力以及桩端接触面刚度的影响性较大；贾蓉蓉为了分析桩径对于承载能力的影响性，基于有限差分法建立单桩拟合数值模拟模型，将拟合结果与现场试验结果对比分析，并改变不同桩径，讨论分析考虑桩土相互作用情况下承载能力的变化规律。

为了进一步探讨桩土相互作用问题，研究通过离心模型试验，分析单桩在竖向荷载作用下，桩身轴力、桩侧摩阻力随桩长及桩端持力层情况变化的特性，揭示桩身荷载对桩周土体应力、地表沉降的影响及机理，为桩土相互作用的研究积累了一定的资料和经验。

## 1.5 混凝土芯砂石桩复合地基研究

混凝土芯砂石桩复合地基由排水系统、荷载系统和增强系统三部分共同组成（图 1.5.1、图 1.5.2）。设置的环形砂石桩提供大直径竖向排水通道；碎石加筋垫层作为水平排水通道；竖向排水通道和水平排水连接形成整体排水系统；利用上部结构本身重量分级施加荷载形成等载或超载预压的荷载系统；采用预制钢筋混凝土芯桩作为竖向增强体承担大部分上部荷载以减少芯桩顶沉降，并利用碎石加筋垫层作为水平向增强体调整桩土的荷载分担而形成增强系统。

混凝土芯砂石桩复合地基的特点：（1）成桩施工引起的超静孔隙水压力能够很快消散，促进土体强度恢复甚至提高；（2）促进加载时加固区土体的固结和下卧层土体固结，对于改善复合地基性能，提高加固区土体和下卧层土体强度，特别对减小工后沉降具有显著作用；（3）混凝土芯桩强度高，能够提高地基稳定性，水平加筋体的设置也有助于提高路堤稳定性；（4）当加固区分布有可液化土层时，设置环形砂石桩可起到地震时加快可液化土层中超净孔隙水压力消散的作用，防止可液化土层出现液化。

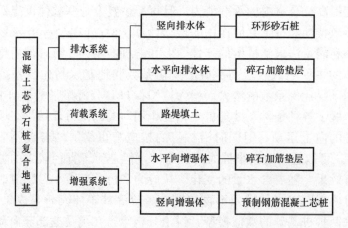

图 1.5.1　混凝土芯砂石桩复合地基组成

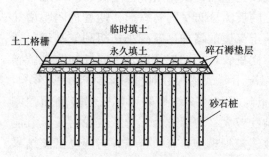

图 1.5.2　混凝土芯砂石桩复合地基示意图

排水固结是处理软土地基的有效方法之一，工艺简单、应用比较成熟，在我国东南沿海地区高速公路建设中的使用十分普遍。然而，排水固结方法的加固工期长、工后沉降较大、对填土速率要求严格，已经难以满足高等级公路建设的要求。

桩承式加筋路堤（路堤下双向增强体或桩网复合地基）是近年来出现的一种新的软基处理方法，能有效解决桥头跳车、新旧路基连接等技术难题，在公路、铁路软基工程中广泛应用。桩承式加筋路堤自上而下由路堤填土、水平加筋垫层、刚性桩（常带桩帽）、加固区土体和下卧层组成（图 1.5.3）。由于路堤填土的土拱效应和加筋体的拉膜效应，大部分路堤填土荷载由桩承担并向下传递至下伏土层，而桩间土承担的路堤荷载较少；同时，水平加筋体和桩共同作用也减小了路堤侧向变形，提高了路堤稳定性，路堤填筑可以

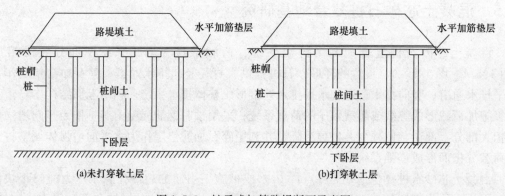

图 1.5.3　桩承式加筋路堤断面示意图

一次完成，而无需等待软基固结完成后分期进行，大大加快了施工进度，缩短工期。从结构组成上来看混凝土芯砂石桩复合地基属于桩承式加筋路堤的范畴。

混凝土芯砂石桩复合地基和桩承式加筋路堤都是通过路堤填土中形成的土拱效应和加筋体的拉膜效应来调整桩土的荷载分担（图 1.5.4）。软土地基上工程建造必然涉及固结，目前国内外对其理论研究大多侧重于路堤力学分析，很少考虑桩间土固结对路堤工作性状的影响；而且桩承式加筋路堤土拱计算模型大多是在室内模型试验的基础上归纳整理得到的（图 1.5.5），并未考虑桩间土的固结效应，不能反映桩顶处桩土差异沉降对土拱效应的影响。

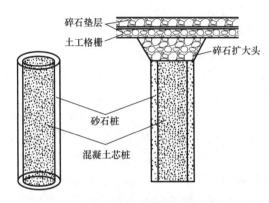

图 1.5.4　混凝土芯砂石桩结构示意图

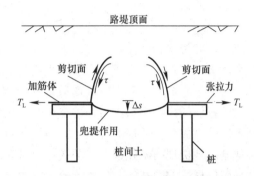

图 1.5.5　桩承式加筋路堤土拱效应
和拉膜效应示意图

混凝土芯砂石桩复合地基与桩承式加筋路堤相比固结性状突出，已有研究表明，与宽 10cm、厚 0.45cm 排水板相比，达到相同的排水效果，排水板间距是环形砂石桩的一半左右；相同路堤填筑速度下，芯桩顶处桩土差异沉降将明显大于桩承式加筋路堤，显然混凝土芯砂石桩复合地基工作性状研究不能忽略桩间土固结的影响。必须对混凝土芯砂石桩复合地基的工作性状尤其是固结对复合地基承载机理的影响进行深入研究，以便更好地理解混凝土芯砂石桩复合地基的工作机理，使得这种新型复合地基的设计趋于合理。

太沙基首次提出了等沉面的概念，并通过著名的 Trapdoor 试验进行了验证，揭示了土拱效应是颗粒材料之间由于相对位移而引起的相互剪切作用的本质。地基中设置刚性桩体后，由于桩体的抗压刚度远大于地基土体的抗压刚度，因而在路堤荷载作用下桩间土沉降大于桩体沉降，两者之间存在相对位移。逐级连续路堤填筑可看作多次瞬时填筑，在路堤荷载施加的瞬时，地基土还来不及固结，此时路堤荷载在芯桩、砂石桩和桩间土上均匀分布；随着时间的推移，桩间土逐渐固结，桩土之间出现差异沉降，在桩间土固结沉降过程中，桩间土上部路堤通过剪应力将部分自重传递给芯桩上部路堤，使得桩间土承担的荷载减小，而芯桩承担的荷载增加，即路堤中出现了土拱效应。这种现象与 Trapdoor 试验所揭示的土拱效应在本质上是相同的，但更为复杂得多。

在某一级路堤瞬时填筑完成、下一级路堤填筑前，随着桩间土固结，桩土差异沉降增大，土拱效应逐渐发挥，作用在芯桩上的荷载增加，作用在桩间土上的荷载减小，桩间土固结沉降速率和桩土差异沉降速率减小，在这个过程中虽然土拱效应继续增加，但增加速度减小。路堤填土中土拱效应的产生和发展取决于桩顶处桩土差异沉降的产生和发展；而随着路堤的逐级填筑，桩体和桩间土之间相对位移的发展取决于路堤填筑高度和桩间土的固结进程，表现出土拱效应的大小与桩土间的相对位移和桩间土固结具有耦合特征。由于环状砂石桩的存在，路堤填筑产生的超静孔压能在短时间内消散、桩间土固结沉降在短时间完成，桩间土沉降速率和桩土差异沉降速率快，桩间土和桩土差异沉降量大。因此，路堤填土的土拱效应发挥受桩间土固结影响明显。同时，由于环状砂石桩的存在，下伏土层的排水路径缩短，固结沉降速率和固结沉降量大，强度和压缩模量也随着固结逐渐增大，对芯桩的支撑作用也逐渐增强。由于桩间土的固结沉降大于芯桩的沉降，在芯桩桩侧上部存在负摩阻力分布，下部为正摩阻力。桩侧摩阻力的大小和分布形式都受到桩间土的固结影响；而芯桩和桩间土的相对位移又受到桩土荷载分担、桩侧摩阻力的大小和分布形式以及下卧层刚度的影响，表明桩土相互作用与桩间土的固结也呈现耦合特征。

加筋垫层的存在抑制了桩土差异沉降，削弱了土拱效应，但通过自身张拉力将其承担的路堤荷载传递到桩体上，等同于加强了土拱效应；同时桩土差异沉降越大，加筋体的张拉力越大，加筋体拉膜效应的发挥程度也越高。

混凝土芯砂石桩复合地基荷载传递机制是路堤填土的土拱效应、加筋体的拉膜效应、环状砂石桩的固结排水作用、桩土相互作用和下卧层支撑作用等各个效应的耦合作用。混凝土芯砂石桩复合地基中桩间土固结性状对复合地基工作性状的影响是混凝土芯砂石桩复合地基承载机理的研究重点和关键，只有在深刻理解桩间土固结对混凝土芯砂石桩复合地基承载机理影响的基础上，才能提出混凝土芯砂石桩复合地基荷载传递计算模型、计算桩土荷载分担、分析桩土相互作用以计算地基沉降。

## 1.6　新近填土负摩阻力研究

为了合理规划土地资源以及改善城市空间利用，常采用"开山填谷""挖高填低"的办法，因而形成了大量的深厚填方场地。而填料一般是由开挖得到的土石混合料直接回填，其与自然形成土体或者岩体的力学性质有着一定差异。这些填方场地在进行桩基施工前通常经历了自重固结或进行强夯等地基处理过程，虽然已经完成大部分固结和沉降，但由于地基土的压缩变形和未完全固结，仍会产生负摩阻力，其对桩基础产生的负摩阻力不可忽视。

自19世纪中叶混凝土桩和钢筋混凝土桩应用以来，国内外研究热点主要是集中在欠固结土、软土和湿陷性黄土等地基沉降所引起的桩基负摩阻力问题，对于深厚填土石混合料地基中桩基工作性状的研究较少。《建筑桩基技术规范》JGJ 94—2008 中对于负摩阻力采用极限分析法，当桩土相对位移达到极限相对位移时该法较为适用，而当桩土相对位移小于极限相对位移时，采用极限分析法求得的负摩阻力较实际值偏大；《建筑地基基础设计规范》GB 50007—2011 忽视深厚填土场地中桩身所受的负摩阻力作用，可能导致桩身承载力偏低、造成桩身破坏；《公路桥涵地基与基础设计规范》JTG 3363—2019 未给出负摩阻力具体算法，而是取经验值或通过试验方法获取。虽然各规范关于负摩阻力问题在桩基设计中都进行了相应考虑，但对新近填筑场地下的桩负摩阻力工作性状和计算理论的研究尚不成熟，且由于山区地基中建设所处的地质结构复杂、变化大以及进行荷载试验难以实现破坏等因素，工程上对其承载性状、承载力计算认识上还较为模糊。而负摩阻力是桩基设计中的重要参数，如何经济安全地解决好此类场地桩基负摩阻力问题，是一项重要课题。因此深入研究填土场地特征条件下桩负摩阻力性状、探讨负摩阻力的理论机理具有较高的学术和工程价值。目前国内外对深厚填土地基的系统研究还不够深入，且存在很多不足。在西南地区所建设工程中，为了给实际工程提供施工参数和质量检测数据，对一些厚填土地基做了一定的现场试验，但其试验研究目前还相当表面，不够系统深入。

**1. 现场试验研究**

现场试验研究是桩基负摩阻力特性研究最直接有效的方法之一，能反映桩基实际工作中的受力性状，全面地考虑影响桩侧摩阻力的各个因素，但由于不同工程现场的设计尺寸、施工工艺和地质条件等因素的差异性，得到的试验结果仅为特定条件下的桩侧摩阻力特性，难以得到不同因素影响的变化规律。

Johannessen 和 Bjerrum 等通过对钢管桩进行现场试验，提出采用有效应力法计算桩侧负摩阻力，但中性点位置往往采用经验值，且该方法应用在桩土相对位移较小的场景时，其结果与实际结果区别较大。李光煊利用滑动测微计测量钢管桩的轴向应变，并由此计算出桩身的轴向力、桩侧负摩阻力和弯矩；张献辉进行了自重湿陷性黄土地基中桩基的浸水试验，发现负摩阻力引起的下拉荷载作用会使桩身产生附加沉降，导致地基中大直径桩的承载性能降低甚至丧失承载能力；陈福全通过现场试验测得桩身应力与桩周土体分层沉降规律，得到了沿桩身入土深度方向的中性点位置和桩身轴力分布规律；律文田通过软土地基中桥台桩基的现场试验，得到桩基轴力与负摩阻力的分布特性，结果表明，无论是施工期间或施工完毕一段时间内，桥台后方路基填土都会影响桩基的轴力变化，且桩侧摩阻力在桩端附近会出现强化效应；徐兵和曹国福研究了回填土中灌注桩的负摩阻力特性，通过埋设钢筋计的方式测得桩身负摩阻力的分布规律，结果表明，回填土自身的固结沉降变形是导致负摩阻力的主要原因，桩身负摩阻力的分布范围主要是在回填土层中，且上层的负摩阻力较下层负摩阻力更大；黄雪峰等研究了不同类型基桩的桩侧负摩阻力、中性点位置和湿陷变形量的关系，并与规范所得负摩阻力值进行对比，发现其远低于实测结果，且认为基桩所处场地的湿陷类型和湿陷量对其负摩阻力的影响不明显；夏力农等进行现场试验探讨了桩顶荷载变化对负摩阻力的影响，试验结果表明桩载的增加会导致桩身的附加沉降增大，负摩阻力作用范围减小，下拽力也将减小；许建进行了长达一年半的桩基负摩阻力现场试验，监测了试验桩基在这段时间内的桩身轴力和桩侧摩阻力变化情况，并分析了厚填土场地中负摩阻力的产生原因以及软弱层的存在对其分布规律的影响。

**2. 室内模型试验研究**

室内模型试验根据相似原理和准则对原型按照一定比例缩小，通过控制不同的变量研究其对负摩阻力的影响，与现场试验相互佐证，操作便捷且耗时较少。

Toma 等考虑黏性土的固结沉降进行室内模型试验，探讨了随着土体的固结、桩侧负摩阻力、孔隙水压力以及土体沉降等方面的时间效应，并提出理论公式计算孔隙水压力；Ergun 模型试验研究了端承型群桩的负摩阻力性质，分析了随着时间的增长桩周土体沉降的变化规律，并设置不同的桩间距探讨其对群桩效应的影响，通过试验发现当桩间距小于 6D 时，桩间距越大，桩内桩外沉降之比就越小；当桩间距大于 5D 时，可不考虑负摩阻力群桩效应；Leung 和 Liao 通过试验对比分析了桩身在仅负摩阻力作用时与桩顶荷载、负摩阻力共同作用时的异同，研究了两种情况下的负摩阻力特性。杨庆等进行单桩在竖向荷载作用下模型试验，研究了当土体表面存在堆载，不同含水率的桩周土体对于土层分层沉降、中性点位置、下拽力、桩侧摩阻力和桩端阻力等因素的影响，研究发现，摩擦端承桩在最优含水率附近时，中性点的位置更靠近桩顶，下拽力随着桩周土体堆载的增加而增大，致使桩身位移增大，桩土相对位移减少，进而中性点上移；马学宁等通过单桩负摩阻力模型试验，分析了不同的加载顺序对于桩身承载性状的影响，并对试验结果进行对比，结果表明，荷载施加顺序的不同对负摩阻力沿桩身的分布特性具有显著影响；冯忠居等进行剪切试验研究了含水率和不同桩身表面涂料对于桩侧负摩阻力的影响，试验结果表明，当含水率稍稍高于塑限时削减负摩阻力的效果较好，且在桩身涂抹石蜡机油混合物的效果最好。

### 3. 理论分析研究

无论是室内模型试验还是现场试验，将其提高到负摩阻力理论研究的层次，才能对负摩阻力的特性进行更深入的研究。许多理论方法在负摩阻力特性研究中得到了较好的运用：①极限分析法简单实用，但其求得的计算值通常较实测值偏大，只有在桩土相对位移较小时较为准确，且计算过程中一些重要参数如中性点等通常采用的是经验值。Zeevaert发现桩周土体的有效应力减小值与桩身所受的负摩阻力值相等；Johanessen等提出有效应力法计算桩侧负摩阻力，由于其简单实用，计算结果偏保守的特点，目前已被多本规范推荐使用；马露结合有效应力原理并考虑桩-土相对位移对桩侧摩阻力发挥的影响，构建分段模型计算单桩负摩阻力，该模型体现桩周土体的分层特性。②弹性理论法是将桩身作为一个线弹性体置于理想均质且各向同性的弹性半空间体内，且桩身的存在不会改变其弹性模量与泊松比，桩土边界是弹性接触且保持位移协调，因此可以求解桩身轴力及桩侧摩阻力，但是该方法假定土体为理想弹性体，忽略了桩土相对位移的影响。Polous和Mattes根据弹性理论法并结合Mindlin公式，假设桩端持力层不发生竖向位移，提出了一种仅适用于端承桩负摩阻力计算的方法；The和Wong通基于太沙基一维固结理论和有限元法，将桩土之间的接触特性用弹簧模拟，利用迭代方法得到桩身轴力并确定桩侧摩阻力。③荷载传递分析法是将桩身视作由多个弹性单元体组成，采用非线性弹簧模拟桩土接触，应用非线性弹簧模拟的应力-应变关系表示桩侧摩阻力与剪切的关系，得到桩土的荷载传递函数。荷载传递法可根据函数解法的不同分为荷载传递解析分析法和位移协调法。赵明华、闫小旗等基于不同的假定条件以及考虑不同因素的影响，提出了不同桩侧摩阻力计算模型，利用荷载传递法推导了桩侧负摩阻力的计算方法。④剪切位移法。Cooke基于剪应力传递理念首先提出了剪切位移法计算单桩沉降量，分析了桩之间荷载传递的过程；Randolph M. F. 和 Wroth P. C. 在Cooke的研究基础上完善了剪切位移法，考虑了土层的性质以及桩径等因素对桩身的影响，并推导了桩端沉降量的计算方法；杨嵘昌研究桩周土体的弹塑性变形时应用了剪切位移法，并推导了桩-土-承台非线性共同作用的弹塑性柔度矩阵，将成果应用在数值分析方法中。剪切位移法在应用过程中忽略了较多的影响因素，例如地基的应力状态、分层性质以及不同深度处的土层参数不一等，这也导致了剪切位移法的应用局限性较大。

虽国内外学者多年来从土层及岩层性质、桩土体系、堆载与桩受载作用以及桩端持力层等不同角度探究了桩负摩阻力问题，但这些研究大多数是针对湿陷性黄土、软土地基等情况，且大部分桩侧摩阻力计算方法很少考虑到桩-土相对位移和桩-土体系势能变化的影响，忽略了桩周土体的势能损失及其对桩身能量传递过程的影响，对桩基的实际工作性状考虑不全面。对于深厚填土石混合料地基中桩周土体沉降、桩身轴力、桩侧摩阻力以及中性点位置变化规律仍缺乏系统性的研究，本书采用室内模型试验，研究大面积深厚抛填土石混合料填土场地的固结沉降使桩基产生负摩阻力的规律，并提出深厚填土场地桩基负摩阻力方法。

## 1.7　隧道锚承载特性研究

悬索桥是目前大跨度桥梁中跨越能力最强的桥式结构，其结构受力体系与施工方法具有明显的优势，广泛适用于跨径在 500m 以上的高山峡谷地段。悬索桥由四大受力构件组成：桥塔、主缆、锚碇和加劲梁（图 1.7.1）。锚碇作为悬索桥的主要构件之一，其作用主要是承担主缆传递的巨大拉力荷载，将主缆拉力传递到隧道锚附近的围岩体中，锚碇类型主要有两种：隧道式锚碇和重力式锚碇。隧道式锚碇与重力式锚碇相比，对环境影响较小，结构受力合理，在经济环保方面优势明显。在我国，随着交通事业的快速发展，隧道式锚碇工程数量逐渐增多，根据悬索桥统计，隧道式锚碇占比 16.33%，"重力锚＋隧道锚"组合锚碇占比 26.53%；按地锚式悬索桥统计，隧道式锚碇占比 30.43%，"重力锚＋隧道锚"组合锚碇占比 56.52%。尽管隧道锚工程数量和占比日趋增多，但关于隧道锚的设计计算理论体系，仍然主要参考沿用重力式锚碇的抗拔承载力设计计算方法，严重低估了隧道锚结构中锚塞体与周围岩体共同作用抵抗拉拔荷载的能力。但由于隧道锚承载机理较为复杂，适用的前提是锚碇周围具有较好的工程地质条件，目前对隧道式锚碇承载机理及相关理论研究远远不够。

图 1.7.1　悬索桥结构示意图

隧道锚系统由锚室、锚塞体、散索鞍等结构组成（图 1.7.2），锚塞体为呈倒楔形体状的混凝土嵌固在围岩体内。在受到主缆的拉力后，通过锚碇将拉力扩散到围岩，使围岩与锚碇的整个系统参与抗拔作用，围岩能承受巨大的拉拔荷载。但由于目前技术与相关理论不够成熟，设计相对保守，仅将锚塞体与上部岩体共同考虑，忽略了围岩锚塞体本身的抗拔作用，没有综合考虑其真实的受力状态，对于隧道锚的承载性能、变形规律及破

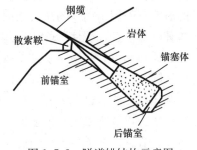

图 1.7.2　隧道锚结构示意图

坏形态没有明确的理论基础。

国内外针对隧道式锚碇进行了许多研究与工程实践，但是设计计算理论仍旧不成熟，并没有具体的隧道锚设计规范，我国的《公路悬索桥设计规范》JTG/T D65—05—2015仅对隧道锚的形状、截面尺寸、锚固系统类型与索股锚固面的布置、锚塞体混凝土等作出简要规定，对锚体长度及断面尺寸、结构验算等并未给出具体的方法，其他国家对锚塞体的计算也无明确的规范条文。

目前对于隧道式锚碇的研究，主要是隧道式锚碇系统在极限状态下的承载能力、变形规律，进而为隧道式锚碇的设计提供理论基础。承载性能主要由工程地质条件、岩体的力学特征、锚体的结构形式等影响因素决定。对隧道锚受力机理的研究方法包括：隧道锚结构缩尺模型试验、原位缩尺及室内模型试验、理论研究以及设计计算方法研究。

**1. 隧道锚结构缩尺模型试验研究**

隧道锚作为大体积结构物，传力方式特殊、复杂，围岩等级对受力影响显著，很难获取锚固系统实际的受力状态，进行缩尺模型试验显得尤为重要。梁宁慧等在重庆几江长江大桥工程北岸进行1:30缩尺原位模型试验，对隧道锚的受力变形和锚碇承载特性等分析表明，软岩地质条件下浅埋隧道锚具有较高的抗拉拔承载能力；李栋梁等研究了浅埋软岩隧道式锚碇在高拉拔荷载作用下的稳定性，考虑了强度特性、变形规律及长期稳定性，以长江大桥隧道式锚碇工程为背景，开展了缩尺比例为1:10的浅埋软岩隧道式锚碇原位模型试验；虎门大桥隧道锚现场开展了1:50的现场结构模型试验，分析位移与应力分布规律以及围岩的形变影响，模拟了锚固系统超载试验得到的超载系数为4.8；吴相超、肖本职等对重庆鹅公岩长江大桥隧道锚进行了1:12.5的缩尺模型试验研究，锚碇处于软岩互层中，地质条件较差，原位试验确定隧道锚固系统的超载稳定安全系数为6；赵海滨在坝陵河大桥隧道锚原位展开了1:20、1:30的缩尺模型试验，结果表明完整性好的岩体变形远小于完整性差的岩体。

**2. 隧道锚原位缩尺及室内模型试验研究**

隧道锚由于体积巨大，周围岩体力学性质复杂，受力后承载性能难以摸清，需要进行模型试验研究围岩-锚碇系统的实际变形及破坏状态。目前模型试验分为两种，原位缩尺试验和室内模型试验。

（1）原位缩尺模型试验能较好地模拟复杂的工程地质条件，考虑结构面特征及围岩的力学性质，获得围岩的应力变形特征，得出实际的变形规律。但由于荷载非常大，超载往往有限，并不能达到整体破坏的效果，内部变形破坏无法观测，且结构的加载方法由于条件限制多采用后推法，与锚碇体实际受力状态略微有些区别。夏才初等通过现场模型试验的研究，采用1:50的几何相似比试验，结果表明通过加载到4.8倍设计荷载，监测到岩体某些部位进入塑性阶段，由此确定弹性极限的安全系数为4.8，指出锚碇口中心以下为重点监测部位，并论述了锚碇体拉拔作用下围岩的变形机理；肖本职等在重庆鹅公岩长江大桥隧道锚采用1:12.5的几何相似比进行了结构模型张拉试验，研究了锚碇和围岩体在荷载作用下的承载能力，由于加载过程中锚索在达到4.6P荷载发生断裂，围岩并未达到破坏状态，后续采用灰色模型对岩体的极限承载力进行预测，得出极限荷载为6.09~6.15倍设计荷载；朱杰兵等在四渡河特大悬索桥隧道锚采用了1:12的相似比，同时进行了超载试验与流变试验，最终根据试验结果发现，超载到7.6倍设计荷载时，锚碇底部张开值最大为 4.9mm，而围岩最大变形为 0.96mm，超载到 2.6 倍设计荷载，岩体最大变形为 1.2mm，未呈流变特征，表明长期安全系数不小于 2.6；赵海滨、于新华等在坝陵河的 1/30 和 1/20 原位模型试验结果显示，锚碇体与围岩的变形特征与岩体条件密切相关，当岩体质量较差时，变形呈现非线性变化，两个原位模型由于围岩地质条件与尺寸效应的存在差异，导致位移值相差过大，表明原位模型需要结合实际地形类比减小反演；余美万等为揭示隧道锚围岩夹持的力学机制，依托普立特大桥隧道锚研究，进行了圆台形与圆柱形两组抗拔试验进行对比试验，结果表明圆台形锚体超载时较圆柱形时围岩的变形范围、极限荷载、变形量都明显增大，破坏的模式为沿着不利结构面发生破坏，并指出了夹持效应是隧道锚提供巨大抗拔力的主要原因。

（2）室内模型试验通常简化了实际复杂的地形特征，不受加载条件的限制，通过超载条件下研究围岩的变形规律和破坏模式。通常室内试验较为容易达到围岩破坏条件，确定隧道锚的极限承载力，较好地观测围岩内部破坏形态，可以更进一步认识隧道锚体与围岩相互作用机制。江南在金沙江特大桥隧道锚采用 1∶90 的室内模型试验，通过配制岩体与锚体的相似材料，研究了三种不同接触面下锚碇体和围岩变形特征，并指出围岩的变形曲线呈现三段式特征，将隧道锚达到破坏时的荷载定为围岩的极限荷载，提出隧道锚的安全系数为极限荷载与初始设计荷载之比；汤华、熊晓蓉等依托于普立特大桥普立岸隧道锚，建立了相似比为 1∶200 的室内模型试验，研究了拉拔作用下的隧道锚的承载性能结果表明，在夹持效应的作用下，加载到 50 倍设计荷载后，围岩仍处于弹性状态，认为目前隧道锚的设计偏于保守，存在进一步优化空间；蒋呈州等通过对伍家岗大桥隧道锚的研究，按照 1∶40 的相似比开展了三维地质力学模型试验，研究了围岩-锚碇系统的受力特征、失稳破坏形态及变化过程，试验结果发现，在加载过程中测点变形的速率呈现非线性变化，超载稳定系数为 7，在夹持效应作用下，锚塞体周围 1~1.5 倍洞径范围内围岩变形较大，锚碇体带动一定范围岩体共同承担拉拔荷载。

**3. 隧道式锚碇承载特性理论研究**

目前国内外学者关于隧道式锚碇承载特性的理论研究，大多是与具体工程实际结合开展。王海滨等采用极限理论，建立了隧道式锚碇体系平衡方程，基于原位试验和实际施工、设计特征，将锚岩接触面概化处理为 4 种力学模型，并基于节理力学理论和试验成果给出了相应破坏准则及各系数的意义与取值方法；王东英等基于楔形隧道式锚碇的力学效应和阶段性承载的特性，针对常被忽略的锚岩联合承载和传力构件可靠性的问题，推导出了隧道式锚碇极限承载力估值公式，并对整个隧道式锚碇系统各部分进行安全性评价；杨愈惚等通过收集分析现场缩尺模型试验中锚体与围岩的变形量，建立了一种基于对数变换的改进灰色预测模型，提出了一种隧道式锚碇系统极限承载力的预测方法；肖世国等在考虑锚碇前后锚端边界条件的情况下，基于弹性理论建立了隧道式锚碇锚塞体侧摩阻力的计算公式，并进一步揭示了锚塞体侧摩阻力的分布规律；王东英通过对比分析规范法、应力积分法、塑性屈服区体积-荷载曲线和位移-荷载曲线 3 种方法计算的隧道式锚碇抗拔安全系数，对隧道式锚碇抗拔安全系数评估方法进行了探求，指出了考虑隧道式锚碇的楔形效应的重要性；张奇华等基于普立特大桥隧道式锚碇现场缩尺模型试验，采用数值模拟技术揭示了隧道式锚碇在巨大的拉拔荷载作用中，其周围岩体变形破坏的过程，指出拉拔荷载逐渐增大过程中，破坏面上的应力分布会发生复杂变化，并基于破坏面上的平衡关系，提出了一种能够体现"夹持效应"和破坏面上复杂应力变化的隧道锚抗拔力计算模式，为今后隧道式锚碇抗拔力计算提供了理论依据。

**4. 隧道式锚碇设计计算方法研究**

我国针对公路悬索桥有专门的设计规范，但在该规范中，关于隧道锚结构的设计，仅指出需要进行空间结构受力分析，并未给出具体隧道式锚碇结构的设计、施工方案和意见。以美国的 AASHO 规范为代表的其他国家桥梁规范，对于隧道锚结构从未提及。目前关于隧道锚的设计并没有完善的计算理论，设计时主要依据工程经验的总结和缩尺模型试验的数据确定锚碇的设计尺寸，对具体的设计计算模型与控制指标无明确规定，导致不得不按照各自的基本假定进行计算，经常出现计算结果与实测结果偏差过大的现象。

整体来讲关于隧道锚结构的设计计算方法已经有了初步的研究，但尚且存在以下问题：①多数隧道锚抗拔承载力设计计算均基于较多的假设条件，使得部分设计计算方法适用性较差；②部分隧道锚抗拔承载力设计计算方法缺乏实际工程或模型试验的验证，或者对比验证之后偏差较大，使得该设计计算方法过于保守，无法充分发挥隧道式锚碇结构的优势；③部分隧道锚抗拔承载力设计计算方法过于复杂，大大降低了在实际工程中的实用性和易用性；④目前研究成果多是基于硬岩且岩体条件较好的情况，针对软岩地层中隧道式锚碇承载体系的研究相对较少。

目前隧道式锚碇的理论体系尚未成型，与日益增多的工程需求极不协调。本书试验研究依托国内首座在建大跨度铁路悬索桥——丽香铁路金沙江特大桥隧道锚碇工程，开展现场原位模型试验，并与原位测试对比，探讨隧道式锚碇的承载性能，为实桥隧道锚的施工和完善悬索桥隧道锚技术方法提供参考。

# 1.8  膨胀土膨胀力研究

非饱和土是固相土体颗粒、液相孔隙水、气相孔隙气和气-液交界面的收缩膜四相共存的多相体系。其中气相一般是指土体孔隙内没有被孔隙溶液所填充的空间内的气体，组分为任意一种、两种或多种气体的混合物；液相通常是指土体孔隙内的孔隙溶液，组分为任意一种、两种或多种液体的混合物；而组成固相的则是土颗粒，组分为大到砂、砾等粗颗粒，小到粉粒、黏粒甚至有机质等各种物质。相对湿度为同一温度下，平衡状态溶液的蒸气压与平衡状态的自由水饱和蒸气压的比值，即 $RH=\rho_v/\rho_{v,sat}=u_v/u_{v,sat}$，其中，$RH$ 为相对湿度（%）；$\rho_v$ 为某溶液的绝对湿度（%）；$\rho_{v,sat}$ 为自由水的绝对湿度（%）；$u_v$ 为某溶液的蒸气压（kPa）；$u_{v,sat}$ 为自由水饱和蒸气压（kPa）。自然界的土体，基本处于非饱和状态，而在传统土力学中，都是以饱和土为研究对象。非饱和土的分布范围极其广泛，无论是天然干湿循环的陆地地区，还是深层海洋的海底区域，以及寒旱地区的土壤和岩石，均应列入非饱和土研究的范围。另外，很多传统的地基基础问题也基本属于非饱和土的范畴，例如夯实工程，通过压实土体来增加土体的强度与抗渗性能，远在非饱和土甚至是土木工程还没有形成一门独立的学科体系之前就已经被广泛应用。在实际工程中，非饱和特殊土所带来的工程灾害，影响了世界 60% 以上的国家，造成了巨大的生命与财产的损失。

膨胀力是指土体吸水膨胀所产生的最大内应力。通常所说的膨胀力是指极限膨胀力，即土体在限制侧向变形的情况下充分吸水且保持其不发生竖向膨胀（即恒体积）所需要施加的最大压力值。土样在纯水饱和环境下充分吸水所测量出来的膨胀力为极限膨胀力，而在非饱和环境下吸水（或吸湿）不饱和所测量出来的膨胀力为自然膨胀力。

通过对成都地区 21 处膨胀土基坑的调研发现，绝大多数基坑都出现了不同程度的破坏，造成了极大的经济损失。如时代欣城基坑开挖后由于降水、污水管漏水等，支护桩出现持续变形；攀钢龙潭中心基坑开挖后由于降雨等，支护桩出现显著变形开裂；万基极度基坑桩支护开挖完成后，由于连续降雨和绿化带渗水，基坑普遍出现变形开裂，尤其是绿化带附近，部分裂隙已经扩展到绿化带内部。降雨对膨胀土基坑稳定性的影响主要表现在水使土体软化和降低土体强度、膨胀土吸水引起的膨胀力使基坑边坡侧向压力增大。但是，目前在基坑支护设计中，主要通过经验的手段，用降低土体的强度指标的方式来考虑膨胀土的影响，而回避了吸水产生膨胀力这一重要性质。现有的膨胀土相关规范中，没有对侧向膨胀力分布作出明确规定，支护设计中未考虑膨胀力的作用效果，导致设计无法满足工程需求。

目前，对于膨胀力的研究，国内外的学术界与工程界大多是基于饱和状态下测量土体的极限膨胀力。Manca 等研究了不同孔隙溶液、不同干密度、不同湿度下的自由膨胀特性，揭示了膨胀力的产生由基质吸力与孔隙水溶液的化学成分共同决定；Tripathy 等研究了压实膨胀土膨胀力的双电层扩散理论，发现膨胀土在较低干密度时，膨胀力低于其理论值，而在高干密度时，膨胀力高于其理论值；Sun 等开展了高庙子膨胀土与砂土组成的混合土的膨胀试验，指出混合土的膨胀力独立于土体的初始含水量和干密度，而与掺砂率有关，并提出了预测不同干密度、不同膨胀土与砂土混合土的膨胀变形和压力的经验公式。谈云志等对测量膨胀力的试验方法进行了改进——限制膨胀法，并与膨胀反压法测得的膨胀力进行对比，发现限制膨胀法测得的膨胀力要小于膨胀反压法的试验值；谢云等针对重塑膨胀土开展了三向膨胀力测试试验，发现膨胀土的三向膨胀力各不相等；周葆春等开展了荆门弱膨胀土在不同压实度下的一维胀缩特性试验研究，指出膨胀土体积变化是膨胀势、外部荷载及湿度变化多种因素耦合作用的结果；朱豪等认为膨胀土膨胀力的对数与初始含水量、干密度之间均存在线性关系；卢肇钧等通过试验研究发现非饱和土的膨胀力与含水量的对数呈负线性相关，并认为膨胀力和吸力是作用力与反作用力的关系；杨和平等针对有荷条件下膨胀土进行了干湿循环胀缩变形的试验研究，表明在一定荷载变化范围内且经历干湿循环次数相同的情况下，膨胀土的绝对膨胀率与相对膨胀率随着施加荷载的增大而减小。

而关于非饱和环境下膨胀力，国内外有不少研究。Tang 等利用蒸汽平衡法提供湿度环境，采用泵抽气达到设备内的湿度循环，从而保证湿度平衡稳定，自制了一套非饱和环境下测量膨胀力的设备，并且通过试验发现非饱和环境下测量土体膨胀力的平衡时间与蒸汽迁移速率和初始吸力梯度两个影响因素相关。何芳蝉等研究了弱膨胀土的增湿膨胀与力学特性，发现自然膨胀力、自然膨胀率随着增湿含水量的增加先逐渐增大再有微小下降；丁振洲等采用滴定法对土体进行增湿，研究不同程度增湿状态的自然膨胀力，发现前期增湿会引起较大的自然膨胀力，增湿到一定程度后则会出现拐点，之后自然膨胀力增加速率缓慢且有趋近于线性的趋势；曾仲毅等针对隧道衬砌破坏对增湿条件下膨胀土的膨胀力进行了数值分析，发现膨胀土的膨胀力是决定支护结构变形受力的重要因素；高国端等研究了膨胀土的微结构和膨胀势，认为面-面叠聚体的存在是土体产生膨胀的主要结构原因。

测量膨胀力的方法主要有膨胀反压法、加压膨胀法、平衡加压法以及恒体积法四种。不同方法各有特点：膨胀反压法是指土体在无荷条件下充分吸水，待其自由膨胀稳定后，再施加荷载使土体恢复至初始体积，在加载过程中土体发生固结压缩；加压膨胀法主要是从多级荷载作用与膨胀量的关系曲线得出土体的膨胀力，即曲线与荷载的交点，可分为单试样法和多试样法；平衡加压法是指土体在刚开始发生吸水膨胀，就逐步对土体施加荷载从而使得土样的体积保持不变，直到土体上覆荷载不发生变化而达到稳定；恒体积法是指土样在吸水膨胀过程中始终保持土体体积不变，同时能够实时测量出土体随着含水量变化时的上覆荷载值（即膨胀力），直到土样饱和（含水量不发生改变，即吸力为0），此时测量出来的压力值就是最理想、最科学的膨胀力。

目前，大多学者测量膨胀力时采用的方法为平衡加压法，所得的结果较为接近实际值，但是实际操作很难控制，因膨胀过程中很难确定到底需要施加多少荷载才能恰好平衡因膨胀而增加的体积。很多研究发现非饱和土只有在体积保持不变的条件下测得的膨胀力才具有物理意义和实用价值，即恒体积法所测结果。而恒体积法对仪器设备的要求最为精密，最难实现。

**1. 膨胀应力研究**

膨胀土产生膨胀本质原因是组成膨胀土的特殊物质成分和结构特征，水是产生膨胀的重要诱发因素。目前对于膨胀过程的机理研究主要有晶格膨胀理论、双电层理论、渗透理论。国内外众多学者从膨胀机理出发，对膨胀应力进行了推导。梁大川认为泥页岩的水化分为表面水化及渗透水化两个过程，在泥页岩与钻井液滤液接触后，黏土表面吸附的阳离子水化，形成扩散双电层，双电层斥力以及均匀液相与双电层中的离子浓度不同，而形成渗透水化，因此水化膨胀压力等于渗透水化阶段黏土颗粒间的排斥力；贾景超从晶格膨胀出发，利用修正的晶层膨胀模型，计算了离子水产生的排斥力；徐加放认为泥页岩在整个水化过程中是线弹性的，根据线弹性基本原理，变形除以弹性模量得到泥页岩水化应力。

**2. 侧向膨胀压力研究**

目前对于侧向膨胀压力分布规律的研究，主要集中在刚性挡土墙结构。王年香、章为民等通过模拟深层浸水条件下的膨胀土挡土墙模型，研究侧向膨胀压力的变化规律，综合考虑了膨胀力、膨胀率、含水率、上覆压力和深度的关系，提出侧向膨胀压力计算方法，分析了侧向膨胀压力的垂直分布模式和影响因素，计算结果与模型试验结果较吻合；王博等对膨胀土膨胀机理进行研究，分析影响膨胀力的主要因素及其相互之间的关系，探讨了设计中的膨胀力取值及加载范围，对成都地铁2号线龙泉东站建模分析基坑围护结构及地表沉降，计算结果与实际监测结果相比，具有更高的可靠度。相关结论能否直接应用于基坑工程，且关于膨胀土侧向压力分布规律没有明确结论，因此研究基坑侧向压力的分布规律更具有工程价值。

**3. 膨胀土地层基坑支护研究**

膨胀土基坑是一类特殊土边坡，其结构失稳也主要是由于膨胀土吸水、体积膨胀、侧壁变形增大造成。工程中常常采取柔性支护和刚性支护两类措施加强膨胀土边坡的稳定性，柔性支护具有很多刚性支护无法具备的优点，目前人们对其认识还不足，导致很多膨胀土地区的边坡处置仍然采用刚性支挡结构。刚性支挡结构主要靠自身重力和抗力来抵挡主动土压力和滑坡推力，不具备让压性，遇到膨胀土这种具有胀缩性的特殊土体就显示出明显不足。但这种认识仅停留在感性层面，只是从定性的角度认为刚性支挡结构支护膨胀土边坡的效果不佳，缺乏足够说服力，还有必要通过室内外试验研究并结合数学分析手段来加以论证，给出一种定量化的评价。

张寅以实际建于膨胀土地区的轨道交通基坑围护工程为例，基于现场基坑变形实测结果，应用三维有限差分方法数值反演了基坑围护工程施工过程中的变形规律并探讨了膨胀土地区不同条件下轨道交通工程基坑围护系统的变形规律；王佳庆等以成都地铁二号线某基坑为例通过 MIDAS/GTS 建立围护桩＋内支撑三维模型，模拟两种不同水平膨胀力的计算方法围护结构的水平变形，得出在基坑支护设计时应该考虑膨胀力的影响；曹昭亮以成都地铁崔家店站为背景，利用 MIDAS/GTS 数值软件模拟基坑开挖过程中基坑支护结构变形规律，并结合监测值分析；杨圣春等以成都地铁川师站为背景，采用 FLAC3D 建立基坑支护三维模型并结合施工现场监测资料，研究基坑围护桩体水平位移变化随膨胀土的压缩模量、抗剪强度指标变化的影响规律，并提出利用对地表注浆加固措施控制基坑围护结构的变形，进而保证基坑的稳定性；纪智超以对成都东郊龙潭寺某试验膨胀土基坑为背景，采用 PFC3D 软件建立基坑模型并结合实测数据，分析计算在降雨工况下膨胀土对基坑悬臂桩位移的影响，并对基坑围护桩支护参数进行了优化设计；朱磊等研究了成都膨胀土基坑设计方法，并分别从膨胀土土体强度参数的确定、膨胀土压力的分布模式以及支护桩锚固段有效深度几个方面展开研究，提出了一种改进的膨胀土基坑设计方法。

随着越来越多地下工程的修建，基坑工程数量也随之迅速增加，深度不断加大，对深基坑工程的安全要求也越来越高，特别基坑工程地层涉及膨胀土这种特殊岩土时，基坑工程设计施工难度更是成倍增加。膨胀土在含水量增大时出现体积增大、抗剪强度降低以及膨胀力的现象，会对基坑边坡的稳定产生极大的威胁。在基坑开挖过程中很难控制膨胀土层含水量不变从而保证膨胀土的土性不受改变，这就导致基坑施工难度和施工风险大大增加，控制不当很容易引起基坑变形过大、破坏甚至危及周边建（构）筑物的安全，对基坑支护结构变形受力规律及其支护设计方法的研究也愈发重要。因此，如何优化膨胀土地层基坑支护设计，控制好膨胀土地层基坑的变形，以保证基坑和周边环境的安全稳定的研究具有重要的工程意义。

## 1.9　桩板结构抗震性能研究

地震作用边坡稳定是岩土工程中十分关心的问题之一。主要研究地震如何作用于边坡（地震作用的计算）、边坡发生失稳的位置（边坡破坏面的位置及形状）、地震作用下边坡是否会失稳（判断失稳的可能性）、边坡失稳的结果（永久变形或永久位移的计算）。在这几个问题中，地震作用的考虑、破坏面的位置和形状确定是研究其他问题的前提，边坡失稳判断和永久位移的计算是重点研究的内容。

抗滑桩作为一种治理滑坡的有效工程措施，占有重要的地位。抗滑桩的抗滑作用主要在于：①依靠滑面以下部分的锚固作用和被动抗力共同平衡作用在桩上的滑坡推力；②桩距在一定范围时，可以借助桩的受荷段与桩后土体及桩两侧的摩阻力形成土拱效应，使滑体不至于从桩间滑出。与一般挡土墙不同，桩板式挡土墙可不受高度的限制，因此，相比于其他挡土结构，桩板式挡土墙在节约投资、降低成本、减小工程数量等方面有着明显的优越性。位于高烈度地震区（8 度）铁路，大量采用了桩板结构作为高边坡路堑支护结构。但是对于高烈度地震区路堑边坡支挡结构物设计怎么考虑，目前国内外尚缺少成熟的设计计算方法，导致设计中常常出现过于保守的现象。因此高烈度地震对桩板结构的影响是一个非常值得研究的问题。

地震作用下土体与结构的动力相互作用是一个普遍存在的问题，也是一个涉及土动力学、结构动力学、非线性振动理论及地震工程学等众多学科的交叉性课题，更是一个涉及非线性、大变形、接触面、局部不连续等多理论与技术热点的前沿性课题，同时又是一个与土木、水利、建筑、市政、交通等众多生产部门的工业建设质量和安全性密切相关的实际性研究课题，因而，数十年来引起了国内外学者的广泛关注。

目前，地震边坡稳定性分析方法主要有基于极限平衡理论和应力-变形分析。惯性失稳分析常采用拟静力法、Newmark 滑块分析法、Makdisi-Seed 法及有限元方法；衰减失稳常采用流动破坏分析法和变形破坏分析法。地震边坡稳定应力-变形分析常采用动力有限元法；根据各单元的永久应变计算方法的不同有应变趋势法、刚度折减法、考虑土体非线性应力-应变特性的方法。Tajimi 用线性黏弹性 Kelvin-Voigt 模型模拟土介质，忽略土体竖向运动分量的影响，研究了均质土中端承桩的水平动力反应；Penzien 采用非线性集中质量模型和 Mindlin 静力点荷载解来描述动力弹性应力和位移场，研究了水平荷载作用下桩的动力反应；Novak 将土介质视作动力 Winkler 介质，给出了单桩动力刚度和阻尼的设计图表；Kaynia 和 Kausel 用边界元法对均质土中桩顶固定的群桩进行了精确的弹性分析，计算了群桩的水平向、竖向和转动的动力阻抗。对于桩-土动力相互作用理论分析模型，代表性的有多质点系模型、动力 Winkler 梁模型和有限元模型。有限元模型能考虑土的非线性和不均匀特性，在桩-土-结构动力相互作用中应用很广，但该方法计算工作量较大，特别是分析群桩效应的三维问题，有时为了减小计算工作量，将三维问题简化为二维问题，或在计算简图中只包含群桩周围最关心的一部分土体，将土体边界处理为人工边界。

本书通过振动台模型试验和理论计算为主要手段，对双排桩板墙结构进行试验，研究其在地震作用下的结构受力、变位的特性及其变化规律，并研究和分析高陡边坡在不同支挡形式下的土体加速度分布情况及其动力特性；另外，对双排桩板结构试验模型中的上、下排桩对滑坡推力的不同支护作用进行了理论和试验计算分析，以期为类似工程的科研、设计、施工工作指导。

## 1.10  包裹式加筋土挡土墙抗震特性研究

在混凝土尚未出现之前，土是工程的主要组成原料之一，几乎所有的工程都离不开土。土体能承受一定的压应力和剪应力，但承受拉应力的能力比较弱，为了提高土体的抗拉能力，人们创造性地发现在土体里加入一些加筋材料，可以提高土体抗拉和抵抗变形的能力。20 世纪 60 年代，法国工程师昂利·维达尔（Henri Vidal）提出了现代加筋土的概念，并通过三轴试验发现，在土中加入一定的拉筋材料，土的强度有很大提高，首次提出了加筋土相关理论和设计方法，使得加筋土挡土墙得到了很快发展，应用范围越来越广。

包裹式加筋土挡土墙是在普通加筋土挡土墙基础上发展出来的，包裹式加筋土挡土墙在土体靠近临空面的一段设折返包裹段。包裹段承受土压力保持墙体稳定，可以不用填土压住而直接固定于上层筋带。加筋的土体及结构均为柔性，在外力作用下有较好的整体变形协调能力，不仅可适应较大的地基变形，而且与其他类型的挡土结构相比，具有良好的抗震性能，对地基承载力要求低，适合在软弱地基上建造，施工简便、速度快、圬工量少且外形美观。

国内外学者对包裹式加筋土挡土墙进行深入研究，但由于填料、筋材、挡墙等之间的力学特性受到各种各样因素的影响，情况十分复杂，所以对包裹式加筋土挡土墙的研究并不是十分透彻。现在加筋土挡土墙的设计施工仅仅是依靠经验，没有成熟的理论进行计算，对于包裹式加筋土挡土墙的抗震分析以及动力研究更是少之又少。由于地震作用很难进行准确的测试，在地震作用下包裹式加筋土挡土墙实际的受力、变形特点很难进行分析，所以对于包裹式加筋土挡土墙的研究主要通过理论分析、振动台试验、数值模拟的方式进行，与实际情况差别比较大。

**1. 静力学研究**

对于加筋土挡土墙的研究始于 20 世纪 60 年代，研究学者们通过振动台试验、数值模拟等方式，根据试验及数值模拟的结果，结合朗肯土压力、库仑土压力等理论基础，并假设破裂面形式，对筋条的受力情况、内力分布等进行分析，得到加筋土挡土墙的内部稳定、外部稳定等诸多方面的结论。通过大量的试验以及工程实例，对于加筋土挡土墙在静力学作用下的研究已趋于成熟，设计与施工方法也趋于完善。

**2. 动力学研究**

拟静力法是假设动力为静力的一种力学分析方法。假设在地震作用下筋料与土体之间摩擦力不足，土体沿已知破裂面滑动，拉筋拉出挡土墙遭受破坏。发生地震时，土体和挡板一起发生震动，水平方向加速度和地震加速度一样，挡板和土体一起承受与地震加速度方向相反的惯性力作用。地震加速度可以分解成水平与竖直两个方向。由于挡土墙底部为地基，强度较大，竖直方向的地震加速度对其影响不大，因而可以不考虑，所以挡土墙的破坏主要是由于水平方向地震加速度造成的，用惯性法求地震土压力。反应谱法是以单自由度加速度设计反应谱和振型分解的原理，求解各阶振型对应的等效地震作用，然后按照一定的原则对各阶振型的地震作用效应进行组合，从而得到多自由度体系的地震作用效应，并假定结构是弹性反应，反应可以叠加，地震是平稳随机过程等。反应谱法也是一种拟静力法，需要考虑持续时长，但忽略了地震的随机性以及地基与土层之间的相互作用。由时程分析可得到各个质点随时间变化的位移、速度和加速度动力反应，进而计算构件内力和变形的时程变化；时程分析法是一种抗震分析方法，也是一种相对比较精细的方法，不但可以考虑结构进入塑性后的内力重分布，而且可以记录结构响应的整个过程；这种方法只反映结构在一条特定地震波作用下的性能，往往不具有普遍性。

**3. 试验研究**

目前，国内外学者对加筋土的筋土界面间特性试验以拉拔试验与直剪试验为主。对于包裹式加筋土挡土墙，通过振动台试验、动三轴试验、共振柱试验等研究挡土墙在地震作用下的受力特性。振动台试验就是在振动台内放入土和加筋材料复合体，施加振动力，给模型带来振动效应，以此来研究加筋土挡土墙的受力特性和变形特点。国内外学者通过振动台试验，缩小加筋土挡土墙模型来分析加筋土挡土墙在地震作用下的受力特点和变形特性，得到一些研究成果。

（1）筋土界面间特性试验。包裹式加筋土挡土墙的设计需要了解筋土界面间特性与作用机理，其中筋土界面间摩擦力的大小及变化是进行结构内部稳定性分析的重要参数。拉拔试验能反映筋材整体沿其作用界面剪应力与位移的变化关系，而直剪试验则能模拟加筋土局部剪应力与位移的变化关系。对两种不同的试验，周志刚等认为若能预估实际工程填土和织物可能出现的相对位移，则直剪试验较为合适，若双面均与土发生相对位移，则拉拔试验更宜，对于刚度较小的土工合成材料，试验较为符合实际情况，对刚度大的材料试验更好。采用直剪大比例拉拔试验与直剪试验进行了筋土界面间特性的研究，土工合成材料的直剪系数一般低于 1.0，不同填料与不同土工加筋材料对直剪系数影响不大，国内推荐采用 0.7~0.8，国外推荐采用 0.65 左右；对于不同类型的填土（砂土和黏性土），在剪应力和应变的关系上表现的特征不一样，砂土越密实峰值越显著、峰值摩擦力越大，黏性土的整个曲线相对比较平缓，几乎没有峰值。

（2）加筋机理试验。对加筋土加筋机理仍然以准黏聚力理论与摩擦加筋理论为主。加筋机理试验研究一般通过静三轴模型试验、离心机模型试验和原位试验来实现。在静三轴模型试验中，假定模型试样为均匀的连续介质，通过施加围压和轴压模拟加筋土中一点的应力状态及所经历的路径，研究加筋土体的变形和强度特征。Henri Vidal 在试验场地的轴对称应力条件下加筋土三轴试验，结果显示加筋确实改善了土的受力性能，即加筋土的黏聚力增大了；Hausmann 指出在低应力阶段，加筋土出现滑移破坏，并且没有明显的黏聚力，仅提高了内摩擦角；Ingold 认为加筋能提高侧限力与粘结力。国内袁雪琪等用常规三轴仪，研究了巫山县集仙中路 1 号 CAT30020 型复合拉筋带加筋土挡土墙在不固结、不排水条件下的变形破坏机理和抗剪强度性质；吴景海等通过三轴试验对 5 种国产土工合成材料的加筋效果作了对比研究；孙丽梅等对不同布筋方式下加筋土强度特性进行了研究，并得到一些有益的结论；张师德和杜鸿梁通过对包裹式加筋土挡土墙的离心机模型试验，发现包裹面内的实测土压力值大于主动土压力，土压力最大值位于墙高中部，当墙顶有均布超载时，侧压力系数接近 1，墙顶无超载时墙面土压力分布为上小下大，沿墙高近似线形分布或抛物线分布；章为民等通过离心机模型试验研究了加筋土挡土墙的主要破坏形式、破坏机理以及主要加筋设计参数对加筋土挡土墙墙体的影响，研究表明，随着筋材强度的增加、布筋密度的加大，墙体的整体刚度与强度也相应增加，软基础对墙体应变分布无明显的不利影响；黄广军通过离心机模型试验研究了影响加筋土挡土墙性状的因素，包括填土、面板和筋材等，并且结合量纲分析法，明确提出了刚性墙面、柔性墙面、刚性筋材和柔性筋材的定义。

（3）动力特性试验研究。振动台试验是在振动台上给模型箱中的加筋土挡土结构施加振动荷载，用于模拟地震作用下的加筋土挡土结构的动力特性。Mohamam H. Maher 等利用共振柱试验测量加筋砂的动力反应，得出了加筋砂在动力荷载作用下筋材对剪应变值、侧向应力、剪切模量和阻尼率的影响；Richardson 报道了美国加利福尼亚大学进行的加筋土挡土墙遭受随机激励荷载的现场试验，加筋土挡土墙高 6.1m，加筋采用钢条带，筋带长 4.88m，垂直间距 0.76m，用连续性爆炸荷载提供激振力模拟地震作用，4 个 0.6kg 的炸药包置于距挡土墙墙址 9.46m 处，4 个炸药爆炸的延时时间从 0 开始分别为 0.0125s、0.0250s、0.0500s、0.0750s，在墙体内选择适当的位置测量加速度时程曲线和动应力时程曲线。周亦唐等对塑料土工格栅加筋土进行了振动台模型试验研究，通过在地震作用下的抗拔试验得出了动摩擦系数与震级的关系；梁波等利用动三轴试验，建立了加筋强度的等效约束模型，测得加筋土动内摩擦角和动内聚力两个强度指标。

（4）原位试验。现场足尺试验虽不太经济，但能够很好地反映加筋土在实际工程中的受力变形情况，有助于对加筋土的受力变形及加筋机理进行更直观的认识。Chistopher 等在加筋土挡土墙足尺试验中发现，当筋材与面板间为刚性连接时，面板上的侧向土压力接近主动土压力；为柔性连接时，则小于主动土压力，一些实测数据表明面板上的侧向土压力小于朗肯或库仑土压力；Konami 在加筋土挡土墙原型试验中发现，越靠近底层，筋材最大拉力越大，最大拉力点越靠近墙面，上层的最大拉力值则变小且向墙体内部移动，各层筋材最大拉力点连线接近 $0.3H$ 的潜在破裂面；有不少学者发现，当筋材刚度很大，面板刚度相对较小时，各层筋材的最大拉力点均在筋材与面板连接处。

我国的包裹式加筋土挡土墙设计基于极限平衡法，用稳定系数，来确定挡土墙的外部稳定和内部稳定。地震造成工程损失的经验告诉我们包裹式加筋土挡土墙具有良好的抗震性能，可以减轻地震的破坏作用。随着工程的抗震性能要求越来越高，针对工程特性，对包裹式加筋土挡土墙在地震作用下的加筋机理、受力、变形、设计方法、计算理论及破坏模式进行系统研究，完善加筋土挡土墙的抗震设计计算理论，并以此为依据指导加筋土挡土墙抗震设计及施工，具有重大的工程使用价值和经济价值。

综上所述，在工程的设计与施工过程中，地基基础是很复杂、很重要的一部分，要保证工程的安全与正常使用，就必须保证其基础具有足够的强度和稳定性。但是地基基础中由于各种因素的影响存在一些问题，需要根据存在的问题提出相应的解决途径和具体措施。本书结合近年来在工程实践中遇到的问题，如吹填场地的固结及工后沉降计算与预测问题，膨胀土场地的工程特性对地基基础设计危害问题，桩土共同作用分析方法问题，新近填土中桩基负摩阻力确定问题，支挡结构的抗震性能问题，等等，采用模型试验方法进行深入研究，希望在深入认识、解决实际问题的方式、方法等方面与相关专家、学者进行交流，确保基础设计安全、经济、适用、耐久的同时，促进对地基基础工程新问题的解决以及新技术、新理论的不断发展。

# 第 2 章　吹填场地工后次固结变形及沉降预测试验研究

## 2.1　引言

土体的次固结对其工程性状有重要影响，与地基的渗流、稳定和沉降等问题密切联系。土体的次固结变形导致建筑基础下沉，直接影响上部结构的使用和安全。

关于土体的次固结的定义有很多，比如 Mitchell 认为土的蠕变是"剪应变和体应变随时间而变"的现象，且其应变速率取决于土体结构的黏滞阻力大小；Taylor 等（1940）曾提出：次固结压缩是黏土结构的塑性调整，这种调整是时间过程，所以又称之为时间效应；陈宗基（1958）认为在土体固结过程中的次固结变形机理主要是由于偏应力而产生的黏滞剪切蠕变及体应力而产生的黏滞体积蠕变。

体积变形的延滞作用是土骨架本身黏弹性所致，同时也是由于孔隙水挤出的延滞而产生的。Buisman(1963) 发现在次固结变形阶段，土体的变形与时间对数呈线性关系，并提出次固结系数这个概念；Buisman 关于次固结系数的理论是基于重塑土的研究，认为土体的次固结系数不随时间发生变化，正常固结重塑土的次固结系数与应力水平无关。

总体来说，目前国内外学者对于次固结的机理尚无统一认识，且专门针对吹填土开展的次固结试验研究尚不多见。作为软土固结特性研究十分重要的一部分内容，吹填地区土体次固结特性的深入研究十分必要，并具有重大的工程应用价值。

### 2.1.1　软土次固结特性研究

在试验研究方面，国内外学者针对软土的次固结特性进行了大量的试验研究。Mesri 等通过试验研究发现，天然沉积结构黏性土存在特有的次固结特性，与应力水平和时间都密切相关。殷建华、殷宗泽等基于重塑土进行试验研究，认为土体的次固结系数不随时间发生变化，正常固结重塑土的次固结系数与应力水平无关；周秋娟、陈晓平（2006）对广州南沙原状软土进行了一系列的固结试验，探讨了应力历史、加荷比、超载预压对软土次固结的影响；张卫兵等（2007）在一系列一维固结试验基础上，探讨了压实黄土的次固结特性，认为当土体处于正常固结状态时，次固结系数近似为一常数，而经超载预压处理后，次固结系数随超载比和超载作用时间不同而变化，同时，在正常固结状态时，次固结系数与压缩指数具有很好的相关性，且受加载比和作用时间的影响较小；曾玲玲等（2011）通过对连云港天然沉积原状土和重塑土进行一维压缩次固结试验，探讨天然沉积结构性土的次固结特性与应力水平，以及时间发展的关系，提出一种能反映结构性影响的次固结变形预测方法。

次固结系数的确定。根据固结试验结果通常可把试样变形分解为瞬时变形、主固结变形（渗透变形）和次固结变形（蠕变），它们之间各占的比例可估算结构物的稳定时间、沉降量和蠕变的影响（图 2.1.1）。次固结系数不仅是表现土体蠕变性能的一个重要指标，也是用来计算次固结变形量的一个重要参数，但次固结系数的准确测定是一项费时费力的工作，用其他易测定的量来估算次固结系数的大小是有实际意义的试验研究。目前，关于次固结系数的定义有两种：

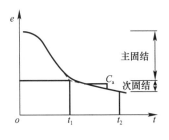

图 2.1.1　孔隙比与时间对数关系

（1）以孔隙比 $e$ 确定的次固结系数：

$$C_{ae} = (e_1 - e_2)/(\log t_1 - \log t_2) \tag{2.1.1}$$

（2）以应变确定的次固结系数：

$$C_{ae} = (\varepsilon_1 - \varepsilon_2)/(\log t_1 - \log t_2) = C_{ae}(1 + e_0) \tag{2.1.2}$$

目前求次固结系数比较普遍使用的经典计算方法是图 2.1.1 所示的孔隙比与时间对数关系，即式（2.1.1）。由于该方法没有考虑荷载与时间因素的影响，且主次固结阶段划分不明确，也限制了其适用性。

国内外学者对于次固结系数的影响因素进行了诸多研究。一般认为次固结系数受到每级荷载持续的时间 $t$、固结压力 $P$、加荷比 $\Delta p/p$、应力历史、塑性指数 $I_p$ 等的影响，而不是常数。Newland T 和 Allely(1960)、Hom 和 Lambe(1964) 等认为次固结系数取决于最终固结压力，与荷载的增量比无关；刘世明（1988）针对杭州黏土，认为当荷载小于某值时，次固结系数与荷载有关，大于某值后则无关；于新豹等（2003）将饱和黏性土骨架视为黏弹性体，分析了次固结对固结过程的影响，提出了一种划分主次固结的方法，并以此分析了次固结的作用；雷华阳和肖树芳（2002）认为次固结系数与荷载无关的结论不适用于天津的海积软土；殷宗泽等（2003）认为次固结特性以先期固结压力为荷载分界点，土在超固结状态时次固结与荷载有关，正常固结时与之无关；陈君享（2007）研究了应力水平、应力历史、加荷速率、应力比等因素对次固结系数的影响；邵光辉等（2008）认为次固结系数产生变化的荷载分界点不是先期固结压力，而是结构完全屈服时的压力，提出土的结构性对次固结系数存在影响；其他一些学者也做了相关的试验和理论研究工作。

## 2.1.2　次固结变形预测模型研究

关于软土次固结变形预测模型方面，国内外学者进行过一系列的研究。Bjerrum（1972）用平行直线近似代替正常固结土压缩试验的 $e$-$\lg p$ 等时曲线，并设想 $1\sim10000$ 年时的 $e$-$\lg p$ 等时曲线同样为平行直线（图 2.1.2），依据该理论，在高压力下，土体已经很密实了，认为仍有很大可能产生次压缩变形，这显然是不符合实际的，同时，该理论认为次固结系数 $C_a$ 与荷载增量和加荷比无关，这在很多学者的试验研究中认为是不准确的；Mesri 和 Godlewski 总结了 22 种黏土的次固结试验结果指出，对于同一种原状土，次固结系数 $C_a$ 与压缩指数 $C_c$ 的

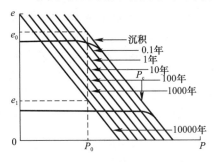

图 2.1.2　Bjerrum 提出的不同历时压缩曲线

比值是一个常数，其值在 $0.025\sim0.10$ 之间；Sekiguchi 曾建立了一个用塑性指数表达次固结系数的关系式，即 $C_a=0.00168+0.00033I_p$。

在此基础上，国内外学者针对不同种类土提出了一些用塑性指数表达的次固结系数关系式。张惠明（1994）、于新豹（2003）分别对深圳软土、连云港软土有类似结论；殷建华（1996）提出的一维流变模型，区分了正常固结土与超固结土的情况；殷宗泽（2003）对软土次固结变形进行了详细分析，并提出了次固结沉降量的计算方法；曹玉萍（2007）研究了饱和黏性土次固结系数与含水率的关系，认为饱和黏性土的次固结系数与含水率之间的关系基本呈线性变化，并建立了饱和黏性土次固结系数与含水率关系的相关公式；余湘娟等（2007，2008）将 Bjerrum 的模型进行修正，采用一组斜率随荷载而减小的 $e$-$\lg p$ 线来代替平行线，后采用修正的双曲线模型 $C_a=A+B/p$ 来拟合正常固结土 $p>p_c$ 时次固结系数与压力之间的关系，并得到了较好的验证，同时通过试验研究，也认为次固结系数随着含水量的增加而增加，总体呈线性增加的趋势，提出了二者间的关联公式。

目前对于软土次固结变形的研究多基于正常沉积软土，针对新近吹填成陆的地基土所建立的次固结变形预测模型较少，因此，建立一个适用于新近吹填成陆的地基的次固结变形预测模型显得十分必要。

### 2.1.3　问题提出

总结、分析国内外发展现状，不难看出：

（1）无论是从学术和科研的角度，还是从工程建设的发展和要求的角度，对吹填场地地基土变形特性的充分认识和正确模拟都具有较高的研究价值和使用意义。目前国内外对处于不同围海造陆施工阶段土体工程特性的研究尚属空白；经地基加固达到使用要求的围海成陆区域的地基土虽经加固处理，一般仍属于淤泥或淤泥质土范围。这类土的强度低、压缩性高、透水性小，在工程特性上与历经数万年形成的天然地基土存在着较大差异；且对其工程特性的研究亦有待深入。因此，为了保证吹填场地地基土的长期稳定和建于其上构筑物的安全持久，有必要揭示吹填场地不同阶段、不同类型地基土的固结及次固结特性。

（2）工程实践表明，经处理的吹填土其下部土层不仅是控制地基整体承载力的关键，也是固结沉降的主要发生部位。即使经过地基处理，在长期荷载作用下，也会发生不可忽视的蠕变变形，由此关系到地基的长期稳定性和基础安全性。现有的研究成果以及工程实例均表明如何评价和预测吹填土地区地面沉降业已成为影响沿海城市发展建设的瓶颈问题。因此，构造能够合理描述软黏土特性的变形计算模型，实现对地基长期沉降的有效预测，对于评价场地地基土体与工程结构物的长期稳定性和运行安全等皆具有十分重要的实际意义。

### 2.1.4　研究内容及路线

工程实践表明，天然地基土的强度随深度增加呈线性增长，而经预压处理后的地基强度多呈上大下小的分布规律，这就导致两种地基在变形与承载等工程性质方面存在差异。研究内容主要包括：

（1）为预测吹填场地地基土的沉降，开展地基土主次固结划分及其影响因素研究；

（2）为了揭示二者在变形特性上的差异，开展吹填场地不同阶段软土与天然沉积土工程特性的对比研究；

（3）进行吹填场地土体的次固结变形特性分析，并在此基础上完善相应的计算模型。

试验研究路线如图 2.1.3 所示。

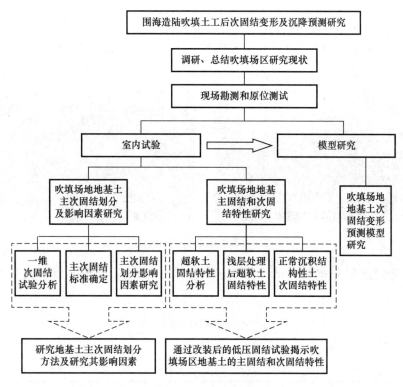

图 2.1.3　试验研究路线

## 2.2　吹填场地地基土主次固结划分及影响因素研究

### 2.2.1　背景工程

岩土工程实践表明，很多工程事故都与土体的次固结变形有关。如沪宁高速公路次固结占总沉降的 5%；京津塘高速公路次固结变形量占总沉降量的 9%～13%；杭甬高速公路软基试验段次固结与瞬时沉降占总沉降量的 10%～40%。可见，工程建设中次固结的影响不容忽视。

次固结系数是反映软黏土在恒荷载作用下随时间增长而变形的一个重要特征指标。根据次固结系数可以预估结构物基础达到最终沉降量所需要的时间或者预估结构物完工后经过某一段时间可能产生的沉降量，即结构物基础沉降与时间的关系，结合结构物的使用年限，就能推测出该工程稳定性状态及范围，以确保工程的安全性。然而正确掌握和分析主次固结划分及其影响因素是预估工后沉降的基础，因此，对主固结和次固结变形如何测定与划分是一项既有理论价值又有实践意义的试验研究工作。

试验选取天津中心渔港和轻纺城两个场地的吹填土作为研究对象，其中，中心渔港位于天津滨海新区汉沽，占地 18km²，属于规划建设的"一港一城"，其中，陆域"一城"规划面积 10km²，主要为产业区和居住区；海域"一港"规划面积 8km²，主要为作业港区和休闲港湾区。

选取土样类型包括：中心渔港已吹填未处理的地基土、真空预压处理后的吹填地基土和轻纺城堆填场地土，图 2.2.1 为中心渔港吹填土地基真空预压施工现场。

图 2.2.1  吹填土地基真空预压施工现场

两个场地的地层分布如表 2.2.1 所示，场地土层的基本物理力学指标如表 2.2.2 所示。

研究区域地层分布　　　　　　　　　　　　　　　　表 2.2.1

| 中心渔港 | | | | 轻纺城 | | | |
| --- | --- | --- | --- | --- | --- | --- | --- |
| 地层编号 | 地层名称 | 层厚（m） | 层底深度（m） | 地层编号 | 地层名称 | 层厚（m） | 层底深度（m） |
| ①₃ | 吹填土 | 1.3 | 3.6 | ④₂ | 粉质黏土 | 1.0 | 2.4 |
| ⑥₂ | 粉质黏土 | 3.6 | 7.2 | ⑥₂ | 淤泥质黏土 | 10.4 | 12.8 |
| ⑥₃ | 粉土 | 4.6 | 11.8 | ⑥₄ | 粉质黏土 | 3.3 | 16.1 |
| ⑥₄ | 淤泥质粉质黏土 | 5.7 | 17.5 | ⑦ | 粉质黏土 | 2.0 | 18.1 |
| ⑥₅ | 粉土 | 3.8 | 21.3 | ⑧₁ | 粉质黏土 | 1.4 | 19.5 |
| ⑦ | 粉质黏土 | 3.9 | 25.2 | ⑨₁ | 粉质黏土 | 2.2 | 21.7 |
| ⑧₁ | 粉质黏土 | 3.2 | 28.4 | ⑨₂ | 粉土 | 3.4 | 25.1 |
| ⑨₁ | 粉质黏土 | 5.0 | 33.4 | ⑨₂' | 粉质黏土 | 2.7 | 27.8 |
| ⑩₁ | 粉质黏土 | 2.2 | 35.6 | ⑨₂ | 粉土 | 6.0 | 33.8 |
| ⑪₁ | 黏土 | 5.4 | 41.0 | ⑩₁ | 粉质黏土 | 1.2 | 35.0 |
| ⑪₂ | 粉质黏土 | 9.0 | 50.0 | | | | |

场地土层的基本物理力学指标　　　　　　　　　　表 2.2.2

| 场地类型 | 土性 | 深度（m） | 密度（g/cm³） | 含水率（%） | 初始孔隙比 |
| --- | --- | --- | --- | --- | --- |
| 中心渔港已处理 | 吹填土 | 1.0～3.8 | 1.970～2.036 | 20.51～24.30 | 0.604～0.670 |
| | 淤泥质土 | 3.8～4.8 | 1.780～2.001 | 24.30～42.10 | 0.670～1.190 |

续表

| 场地类型 | 土性 | 深度（m） | 密度（g/cm³） | 含水率（%） | 初始孔隙比 |
|---|---|---|---|---|---|
| 中心渔港已处理 | 粉质黏土 | 4.8～6.3 | 1.920～1.949 | 28.01～28.90 | 0.780～0.820 |
| | 粉土 | 6.3～11.0 | 1.958～1.980 | 23.10～26.85 | 0.660～0.749 |
| | 粉质黏土 | 11.0～19.8 | 1.943～1.981 | 25.19～33.40 | 0.746～0.950 |
| | 粉土 | 19.8～21.2 | 1.970～2.016 | 22.64～27.90 | 0.649～0.760 |
| | 粉质黏土 | 21.2～37.1 | 1.880～2.090 | 20.50～35.10 | 0.683～0.970 |
| | 黏土 | 37.1～40.2 | 1.830～1.840 | 37.50～39.00 | 1.030～1.090 |
| | 粉质黏土 | 40.2～47.0 | 1.970～2.070 | 19.90～28.00 | 0.570～0.780 |
| | 粉土 | 47.0～53.8 | 1.860～2.080 | 20.86～25.90 | 0.574～0.720 |
| | 粉砂 | 53.8～60.0 | 1.950～2.080 | 20.00～27.30 | 0.540～0.830 |
| 中心渔港未处理 | 吹填土 | 1.0～2.6 | 1.820～1.844 | 33.82～39.20 | 0.967～1.808 |
| | 黏土 | 2.6～5.2 | 1.820～1.830 | 36.60～39.20 | 1.060～1.080 |
| | 粉质黏土 | 5.2～10.2 | 1.790～1.870 | 34.50～41.30 | 0.950～1.160 |
| | 粉土 | 10.2～11.2 | 1.790～1.898 | 29.42～41.30 | 0.848～1.160 |
| | 粉质黏土 | 11.2～16.1 | 1.885～1.990 | 23.60～33.64 | 0.670～0.921 |
| | 粉土 | 16.1～19.4 | 1.760～1.870 | 32.55～45.50 | 0.930～1.270 |
| | 黏土 | 19.4～20.2 | 2.010～2.060 | 20.02～21.02 | 0.580～0.626 |
| | 粉土 | 20.2～25.5 | 1.981～2.030 | 23.60～25.17 | 0.640～0.706 |
| | 粉砂 | 25.5～29.5 | 2.016～2.080 | 22.90～24.36 | 0.650～0.672 |
| | 粉质黏土 | 29.5～31.6 | 2.005～2.080 | 19.70～22.45 | 0.530～0.643 |
| | 粉土 | 31.6～36.0 | 2.030～2.081 | 20.67～22.00 | 0.571～0.620 |
| | 粉质黏土 | 36.0～46.5 | 2.030～2.033 | 21.30～22.00 | 0.617～0.620 |
| | 粉土 | 46.5～49.0 | 1.870～1.956 | 28.06～32.70 | 0.774～0.950 |
| | 粉质黏土 | 49.0～56.3 | 1.950～2.100 | 19.40～29.00 | 0.540～0.810 |
| | 粉砂 | 56.3～60.0 | 1.980～2.100 | 15.80～22.10 | 0.470～0.640 |
| 轻纺城未处理 | 素填土 | 1.0～1.8 | 1.970～1.980 | 24.34～27.20 | 0.699～0.750 |
| | 粉质黏土 | 1.8～3.9 | 1.970～1.983 | 26.60～27.20 | 0.730～0.750 |
| | 粉土 | 3.9～5.3 | 1.948～1.970 | 25.61～27.90 | 0.741～0.750 |
| | 淤泥质土 | 5.3～13.2 | 1.730～1.790 | 42.80～50.20 | 1.200～1.400 |
| | 粉质黏土 | 13.2～31.8 | 1.790～2.090 | 19.80～41.70 | 0.560～1.180 |
| | 粉土 | 31.8～35.2 | 2.030～2.060 | 21.50～23.10 | 0.590～0.640 |
| | 粉质黏土 | 35.2～44.5 | 1.940～2.060 | 21.40～30.70 | 0.600～0.840 |
| | 粉土 | 44.5～46.2 | 1.960～2.060 | 21.40～24.60 | 0.600～0.710 |
| | 粉质黏土 | 46.2～48.2 | 1.960～2.000 | 24.60～25.00 | 0.690～0.710 |
| | 粉砂 | 48.2～55.0 | 2.000～2.040 | 19.60～25.00 | 0.560～0.690 |

## 2.2.2　试验方案

试验主要是针对不同场地（中心渔港已处理、中心渔港未处理和轻纺城未处理），考虑不同的影响因素（试样高度、排水条件、加载方式），进行一系列一维次固结试验。试

验均选用面积为 $30cm^2$、高度分别为 2cm 和 6cm 的两种类型，采用分别加载和分级加载两种方式，加荷等级为 25kPa、50kPa、100kPa、150kPa、200kPa、300kPa、400kPa、600kPa、800kPa，每级荷载以定时观测变形小于 0.005mm/d 为稳定标准，待一级荷载下变形稳定后加下一级荷载，数据采集记录采用 TWJ 微机数据采集处理系统，具体试验方案见表 2.2.3。

一维次固结试验方案 表 2.2.3

| 土性 | | | 加荷比 | 土样高度（cm） | 加载方式 | 排水条件 |
|---|---|---|---|---|---|---|
| 吹填土（未处理） | 吹填土（处理后） | 正常沉积土 | — | 2 | 分别加载 | 双面排水 |
| | | | — | 6 | | 单面排水 |
| | | | — | 2 | | 双面排水 |
| | | | =1 | 2 | 分级加载 | 双面排水 |
| | | | =1 | 2 | | 单面排水 |
| | | | >1 | 2 | | 双面排水 |
| | | | =1 | 6 | | 双面排水 |

注：试验针对三种土性每个深度土层均按照此方案进行一组试验。

## 2.2.3　试验结果分析

根据太沙基理论，变形-时间对数曲线在初始阶段为一曲线，之后会出现反弯点，因此可用 Casagrande 作图法来确定主次固结的分界点。图 2.2.2 为一典型的孔隙比与时间半对数关系的试验曲线。从图中可以看出，在荷载作用下，孔隙比在加荷的开始阶段变化较大，持续一段时间后，曲线上出现明显的拐点，拐点后孔隙比变化随时间变化明显减小，可以将此拐点作为划分主次固结变形时间的分界点，其之前为主固结阶段，之后为次固结阶段，拐点所对应的时刻作为次固结变形的开始时间。

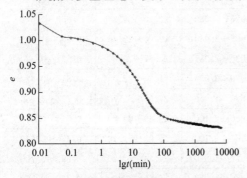

图 2.2.2　孔隙比与时间半对数关系曲线

目前，关于次固结试验的操作规程及次固结系数的计算方法，规范上并没有统一规定，通常次固结系数的计算分为以孔隙比 $e$ 确定的次固结系数和以应变确定的次固结系数。

一般采用第一种方法计算次固结系数，即在 $e$-$\lg t$ 关系曲线中通过下式求出：

$$C_a = -\frac{\Delta e}{\lg t_2 - \lg t_1} \qquad (2.2.1)$$

式中，$t_2$ 为次固结量的计算时刻（s）；$t_1$ 为固结度达到 100％ 的时间（s）。

依据式（2.2.1），通过拟合计算，可得到不同场地、不同深度下土体的次固结系数。

**1. 分别加载时的次固结试验结果**

图 2.2.3(a)、(b)为中心渔港已处理土体在分别加载条件下的应变-时间变化关系曲线，可以看出：

（1）不同荷载条件下土体 $\varepsilon$-$t$ 曲线发展趋势一致，在加载初始有一定量的瞬时弹性应变，变形速率较大，之后变形随时间增长逐渐趋于稳定，变形速率趋向于零；

（2）当荷载为 25kPa 时软土的稳定蠕变量只有 1%，随着荷载增加到 225kPa 时蠕变量可达 9%。应变-时间试验曲线采用双对数坐标形式如图 2.2.3(b)所示。可见，随着荷载水平逐渐增大，蠕变曲线在双对数坐标系中有明显的双折线线性关系；当荷载为 25kPa 时曲线并没有呈现双折线线性关系。

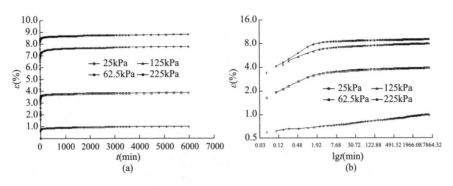

图 2.2.3　分别加载条件下试验应变-时间曲线

图 2.2.4 为三个地块中选取的 6 个不同深度土样的 $e$-lg$t$ 曲线，其中拟合公式为试验曲线中直线段的对数拟合，图例中的已（未）处理分别代表中心渔港已（未）处理场地试验结果。

通过对中心渔港已处理场地和未处理场地及轻纺城堆填土未处理场地不同土层的次固结系数进行对比，可以看出：

（1）图 2.2.4(a)～(c)，未经过真空预压处理的土体，其固结试验曲线可分为三部分：起始部分为抛物线，而后会出现反弯点；中间部分为直线，其斜率较大；曲线末端部分为渐进直线，斜率较小。经过真空预压处理后的土体孔隙比时间对数曲线呈现上凹形，没有明显的反弯点。拐点产生之前，未经处理土体的曲线孔隙比缓慢下降，10min 内孔隙比下降 1%～3%，而经过真空预压处理的曲线呈现孔隙比迅速下降趋势，10min 内孔隙比下降 6%～8%，且迅速进入次固结阶段。这表明，与未处理场地相比，已处理场地土受真空预压影响较大，试验过程中较快进入次固结变形阶段。

（2）处理场地的土体次固结系数与未处理场地相比偏小，如中心渔港淤泥质黏土土层未处理场地次固结系数是处理后场地的 5.3 倍，未处理场地吹填土和粉质黏土的次固结系数分别是处理后场地的 2.7 倍和 1.6 倍；由试验数据结合土性、密度和含水率可知，中心渔港已处理场地的 21.1～23.9m 深度和未处理场地的 6.3～11.0m 深度土性相同、含水率相差不大，其次固结系数相差不大；中心渔港已处理场地 11.0～19.8m 深度土体的含水率与 21.1～23.9m 深度相比较大，后者的次固结系数明显大于前者，据此可初步判断真空预压对于 21.1～23.9m 深度土体的影响很小，真空预压的影响深度约为 20m。

**2. 分级加载的次固结试验结果**

表 2.2.4 和表 2.2.5 分别为中心渔港已处理场地、未处理场地和轻纺城未处理场地部分土层在分别加载和分级加载时的次固结系数。

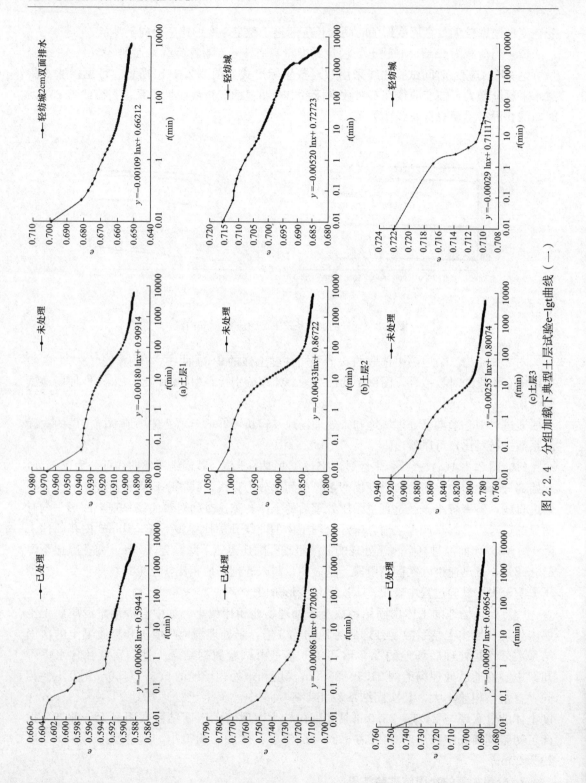

图 2.2.4 分组加载下典型土层试验 e—lgt 曲线（一）

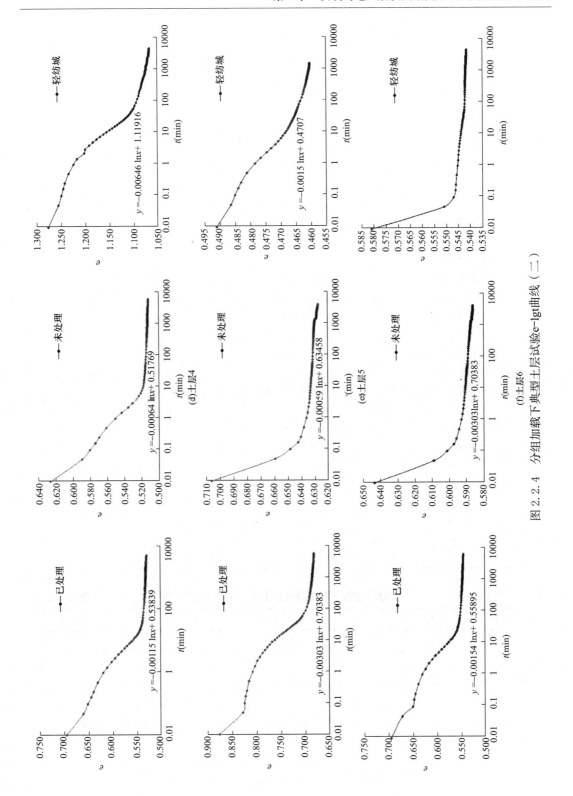

图 2.2.4　分组加载下典型土层试验 e-lgt 曲线 (二)

分别加载下不同场地的土层次固结系数　　　　表 2.2.4

| 土层编号 | 土性 | 深度（m） | 场地 | 荷载（kPa） | 次固结系数（$10^{-3}$）（土样 2cm，双面排水） |
|---|---|---|---|---|---|
| 1 | 吹填土 | 1.2～1.4 | 中心渔港已处理 | 25 | 1.56 |
|  | 吹填土 | 2.9～3.1 | 中心渔港未处理 | 25 | 4.14 |
|  | 素填土 | 0～1.2 | 轻纺城未处理 | 12.5 | 2.51 |
| 2 | 淤泥质黏土 | 6.0～6.2 | 中心渔港已处理 | 65 | 1.89 |
|  | 淤泥质黏土 | 6.0～6.2 | 中心渔港未处理 | 65 | 9.96 |
|  | 粉质黏土 | 1.2～3.9 | 轻纺城处理 | 25 | 5.20 |
| 3 | 粉土 | 8.6～8.8 | 中心渔港已处理 | 87.5 | 2.23 |
|  | 粉质黏土 | 9.1～9.3 | 中心渔港未处理 | 87.5 | 5.87 |
|  | 粉土 | 3.9～5.3 | 轻纺城未处理 | 50 | 3.23 |
| 4 | 粉质黏土 | 12.6～12.8 | 中心渔港已处理 | 125 | 3.54 |
|  | 粉质黏土 | 13.1～13.3 | 中心渔港未处理 | 125 | 5.77 |
|  | 淤泥质黏土 | 5.3～13.2 | 轻纺城未处理 | 87.5 | 6.46 |
| 5 | 粉质黏土 | 16.8～17.0 | 中心渔港已处理 | 175 | 2.56 |
|  | 粉土 | 17.1～17.3 | 中心渔港未处理 | 175 | 1.47 |
|  | 粉质黏土 | 13.2～31.8 | 轻纺城未处理 | 125 | 2.63 |
| 6 | 粉质黏土 | 23.4～23.6 | 中心渔港已处理 | 225 | 6.97 |
|  | 粉土 | 20.9～21.1 | 中心渔港未处理 | 225 | 1.36 |
|  | 粉土 | 31.8～35.2 | 轻纺城未处理 | 300 | 2.44 |
| 7 | 粉质黏土 | 25.8～26.0 | 中心渔港已处理 | 250 | 3.54 |
|  | 粉质黏土 | 27.1～27.3 | 中心渔港未处理 | 250 | 1.89 |
| 8 | 粉质黏土 | 28.8～29.0 | 中心渔港已处理 | 300 | 2.09 |
|  | 粉质黏土 | 29.9～30.1 | 中心渔港未处理 | 300 | 2.25 |
| 9 | 粉质黏土 | 33.2～33.6 | 中心渔港已处理 | 325 | 2.23 |
|  | 粉土 | 33.1～33.3 | 中心渔港未处理 | 325 | 1.33 |
| 10 | 粉质黏土 | 35.2～35.4 | 中心渔港已处理 | 350 | 5.52 |
|  | 粉土 | 36.7～36.9 | 中心渔港未处理 | 350 | 2.46 |

分级加载下不同场地的土层次固结系数　　　　表 2.2.5

| 场地 | 深度（m） | 土性 | 荷载（kPa） | 次固结系数（$10^{-3}$）（土样 2cm，双面排水） |
|---|---|---|---|---|
| 中心渔港已处理 | 6.8～7.0 | 粉土 | 25 | 1.75 |
|  |  |  | 50 | 1.59 |
|  |  |  | 100 | 1.66 |
|  |  |  | 200 | 1.47 |
|  |  |  | 300 | 2.05 |
|  | 21.4～21.8 | 粉质黏土 | 50 | 2.88 |
|  |  |  | 100 | 3.68 |
|  |  |  | 200 | 6.39 |
|  |  |  | 300 | 6.99 |
|  |  |  | 400 | 6.95 |

续表

| 场地 | 深度（m） | 土性 | 荷载（kPa） | 次固结系数（$10^{-3}$）（土样 2cm，双面排水） |
|------|---------|------|-----------|------------------------------------|
| 中心渔港未处理 | 23.1～23.3 | 粉土 | 25 | 0.85 |
| | | | 50 | 1.52 |
| | | | 100 | 1.66 |
| | | | 200 | 2.02 |
| | | | 400 | 2.00 |
| 轻纺城未处理 | 4.8～5.0 | 粉质黏土 | 25 | 0.48 |
| | | | 50 | 1.17 |
| | 21.2～21.4 | 粉质黏土 | 100 | 2.90 |
| | | | 200 | 3.57 |
| | | | 25 | 1.54 |
| | | | 50 | 2.39 |
| | | | 100 | 2.76 |
| | | | 200 | 3.08 |
| | | | 400 | 3.36 |

图 2.2.5 为中心渔港处理后吹填土分级加载时的应变-时间曲线，可以看出：

（1）不同试验条件下土体 $\varepsilon$-$t$ 曲线发展趋势一致，呈阶梯状发展。每级荷载加载瞬时产生瞬时应变，随时间增长，应变逐渐趋于稳定。例如当时间为 13000min 时，11.4～11.6m 深度的应变为 13.9%，21.6～21.8m 深度的应变为 13.5%。

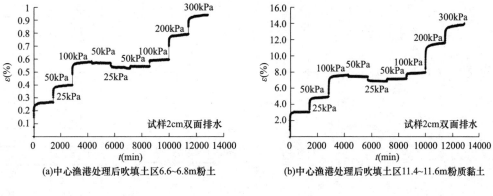

(a)中心渔港处理后吹填土区6.6~6.8m粉土　　(b)中心渔港处理后吹填土区11.4~11.6m粉质黏土

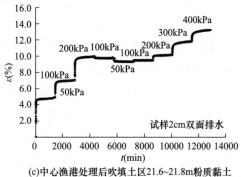

(c)中心渔港处理后吹填土区21.6~21.8m粉质黏土

图 2.2.5　分级加载下试验 $\varepsilon$-$t$ 曲线

（2）在卸载过程中，土体的应变分别减小 0.08%、0.6%、0.9%，当重新加载时，变形量会随之增加，但是恢复的变形量要小于减小的变形量，即有一部分变形量不可恢复。

选取典型土层，总结中心渔港已处理场地、未处理场地以及轻纺城堆填土场地各土层在分级加载时的次固结系数，如表 2.2.6 所示。

可知，中心渔港已处理场地、未处理场地以及轻纺城未处理场地各土层在分级加载时的次固结系数存在一定的规律性：

① 随着荷载增大，土体的次固结系数相应增大；当荷载增大到某一个值时，次固结系数达到最大值，随后次固结系数有所下降。

② 卸载过程中次固结系数会减小，当重新加载后，次固结系数也不会达到原来的数值。以中心渔港已处理 6.8~7.0m 的土样为例，当荷载加到 100kPa 时，次固结系数为 1.66；当荷载卸载到 50kPa 时，次固结系数迅速减小为 0.47；当重新加载到 100kPa 后，次固结系数保持在 0.12~0.47 之间，表明次固结系数受加卸载方式的影响较大。

典型土层次固结系数与荷载的关系　　　　表 2.2.6

| 场地 | 土性 | 土样深度(m) | 排水情况 | 序号 | 土样高度(cm) | 加荷方案(kPa) | 荷载等级(kPa) | 次固结系数(×10⁻³) |
|---|---|---|---|---|---|---|---|---|
| 中心渔港已处理 | 粉土 | 6.8~7.0 | 双面排水 | 1 | 2 | 25→50→100→50→25→50→100→200→300 | 25 | 1.75 |
| | | | | | | | 50 | 1.59 |
| | | | | | | | 100 | 1.66 |
| | | | | | | | 50 | 0.47 |
| | | | | | | | 25 | 0.12 |
| | | | | | | | 50 | 0.23 |
| | | | | | | | 100 | 0.55 |
| | | | | | | | 200 | 1.47 |
| | | | | | | | 300 | 2.05 |
| | | | | 2 | 6 | 25→50→100→50→25→50→100→200→300 | 25 | 0.39 |
| | | | | | | | 50 | 0.37 |
| | | | | | | | 100 | 0.64 |
| | | | | | | | 50 | 0.21 |
| | | | | | | | 25 | 0.07 |
| | | | | | | | 50 | 0.09 |
| | | | | | | | 100 | 0.14 |
| | | | | | | | 200 | 0.90 |
| | | | | | | | 300 | 0.94 |
| | 粉质黏土 | 19.2~19.6 | 双面排水 | 3 | 2 | 50→100→200→100→50→100→200→300→400 | 50 | 1.82 |
| | | | | | | | 100 | 1.45 |
| | | | | | | | 200 | 2.05 |
| | | | | | | | 100 | 0.98 |
| | | | | | | | 50 | 0.15 |
| | | | | | | | 100 | 0.23 |
| | | | | | | | 200 | 0.39 |
| | | | | | | | 300 | 1.89 |
| | | | | | | | 400 | 2.21 |

| 场地 | 土性 | 土样深度<br>（m） | 排水情况 | 序号 | 土样高度<br>（cm） | 加荷方案<br>（kPa） | 荷载等级<br>（kPa） | 次固结系数<br>（×10⁻³） |
|---|---|---|---|---|---|---|---|---|
| 中心渔港已处理 | 粉质黏土 | 19.2～19.6 | 双面排水 | 4 | 6 | 50→100→200→100→<br>50→100→200→300→400 | 50 | 1.06 |
| | | | | | | | 100 | 1.40 |
| | | | | | | | 200 | 1.45 |
| | | | | | | | 100 | 0.54 |
| | | | | | | | 50 | 0.09 |
| | | | | | | | 100 | 0.10 |
| | | | | | | | 200 | 0.35 |
| | | | | | | | 300 | 1.77 |
| | | | | | | | 400 | 1.96 |
| | 粉质黏土 | 21.4～21.8 | 双面排水 | 5 | 2 | 50→100→200→100→<br>50→100→200→300→400 | 50 | 2.88 |
| | | | | | | | 100 | 3.68 |
| | | | | | | | 200 | 6.39 |
| | | | | | | | 100 | 1.16 |
| | | | | | | | 50 | 0.32 |
| | | | | | | | 100 | 0.96 |
| | | | | | | | 200 | 1.68 |
| | | | | | | | 300 | 6.99 |
| | | | | | | | 400 | 6.95 |
| | | | | 6 | 6 | 50→100→200→100→50→100<br>→200→300→400 | 50 | 2.85 |
| | | | | | | | 100 | 4.76 |
| | | | | | | | 200 | 5.38 |
| | | | | | | | 100 | 1.48 |
| | | | | | | | 50 | 0.77 |
| | | | | | | | 100 | 0.82 |
| | | | | | | | 200 | 1.01 |
| | | | | | | | 300 | 8.49 |
| | | | | | | | 400 | 8.72 |
| 中心渔港未处理 | 粉土 | 23.1～23.3 | 双面排水 | 7 | 2 | 25→50→100→200<br>→400 | 25 | 0.85 |
| | | | | | | | 50 | 1.52 |
| | | | | | | | 100 | 1.66 |
| | | | | | | | 200 | 2.02 |
| | | | | | | | 400 | 2.00 |
| | | | | 8 | 6 | 25→50→100→200<br>→400 | 25 | 1.10 |
| | | | | | | | 50 | 1.66 |
| | | | | | | | 100 | 2.05 |
| | | | | | | | 200 | 2.62 |
| | | | | | | | 400 | 2.51 |

续表

| 场地 | 土性 | 土样深度<br>(m) | 排水情况 | 序号 | 土样高度<br>(cm) | 加荷方案<br>(kPa) | 荷载等级<br>(kPa) | 次固结系数<br>(×10⁻³) |
|---|---|---|---|---|---|---|---|---|
| 轻纺城未处理 | 粉质黏土 | 4.8~5.0 | 双面排水 | 9 | 2 | 25→50→100→200 | 25 | 0.48 |
| | | | | | | | 50 | 1.17 |
| | | | | | | | 100 | 2.9 |
| | | | | | | | 200 | 2.57 |
| | | | | 10 | 6 | 25→50→100→200 | 25 | 0.94 |
| | | | | | | | 50 | 1.63 |
| | | | | | | | 100 | 2.82 |
| | | | | | | | 200 | 1.82 |
| | 粉质黏土 | 21.2~21.4 | 双面排水 | 11 | 2 | 25→50→100→200→400 | 25 | 1.54 |
| | | | | | | | 50 | 2.39 |
| | | | | | | | 100 | 2.76 |
| | | | | | | | 200 | 3.58 |
| | | | | | | | 400 | 3.36 |
| | | | | 12 | 6 | 25→50→100→200→400 | 25 | 1.50 |
| | | | | | | | 50 | 2.07 |
| | | | | | | | 100 | 3.27 |
| | | | | | | | 200 | 3.15 |
| | | | | | | | 400 | 3.68 |

## 2.2.4 主次固结划分的影响因素

通过控制变量法对影响主次固结划分的因素进行试验分析，主要包括试样高度、排水条件、荷载、加荷比以及预压条件。

### 1. 试样高度

试验所用土样取自中心渔港真空预压处理场地、未处理场地和轻纺城未处理场地。具体物理指标见表2.2.7。

如图2.2.6所示，6cm试样主固结完成时间明显滞后于2cm试样，其中中心渔港未处理场地6cm试样主固结完成时间110min，2cm试样主固结完成时间为50min，随着试样高度的增大，主固结时间延长83.3%；轻纺城未处理场地6cm试样主固结完成时间110min，2cm试样主固结完成时间为20min，随着试样高度的增大，主固结时间延长近4倍（表2.2.8）。究其原因，固结速率取决于土的透水性和排水距离。由于6cm试样的排水距离要明显大于2cm试样，主固结时间与试样厚度成反比，即土样厚度愈大，主固结的延滞时间愈长。

土样物理参数 表2.2.7

| 场地类型 | 深度（m） | 土性 | 密度（g/cm³） | 含水率（%） | 初始孔隙比 |
|---|---|---|---|---|---|
| 中心渔港已处理 | 6.0~6.2 | 粉黏 | 1.949 | 28.01 | 0.780 |
| 中心渔港未处理 | 6.0~6.2 | 淤黏 | 1.826 | 36.95 | 1.033 |
| 轻纺城未处理 | 21.2~21.4 | 粉黏 | 2.097 | 21.15 | 0.566 |

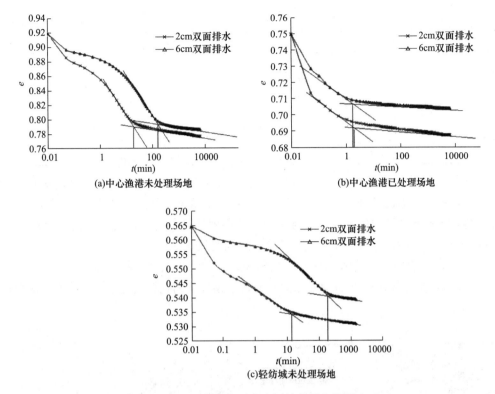

图 2.2.6 土样高度对主次固结分界点的影响

**试样高度对主固结时间的影响** 表 2.2.8

| 深度（m） | 试样高度（m） | 主固结时间（min） | 深度（m） | 试样高度（m） | 主固结时间（min） |
|---|---|---|---|---|---|
| 2.9～3.1 | 6 | 150 | 13.1～13.3 | 6 | 80 |
| | 2 | 80 | | 2 | 15 |
| 9.1～9.3 | 6 | 120 | 20.9～21.1 | 6 | 10 |
| | 2 | 50 | | 2 | 3 |

对于经过真空预压处理后的吹填土，如图 2.2.6（b）所示，2cm 和 6cm 试样所得到的主次固结分界时间相差不多，基本都在 5min 左右。这主要是由于经真空预压后的吹填土孔隙水压力在真空预压阶段已经大部分消散，在此阶段主固结几乎接近完成，因此固结试验过程中主固结过程很短，一般在 5～10min，之后很快就进入了次固结阶段，而次固结主要是由于土骨架的蠕变，与试样的高度没有关系。

**2. 排水条件**

为了研究排水条件对主次固结划分的影响，在每一组试验中都增加了 2cm 单面排水试样作为对比。所选三个深度土样的物理性质列在表 2.2.9 中。

**土样物理力学性质** 表 2.2.9

| 场地 | 深度（m） | 土性 | 含水率（%） | 密度（g/cm³） | 天然孔隙比 $e$ |
|---|---|---|---|---|---|
| 中心渔港已处理场地 | 1.2～1.4 | 吹填土 | 20.51 | 2.036 | 0.604 |
| | 12.6～12.8 | 粉质黏土 | 25.19 | 1.943 | 0.746 |
| | 25.8～26.0 | 粉质黏土 | 25.62 | 2.007 | 0.696 |

| 场地 | 深度（m） | 土性 | 含水率（%） | 密度（g/cm³） | 天然孔隙比 $e$ |
|---|---|---|---|---|---|
| 中心渔港未处理场地 | 2.9～3.1 | 吹填土 | 33.82 | 1.844 | 0.967 |
| | 13.1～13.3 | 粉质黏土 | 32.55 | 1.861 | 0.930 |
| | 27.1～27.3 | 粉质砂土 | 22.45 | 2.005 | 0.643 |
| 轻纺城未处理场地 | 1.6～1.8 | 素填土 | 24.35 | 1.983 | 0.699 |
| | 4.8～5.0 | 粉质黏土 | 25.61 | 1.949 | 0.747 |
| | 21.2～21.4 | 粉质黏土 | 21.15 | 2.097 | 0.566 |

对于中心渔港已处理场地，将其单面排水和双面排水试样的试验结果作对比，得到图 2.2.7。中心渔港已处理场地 1.2～1.4m 土层为吹填土。从图 2.2.7(a)中可以看出，双面排水条件下孔隙比随时间变化小，且在短时间内就达到稳定，在曲线上表现为趋于平缓。单面排水条件下孔隙比随时间变化大，且要经过相对较长时间才达到稳定。将图 2.2.7(b)、(c) 和 (a) 对比发现，对于中心渔港已处理场地正常沉积条件下的粉质黏土，双面排水条件下的主固结时间要稍短于单面排水，且双面排水条件下的孔隙比变化要比单面排水大。

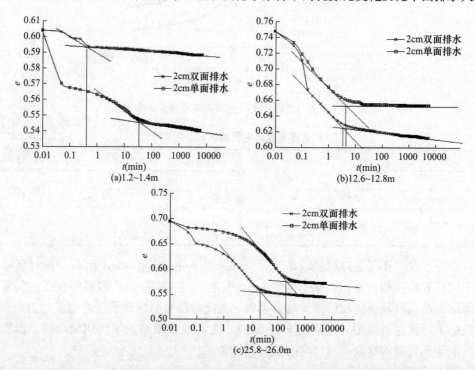

图 2.2.7　中心渔港已处理场地不同深度排水条件对主次固结划分的影响

图 2.2.8 和图 2.2.9 分别给出了中心渔港未处理场地和轻纺城未处理场地三个深度排水条件对于主次固结划分的影响。

中心渔港未处理场地土体的试验结果如图 2.2.8(a)、（b）所示，对于 2.9～3.1m 深度黏土主固结完成时间在 100min 左右，且排水条件对于主次固结的划分影响不明显。其他正常沉积的土体在单面排水条件下的主固结完成时间要比双面排水条件下的主固结完成时间长。对于图 2.2.9 轻纺城未处理场地，三个深度单面排水条件下主固结时间都要长于双面排水条件。

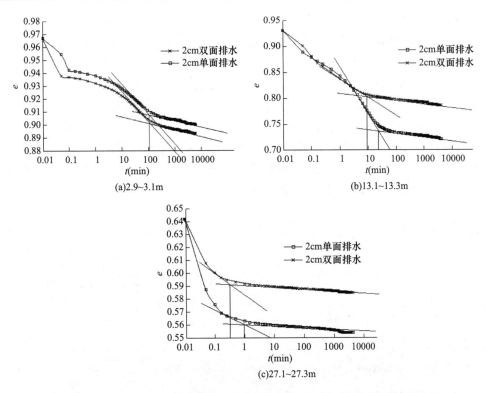

图 2.2.8  中心渔港未处理场地不同深度排水条件对主次固结划分的影响

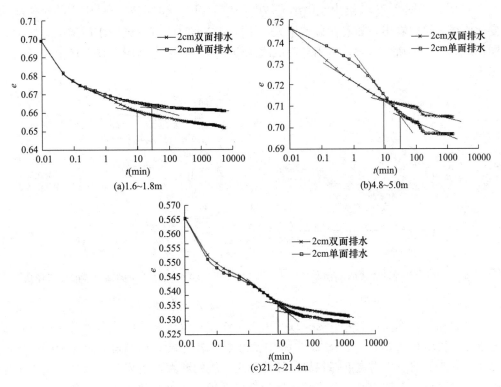

图 2.2.9  轻纺城未处理场地不同深度排水条件对主次固结划分的影响

### 3. 荷载及加荷比

以中心渔港未处理土为例，结合通过 $\ln(1+e)\text{-lg}p$ 曲线来确定结构屈服应力的方法，如图 2.2.10 所示。可以看出，该曲线由两段直线构成，其交点所对应的应力就是结构屈服应力 $\sigma'_{vy}$。从图中可知 23.1～23.3m 土层的结构屈服应力为 250kPa。

根据应变速率-体积变化法可以得到各级荷载作用下的主固结时间，将结果绘制于图 2.2.11 中。可以看出，主固结完成时间随着荷载的增大而增大，荷载较低时主固结时间增大较快，荷载较大时主固结时间增长较慢；当荷载小于结构屈服应力时加荷比对主固结时间影响较小，当荷载大于结构屈服应力时加荷比越大主固结时间越长，当荷载达到 800kPa，加荷比大于 1 时的主固结时间比加荷比等于 1 时增大 16.7％。

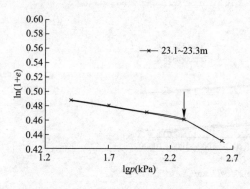

图 2.2.10　$\ln(1+e)\text{-lg}p$ 曲线

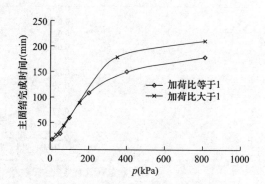

图 2.2.11　主固结完成时间与荷载的关系

图 2.2.11～图 2.2.13 给出主固结完成时的应变以及此时应变与总应变的比值随荷载的变化曲线。可以看出，随着荷载的增大，主固结结束时的应变先减小后增大，比值也具有同样的规律。加荷比越大，主固结完成时的应变越大且主固结应变在总应变中所占比例也越大。

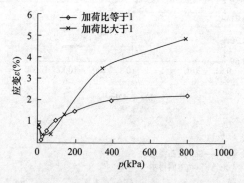

图 2.2.12　主固结完成时的应变
与荷载的关系

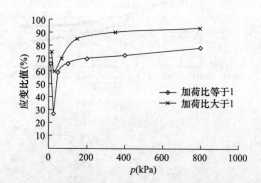

图 2.2.13　主固结完成时应变比值
与荷载的关系

在分级加载过程中，加第一级荷载时由于土体相对疏松以及加载的触变作用使得土体迅速压缩，反映在图 2.2.12、图 2.2.13 中就是第一级荷载下的主固结应变和应变比值相对较大，曲线的前一段出现下降趋势。随着荷载等级的增大，土体会不断被压密，土体的渗透系数会降低，而每增加一级荷载土体的超静孔隙水压力都要大于上一级，因此超静孔隙水压力的消散就需要更长的时间，在长时间大应力的作用下土体的应变就会相应地增大。

#### 4. 预压条件

图 2.2.14 为不同预压条件下主固结完成时间与预压荷载的关系曲线。从中可以看出在不同预压条件下曲线都呈上升趋势，荷载较小时上升较快，随着荷载的增大曲线上升变慢。当荷载小于结构屈服应力时，不同预压条件下主固结时间较为接近；当荷载大于结构屈服应力时，不同预压条件下主固结时间表现为分散型增长，且随着预压荷载的增大主固结时间延长，当荷载达到 800kPa 时，预压 300kPa 下的主固结时间比无预压下的主固结时间延长 68.7%。

由图 2.2.15 可知，预压后土体的主固结应变与总应变的比值比无预压时增大 30.7%，而且这个比值随着预压荷载的增大而增大。这说明增大预压荷载可以减小次固结沉降量，但是完成主固结的时间会随之延长。

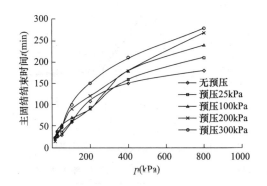

图 2.2.14　主固结完成时间与预压
荷载的关系

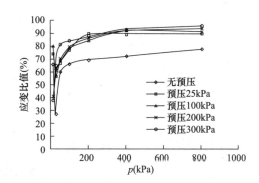

图 2.2.15　应变比值与预压荷载的关系

### 2.2.5　主次固结阶段划分方法

#### 1. 已有研究成果及存在问题

关于主次固结阶段的划分，目前存在着不同的观点。传统的观点认为次固结是在主固结完成之后发生的，将主固结和次固结分开，用太沙基理论计算主固结随时间变化的孔隙比和压缩量，用次固结系数 $C_a$ 计算主固结完成后的蠕变压缩量。另一种观点认为当土体上层受到载荷后，同时产生主固结和次固结，而当主固结完成，次固结仍然继续，之后进入只有次固结的阶段。

Casagrande(1936 年) 建议用作图法确定主次固结的分界。如图 2.2.16 所示，$e$-$\lg t$ 曲线由三段组成：前段的抛物线，中段的斜直线，尾部接近水平线。延长中部的直线段和尾部的水平线的交点即为主固结结束时间 $t_p$。

图 2.2.17 表明：利用 Casagrande 法进行主次固结划分时，可得到不同的试验结果。其中较细延长线确定的主固结结束时间大约为 200min，较粗延长线确定的主固结结束时间为 100min，根据式（2.2.2）可以得到不同的次固结系数 $C_a$，与荷载无关。

$$C_a = -\frac{\Delta e}{\lg t_2 - \lg t_1} \tag{2.2.2}$$

式中，$C_a$ 为次固结系数；$\Delta e$ 为孔隙比变化量；$t_2$ 为试验结束时间；$t_1$ 为主固结结束时间。

主固结结束时间取 100min 时，次固结系数为 0.003，而主固结结束时间取 200min

时，次固结系数为 0.002。为了探究这种主次固结划分方法对次固结沉降量的影响，选取一个土层进行讨论。土层厚度 $H$ 为 5m，初始孔隙比 $e_0$ 为 0.921，次固结系数分别取 0.002 和 0.003。根据常规次固结沉降计算式（2.2.3）可以得到不同时间后的次固结沉降量，结果列在表 2.2.10 中。

$$S = \frac{H}{1+e_0} C_a \lg(t_2/t_1) \tag{2.2.3}$$

式中，$S$ 为次固结沉降量；$H$ 为土层厚度；$C_a$ 为次固结系数；$e_0$ 为初始孔隙比；$t_1$ 为主固结结束时间；$t_2$ 为试验结束时间。

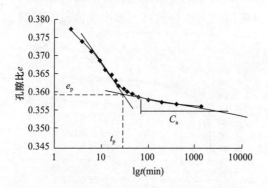

图 2.2.16　一维固结试验曲线　　　　图 2.2.17　主次固结划分结果

次固结沉降量对比　　　　　　　　　　　　表 2.2.10

| $t_1=100\text{min}$ | | | $t_1=200\text{min}$ | | | 差值（%） |
|---|---|---|---|---|---|---|
| $C_a$ | $t_2$（年） | $S$（m） | $C_a$ | $t_2$（年） | $S$（m） | |
| 0.003 | 1 | 0.029 | 0.002 | 1 | 0.018 | 61.1 |
| 0.003 | 5 | 0.034 | 0.002 | 5 | 0.021 | 61.9 |
| 0.003 | 10 | 0.037 | 0.002 | 10 | 0.023 | 60.9 |
| 0.003 | 20 | 0.039 | 0.002 | 20 | 0.025 | 56.0 |
| 0.003 | 50 | 0.042 | 0.002 | 50 | 0.027 | 55.6 |

从表 2.2.10 中可以看出，当主固结结束时间为 100min 时，次固结沉降量在 50 年内从 0.029m 增大到 0.042m，而当主固结结束时间为 200min 时，次固结沉降量在 50 年内从 0.018m 增大到 0.027m。以主固结时间为 200min 为基准，两种划分方法的沉降量差值率为 55.6%～61.1%，前者 1 年的沉降量就超过了后者 50 年的沉降量，这说明主次固结阶段划分对于固结沉降量的预测具有十分重要的意义。

Casagrande 法虽已被广为采纳，但该方法得到的主次固结划分结果受主观因素影响较大，且不具有明确的物理意义。因此很多人开始寻找更为精确的主次固结划分方法。如钱家欢和王盛源建议用蠕变度函数式（2.2.4）来描述黏土的骨架变形特性。

$$\delta(t, \tau) = a_0 + \sum_{i=1}^{n} a_i [1 - e^{-\gamma_i(t-\tau)}] \tag{2.2.4}$$

式中，$a_0$、$a_i$ 和 $\gamma_i$ 分别为骨架变形特性常数，或称流变常数。

王盛源通过变换式（2.2.4）得到式（2.2.5）。

$$\lg\left[\frac{\varepsilon(\infty)-\varepsilon(t)}{q}\right] = \lg a_1 - 0.434\gamma_1 t \tag{2.2.5}$$

式中，$\varepsilon(t)$ 为骨架应变；$\varepsilon(\infty)$ 为最终应变；$q$ 为所施加的外荷载；其他参数意义与式 (2.2.4)相同。

通过 $\lg\{[\varepsilon(\infty)-\varepsilon(t)]/q\}$ 与时间的关系曲线，如图 2.2.18 所示发现曲线 BAC 分为两段，前期 BA 段为曲线，后期 AC 段为直线，而 A 点就是主次固结的分界点。

上述划分方法有明确的物理意义，但是在求取 $\varepsilon(\infty)$ 时存在较大困难。为了避免求取 $\varepsilon(\infty)$，于新豹令 $t_2=t_1+\Delta_{t0}$，得到 $\lg\{[\varepsilon(t_2)-\varepsilon(t_1)]/q\}$ 与时间的关系曲线。利用该方法得到某一土层主固结结束时间为 100min，如图 2.2.19 所示，而用 Casagrande 法得到结果为 64min。笔者利用于新豹等的方法求得主固结时间为 100min，如图 2.2.20 所示。可以看出，用王盛源、于新豹等的划分方法得到的主固结结束时间要比用 Casagrande 法所得结果大。

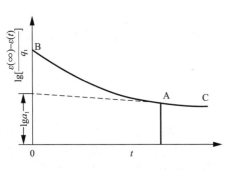

图 2.2.18　主固结和次固结分界曲线

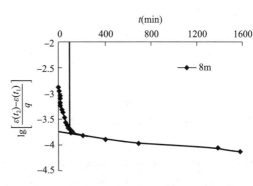

图 2.2.19　$\lg\left[\dfrac{\varepsilon(t_2)-\varepsilon(t_1)}{q}\right]$ 与时间的关系

刘世明通过绘制孔隙水压力和体积变化的曲线来划分主次固结。具体做法如图 2.2.21 所示，曲线在 D 点之前可以约看作一条直线，延长直线交横轴于 F，在任意时刻 $t$，可以根据变形值作一条竖直线 $tG$，与 DE 交于 G，过 G 点作一水平线 GH，与 DF 线交于 I，土样变形的 HI 部分可以认为是主固结变形，而 IG 部分为次固结变形，OF 为最终的固结变形，I 点对应的时刻即为主次固结的分界点。

由图 2.2.21 可知，刘世明等的划分方法得到的主次固结分界点 I 在孔隙水压力完全消散之前，这和上面的试验结果是一致的，但是，该方法只适用于有孔隙水压力资料的情况下，因此应用受到了一定的限制。

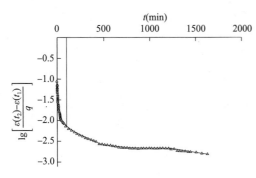

图 2.2.20　$\lg\left[\dfrac{\varepsilon(t_2)-\varepsilon(t_1)}{q}\right]$ 与时间的关系

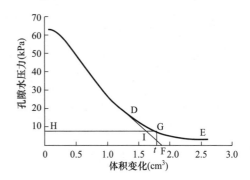

图 2.2.21　三轴试验的变形和孔压关系曲线

图 2.2.22 为三轴试验中体积应变随时间的变化曲线，若按体应变达到稳定时确定曲线的拐点，可以得到主固结结束时间大约为 50min。图 2.2.23 为孔隙水压力随时间的消散曲线，若以孔隙水压力消散为主固结完成的标志，则可以得到该分界时间大约为 90min。可以看出后者要比前者大 80%，即由孔隙水压力消散时间来确定主次固结划分时间滞后于体应变划分时间。

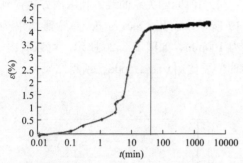

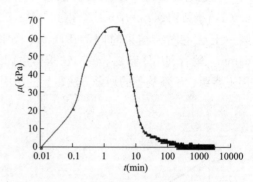

图 2.2.22　体积应变随时间变化曲线　　　　图 2.2.23　孔隙水压力消散曲线

**2. 主次固结阶段划分新方法研究**

图 2.2.24 为应变速率和应变的关系曲线，从图中可以看出，曲线分为三段：前段下降很快，中段为一斜直线，尾段接近水平线。在试验的前段，由于加载瞬间触变作用使得应变速率很大；随着触变作用的消失，孔隙水压力消散的速率控制了应变速率，应变速率和应变之间呈线性关系，在这一阶段存在土骨架的蠕变，但由土骨架蠕变引起的变形很小；当孔隙水压力消散到一定程度时，土骨架的蠕变成为土体变形的主要原因，此时应变速率随应变的变化很小，曲线接近水平线。

通过上面的分析得到一种新的主次固结划分方法，即通过绘制应变速率和应变的关系曲线来划分主次固结，具体方法如图 2.2.25 所示。将图 2.2.24 尾段曲线放大得到图 2.2.25，由图 2.2.25 可以看出当应变达到一定值时应变速率会出现一个明显的拐点，且拐点之前 AB 段和拐点之后 CD 段均为斜直线，延长 AB 和 CD 交于 E，E 点即为主次固结的分界点。

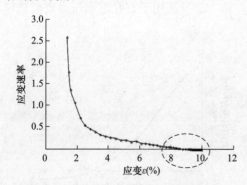

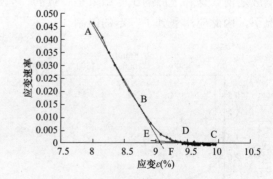

图 2.2.24　应变速率和应变关系曲线　　图 2.2.25　绘制应变速率和应变关系曲线划分主次固结

根据上述应变速率法，得到 E 点对应的主固结结束时间为 90min。从图 2.2.25 可以得到主固结结束时应变为 9% 左右，占总应变的 90%，次固结变形量占总变形量的 10%，应变速率在 0.003～0.004 之间。

图 2.2.26 为各级荷载作用下土样的 $e$-$\lg t$ 曲线，从图中可以看出，当荷载小于 50kPa 时曲线几乎为一斜直线，没有出现明显的拐点，因此 Casagrande 法不适用于荷载等级较低的情况。通过比较，新的划分方法适用性更强，如图 2.2.27 所示，且该方法具有明确的物理意义，不需要孔隙水压力的数据，划分方法简单易行。

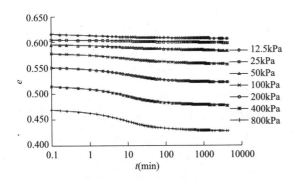

图 2.2.26　各级荷载作用下土样的 $e$-$\lg t$ 曲线

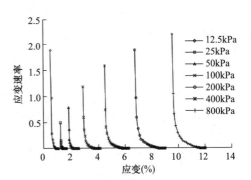

图 2.2.27　各级荷载作用下应变速率和应变的关系

### 2.2.6　小结

利用一维固结试验开展了吹填土主次固结阶段划分以及影响因素的系统研究。

主次固结的划分受荷载等级、预压荷载、加荷比、试样高度以及排水条件等因素影响：主固结时间随试样高度和荷载等级的增大而延长，随排水条件的加强而减小；当荷载小于结构屈服应力时，加荷比对主次固结划分的影响较小，当荷载大于结构屈服应力时主固结时间随着加荷比的增大而延长；预压后土体的主固结应变与总应变的比值比无预压的情况增大，且这个比值随着预压荷载的增大而增大。

对比分析主次固结阶段划分的诸多方法，提出了一种采用应变速率和体积变化关系来划分主次固结阶段的方法，该方法适宜于各种荷载条件，同时不需要提供孔隙水压力测试数据。

## 2.3　吹填场地地基土主固结和次固结特性研究

软土地基变形控制是涉及土力学、土动力学、工程地质学、水文地质学等多学科领域的综合研究，不仅是工程中亟待解决的关键问题，更需要开展系统的基础理论研究。近年来，为了解决"人多地少"的情况，实现大面积陆域的增加，围海造陆已成为当今世界各沿海国家及城市开发土地资源的重大举措，也是清淤疏浚、清洁滨海水域环境的新途径。围海造陆工程总体发展趋势表现为吹填土质由早期的无黏性粉砂粒料，逐渐转为以黏粒含量占主要成分的软黏土。大量工程实践发现，吹填场地地基土在工程特性上与历经数百万年形成的天然地基存在较大差异，既不同于天然地基，又有别于人工换填的地基。

新近吹填的地基土含水量极高、强度极低，在渗透固结过程中土体的结构将产生较大变化，导致其物理力学特性指标发生显著改变。工程实践表明，吹填土地区地基土即使经过加固处理，在长期荷载作用下，也会发生不可忽视的次固结变形，这将关系到地基的长期稳定性和基础安全性。在吹填土地区修建建筑物，能否准确地计算吹填土的次固结变形量，是直接关系到工程设计和安全运营的核心问题。因此，十分有必要开展吹填土的固结及次固结变形特性研究。

天津滨海新区临港工业区吹填土层厚度在 4.5～5.2m 之间，由于近年来，对海洋环境的保护日益增强，吹填土料主要来自附近港池和航道的疏浚淤泥，吹填完成后场地表层约有 0.8m 深的超软土，含水率在 85%～125% 之间。根据我国《港口工程地基规范》JTS 147—1—2010，超软土指浮泥（含水量大于 150%）和流泥（含水量小于 150%，且大于 85%）。吹填完成后即进行"浅层加固处理"，具体做法是人工插设 4.5m 深塑料排水板作为竖向排水通道，水平方向通常使用砂垫层来形成排水通道，而"浅层真空预压"法直接在超软土表层铺设一层无纺土工布，这种做法能够解决超软土表面砂垫层施工的困难，同时增加了施工速度，节约了工程成本。将竖向塑料排水板和水平铺设的滤管加以绑扎连接，以减小排水通道的阻力。"浅层真空预压"处理地基施工过程中，维持膜下真空度不小于 60kPa，地基处理时间不小于 45d。深层真空预压阶段维持膜下真空度为 85kPa，真空预压时间为 100d 左右。

前人对于能够直接反映吹填土排水加固速率的固结系数尤其是其在低应力水平（0～20kPa）下的变化特点的研究相对较少；另外，对"浅层加固处理"后的吹填土的固结特性方面的研究也很少见于报道。本节内容结合天津吹填场地土体分布特点，开展"浅层加固处理"前、后吹填土的竖向和径向固结特性分析，探讨超软土固结系数及次固结系数随固结荷载的变化规律，分析吹填场地土体固结特性与正常沉积场地土体的差异；针对正常沉积结构性土体，利用室内制备的人工结构性土体来研究土体的结构强度这一因素对土体的次固结系数的影响，并整理出结构性土体的结构强度对土体次固结系数的影响量。

## 2.3.1 土样制备和试验仪器改装

试验所用土样其中一批取自"浅层加固处理"完成后的临港工业区吹填场地，另一批取自"深层真空预压加固处理"完成后的中心渔港吹填场地。为了对比分析吹填场地土体和正常沉积土体固结特性方面的区别，同时钻取了相邻的轻纺城经济区的正常沉积场地的土体，土质均匀，取样深度范围内未见明显分层。由于取样场地土质松软，触变性较大，故采用薄壁取土器来减小钻探对其结构性的扰动。

刚刚吹填完成的超软土含水量较大，往往呈流泥状，现场取样不便，且原有的结构性微弱；为了研究超软土与一般重塑土固结特性的区别，将临港工业区原状土烘干粉碎后过 2mm 筛去除贝壳等杂物，配置成含水率为 45.53%、56.14% 的 2 种吹填重塑土和含水率为 86.83%、103.83% 和 123.85% 的 3 种超软土，提前 1d 预制后待用。

常规的 WG 型高压单杠杆固结仪能够施加的最小一级固结荷载为 12.5kPa，在这一固结压力作用下流泥状的超软土容易压出，常规固结仪见图 2.3.1。本次试验在原有的 WG 型高压单杠杆固结仪基础上进行了相应的改装，整套设备主要包括试样盒、砝码、千分表及与其配套的数据采集系统，能够自动采集试验数据，改装后的低应力固结仪见图 2.3.2。改装后的固结仪能够对试样施加的最小一级固结压力为 2kPa，最大一级固结压力为 20kPa。

工程中常用"经验系数法""横向制样法"及"多孔环刀法"来获取土体的径向固结系数 $C_r$；本次试验采用"横向制样法"来获取径向固结系数 $C_r$，具体做法是将土样横向切样，即垂直于土体正常沉积固结方向制样。为了制备与两种不同场地原状土具有相同含水率和密度的重塑土，取适量原状土放入橡皮膜内，反复挤压以破坏其原有的结构性，根据环刀的体积（60cm³）和原状土的密度称取一定量的土样，利用压样器制备试样。试样编号和物性指标如表 2.3.1 所示。

图 2.3.1 常规固结仪

图 2.3.2 改装后的低应力固结仪

**试样编号和物性指标** 表 2.3.1

| 试样 | 编号 | 取土深度 (m) | 土性 | 含水率 $w$ (%) | 液限 $w_L$ (%) | 塑限 $w_P$ (%) | 塑性指数 $I_P$ | 初始孔隙比 $e$ | 颗粒分析（含量,%） | | |
|---|---|---|---|---|---|---|---|---|---|---|---|
| | | | | | | | | | 砂粒 (mm) | 粉粒 (mm) | 黏粒 (mm) |
| | | | | | | | | | 0.075~2 | 0.005~0.075 | <0.005 |
| 超软土 (LGC2-4) | 1 | 0.2~0.7 | 流泥 | 123.89 | | | | 3.387 | 3.7 | 40.9 | 55.4 |
| | 2 | | | 103.82 | | | | 2.811 | | | |
| | 3 | | | 86.83 | | | | 2.480 | | | |
| 临港原状样 (LGC1) | 5 | | 黏土 | | 56.4 | 26.5 | 29.9 | | | | |
| 临港重塑样 (LGC) | 6 | | | 45.53 | | | | 1.248 | | | |
| 中心渔港原状样 (CFPC) | 4 | | | 22.4 | 39.8 | 15.0 | 24.8 | 0.68 | 2.3 | 51.7 | 46.0 |
| 轻纺城原状样 (QFC1) | 7 | 5.2~5.7 | 淤泥质黏土 | 43.44 | 40.82 | 22.10 | 18.72 | 1.170 | 30.85 | 17.75 | 51.40 |
| 轻纺城重塑样 (QFC2) | 8 | | | | | | | | | | |

低压阶段（0～20kPa）采用改装后的低应力固结仪，其中含水率为 103.83% 和 123.85% 的试样加荷序列为 2kPa、4kPa、6kPa、10kPa、18kPa，共 5 级荷载，而其他含水率的试样的加荷序列为 3kPa、5kPa、10kPa、15kPa，共 4 级荷载。试样高度为 2cm，试样面积为 30cm²，双面排水固结，每级荷载的作用时间为 72h，稳定标准为 0.001mm/h。在最大的一级固结压力作用下，试样到达稳定标准后，慢慢将试样从低应力固结仪上卸下来，并安装在常规的 WG 型高压单杠杆固结仪上，然后使得试样在前一级固结荷载作用下再次固结达到稳定标准，以消除由于试样被卸荷而引起的回弹对试样最终沉降变形量的影响，每级固结荷载作用下的稳定标准同低压阶段。

### 2.3.2 超软土固结特性分析

#### 1. 超软土的 e-p 曲线

图 2.3.3 给出了"浅层加固处理"之前超软土的孔隙比 e 在分级加载条件下的变化曲线。可见，当固结压力达到 40kPa 时，含水率分别为 86.83%、103.83%、123.85% 的超软土，其孔隙比变化量分别占孔隙比总变化量的 54.01%、67.30% 和 77.16%；可知，较小的固结压力能够引起超软土大幅度的固结沉降。随着固结压力增加，不同含水率的超软土的孔隙比随着固结压力变化曲线逐渐趋于一组平行线。出现这一现象的原因是，超软土初始孔隙比很大，非结合水的含量占总含水量的比例较大，在较低的固结压力作用下能够较容易排出，孔隙比的变化较大；随着固结压力增加，土体颗粒逐渐靠拢、镶嵌，土体之间的孔隙逐渐被依附于土体颗粒表面的结合水所占据，而结合水相对于非结合水，其排出速率受固结荷载的增加这一因素的影响较小，反映在 e-p 曲线上就是具有不同含水率的超软土的压缩曲线均随着固结压力的增加趋于一组平行线。

#### 2. 超软土固结系数的变化特点

固结系数 $C_v$ 是太沙基一维固结理论中的一个重要参数，其能够直观地反映土层固结快慢的程度，准确地测定固结系数 $C_v$ 对预测土层的排水固结速率和固结度有着重要的意义。工程中常用"时间平方根法""时间对数法"和"三点法"来测定室内试验的固结系数，本次试验采用的是"时间平方根法"。将 5 种吹填重塑土样的固结系数随固结压力的变化曲线汇总于图 2.3.4。

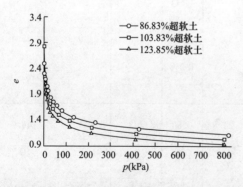

图 2.3.3　孔隙比 e 与固结压力 p 关系曲线

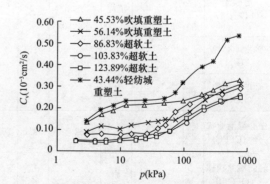

图 2.3.4　不同含水率土样的 $C_v$-p 关系曲线

可见，同一级固结压力作用下，吹填重塑土的固结系数（含水率为 45.53% 的吹填重塑土的固结系数随着固结压力变化的范围为 0.000135～0.000357cm²/s）较轻纺城经济区重塑土的固结系数要小（含水率为 43.44％轻纺城经济区的重塑土固结系数随着固结压力变化的范围为 0.000143～0.000541cm²/s）。另外，在分级加载的前提下，土体的固结系数在同一级固结压力作用下随着土样初始含水率的增加而减小，初始含水率的差异对固结系数的影响作用会随着固结压力的增加逐渐减小（当固结压力为 10kPa 时，含水率为 45.53％的吹填重塑土的固结系数是含水率为 123.89％的超软土的固结系数的 4.60 倍；当固结压力为 800kPa 时，含水率为 45.53％的吹填重塑土是含水率为 123.89％的超软土的固结系数的 1.32 倍）。

超软土的固结系数随固结压力的变化趋势大体呈"S"形，在低应力水平下（小于 20kPa），固结系数随着固结压力的变化较小，初始阶段呈下凹形增长；随着固结压力增加，固结系数的变化呈线性增长趋势，而后逐渐与含水率为 45.51％和 56.14％的试样趋于一致。含水率为 45.51％和 56.14％的两种吹填重塑土的固结系数随着固结压力的增加而逐渐增加，在较低的固结应力作用下，固结系数的增量比 $\Delta C_v / \Delta p$ 随着固结压力变化远大于超软土（当固结压力从 3kPa 增加到 20kPa 时，含水率为 56.14％的吹填重塑土的增量比是含水率为 123.89％的超软土的增量比的 3.26 倍），但数据的离散性较大，趋势线并不光滑。

对于超软土，在低应力水平下，随着固结压力增加，渗透系数减小幅度很大，即土体的透水性能大幅度降低，但较小的固结荷载作用引起的超静孔隙水压力的增量很小，因此超静孔隙水压力消散所需时间并没有大的变化。随着固结荷载增加，土体的渗透系数逐渐趋于稳定，但土体的压缩系数却逐渐降低（由图 2.3.3 可见，土体的压缩曲线随着固结荷载的增加越来越平缓，易知土体的压缩系数逐渐减小）。因此，随着固结压力增加，虽然固结压力的增量越来越大，但由于土体压缩系数的降低使得土体颗粒骨架承担了越来越大的固结压力增量，反而导致超静孔隙水压力的增量越来越小，因此较小的超静孔隙水压力的消散所用的时间也越来越小，即土体的固结系数呈增大趋势。

**3. 超软土的固有压缩曲线**

目前，国内外诸多学者都清楚地认识到天然沉积土和重塑土在力学特性上的差别，并开展了一系列对比研究。其中 Burland 的贡献在于导入孔隙指数 $I_v$ 的概念，对初始含水量在 1.0～1.5 倍液限含水量之间的重塑土压缩性状进行了归一化，得到了重塑土的固有压缩曲线 LCL (Intrinsic Compression Line)，为定量评价天然沉积土的力学性状奠定了基础。需要指出的是 Burland 的 ICL 考虑了液限含水量对重塑土压缩性状的影响，并给出了固有压缩参数的经验公式，但实际工程中，一方面经常遇到天然沉积黏性土的含水量在 1.0～1.5 倍液限含水量范围之外的情况；另一方面，上覆压力低于 100kPa 的情况也是存在的。因此，结合吹填场地地基土开展初始含水量对重塑土压缩性状的影响研究是有必要的。

孔隙指数定义为：

$$I_v = \frac{e - e_{100}^*}{e_{100}^* - e_{1000}^*} = \frac{e - e_{100}^*}{C_c^*} \tag{2.3.1}$$

式中，$e_{100}^*$ 和 $e_{1000}^*$ 分别是有效竖向压力为 100kPa 和 1000kPa 时的孔隙比；$C_c^*$ 是重塑土的固有压缩指数。

归一化的固有压缩曲线为：

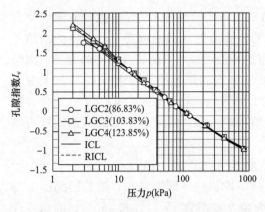

图 2.3.5 孔隙指数与压力关系曲线

$$I_v = 2.45 - 1.285 \cdot \lg p + 0.015 \cdot (\lg p)^3 \tag{2.3.2}$$

图 2.3.5 为重塑土的 $I_v$ 和 $\lg p$ 关系曲线，可以看出，当竖向压力在 $2\sim40$kPa 时，试验曲线位于 ICL 曲线下方，这种低压力下的偏差主要是由于较高的初始含水量造成的。本次研究中重塑土的初始含水量与液限含水量的比值介于 $1.73\sim2.47$ 之间，该值高于 Burland 所指出的 $1.0\sim1.5$。因此，结合试验结果，提出一个适宜压力在 $2.0\sim1000$kPa 下高含水量比值的新固有压缩曲线 RICL。

$$I_v = 2.598 - 1.4008 \cdot \lg p + 0.0614 \cdot (\lg p)^2 \tag{2.3.3}$$

### 2.3.3 超软土的次固结特性分析

采用下式来计算土体的次固结系数 $C_a$：

$$C_a = \frac{-\Delta e}{\lg(t_2/t_1)} \tag{2.3.4}$$

式中，$\Delta e$ 为次固结变形计算时间段内的孔隙比变化量；$t_2$ 为次固结需要计算的时间；$t_1$ 为进入次固结阶段所需要的时间。其中 $t_1$ 采用在工程界已被广泛引用的由 Casagrande 等提出的作图法来确定。

**1. 含水率对超软土次固结特性的影响**

在相同加荷比作用的前提下，将具有不同含水率的超软土及正常沉积重塑土的次固结系数随固结压力变化的曲线汇总于图 2.3.6～图 2.3.8。

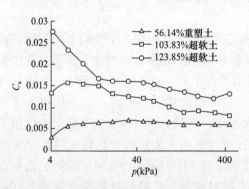

图 2.3.6 加荷比为 0.5 土体次固结
系数随荷载的变化

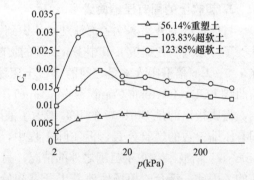

图 2.3.7 加荷比为 1.0 土体次固结
系数随荷载的变化

可见，含水率为 $56.14\%$ 的重塑土的次固结系数随着固结压力的增加而增加，随后逐渐趋于稳定，重塑土的次固结系数随着固结压力的变化并不存在明显的峰值。而超软土的次固结系数随着固结压力的增加逐渐增加，并在某一固结压力的作用下达到峰值（对于含水率为 $123.85\%$ 的超软土，当加荷比为 0.5 时，次固结系数的峰值出现在固结压力为 $1.0$kPa 时；当加荷比为 1.0 时，次固结系数的峰值出现在固结压力为 $4$kPa 时；当加荷比为 2.0 时，次固结系数的峰值出现在固结压力为 10kPa 时），随后超软土的次固结系数逐渐减小并趋于稳定；超软土趋于稳定的次固结系数比相同荷载作用下的重塑土的次固结系数要大。

另外，在不同加荷比作用的前提下，同一级固结压力，超软土的次固结系数随着土体含水率的增加而增加。当作用于土体上的荷载较大时，含水率对土体次固结系数的影响慢慢减弱，即具有不同含水率的超软土的次固结系数随荷载的增加逐渐趋于一致。

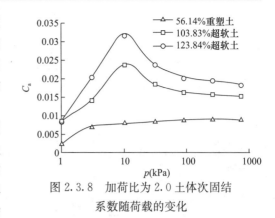

图 2.3.8　加荷比为 2.0 土体次固结系数随荷载的变化

目前学者们对于土体次固结变形的机理尚没有形成统一的认识，但普遍认同"土体的次固结是由于土体骨架的蠕变变形引起的"这一观点；土体骨架的蠕变是指在超静孔隙水压力消散后，有效应力基本稳定的条件下，土颗粒表面的结合水膜蠕变和土粒结构的重新排列。对于正常沉积的重塑土来说，土体的含水量较小，土体颗粒间多以结合水为主，非结合水的含量较少，随着荷载的增加，其孔隙中自由水不断释放出来，当土体含水量下降接近液限时，土体颗粒之间的孔隙主要被结合水填充，此时需排出的孔隙水的体积越来越小，但排水所需时间却越来越长，表现出其次固结系数呈现缓慢的增长趋势。另外，土体的含水量越小，土体的孔隙比越小，土体骨架中土体颗粒之间的接触面积越大，在同等外力及相同的作用时间内，土体骨架即土粒结构重新排列的作用越来越小，土体在一定时间内发生的变形量即次固结系数也越小。

对于超软土而言，土体的初始孔隙较一般的正常沉积重塑土大（对于含水率为 103.85% 及 123.85% 的超软土的初始孔隙比分别为 3.387 和 2.811，含水率为 56.14% 的正常沉积重塑土初始孔隙比为 1.546），土体颗粒之间被自由水充填。在较低的应力作用下，超软土颗粒之间的孔隙较大，孔隙中多以自由水为主，荷载作用后孔隙自由水反应较为灵敏，土体颗粒之间的孔隙逐渐被挤压，孔隙水压力逐渐被释放出来，孔隙不断减小，土体次固结系数呈现逐渐增加的趋势；当土体孔隙中的水逐渐被排出，并接近土体的液限时，土体孔隙中的主要含水类型为结合水，排水体积减小，曲线出现明显的峰值。随着固结荷载增加，土体颗粒之间的大孔隙性遭到破坏，土体骨架逐渐形成，孔隙中结合水逐渐占据主导地位，且土体颗粒表面的结合水膜逐渐变薄，弱结合水距离颗粒靠近，土体颗粒之间的相互作用越来越强，抗变形能力逐渐增强。因此，随着荷载不断增大，土体次固结系数逐渐降低并趋于平缓。

**2. 加荷比对超软土次固结特性的影响**

在不同的加荷比作用下，将具有相同含水率的超软土及正常沉积重塑土的次固结系数随压力变化的曲线汇总于图 2.3.9～图 2.3.11。

可见，在相同的压力作用下，对于具有不同含水率的正常沉积重塑土及超软土而言，其次固结系数均表现为随加荷比的增加而增加。

超软土次固结系数的峰值随加荷比的增加而增加，对应于次固结系数峰值的荷载也随加荷比的增加而增加（对于含水率为 128.84% 的超软土，当加荷比为 0.5 时，次固结系数的峰值出现在荷载为 4kPa 时；当加荷比为 1.0 时，次固结系数的峰值出现在荷载为 8kPa 时；当加荷比为 2.0 时，次固结系数的峰值出现在荷载为 10kPa 时）。由此可知，超软土及正常沉积重塑土的次固结系数随荷载的增加而变化的规律与土体所受的荷载的加荷比有密切的关系。

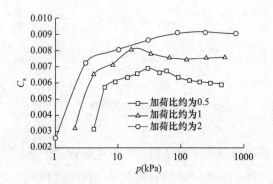

图 2.3.9　56.14％含水率重塑土在不同加荷比下次固结系数随荷载的变化

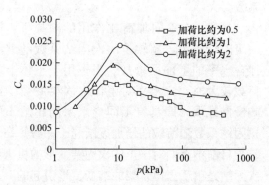

图 2.3.10　103.83％含水率超软土在不同加荷比作用下次固结系数随荷载的变化

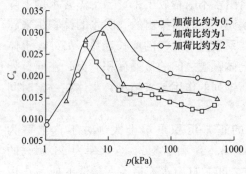

图 2.3.11　128.84％含水率超软土在不同加荷比作用下次固结系数随荷载的变化

对于同一超软土及正常沉积重塑土，当荷载的加荷比较小时，即在较小的荷载增量的作用下，次固结系数的变化量较荷载增量较大的情况下要小一些。如对于含水率为 123.84％ 的超软土，当荷载为 400kPa 左右时，加荷比为 2.0 的情况下的次固结系数约为加荷比为 0.5 情况下的次固结系数的 1.47 倍，可见加荷比对超软土的次固结系数的影响是较大的。常规试验室中常采用加荷比为 1.0 的分级加载试验来确定土体的固结系数，但实际工程中分层填筑过程中土体的加荷比小于 1.0；由试验结果可发现，采用常规试验条件下的固结参数会造成高估地基沉降量的结果，从而导致工程实践中常采用偏于保守的地基处理方式。

## 2.3.4　"浅层加固处理"后软土的固结特性分析

### 1."浅层加固处理"后软土的结构屈服应力

土体的结构屈服应力 $\sigma_k$ 是指先期固结压力 $p_c$ 和结构强度 $q$ 之和。采用 Butterfield 等提出的 $\ln(1+e)$-$\lg p$ 双对数坐标法求取结构屈服应力。将临港工业区和轻纺城经济区土样的 $\ln(1+e)$-$\lg p$ 关系曲线分别汇总于图 2.3.12、图 2.3.13，将求取的结构屈服应力汇总于表 2.3.2。

由表中数据可以看出，对于正常沉积固结的轻纺城试样，径向结构屈服应力仅为竖向结构屈服应力的 60.90％，而临港工业区径向结构屈服应力为竖向结构屈服应力的 91.83％；两种不同场地土体排水固结过程中所受到的应力状态如图 2.3.14 所示。

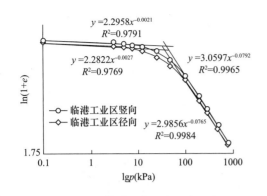

图 2.3.12　临港工业区 $\ln(1+e)$-$\lg p$
关系曲线

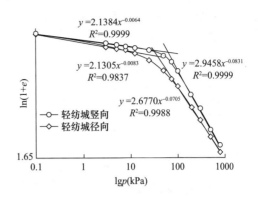

图 2.3.13　轻纺城试样 $\ln(1+e)$-$\lg p$
关系曲线

**两种不同场地试样的结构屈服应力 $\sigma_k$**　　　　　　　表 2.3.2

| 土样编号 | 临港竖向 | 临港径向 | 轻纺城竖向 | 轻纺城径向 |
|---|---|---|---|---|
| $\sigma_k$（kPa） | 41.49 | 38.10 | 64.52 | 39.29 |

图 2.3.14 中"$K_0$ 固结"状态代表了轻纺城经济区正常沉积土在排水固结过程中所受到的应力状态，其中 $\sigma_z$ 表示微小单元体所受到的自重应力，$K_0$ 为静止土压力系数；"等向应力固结"状态代表了临港工业区吹填软土"浅层加固处理"过程中所受到的应力状态，因取样深度为 $0.2\sim0.7\mathrm{m}$，自重应力 $\sigma_z$ 较真空预压过程中膜下负压引起的球应力增量 $\sigma_p$ 小得多，在固结过程中并不起主导作用，此处忽略不计。

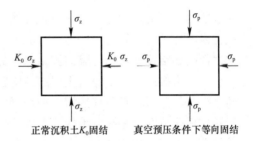

图 2.3.14　两种不同场地的土体固结状态
受力示意

$K_0$ 固结应力状态作用下，土体中形成超静孔隙水压力，随着超静孔隙水压力的消散，土体内部有效应力逐渐增加，竖向和侧向固结应力增加的幅度是不同的，在这种应力状态下土体固结所形成的土体竖向和横向的结构屈服应力固然不相同。

综上所述，正是软土地基在"浅层真空预压"处理过程中土体所受到的应力状态的不同造成了临港工业区软土地基的径向结构屈服应力与竖向结构屈服应力的比值要大于轻纺城经济区正常沉积固结原状土。

**2.　"浅层加固处理"后软土的固结系数**

将试样的固结系数随固结压力的变化曲线分别汇总于图 2.3.15、图 2.3.16。

对比图 2.3.15 与图 2.3.16 可见，在相同的荷载作用下，轻纺城经济区原状样的固结系数比临港工业区原状样的大（当压力为 3kPa 时，轻纺城经济区原状样的竖向固结系数为临港工业区原状样的竖向固结系数的 2.50 倍；当压力为 800kPa 时，轻纺城经济区原状样的竖向固结系数为临港工业区原状样的竖向固结系数的 1.37 倍），这是因为临港工业区场地试样的黏粒和粉粒粒径组的含量占颗粒总量的 91.98%，是轻纺城经济区的 1.56 倍，其中颗粒粒径较小的黏粒表面强结合水水膜明显并存在着较多的可交换阳离子，使得颗粒之间的渗流通道受到阻碍，因此临港工业区试样的排水条件要差于轻纺城经济区。

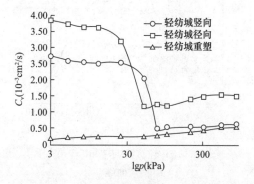
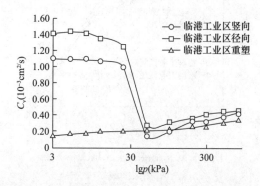

图 2.3.15　轻纺城试样的 $C_v$-lg$p$ 关系曲线　　图 2.3.16　临港工业区试样的 $C_v$-lg$p$ 关系曲线

当压力小于土体的结构屈服应力时，随着压力的增加两种不同场地的原状样竖向和径向固结系数的变化幅度均较小。其中轻纺城原状样竖向固结系数大约是与其对应的重塑土的 10～15 倍，这与沈珠江、张诚厚等的研究结论是一致的；径向固结系数大约是竖向固结系数的 1.5 倍。临港工业区原状样的竖向固结系数大约是与其对应的重塑土的 5～6 倍，比正常沉积土要小，这一现象与"浅层加固处理"工况下的固结环境不同于天然土体有关；径向固结系数大约是竖向固结系数的 1.3 倍。

当压力接近或者刚超过土体的结构屈服应力时，原状样的固结系数急剧减小。重塑土的固结系数并不随着荷载的增加而出现大幅度的变化。当荷载小于土体结构屈服应力时，土样的高孔隙性能够得以维持，土体的高孔隙性对应着较强的渗透能力，即土体的固结系数较大；当土体的荷载大于土体的结构屈服应力时，土体的固结变形量会出现迅速增加，土样的高孔隙性遭到破坏，导致土样的渗透能力迅速降低，超静孔隙水压力消散较慢，使得土体的固结系数大幅度减小。

当压力超过结构屈服应力时，轻纺城原状样径向固结系数大约是相同压力作用下竖向固结系数的 2.1～2.8 倍，而临港工业区为 1.1～1.5 倍，明显低于轻纺城经济区。随着荷载不断增加，原状土和重塑土固结系数均随着荷载的增加而增加，但固结系数的增量比 $\Delta C_v / \Delta p$ 却有所减小。

对比图 2.3.15 和图 2.3.16 还可以看出，超软土地基经过"浅层真空预压处理"后，土体的固结系数较未处理的超软土有了较大幅度的提升，当作用于"浅层真空预压处理"后的超软土地基上的荷载小于土体的结构屈服应力时，土体的固结系数是未做"浅层真空预压"处理地基的 25 倍左右，当作用于"浅层真空预压处理"后的地基土体上的荷载超过土体的结构屈服应力时，土体的固结系数较未做"浅层真空预压处理"的超软土增加了 2 倍左右。同时，"浅层真空预压处理"超软土地基的方法使得被加固地基产生了较大的固结沉降量，提高了超软土地基的承载力，可见"浅层真空预压处理"法为"深层真空预压"施工提供了良好的作业条件。

## 2.3.5　吹填场地正常沉积土的次固结特性研究及分析

正常沉积结构性黏土的结构强度是由于生成土体的大孔隙结构的过程中依靠无机盐或

者其他物质的粘结所形成的一种土体颗粒接触面之间的胶结性的联结，正常沉积结构性黏土的土体颗粒接触面之间存在的这种胶结强度和土体颗粒之间的这种大孔隙组构是正常沉积结构性黏土区别于原有的结构性遭到粉碎性破坏的重塑土的两大主要特征。通过添加过筛后的食盐颗粒并在饱和食盐水中养护后渗析来形成大孔隙组构，依此来模拟天然结构性黏土的结构性。虽然人工结构性土的固体颗粒矿物成分与原状土或重塑土存在差异，但是水泥水化反应在土体颗粒之间形成的胶结性的联结以及依靠食盐颗粒形成的大孔隙组构能够很好地模拟天然结构性黏土的力学特性。沈珠江指出：用人工结构性土代替易在取样过程中经受扰动的天然结构性土体来研究结构性对其力学特性的影响方面具备的优势；谢定义指出：利用人工结构性土体的制备可实现结构性土体粒度可控、密度可控、湿度可控，结构的联结与排列特征可控以及试样的尺寸和形状可控，保证了试验研究工作的多种需要。

**1. 模拟天然结构性土体固结特性的可行性分析**

为了避免加荷大小、加荷时间和加荷比对土体次固结系数 $C_a$ 的影响，本次试验控制加荷比为 1.0，加荷时间和加荷等级均相同。

试验仪器采用常规的 WG 型高压单杠杆固结仪，共进行了 7 级固结荷载加载，前 6 级荷载，每级固结荷载作用时间为 3d，最后一级固结荷载作用时间为 6d。对于扰动土样，预压荷载的作用时间为 2h，然后回弹 24h。试验土样在固结过程中双面排水，固结变形的稳定控制标准为 0.001mm/h。具体加荷方案见表 2.3.3。

试 验 方 案　　　　　　　　　　　　　　　　表 2.3.3

| 土样分类 | 加荷方案（kPa） |
|---|---|
| 人工结构性土、原状土、重塑土 | 12.5→25→50→100→200→400→800 |
| 扰动土 | 25→0→12.5→25→50→100→200→400→800 |
| | 100→0→12.5→25→50→100→200→400→800 |
| | 200→0→12.5→25→50→100→200→400→800 |

原状土、人工结构性土、扰动土及重塑土的 $e$-$\lg p$ 压缩曲线如图 2.3.17 所示。可见，原状土的压缩曲线初始阶段比较平缓，超过结构屈服应力 $\sigma_k$ 后，压缩曲线出现明显的转折点，而后逐渐趋于平滑的直线。重塑土在制样过程中，原有的结构性遭到了破坏，压缩曲线近似成为一条直线。人工结构性土（水泥的质量分数 $w$=4%）的压缩曲线和原状土的很相似，在固结压力较小时，压缩曲线比较平缓，随着固结压力的增加，压缩曲线出现明显的转折点，而后逐渐趋于平滑的直线，这说明人工结构性土体能够很好地模拟天然结构性土体的固结压缩特性。当荷载较小时，扰动土（预压荷载为 100kPa）由于预压荷载的作用，压缩曲线较原状土平缓，随着荷载的增加，压缩曲线逐渐与原状土趋于一致。

由图 2.3.18 可见，随着水泥质量分数 $w$ 的增加，人工结构性土的结构屈服应力 $\sigma_k$ 也越来越大，反映出土体的结构性越来越强。水泥质量分数 $w$ 为 6% 和 8% 的人工结构性土，压缩曲线的初始阶段变形比较平缓，超过结构屈服应力 $\sigma_k$ 后，变形迅速增大，呈现出明显的脆性破坏的特点，这与丁建文等的试验结论是一致的。

由人工结构性土的制备过程可知，可以通过控制水泥的质量分数 $w$ 来控制人工室内制备的结构性土结构屈服应力 $\sigma_k$，可以通过控制混合料中食盐颗粒的含量来控制人工室内制备的结构性土体的初始孔隙比 $e_0$，通过控制混合料中食盐颗粒尺寸来控制人工结构性土体初始孔隙，人工室内制备结构性土体的方法为室内定量化模拟天然沉积结构性土体的结构性提供了一个有效的途径。

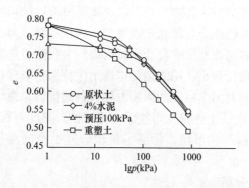

图 2.3.17　原状土、人工结构性土、扰动土及重塑土的 $e$-$\lg p$ 关系曲线

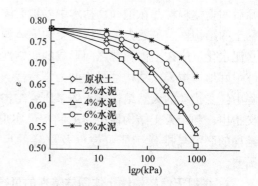

图 2.3.18　人工结构性土的 $e$-$\lg p$ 关系曲线

由图 2.3.19 可见，不同预压荷载作用下扰动土体的固结压缩曲线近似相交于一点（此点对应的孔隙比 $e$ 大约为 0.695）。当固结荷载较小时，随着预压荷载的增加，扰动土体的压缩曲线越平缓；当荷载较大时，随着预压荷载的增加，压缩曲线逐渐远离原状土的固结压缩曲线，这与白冰等对扰动土体的研究结论是不相符的。

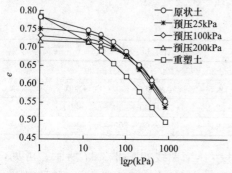

图 2.3.19　扰动土的 $e$-$\lg p$ 关系曲线

白冰等的研究多集中在不利扰动，即土体的损伤扰动等方面，而本次试验采用预压荷载的方式对土体施加扰动，使得土体颗粒之间的孔隙比 $e$ 减小，并使孔隙中的水排出，使得土体抵抗固结变形的能力提高了，即预压荷载扰动对土体压缩性的影响是有利的。

经计算，将不同预压荷载作用下的扰动土与重塑土压缩曲线直线段的交点位置列于表 2.3.4。表中数据表明，具有相同湿密度和含水率的结构性软土，即使受到不同预压荷载的扰动作用，随着荷载的增加，压缩曲线也将逐渐向重塑土靠近，并与重塑土相交于 $e=(0.37\sim0.42)e_0$，这与 Schmertmann 的研究结论是一致的。

扰动土与重塑土压缩曲线直线段延长线的交点位置　　　表 2.3.4

| 土样类型 | 原状土 | 25kPa 扰动 | 100kPa 扰动 | 200kPa 扰动 |
|---|---|---|---|---|
| 交点位置 | $0.416e_0$ | $0.419e_0$ | $0.385e_0$ | $0.373e_0$ |

### 2. 先期固结压力 $p_c$ 和结构强度 $q$ 的计算

工程中广泛采用的 Casagrande 法是建立在对重塑土的研究基础上，对于结构性土体，用此法求取的先期固结压力 $p_c$ 实际上是土体的结构屈服应力 $\sigma_k$，大小等于先期固结压力 $p_c$ 和结构强度 $q$ 之和。另外，试验所得的 $e$-$\lg p$ 压缩曲线上曲率半径最小的点不容易选定，而且图上作业也容易产生较大的误差。

王国欣等利用扰动土压缩曲线指数模型来求取土体先期固结压力方法的基础上消除了结构强度对先期固结压力的影响，建立了利用重塑土压缩和回弹曲线来求取结构性土体先期固结压力的方法。压缩曲线指数模型已受到了广泛的引用和许多试验的检验，王国欣等只是对李涛模型进行了改进和简化，因此其模型具有较高的可靠性。基于重塑土建立的压缩曲线模型，经历了大量的试验验证，具有较高的可靠性。压缩曲线的模型如式（2.3.5）和式（2.3.6）所示：

$$e = e_1 - C_r(\lg p_L)^{1-A} \cdot (\lg p)^A \qquad (2.3.5)$$

$$A = 1 + \lg(C_s/C_r)/\lg(\lg \sigma_k/\lg p_L) \qquad (2.3.6)$$

式中，$e_1$ 为固结压力 1kPa 时对应的孔隙比，可用初始隙比 $e_0$ 代替（对于扰动土样，初始孔隙比 $e_0$ 为预压回弹 24h 后所对应的值）；$C_r$ 为理想重塑样的压缩指数（由于重塑土具有微弱的结构性，在固结荷载较小时，土体结构性对压缩性能有较大的影响，鉴于此，$C_r$ 取固结荷载较大时对应的压缩曲线的斜率）；$C_s$ 为重塑样回弹指数；$\sigma_k$ 为土体的结构屈服压力；$p_L$ 为重塑样与原状样压缩曲线交点所对应的压力值；$A$ 为还原系数，反映了还原后压缩曲线的特征。

简化后，改进后的压缩曲线模型公式：

$$e = a - b(\lg p)^c \qquad (2.3.7)$$

$$e' = \frac{-bc(\lg p)^{c-1}}{2.3026p} \qquad (2.3.8)$$

$$e'' = \frac{bc(\lg p)^{c-2}(1-c+2.3026bc \lg p)}{5.3020p^2} \qquad (2.3.9)$$

可知压缩曲线的曲率半径 $R$ 为：

$$R = \frac{[1+(e')^2]^{\frac{3}{2}}}{|e''|} \qquad (2.3.10)$$

将系数 $a$、$b$ 和 $c$ 代入式（2.3.7），利用还原后的压缩曲线初步判断曲率最小点对应的固结压力在 $p_1 \sim p_2$ 的范围内，然后试算确定曲率半径最小点的坐标为（$p_m$，$e_m$）。将此点的坐标代入式（2.3.10），求得曲率半径最小点处的切线斜率为 $k_1$；过该点的切线与水平线夹角的角平分线的斜率为：

$$k_2 = \tan\left(\frac{\arctan k_1}{2}\right) \qquad (2.3.11)$$

求出过曲率半径最小点处的水平线与切线夹角的角平分线方程式（2.3.12）与压缩曲线直线段的方程式（2.3.13）：

$$e = k_2 \ln(p - p_m) + e_m \qquad (2.3.12)$$

$$e = k_3 \ln p + d \qquad (2.3.13)$$

联立式（2.3.12）、式（2.3.13），求出两直线的交点所对应的固结压力值即为土体的先期固结压力 $p_c$。采用由 Butterfield 等提出的 $\ln(1+e)$-$\lg p$ 双对数坐标法来计算结构屈服应力 $\sigma_k$，将结构屈服应力 $\sigma_k$、先期固结压力 $p_c$ 和结构强度 $q$ 汇总于表 2.3.5。

土体的结构屈服应力 $\sigma_k$、先期固结压力 $p_c$ 及结构强度 $q$　　　　表 2.3.5

| 土样类型 | 2%水泥 | 4%水泥 | 原状土 | 25kPa 扰动 | 100kPa 扰动 | 200kPa 扰动 |
|---|---|---|---|---|---|---|
| 结构屈服应力 $\sigma_k$（kPa） | 15.3 | 36.5 | 102.2 | 101.7 | 121.6 | 144.8 |

续表

| 土样类型 | 2%水泥 | 4%水泥 | 原状土 | 25kPa 扰动 | 100kPa 扰动 | 200kPa 扰动 |
|---|---|---|---|---|---|---|
| 先期固结压力 $p_c$(kPa) | 0 | 0 | 73.3 | 79.6 | 103.5 | 130.5 |
| 结构强度 $q$(kPa) | 15.3 | 36.5 | 28.9 | 22.1 | 18.1 | 14.3 |

### 3. 次固结变形特性分析

分级加载的前提下，土体进入次固结阶段所需要的时间采用在工程界已被广泛引用的由 Casagrande 与 Fadum 提出的作图法来确定：土体固结曲线的中段与末段的形状在 $e$-lg$p$ 坐标图中近似为两条直线，两条直线交点的横坐标即为土体进入次固结阶段所需要的时间，如图 2.3.20 所示。

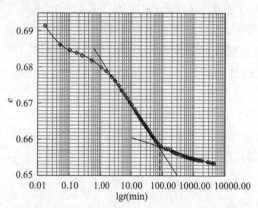

图 2.3.20　原状土 200kPa 荷载作用下的主次固结划分方法

对于原状土而言，在 200kPa 固结荷载作用下，进入次固结阶段所需要的时间大约为 80min，其他土体进入次固结阶段所需要的时间的处理方法均如图 2.3.20 所示。

对比重塑土和结构性土体，当荷载较小时，结构性土体进入次固结阶段所需要的时间小于重塑土，随着荷载增加，土体的结构性逐渐遭到破坏，结构性土体进入次固结阶段所需要的时间越来越长，也越来越接近重塑土。可见，结构性的存在能够减少土体进入次固结阶段所需要的时间。

这一现象的主要原因是：①结构性的存在使得土体的结构屈服应力增大，结构强度抵抗了孔隙的压缩性，存在一种相对稳定的土颗粒骨架结构，能够有效地减小土体的压缩量，有效地抑制了次固结变形的发展；②结构性的存在使得土体原有的大孔隙结构得以保存，土体的渗透性较大。因此结构性的存在有利于超静孔隙水压力的消散，即土体进入次固结阶段所需要的时间较短。

（1）重塑土的次固结变形特性分析

对比图 2.3.21 与图 2.3.22 可见，重塑土由于结构性的丧失，在固结荷载较小时，固结变形比原状土要大，主次固结的划分比原状土明显；当固结荷载超过结构屈服应力 $\sigma_k$ 时，原状土的固结变形比重塑土要明显。重塑土在每级固结荷载作用下的固结变形量比较

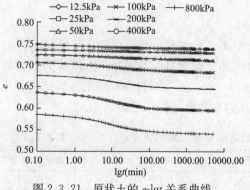

图 2.3.21　原状土的 $e$-lg$t$ 关系曲线

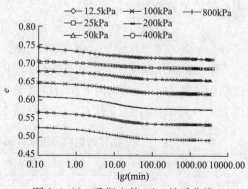

图 2.3.22　重塑土的 $e$-lg$t$ 关系曲线

均匀，原状土则表现为在每级荷载作用下，当荷载较小时固结变形量较小，随着荷载增加，固结变形量逐渐增大。由图 2.3.22 可见，当荷载较小时，随着荷载增加，重塑土次固结系数有小幅度的增加；之后重塑土的次固结系数逐渐趋于稳定。

（2）预压扰动土的次固结变形特性分析

对比图 2.3.21 与图 2.3.23～图 2.3.25 可见，由于预压荷载的作用，扰动土的初始孔隙比 $e_0$ 比原状土小。当荷载小于预压荷载时，扰动土的压缩曲线较为靠近，即在每级荷载作用下土体的压缩量小于原状土；当荷载大于预压荷载后，扰动土在每级荷载作用下的压缩量大于原状土，两者孔隙比的差别也越来越小。

由图 2.3.25 可见，扰动土的次固结系数 $C_a$ 呈现出先增加后减小并逐渐趋于稳定的趋势，次固结系数 $C_a$ 的峰值在预压荷载小于原状土的结构屈服应力 $\sigma_k$ 时，出现在荷载刚刚超过结构屈服应力 $\sigma_k$ 处，在预压荷载大于结构屈服应力 $\sigma_k$ 时，出现在荷载等于预压荷载处。相对于原状土而言，对土体施加预压荷载，造成了土体结构性的损伤，在相同的荷载作用下，次固系数 $C_a$ 有所降低（当固结荷载为 100kPa 时，预压荷载为 100kPa 的扰动土的次固结系数 $C_a$ 比原状土降低了约 21.8%）。

工程实践中，当利用堆载预压法处理地基时，在长期荷载小于预压荷载的情况下，能够充分利用预压荷载引起的土体主次固结变形均减小这一有利因素；但是，当长期作用荷载大于预压荷载时，虽然经预压处理后的土体的次固结系数 $C_a$ 有所降低，但随着长期荷载增加，土体最终的孔隙比与原状土相差不大（当荷载为 800kPa 时，预压荷载为 200kPa 的扰动土的最终孔隙比 $e$ 仅比原状土降低了约 5.6%）。

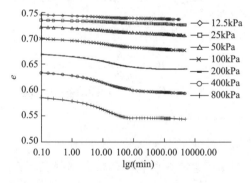

图 2.3.23　预压荷载为 25kPa 时 $e$-lg$t$ 关系曲线

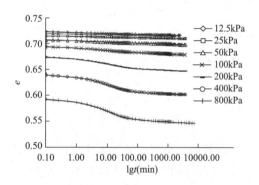

图 2.3.24　预压荷载为 100kPa 时 $e$-lg$t$ 关系曲线

（3）人工结构性土的次固结变形特性分析

对比图 2.3.21 与图 2.3.26、图 2.3.27 可见，人工结构性土的固结变形特性与原状土很相似。由图 2.3.26 可见，人工结构性土的次固结系数 $C_a$ 呈现出先增加后减小并逐渐趋于稳定的趋势，次固结系数 $C_a$ 的峰值出现在荷载超过结构屈服应力 $\sigma_k$ 处；水泥质量分数 $w$ 大的人工结构性土趋于稳定的次固结系数 $C_a$ 比水泥质量分数 $w$ 小的人工结构性土大。

**4. 土体的结构强度 $q$ 对次固结系数 $C_a$ 的影响**

由图 2.3.28 可见，在分级加载的条件下，当荷载远小于结构屈服应力 $\sigma_k$ 时，结构性土体的次固结系数 $C_a$ 远小于重塑土（当荷载为 12.5kPa 时，原状土的次固结系数 $C_a$ 仅为重塑土的 47%）；当荷载接近结构屈服应力 $\sigma_k$ 时，结构性土体的次固结系数 $C_a$ 增长较快；

当荷载超过土体的结构屈服应力 $\sigma_k$ 时，结构性土体的次固结系数 $C_a$ 要大于重塑土。由此可见，当荷载较小时，土体的结构性能够阻碍土体的次固结变形的发展；当荷载接近或者超过土体的结构屈服应力 $\sigma_k$ 时，土体残余的结构性反而有利于次固结变形的发展，即对于结构性土体而言，当荷载超过土体的结构屈服应力 $\sigma_k$ 时，土体的结构性遭到了破坏，但结构性土体的次固结系数较重塑土大。

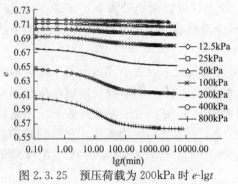

图 2.3.25　预压荷载为 200kPa 时 $e$-$\lg t$
　　　　　关系曲线

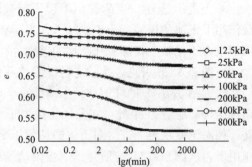

图 2.3.26　质量分数为 2% 人工结构性土
　　　　　的 $e$-$\lg t$ 关系曲线

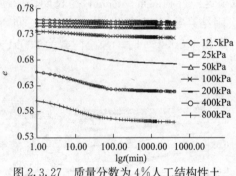

图 2.3.27　质量分数为 4% 人工结构性土
　　　　　的 $e$-$\lg t$ 关系曲线

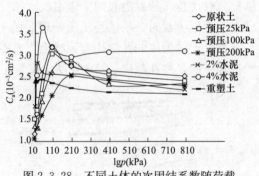

图 2.3.28　不同土体的次固结系数随荷载
　　　　　的变化曲线

　　当荷载较小时，结构性土体的固结变形主要是弹性变形，土体骨架的损伤较轻，土体颗粒之间的结构性使得土体结构的重新排列较为困难，土体颗粒表面的结合水膜之间作用较强，结合水膜之间的蠕变变形较小，即土体的次固结系数 $C_a$ 较小；随着荷载的增加，土体骨架的损伤越来越严重，土体结构重新排列较为容易，土体颗粒表面结合水膜之间的作用减小，结合水膜的蠕变变形速率增加，有利于土体的次固结变形的发展。

　　将结构性土体趋于稳定的次固结系数 $C_a$ 与重塑土的次固结系数 $C_a$ 的差值 $\Delta C_a$ 及结构强度 $q$ 汇总于表 2.3.6，其相关关系见图 2.3.29。

不同土体与重塑土趋于稳定的次固结系数差值 $\Delta C_a$ 及结构强度 $q$　　　表 2.3.6

| 土样类型 | 2%水泥 | 4%水泥 | 重塑土 | 原状土 | 25kPa 扰动 | 100kPa 扰动 | 200kPa 扰动 |
|---|---|---|---|---|---|---|---|
| 次固结系数峰值 $C_a$($10^{-3}$) | 2.832 | 3.671 | 2.456 | 3.201 | 3.040 | 2.902 | 2.556 |
| 稳定的次固结系数 $C_a$($10^{-3}$) | 2.202 | 3.130 | 2.108 | 2.533 | 2.418 | 2.330 | 2.303 |
| 次固结系数差值 $\Delta C_a$($10^{-3}$) | 0.094 | 1.022 | 0 | 0.425 | 0.310 | 0.222 | 0.195 |
| 结构强度 $q$(kPa) | 15.3 | 36.5 | 0 | 28.9 | 22.1 | 18.1 | 14.3 |

由图 2.3.29 可见，次固结系数差值 $\Delta C_a$ 与结构强度 $q$ 之间呈现出很强的正线性相关性，结构性土体趋于稳定的次固结系数 $C_a$ 随着土体原有的结构强度 $q$ 的增加而增加。由表 2.3.6 中数据可以看出，结构性土体的次固结系数峰值 $C_a$ 亦随着结构强度 $q$ 的增加而增加。当荷载超过结构性土体的结构屈服应力时，土体颗粒之间的胶结性联结强度完全被破坏，土体颗粒较为分散，土体颗粒表面结合水膜的蠕变变形较小，土体结构的重新排列是土体次固结变

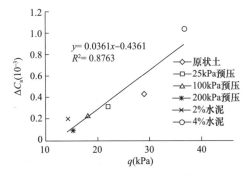

图 2.3.29　次固结系数差值和结构强度的相关关系

形的主要原因。在相同的荷载作用下，土体残余的结构性随着土体颗粒之间的胶结性联结作用即结构强度 $q$ 的增加而增大。笔者认为，正是这种随着结构强度 $q$ 的增加而增大的残余结构性为结构性土体提供了土体颗粒表面结合水膜之间的越来越大的蠕变变形发展空间。

结构性土体与重塑土之间的次固结系数差值 $\Delta C_a$ 和原有的结构强度 $q$ 相关关系的拟合曲线方程如式（2.3.14）所示：

$$\Delta C_a = 0.0361q - 0.4361 \tag{2.3.14}$$

式（2.3.14）的相关系数 $R^2 = 0.8763$。

当荷载超过土体的结构屈服应力 $\sigma_k$ 时，结构性土体趋于稳定的次固结系数 $C_a$ 如下式所示：

$$C_a = C_{a1} + 0.0361q - 0.4361 \tag{2.3.15}$$

式中，$C_{a1}$ 为重塑土的次固结系数。

## 2.3.6　吹填场地不同类型土的次固结特性归一化研究

图 2.3.30 为次固结系数 $C_a$ 和归一化孔隙比 $e/e_y$ 的关系曲线。虽然初始孔隙比变化比较大（0.68～3.39），但关系曲线相似，均表现为：当荷载小于屈服压力时（如 $e/e_y = 1.0$），次固结系数 $C_a$ 随孔隙比增加而增加，当孔隙比超过屈服压力时的孔隙比后，次固结系数 $C_a$ 开始呈现递减趋势。因此，当 $e/e_y = 1.0$ 时，存在一个次固结系数的最大值 $C_{amax}$，同时原状土的次固结系数小于重塑土。

已有研究表明孔隙比或含水量对黏土的工程特性有影响，本次研究的试验结果证实了初始孔隙比或初始含水量对黏土的次固结特性也有一定的影响。图 2.3.30 表明次固结系数的变化规律与初始孔隙比的变化一致，如 CFPC（$e_0 = 0.68$），LGC1（$e_0 = 1.28$），QFC2（$e_0 = 1.55$），QFC1（$e_0 = 1.17$），LGC2（$e_0 = 2.48$），LGC3（$e_0 = 2.81$）和 LGC4（$e_0 = 3.39$）。

该现象可解释为：当初始孔隙比较小时，土体以结合水为主，自由水含量较少，土颗粒之间存在较大的接触面，因此土体的结构不易发生调整变化。然而，随着孔隙比增大，荷载作用下挤出的自由水含量增多，土体结构也容易发生变化。液限是自由水和结合水的一个非常重要的界限，当含水量高于液限时，土体中含有较多的自由水。由于重塑超软土具有较大的初始孔隙比，同时天然含水量高于液限，因此，该类软土具有较大的次固结系数，试验结果显示次固结系数取决于初始孔隙比和施加的荷载。

图 2.3.31 给出了次固结系数最大值 $C_{\text{amax}}$ 和归一化初始孔隙之比 $e_0/e_y$ 的关系曲线。可采用下式表示：

$$C_{\text{amax}} = 0.030 \cdot \lg\left(\frac{e_0}{e_y}\right) - 0.022 \quad\quad (2.3.16)$$

从图 2.3.31 中得到的曲线称为次固结系数曲线（SCCC），代表原状和重塑软土的孔隙比与次固结系数的经验关系。

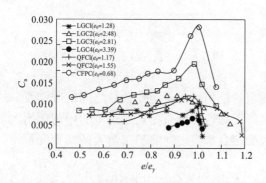

图 2.3.30　次固结系数与归一化孔隙比关系曲线

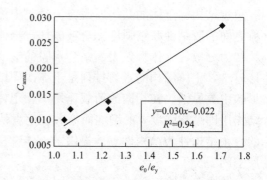

图 2.3.31　次固结系数最大值与归一化初始孔隙比

## 2.3.7　小结

利用改装后的低应力固结仪和常规的 WG 型高压单杠杆固结仪对"浅层真空预压处理"前后的超软土进行了室内分级加载固结试验，得到了如下结论：

（1）当固结压力达到 40kPa 时，超软土的孔隙比变化量可达总变化量的 50% 以上，可知，较小的固结压力能够引起超软土大幅度的固结沉降。

（2）超软土在"浅层真空预压处理"工况下所受的固结应力状态为"等向固结应力"，即"球应力"状态，超软土地基在"浅层真空预压处理"过程中所受的应力状态明显不同于正常沉积土，正是这一因素导致经过"浅层真空预压处理"后的超软土的径向结构屈服应力与竖向结构屈服应力的比值明显大于正常沉积土。

（3）在较低的固结荷载水平作用下（0～20kPa），超软土的固结系数并不随固结荷载的增加呈现出较大幅度的增加；当固结荷载较大时，随着固结压力增加，固结系数有所增加，但增量比却逐渐减小。

（4）经过"浅层加固处理"后的超软土的固结系数随着固结压力的变化趋势和正常沉积土大体一致，"浅层加固处理"后的超软土的固结系数较同等固结压力作用下超软土大得多，当固结压力超过结构屈服应力时，径向固结系数与竖向固结系数相差不大，这一特点与正常沉积土有较大的差别。

（5）Burland 提出的固有压缩曲线可以很好地反映重塑土的压缩性状，当有效荷载低于 40kPa 时，所提出的修正固有压缩曲线（RICL）可以适宜重塑超软土和软土的压缩性状。

（6）人工结构性土体的压缩曲线能够反映出结构性，并能很好地模拟天然土体的次固结特性。利用数学计算的手段求取结构性土体的先期固结压力 $p_c$，能够避免土体结构性的影响并降低了 Casagrande 法由于最小曲率半径点难以确定及 $e$-$\lg p$ 图上作业带来的误差。

（7）土体的结构性能够减小土体进入次固结阶段所需的时间。当荷载较小时，土体的结构性能够阻碍土体的次固结变形；当荷载接近或者超过土体结构屈服应力 $\sigma_k$ 时，土体残余的结构性反而有利于次固结变形的发展。结构性土体趋于稳定的次固结系数 $C_a$ 随着土体结构强度 $q$ 的增加而增加，基于此，提出了结构性土体趋于稳定的次固结系数 $C_a$ 计算方法，能够为预测结构性软土的次固结沉降提供依据。

（8）结合试验结果所提出的次固结系数曲线（SCCC）给出了次固结系数最大值和初始孔隙比与屈服压力下孔隙比的比值之间的关系。建立了次固结系数最大值 $C_{amax}$ 和归一化初始孔隙比 $e_0/e_y$ 的经验关系表达式。

## 2.4　吹填场地地基土次固结变形预测模型研究

我国沿海地区分布着大面积的软土，这些软土大多是第四纪以来形成的饱和软黏土，具有含水率高、孔隙比大、承载力低、压缩性高并存在着显著次固结的特性，也就是说，在孔压消散，主固结完成后，这种土层仍然会有随时间发展的长期变形，且其量值不可忽略。特别是围海造陆过程中产生的吹填土，这种问题尤为突出。因此，如何发展和完善吹填土的变形控制理论，建立恰当的变形预测模型，不仅对工程安全运营和工后不良工程影响有十分重要的意义，也可为工程设计及施工提供客观科学的依据。

### 2.4.1　已有计算模型介绍

1968 年 Singh 等提出的 Singh-Mitchell 经验蠕变模型是在总结了单级常应力加载、排水与不排水三轴压缩试验数据的基础上，采用指数函数表示应力-应变关系、采用幂函数表示应变-时间关系的经典的经验蠕变模型，该模型能够很好地反映土的蠕变特性。此外，国内一些专家、学者也采用该模型对某些地区的软黏土蠕变特征进行描述，认为该模型可以很好地模拟某些地区软黏土的蠕变特性。

（1）Singh-Mitchell 经验蠕变模型方程可表示为：

$$\dot{\varepsilon} = A_r e^{aD_r}\left(\frac{t_r}{t}\right)^m \tag{2.4.1}$$

式中，$\dot{\varepsilon}$ 为任一时刻 $t$ 的轴向应变率；$t$ 为试样受荷时间；$D_r$ 为偏应力水平，$D_r=(\sigma_1-\sigma_3)/(\sigma_1-\sigma_3)_f$，$(\sigma_1-\sigma_3)_f$ 即土样破坏偏应力 $q_f$，可由常规三轴固结不排水试验（CU 试验）求得；$A_r$ 为在单位参考时间 $t_r$ 且 $\sigma_1-\sigma_3=0$ 时的应变速率；$m$ 为 $\ln\varepsilon-\ln t$ 关系曲线直线段的线性斜率；$\alpha$ 为应变速率对数与剪应力关系图中线性段的斜率。

（2）Mesri 蠕变方程：

$$\varepsilon = \frac{2}{(E_u-S_u)_1} \cdot \frac{\overline{D}_1}{1-(R_f)_1\overline{D}_1}\left(\frac{t}{t_1}\right)\lambda \tag{2.4.2}$$

（3）詹美礼、钱家欢、陈绪禄等（1993）根据上海软黏土的次固结试验资料发现，在荷载比较小时，变形随着时间的增加而趋于稳定；对于不同的荷载增量其最终次固结变形量亦不同。在某级荷载增量作用下，次固结应变为：

$$\Delta\varepsilon_{次} = \frac{\Delta p}{E_{次}} \qquad\qquad (2.4.3)$$

$$E_{次} = Kp_a(p/p_a)^n \qquad\qquad (2.4.4)$$

式中，$E_{次}$ 为次固结压缩模量；$K$ 为次固结模量系数；$n$ 为次固结模量指数；$p_a$ 为大气压力（kPa）；$p$ 为加压前后的平均应力（kPa）；$K$、$n$ 为参数，均由试验测得。

某一时刻的次固结应变则可表示为：

$$\Delta\varepsilon_{次t} = \Delta\varepsilon_{次}(1-e^{-\eta t}) \qquad\qquad (2.4.5)$$

式中，$\Delta\varepsilon_{次t}$ 为荷载作用时间 $t$ 的次固结应变增量；$\eta$ 为次固结衰减指数。

上述经验模型虽然都具有参数少和适用性强的特点，但是 Singh-Mitchell 模型仅适合描述剪切应力水平在 20%～80% 范围内的应力-应变关系，例如，当剪切应力水平为零时却预测有非零的应变。Mesri 模型虽然能模拟全部应力水平状态，但对于蠕变特性不强、蠕变应变速率较小的软土，得到的模型曲线应变速率较试验值增长快，这种现象在高应力水平下尤为突出。

### 2.4.2 一维次固结变形经验模型的建立

为了更好地模拟吹填场地地基土次固结变形特性，在 Mitchell 的应变速率与时间双对数关系基础上，建立了一维次固结经验模型。其中时间坐标零点按新增荷载开始施加时刻。

以 2cm 双面排水土样为例，作出每级压力作用下在双对数坐标平面上应变速率与时间的关系曲线，如图 2.4.1、图 2.4.2 所示。

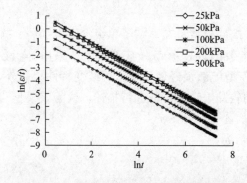

图 2.4.1 应变速率与时间双对数关系曲线　　图 2.4.2 截距 $b$ 与压力 $p$ 关系曲线

可见，土体应变速率对数与时间对数呈很好的线性关系，得出其线性方程式，即：

$$\ln(\varepsilon/t) = b + a\ln t \qquad\qquad (2.4.6)$$

利用式（2.4.6）中的截距 $b$，绘出 $b$ 与压力 $p$ 的关系，如图 2.4.2 所示。

得出其拟合式（2.4.7），即

$$b = c\ln p + d \qquad\qquad (2.4.7)$$

把式（2.4.7）代入式（2.4.6）整理得：

$$\varepsilon = t^{a+1}p^c e^d \qquad\qquad (2.4.8)$$

设 $B=1+a$，为了使拟合值与试验值较好地吻合，需对 $B$ 进行修正后得到 $A$，则式（2.4.8）可以表示为：

$$\varepsilon = t^A p^c e^d \qquad\qquad (2.4.9)$$

$B$ 的修正过程：由式（2.4.9）计算出每级荷载下的 $b$ 值，用 $b_1$ 表示；$B$ 修正为 $A = B-(b_1-b)/10$，其中，$b$ 为试验值，$b_1$ 为计算值。

### 2.4.3　一维次固结变形经验模型参数及拟合结果

**1. 一维次固结变形经验模型参数**

针对不同深度、不同试样高度的中心渔港已处理和未处理吹填场地地基土以及轻纺城堆填土场地未处理地基土，分别做了次固结变形计算，根据试验得出土样在不同压力作用下的参数 $a$、$c$、$d$，利用新建的一维次固结模型计算出不同压力下、不同固结状态下土样的次固结变形，绘出应变～时间关系曲线，并与试验曲线进行了比较。次固结变形经验模型参数值见表 2.4.1～表 2.4.3。

中心渔港已处理土样参数　　　　　　表 2.4.1

| 土样深度（m），土性 | 试样高度（cm） | 荷载（kPa） | 参数 | | | |
|---|---|---|---|---|---|---|
| | | | $a$ | $A$ | $c$ | $d$ |
| 6.8～7.0，粉土 | 2 | 25 | −0.9606 | 0.032849 | 0.58362 | −1.8051 |
| | | 50 | −0.9771 | 0.027996 | | |
| | | 100 | −0.9833 | 0.022842 | | |
| | | 200 | −0.9891 | 0.011889 | | |
| | | 300 | −0.9886 | 0.005725 | | |
| 6.8～7.0，粉土 | 6 | 25 | −0.9683 | 0.021534 | 0.8053 | −3.6485 |
| | | 50 | −0.985 | 0.022345 | | |
| | | 100 | −0.9845 | 0.025936 | | |
| | | 200 | −0.9879 | 0.013457 | | |
| | | 300 | −0.9892 | 0.001744 | | |
| 21.4～21.8，粉质黏土 | 2 | 50 | −0.966 | 0.030435 | 0.5519 | −0.7914 |
| | | 100 | −0.9787 | 0.025681 | | |
| | | 200 | −0.9798 | 0.022026 | | |
| | | 300 | −0.9854 | 0.014748 | | |
| | | 400 | −0.9876 | 0.009571 | | |
| | 6 | 50 | −0.9241 | 0.075741 | 0.839 | −3.0079 |
| | | 100 | −0.9361 | 0.066456 | | |
| | | 200 | −0.9385 | 0.055681 | | |
| | | 300 | −0.9674 | 0.035573 | | |
| | | 400 | −0.9719 | 0.028596 | | |

中心渔港未处理土样参数　　　　　　表 2.4.2

| 土样深度（m），土性 | 试样高度（cm） | 荷载（kPa） | 参数 | | | |
|---|---|---|---|---|---|---|
| | | | $a$ | $A$ | $c$ | $d$ |
| 6.9～7.1，粉质黏土 | 2 | 25 | −0.892 | 0.094916 | 0.786 | −1.7912 |
| | | 50 | −0.9897 | 0.028435 | | |
| | | 100 | −0.9664 | 0.036554 | | |
| | | 200 | −0.9811 | 0.010872 | | |

| 土样深度（m），土性 | 试样高度（cm） | 荷载（kPa） | 参数 | | | |
|---|---|---|---|---|---|---|
| | | | $a$ | $A$ | $c$ | $d$ |
| 6.9~7.1，粉质黏土 | 6 | 25 | 0.8381 | 0.133794 | 0.9588 | −3.2352 |
| | | 50 | −0.984 | 0.057535 | | |
| | | 100 | −0.9515 | 0.049776 | | |
| | | 200 | −0.9697 | 0.015617 | | |
| 23.1~23.3，粉土 | 2 | 25 | −0.9554 | 0.039886 | 0.585 | −1.6779 |
| | | 50 | −0.9744 | 0.028237 | | |
| | | 100 | −0.9786 | 0.0296288 | | |
| | | 200 | −0.9843 | 0.018938 | | |
| | | 400 | −0.9903 | 0.004689 | | |
| 23.1~23.3，粉土 | 6 | 25 | −0.8793 | 0.101604 | 0.8076 | −3.0666 |
| | | 50 | −0.9576 | 0.061825 | | |
| | | 100 | −0.9602 | 0.049046 | | |
| | | 200 | −0.9591 | 0.040568 | | |
| | | 400 | −0.9765 | 0.014289 | | |

轻纺城未处理土样参数　　　　　　　　　　表 2.4.3

| 土样深度（m），土性 | 试样高度（cm） | 荷载（kPa） | 参数 | | | |
|---|---|---|---|---|---|---|
| | | | $a$ | $A$ | $c$ | $d$ |
| 4.8~5.0，粉质黏土 | 2 | 25 | −0.946 | 0.046342 | 0.624 | −1.422 |
| | | 50 | −0.98 | 0.02939 | | |
| | | 100 | −0.983 | 0.021737 | | |
| | | 200 | −0.986 | 0.007985 | | |
| | 6 | 25 | −0.986 | 0.013893 | 0.544 | −1.504 |
| | | 50 | −0.979 | 0.021686 | | |
| | | 100 | −0.979 | 0.021779 | | |
| | | 200 | −0.985 | 0.015072 | | |
| 23.1~23.3，粉土 | 2 | 25 | −0.963 | 0.033812 | 0.566 | −1.247 |
| | | 50 | −0.973 | 0.028179 | | |
| | | 100 | −0.976 | 0.027947 | | |
| | | 200 | −0.981 | 0.021915 | | |
| | | 400 | −0.985 | 0.011083 | | |
| 23.1~23.3，粉土 | 6 | 25 | −0.963 | 0.044601 | 0.635 | −1.886 |
| | | 50 | −0.939 | 0.052987 | | |
| | | 100 | −0.927 | 0.068172 | | |
| | | 200 | −0.948 | 0.056957 | | |
| | | 400 | −0.962 | 0.039342 | | |

**2. 模型拟合结果**

利用新建的一维次固结模型，计算不同应力水平下的应变值，并与试验值比较，如图 2.4.3~图 2.4.8 所示，可以看出利用新建模型计算的应变值与试验值很接近，说明新建模型是适用的。

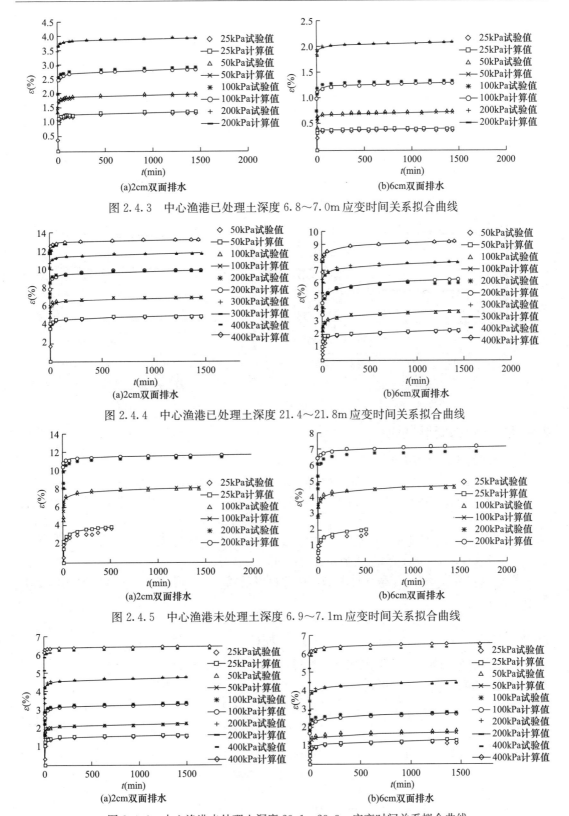

图 2.4.3　中心渔港已处理土深度 6.8～7.0m 应变时间关系拟合曲线

图 2.4.4　中心渔港已处理土深度 21.4～21.8m 应变时间关系拟合曲线

图 2.4.5　中心渔港未处理土深度 6.9～7.1m 应变时间关系拟合曲线

图 2.4.6　中心渔港未处理土深度 23.1～23.3m 应变时间关系拟合曲线

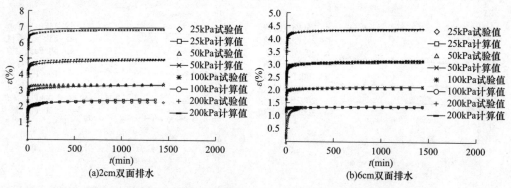

图 2.4.7　轻纺城未处理土深度 4.8～5.0m 应变时间关系拟合曲线

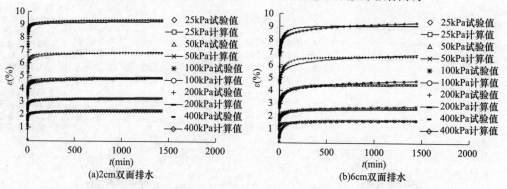

图 2.4.8　轻纺城未处理土深度 23.1～23.3m 应变时间关系拟合曲线

### 2.4.4　次固结变形量计算

#### 1. 次固结系数计算模型

次固结系数 $C_a$ 受时间影响而非一个定值，在恒定压力下 $C_a$ 与 $t/t_p$ 的关系如图 2.4.9 所示。通过曲线拟合可以得出 $C_a$ 随时间的对数关系如下：

$$C_a = a - b\lg(t/t_p) \tag{2.4.10}$$

式中，$t$ 为次固结结束时间；$t_p$ 为主固结结束时间；$a$ 为主固结完成时 $t = t_p$ 的次固结系数；$b$ 为指数幂，描述次固结系数随对数时间递减的快慢。

考虑 $C_a$ 与定值参数 $C_c$ 呈线性关系，由此可得任意 $t_1$、$t_2$ 时刻，$C_{at_1}$、$C_{at_2}$ 分别满足下列关系：

$$\begin{cases} C_{at_1} = k_{t_1} C_c \\ C_{at_2} = k_{t_2} C_c \end{cases} \tag{2.4.11}$$

式中，$k_{t_1}$、$k_{t_2}$ 分别为 $t_1$、$t_2$ 时刻式（2.4.11）的两个定值参数。

同理，由式（2.4.11）可得：

$$\begin{cases} C_{at_1} = a - b\lg(t_1/t_p) \\ C_{at_2} = a - b\lg(t_2/t_p) \end{cases} \tag{2.4.12}$$

联解式（2.4.11）与式（2.4.12）可得：

$$\begin{cases} a = k_{t_1} C_c + \dfrac{(k_{t_1} - k_{t_2})\lg(t_1/t_p)}{\lg(t_2/t_1)} C_c \\ b = \dfrac{(k_{t_1} - k_{t_2})}{\lg(t_2/t_1)} C_c \end{cases} \tag{2.4.13}$$

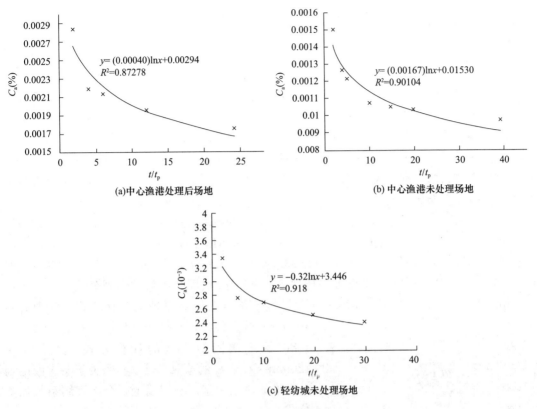

(a)中心渔港处理后场地　　　　(b) 中心渔港未处理场地

(c) 轻纺城未处理场地

图 2.4.9　$C_a$ 与 $t/t_p$ 关系曲线

将式（2.4.13）代入式（2.4.11）可得：

$$C_a = k_{t_1} C_c + \frac{(k_{t_1} - k_{t_2})\lg(t_1/t_p)}{\lg(t_2/t_1)} C_c - \frac{(k_{t_1} - k_{t_2})}{\lg(t_2/t_1)} C_c \lg(t/t_p)$$
$$= \left[ k_{t_1} + \frac{(k_{t_1} - k_{t_2})\lg(t_1/t_p)}{\lg(t_2/t_1)} - \frac{(k_{t_1} - k_{t_2})}{\lg(t_2/t_1)} \lg(t/t_p) \right] C_c \tag{2.4.14}$$

可简写为：

$$C_a = K C_c \tag{2.4.15}$$

$$K = k_{t_1} + \frac{(k_{t_1} - k_{t_2})\lg(t_1/t_p)}{\lg(t_2/t_1)} - \frac{(k_{t_1} - k_{t_2})}{\lg(t_2/t_1)}\lg(t/t_p) \tag{2.4.16}$$

在恒定压力下 $C_c$ 为定值参数，而当压力变化时 $C_c$ 也会发生变化，因此式（2.4.15）通过参数 $C_c$ 反映了不同荷载条件对于次固结系数的影响，同时，该次固结系数的计算公式也考虑了主次固结划分对次固结系数带来的影响。

式（2.4.14）体现了次固结系数随时间的变化，只要通过较短的室内试验得到两个时间点的参数 $k_{t_1}$、$k_{t_2}$，就可以通过公式求得后面时间的次固结系数，从而可以对次固结变形量进行预测。以中心渔港已处理和未处理场地 6.0～6.2m 及轻纺城未处理场地 1.6～1.8m 为例，对式（2.4.14）的预测精度进行验证。根据试验数据可以得到各参数如表 2.4.4 所示。

不同时间下的参数

表 2.4.4

| 场地 | $C_c$ | $t_p$(min) | $C_a$ | | $k$ | |
|---|---|---|---|---|---|---|
| 中心渔港已处理 | 0.08050 | 30 | $t_1/t_p=5$ | 0.00255 | $k_{t_1}$ | 0.03168 |
| | | | $t_2/t_p=10$ | 0.00235 | $k_{t_2}$ | 0.02919 |
| 中心渔港未处理 | 0.21236 | 120 | $t_1/t_p=5$ | 0.01217 | $k_{t_1}$ | 0.05731 |
| | | | $t_2/t_p=10$ | 0.01076 | $k_{t_2}$ | 0.05067 |
| 轻纺城未处理 | 0.09900 | 120 | $t_1/t_p=5$ | 0.00276 | $k_{t_1}$ | 0.02788 |
| | | | $t_2/t_p=10$ | 0.00269 | $k_{t_2}$ | 0.02717 |

将表中的参数分别代入式（2.4.14）中，可以得到中心渔港已处理场地和未处理场地 6.0～6.2m 及轻纺城未处理场地 1.6～1.8m 的次固结系数计算公式，如下所示：

$$C_a = 0.003016 - 0.0006666 \lg(t/t_p) \tag{2.4.17}$$
$$C_a = 0.015444 - 0.004684 \lg(t/t_p) \tag{2.4.18}$$
$$C_a = 0.002923 - 0.000233 \lg(t/t_p) \tag{2.4.19}$$

式（2.4.17）是中心渔港已处理场地 6.0～6.2m 次固结系数的计算公式，其中 $t_p$ = 30min；式（2.4.18）是中心渔港未处理场地该深度次固结系数的计算公式，其中 $t_p$ =

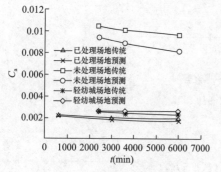

图 2.4.10　预测 $C_a$ 值与传统
试验 $C_a$ 值对比

120min；式（2.4.19）是轻纺城未处理场地 1.6～1.8m 深度次固结系数的计算公式，其中 $t_p$ = 120min。对于 $t_p$ 的选取，可以参照关于主次固结划分标准的讨论来定。利用以上三个次固结系数预测公式，分别可以预测得到已处理场地在 $t$=600min、3000min、6000min 和未处理场地在 $t$=2400min、3600min、6000min 时的次固结系数，将预测得到的 $C_a$ 值与用传统方法得到的 $C_a$ 值进行了对比，如图 2.4.10 所示。从图中发现预测值和传统方法得到的值很相近。

**2. 次固结变形预测模型**

经过上面对于次固结系数的讨论，我们可以进一步得到次固结变形的预测模型。对于在恒定的固结压力下 $C_c$ 为定值常数，因此式（2.4.14）可以改写成：

$$C_a = A - B \lg(t/t_p) \tag{2.4.20}$$

其中：

$$\begin{cases} A = \left( k_{t_1} + \dfrac{(k_{t_1} - k_{t_2}) \lg(t_1/t_p)}{\lg(t_2/t_1)} \right) C_c \\ B = \dfrac{(k_{t_1} - k_{t_2})}{\lg(t_2/t_1)} C_c \end{cases} \tag{2.4.21}$$

在恒定压力下 $A$ 和 $B$ 为常数，而当 $t \to \infty$ 时，$C_a \to 0$，即随着时间不断增加次固结系数在不断减小，最后会趋于零，此时次固结结束。而从次固结系数的定义可知：

$$C_a = \frac{\Delta e}{\Delta \lg t} \tag{2.4.22}$$

将式（2.4.20）代入上式可得次固结变形的微分形式：

$$\Delta e_t = \left[A - B\lg(t/t_p)\right]\Delta\lg t \tag{2.4.23}$$

其中 $t \geqslant t_p$，对式（2.4.23）进行积分可得：

$$e_t = A\lg\left(\frac{t}{t_p}\right) - \frac{1}{2}B\lg^2\left(\frac{t}{t_p}\right) + m \tag{2.4.24}$$

式中，$A$，$B$，$t_p$ 的意义和前面所述的一致；$m$ 为定值参数，可以通过选取 $e\text{-}\lg t$ 曲线上的任意两点拟合求得。

而我们知道：

$$e_t = e_0 - (1 + e_0)\frac{\Delta h}{H} \tag{2.4.25}$$

式中，$e_t$ 为 $t$ 时刻的孔隙比；$e_0$ 为初始孔隙比；$\Delta h$ 为 $t$ 时刻土体的总变形量；$H$ 为土层厚度。将式（2.4.24）代入式（2.4.25）中并移项可得：

$$\Delta h = \frac{H}{1 + e_0}\left[e_0 - A\lg\left(\frac{t}{t_p}\right) + \frac{1}{2}B\lg^2\left(\frac{t}{t_p}\right) - m\right] \tag{2.4.26}$$

利用上式我们可以求出任意时刻的总变形量，如果主固结完成时的变形量为 $h_p$，则次固结变形量可由下式表示：

$$s = \Delta h - h_p \tag{2.4.27}$$

将式（2.4.26）代入式（2.4.27）中，可以得到次固结变形量的计算公式：

$$s = \frac{H}{1 + e_0}\left[e_0 - A\lg\left(\frac{t}{t_p}\right) + \frac{1}{2}B\lg^2\left(\frac{t}{t_p}\right) - m\right] - h_p \tag{2.4.28}$$

式中，$h_p$ 为主固结结束时的变形量，可以根据本章主次固结划分标准确定主固结结束时间 $t_p$ 后相应得到，而其他参数的意义和前面所述相同。根据这个模型可以利用较短时间的室内试验来预测较长时间的次固结变形。

对于主固结结束时的变形量 $h_p$ 的取值，可以从试验条件下测得的主固结完成时的变形量按照土层厚度与试样高度的比值放大得到。而对于由不同土性的土构成的土层来说，可以采用分层叠加的方法来计算总的主固结沉降量，计算公式如下：

$$H_p = \sum_{i=1}^{n}\left(h_{p_i}\frac{H_i}{h_i}\right) \tag{2.4.29}$$

式中，$H_p$ 为总的主固结沉降量；$h_{p_i}$ 为第 $i$ 层土体在试验条件下的主固结沉降量；$H_i$ 为第 $i$ 层土的厚度；$h_i$ 为第 $i$ 层土试样高度。

以中心渔港已处理和未处理场地 $6.0 \sim 6.2\text{m}$ 以及轻纺城未处理场地 $1.6 \sim 1.8\text{m}$ 所在的土层为例，对上述模型进行验证。其中中心渔港已处理场地该土层为粉土，厚度 $4.7\text{m}$，初始孔隙比 $0.78$；中心渔港未处理场地该土层为粉质黏土，厚度 $5\text{m}$，初始孔隙比 $1.0325$；轻纺城未处理场地该土层为粉质黏土，厚度 $2.7\text{m}$，初始孔隙比 $0.699$。

将土样高度 $2\text{cm}$，$t = 6000\text{min}$ 代入模型，预测得到沉降值，分别与试验值对比如表 2.4.5 所示，可见模型精确度较好。

预测值与试验值对比

表 2.4.5

| 数值 | 中心渔港已处理场地（s/mm） | 中心渔港未处理场地（s/mm） | 轻纺城未处理场地（s/mm） |
|---|---|---|---|
| 试验值 | 0.758 | 1.988 | 1.237 |
| 预测值 | 0.764 | 1.993 | 1.263 |

## 2.4.5　小结

本章对比分析了各种经典次固结模型的优缺点，在 Mitchell 的应变速率与时间双对数关系基础上，建立了一维次固结经验模型 $\varepsilon = t^A p^c e^d$，参数 $A$、$c$、$d$ 由试验确定。新建模型具有参数少、易确定的优点。

在次固结系数影响因素讨论的基础上，建立了次固结系数计算模型 $C_a = K C_c$。新的次固结系数计算方法充分考虑了时间和荷载以及主次固结划分等因素对于次固结系数的影响。在次固结系数计算模型的基础上进一步得到了次固结变形的计算公式，并且通过计算值和试验值的对比证明了计算公式的正确性。

## 2.5　结论

(1) 利用一维固结试验开展了吹填场地地基土的主次固结阶段划分以及影响因素的系统研究。研究表明，主次固结划分受荷载等级、预压荷载、加荷比、试样高度以及排水条件等因素影响；采用应变速率和体积变化关系来划分主次固结阶段的方法具有明确的物理意义，不需要孔隙水压力的数据，划分方法简单易行，适宜于各种荷载条件等特点。

(2) 吹填场地超软土在"浅层真空预压处理"工况下所受到的固结应力状态为"等向固结应力"即"球应力"状态，由于所受的应力状态明显不同于正常沉积土，经过"浅层加固处理"后超软土的径向结构屈服应力与竖向结构屈服应力的比值明显大于正常沉积土，且固结系数较同等压力作用下超软土要大得多，当压力超过结构屈服应力时，径向固结系数与竖向固结系数相差不大。

(3) 经过"浅层加固处理"后超软土的固结系数随着压力的变化趋势和正常沉积土大体一致，当压力超过结构屈服应力时，径向固结系数与竖向固结系数相差不大，这一特点与正常沉积土有较大的差别。Burland 提出的固有压缩曲线可以很好地反映重塑土的压缩性状，当有效荷载低于 40kPa 时，所提出的修正固有压缩曲线（RICL）适宜重塑超软土和软土的压缩性状。

(4) 正常沉积重塑土的次固结系数随着荷载的增加逐渐增加，并趋于稳定，而超软土的次固结系数逐渐增加并出现一个峰值；加荷比对超软土次固结系数的影响较大。常规试验室中常采用加荷比为 1 的分级加载试验来确定土体的固结系数，会造成高估地基沉降量的结果，从而导致工程实践中常采用偏于保守的地基处理方式。

(5) 对于正常沉积软土，土体的结构性能够减小土体进入次固结阶段所需要的时间。当荷载较小时，土体的结构性能够阻碍土体的次固结变形；当荷载接近或者超过土体的结构屈服应力 $\sigma_k$ 时，土体残余的结构性反而有利于次固结变形的发展。结构性土体趋于稳定的次固结系数 $C_a$ 随着土体结构强度 $q$ 的增加而增加，基于此，提出了结构性土体趋于稳定的次固结系数 $C_a$ 计算方法，能够为预测结构性软土的次固结沉降提供依据。

(6) 结合试验结果所提出的次固结系数曲线（SCCC），给出了次固结系数最大值和初始孔隙比与屈服压力下孔隙比的比值之间的关系。建立了次固结系数最大值 $C_{amax}$ 和归一化初始孔隙比 $e_0/e_y$ 的经验关系表达式。

（7）通过考虑时间和荷载等因素对次固结系数的影响，对次固结系数的计算方法进行了改进，提出了一种适合吹填土的次固结系数计算模型以及次固结变形量的计算公式。根据新建模型对天津吹填场地地基土进行了次固结沉降量预测新建模型具有参数少且易确定的优点。

# 第3章  软黏土动力特性试验研究

## 3.1  引言

软黏土具有强烈的结构性，这种结构性具有宏观与微观的两种层次。从宏观上考虑，由于沉积环境不同，沉积方式不同，构成沉积层理与沉积构造不同，这些层理与构造会显著地影响着场地土体的工程特性；所谓土体的微观结构性是指土体颗粒和孔隙的性状及排列形式（或称组构）以及颗粒之间的相互作用。虽然绝大多数天然土体都有一定的结构性，但软黏土由于特定的历史条件和矿物成分，其结构类型和工程性质的特点比其他土体表现得更为显著。结构性软土具有结构强度，呈脆性破坏，且破坏应变较小，极易扰动，因而软黏土的动结构特点极不易掌握。

饱和软黏土在长期循环荷载作用下，土体强度会软化，高速公路、地铁等运行中地基土的软化将危及高速公路行车、地铁区间隧道的安全使用。研究土体在长期循环荷载作用下宏观物理力学性质的微结构效应，即研究土体在循环荷载作用下微结构的变化过程，以及饱和软黏土的宏观工程特性与微观结构关系，将微结构研究成果应用于实际工程分析与评价中，从而解释饱和软黏土的工程性状的宏观表现，为饱和软黏土在长期循环荷载作用下强度变化及变形计算提供理论支撑，从而有效地控制软黏土在长期循环荷载作用下对工程使用不利的宏观工程行为。诸如饱和软黏土强度软化等问题，都是宏观外在的力学表现，究其原因，是由其微观内在结构上决定的。传统的基于宏观连续介质力学的理论方法不能合理地解释离散的土颗粒体所表现的力学响应。在微结构量化的基础上，分析土体宏观物理力学性质的微结构效应，将微结构研究成果纳入实际工程分析与评价中，对于解决饱和软黏土的工程性状的非线性问题，意义明显。

由于不同地方软黏土的物理力学性质差异较大，因此本章以杭州市的相关场地土的动力学性质为研究对象，并与其他地方同类相关成果对比，以便全面掌握不同地区、不同土类软黏土的结构特点与其动力学特性之间的相关关系。

## 3.2  研究场地工程地质特征

### 3.2.1  地层的区域分布

按照地层特点，可把杭州湾（钱塘江流域）工程场地划分为Ⅰ区、Ⅱ区、Ⅲ区、Ⅳ区四个工程地质单元。杭州西南、西北山区是中生代断块隆起，北面和东北部为平原，以半山为界是太湖流域沉积；以宝石山为界可分为：南面的钱塘江流域与北面的苕溪流域。基底根据钻孔揭露主要为中生界上侏罗统、早白垩统火山碎屑岩地层，基岩面距现地表深度自西湖周围的十余米向东偏北逐渐倾斜至百余米，相当于黄海高程 $-5\sim-100\mathrm{m}$，局部最深处在下沙以东一带，可达 140m。虽然基岩面时有起伏，但幅度不大。

钱塘江流域处于杭州湾滨海平原三角湾相沉积的港湾式地貌区。因此，根据沉积环境可分为 4 个工程地质单元区，即：Ⅰ区钱塘江漫滩阶地区、Ⅱ区钱塘江冲积杭州湾滨海积交互区、Ⅲ区杭州湾滨海砂积延拓区、Ⅳ区杭州湾滨海平原淤积区。在工作区的各区划分可见图 3.2.1（江东区基本上都处于Ⅱ区）。

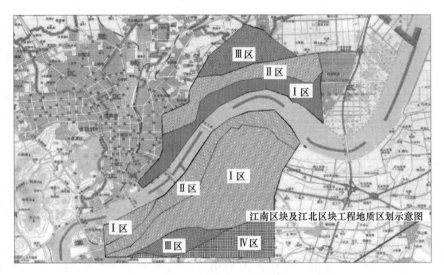

图 3.2.1　杭州市江北、江南工作区范围工程地质单元划分

虽然可以把研究区范围按照地貌和沉积环境划分为四个工程地质单元，但第四纪以来气候剧烈变化，海水面多次升降、新构造运动影响等，使得研究区第四纪沉积成因类型繁多，厚度变化大，沉积物发生多次堆积和侵蚀的交替，并受古苕溪、古钱塘江多次河谷改道，冲刷切割及近代冲积、沉积等作用，地层具有相变多而复杂的特点。根据《中国第四纪地层综合表》《华东地区区域地层表》《长江三角洲地区第四纪地层的划分》《浙江省第四纪沉积平原、湖、海沉积地层及特征》以及《1/5 万杭州市工程地质图》《1/2.5 万杭州城市工程地质图》《杭嘉湖地区第四纪沉积特征》和《杭州市区地质概况及工程地质、水文地质条件》的研究，目前基本认为：自中更新世以来，杭州湾（钱塘江流域、苕溪流域）一直处于沉降阶段，自上而下大致沉积 10 个地层，人工填土层、杭州湾砂积层（河口相 $Q_4^3\sim Q_4^2$）、第一软土层（泻湖相 $Q_4^2$）、第一硬土层（滨海相 $Q_4^1$）、第二软土层（浅海溺谷相 $Q_4^1$）、第二硬土层（潮坪相 $Q_3^2$）、第三软土层（海湾相 $Q_3^2$）、第三硬土层（河流冲积相 $Q_3^2$）、第四软土层（浅海相 $Q_3^1$）和第四硬土层（漫滩相 $Q_3^1$）。

## 3.2.2　地质沉积结构

杭州属于港湾式三角湾，它的海岸冲积物为浅海沉积的一部分。岩性与海洋沉积基本相同，但以碎屑沉积物为主。像其他三角湾沉积一样，杭州湾的海岸沉积中也因受波浪、潮流和河流等因素的不同影响而具有特殊的结构特征。首先，海岸受地球气候影响多次变迁，新构造运动陆海浮沉，海面也多次升降；另外，钱江潮排山倒海的威力，钱塘江一泻千里的气势，都是造成沧海桑田，海陆几经的壮举。

**1. 三角湾沉积物结构分布**

杭州湾是河流与海洋相互作用形成的三角湾，在发育过程中有着复杂的沉积环境，从而使沉积结构成为多种岩性岩相的沉积复合体。但这种复合体在三角湾成因下会形成无论从平面分布上，还是垂直剖面上都有一定规律的地质单元。根据杭州湾沉积物的平面分布，可划分为以下三带。

（1）平原带：主要为河流、湖泊、沼泽和泻湖沉积（$fl$，$l$，$ml$），还有少量风积（$el$）。

（2）前缘带：围绕杭州湾平原带的边缘呈环带状分布。由于它近处于海岸、河流带入的沉积物经海洋作用的再改造再分配，形成纯净的砂质碎屑沉积在带上，泥性土和有机质较少。

（3）边缘带：钱塘江下游的河流冲积区，它主要由河流搬运来的粉土、粉砂悬浮物质同钱塘潮共同沉积形成的钱塘江漫滩。钱塘江南岸的杭州湾边缘带面积要远大于北岸的面积。

另外，从竖向剖面上看杭州湾的沉积结构可分为顶积层、前积层和底积层。各层岩性结构特点如下。

（1）顶积层：在河流与海洋动力作用影响下，沉积环境复杂多变，沉积物类型多，岩相变化大，有泻湖、沼泽或海湾沉积，也有在洪水泛滥期快速沉积形成的沿汊流两岸的天然堤。它以粉土及粉砂为主，除汊流河道沉积颗粒较粗外，汊流之间为凹地堆积，以粉砂及砂质粉土为主，在泻湖与汊河间还有富含有机质的细粒沉积、腐泥和泥炭等。因此，顶积层是冲海积、冲积、湖积和沼泽堆积的交互沉积，岩性以粉土、粉砂为主，也有黏土及泥炭、淤泥；顶积层中有明显的水平层理，交错层理；剪切波速在 120～210m/s 之间。

（2）前积层：为水下三角湾倾坡部分的堆积。在古杭州湾的发展过程中它随着杭州湾向外延伸，成为河、海交互沉积物；前积层以粉土为主，时有黏土夹层，这里有钱塘江河道及杭州湾河口水下沙滩、沙嘴的堆积（呈条带状或透镜体状），也有杭州湾浅水海湾的黏土质沉积堆积，前者具薄斜层理和波状层理，后者常含有机质（如软体动物残骸等）及规则的层理，其剪切波速在 180～350m/s 之间。

（3）底积层：主要为河相沉积。河流携带的最细小的悬浮泥沙和胶体物质在杭州湾的最前边缘沉积，河漫滩相组成；具水平层理，含软体生物残骸；其剪切波速在 280～460m/s 之间。

上述结构及由结构反映的沉积只是代表杭州湾沉积一般的最简单的情况。在不同的地点，由于各自所处沉积环境不同，沉积结构会有各自的一些特点。并且，在它的历史发展过程中，常因多次变迁（如河道）和转移而形成多个相互交错叠置的三角湾复合体结构，尤其像杭州湾这样的下沉区，三角湾的发育时间较长，湾里沉积物较厚。从较大的范围看，在较厚的沉积剖面上，杭州湾海相沉积与陆相沉积层层犬牙互错，代表河道及沙滩、沙嘴沉积的砂层，常呈大的透镜体状；它形成的重叠沉积旋回模式，往往使海侵的软土成为识别沉积时期的重要标志。

**2. 杭州湾三角湾沉积物结构成分**

杭州湾海岸带碎屑沉积的特点是具有高度的分选作用。颗粒大小自粗而细地由陆向海方向有规律地排列，相对密度大和粒径大的矿物多集中于近岸地带，轻而细的矿物被带到远方。不同粒径的碎屑具有不同的特点：

(1) 砾石相：杭州湾海岸带砾石来源于钱江沿岸河流或山地溪流的供给，也有部分属于杭州湾早期的冲蚀岩岸带及钱塘江河流入海口地貌的沉积，它们堆积在海蚀崖下及河口地带。另外，杭州湾由于潮流强大，常冲蚀基岩形成砾石堆积。砾石相沿岸呈狭长带状分布，宽度不大。在河流较长距离的搬运和以海浪作用为主的磨蚀冲蚀下，砾石的磨圆度极好，扁平度也很好，砾石长轴（a 轴）平行于海岸，中轴（b 轴）垂直于海岸，ab 面向海倾斜；倾角一般小于 15°。砾石层具有明显的层理构造。剪切波速为 280～450m/s 之间。

(2) 砂相：杭州湾海岸带粉砂与粉细砂相沉积范围较广，砂来源于河流、岩岸，以及古海底沉积，其中河流供源是主要的。当岩岸为花岗岩或砂岩时波浪冲蚀会供给大量的砂，古海底沉积是由海流搬运来的。砂粒成分以石英为主。由于钱塘江蜿蜒曲折穿行于山区，砂供源丰富充足；并且砂分选好，磨圆也好。相关资料表明，石英砂的边棱几乎完全圆化。砂粒表面经磨蚀而发光，在扫描电镜下可以见到极为典型的经机械撞击而形成的 V 形痕及凹坑。剪切波速为 150～300m/s 之间。

(3) 淤泥相：淤泥沉积在沿岸的海湾、泻湖及远离海岸的低洼地方。淤泥成分也来自河流及沿海风化带，它在沿岸常与细砂及粉砂混合堆积或与之交互成层。杭州湾海岸平原带的泻湖沉积分布也较广泛，除西湖外，湘湖也属泻湖。它们的沉积除堆积一些细粒沉积物外，在温暖潮湿气候区由于泻湖内生物的繁殖、死亡和堆积，沉积物中有机质含量极大，且常常形成泥炭层，因而结构特点也较为突出，剪切波速为 120～220m/s 之间。

总之，钱塘江夹带的泥沙持续沉积，堆积了较厚的松散新近沉积土层，形成广阔的钱塘江平原，地貌上主要属于钱塘江漫滩相或湖沼相沉积；流域水网、河网密布，水系发育，流域堆积平原区主要为冲湖相或湖沼相沉积，流域多次遭遇海侵，为滨海、泻湖堆积。从下至上主要为河床相、漫滩—河口湾相及三角湾沉积土层，包括中、细砂，砂质黏土，夹砂质透镜体，发育交错层理、水平层理。三角湾北翼区主要为滨海相、浅—滨海相沉积土层，黏土质粉细砂较为发育。除软土结构外，钱塘江流域的粉细砂是一种经机械撞击而形成的 V 形痕及凹坑的粉细砂，与通常的圆形颗粒石英砂有一定区别，V 形痕及凹坑成分使得这里粉细砂具有各向异性的性质。V 形痕及凹坑结构砂在钱塘江下游沿岸都有分布。因此除软土结构性与动力特性外，V 形痕及凹坑砂的工程性质研究对钱塘江中下游沿岸的工程建设是一项有价值的工作。

## 3.2.3　软黏土矿物成分分析

为了全面研究杭州软黏土的物质成分特性，对钱塘江北、钱塘江南、钱塘江东（简称江北、江南、江东）等地块土取样进行 X 射线衍射法试验。共取试样 13 个，其中江北 10 个，位于 I 区 8 个、III 区 2 个；江南 3 个，位于 I 区 2 个、位于 II 区 1 个。

X 射线衍射谱分析结果如图 3.2.2、图 3.2.3 所示。表明杭州软黏土的矿物成分主要为伊利石、蒙脱石。

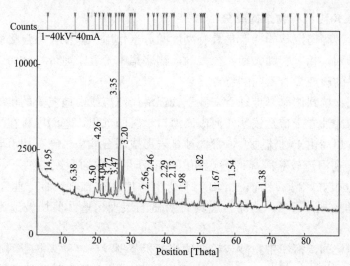

图 3.2.2　X 射线衍射谱

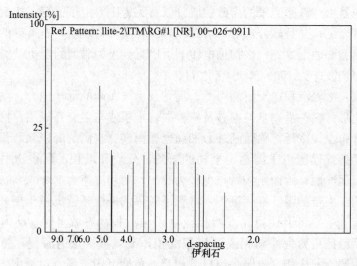

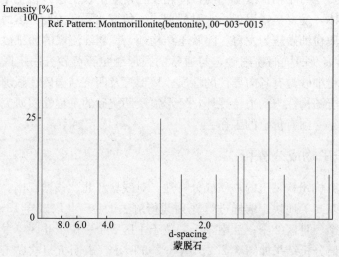

图 3.2.3　主要矿物 X 射线衍射谱

## 3.2.4 软黏土土质工程特征分析

杭州软黏土属我国沿海地区典型的软弱土，其工程特性如下：

(1) 天然含水量高，孔隙比大（淤质黏土 $w=45\%\sim50\%$，淤泥质黏土 $w=50\%\sim55\%$，均高于其液限含水量；淤质黏土孔隙比 $e=1.2\sim1.4$，淤泥质黏土 $e=1.5\sim2.0$）。多呈流塑状，为静水或缓慢流水环境中沉积，大多属于淤泥质黏土、淤质黏土。

(2) 压缩性高，随土性而异。淤质黏土有极高的压缩性，淤泥质黏土具有高压缩性，一般黏土有中等～高压缩性。

(3) 强度低，土体无侧限抗压强度小，抗剪强度低。

(4) 渗透性差，渗透系数小（淤质黏土和淤泥质黏土 $K=1.4\times10^{-7}\sim3.0\times10^{-7}$ cm/s，淤质粉质和粉质黏土 $K=1.2\times10^{-8}\sim6.4\times10^{-8}$ cm/s）。

(5) 具有超固结性及较强的结构性，先期固结压力为 80kPa，灵敏度高（$S_t=4\sim12$），上部荷载一旦超过土体自身结构屈服应力，絮状结构遭到破坏，则土的强度明显降低，甚至呈流动状态，致使沉降量骤增，土体变形表现出较大的突发性和灵敏性，给工程建设造成极大的危害。

# 3.3 动力作用下软黏土宏观工程特性

## 3.3.1 试样的采集

为了全面研究杭州的动力特性，完成了钱塘江北、钱塘江南、钱塘江东（简称江北、江南、江东）等地块土动力特性试验。工作区域具有土动力参数的安评（3级）项目 13 项。其中江北 10 项，位于Ⅰ区 8 项、Ⅲ区 2 项；江南 3 项，位于Ⅰ区 2 项、位于Ⅱ区 1 项。江东缺乏资料。另外，从工程地质单元区来看，Ⅳ区没有土动力参数资料，Ⅲ区、Ⅱ区的资料也较为欠缺。为此，增加Ⅱ区土动力参数试验 11 项，加上已有的资料，共有土动力试验资料 12 项。在Ⅲ区增加土动力参数试验 4 项，加上原有资料 2 项，共有土动力试验资料 6 项。Ⅳ区增加土动力试验 3 项。Ⅰ区在江南无资料，增加土动力试验 5 项（土动力试验是对该孔按规定所取的土样进行 $K_0$ 固结下的 $C_u$ 动弹模与动阻尼试验和部分动强度试验）。

各地质单元区在江北、江南、江东的试验分组可见表 3.3.1。可以看出，目前的分组既能使各地质单元区土的动力性质得到反映，也能使地理区域的江北、江南、江东各地质单元区块都有代表土样参与试验。

土动力试验基本情况与工作量      表 3.3.1

| 区 \ 项 | 工程件数总计 | 已有资料 | | | 新增工作 | | |
|---|---|---|---|---|---|---|---|
| | | 江北区 | 江南区 | 江东区 | 江北区 | 江南区 | 江东区 |
| Ⅰ | 15 | 8 | 2 | — | 0 | 5 | — |
| Ⅱ | 12 | 0 | 1 | 0 | 3 | 2 | 6 |

续表

| 区 项 | 工程件数总计 | 已有资料 | | | 新增工作 | | |
|---|---|---|---|---|---|---|---|
| | | 江北区 | 江南区 | 江东区 | 江北区 | 江南区 | 江东区 |
| Ⅲ | 6 | 2 | 0 | 0 | 2 | 2 | |
| Ⅳ | 3 | — | 0 | | — | 3 | |

### 3.3.2 试验仪器及试样制备

试验在 20kN 微机控制动三轴试验机（TDS-20）上完成，如图 3.3.1 所示。该试验机能对标准试样施加不同形式和不同强度的振动荷载，测量出振动作用下试样的动应力、动应变和孔隙水压力，从而研究土的动力特性和有关指标的变化规律。

由于试验是饱和动三轴试验，在进行固结试验前，先进行真空抽气 2h，然后再注水浸泡 24h 以后备用。所有试样的斯开普顿（Skempton）孔压系数 $B > 0.98$，以保证试样处于饱和状态。在试验仪器上固结时，实行双面排水固结，等固结稳定后再开展振动三轴试验。

另有少量粉砂试样是根据试验要求的干密度、含水率、试样的尺寸和级配曲线制备。试样处于自然风干状态，按照含水率 22% 来计算土样所需的加水量，控制试样干密度为 $1.60 \text{g/cm}^3$，按照水利水电技术标准《土工试验规程》SL 237—1999 的规定制备湿土样，并按击实试验的程序，分 5 层击实土样到控制密度；将制备

图 3.3.1　动三轴试验机（TDS-20）

好的土样放入真空饱和器中进行抽气饱和。

试验结束后，取出试样再次称重，然后保存于试样存放器皿中，作为微观试验的试样。

### 3.3.3 试验项目及方法

**1. 动弹性模量和阻尼比试验**

（1）打开动力控制系统和量测系统仪器的电源，预热 30min；振动频率采用 0.33Hz，输入波形采用正弦波，试验循环次数为 3 次。

（2）安装试样，并按照要求的固结比和围压（试验周围压力分为四个等级，$\sigma_3$ 分别为 300kPa、600kPa、1000kPa、1500kPa，$k_c$ 为 2.0），逐级施加侧向压力和轴向压力，直到两者达到预定压力；然后打开排水管使试样排水固结；固结完成后关排水阀，并计算振前干密度。

（3）选择动应力大小。在不排水条件下对试样施加动应力，测记动应力、动应变和动孔隙水压力，直至预定振次（3 次）停机；打开排水阀排水，以消散试样中因振动而引起的孔隙水压力；排水完成后，关闭排水阀，进行下一级动力试验；动应力分为 6～10 级 $[\sigma_d = \pm 0.2\sigma_3、0.3\sigma_3、0.4\sigma_3、0.5\sigma_3、0.6\sigma_3、0.7\sigma_3、0.8\sigma_3]$。

（4）按上述方法，进行其他围压和固结比下的动弹性模量和阻尼比试验。

**2. 动力残余变形试验**

（1）打开动力控制系统和量测系统仪器的电源，预热 30min；振动频率采用 0.1Hz，输入波形采用正弦波；试验循环次数为 25 次。

（2）安装试样，并按照要求的固结比和围压（试验周围压力分为四个等级，$\sigma_3$ 分别为 300kPa、600kPa、1000kPa、1500kPa，$k_C$ 为 1.0 和 2.0），逐级施加侧向压力和轴向压力，直到两者达到预定压力；然后打开排水管使试样排水固结；固结完成后关排水阀，并计算振前干密度。

（3）选择动应力大小。在排水条件下对试样施加动应力，测记动应力、动应变和体变，直至预定振次（25 次）停止振动。

（4）进行其他围压和固结比下的动力变形试验。

**3. 动强度试验**

（1）打开动力控制系统和量测系统仪器的电源，预热 30min；动强度试验的振动频率选为 1.0Hz，输入波形为正弦波。

（2）安装试样，并按照要求的固结比和围压（试验周围压力分为四个等级，$\sigma_3$ 分别为 300kPa、600kPa、1000kPa、1500kPa，$k_C$ 为 1.0），逐级施加侧向压力和轴向压力，直到两者达到预定压力；然后打开排水管使试样排水固结；固结完成后关排水阀，计算振前干密度。

（3）在不排水的情况下施加动应力进行振动直到破坏，测记试验中的动应力、动应变及动孔压的变化过程。

（4）在相同初始应力条件下（围压和固结主应力比相同），分别施加 4～6 个不同的动应力进行动强度试验至试样破坏；破坏标准选用应变达到 5%。

## 3.3.4　动骨干曲线模型分析

**1. 动骨干方程**

动荷载作用下的动应力-应变关系是表征土体动力性质的基本关系，也是分析土体动力失稳过程等一系列特性的依据。反映土动力特性动应力-应变关系性质的主要内容是动骨干曲线。动骨干曲线是指受同一固结压力的试样在不同动应力幅值作用下，某一周动应力-应变关系曲线顶点的连线。它可表示最大动应力与最大动应变之间的关系。

**2. 动骨干曲线模型**

1）双曲线模型

大多数情况用 Konder(1963)、Hardin 和 Drnevich(1972)所给出的双曲线来描绘土的动应力-应变关系的骨干曲线，如图 3.3.2 所示。

$$\tau = f(\gamma) = \frac{\gamma}{a + b\gamma} \tag{3.3.1}$$

式中，$a$、$b$ 为试验参数。

显然，$1/a$ 是骨干曲线在原点的斜率，记为 $G_{max}=1/a$；$1/b$ 是骨干曲线的水平渐近线在纵轴上的截距，记为 $\tau_f=1/b$。

定义：
$$\gamma_r = \frac{a}{b} = \frac{\tau_f}{G_{max}} \tag{3.3.2}$$

式中，$\gamma_r$ 为参考剪应力，其含义见图 3.3.2。

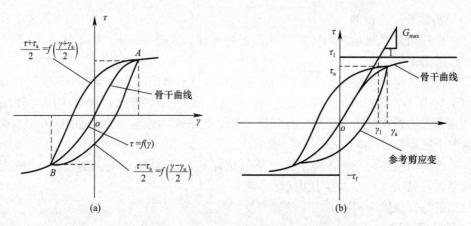

图 3.3.2  骨干关系和滞回圈构造方法

此时，式（3.3.1）还可用式（3.3.3）来表示：

$$\tau = \frac{G_{max}\gamma}{1 + \dfrac{\gamma}{\gamma_r}} \tag{3.3.3}$$

假定在 $A$ 点（$\tau_a$，$\gamma_a$）发生反向加载，卸荷时的应力-应变关系分支曲线可用式（3.3.4）表示：

$$\frac{\tau - \tau_a}{2} = f\left(\frac{\gamma - \gamma_a}{2}\right) \tag{3.3.4}$$

则根据双曲线骨干曲线表达式可以得到：

$$\tau = \tau_a + \frac{G_{max}(\gamma - \gamma_a)}{1 - \dfrac{\gamma - \gamma_a}{2\gamma_r}} \tag{3.3.5}$$

假定在 $B$ 点（$-\tau_a$，$-\gamma_a$）再次发生反向加载，则再加荷时的应力-应变关系分支曲线可用式（3.3.6）表示：

$$\frac{\tau + \tau_a}{2} = f\left(\frac{\gamma + \gamma_a}{2}\right) \tag{3.3.6}$$

再根据双曲线骨干曲线表达式可以得到：

$$\tau = -\tau_a + \frac{G_{max}(\gamma + \gamma_a)}{1 + \dfrac{\gamma + \gamma_a}{2\gamma_r}} \tag{3.3.7}$$

应指出，如果卸荷、再加荷的开始点不是在与骨干曲线的交点，在这种情况下，式（3.3.5）和式（3.3.7）仍然成立，只需将式中的（$\tau_a$，$\gamma_a$）用实际开始点的应力、应变值代替即可。

通常，可以通过上述骨干曲线坐标原点平移、旋转 180°、放大 2 倍来构造卸荷-再加荷符合 Masing 法则的应力-应变关系分支曲线。但这些都是针对等幅往返周期荷载而言，现实中有许多振动所引起的往返应力并非等幅，如构造不规则的地震往返应力作用下卸荷、再加荷。在这样的情况下构成应力-应变关系分支曲线的方法要比等幅往返周期荷载复杂得多。主要问题是，如果在点（$\tau_a$，$\gamma_a$）卸荷后并没有达到点（$-\tau_a$，$-\gamma_a$）就重新加荷，这时应力-应变点应当遵循 Finn 和 Lee 等（1977）从土的不规则往返应力试验中总

结出的"外大圈"规则，即：如果应力-应变点从（$\tau_a$，$\gamma_a$）卸荷后再加荷，应力-应变点
没有达到（$-\tau_a$，$-\gamma_a$），该再加荷曲线与从点
（$-\tau_a$，$-\gamma_a$）出发的再加荷曲线具有相同的形式；
如果这一再加荷曲线与初始骨干曲线相交，则应
力-应变点沿骨干曲线前进（称为"上大圈准则"），
见图 3.3.3。相应地，有"下骨干曲线准则"和
"下大圈准则"。以上统称为"外大圈"准则。

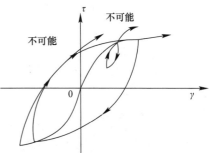

图 3.3.3　"上大圈准则"示意图

大多数情况循环荷载作用下土体动应力-应变
关系的动骨干曲线可假定为双曲线形式，即：

$$\sigma_d = \frac{\varepsilon_d}{a + b\varepsilon_d} \qquad (3.3.8)$$

式中，$\sigma_d$、$\varepsilon_d$ 分别为动应力幅值与弹性应变；$a$、$b$ 为试验参数。

根据动弹性模量的定义：

$$E_d = \frac{\sigma_d}{\varepsilon_d} = \frac{1}{a + b\varepsilon_d} \qquad (3.3.9)$$

对式（3.3.1）和式（3.3.2）进一步分析，可知参数 $a$、$b$ 的物理意义：

$$E_{d0} = \lim_{\varepsilon_d \to 0} E_d = \frac{1}{a} \qquad (3.3.10)$$

$$\sigma_{dmax} = \lim_{\varepsilon_d \to \infty} \sigma_d = \lim_{\varepsilon_d \to \infty} \frac{1}{b + a/\varepsilon_d} = \frac{1}{b} \qquad (3.3.11)$$

式中，$E_{d0}$ 为初始动弹性模量；$\sigma_{dmax}$ 为最大动应力幅值。

2）Pyke 模型

Pyke（1979）采用了另外一条途径来构造非等幅往返应力作用下的后继应力-应变的
关系式，以 $n\gamma_r$ 代替 $2\gamma_r$，改写式（3.3.5）和式（3.3.7）得：

$$\tau = \tau_a + \frac{G_{max}(\gamma - \gamma_a)}{1 - \dfrac{\gamma - \gamma_a}{n\gamma_r}} \qquad (3.3.12)$$

$$\tau = -\tau_a + \frac{G_{max}(\gamma + \gamma_a)}{1 + \dfrac{\gamma + \gamma_a}{n\gamma_r}} \qquad (3.3.13)$$

式中，$n$ 为待定参数。

由于在 $A$ 点（$\tau_a$，$\gamma_a$）转向后滞回曲线是下降的，为达到与 Masing 法则相同的目的，
$\gamma \to \infty$ 时 $\tau \to -G_{max}\gamma_r$；在 $B$ 点（$-\tau_a$，$-\gamma_a$）转向后滞回曲线是上升的，为达到与 Masing
法则相同的目的，$\gamma \to \infty$ 时 $\tau \to G_{max}\gamma_r$。将该条件代入式（3.3.12）和式（3.3.13），得：

$$-G_{max}\gamma_r = \tau_a - nG_{max}\gamma_r \quad \text{或} \quad G_{max}\gamma_r = -\tau_a + nG_{max}\gamma_r$$

因此，有：

$$n = 1 + \frac{\tau_a}{G_{max}\gamma_r} \qquad (3.3.14)$$

3）Matasovic-Vucetic 模型

Matasovic 和 Vucetic 等（1993）根据饱和砂土往返荷载试验结果，提出土的初始滞
回圈和任意后续滞回圈之间的关系，如图 3.3.4 所示。

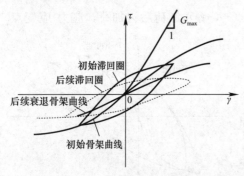

图 3.3.4　初始循环和后续循环的应力应变系

假设从第 2 周起的后续滞回圈用衰退骨干曲线和 Masing 法则来描述，则土的往返衰退特性可以对初始骨干曲线的纵坐标加以折减得到后续骨干曲线的纵坐标的方式来表达。初始骨干曲线表示为：

$$\tau = \frac{G_{max}\gamma}{1 + \varphi\left(\dfrac{\gamma}{\gamma_r}\right)^s} \tag{3.3.15}$$

式中，$\varphi$，$s$ 为土的试验参数，对一般砂土，可取 $\varphi = 1.0 \sim 2.0$，$s = 0.65 \sim 1.0$。

对杭州无黏性或少黏性的可液化土，认为其骨干曲线的衰退是由于振动孔隙水压力的发展所改的。因此，骨干曲线的衰退特征可根据振动孔隙水压力的大小对 $G_{max}$、$\tau_{ult}(=G_{max}\gamma_r)$ 的折减来描述，即衰退后的 $G_{max}^*$、$\tau_{ult}^*$ 取为：

$$G_{max}^* = G_{max}(1 - u^*)^n \tag{3.3.16}$$

$$\tau_{ult}^* = \tau_{ult}[1 - (u^*)^\mu] \tag{3.3.17}$$

式中，$u^*$ 为振动孔压比；$n$、$\mu$ 为土的试验参数，对一般砂土，$n \approx 0.5$，$\mu \approx 3.0 \sim 2.0$。

此时，土的动态参考剪应变 $\gamma_r^*$ 可表示为：

$$\gamma_r^* = \frac{\tau_{ult}^*}{G_{max}^*} = \frac{\tau_{ult}[1 - (u^*)^\mu]}{G_{max}(1 - u^*)^n} = \gamma_r \frac{1 - (u^*)^\mu}{(1 - u^*)^n} \tag{3.3.18}$$

则后续衰退骨干曲线可表示为：

$$\tau = \frac{G_{max}^*\gamma}{1 + \varphi\left(\dfrac{\gamma}{\gamma_r^*}\right)^s} \tag{3.3.19}$$

4）Martin-Seed-Davidenkov 修正模型

有许多对于 Martin-Seed-Davidenkov 模型的修正模型。基于 Martin 和 Seed（1982）提出的土体动应力-应变关系 Dacidenkov 骨架曲线，采用破坏剪应变幅上限值作为分界点，对 Dacidenkov 骨架曲线进行了修正，即当剪应力值大于破坏剪应力值时，土体产生破坏；根据 Mashing 法则构造了修正 Davidenkov 骨架曲线的土体加卸载对应的应力-应变关系滞回圈曲线，如图 3.3.5 所示。

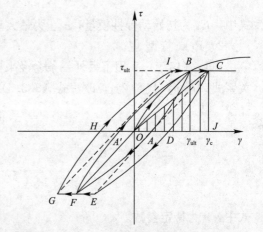

图 3.3.5　修正 Davikendov 模型的应力-应变滞回曲线

Martin 和 Seed（1982）提出的 Davidenkov 骨架曲线可表示为：

$$\tau(\gamma) = G\gamma = G_{max}\gamma[1 - H(\gamma)] \tag{3.3.20}$$

$$H(\gamma) = \left[\frac{\left(\dfrac{\gamma}{\gamma_0}\right)^{2B}}{1 + \left(\dfrac{\gamma}{\gamma_0}\right)^{2B}}\right]^A \tag{3.3.21}$$

式中，$A$、$B$、$\gamma_0$ 为与土性有关的拟合参数。

实际土体的动应力-应变关系曲线应有：当 $\gamma \to \infty$，$\tau(\gamma) \to \tau_{ult}$（剪应力上限值），而

式（3.3.20）、式（3.3.21）描述的骨架曲线，则当 $\gamma \to \infty$，$\tau(\gamma) \to \infty$，这与土体动应力-应变关系曲线的基本特征不相符。各类土都应存在某一剪应变上限值 $\tau_{ult}$，当土体的剪应变幅值 $\gamma$ 超过该上限值 $\gamma_{ult}$ 时，土体将处于破坏状态；当剪应变幅值 $\gamma$ 进一步增加时，土体内的剪应力不再增加，甚至有减小的趋势。因此，可采用分段函数法描述土体的骨架曲线，将 Davidenkov 模型的骨架曲线修正为：

$$\tau(\gamma) = \begin{cases} G_{max}\gamma[1 - H(\gamma)] & \gamma_c \leqslant \gamma_{ult} \\ \tau_{ult} & \gamma_c > \gamma_{ult} \end{cases} \tag{3.3.22}$$

$$\tau_{ult} = G_{max}\gamma_{ult}[1 - H(\gamma_{ult})] \tag{3.3.23}$$

根据 Mashing 法则，基于 Davidenkov 骨架曲线的土体动应力-应变关系滞回曲线为：

$$\tau = \begin{cases} \tau_c + G_{max}(\gamma - \gamma_c)\left[1 - H\left(\dfrac{\gamma - \gamma_c}{2}\right)\right] & |\tau| \leqslant \tau_{ult} \\ \pm \tau_{ult} & |\tau| > \tau_{ult} \end{cases} \tag{3.3.24}$$

式中，$\tau_c$、$\gamma_c$ 分别为应力-应变滞回曲线卸载、再加载转折点对应的剪应力和剪应变幅值。

**3. 动骨干曲线分析**

考虑到振动周次 $N$ 对动骨干曲线的影响，对于不同振动周次 $N$，所对应的试验参数 $a$、$b$ 是有差异的。

不同循环周次时所对应的动骨干曲线方程参数 $a$、$b$ 符合常见的试验规律，即一般而言，随着循环周次 $N$ 增大，参数 $a$ 值随之增大，参数 $b$ 值也随之增大，初始动弹性模量 $E_{d0}$ 随之减小，最大动应力幅值 $\sigma_{dmax}$ 也随之减小。因此，从目前的试验中尚不能判别杭州湾土的微观结构性对动骨干曲线方程的影响。

## 3.3.5　动模量与阻尼比试验分析

**1. 动模量与阻尼比模型**

将土视为黏弹性体，采用等效剪切模型 $G$ 和等效阻尼比 $\lambda$ 来反映土的动应力-应变关系的非线性与滞后性，并将等效剪切模量与阻尼比表示为动应变幅的函数。这样动模量和阻尼比成了土动力特性试验中的两个非常重要的参数。动模量可以反映土体在动力荷载作用下的刚度性，阻尼比可以反映土体的黏滞特性。这种模型具有概念明确、应用方便的优点，不过不能反映土的变形积累。

1）动模量量测方法

由传感器量测动应力和动应变，经数据采集存储，绘制动应力-应变滞回圈，滞回圈顶点连线的斜率就是动弹性模量 $E_d$。其求解表达式为：

$$E_d = \sigma_d/\varepsilon_d \tag{3.3.25}$$

阻尼比定义为实际的阻尼系数 $C$ 与临界阻尼系数 $C_{cr}$ 之比，可用滞回圈面积来表示：

$$\lambda = A_L/(4\pi A_T) \tag{3.3.26}$$

式中，$A_L$ 为滞回圈的面积；$A_T$ 为原点 0 与滞回圈顶点连线所构成的三角形面积。

一般而言，假设材料符合线弹性关系，可将动模量转化为动剪切模量：

$$G_d = E_d/2(1 + \mu) \tag{3.3.27}$$

式中，$\mu$ 为泊松比，由于试验过程中体变为零，取 $\mu = 0.5$，且有：

$$G_d = \tau_d/\gamma_d \qquad E_d = \sigma_d/\varepsilon_d \qquad \tau_d = \sigma_d/2 \tag{3.3.28}$$

可得到动剪应变：

$$\gamma_d = (1 + \mu)\varepsilon_d \qquad (3.3.29)$$

动模量比：

$$R_G = G_d \qquad R_E = E_d/E_{d0} \qquad R_G = R_E \qquad (3.3.30)$$

2）割线剪切模量 $G$

土的非线性变形特性可用割线剪切模量来描述，如图 3.3.6 所示。

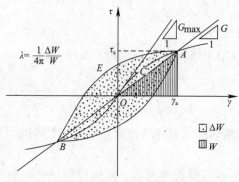

图 3.3.6　等效线性动黏弹性模量中割线剪切模量和阻尼比的定义

割线剪切模量 $G$ 定义为：

$$G = \frac{\tau_a}{\gamma_a} = \frac{f(\gamma_a)}{\gamma_a} \qquad (3.3.31)$$

式中，$\tau_a$、$\gamma_a$ 为往返应力作用下土的应力和应变幅值。

3）阻尼比 $\lambda$

阻尼比 $\lambda$ 定义为：

$$\lambda = \frac{1}{4\pi} \frac{\Delta W}{W} \qquad (3.3.32)$$

式中，$W$ 为弹性应变能，其大小等于图 3.3.6 中的阴影三角形面积：

$$W = \frac{1}{2}\gamma_a f(\gamma_a) = \frac{1}{2}\gamma_a \tau_a \qquad (3.3.33)$$

$\Delta W$ 为一个应力循环中的能量损耗，其大小等于图 3.3.6 中的滞回圈面积。

与前式比较可知：

$$\lambda = \frac{1}{2}\eta \qquad (3.3.34)$$

即土的阻尼比 $\lambda$ 等于耗损系数 $\eta$ 的一半。

由于图 3.3.6 中半月弧形截面 $ABE$ 与 $AOC$ 具有相同的形状，因此，半月弧形截面 $ABE$ 面积应是半月弧形截面 $AOC$ 面积的 4 倍。

因而，在剪应变幅值为 $\gamma_a$ 的一个应力循环中的能量损耗 $\Delta W$ 为：

$$\Delta W = 8\left(\int_0^{\gamma_a} f(\gamma)d\gamma - W\right) \qquad (3.3.35)$$

当动三轴试验应力-应变滞回圈采用往返轴向应力幅值 $\sigma_{ad}$ 和轴向应变幅值 $\varepsilon_a$ 来绘制时，可以把连接滞回圈顶点的割线斜率定义为弹性模量 $E$：

$$E = \frac{\sigma_{ad}}{\varepsilon_a} \qquad (3.3.36)$$

由于：

$$\gamma_a = (1 + \nu)\varepsilon_a \qquad (3.3.37)$$

$$G = \frac{E}{2 + (1 + \nu)} \qquad (3.3.38)$$

式中，$\nu$ 为土的泊松比，对饱和、不排水土样，取 $\nu = 0.5$。

因此，利用上述关系，动三轴试验给出的 $E$-$\varepsilon_a$ 曲线也可以方便地转换为 $G$-$\gamma_a$ 曲线。

将式（3.3.33）和式（3.3.35）代入式（3.3.32）可得到：

$$\lambda = \frac{2}{\pi}\left[\frac{2\int_0^{\gamma_a} f(\gamma)\mathrm{d}\gamma}{\gamma_a f(\gamma_a)} - 1\right] \tag{3.3.39}$$

对于 Hardin 双曲线模型，由式（3.3.31）和式（3.3.39），可得：

$$G = \frac{G_{\max}}{1 + \dfrac{\gamma_a}{\gamma_r}} \tag{3.3.40}$$

$$\lambda = \frac{4}{\pi}\left[1 + \left(\frac{\gamma_a}{\gamma_r}\right)^{-1}\right]\left[1 - \frac{\ln\left(1 + \dfrac{\gamma_a}{\gamma_r}\right)}{\dfrac{\gamma_a}{\gamma_r}}\right] - \frac{2}{\pi} \tag{3.3.41}$$

将式（3.3.40）代入式（3.3.41），则式（3.3.41）可改写为：

$$\lambda = \frac{4}{\pi}\frac{1}{1 - \dfrac{G}{G_{\max}}}\left[1 - \frac{\dfrac{G}{G_{\max}}}{1 - \dfrac{G}{G_{\max}}}\ln\frac{G_{\max}}{G}\right] - \frac{2}{\pi} \tag{3.3.42}$$

图 3.3.7 所示的一个典型试验给出了式（3.3.42）计算的 $\lambda$ 与 $G/G_{\max}$ 的关系曲线，同时给出了试验资料的近似范围。可以看出，在小应变范围内，该模型计算的阻尼比 $\lambda$ 值与试验值是吻合的；但随着剪应变的增大，该模型将过高地估计阻尼比 $\lambda$ 值。

双曲线模型虽然简单，但拟合动剪切模量比 $G/G_{\max}$ 的试验结果时仅有一个参数 $\gamma_r$ 可调，不论砂土还是黏性土，有时拟合效果都较差。因此，Martin 和 Seed(1982) 为了更好地适用于各类土，且应用方便、简单，采用 Davidenkov 模型描述土的剪切力与剪应变的关系，则可得动剪切模量比 $G/G_{\max}$ 的表达式：

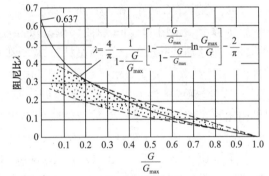

图 3.3.7　Hardin 模型中阻尼比和剪切模量比的关系

$$\frac{G}{G_{\max}} = 1 - \left[\frac{\left(\dfrac{\gamma_a}{\gamma_0}\right)^{2B}}{1 + \left(\dfrac{\gamma_a}{\gamma_0}\right)^{2B}}\right]^A \tag{3.3.43}$$

式中，$\gamma_0$、$A$ 和 $B$ 均为土性试验参数。

对于阻尼比 $\lambda$，由于 Hardin 双曲线模型对试验结果的拟合均不理想。为此，工程上常采用如下的经验公式：

$$\lambda = \lambda_0\left(1 - \frac{G}{G_{\max}}\right)^{\beta} \tag{3.3.44}$$

式中，$\lambda_0$ 为土的最大阻尼比；$\beta$ 为阻尼比曲线的形状系数，与土的性质有关的拟合参数。

有人通过大量新近沉积土的试验研究，发现式（3.3.44）对新近沉积土阻尼比试验结果的拟合不理想，建议采用如下的经验公式：

$$\lambda = \lambda_{\min} + \lambda_0\left(1 - \frac{G}{G_{\max}}\right)^{\beta} \tag{3.3.45}$$

式中，$\lambda_{\min}$ 为土的基本阻尼比，与土的性质、固结状态等因素有关；$\lambda_0$、$\beta$ 为阻尼比曲线的形状系数，与土的性质有关的拟合参数。

对于修正的 Martin-Seed-Davidenkov 模型，在剪应变幅值为 $\gamma_a$ 的一个应变循环中的能量损耗 $\Delta W$ 为：

$$\Delta W = 8\left[\int_c^{\gamma_{ult}} \tau(\gamma)d\gamma - \frac{1}{2}\tau(\gamma_{ult})\gamma_{ult}\right] + 8 \times \frac{1}{2}\tau(\gamma_{ult})(\gamma_a - \gamma_{ult}) \tag{3.3.46}$$

假想的弹性应变能的三角形面积，可按下式计算：

$$W = \frac{1}{2}\tau(\gamma_{ult})\gamma_a \tag{3.3.47}$$

因此，将式（3.3.46）和式（3.3.47）代入式（3.3.32），可得阻尼比 $\lambda$ 的表达式：

$$\lambda = \begin{cases} \dfrac{2}{\pi}\left\{\dfrac{\gamma_a^2 - 2\displaystyle\int_0^{\gamma_a}\gamma H(\gamma)d\gamma}{\gamma_a^2[1 - H(\gamma_a)]} - 1\right\} & \gamma_a \leqslant \gamma_{ult} \\[6mm] \dfrac{2}{\pi}\dfrac{2\displaystyle\int_0^{\gamma_{ult}}\gamma[1 - H(\gamma)d\gamma] + \gamma[1 - H(\gamma_{ult})](\gamma_a - 2\gamma_{ult})}{\gamma_{ult}[1 - H(\gamma_{ult})]\gamma_a} & \gamma_a > \gamma_{ult} \end{cases}$$

$$\tag{3.3.48}$$

上述关系式的一般规律在杭州湾沉积土的试验中基本都能成立。

4）关于 $G/G_{max}$-$\gamma_a$ 和 $\lambda$-$\gamma_a$ 曲线附述

工程上，采用 Hardin 双曲线模型拟合各类土的 $G/G_{max}$-$\gamma_a$ 和 $\lambda$-$\gamma_a$ 曲线的试验结果时，不论是动三轴试验或共（自）振柱试验，基本上是在均等固结条件下进行试验，对于共（自）振柱试验，剪应变水平一般不超过 $3 \times 10^{-4}$，对于动三轴试验，剪应变水平一般不超过 2%，在现场条件下，土体一般是处于非均等固结状态，与非均等固结条件下的试验结果相比，采用均等固结条件进行试验的结果是使中、大应变范围内的土的 $G/G_{max}$-$\gamma_a$ 值偏小，而 $\lambda$-$\gamma_a$ 值偏大（2004）。杭州湾（钱塘江流域）土的动试验遵循这一原则。

采用式（3.3.43）和式（3.3.48）拟合土的 $G/G_{max}$-$\gamma_a$ 和 $\lambda$-$\gamma_a$ 曲线的试验结果时，虽然不涉及土的结构问题，但应该综合考虑土的 $G/G_{max}$-$\gamma_a$ 和 $\lambda$-$\gamma_a$ 试验曲线，使拟合结果更加合理，尤其是阻尼比 $\lambda$-$\gamma_a$ 试验曲线的拟合结果。

**2. 动模量和阻尼比试验结果分析**

根据试验结果，依照上述各式，可得 $\gamma_d \sim R_G$、$\gamma_d \sim \lambda$ 的相互关系，对杭州湾（钱塘江流域）江北、江南、江东沉积土层动三轴试验结果分析：

（1）动模量比 $R_G$ 随动剪应变 $\gamma_d$ 成倍增减。当动剪应变 $\gamma_d$ 从 $1.0 \times 10^{-5}$ 增至 $1.0 \times 10^{-4}$ 时，动模量比 $R_G$ 减少 20% 左右；当动剪应变 $\gamma_d$ 增至 $1.0 \times 10^{-3}$ 时，动模量比 $R_G$ 减少 70% 左右；当动剪应变 $\gamma_d$ 增至 $1.0 \times 10^{-2}$ 时，动模量比 $R_G$ 减少 95% 以上；另据国内外相关试验研究，当动剪应变 $\gamma_d$ 从 $1.0 \times 10^{-6}$ 增至 $1.0 \times 10^{-5}$ 时，动模量比 $R_G$ 减少 5% 左右。因此，动剪应变水平是影响动模量的重要因素。室内动三轴试验由于应变测量仪器精度的限制，$\gamma_d$ 一般只能够量测到 $10^{-3} \sim 10^{-4}$ 级。因此，直接根据试验数据，选取由式（3.3.2）所得的动模量中的最大值作为初始动模量，是不恰当的，特别对于结构性较强的土类，这将比实际的最大初始模量减小数倍。求初始动模量 $E_{d0}$ 正确且常用的方法是：利用动骨干曲线方程式（3.3.1）中参数 $a$，根据其与初始动模量的关系式（3.3.3），适当调整后来推算初始动模量。

（2）初始动模量随压力增大而增大。该成果符合常见的规律，即在相同的动剪应变水平时，初始动模量（$E_{d0}$ 和 $G_{d0}$）随压力 $\sigma_{3c}$ 增大而增大，且成指数形式增长：

$$E_{d0} = k_E pa (\sigma_{3c}/pa)^n \tag{3.3.49}$$

$$G_{d0} = k_G pa (\sigma_{3c}/pa)^n \tag{3.3.50}$$

式中，$E_{d0}$ 或 $G_{d0}$ 为初始动模量，也称最大模量，$pa$ 为大气压力，$\sigma_{3c}$ 为固结压力，$k$ 在双对数坐标系 $E_{d0}(G_{d0}) \sim \sigma_{3c}$ 中与 $\sigma_{3c} = 100\text{kPa}$ 时的 $E_{d0}(G_{d0})$ 值相同，无量纲；$n$ 为 $E_{d0}(G_{d0}) \sim \sigma_{3c}$ 直线的斜率，多数土的 $n=0.5$。各种土的 $k_E$ 值见表 3.3.2。

各区域土的 $k_E$ 值汇总　　　　　　　　　　表 3.3.2

| 区域 | $k_E$ |
|---|---|
| 江干 Ⅰ 区 | 6027.7 |
| 江干 Ⅱ 区 | 6667.1 |
| 江干 Ⅲ 区 | 5142.0 |
| 江南 Ⅰ 区 | 7202.8 |
| 江南 Ⅱ 区 | 1768.4 |
| 江南 Ⅲ 区 | 3692.7 |
| 江南 Ⅳ 区 | 2110.1 |
| 江东 Ⅱ 区 1 | 5249.9 |
| 江东 Ⅱ 区 2 | 6518.3 |
| 江东 Ⅱ 区 3 | 7928.7 |

（3）初始动模量随应力比 $K_c$ 增大而增大。根据国内外相关试验研究，初始剪应力会明显影响动模量，一方面试样的平均应力 $\sigma_m = (\sigma_{1c} + 2\sigma_{2c})/3$ 增加，$E_{d0}$ 也随之增加；另一方面是初始剪应力 $\tau_0$ 作用，使土粒滑移，土骨架变形趋于更加稳定的状态。因此，若只将式（3.3.49）和式（3.3.50）中的 $\sigma_{3c}$ 变换为 $\sigma_m$，尚不能够完全反映这种因应力比 $K_c$ 所引起的影响。而应将式（3.3.49）和（3.3.50）改写为：

$$E_{d0} = k_E pa (\sigma_{3c}/pa)^n (K_c)^m \tag{3.3.51}$$

$$G_{d0} = k_G pa (\sigma_{3c}/pa)^n (K_c)^m \tag{3.3.52}$$

多数土体 $m=0.4 \sim 0.7$。参考国内外相关文献，杭州软黏土 $m$ 值可取 0.5。

需要指出，初始动模量 $E_{d0}$ 随着应力比 $K_c$ 增大而增大的规律，如同初始静弹性模量与应力比 $K_c$ 变化关系一样，并不是随 $K_c$ 增大而无限制地增大。一般地，当 $K_c > 2.0$ 后，初始动模量 $E_{d0}$ 随着固结应力比 $K_c$ 增大而呈减小的趋势。

（4）阻尼比 $\lambda$ 随动剪应变的增大而增大。

## 3.3.6　动强度试验分析

动强度是指动荷载（周期或者是随机的）作用 $N$ 周后，达到某一指定破坏应变或孔隙水压力上升至某个程度时的动应力幅值。通常可绘制成动应力比 $\sigma_d/2\sigma_{3c}$ 同振动次数 $\lg N$ 关系曲线。$\sigma_d$ 是轴向动应力幅值，$\sigma_{3c}$ 是四周固结压力。每组试验整理时的试样破坏标准是轴向最大动应变 $\varepsilon_d = 4\%$。

图 3.3.8～图 3.3.11 为杭州钱塘江流域沉积土层在不同动荷载幅值作用下，最大动应

变与循环周次的关系图；图 3.3.12～图 3.3.19 为动强度的试验结果。

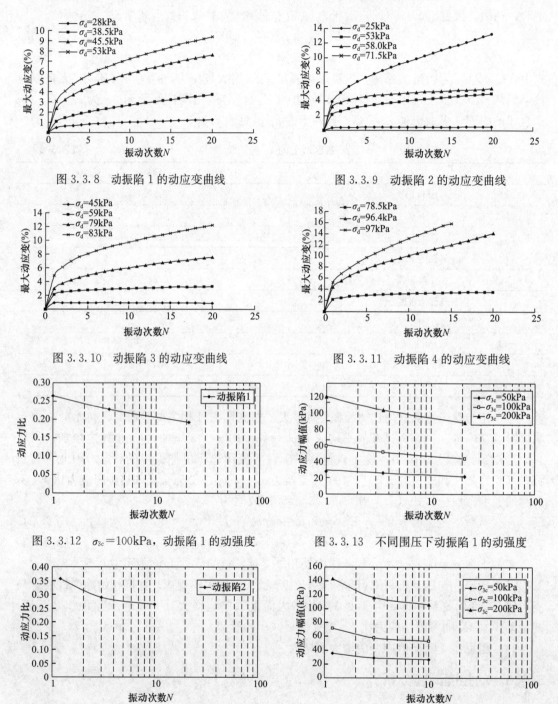

图 3.3.8　动振陷 1 的动应变曲线　　　图 3.3.9　动振陷 2 的动应变曲线

图 3.3.10　动振陷 3 的动应变曲线　　　图 3.3.11　动振陷 4 的动应变曲线

图 3.3.12　$\sigma_{3c}=100\text{kPa}$，动振陷 1 的动强度　　图 3.3.13　不同围压下动振陷 1 的动强度

图 3.3.14　$\sigma_{3c}=100\text{kPa}$，动振陷 2 的动强度　　图 3.3.15　不同围压下动振陷 2 的动强度

分析可知：

（1）由图 3.3.8～图 3.3.11 可见，在相同动应力幅值作用下，土层随着循环周次增加，最大动应变也随之逐渐增大。动应力幅值越大，在相同循环周次作用下所产生的最大

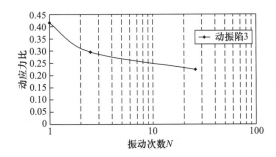

图 3.3.16　$\sigma_{3c}$＝100kPa，动振陷 3 的动强度

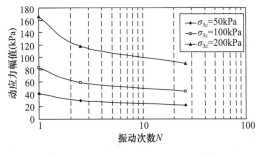

图 3.3.17　不同围压下动振陷 3 的动强度

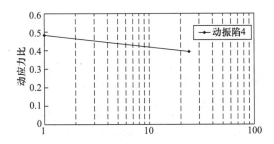

图 3.3.18　$\sigma_{3c}$＝100kPa，动振陷 4 的动强度

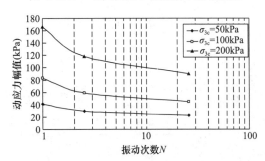

图 3.3.19　不同围压下动振陷 4 的动强度

动应变也越大。

（2）由图 3.3.13、图 3.3.15、图 3.3.17、图 3.3.19 可见，土层动强度试验曲线成果符合常见的试验规律，即对于某个指定的破坏应变，当振动周次增加时，土层动强度则相应减小。

（3）对于指定的破坏标准，由试验结果可得，土层动应力幅值 $\sigma_d$ 随着固结压力 $\sigma_{3c}$ 增大而逐渐增大，这一性质如同静力剪切试验一样，固结围压越大，抗剪强度越高。见图 3.3.12、图 3.3.14、图 3.3.16、图 3.3.18。

表 3.3.3 列出了试验所得到的相应破坏振次为 5 次和 8 次所对应的杭州湾沉积土层动应力比 $\sigma_d/2\sigma_{3c}$，可知，振动周次 $N$＝8 时所对应的动应力比小于振动周次 $N$＝5，但变化不是很大。

<table>
<tr><td colspan="3" align="center">不同振动周次所对应的动应力比</td><td align="right">表 3.3.3</td></tr>
<tr><td align="center">试验编号</td><td align="center" colspan="2">振动周次 $N$＝5</td><td align="center">振动周次 $N$＝8</td></tr>
<tr><td align="center">动振陷 1</td><td align="center" colspan="2">0.228</td><td align="center">0.220</td></tr>
<tr><td align="center">动振陷 2</td><td align="center" colspan="2">0.280</td><td align="center">0.273</td></tr>
<tr><td align="center">动振陷 3</td><td align="center" colspan="2">0.270</td><td align="center">0.258</td></tr>
<tr><td align="center">动振陷 4</td><td align="center" colspan="2">0.443</td><td align="center">0.430</td></tr>
</table>

根据表 3.3.3 的成果，绘制了土体达到动力临界破坏时候的动力摩尔圆，并获得了不同循环周次条件下所对应的动摩擦角 $\varphi$，如图 3.3.20～图 3.3.27 所示。

确定动摩擦角 $\varphi$ 的方法：如同确定静三轴摩尔库仑强度参数 $c$、$\varphi$ 一样，根据某一振次下几个固结条件所对应的动应力，就可以得出几个摩尔应力圆，做切线就可求出动摩擦角 $\varphi$ 和动黏聚力 $c$。根据杭州钱塘江流域沉积土层的软黏土动强度试验规律，当围压 $\sigma_{3c}$＝0

时，杭州湾钱塘江流域沉积土层软黏土基本没有动强度，因此动黏聚力 $c$ 可基本取值为 0。不同振动周次所对应的动摩擦角 $\varphi$，见表 3.3.4。

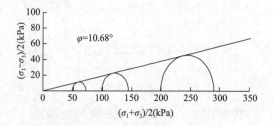

图 3.3.20　动振陷 1，振动次数 $N=5$ 次

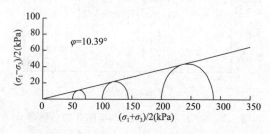

图 3.3.21　动振陷 1，振动次数 $N=8$ 次

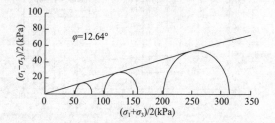

图 3.3.22　动振陷 2，振动次数 $N=5$ 次

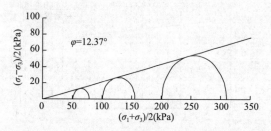

图 3.3.23　动振陷 2，振动次数 $N=8$ 次

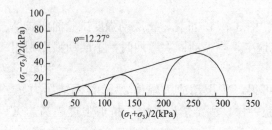

图 3.3.24　动振陷 3，振动次数 $N=5$ 次

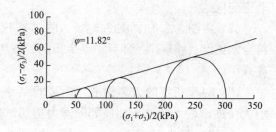

图 3.3.25　动振陷 3，振动次数 $N=8$ 次

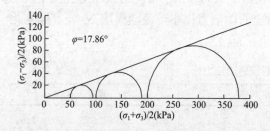

图 3.3.26　动振陷 4，振动次数 $N=5$ 次

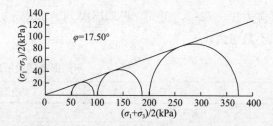

图 3.3.27　动振陷 4，振动次数 $N=8$ 次

不同振动周次所对应的动摩擦角（°）　　　　　　　表 3.3.4

| 试验编号 | 振动周次 $N=5$ | 振动周次 $N=8$ |
|---|---|---|
| 动振陷 1 | 10.68 | 10.39 |
| 动振陷 2 | 12.64 | 12.37 |
| 动振陷 3 | 12.27 | 11.82 |
| 动振陷 4 | 17.86 | 17.5 |

### 3.3.7　动力特性影响因素分析

**1. 参数影响因素及影响程度分析**

为了研究软黏土的结构性特点对动力特性的影响，需要分析在土的动力特性中物理参数的影响因素及影响程度。即在这沉积过程中，一些物理参数对反映土动力参数的 $G_{max}$、$G/G_{max}$-$\gamma_a$ 和 $\lambda$-$\gamma_a$ 曲线有重要影响的物理因素是必须涉及的问题。许多学者对此问题做过大量研究，根据对国内外研究成果的总结，其基本规律如表 3.3.5 所示（1995）。

$G_{max}$、$G/G_{max}$-$\gamma_a$ 和 $\lambda$-$\gamma_a$ 曲线的各种影响因素及影响程度　　表 3.3.5

| 当下列影响因素增加（大）时 | $G_{max}$ | $G/G_{max}$ | $\lambda$ |
|---|---|---|---|
| 初始有效固结应力（$\sigma'_c$）或上覆压力（$\sigma'_v$） | 增加 | 不变或增加 | 不变或减小 |
| 孔隙比（$e$） | 减小 | 增加或不变 | 减小或不变 |
| 相对密度（$D_r$） | 增加 | 减小或不变 | 增加或不变 |
| 超固结比（$OCR$） | 增加 | 没影响 | 没影响 |
| 塑性指数（$I_P$） | 若 $OCR>1$，增加 <br> 若 $OCR=1$，不变 | 增加 | 减小 |
| 往返剪应变幅值（$\gamma_a$） | — | 减小 | 增加 |
| 地质年代（$t_g$） | 增加 | 可能增加 | 减小 |
| 胶结程度（$c$） | 增加 | 可能增加 | 可能减小 |
| 应变率（$\gamma$） | 增加 | 可能没影响 | 可能增加 |
| 荷载往返作用次数（饱和土） | 减小，但可逐步恢复 | 减小 | 不明显 |

由表 3.3.5 的结果可见：

各因素的影响程度，一般对无黏性土较小，对黏性土较大。因此，砂土 $G/G_{max}$-$\gamma_a$ 和 $\lambda$-$\gamma_a$ 关系曲线的试验结果相对集中，而黏性土的试验结果离散较大。

对于不同的黏性土，$I_P$ 和 $e$ 对 $G/G_{max}$-$\gamma_a$ 和 $\lambda$-$\gamma_a$ 关系曲线有相似的影响，但利用 $I_P$ 能得到更为一致的试验结果。因为，$I_P$ 是重塑土测定的，不受应力条件和应力历史的影响，只与颗粒大小、矿物成分、孔隙水的化学成分等有关，是一项容易测定的物理性质指标。与此相反，$e$ 必须用原状土测定，但测量水下松砂的天然 $e$ 值是一项很困难的试验。对于具有极灵敏结构的土和很小应变时 $I_P$ 与 $\lambda$-$\gamma_a$ 曲线之间的关系，需要进行专门的试验研究。

**2. $G_{max}$ 经验值估算**

确定 $G_{max}$ 有两条途径，一是利用室内试验建立的经验关系，二是利用现场剪切波速测试结果。

1）利用室内试验建立的经验关系

（1）根据室内试验 $e$、$\sigma'_c$ 和 $OCR$ 建立的适用于各类土的经验关系

Hardin 和 Black(1968) 及 Hardin(1978) 提出如下的经验公式：

$$G_{max} = 625 \frac{OCR^k}{0.3 + 0.7e^2} P_a \left(\frac{\sigma'_c}{P_a}\right)^{\frac{1}{2}} \tag{3.3.53}$$

式中，$P_a$ 为大气压；$k$ 为与 $I_P$ 有关的系数，当 $I_P=0$、20、40、60、80 和 $\geqslant100$ 时，$k$ 分别等于 0.0、0.18、0.31、0.41、0.48 和 0.50。

该公式的优点是采用的参数多，适用于各类土，常数无因次，使用方便。缺点是松砂

的 $e$ 值不易测定。本次试验未开展此项工作。

（2）根据 $D_r$ 或 $N_1$ 和 $\sigma'_c$ 建立的适用于砂土的经验关系

Seed 和 Idriss(1970)建立了砂土的经验公式：

$$G_{max} = 21.7 K_{max} P_a \left(\frac{\sigma'_c}{P_a}\right)^{\frac{1}{2}} \qquad (3.3.54)$$

其中，$K_{max}$ 值取决于砂土的相对密度 $D_r(\%)$，两者的关系如下：

$$K_{max} = 61[1+0.01(D_r-75)] \qquad (3.3.55)$$

如仅有标准贯入试验资料，可用 Seed 和 Hdriss 提出的 $K_{max}$ 和 $N_1$ 的下列关系：

$$K_{max} = 20 N_1^{\frac{1}{3}} \qquad (3.3.56)$$

式中，$N_1$ 由标准贯入击数 $N_{60}$ 换算为有效上覆压力 $\sigma'_v = 100kPa$ 的修正标准贯入锤击数，下角标"60"表示钻杆能量比 60%，即标准贯入试验时落锤机构有 60% 的理论自由落锤能量传到钻杆。

在我国的标准贯入试验中，落锤机接近自由下落，钻杆能量比约为 60%。因此，我国实测的标准贯入锤击数 $N$ 值相当于 Seed 的 $N_{60}$ 值。Seed 和 Idriss（1986）认为，式（3.3.54）也适用于砂砾，只是砂砾的 $K_{max}$ 值要比砂土大 1.35~2.5 倍；而 Rollins 和 Evans 等（1998）的研究表明，更新世砂砾的 $K_{max}$ 值要比砂土大 1.5~2.0 倍。

（3）根据固结不排水剪切强度 $S_u$ 建立的适用于黏性土的经验关系

Seed 和 Idriss(1970)发现黏性土的 $G_{max}$ 可由固结不排水剪切强度 $S_u$ 换算：

$$G_{max} = 2200 S_u \qquad (3.3.57)$$

对于各类黏性土，$G_{max}$ 和 $S_u$ 之比可取为常数 2200。Martin 和 Seed（1982）将这个比值修改为 2050。事实上，$G_{max}$ 和 $S_u$ 之比与黏性土的类型有关，且具有区域性，如泥炭的 $G_{max}$ 与 $S_u$ 之比可能小于 200。

2）利用现场剪切波速测试结果

确定 $G_{max}$ 的另一条途径是根据波动理论按式（3.3.57）计算：

$$G_{max} = \rho \nu_s^2 \qquad (3.3.58)$$

式中，$\rho$ 为土的质量密度；$\nu_s$ 为土层的剪切波速度。

本试验现测剪切波速共 136 孔，另外收集 154 眼孔的波速测试资料，参与波速与地层埋深关系统计。统计结果可见表 3.3.6 及图 3.3.28、图 3.3.29。

**剪切波速统计公式**　　　　　　　　　　　　　　　　　表 3.3.6

| 土名 | 层号 | 剪切波速统计公式 |
|---|---|---|
| 杂填土、素填土 | 1-1a、1-1b | $\nu_s = -1.5269 + 120.62$ |
| 粉土 | 2-2-1 | $\nu_s = 10^{-8} H^{3.9696}$ |
| 粉沙、粉细砂 | 2-2-2、2-2-3 | $\nu_s = 2 \times 10^{-7} H^{3.4811}$ |
| 淤泥质粉质黏土 | 4-4b、5-5b | $\nu_s = 0.00008 H^{2.488}$ |
| 粉质黏土 | 6-6a、7-7b | $\nu_s = 0.0847 H^{1.1706}$ |
| 含砾黏土 | 8-8a | $\nu_s = 0.1439 H^{1.0567}$ |
| 砂泥砾石层 | 8-8b | $\nu_s = 0.7438 H^{0.7608}$ |
| 砂卵砾石层 | 8-8c | $\nu_s = 0.2762 H^{0.9228}$ |

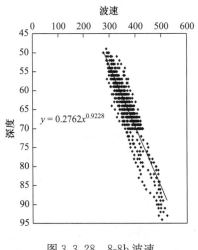

图 3.3.28　8-8b 波速　　　　图 3.3.29　8-8c 波速

统计结果表明：

（1）剪切波速值与测试点深度基本上呈幂函数的形式。软土由于扰动，关于统计分布有分叉。

（2）当钻孔到一定的深度后，剪切波速与深度的统计关系离散较小。

（3）由于杂填土、素填土层位较浅，层厚较薄，剪切波速与深度的统计呈线性关系。

但对于杂填土与素填土未按线性统计公式取值，而用它们的均值。根据场地剪切波速与覆盖层厚度，通过插值可计算得到场地特征周期。

**3. $G/G_{max}$-$\gamma_a$ 和 $\lambda$-$\gamma_a$ 关系的经验曲线**

1）无黏性土

许多学者研究表明，对于无黏性土（砂土、粉土、砂砾），$G/G_{max}$-$\gamma_a$ 曲线的变化范围不大，大多数试验结果位于一个不太宽的带内。Seed 和 Idriss(1970) 建议的砂土的 $G/G_{max}$-$\gamma_a$ 和 $\lambda$-$\gamma_a$ 关系曲线如图 3.3.30 所示。一般认为，可以代表大多数砂土的 $G/G_{max}$-$\gamma_a$ 和 $\lambda$-$\gamma_a$ 关系曲线，这一成果已纳入美国"核安全有关结构抗震设计标准"。随着初始有效固结应力 $\sigma_c'$ 的增大，砂土的阻尼比有减小的趋势，见图 3.3.31。

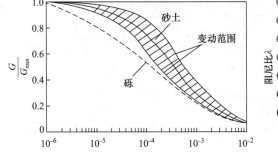

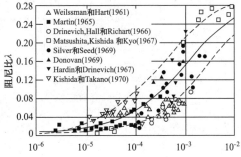

图 3.3.30　Seed 和 Idriss（1970）建议的砂土的 $G/G_{max}$-$\gamma_a$ 和 $\lambda$-$\gamma_a$ 曲线

Seed 和 Idriss(1986)的研究表明，砂砾的 $G/G_{max}$-$\gamma_a$ 曲线与砂土的非常类似，只是砂砾的平均曲线比砂土的要低 10%～30%，但两者有少许重叠，见图 3.3.32。Rollins 和

Evans 等（1998）根据 980 组砂砾的试验资料，研究表明砂砾的 $G/G_{max}$-$\gamma_a$ 平均曲线比 Seed 和 Idriss(1986)的研究结果要接近于 Seed 和 Idriss(1970)建议的砂土的 $G/G_{max}$-$\gamma_a$ 平均曲线，见图 3.3.33，图中还给出了 1 倍标准差的边界线；此外，$G/G_{max}$-$\gamma_a$ 曲线形状基本上与试样的扰动程度、细粒含量（0～9%）、含砾量、相对密度无关，但随着初始有效固结应力 $\sigma_c'$ 的增大，$G/G_{max}$-$\gamma_a$ 曲线向数据点的上部移动，$G/G_{max}$ 即有增大的趋势。Rollins 和 Evans 等（1998）根据 360 组砂砾的试验资料，还给出了砂砾的 $\lambda$-$\gamma_a$ 平均曲线关系，见图 3.3.34。可以看出，Rollins 和 Evans 等（1998）给出的砂砾的 $\lambda$-$\gamma_a$ 平均曲线明显在 Seed 和 Idriss(1986)给出的砂砾的 $\lambda$-$\gamma_a$ 平均曲线的下方；此外，$\lambda$-$\gamma_a$ 曲线形状大致上与试样的扰动程度、细粒含量、含砾量无关，但随着初始有效固结应力 $\sigma_c'$ 的增大，$\lambda$-$\gamma_a$ 曲线向数据点的下部移动，即砂砾的阻尼比有减小的趋势。

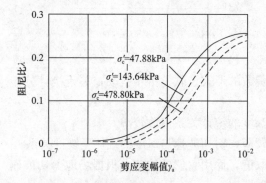

图 3.3.31 初始固结应力 $\sigma_0'$ 对砂土 $\lambda$-$\gamma_a$ 曲线的影响

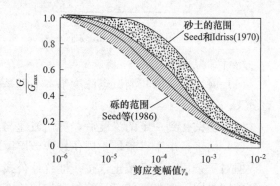

图 3.3.32 砾砂的 $G/G_{max}$-$\gamma_a$ 曲线 （Seed 和 Idriss 1986）

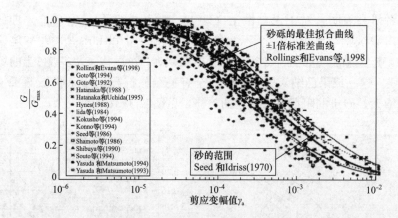

图 3.3.33 砂砾的 $G/G_{max}$-$\gamma_a$ 曲线 （Rollins 和 Evans 等，1998）

为应用方便，Rollins 和 Evans 等（1998）给出了 $G/G_{max}$-$\gamma_a$ 和 $\lambda$-$\gamma_a$ 平均曲线的最佳拟合曲线表达式：

$$\frac{G}{G_{max}} = \frac{1}{1.2 + 16\gamma_a(1 + 10^{-20\gamma_a})} \tag{3.3.59}$$

$$\lambda = 0.008 + 0.18(1 + 0.15\gamma_a^{-0.9})^{-0.75} \tag{3.3.60}$$

式中，$\gamma_a$ 为剪应变幅值（%）。

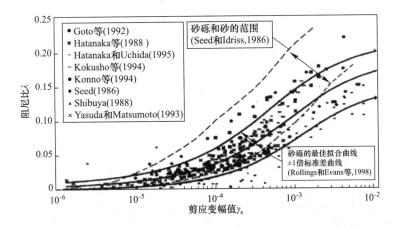

图 3.3.34　砂砾的 $\lambda$-$\gamma_a$ 曲线（Rollins 和 Evans 等，1998）

Kokusho(1980) 对日本标准砂（Toyoura 砂，平均粒径 $D_{50} = 0.19$mm，不均匀系数 $C_u = 1.3$）进行了大量动三轴试验，给出的 $G/G_{max}$-$\gamma_a$ 和 $\lambda$-$\gamma_a$ 曲线如图 3.3.35 所示。

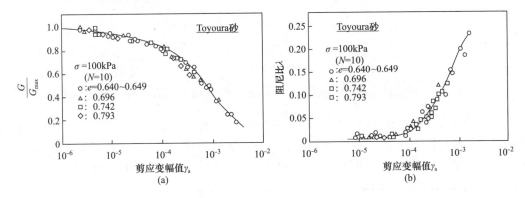

图 3.3.35　日本标准砂的 $G/G_{max}$-$\gamma_a$ 和 $\lambda$-$\gamma_a$ 曲线（Kokusho，1980）

此外，Kokusho(1980) 的试验还表示，初始有效固结应力 $\sigma'_c$ 对砂土的 $G/G_{max}$-$\gamma_a$ 和 $\lambda$-$\gamma_a$ 曲线形状有一定影响，初始有效固结应力 $\sigma'_c$ 越大，$G/G_{max}$-$\gamma_a$ 随增大而减小的速度越慢，即在同样的剪应变幅值下，初始有效固结应力 $\sigma'_c$ 越大，$G/G_{max}$-$\gamma_a$ 值也越大；同时，初始有效固结应力 $\sigma'_c$ 越大，砂土的阻尼比越低，如图 3.3.36 所示。从杭州市多个地震反应计算表明，上述规律基本符合杭州无黏性土特性。

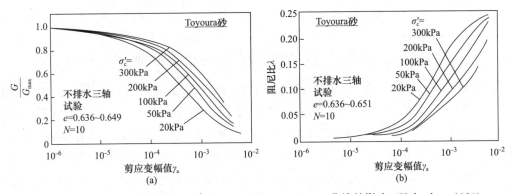

图 3.3.36　初始有效固结应力 $\sigma'_c$ 对砂土 $G/G_{max}$-$\gamma_a$ 和 $\lambda$-$\gamma_a$ 曲线的影响（Kokusho，1980）

2）黏性土

与无黏性土的动剪切模量衰退关系曲线相比，不同类型黏性土的 $G/G_{max}$-$\gamma_a$ 和 $\lambda$-$\gamma_a$ 关系曲线的离散范围要大得多。

Zen 和 Umebara 等（1978）最早注意到 $I_p$ 对 $G/G_{max}$-$\gamma_a$ 关系曲线形状的影响；Zen 和 Higuchi（1984）给出了不同 $I_p$ 值的 $G/G_{max}$—$\gamma_a$ 曲线；Vucetic 和 Dobry（1991）结合他人的有效试验资料，给出了不同 $I_p$ 值的 $G/G_{max}$-$\gamma_a$ 和 $\lambda$-$\gamma_a$ 的平均曲线，如图 3.3.37 所示，其中 $I_p$＝0 的 $G/G_{max}$-$\gamma_a$ 曲线与 Seed 和 Idriss（1970）建议的砂土的 $G/G_{max}$-$\gamma_a$ 曲线是一致的。

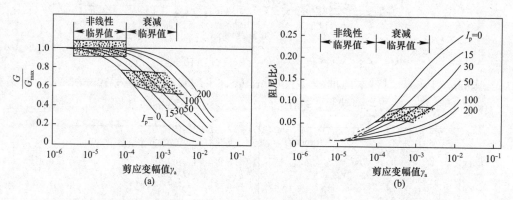

图 3.3.37　$I_p$ 对各类土 $G/G_{max}$-$\gamma_a$ 和 $\lambda$-$\gamma_a$ 平均曲线的影响（Vucetic 和 Dobry，1991）

Kokusho 和 Yoshida 等（1982）对一系列未扰动的冲、淤积的试样进行了动三轴试验。土的塑性指数 $I_p$＝40～100，天然含水量 $w$＝100%～170%，试验结果如图 3.3.38 所示。可以看出，土在破坏时的阻尼比 $\lambda_{max}$ 约为 16%，似乎小于砂土的阻尼比。

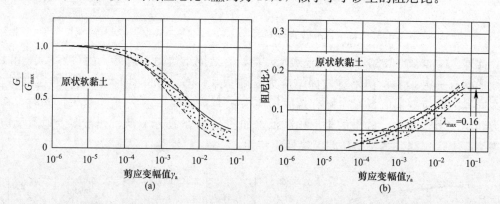

图 3.3.38　日本的 $G/G_{max}$-$\gamma_a$ 和 $\lambda$-$\gamma_a$ 曲线（Kokusho 和 Yoshida 等，1982）

Kokusho 和 Yoshida 等（1982）还研究了初始有效固结应力 $\sigma'_c$ 对 $G/G_{max}$-$\gamma_a$ 曲线的影响，动三轴试验中土样的 $I_p$＝38～56、初始有效固结应力 $\sigma'_c$＝45～500kPa，试验结果如图 3.3.39 所示。可以看出，初始有效固结应力 $\sigma'_c$ 对 $G/G_{max}$-$\gamma_a$ 曲线几乎没有影响，对 $\lambda$-$\gamma_a$ 曲线的影响可以忽略不计。Kim 和 Novak（1981）研究了初始有效固结应力 $\sigma'_c$ 对小应变幅（$\gamma_a$＝2×10$^{-5}$）时土的阻尼比 $\lambda$ 的影响，结果表明：随着 $\sigma'_c$ 的增大，阻尼比 $\lambda$ 有稍微减小的趋势。

Kokusho 和 Yoshida 等（1982）研究了应力历史对黏性土 $G/G_{max}$-$\gamma_a$ 和 $\lambda$-$\gamma_a$ 曲线的影响，包括正常固结、超固结和施加长期固结应力（$10^4$ min）三种情况，动三轴试验中未扰动土样的 $I_p$＝40～60，试验结果如图 3.3.40 所示。可以看出：无论是正常固结、超固结黏性土还是初步固结后施加长期固结应力，黏性土 $G/G_{max}$-$\gamma_a$ 和 $\lambda$-$\gamma_a$ 曲线的形状没有明显的影响。这个结论意味着应力历史对黏性土的 $G/G_{max}$-$\gamma_a$ 曲线形状的影响很有限，从而可知用地球物理方法测量土的原位小应变 $G_{max}$，用未扰动原状土试样测定土的 $G/G_{max}$-$\gamma_a$ 关系曲线，结合两者推算土的原位割线动剪切模量 $G$ 合理可行。

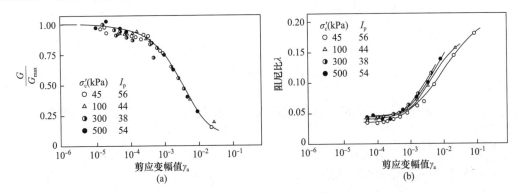

图 3.3.39　初始有效固结应力对日本的 $G/G_{max}$-$\gamma_a$ 和 $\lambda$-$\gamma_a$ 曲线的影响

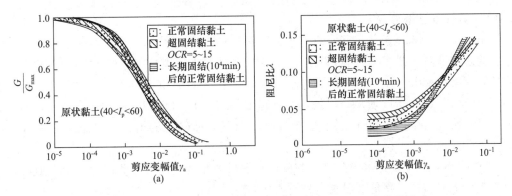

图 3.3.40　固结应力历史对日本黏土 $G/G_{max}$-$\gamma_a$ 和 $\lambda$-$\gamma_a$ 曲线的影响

### 4. 往返加载次数 N 对黏性土 $G/G_{max}$-$\gamma_a$ 曲线的影响

由图 3.3.41 可以看出，与往返加载 1 次的动割线弹性模量 $E_1$ 相比，往返加载 10 次和 100 次的动割线弹性模量 $E_{10}$ 和 $E_{100}$ 明显降低，尤其是当应变水平 $\varepsilon_a$ 较高时（与静荷载下破坏时的轴向应变 $\varepsilon_f$ 相比）。

Idriss 和 Dobry 等（1978）提出了模量衰退指数 $\delta_D$ 的概念。对于等幅循环轴应变试验条件，$\delta_D$ 定义为：

$$\delta_D = \frac{E_N}{E_1} = \frac{\sigma_{a,N}/\varepsilon_a}{\sigma_{a,1}/\varepsilon_a} = \frac{\sigma_{a,N}}{\sigma_{a,1}} \tag{3.3.61}$$

式中，$\sigma_{a,1}$、$\sigma_{a,N}$ 为往返第 1 周和第 N 周的轴向应力幅值；$E_1$、$E_N$ 为往返第 1 周和第 N 周的动弹性模量。

对于等幅循环剪应变试验条件，$\delta_D$ 定义为：

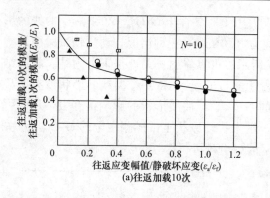
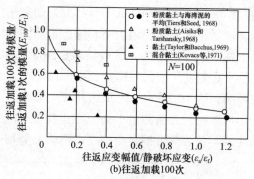

图 3.3.41　往返加载次数 $N$ 对黏性土 $G/G_{max}$-$\gamma_a$ 曲线的影响

$$\delta_D = \frac{G_N}{G_1} = \frac{\tau_{a,N}/\gamma_a}{\tau_{a,1}/\gamma_a} = \frac{\tau_{a,N}}{\tau_{a,1}} \tag{3.3.62}$$

式中，$\tau_{a,1}$、$\tau_{a,N}$ 为往返第 1 周和第 $N$ 周的剪切应力幅值；$G_1$、$G_2$ 为往返第 1 周和第 $N$ 周的动剪切模量。

图 3.3.42 给出了以剪应变比 $\gamma_a/\gamma_f$（$\gamma_a$ 为往返剪应变幅值，为破坏静剪应变）为参数的模量衰退指数 $\delta_D$ 与往返加载次数 $N$ 的关系，两者关系可表示为

$$\delta_D = \frac{E_N}{E_1} = \frac{G_N}{G_1} = N^{-d} \tag{3.3.63}$$

式中，$d$ 为模量衰退参数。

Vucetic 和 Dobry 等（1989）研究了超固结比 $OCR$ 对委内瑞拉沿海黏土的模量衰退指数 $\delta_D$ 的影响（图 3.3.43），可以看出，随着 $OCR$ 值增大，模量衰退指数明显减小。

Tan 和 Vucetic（1989）研究了塑性指数 $I_p$ 对正常固结和超固结黏土的模量衰退指数 $\delta_D$ 的影响，如图 3.3.44 所示。可见，对于正常固结黏土，随着塑性指数 $I_p$ 增大，模量衰退指数 $\delta_D$ 明显减小；当塑性指数 $I_p$ 相近时，随着固结黏土的增大，模量衰退指数明显减小。

由此可见，低塑性正常固结黏土的模量衰退最为显著；而对高塑性的黏土，随着超固结比 $OCR$ 值的增大，模量衰退越来越不明显。

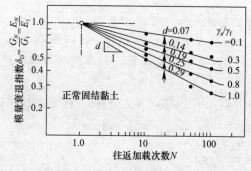

图 3.3.42　模量衰退指数 $\delta_D$ 与往返加载次数 $N$ 的关系（Ishihara，1996）

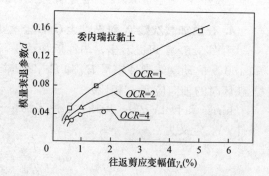

图 3.3.43　超固结比 $OCR$ 对委内瑞拉沿海黏土的模量衰退指数 $\delta_D$ 的影响（Vucetic 和 Dobry 等，1989）

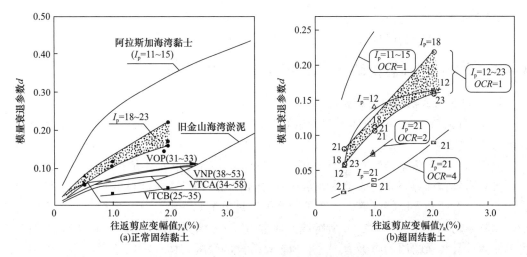

图 3.3.44　塑性指数 $I_p$ 对黏性土的模量衰退指数 $\delta_D$ 的影响（Tan 和 Vucetic，1989）

## 3.4　动力作用下软黏土微结构变化特征分析

### 3.4.1　试样的制备

各土样经低温干燥后切成直径 20mm、厚 3mm 的试样，再用锋利小刀将试样切成两半，暴露出新鲜表面供研究。该方法的优点是获得的土体截面穿过所有微结构单元，避免因固体颗粒剥离而在截面上形成伪孔隙，导致孔隙结构失真。

**1. 试样制备条件**

为减小对原状土体扰动，又能够从图片上真正反映试验的本来面貌，制备试样时需满足以下条件：

（1）采集样品必须保持其原有的状态（包括作用荷载试样），不被破坏；

（2）土样在失水干燥过程中，尽量避免形变；

（3）制备试样时，需要观察的表面不要扰动和破坏，尽可能保持其原有的状态；

（4）喷镀导电物质的厚薄要适宜，根据样品不同，厚薄不一，土样喷镀金膜的厚度一般为 20～50nm。

**2. 试样制备过程**

（1）将野外采回的原状土样开封，使之不受扰动，按照试验要求分成两半，一部分用于循环荷载作用下的动三轴试验，另一部分则用于原状土微观结构的试验研究。

（2）按照试验要求取土样的一部分易用手掰开，尽量不使用机具；当遇到黏性较大的土样而不易掰开时，可用薄片的工具刀在其表面划开细缝，沿细缝将其掰开。制备试样时，注意选取具有代表性的部位。

（3）土样按观察的方向剥成一定尺寸，选取断面较平整的试样。

（4）将制成的小试样放在烘箱内，按照一定的温度（<100℃）和时间要求进行干燥。

（5）将干燥后的试样置于喷镀仪中，喷镀一薄层金膜作为导电物质。

### 3. 试研仪器

试验采用 JSM-5610LV 型扫描电镜。

## 3.4.2 动力作用前后软黏土微结构变化特征定性分析

### 1. 动力作用前软黏土微结构特征

对 16 组软黏土在动荷载作用前的微观结构特征进行扫描电镜分析（结果剔除 2 组），如图 3.4.1 所示。

对图 3.4.1 中微结构特征进行分析，软黏土基本结构单元体是指在一定的放大倍数下，具有明显物理界限并能够承受一定外力固体单元或微结构单元体的特征，包括物质组成、大小、形状和表面特征等。通常单元体可以是单个矿物颗粒（"单粒"），也可以是多个矿物颗粒的集合体（"集粒"）所组成。通常情况下微结构的单元体分为一级和二级，一级单元体具有较强的原始内聚力，一般为较难分开的微凝聚体；二级单元体一般为一级微凝聚体集合成片状或板状的聚集体、粒状集合体。

通常情况下，颗粒的排列通常有三种方式，即面面接触、边边接触和边面接触（图 3.4.2）。通过电子显微镜拍摄的照片可以看出，软黏土竖直面具有较多的薄片状，集合体是絮状和花朵状、羽毛状体，多呈面面、边边、边面等接触状态，而水平面具有较多的粒状聚体，较难分出面和边，呈现直接接触、镶嵌接触等状态，有的是通过胶结物质使之相互连接接触。

黏性土的结构联结主要是指结构单元体之间的相互作用或其结合的性质。通常情况下，结构联结可用两种方法进行分类：①以粒间结合部的物质成分的差异为依据，将联结类型分为无联结（或镶嵌接触）、冰联结、毛细水联结、结合水联结和胶结联结五类；②认为只有粒间作用力的性质才能反映结构联结的本质，因而主张以粒间距离和作用力的强弱为依据划分结构联结的类型，并且认为黏性土中的结构联结主要有凝聚型、过渡型和同相型三种基本类型。其中对凝聚型还可根据其接触强度细分为远凝聚型和近凝聚型两个亚类。

（1）扫描电镜照片表明，软黏土中存在着两种不同的微晶体：一种是食盐晶体，这类晶体有的黏附在黏粒表面上，有的充填在孔隙之中，有的组成较大的团聚体，食盐晶体的晶形不完整，表面有溶孔、溶穴，晶体大小不等；另一种晶体是黄铁矿微晶，单个微晶呈八面体、立方体，一般聚集成球状团粒分布于大孔隙之中或黏粒之上，很少以单粒存在，对土的压缩性、渗透性、孔隙性等均产生重要的影响。

（2）土样孔隙种类、大小和形状的不同，对淤泥质土的压缩性、渗透仪固结特性影响颇大。软黏土中孤立孔隙主要存在于二级凝聚体内，连通性差，对渗透性影响不大，主要对土的压缩性有重要影响；粒间孔隙存在于粒状集合体和黏粒组成的集合体之间，数量较多，连通性好，对软黏土的孔隙性、压缩性和渗透固结性起着重要作用；粒内孔隙主要存在于粒状集合体和微聚集体内，孔隙很小，分散性大，整体连通性差，主要影响土的压缩性。

孔隙特征的重要指标之一是孔隙的数量，即孔隙度。然而这一指标与结构单元体的大小、形状、相互间的组合及排列状况等均有关，因而仅仅运用孔隙度来评价土体的工程地质性质是远远不够的。通常土中孔隙的特性同时包括孔隙的大小、形状、数量及其连通性，研究表明它们对土的工程地质及水文地质性质都有重要的影响。

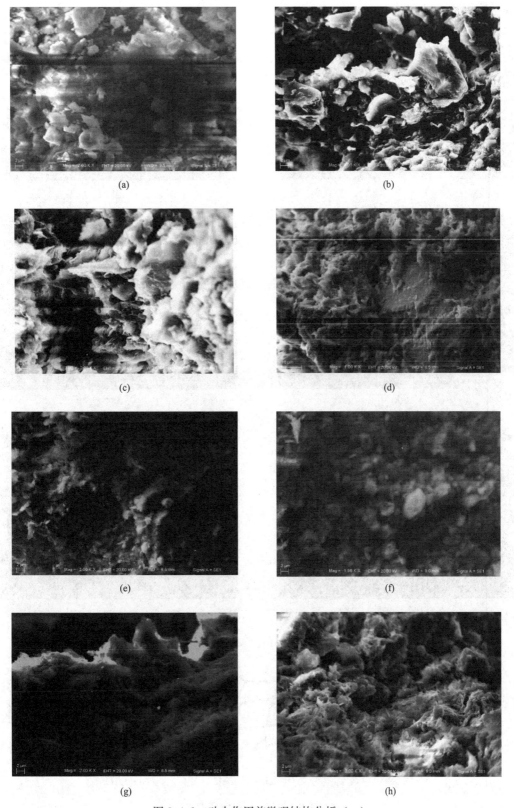

图 3.4.1 动力作用前微观结构分析（一）

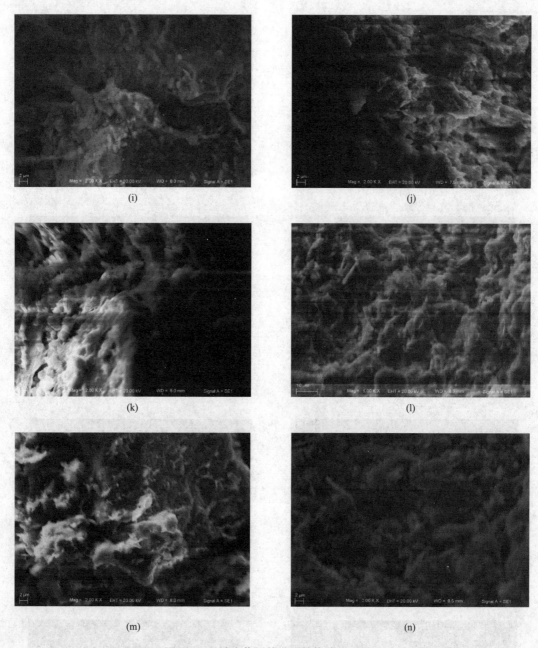

图 3.4.1 动力作用前微观结构分析（二）

(a)面面接触        (b)边边接触        (c)边面接触

图 3.4.2 不同接触模型

在扫描电镜下，基本单元体内的孔隙，除在团粒和细粒的单元体内可以看到外，微粒单元体内的孔隙较难发现，能够观察到基本单元体间的孔隙和跨几个单元体间的大孔隙，其形状和大小决定于单元体的边界条件和排列紧密情况，对孔隙视域中所占面积的测量，可借助于图像分析仪等技术手段。根据孔隙在黏土体中存在的部位进行分类时，比较有影响力的分类方法是将组成土体的基本单位分成颗粒、粒群、单元和集合物四级，并相应地将孔隙划分为粒间孔隙、群间孔隙、集合物内孔隙、集合物间孔隙和超越集合物孔隙五类（图 3.4.3）。

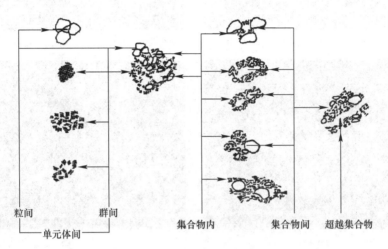

图 3.4.3　黏性土中孔隙分类

### 2. 动力作用后软黏土微结构特征

对 16 组软黏土在动荷载作用后的微观结构特征进行扫描电镜分析（结果剔除 4 组），如图 3.4.4 所示。

由图 3.4.4 可见，振动前后杭州软黏土土体颗粒的大小和形状基本上没有太大变化，而颗粒的排列方式在振动后比振动前稍有规律。动力作用后软黏土仍以薄片状为主，集合体多是絮状，多呈面面、边面等接触状态，为进一步分析动力作用下孔隙大小及数量的变化规律，后续章节做定量研究。

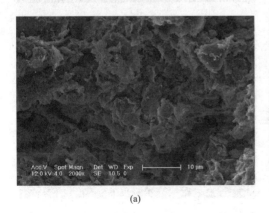
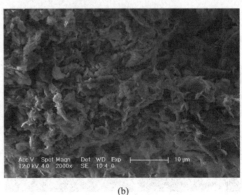

(a)　　　　　　　　　　　　　　　　　(b)

图 3.4.4　动力作用后微观结构分析（一）

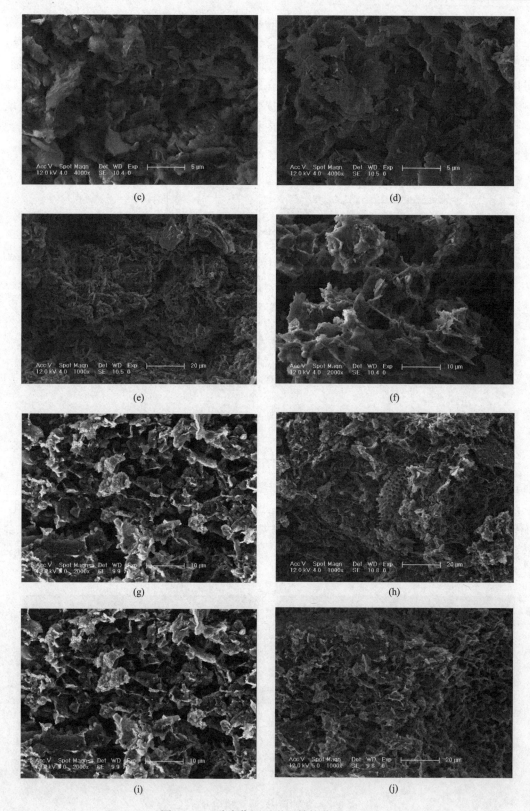

图 3.4.4 动力作用后微观结构分析（二）

(k)　　　　　　　　　　(l)

图 3.4.4　动力作用后微观结构分析（三）

## 3.4.3　动力作用前后软黏土微结构变化特征定量分析

### 1. 微结构变化特征定量分析试验基本原理

试验采用美国生产的 AUTOSCAN60 型自动压汞仪，如图 3.4.5 所示。在将稳定卸荷后的试样进行切取、冷冻干燥脱水。试验时在真空条件下将汞注入样品管中，然后将样品管放入高压站进行分析，最高压力为 60000Psi。

汞是液态金属，它不仅具有导电性能，而且具有液体的表面张力，正因为这些特性，在压汞过程中，随着压力升高，汞被压至样品的孔隙，所产生的电信号通过传感器输入计算机进行数据处理，模拟出相关图谱，进而计算出孔隙度及比表面积。

图 3.4.5　AUTOSCAN60 型自动压汞仪

### 2. 微结构变化特征定量表达方法

在测定中假设孔为圆柱状，孔径为 $r$，接触角为 $\theta$，压力为 $p$，汞的表面张力为 $\gamma$，孔的长度为 $L$，注入汞的体积变化为 $\Delta V$，孔的表面积为 $S$。则压力与孔表面的关系为：

$$p\pi r^2 L = \gamma \cdot 2\pi r L / \cos\theta = p \cdot \Delta V \tag{3.4.1}$$

由此可推出：

$$r = \frac{2\gamma/\cos\theta}{p} \tag{3.4.2}$$

孔的表面积与将汞注满相应孔隙的所有空间所需压力的关系式为：

$$S\gamma/\cos\theta = p \cdot \Delta V \tag{3.4.3}$$

由此推出：

$$S = \frac{p \cdot \Delta V}{\gamma/\cos\theta} \tag{3.4.4}$$

如果 $\gamma/\cos\theta$ 不变，则有：

$$S = \frac{1}{\gamma/\cos\theta}\int_0^\Gamma p \cdot \Delta V \tag{3.4.5}$$

$$孔隙率 = 100\left(\frac{V_a}{V_b} + \frac{V_a - V_b}{V_c - V_d}\right) \tag{3.4.6}$$

由上式可知孔径 $r$ 与压力 $p$ 成反比，待测样品的比表面积和孔隙率均与注入汞的体积有关。由孔径即可推算出比表面积。

孔隙中由汞占据的孔隙体积百分比随着进汞压力由 $p$ 增至 $p+\Delta p$ 而降低，在孔隙半径（$d$，$d+\Delta d$）的微小区间内，相应地能使汞进入孔隙的孔径由 $r$ 变至 $r+\Delta r$。定义 $D_v$ 为依孔径的孔隙体积分布率，则有：

$$dV = -D_v(r)dr \tag{3.4.7}$$

意义为每单位孔径变化所造成的孔隙体积的变化率，可得：

$$D_v(r) = \frac{p}{r}\left(\frac{dV}{dp}\right) \tag{3.4.8}$$

另一个用于分析孔隙分布的方程是依 log 半径的孔隙体积分布率 $D_v(logr)$

$$D_v(\lg r) = p\frac{dV}{d\lg r} = rD_v(r) \tag{3.4.9}$$

$$D_v(\lg r) = p\frac{dV}{dp} = \frac{dV}{d\log p} \tag{3.4.10}$$

在进汞过程中，使汞进入孔隙的压力 $p$ 直接与孔径分布有关；而在出汞过程中，压力 $p$ 与孔隙大小有关，即当 $dV/dr < 6$ 时，能够顺利出汞，反之，则残留孔隙内。

从一次完整的进-出汞曲线，根据 washbums 方程可以得到在特定孔径范围内参数，如峰值孔径、孔径分布平均值、等效孔径、孔隙度、孔径分布、表面积分布、孔数等。众所周知，黏土的孔隙结构强烈影响着黏土的强度和渗透性能——工程实践中最关心的特性，因此，从相对孔隙体积、平均孔径和孔性质来分析饱和软黏土在振动前后的孔隙结构变化规律，参数分别为总孔隙度 $n_p$、均布孔径平均值 $r_m$ 和持水（汞）系数 $R_f$。

总孔隙度 $n_p$ 是指孔隙总体积与试样总体积的比值：

$$n_p = \frac{V_p}{V} \tag{3.4.11}$$

在整个进汞曲线上，将孔径范围分为 $n$ 个区间，在第 $i$ 个孔径区间内，进汞增量为 $V_i$，区间平均半径为 $r_i$。均布孔径平均值 $r_m$ 由下式确定：

$$\ln r_m = \frac{\sum_{i=1}^{n} V_i \ln r_i}{\sum_{i=1}^{n} V_i} \tag{3.4.12}$$

持水（汞）系数 $R_f$ 是指在完成了进-出汞试验后残留在试样中的汞体积与总进汞体积的比值，即：

$$R_f = \frac{V_{Hg}^*}{V_{Hg}} \tag{3.4.13}$$

### 3. 试验结果定量分析

动力作用后，各试样的进-出汞曲线形状均与原状土大致相同。为进一步分析动力作用后各试样之间微观结构参数的变化，各试样压汞后的各项统计参数如表 3.4.1 所示。

振动前后孔隙结构特征参数

表 3.4.1

| 试验类型 | $V_{Hg}$ | $V_{Hg}^*$ | 持水系数 $R_f$ | 总孔隙度 $n_p$ | 比表面积 $S$ | 均布孔径 $r_m$ |
|---|---|---|---|---|---|---|
| 原状样 | 0.2128 | 0.1645 | 0.7687 | 0.2138 | 10.5134 | 76.66 |
| d1 | 0.2429 | 0.1686 | 0.7981 | 0.2429 | 9.6124 | 99.51 |
| d2 | 0.2352 | 0.1836 | 0.8445 | 0.2352 | 8.674 | 153.4 |
| d3 | 0.2301 | 0.1986 | 0.7565 | 0.2301 | 9.4232 | 107.94 |

统计结果表明：①试样的总孔隙度 $n_p$ 随振动循环次数的增加较原状土有所增大；②试样的比表面积 $S$ 随振动循环次数的增加较原状土有所下降；③试样的均布孔径 $r_m$ 平均值随振动循环次数的增加均较原状土大幅增加；④试样的孔径分布中，孔径小于 $20\mu m$ 的孔隙均较原状土有所减少，且试样的持水系数 $R_f$ 较原状土略有增长。

## 3.5　孔隙结构分形分维分析研究

随着断裂力学、孔隙学及分形理论的发展，有关学者已发现一些多孔材料的孔结构有明显的分形特征，而且可以用孔隙分形维数描述这些材料的孔隙结构及相关物理化学性能。土体实际上是具有统计意义上的自相似的分形结构特征，采用统计自相似的方法来定量地描述复杂土体孔隙分布特征，可从本质上揭示土体的变形性质及力学行为。

### 3.5.1　孔隙特性表征分形模型

采用压汞法测量多孔物料孔隙体积与孔径的关系时，外界环境对汞所做的功等于进入孔隙内汞液的表面能增加，所施加于汞的压强 $p(\text{Pa})$ 和进汞量 $V(\text{m}^3)$ 满足：

$$\int_0^V p\mathrm{d}V = -\int_0^p \sigma\cos\theta\mathrm{d}S \tag{3.5.1}$$

通过量纲分析，可将多孔物料孔隙表面积 $S$ 的分形标度与孔隙孔径汞量 $V$ 进行关联，得到孔隙分形维数 $D_T$ 的表达式。对于进汞操作，可将上式近似为离散形式：

$$\sum_{i=1}^n \overline{p}_i \Delta V_i = kr_n^2 (V_n^{1/3}/r_n)^{D_T} \tag{3.5.2}$$

式中，$\overline{p}_i$ 为第 $i$ 次进汞操作的平均压力；$\Delta V_i$ 为第 $i$ 次进汞操作的进汞量；$n$ 为在进汞操作中施加压力的间隔数；$r_n$ 为第 $n$ 次进汞所对应的孔隙半径；$V_n$ 为压力间隔 $1-n$ 时的累计进汞量；$D_T$ 为基于热力学关系的分形维数；$k$ 为系数。

令

$$W_n = \sum_{i=1}^n \overline{p}_i \Delta V_i, \quad Q_n = V_n^{1/3}/r_n \tag{3.5.3}$$

代数组合并取对数后,得到：$\ln(W_n/r_n^2) = D_T\ln Q_n + C_1$ $\tag{3.5.4}$
式中，$C_1$ 为常数。

上式关联了压汞过程的施加压力 $p$ 和进汞量 $V$。以 $\ln Q_n$ 为横坐标，以 $\ln(W_n/r_n^2)$ 为纵坐标，所得直线斜率即为软黏土的分形维数 $D_T$。

### 3.5.2　动力作用前后软黏土孔隙分形维数的计算

将试验数据进行整理，所得到直线斜率即为软黏土的分形维数 $D_T$，如图 3.5.1～图 3.5.4所示。可以看出，软黏土的压汞试验数据 $\ln Q_n$ 与 $\ln(W_n/r_n^2)$ 相关系数均在 0.98 以上，呈现显著的线性关系，图中所拟合直线的斜率即为分形维数 $D_T$，所得分形维数计算结果见表 3.5.1。可见，对软黏土原状与振动后试样的分形维数 $D_T$ 为 2.013～2.207，均呈现出合理的分形维数值。

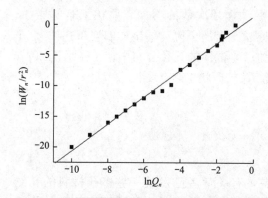

图 3.5.1　原状样热力学关系模型分形维数计算

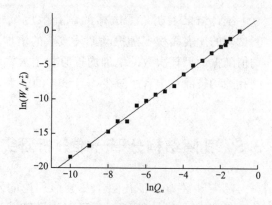

图 3.5.2　试样 d1 热力学关系模型
分形维数计算

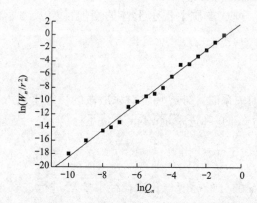

图 3.5.3　试样 d2 热力学关系模型
分形维数计算

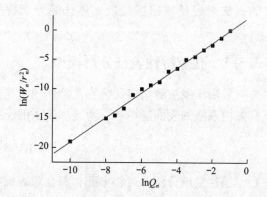

图 3.5.4　试样 d3 热力学关系模型
分形维数计算

热力学关系模型分形维数计算　　　　　　　　　　表 3.5.1

| 试验编号 | 原状土 | d1 | d2 | d3 |
| --- | --- | --- | --- | --- |
| 分维数 | 2.207 | 2.053 | 2.03 | 2.112 |

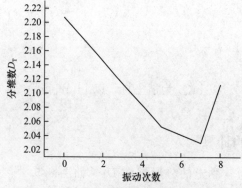

图 3.5.5　分形维数与循环次数关系曲线

将热力学关系模型的分形维数 $D_T$ 与循环振动次数关系进行整理得到关系曲线如图 3.5.5所示。

分形维数实质上是一个表征材料孔隙空间分布形态复杂程度的量，即孔隙体积分形维数越大，材料孔隙的空间分布形态越复杂，材料孔隙表面在空间的形貌特性偏离光滑表面的程度也越远。从图 3.5.5 可以看出分形维数 $D_T$ 随着动力循环次数的增加先是下降然后又逐渐上升。这是由于动力循环次数处于非常低的时候，土颗粒主要以压密和定向排列为主，这时分形维数逐渐降低，说明孔隙变得有定向性和规律性；随着动力循环次数增加，土颗粒开始出现滑移和破损，这时分形维数开始随之增加，表明孔隙分布变得更加复杂。

第 3 章　软黏土动力特性试验研究

## 3.6　基于微结构理论的软黏土宏观工程特性及现象分析

### 3.6.1　动力作用下软黏土的宏观工程特征及现象

**1. 有效应力变化特征**

如图 3.6.1 所示有效主应力在开始加载后均沿直线迅速降低，然后曲线发生弯曲，下降趋势放缓，但下降速率绝对值仍较大。经过长时间的衰减后，有效主应力逐渐进入平稳期，随时间几乎不再降低，有效主应力衰减趋势明显可分为三个阶段，分别为急骤衰减阶段、过渡阶段和稳定阶段。

（1）急骤衰减阶段。荷载施加后，有效主应力迅速沿直线下降，在很短的时间内即下降 15%。由于循环应力 $\sigma_d$ 远小于主应力（Axial Stress），说明此阶段开始后，超孔隙水压力迅速产生并急骤增长；在该阶段末，有效主应力开始放缓。另外，应力越大，急骤阶段所占的时间越短，说明超孔隙水压力增长速度在该阶段随应力增大而增大。

（2）过渡阶段。该阶段是一个漫长的过渡期，有效主应力的衰减速率进一步减小，但应力的绝对值仍较大，说明超孔隙水压力上升仍较快，但增长速率明显放慢。

（3）稳定阶段。该阶段中，有效主应力随振次的增加几乎不再下降或略有下降，逐渐稳定在一个确定的值，称之为该应力振动条件下有效主应力衰减的极限值，为其相应最大有效主应力的 60% 左右；

探寻有效主应力与振次之间的关系，为研究变形机制提供了便利。结合软黏土的本身特性及工程背景，将每组试验数据进行回归分析后，得到如下模型：

$$\sigma = \sigma_0 + A_1 \cdot e^{-\frac{N-N_0}{\delta_1}} + A_2 \cdot e^{-\frac{N-N_0}{\delta_2}} + A_3 \cdot e^{-\frac{N-N_0}{\delta_3}} \tag{3.6.1}$$

式中，$\sigma$ 为有效主应力；$N$ 为振次；$\sigma_0$、$N_0$、$A_1$、$A_2$、$A_3$、$\delta_1$、$\delta_2$、$\delta_3$ 分别为回归参数。

**2. 轴向变形变化特征**

动力作用后，软黏土的轴向变形变化特征如图 3.6.2 所示。

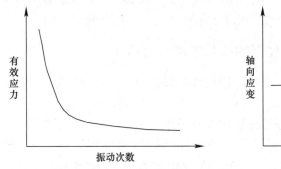
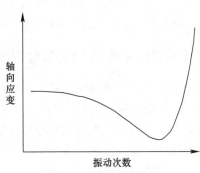

图 3.6.1　有效应力随振动次数
变化曲线

图 3.6.2　轴向应变随振动次数
变化曲线

可知，轴向应变在加载开始后并没有立即增加，而是发生回弹，其中，应力越小，回弹量越大，其性状与砂土的剪胀性十分相似。这主要是由于在加载开始后，有效主应力的急骤降低致使土骨架发生弹性释放；在施加振动荷载一段时间后轴向应变开始增长，并超过原固结完成时的应变值，此时，土结构单元有压密趋势，土体产生宏观上的塑性变形。

土体在荷载的长期作用下先是部分区域的土体出现塑性变形累积，发生软化现象。而土体软化区域承受的动应力会转移到尚未软化的区域，该区域土体经过一定的循环次数，逐渐软化破坏，进而又将动应力转移到其他未破坏区域。如此使得土体软化破坏区域不断扩大，最终使整个临界边界区域内的土体发生软化，塑性变形不断累积，土体结构破坏，导致产生很大的变形。

### 3.6.2　微结构变化的机理分析

从扫描电镜照片可知，软黏土主要存在絮凝结构、蜂窝-絮凝结构。黏土矿物颗粒以伊利石居多，其次为蒙脱石、绿泥石等，结构单元多为薄片状，集合体是絮状和花朵状、羽毛状。结构单元体以边面或边边等接触形式居多，形成淤泥质土高孔隙比的架空结构，这种静电连续方式虽然具有一定的强度，但其联结强度远小于胶结联结（如 Ca、Fe 胶结），因而在外力作用下易发生破损。在较小的动载荷循环力作用下，尽管单元间的连接强度不高，但小的应力条件也不足以使之破坏。不过，由于循环次数的持续增加，土结构单元却有压密之势，相邻且相互重叠的两个或多个单元之间逐渐靠近、压密，随着距离的进一步缩小，结构单元中颗粒表面的弱结合水会被挤出，使得相邻单元中颗粒表面的强结合水直接相连，而由于强结合水的引力相当惊人（学者认为可达到 1000 个大气压），当两个结构单元进一步靠近，如果此时没有较大的力使之发生错动，其压密趋势将迅速增加，且变得愈发牢固，两者之间已不能或很难再有孔隙水流动，这对土体渗透性的影响很显著。由于此种因素存在，同样在压汞试验中，汞也很难再进入这两个结构单元之间的孔隙，因此将此两个单元认为是一个更大的单元。由于结构单元多为薄片状，集合体是絮状和花朵状、羽毛状，在振动过程中就形成了更多的架空结构，这就是振动后土体中较大孔径没有减少反而增多的原因，最终造成均布孔径平均值的增大。

由于大的架空结构的出现，使得总孔隙度反而有增大之势。也基于这种结构单元压密趋势的存在，使得每当有两个片状结构单元结合成一个更大的单元，从宏观上即是少了一个面（二者共用一个面）存在，这就使得总的比表面积有减小的趋势。

### 3.6.3　孔隙微结构参数与宏观变形的相关性耦合分析

机理分析为宏观变形提供了最有力的诠释。图 3.6.3～图 3.6.6 为低动应力条件下孔隙微结构特征参数与轴向变形的关系。

可以看出，孔隙和持水（汞）系数随轴向变形的增大而增大（而不是减小），但随着循环作用次数的增大，轴向应变急骤增大，致使均布孔径平均值和持水（汞）系数有所下降；比表面积随轴向应变的增大而减小，在循环作用次数增加后，开始有所增长；总孔隙度在变形发生后即有增长之势，但随着轴向变形的增大，压密趋势更趋明显，使得总孔隙度有所降低。

基于上述分析可以预见，在动应力作用相当长的一段时间内，软黏土存在结构单元之间的压密过程，单元之间的错动将会是变形的主要因素。因此，在相当长的时间内，变形仍将继续。

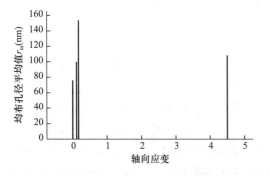

图 3.6.3  均布平均孔径与轴向应变关系

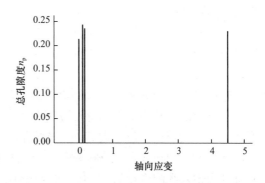

图 3.6.4  总孔隙度与轴向应变关系

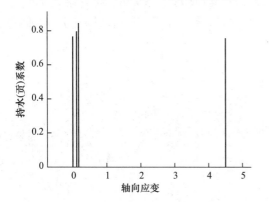

图 3.6.5  持水（汞）系数与轴向应变关系

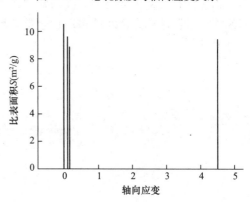

图 3.6.6  比表面积与轴向应变关系

## 3.7  结论

（1）X 射线衍射谱分析结果表明，杭州软黏土的矿物成分主要为伊利石、蒙脱石。

（2）动三轴试验表明，振动次数 $N$ 对土的动强度和初始动模量有影响。振动次数越大，土的动强度越小，初始动模量也越小。但在振动次数 5 和振动次数 8 所对应的动强度、动摩擦角和初始动模量差别并不是特别大。与一般土工试验规律相符。

（3）影响动模量阻尼比的因素有 10 多种，应变水平影响动模量阻尼成倍增减；在相同应变水平下，固结围压越大，动模量也越大；固结压力和应力比对土体阻尼的影响也很明显；土类不同，模量阻尼的影响也不尽相同。在使用时要考虑几个重要因素的影响。

（4）关于土的结构性对土的动力特性影响的问题，试验发现选取双曲线模型由式 $\gamma_r = -a/b = \tau_f/G_{max}$ 所得的动模量中的最大值作为初始动模量，是不恰当的，特别对于结构性较强的土类，这将会比实际的最大初始模量减小数倍。初始动模量 $E_{d0}$ 可以利用动骨干曲线方程式（3.3.1）中参数 $a$，根据其与初始动模量的关系式（3.3.23），以经验适当调整后来推算。

（5）杭州地区软黏土主要存在絮凝结构、蜂窝-絮凝结构。黏土矿物颗粒结构单元多为薄片状，集合体是絮状和花朵状、羽毛状。结构单元体以边面或边边等接触形式居多，形成淤泥质土高孔隙比的架空结构。动力作用后，土体颗粒的大小和形状基本上没有太大变化，而颗粒的排列方式在振动后比振动前存在一定的定向规律性。

（6）软黏土微结构定量化分析表明，增大动应力或循环作用次数，黏土内部的总孔隙度较原状土有所增大，比表面积 $S$ 较原状土均有下降，均布孔径平均值较原状土大幅增加；孔径分布中，孔径小于 20nm 的孔隙均较原状土有所减少，且试样的持水系数 $R_f$ 较原状土略有增长；但如持续增大动应力或循环作用次数，则结果恰好相反。

（7）软黏土孔隙微结构分形分析表明，利用热力学关系模型分析黏土微结构孔隙的分形特征较为理想，分形维数 $D_T$ 随着循环应力作用次数的增加先是下降然后又逐渐上升。

（8）通过微结构定量分析表明，杭州软黏土在低动力作用时，土颗粒主要以压密和定向排列为主，孔隙变得有定向性和规律性。随着作用力增加，土颗粒开始出现滑移和破损，孔隙分布变得更加复杂。在动应力作用相当长的一段时间内，软黏土存在结构单元之间的压密过程，单元之间的错动将会是变形的主要因素。因此，在相当长的时间内，变形仍将继续。

# 第4章 不同湿度条件下膨胀土膨胀特性试验研究

## 4.1 引言

膨胀土是一种富含亲水性黏土矿物，具有吸水膨胀软化，失水收缩硬裂以及反复胀缩性的高塑性黏土。膨胀土的分布十分广泛，其分布范围达六大洲 40 多个国家和地区。由于膨胀土的胀缩特性，使得处在膨胀土地区的国家每年遭受巨大的损失。据统计，膨胀土问题产生的灾害每年给美国带来的损失超过 20 亿美元，超过洪水、飓风、地震和龙卷风等其他自然灾害造成损失的总和。我国是膨胀土分布范围最广的国家之一，其分布范围达 20 多个省（自治区）的 180 多个市、县，总面积在 10 万 km² 以上，每年我国都有大量的建筑遭受严重损坏，在铁路行业中，常有"逢堑必滑，无堤不塌"之说。根据襄渝线施工决算统计，在施工期间由于膨胀土造成的各种破坏，使每公里造价增加了 91.64 万元。

由于膨胀土对工程建设产生的巨大危害，国内外学者对膨胀土的特性进行了大量的研究，取得了丰硕的成果，对膨胀土产生膨胀力膨胀量方面进行系统研究，已达成了一定的共识。膨胀土的膨胀性能随初始含水率减小而增加，随干密度增大而增大，膨胀土产生膨胀收缩的根本原因在于土中含水率的变化，许多研究针对含水率对膨胀土强度参数的影响。现有的实验装置主要测量膨胀土竖向膨胀特性，而实际的边坡、基坑工程中观察说明了膨胀土侧向膨胀不可忽略。另外，虽然膨胀土产生的膨胀力已受到许多国内外学者的重视，但是在实际的工程勘察设计中并没有真正地考虑膨胀力的影响，膨胀力对工程的影响并没有得到很好的解决。基于此现状，本章主要利用三轴仪进行合理的改装，找到一种简单而合理的方法对膨胀土的膨胀特性进行测定；对膨胀土吸水过程进行相应的模型假设，探讨膨胀量、膨胀力及含水率三者之间的相互关系，提出相对简单的膨胀力的理论计算方法，并探讨其应用到实际工程中的可能性。

### 4.1.1 膨胀应变研究

当膨胀土吸水产生膨胀时，周围不存在约束或者约束小于土体保持原体积所需要的力时，土体则会产生变形。膨胀变形是膨胀土表观现象之一，因此不同的学者从变形出发对膨胀土进行了相应的研究。苗鹏通过对南宁膨胀土的胀缩性试验研究发现在初始条件相同的情况下，膨胀应变与初始含水率及初始干密度分别呈现反比线性关系和正比线性关系，并且与竖向压力呈现半对数反比关系，建立了膨胀应变的三元回归方程模型，为预测变形提供了依据；周玉峰对膨胀土进行了有荷及无荷膨胀的试验研究，并以此为基础建立了膨胀特性的拟合计算公式，揭示了膨胀土的应力应变与含水率的一般关系；李志清采用固结仪和收缩仪对蒙自膨胀土研究发现，吸水膨胀率远大于失水收缩率，相似状态下膨胀系数越大，其收缩系数亦越大，表现出了各向异性。

## 4.1.2 膨胀应力研究

膨胀土遇水发生物理化学作用而产生膨胀，在体积限定的情况下，颗粒间会发生相互挤压而产生力的作用，这种力的宏观表现即为膨胀力。根本原因是膨胀力由土中含水量的增加而产生，为了解释这种现象，众多学者提出了假说，目前公认比较符合实际的主要有晶格扩张理论和双电层理论。

晶格扩张理论认为黏土晶格构造中存在着膨胀晶格构造，水易渗入晶层之间，形成水膜夹层而引起晶格扩张，从而引起土体的膨胀。双电层理论认为，黏土矿物颗粒由于晶格置换产生负电荷，在颗粒周围形成静电场，在静电场的作用下，带有负电荷的黏土矿物颗粒吸附水化阳离子，形成扩散形势的离子分布，从而形成双电层；在双电层中的离子对水分子具有吸附能力，被吸附的水分子在电场引力的作用下，按一定取向排列被约束集聚在黏土矿物颗粒的周围，形成结合水（水化膜），由于结合水膜加厚将固体颗粒"楔开"，使固体颗粒之间的距离增大，从而导致土体膨胀。

基于对膨胀机理的认识，众多国内外学者试图从理论角度对膨胀力进行说明。Chenevert用达西定律及Bishop等的研究成果，从热力学角度出发，推导出膨胀土的最大膨胀力是与初始吸力相等的，当土体为非饱和黏土时，膨胀压力则表现为初始吸力的一部分。梁大川通过对泥页岩的研究认为，泥页岩水化膨胀压是黏土颗粒间的排斥力，并根据双电层理论，提出用矿物学参数计算水化膨胀压的方法；杨庆根据膨胀土的试验结果，综合考虑了应力和含水量两个因素，建立了三维膨胀本构关系；贾景超修正了蒙脱石晶层膨胀模型，并计算离子水合产生的排斥力。

## 4.1.3 三向膨胀特性研究

以往很多对于膨胀土的膨胀试验都是针对某一方向的试验，研究考虑不同的初始含水率、干密度等初始条件下膨胀土的膨胀变形特性。这些试验方法在一定程度上揭示了膨胀土膨胀应力应变的基本规律，并且解决了许多实际工程问题。然而，自然界中土体是处于三维空间下，因而膨胀土吸水所产生的应力应变也应该是三向的，三向应力应变状态更能反映土体真实受力特征；以往对于膨胀土单向膨胀特性的试验研究尽管解决了许多实际工程问题，但是当遇到边坡、护坡等时，对于单向膨胀应力应变的描述显然是不够的，因此，对于膨胀土的三向膨胀特性的研究非常必要。为了探究膨胀土的三向膨胀试验特性，许多学者创新性地设计并改进了试验仪器，对膨胀土的三向变形特性进行了较深入的研究，并得到了许多有价值的研究成果。张颖均基于对裂土边坡的受力状态的认识，研制了三向胀缩特性仪；秦冰、陈正汉等对试验装置进行了相应的改进，对高庙子膨润土进行试验研究发现，不同的初始条件对竖向膨胀力、水平膨胀力均有较大影响；谢云经过试验研究发现，膨胀土的竖向膨胀力总会大于水平膨胀力，两者的比值随着土的含水率和干密度的变化而变化，并且微小的水平变形就可以造成三向膨胀力的大幅度减小；杨长青采用自制三向胀缩仪对广西宁明的膨胀土开展了研究并总结了膨胀过程的变化规律以及影响变形的因素，研究发现竖向膨胀率要大于水平膨胀率，比值在$1.21 \sim 1.27$；谭波通过对宁明膨胀土的室内试验研究发现，膨胀以竖向较大，水平方向几乎相等，而收缩三向基本相同，膨胀土的应力状态是影响三向膨胀性质的重要因素，应力决定了该方向的膨胀性质，并且能够影响其他两个方向的膨胀性。

### 4.1.4　现有研究方法不足

随着研究的深入，学者们对于膨胀土的研究逐渐从一维应力状态慢慢转向三维应力状态，并取得了丰硕的成果，但是对于膨胀特性的理论计算目前还存在着较大的瓶颈。

对于应变的计算，目前普遍采用试验的方法，将多次试验的数据进行拟合，从而得出吸水膨胀过程膨胀应变的变化情况。这种方法所建立的关系是建立在大量试验数据的基础上，缺乏理论依据，并且这种方法只适用于试验用土的规律，缺乏普遍适用性。陈伟乐提出采用土的三相指标的方法来计算膨胀率，并且也得到了试验验证；然而，这种方法只针对于饱和状态下的膨胀土的应变情况，而土体吸水膨胀是一个由非饱和逐渐转向饱和的过程，因而这种方法无法计算试验过程中的膨胀应变，存在一定的局限性。

关于膨胀力的计算，目前还缺少一个简单而实用的理论公式，广泛采用的三维膨胀本构关系由 Einstein（1972）和 Wittke 提出。杨庆经过试验分析研究发现，关于三维膨胀本构的假说不适用于侧向应力条件，违背了膨胀岩膨胀机理，其结果低估了膨胀岩的最大膨胀力；并根据自身试验结果进行拟合得出相应的本构方程，但其缺少严密的理论推导；李振利用应变控制式三轴剪切渗透试验仪，对三轴应力状态下膨胀土增湿变形特性进行研究，根据试验结果拟合得到了较为复合实际的计算公式，但其仅是依据试验曲线拟合而来，缺少理论依据，不具有普遍适用性，计算公式在形式上也较为复杂，不具有工程实用性；徐加放、梁大川、贾景超等对膨胀力的计算公式都进行了推导，为膨胀力的理论计算提供了新的思路，但是由于其形式的复杂性并不利于实际应用。

膨胀性能参数方面，现行规范规定了测试天然含水率下的膨胀力、膨胀率等相关指标，这些膨胀性能参数主要应用于对膨胀土膨胀性的判别分级；强度参数方面，主要是对天然和饱和状态的抗剪强度进行测定，设计计算中常采用经验系数对强度参数进行折减；土-水特征曲线以及渗透系数方面，目前非饱和膨胀土土-水特征曲线以及渗透系数均在探索研究和经验积累阶段，在相关规范中未见详细说明，无法满足工程分析的研究。

### 4.1.5　研究内容

本章提出并设计了膨胀岩土吸水过程岩土特性试验新方法，对膨胀土的岩土特性进行了系统的试验研究。通过对膨胀土进行相应的假设，对膨胀应力应变理论推导，从而得出膨胀应力应变的理论计算公式；对三轴仪相应地改装，进行膨胀特性的测试确定膨胀过程中应变与吸水量之间的关系；自行研制膨胀力测试装置，观测膨胀土的三向膨胀应力应变特征；将理论计算的膨胀应力应变公式与试验结果对比探讨，并将其应用到实际工程中，探讨其实际应用的可能性。

（1）膨胀参数：常规膨胀力试验、膨胀率试验、膨胀土吸水过程试验。

① 试验中保证对膨胀土试样进行持续供水，测量该过程中试样的吸水量和相应的膨胀力值。该试验模拟连续（强）降雨过程中膨胀土的吸水膨胀状态。

② 试验过程中分次对土样供应一定量的水，测量各个过程中膨胀性的变化情况，待

数据稳定后进行下一次加水，直至土样达到完全吸水状态。该试验模拟一次少量降雨过程的膨胀土吸水膨胀状态。

（2）强度参数：不同含水率条件下抗剪强度试验。

（3）土-水特征曲线、渗透系数：瞬时剖面法非饱和膨胀土渗透试验。

### 4.1.6　试验基本情况

试验数量如表 4.1.1 所示。

**试验数量简表**　　　　　　　　　　　　　表 4.1.1

| 试验类型 | 常规膨胀力试验 | 常规膨胀率试验 | 吸水过程膨胀力试验 |
|---|---|---|---|
| 试样个（组）数 | 243 | 214 | 20 |
| 试验类型 | 吸水过程膨胀率试验 | 非饱和渗透试验 | 直剪试验 |
| 试样个（组）数 | 20 | 4 | 205 |

## 4.2　试验技术和方法

### 4.2.1　吸水过程膨胀力试验方法

膨胀力试验方法较多，常规有平衡加压法、膨胀反压法、逐级卸载法等，试样结果一般用来判定膨胀等级。近年来，不少学者针对不同含水率条件下的膨胀力也进行了大量的试验研究，比如，杨庆利用改装的试验装置测量膨胀岩吸水过程侧向膨胀特性，丁振洲提出了自然膨胀力概念，并且用改进的试验装置测量了膨胀力随含水率变化规律，由于试验设备的制约，采用的是"等同样"做试验。在目前的膨胀力试验研究中，采用单土样含水率连续变化的膨胀力变化过程测试技术一直是亟待解决的难题，本次试验在进行大量不同初始含水率下最大膨胀力测试的同时，还研制了一套单土样持续（阶段）吸水条件下膨胀土含水率-膨胀参数全过程曲线试验装置，分别模拟不同降雨工况下的膨胀力测试，以期得到单一土样系列过程含水率下对应的膨胀力，为实际工程中膨胀力的确定提供理论依据。

**1. 常规膨胀力试验方法**

采用加荷平衡法对不同初始条件下成都黏土的膨胀力进行系列试验研究，试验装置为三联高压固结仪（图 4.2.1），试验采用某项目膨胀土制取的初始干密度为 $1.5g/cm^3$ 的环刀试件。表 4.2.1、表 4.2.2 为试验土样的数量简表。

**2. 连续吸水膨胀力试验方法**

试验装置原理如图 4.2.2 所示，实物如图 4.2.3 所示，测力元件为荷重传感器，通过水箱向试样供水，量测水箱中的水量变化得到土样的吸水量，在试验过程中利用摄像记录试样膨胀力和吸水量的变化情况。

试验步骤：

（1）试验前需标定出试样底部容水空腔的容水质量 $m_空$，进水管的容水质量 $m_进$。

图 4.2.1　膨胀力试验仪器

**成都黏土膨胀力试验数量简表**　　　　　　　　　　　　表 4.2.1

| 初始含水率（%） | 7 | 11 | 13 | 16 | 19 | 22 | 25 | 28 | 31 |
|---|---|---|---|---|---|---|---|---|---|
| 试样个数（个） | 9 | 9 | 20 | 21 | 21 | 22 | 21 | 20 | 6 |

**云南呈贡膨胀土膨胀力试验数量简表**　　　　　　　　表 4.2.2

| 初始含水率（%） | 0 | 5 | 10 | 15 | 20 | 25 | 30 |
|---|---|---|---|---|---|---|---|
| 试样个数（个） | 3 | 3 | 3 | 23 | 21 | 20 | 21 |

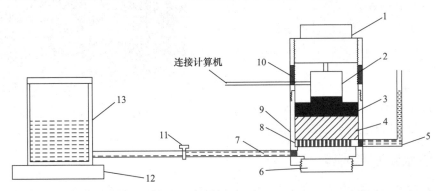

1—反力螺栓；2—荷重传感器；3—不透水钢板；4—土样；5—排气管；6—密封盖；
7—进水管；8—有孔钢板；9—制样容器；10—观察孔；11—阀门；12—电子秤；13—水箱

图 4.2.2　试验装置原理

（2）压制土样，静置24h，之后连接好试验装置，旋紧反力螺栓使反力螺栓、荷重传感器、不透水钢板紧密接触，将荷重传感器读数调零；

（3）关闭阀门，往水箱内加一定量的水，将电子秤读数调零，记录电子秤的读数变化 $M$，打开录像设备，开始录像；

（4）打开阀门，排气管水位稳定后，读出排气管内的水量 $m_{排}$，待2h内膨胀力的变化量小于0.1kPa时，停止试验，拆除装置，取出土样测量含水率；

图 4.2.3　试验装置实物

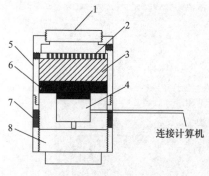

1—密封盖；2—有孔钢板；3—土样；
4—荷重传感器；5—制样容器；
6—不透水钢板；7—观察孔；8—反力螺栓

图 4.2.4　试验装置原理

（2）在有孔板表面滴入 3g 水，旋紧密封盖，整体用塑料膜包裹密封，记录膨胀力变化情况；

（3）每 2h 膨胀力变化量小于 0.1kPa 时，去除塑料膜，打开密封盖，继续加 3g 水，密封。直到土样达到充分吸水状态，拆除试验装置，取出土样称量含水率；

（4）根据下式计算加水量和土样的初始状态换算出土样每次加水之后的含水率：

$$\omega = \frac{\Delta m(1+\omega_0)}{m_d} \times 100 + \omega_0 \quad (4.2.2)$$

式中，$\omega$ 为含水率；$\Delta m$ 为总加水量；$m_d$ 为土样质量；$\omega_0$ 为初始含水率。

## 4.2.2　吸水膨胀率试验方法

膨胀率试验方法较为单一，一般采用无荷侧限方法进行，试验结果一般用来判定膨胀等级（图 4.2.6）。本次试验在进行大量不同初始含水率下最大膨胀率测试的同时，研制了

（5）土样的吸水量依照下式计算：

$$\Delta m_{吸} = M - m_{排} - m_{空} - m_{进} \quad (4.2.1)$$

**3. 断续吸水膨胀力试验方法**

试验装置原理如图 4.2.4 所示，实物如图 4.2.5 所示。土样表面为有孔钢板，在钢板表面滴水，利用毛细作用和重力使其渗入土样内部。在试验过程中对试验装置进行密封，尽量避免水分蒸发；每次给试样加 3g 水，记录膨胀力变化。

试验步骤：

（1）压制好土样，静置 24h 后，连接好试验仪器，旋转反力螺栓使反力螺栓、荷重传感器、不透水钢板之间紧密接触，将荷重传感器读数调零；

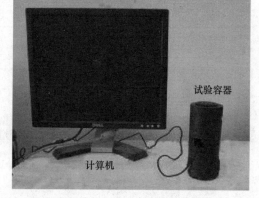

图 4.2.5　试验装置实物

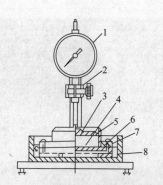

1—百分表；2—表架；3—有孔板；4—试样；5—环刀；6—透水板；7—压板；8—水盒

图 4.2.6　膨胀率试验

一套膨胀土吸水过程膨胀率试验装置和试验方法，供水方法分为连续供水以及断续供水，分别模拟不同降雨工况下的膨胀率测试，以期得到单一土样系列过程含水率下对应的膨胀率，为实际工程中膨胀率的确定提供理论依据。

**1. 常规膨胀率试验方法**

试验采用《土工试验规程》SL 237—1999 规定的侧限膨胀率试验方法。表 4.2.3、表 4.2.4 为试验土样的数量简表。

成都黏土膨胀率试验数量简表　　　　　　　　　　表 4.2.3

| 含水率（%） | 11 | 13 | 16 | 19 | 22 | 25 | 28 | 31 |
|---|---|---|---|---|---|---|---|---|
| 试样个数（个） | 6 | 20 | 20 | 20 | 21 | 21 | 20 | 6 |

云南呈贡膨胀土膨胀率试验数量简表　　　　　　　表 4.2.4

| 含水率（%） | 15 | 20 | 25 | 30 |
|---|---|---|---|---|
| 试样个数（个） | 6 | 6 | 6 | 20 |

**2. 连续吸水膨胀率试验方法**

试验装置原理如图 4.2.7 所示，实物如图 4.2.8 所示。试验时通过底部水箱对土样供水。除图中所标示的原件外，装置外部还架设了一台高清摄像机，同时记录电子秤和百分表的读数变化情况。该试验方法能够有效地实现膨胀土的吸水过程，同时测试吸水过程中产生的膨胀率。

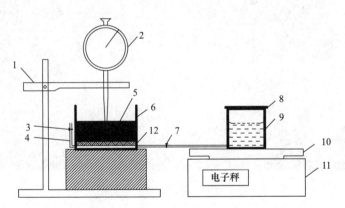

1—支架；2—百分表；3—阀门1；4—导管；5—试样；6—圆柱形容器；
7—阀门2；8—金属盖；9—金属杯；10—托盘；11—电子秤；12—透水石

图 4.2.7　试验装置原理

试验步骤：

（1）试验前需标定出试样底部容水空腔的容水质量 $m_空$，进水管的容水质量 $m_进$；

（2）压制土样，静置 24h，之后连接好试验装置，将百分表读数调零；

（3）关闭阀门，往水箱内加一定量的水，将电子秤读数调零，记录电子秤的读数变化 $M$，打开录像设备，开始录像；

（4）打开阀门，排气管水位稳定后，读出排气管内的水量 $m_排$，待 2h 内膨胀量的变化量小于 0.01mm 时，停止试验，拆除装置，取出土样测量含水率；

（5）土样的吸水量依照下式计算：

$$\Delta m_{吸} = M - m_{排} - m_{空} - m_{进} \qquad (4.2.3)$$

同时，考虑单轴试验装置的侧向约束，一方面无法满足横向围压的测试，另一方面侧向约束对试验结果会产生一定影响。因此试验将三轴仪进行相应的改装，利用三轴仪对膨胀土进行膨胀率的测定，如图4.2.9所示。此种试验方法由于没有侧向约束，因此更能真实地反映土样的膨胀率。

图 4.2.8　试验装置实物

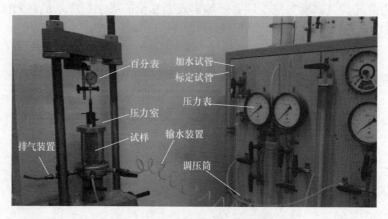

图 4.2.9　三轴膨胀试验装置

试验步骤：

（1）将制好的土样放到压力室内固定好，向压力室注满水密封；

（2）打开加水试管相连的阀门开始给土样加水，随着试样吸水，膨胀压力室的水会受到挤压产生压力，压力表读数开始变化；

（3）调节调压筒使得压力表回到初始读数，此时通过调压筒的距离变化来换算出的水量即为土样的膨胀体积。

**3. 断续吸水膨胀率试验方法**

试验装置原理如图4.2.10所示，实物如图4.2.11所示。试验时用百分表测量土样的膨胀量变化，将一定量的水均匀地洒在土样表面，待土样膨胀量稳定后，进行下一次加水过程，直至土样达到胀限。

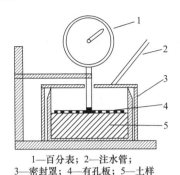

1—百分表；2—注水管；
3—密封罩；4—有孔板；5—土样

图 4.2.10　试验装置原理

图 4.2.11　试验装置实物

试验步骤：

（1）压制好土样，静置 24h 后，连接好试验仪器，调整好百分表读数；

（2）在有孔板表面滴入一定量的水，旋紧密封盖，整体用塑料膜包裹密封，记录膨胀力变化情况；

（3）每 2h 膨胀力变化量小于 0.01mm 时，视为膨胀稳定，继续加水步骤，直到土样达到充分吸水状态，拆除试验装置，取出土样称量含水率；

（4）根据下式计算出加水量和土样的初始状态换算出土样每次加水之后的含水率：

$$\omega = \frac{\Delta m(1+\omega_0)}{m_d} \times 100 + \omega_0 \tag{4.2.4}$$

式中，$w$ 为含水率；$\Delta m$ 为总加水量；$m_d$ 为土样质量；$w_0$ 为初始含水率。

### 4.2.3　膨胀土非饱和渗流试验方法

目前非饱和渗流研究建立在达西定律的基础上，其中固、水和气三相间相互作用非常复杂，基质吸力是影响非饱和土渗透能力的关键因素。求解非饱和渗流系数的关键问题是模型的选择、相关参数的选择和边界条件的控制，其中，土-水特征曲线的获取是研究的重点。目前不少学者提出相关数学模型用于研究非饱和黏性土的土-水特征曲线，但对非饱和渗流的研究仍在科研探索与经验积累阶段，且不同地区土质不同，降雨入渗情况不同，仅仅依靠现有数学模型研究黏土土-水特征曲线难有说服力。因此，本节按照瞬时剖面法制作了一套非饱和渗流试验装置用以研究黏土的土-水特征曲线与非饱和渗透系数。

#### 1. 试验原理

瞬时剖面法是一种非稳态方法，可同时用于实验室或原位测试。试验使用圆柱形土试样，在其一端施加连续水流。试验方法较常规方法有一些变动，主要差别在于所采用的流动过程、水力梯度和流速量测等方面，流动过程为水流入试件时是浸湿过程，而水流出试件时是干燥过程。

采用下述任一方法都可以得到沿试件不同点位的水力梯度和流速：

（1）含水率和孔隙水压力头分布可以分别测量。含水率由湿度计测量，孔隙水压力可以由张力计测量，测得的含水率分布可用于计算流速。根据孔隙水压力水头的分布可以计算孔隙水压力水头梯度，重力水头梯度由高程差得出。

（2）含水率分布实测，孔隙水压力水头根据土-水特征曲线推测。

（3）孔隙水压力水头实测，含水率根据土-水特征曲线推测。

上述试验方法，以第一种最为合适。较为传统的 Hamilton 的瞬时剖面法测量非饱和土渗透系数，在土试件的一端控制水流量，而在另一端通向大气，孔隙水压力水头梯度导致水平方向的水流，因而重力水头梯度的影响可略去不计。Hamilton 等选用非稳态水流过程中量测孔隙水压力水头分布，并根据土-水特征曲线求得含水率，试验过程中的水力梯度和流速都随时间而变化，因而，孔隙水压力也是水力梯度，是沿土试件在若干点位量测的；通过土-水特征曲线将含水率变化与负孔隙压力（或基质吸力）联系起来，然后用体积含水率计算流速。根据柯西定律，由流速和水力梯度之比给出渗透系数；在非稳态过程中，于不同时间沿试件不同位置进行量测，可给出一系列渗透系数；每一个渗透性相应于一个特定的基质吸力或含水率。这一方法并不像在稳态方法情况下要假设土中的水力特性均匀。

浸湿过程中渗透试验步骤：

（1）将压实土或原状土试件放入圆柱形渗透仪中（图 4.2.12），渗透仪的两端都用带 O 形圈的端板覆盖。

（2）用皮下注射针头通过左侧端板供水，并用几张滤纸使水在土表面上分布开来。

（3）土试件中的空气用皮下注射针头在右侧端板处通向大气，在右端的表面上也放置滤纸。

（4）沿渗透仪壁的几个点上安装张力计或湿度计；张力计用于相对较湿的土，其基质吸力约小于 90kPa；热电偶湿度计可用于量测约 100～800kPa 范围内的吸力。张力计或湿度计通过渗透仪上的预留孔插入，并延伸到土试件中钻出的小孔中，当采用湿度计时，整个仪器应置于相对高湿度的、可控制温度的试验筒内。

（5）试验开始时试件为非饱和，并随着试验的进展而趋向饱和。首先在平衡条件下量测初始吸力，然后用缓慢通过皮下注射针头向试件注水的方法改变平衡条件，注水速率应适宜，不能过快或过慢（图 4.2.12），即确保整个试件长度内的孔隙水压力总是负的。图 4.2.13 阐明试件由 3 种不同注水速率引起的 3 种吸力剖面。应防止在土的任何部位有明显的浸湿锋面或饱和；流量在 0.2～5cm³/d 比较合适。

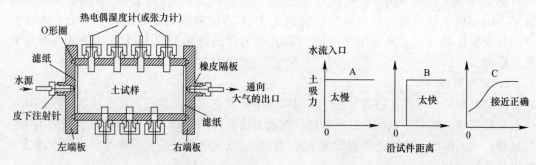

图 4.2.12　Hamilton 瞬时剖面法试验装置　　　图 4.2.13　不同注水速率的吸力剖面

（6）每隔一定时间（如 24h）量测土的吸力，当渗透仪进口处的孔隙水压力接近 0 时，试验可结束，整个试验可能要进行 2～3 周。

**2. 试验装置设计**

目前张力计的量程早已远远大于 90kPa，例如美国 Decagon 公司生产的 MPS-2 土壤水势传感器，其量程为－5～－500kPa。对传统瞬时剖面法进行改进，采用含水率和孔隙水压力水头分布分别量测的方法，即在一定截面处都设置湿度计与张力计，这样就可同时获得含水率和基质吸力，进而避免了先要专门测定土-水特征曲线的试验步骤。试验装置如图 4.2.14～图4.2.16 所示。

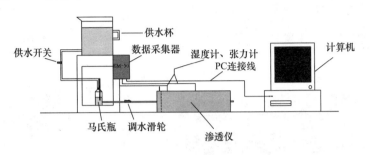

图 4.2.14　试验装置

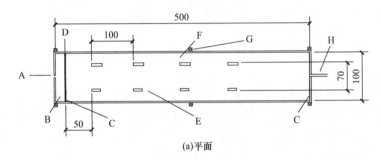

(a)平面

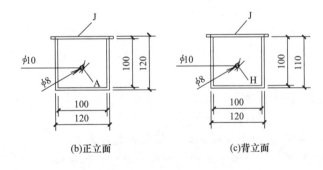

(b)正立面　　　　　　　　　　(c)背立面

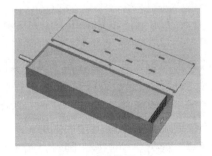

(d)实物模型

A—进水孔；B—供水腔；C—滤纸；D—孔状隔板；E—湿度计插孔；
F—张力计插孔；G—螺栓；H—通气孔；J—上盖

图 4.2.15　试验渗透仪立体三维图及设计三视图

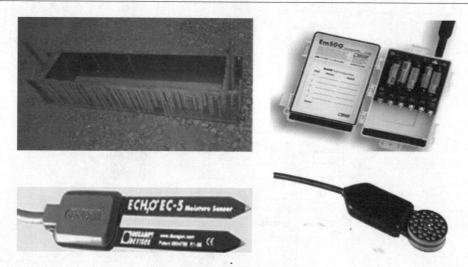

图 4.2.16　试验器材实物

**3. 试验步骤**

试验步骤主要分为试验准备、安装、测量三个阶段。

1) 试验准备阶段

(1) 试验用具：喷壶、电子天平（称量 1000g，精度 0.01g）、台秤（称量 5kg，精度 1g）、细筛（孔径 0.2mm）、烘箱、称量盒、铝制托盘、木锤、木碾、滤纸、击实筒、千斤顶、方形槽、防水硅胶、标签纸、泥刀、小铲刀、小铝盒、铁质小匙、保鲜袋、马氏瓶、供水杯、调水滑轮、支架、塑胶软管、钢制顶板、直尺、计算机、张力计、湿度计、数据采集器。

(2) 试样的选取：使用挖土铲从取土场、试坑或填土现场挖取适量土样，然后使用塑料袋或试样箱包装并密封；应对选取的扰动土样进行土样描述，如颜色、土类、气味等，并标以标签。

(3) 试样的制备：根据试验的需求，一般配置干密度 1.7g/cm³、初始含水率 15％～17％的非饱和膨胀土试样。具体制样步骤：

① 碾土、烘土、筛土。使用台秤称取适量从现场中取回的土试样，并放在铝制托盘上，使用木锤或木碾等工具将其碾散，注意勿压碎颗粒，若试样含水率较高不易碾散可先风干至易碾散时为止；将碾散的土试样放入烘箱中将其烘干，烘烤温度控制在 110℃左右，烘烤时间至少 8h；烘干后，将干燥的土体取出，并使用 0.2mm 粒径的标准网筛进行筛析。为了确保筛析后的试样规定用量，必须注意土样的最大粒径、颗粒级配、含水率在试样制备过程中的变化，因此筛析前所取土样用量应大于试样实际的规定用量。

② 配置一定含水率土样。筛析后，通过电子天平或台秤分批次称取适量的干燥土试样，根据干土质量及所需配置的土样含水率，称取一定质量的蒸馏水倒入喷壶中，使用喷壶湿润干燥土试样，并通过小铲刀和泥刀不断搅拌、碾磨，使土中水分分布均匀；经过多次搅拌后，将配置好的土试样装入保鲜袋中密封、静置；为了使试样中的水分充分均匀分布，静置时间应不小于 24h。静置后，测定湿润土试样不同位置的含水率（至少 2 个），要求差值不大于 ±1％。

③ 装填、夯实土试样，如图 4.2.17 所示，装填与夯实土试样同时进行。在渗透仪土

样室钢槽的首尾两端放入滤纸（保证浸湿端均匀受湿）；使用直尺在槽壁上绘出高度等分刻度线即分层，将静置好的稍湿润土样，以平铺、分层的方式均匀放置于渗透槽内，其中，分层可根据情况自定，但每一层厚度不宜超过 5cm；每装填好一层时，应进行一次夯实，盖上钢制顶板，使用千斤顶施压钢制顶板的方式，将土样压实至该层处的刻度线附近，依次往复，最终制成试验土试样。夯实后的土试样须满足试验要求，一般密度不低于 $1.7g/cm^3$。

图 4.2.17　装填及配置压实土样

④ 湿度计标定，如图 4.2.18 所示。标定方法：按配置土试样的方法，预配置多组不

图 4.2.18　湿度计标定试验

同真实质量含水率的土试样如 10％、15％、20％、25％、28％、30％、32％、35％等，将其依次装填入方槽内并标号；使用 EC-5 湿度计分别测量每组预配置土试样的体积含水率，并在测量结束后用铁质小匙取出探针接触处的若干土试样放入贴有标签的已知重量的小铝盒中，并称量铝盒中土试样烘干前后的质量，计算这部分土试样的真实质量含水率；将该部分土试样的真实质量含水率换算为相应的真实体积含水率，并将换算后的体积含水率真实值与探针测出的测量值进行对比，发现其中偏差并总结变化规律，给出测量值拟合方程式 $y_{测}$ 与真实值拟合方程式 $y_{真}$，即标定校正方程组。在试验过程中得出的测量值，可通过标定校正方程组计算得出相应状态下的真实数值。

通过实测曲线（图 4.2.19、图 4.2.20）可见，在低含水率范围内，EC-5 湿度计精度较高，误差不超过 ±3％；在高含水率范围内，湿度计精度降低，误差逐渐增大，一般在 ±5％～±8％之间。

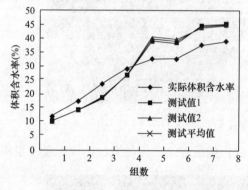

图 4.2.19　湿度计标定曲线

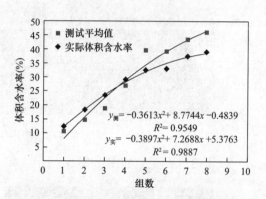

图 4.2.20　湿度计标定拟合曲线及方程

2）试验安装阶段

（1）安装监测元件

试验中 MPS-2 张力计、EC-5 湿度计的探头都很脆弱，须先挖孔再埋设，并保证探头与土体紧密接触。根据仪器探头的尺寸及安插方式进行挖孔，孔深约 5～6cm，然后在挖孔处埋置湿度计与张力计，土体与探头须紧密接触。监测元件另一端接口与数据采集器 EM50 连接。

由于测量水势，MPS-2 对于空气孔隙和土壤扰动不像土壤水分传感器那样敏感，但其对于液压连接有较高的要求。较好的办法是取试验土样加以湿润以圆球状包裹传感器，确保湿润的土壤与陶瓷盘相接触，然后再将其埋置在需要测定的位置；若需要测定的土试样较湿润，则不需加湿，可取土试样直接以圆球状包裹，以减少其平衡时间。

此外，在埋置回填土试样时，应尽量保证土壤重度不发生改变。传感器连接处的连接线不可过紧或弯曲，以避免内部线路受损，必须保持至少 4 英寸的直线距离之后才可以进行弯曲操作。

（2）各构件的组装

在监测元件安装完毕后，按照图 4.2.21 将各构件组装。

在组装时，确保渗透仪的密封性十分重要，一旦出现漏水，试验将会功亏一篑。因此，应在渗透仪钢槽与上盖间的合缝处涂抹防水硅胶，并旋好上盖两侧的螺栓，同时关闭渗透仪尾部的通气孔。在所有构件安装完毕后，关闭供水开关，需先静置不少于 24h，目的是使土样各处含水率近似保持一致，要求差值不大于±1%。

3）试验测量阶段

（1）将上述装置安装完毕及静置 24h 后，打开 ECH₂O Utility 软件对 EM-50 数据采集器中的通道测量项、测量（存储）数据的时间间隔及数据存储位置等内容进行设定；

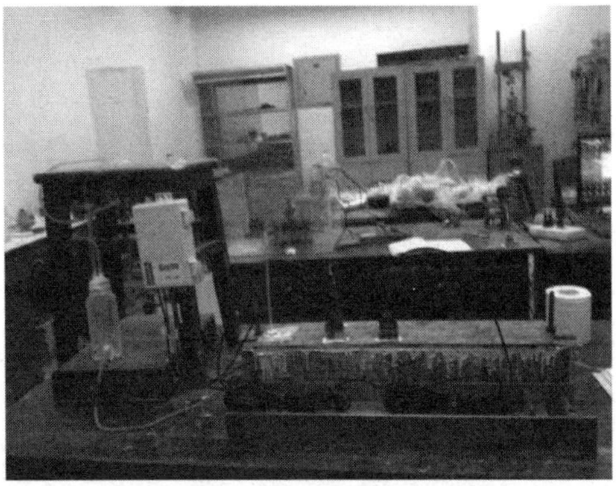

（2）设定好各项内容后，打开 EM-50 数

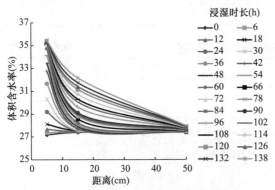

图 4.2.21　试验装置实物安装

据采集器，通过实时监测功能观测土体内的含水率或基质吸力是否达到稳定，若不再变化且各处测量值近似一致，则可记录下该数据作为初始值；然后打开尾部通气孔，打开供水开关，开始计时；

（3）计时开始后，随着土体浸湿，通过之前事先对数据采集器做好的设置，可实现每隔一段时间测量并存取一次不同截面处的含水率与吸力值，并可随时从设定好的存储盘中调阅查询；一般情况下，时间可以自行设定，但为了能够全面、动态地了解其变化过程，建议测量保持较高的频率；

（4）当靠近渗透仪首端进水口处截面的孔隙水压力为正或几乎为 0 时，试验测量即可结束，试验周期一般可能需进行 2～3 周。

4）计算方法

（1）流速的计算

根据土体渗透性的概念，瞬时剖面法的计算基本原理是：在一段时间过程中，通过土试件某点水的总体积等于该段时间内所考虑点与试件右端之间发生的水体积变化，即是某截面透过的水量等于沿水流方向该截面至尾端这一部分土体增加的水量。这部分水流可通过体积含水率剖面曲线计算。具体方法如下：

① 以渗透槽沿着水流方向长度作为 $x$ 轴并记下各截面距离，绘制不同时长体积含水率变化曲线，即体积含水率剖面（图 4.2.22）。

② 在一段时间内，土体试件某截面与尾端之间，其水的总体积可通过体积含水率剖面在该段时间内积分求得：

$$V_w = \int_j^m \theta_w(x) A dx \qquad (4.2.5)$$

式中，$V_w$ 为某截面 $j$ 与试件尾端 $m$ 点之间的土的总水量（m³）；$Q_w(x)$ 为该段时间内与距离 $x$ 有关的体积含水率函数；$A$ 为土体试件的断面面积（m²）。

③ 从两个相邻时间间隔计算得出的增加的水体积差就是该段时间内某截面 $j$ 所流出的水量，该截面处流速可按下式计算：

图 4.2.22　体积含水率 $\theta_w$ 与距离 $x$ 的关系曲线

$$V_{\mathrm{w}} = \frac{1}{A}\frac{\mathrm{d}V_{\mathrm{w}}}{\mathrm{d}t} = \frac{\mathrm{d}}{\mathrm{d}t}\int_{j}^{m}\theta_{\mathrm{w}}(x)A\mathrm{d}x \tag{4.2.6}$$

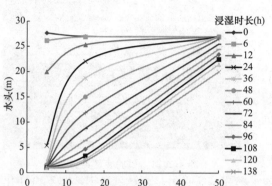

图 4.2.23　水头 $h_{\mathrm{w}}$ 与距离 $x$ 的关系曲线

（2）水力梯度计算

　　孔隙水压力由张力计测出，将孔隙水压力除以水的单位重量可得出压头，某一段时间，在试件内某一截面的水力梯度就等于该点水头剖面的坡度。

　　根据图 4.2.23 水头剖面上某一点的坡度斜率可以得出该位置在此时间的水力梯度，即：

$$i_{\mathrm{w}} = \frac{\mathrm{d}h_{\mathrm{w}}}{\mathrm{d}x} \tag{4.2.7}$$

（3）水渗透系数计算

　　通过两个相邻时间间隔可计算这段时间增加的含水率体积从而得出该截面流出的水体积，继而推出该截面流出水的流速。这一流速相应于两个相邻时间所得水力梯度的平均值。根据柯西定律，将流速除以该平均水力梯度即可算出渗透系数。

　　需要说明的是，对不同点和不同时间可以重复进行渗透系数的计算，在一个试验中可以计算出不同含水率或吸力值的许多渗透系数，是一个浸湿过程随时间变化的函数值。

## 4.2.4　不同含水率强度参数试验方法

　　为了得到土样的强度参数（$c$、$\varphi$ 值）随初始含水率的变化规律，拟合强度参数与初始含水率的回归方程，试验方法依据《土工试验规程》SL 237—1999 规定的直接快剪试验方法进行，试验数量情况如表 4.2.5、表 4.2.6 所示。直剪试验装置如图 4.2.24 所示。

成都黏土直剪试验试样数量简表　　　　　　　　　　　　表 4.2.5

| 含水率（%） | 13 | 16 | 19 | 22 | 25 | 28 |
|---|---|---|---|---|---|---|
| 组数（个） | 25 | 20 | 20 | 20 | 20 | 20 |

云南呈贡膨胀土直剪试验试样数量简表　　　　　　　　　表 4.2.6

| 含水率（%） | 15 | 20 | 25 | 30 |
|---|---|---|---|---|
| 组数（个） | 20 | 20 | 20 | 20 |

图 4.2.24　直剪试验装置

## 4.3　试验结果

### 4.3.1　吸水膨胀力试验结果

#### 1. 常规膨胀力试验结果

整理试验数据，求得不同初始含水率下膨胀力的均值，结果如表 4.3.1、表 4.3.2 所示。拟合出膨胀力与初始含水率的关系曲线如图 4.3.1、图 4.3.2 所示，得到膨胀力 $p$ 与含水率 $w$ 的回归方程：

$$p = 81.45e^{-0.1w} \qquad 成都黏土 \qquad (4.3.1)$$

$$\left. \begin{array}{ll} p_e = 739.519e^{-0.058w} & w \geqslant 17 \\ p_e = 340 & w \leqslant 17 \end{array} \right\} \quad 云南呈贡膨胀土 \qquad (4.3.2)$$

成都黏土不同初始含水率下的膨胀力　　　　　　　　　　　　表 4.3.1

| 含水率（%） | 7.36 | 11.28 | 12.93 | 13.57 | 15.87 | 16.15 | 19.30 | 19.47 |
|---|---|---|---|---|---|---|---|---|
| 膨胀力（kPa） | 33.93 | 27.23 | 20.00 | 19.80 | 15.11 | 20.22 | 10.87 | 13.01 |
| 含水率（%） | 21.98 | 22.40 | 24.59 | 25.50 | 28.00 | 28.85 | 30.77 | |
| 膨胀力（kPa） | 8.37 | 7.80 | 6.60 | 5.80 | 4.59 | 4.79 | 2.99 | |

云南呈贡膨胀土不同初始含水率下的膨胀力　　　　　　　　　表 4.3.2

| 含水率（%） | 0.57 | 0.57 | 0.57 | 6.77 | 6.77 | 6.77 |
|---|---|---|---|---|---|---|
| 膨胀力（kPa） | 347.78 | 347.47 | 343.31 | 314.51 | 331.55 | 335.47 |
| 含水率（%） | 10.46 | 14.72 | 14.92 | 14.99 | 14.72 | 14.92 |
| 膨胀率（kPa） | 324.5 | 298.42 | 343.35 | 342.56 | 298.42 | 343.34 |
| 含水率（%） | 14.99 | 15.82 | 19.87 | 19.93 | 20.09 | 20.67 |
| 膨胀率（kPa） | 342.55 | 360.52 | 199.681 | 218.65 | 221.86 | 203.09 |
| 含水率（%） | 24.13 | 24.38 | 24.57 | 29.1 | 29.78 | 29.95 |
| 膨胀率（kPa） | 180.70 | 190.92 | 183.57 | 148.22 | 126.93 | 128.00 |

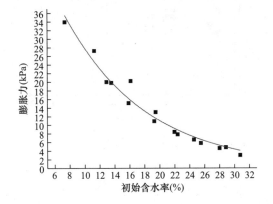

图 4.3.1　成都黏土膨胀力与初始含水率
关系曲线

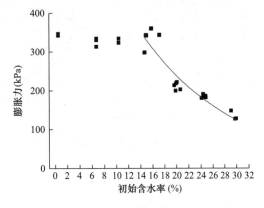

图 4.3.2　云南呈贡膨胀土膨胀力与初始含
水率关系曲线

式中，$p$ 为膨胀力；e 为自然对数；$w$ 为初始含水率。

平衡加压法测得的膨胀力是膨胀土膨胀过程中产生的最大膨胀力。在用平衡加压法测量膨胀力的过程中发现，对于一些土样，不管如何精细地控制平衡荷载，在试验过程中都会发生平衡荷载过大导致土样被压缩，导致无法测定土样的最终膨胀力。

通过常规试验得到膨胀土在充分吸水状态下膨胀力与膨胀率。云南呈贡膨胀土的试验结果显示，当土样的初始含水率低于某一值时，土样的膨胀率、膨胀力都与初始含水率无关，这个含水率界限值约为 16％，接近云南呈贡膨胀土的缩限（17％），暂且称之为拐点含水率，即是土体性质的变化趋势在该含水率处发生了改变。缩限是土从半固体到固体的界限含水率，在缩限以下时，土呈固体状态，继续减少土中水分，体积不再收缩，这意味着在缩限以下，含水率对土样体积不再产生影响，通过静压方法制得的相同干密度的土样，其结构（土颗粒的排列方式）是相同的，所以表现出相同的膨胀力。在天然状态下，土体很少处于缩限以下的状态，因此在分析膨胀率、膨胀力与含水率的关系时，可以从缩限以上的含水率进行分析。成都黏土的缩限为 11％，由于试验土样的初始含水率都在缩限以上，所以试验结果与云南呈贡膨胀土不同。

**2. 连续吸水膨胀力变化规律**

图 4.3.3、图 4.3.4 是不同初始含水率的膨胀土样连续吸水过程膨胀力随时间变化曲线。吸水膨胀时，膨胀力在初始阶段都是急剧增大，初始含水率越低，变化速率越快，但是在后期却经历了不同的变化过程。在试验中，低含水率土样膨胀力的发展经历了先增大后减小的过程。对于成都黏土当土样初始含水率低于 20％时、对于云南呈贡膨胀土当土样初始含水率低于 30％时，膨胀力的发展过程为先增大后减小，在达到最小值后，还会出现小幅度的反弹增大，最终达到一个稳定状态，并且达到稳定状态时的膨胀力大小与初始含水率无关；初始含水率大于 22％成都黏土重塑土样、初始含水率大于 30％云南呈贡膨胀土重塑土样，膨胀力先增大然后到达稳定状态，并且最终稳定时的膨胀力随着初始含水率增加而减小。

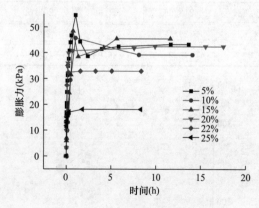

图 4.3.3 成都黏土膨胀力随时间变化曲线

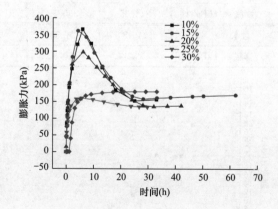

图 4.3.4 云南呈贡膨胀土膨胀力随时间变化曲线

图 4.3.5、图 4.3.6 是膨胀力随吸水量变化曲线，膨胀土在初始阶段刚开始吸水时，膨胀力没有变化，初始含水率越小，膨胀力发生的起始吸水量越大；当膨胀力开始发生时，曲线的斜率由小变大，显示出明显的滞后现象，吸水量不变时，膨胀力仍在发

生变化。例如在成都黏土试验中，初始含水率 15％土样在试验的后期，吸水量不变的情况下，膨胀力经历了增大—减小—增大多个阶段，但是在曲线中并不能表现出来；云南呈贡膨胀土的膨胀力与吸水量曲线有明显的峰值现象，最终在吸水量保持不变时，膨胀力仍有变化。

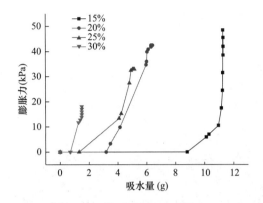

图 4.3.5　成都黏土膨胀力与吸水量关系曲线　　图 4.3.6　云南呈贡膨胀土膨胀力与吸水量关系曲线

在试样刚开始吸水的阶段，水首先填充孔隙，当孔隙中含水率达到一定程度后，水体一方面开始进入晶层或者吸附在土体颗粒产生膨胀，另一方面水体继续入渗，逐渐进入深部，而且开始阶段土体只有底部吸水产生了膨胀，这部分膨胀力传递到顶部土体，需要克服侧壁摩擦，这两个方面就导致了曲线开始阶段膨胀力的发生晚于吸水过程，并且增长速率较慢；随着试样的吸水量达到了一定程度，大量的土颗粒开始膨胀，膨胀力增长迅速，而后逐渐减缓直至达到峰值；初始含水率较低的土样膨胀力开始减小，初始含水率较高的土样膨胀力则保持稳定。

**3. 断续吸水过程膨胀力变化规律**

图 4.3.7、图 4.3.8 是断续吸水试验中膨胀力随时间变化曲线，低含水率的土样，每次加水时，膨胀力先迅速增大，达到峰值后，又迅速减小，最后达到稳定状态。在初始含水率较高时（20％、25％成都黏土，30％云南呈贡膨胀土），土样膨胀力先迅速增大，达到峰值后保持稳定，不再衰减。

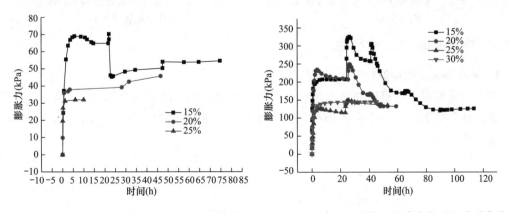

图 4.3.7　成都黏土膨胀力与时间关系曲线　　图 4.3.8　云南呈贡膨胀土膨胀力与时间关系曲线

在试验过程中，每次加水之后稳定状态的膨胀力结果如图4.3.9、图4.3.10所示，低含水率时（15％成都黏土，15％、20％云南呈贡膨胀土）随着含水率增加膨胀力先增加，达到峰值后开始减小，对于高含水率的土样，膨胀力随着吸水量增加而增大，不发生衰减。

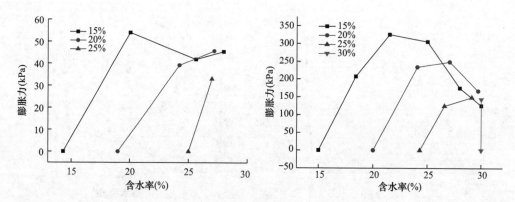

图4.3.9　成都黏土膨胀力与阶段含水率关系　图4.3.10　云南呈贡膨胀土膨胀力与含水率关系

　　图4.3.11、图4.3.12显示了膨胀力试验过程中最大膨胀力与最终稳定膨胀力的关系。可以看出，随着初始含水率增加，无论是成都黏土还是云南呈贡膨胀土，其峰值膨胀力与最终膨胀力之差逐渐减小，直至相等。

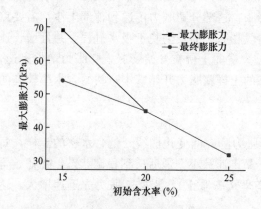
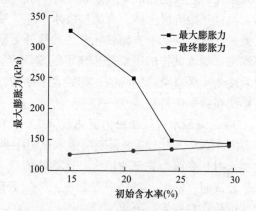

图4.3.11　成都黏土最大膨胀力与稳定　　　图4.3.12　云南呈贡膨胀土最大膨胀力
　　　　膨胀力关系　　　　　　　　　　　　　与稳定膨胀力关系

## 4.3.2　吸水膨胀率试验结果

### 1. 常规膨胀率试验结果

剔除变异数据，求得不同初始含水率下膨胀率的均值，结果如表4.3.3、表4.3.4所示。根据试验结果，拟合出膨胀率与初始含水率关系曲线如图4.3.13、图4.3.14所示。得到膨胀率$\delta$与含水率$w$的回归方程：

$$\delta = 65.2e^{-0.1w} \qquad 成都黏土 \qquad (4.3.3)$$

$$\left.\begin{array}{ll}\delta = 31 & w \leqslant 17 \\ \delta = 50.82e^{-0.038w} & w \geqslant 17\end{array}\right\} 云南呈贡膨胀土 \qquad (4.3.4)$$

式中，$\delta$为膨胀率（％）；e为自然对数；$w$为初始含水率（％）。

成都黏土不同初始含水率下的膨胀率　　　　　　　　表 4.3.3

| 含水率（%） | 7 | 7.36 | 11.28 | 12.93 | 13.57 | 15.86 | 16.15 |
|---|---|---|---|---|---|---|---|
| 膨胀率（%） | 22 | 21.40 | 20.72 | 17.20 | 15.87 | 14.74 | 13.97 |
| 含水率（%） | 18.73 | 19.30 | 21.98 | 22.51 | 24.59 | 26.62 | 27.62 |
| 膨胀率（%） | 11.83 | 9.90 | 8.77 | 7.95 | 6.72 | 4.81 | 3.94 |

云南呈贡膨胀土不同初始含水率下的膨胀率　　　　　　表 4.3.4

| 含水率（%） | 0.57 | 0.57 | 0.57 | 6.77 | 6.77 | 6.77 | 10.46 | 10.46 |
|---|---|---|---|---|---|---|---|---|
| 膨胀率（%） | 33.25 | 30.85 | 29.95 | 30.5 | 26.95 | 30.55 | 29.8 | 29.3 |
| 含水率（%） | 10.46 | 14.49 | 14.72 | 14.72 | 14.49 | 14.72 | 17.16 | 19.87 |
| 膨胀率（%） | 29.95 | 30.47 | 29.49 | 30.3 | 30.47 | 29.49 | 26.56 | 24.20 |
| 含水率（%） | 20.09 | 20.67 | 23.2 | 24.77 | 24.82 | 28.46 | 29.1 | 29.78 |
| 膨胀率（%） | 23.22 | 23.29 | 21.22 | 18.86 | 19.37 | 16.38 | 17.03 | 18.08 |

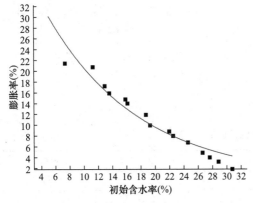

图 4.3.13　成都黏土膨胀率与初始含水率
关系曲线

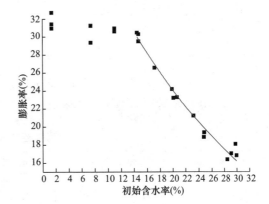

图 4.3.14　云南呈贡膨胀土膨胀率与初始
含水率关系曲线

膨胀率试验也出现了拐点含水率，其规律与膨胀力的规律是一致的，都是由缩限附近土体结构的变化产生的。

**2. 连续吸水过程膨胀率变化规律**

试验结果显示，膨胀率随着时间的推移，先期膨胀率增长很快，很短时间就完成了大部分膨胀，之后膨胀逐渐减缓，直至达到稳定（图 4.3.15、图 4.3.16）；在膨胀土吸水过

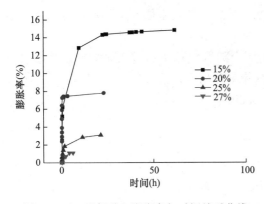

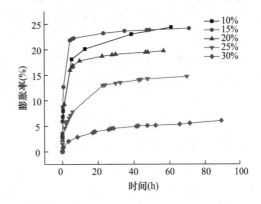

图 4.3.15　成都黏土膨胀率与时间关系曲线　　图 4.3.16　云南呈贡膨胀土膨胀率与时间关系曲线

程中，土样含水率在逐渐增加。

图4.3.17、图4.3.18显示，开始时土样迅速吸水，但是土样膨胀率并没有变化；当土样吸水达到一定量时，土样开始膨胀，膨胀速率增大；之后土样吸水速率逐渐减慢，当土样停止吸水时，膨胀率仍在增加。

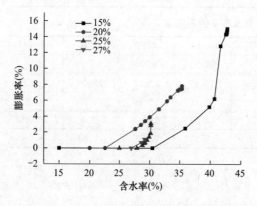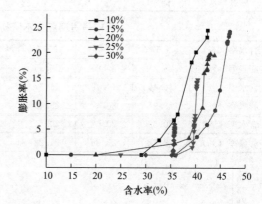

图4.3.17　成都黏土膨胀率与含水率关系　　图4.3.18　云南呈贡膨胀土膨胀率与含水率关系

三轴仪改进装置连续吸水过程膨胀率试验土样干密度为 1.5g/cm³，含水率为 15.17％。其试验数据由表4.3.5所示。

膨胀土膨胀试验数据　　　　　　　　　　　　　　表 4.3.5

| 时间（h） | 吸水量（g） | 含水率变化（%） | 含水率（%） | 体变率（%） |
| --- | --- | --- | --- | --- |
| 0 | 0 | 9.30 | 15.17 | 0 |
| 3.93 | 13.3 | 10.28 | 24.47 | 5.43 |
| 4.65 | 14.7 | 21.39 | 25.45 | 6.27 |
| 17.25 | 30.6 | 23.63 | 36.56 | 13.16 |
| 19.83 | 33.8 | 27.43 | 38.80 | 15.07 |

由表4.3.5的记录数据可以绘制出土样体积及吸水量随时间变化关系（图4.3.19），可以看出，土样膨胀伴随着吸水量增加而增加，两者呈现明显的对应关系；土样的膨胀大致分为三个阶段：快速膨胀、缓慢膨胀和体积稳定三个阶段，这点和杨长青的试验现象一致；土样的吸水量要大于土体本身的膨胀体积，这是因为吸进去的水有一部分会和土体颗粒产生土体膨胀作用，而另一部分则是以自由水的形式充填在土体的空隙中，不以膨胀的形式表现出来。

由图4.3.20可以看出，试验过程中土样的应变随着含水率的增加而增加，通过曲线拟合可得出一条较为理想的曲线，即应变与含水率变化的拟合公式：

$$\varepsilon = \alpha \Delta w - 0.3092 \tag{4.3.5}$$

式中，$\alpha$ 为膨胀系数，其值为 0.7056。

**3. 断续吸水过程膨胀率变化规律**

每次加水稳定后的膨胀率与该次加水后该阶段土样的含水率的关系如图4.3.21、图4.3.22所示，随着加水次数增加，土样的膨胀率增长幅度逐渐减小。

图4.3.23、图4.3.24显示土样的最终膨胀率随着初始含水率增加而减小。

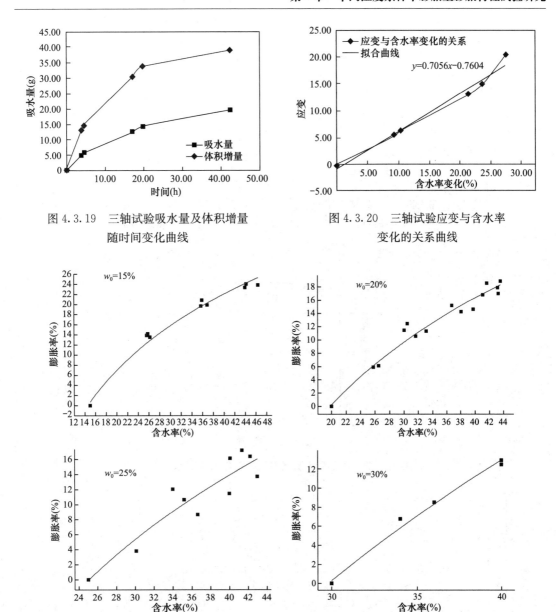

图 4.3.19　三轴试验吸水量及体积增量
随时间变化曲线

图 4.3.20　三轴试验应变与含水率
变化的关系曲线

图 4.3.21　云南呈贡膨胀土膨胀率随阶段含水率变化曲线

对比常规膨胀率试验和吸水过程试验结果，可以发现通过常规膨胀率试验方法测得的结果较后两种方式测得的结果大，这是由于供水方式的差异导致的，常规试验中土样完全浸泡在水中得以充分吸水，土样的膨胀得到充分释放，同样试样最终的含水率也较大。

断续吸水膨胀率试验结果得到的是非饱和状态下膨胀土膨胀量与吸水量（过程含水率）的关系。

通过拟合试验结果曲线得到膨胀率与过程含水率的关系：

$$\delta = 12.25\ln w - 32.61, w_0 = 15\%$$

$$\delta = 13.31\ln w - 38.73, w_0 = 20\% \qquad 成都黏土 \qquad (4.3.6)$$

$$\delta = 19.98\ln w - 64.27, w_0 = 25\%$$

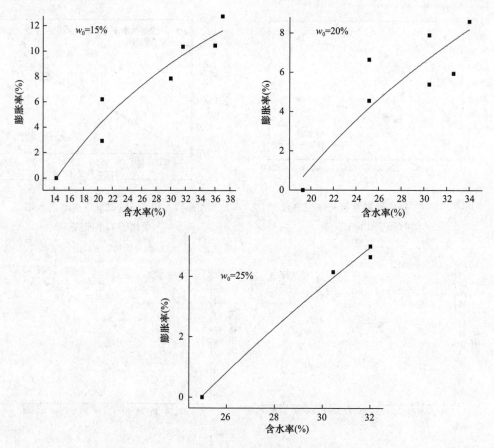

图 4.3.22　成都黏土膨胀率随阶段含水率变化曲线

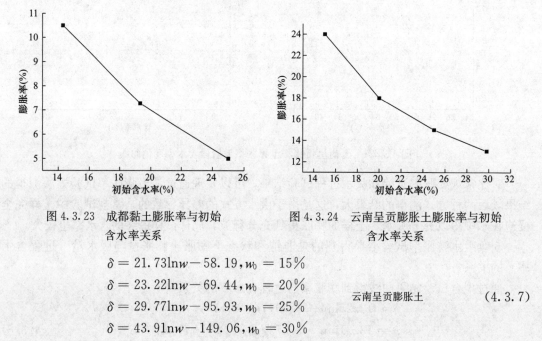

图 4.3.23　成都黏土膨胀率与初始　　　　图 4.3.24　云南呈贡膨胀土膨胀率与初始
　　　　　　含水率关系　　　　　　　　　　　　　　含水率关系

$$\delta = 21.73\ln w - 58.19, w_0 = 15\%$$
$$\delta = 23.22\ln w - 69.44, w_0 = 20\%$$
$$\delta = 29.77\ln w - 95.93, w_0 = 25\%$$
$$\delta = 43.91\ln w - 149.06, w_0 = 30\%$$

云南呈贡膨胀土　　　　　(4.3.7)

式中，$\delta$ 为膨胀率（%）；$w$ 为含水率（%）；$w_0$ 为初始含水率（%）。

其基本关系为 $\delta = a\ln w + b$，那么不同初始含水率下的膨胀量与过程含水率的关系：

$$0 = a\ln w_0 + b, b = -a\ln w_0$$

$$\delta = a\ln w - a\ln w_0 = a\ln \frac{w}{w_0} \tag{4.3.8}$$

式中，参数 $a$ 就代表了不同初始含水率下土样膨胀性的差异，可以根据试验结果拟合 $a$ 与初始含水率的关系。

$$a = 5.57\mathrm{e}^{0.049w_0} \qquad 成都黏土 \tag{4.3.9}$$

$$a = 9.87\mathrm{e}^{0.045w_0} \qquad 云南呈贡膨胀土 \tag{4.3.10}$$

所以膨胀率与过程含水率的关系可以表达为：

$$\delta = 5.57\mathrm{e}^{0.049w_0}\ln \frac{w}{w_0} \qquad 成都黏土 \tag{4.3.11}$$

$$\delta = 9.87\mathrm{e}^{0.045w_0}\ln \frac{w}{w_0} \qquad 云南呈贡膨胀土 \tag{4.3.12}$$

## 4.3.3　膨胀土非饱和渗流试验结果

随着试验浸湿的过程，土样渐渐饱和。经观测，两处的张力值由 282.6kPa、327.4kPa 降至 10.4kPa、12.2kPa，体积含水率由 16.61%、16.84% 升至 35.27%、35.56%，变化速率开始降低并趋向稳定，表明土样接近饱和时可停止试验。现将数据整理，得出试验主要结果，即：土-水特征曲线、渗透系数随浸湿时长的变化关系曲线等。需要特别指出的是，非饱和土的渗透系数是一个变量，而非像饱和土渗透系数是一个常数值。

**1. 土-水特征曲线**

土-水特征曲线一般也叫作土体特征曲线，它表述了土体中吸力和土体水分含量之间的关系，可反映不同土体的持水和释水特性。曲线拐点可反映对应含水率下的土体水分状态，如当吸力趋于 0 时，土体接近饱和，水分状态以自由重力水为主。吸力增加，含水率急剧减小，水分状态主要以结合水为主。因此土体水分特征曲线是研究土体水分运动、土壤水分赋存状态等的重要工具。

根据试验土体中每个截面所安插的 EC-5 湿度计和 MPS-2 张力计，可以实时监测进水过程中不同截面的含水率和基质吸力的变化。通过同一测面的湿度计和张力计的实时监测，随着不断注水，可得出不同含水率下的吸力值，将其整理绘制曲线，即土-水特征曲线，见图 4.3.25。

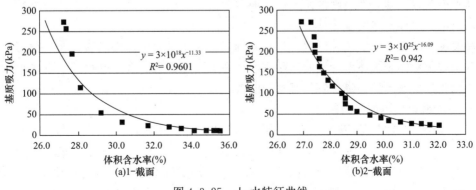

图 4.3.25　土-水特征曲线

根据曲线，发现干密度为 $1.7g/cm^3$ 的成都非饱和膨胀土重塑土样体积含水率在 $36\%$ 左右，其吸力值接近 0，此时土体接近饱和。土-水特征曲线显示，基质吸力与含水率成反比关系，这也主要是孔隙内水分越少，气体越多，其土水界面处的表面张力就越大的原因。曲线中的拐点大约为 $29\%$ 含水率，这时说明水分状态可能渐渐以自由水为主，此时结合水水环互相联结，孔隙内的小气泡随自由水而运动，并缓慢排出，直至土体接近饱和。通过对体积含水率与基质吸力实测数据的曲线拟合，并选取最优拟合曲线，土-水特征曲线可呈幂函数关系，方程形式为 $y=Ax^B$，其中 $A$、$B$ 为常数。

此外，需要说明的是，利用瞬时剖面法测得土-水特征曲线相较常规方法更为简便，不需单独制备多组样本，一方面，张力计和湿度计的测量稳定时间可能会稍有不同步，并造成一定误差；一方面，张力计和湿度计量程有限，不能展现完整的从低含水率到趋近饱和的土-水特征曲线。

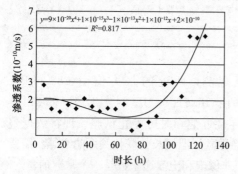

图 4.3.26　渗透系数-浸湿时长关系
曲线及拟合方程关系式

## 2. 渗透系数与浸湿时长关系

试验从注水开始到趋近饱和，测试周期为 138h，EM-50 数据采集器以每 1min 的间隔自动读取并存储读数，试验结束后选取第 1 截面按照 6h 的时间间隔来计算成都地区非饱和膨胀土不同浸湿时长下的渗透系数，并将其整理后绘制成都地区非饱和膨胀土渗透系数与浸湿时长之间的变化关系曲线，如图 4.3.26 所示。

根据试验结果，发现成都地区非饱和膨胀土的渗透性非常低，数量级一般是 $10^{-10} \sim 10^{-11}m/s$，可以认定为极弱透水性或不透水的；其次，渗透系数随注水时间并不是呈线性递增或递减，而是一个先降低后增大的过程，72h 左右试验土样的渗透性降至最低，为 $3.19 \times 10^{-11}m/s$。

考虑膨胀土的特殊性质，认为这种现象与膨胀土自身特殊的结构及水分形态密切相关。初入水阶段，渗透系数开始由 $2.88 \times 10^{-10}m/s$ 降低至最小值 $3.19 \times 10^{-11}m/s$，这可能是膨胀土初吸水时发生膨胀，亲水性矿物吸水，土体颗粒表面形成的结合水膜增厚，自由水所能通过的有效孔隙被缩小且一部分仍有气泡存在的原因，因此渗透系数降低；随着注水，土体渐渐饱和，渗透系数开始增大，原因是土体内结合水逐步扩展，渐渐连成一体，孔隙内水分流通，气体渐渐排出，气泡减少，因此被截留的水分减少，并不断沿着水流方向流动，土体中水的渗透性增强。

需要说明的是，室内试验反映的只是成都非饱和膨胀土试样的渗透性能，没有反映工程实践中裂隙对膨胀土体渗透性能的影响。实际工程中，由于裂隙的存在，膨胀土含水率越低，土体越容易开裂，也越容易有水分渗透。

## 3. 渗透系数与基质吸力关系

非饱和渗透系数与基质吸力的关系如图 4.3.27 所示。成都膨胀土 $k$-$s$ 曲线具有明显的非线性，可以分为两段：高吸力段，基质吸力由 270kPa 降至 41kPa 时，非饱和渗透系数变化不大；低吸力段，即基质吸力低于 41kPa 时，渗透系数随基质吸力的降低快速增大。该试验结果与叶为民和 Cui 膨胀土、膨润土或砂-膨润土混合物渗透试验的结论类似。产生这一试验现象，可能是因为膨胀土土颗粒具有胀缩性。侧限条件下的入渗试验初期，一方面膨胀土中孔隙体积逐渐减小，降低了土体的渗透性；另一方面吸力降低，土的持水力减弱，透水性增强，致使渗透系数未出现明显变化。吸水后土颗粒膨胀潜势逐渐减小，一段时间后，吸力降低成为渗透性增强的主导因素，渗透系数随吸力减小而增大。

试验结束土样未完全饱和，因此，结合室内测得的饱和渗透系数 $2.73 \times 10^{-8}$ m/s，采用 VG 模型对 5cm 截面处的 $k\text{-}s$ 曲线进行拟合（图 4.3.28），拟合参数 $\alpha = 0.048$ kPa$^{-1}$，$n = 1.79$，$m = 0.48$，该曲线可以用于成都黏土地区的渗流分析。

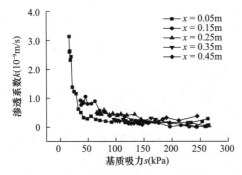

图 4.3.27　不同吸力下非饱和渗透系数

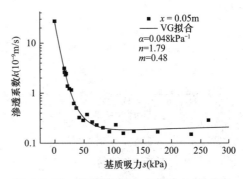

图 4.3.28　VG 模型拟合成都黏土 $k\text{-}s$ 曲线

## 4.3.4　不同含水率强度参数试验结果

整理试验数据，求得不同初始含水率土样强度参数的均值，结果如表 4.3.6、表 4.3.7 所示。根据试验结果，拟合出黏聚力 $c$ 值与初始含水率的关系曲线如图 4.3.29、图 4.3.30 所示。得到回归方程如下：

$$c = 140.61 e^{-0.058w} \qquad \text{成都黏土} \qquad (4.3.13)$$

$$c = 43.337 e^{-0.036w} \qquad \text{云南呈贡膨胀土} \qquad (4.3.14)$$

式中，$c$ 为黏聚力（kPa）；e 为自然对数；$w$ 为初始含水率（%）。

**成都黏土不同初始含水率下抗剪强度指标**　　　表 4.3.6

| 初始含水率（%） | 12.93 | 13.49 | 15.85 | 16.08 | 19.04 | 18.82 |
|---|---|---|---|---|---|---|
| 黏聚力（kPa） | 60.394 | 67.048 | 56.350 | 57.898 | 46.056 | 50.141 |
| 内摩擦角（°） | 25.875 | 23.736 | 21.970 | 22.592 | 20.753 | 19.687 |
| 初始含水率（%） | 21.91 | 22.40 | 24.59 | 26.06 | 27.81 | 28.75 |
| 黏聚力（kPa） | 36.981 | 38.193 | 33.168 | 35.530 | 26.291 | 25.757 |
| 内摩擦角（°） | 16.581 | 15.825 | 9.217 | 7.965 | 3.260 | 3.284 |

**云南呈贡膨胀土不同初始含水率下抗剪强度指标**　　　表 4.3.7

| 初始含水率（%） | 14.49 | 15.77 | 15.39 | 17.54 | 14.71 | 18.08 | 20.77 |
|---|---|---|---|---|---|---|---|
| 黏聚力（kPa） | 76.757 | 90.690 | 123.84 | 98.100 | 86.010 | 107.520 | 154.570 |
| 内摩擦角（°） | 35.859 | 37.320 | 31.830 | 32.312 | 30.400 | 32.272 | 35.790 |
| 初始含水率（%） | 19.65 | 19.84 | 19.60 | 19.29 | 24.13 | 24.14 | 27.18 |
| 黏聚力（kPa） | 177.36 | 174.100 | 121.980 | 132.240 | 154.380 | 98.680 | 101.490 |
| 内摩擦角（°） | 40.415 | 29.010 | 32.940 | 26.010 | 32.490 | 34.170 | 25.160 |

续表

| 初始含水率（%） | 25.07 | 24.55 | 29.95 | 29.10 | 29.02 | 29.49 | 27.74 |
|---|---|---|---|---|---|---|---|
| 黏聚力（kPa） | 119.121 | 109.020 | 68.090 | 49.660 | 63.160 | 69.970 | 50.400 |
| 内摩擦角（°） | 22.357 | 20.410 | 23.460 | 20.100 | 11.060 | 13.490 | 16.690 |

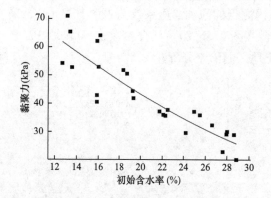

图 4.3.29　成都黏土黏聚力与初始含
　　　　　　水率关系曲线

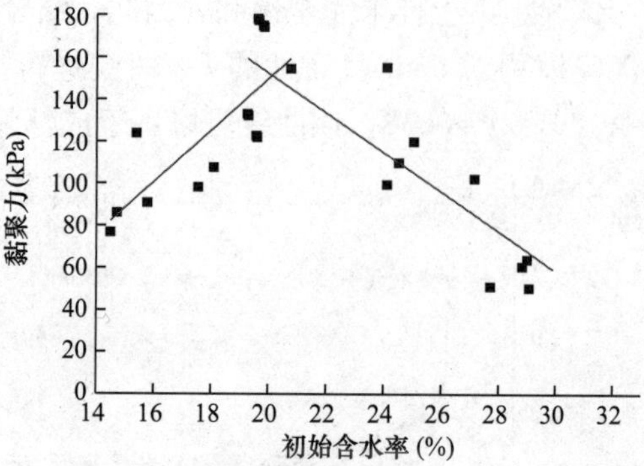

图 4.3.30　云南呈贡膨胀土黏聚力与初始
　　　　　　含水率关系曲线

　　试验结果表明，当初始含水率低于缩限时，云南呈贡膨胀土黏聚力随着含水率增加而增大，当初始含水率大于缩限时，黏聚力随着初始含水率增加而减小；成都黏土土样含水率都大于缩限，因此试验结果与云南呈贡膨胀土不同。缩限为重塑土样强度性质变化的拐点含水率。

　　内摩擦角与初始含水率关系曲线如图 4.3.31、图 4.3.32 所示，拟合得到的回归方程如下：

$$\varphi = -0.0606w^2 + 1.0953w + 20.004 \qquad 成都黏土 \qquad (4.3.15)$$

$$\varphi = -0.0991w^2 + 3.247w + 7.135 \qquad 云南呈贡膨胀土 \qquad (4.3.16)$$

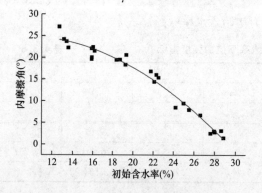

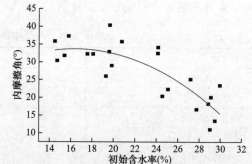

图 4.3.31　成都黏土内摩擦角与初始
　　　　　　含水率关系曲线

图 4.3.32　云南呈贡膨胀土内摩擦角
　　　　　　与初始含水率关系曲线

式中，$\varphi$ 为内摩擦角（°）；e 为自然对数；w 为初始含水率（%）。

　　试验结果表明当初始含水率低于缩限时，云南呈贡黏土内摩擦角随着含水率增加而几乎不变大，当初始含水率大于缩限时，黏聚力随着初始含水率的增加而减小，成都黏土的土样含水率都大于缩限，因此试验结果与云南呈贡膨胀土不同。缩限为重塑土样强度性质变化的拐点含水率。

## 4.4　试验结果分析

### 4.4.1　膨胀力取值方法讨论

不同初始含水率的试验结果曲线是通过差值法实现的，是不同初始状态的土样在充分吸水后得到的最大膨胀力，可以将两个含水率 $w_1$、$w_2$ 之间的膨胀力差值视为土体从 $w_1$ 含水率状态吸水至 $w_2$ 状态时产生的膨胀力，那么初始含水率为 20% 时的膨胀力增量与含水率增量关系如图 4.4.1 所示。

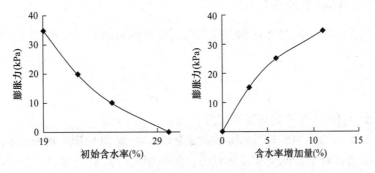

图 4.4.1　初始含水率试验结果转化

连续吸水过程试验测得的是膨胀力与实时吸水量之间的关系，将吸水量视为土体含水率的实时增量，则可以得到连续吸水条件下膨胀力增量与含水率增量之间的关系，在该过程中进入土体中的水并没有立即布满土样，即土样的含水率是不均匀的，底部含水率高，顶部含水率低。

断续吸水膨胀力试验中，给土样滴入一定量的水，待读数稳定后，视为水分已经均匀进入土样，测得的含水率增量是土样真正的含水率增量，该试验得到的膨胀力增量与含水率增量之间的关系与实际最为符合。

毛细管模型得到的膨胀力与含水率增量的关系与断续吸水膨胀力试验的结果较为相似，取初始含水率为 20% 的土样的膨胀力试验结果。毛细管膨胀力计算模型中，成都黏土孔隙半径取 0.6μm，从开始膨胀到稳定所需时间大致为 24h，那么可以得到膨胀力增量与吸水量增量之间的关系如图 4.4.2 所示。

不同方法得到的膨胀力与含水率增量的关系曲线如图 4.4.3 所示，膨胀力增量与含水率增量的关系都呈线性关系，可以将膨胀力与含水率增量之间的关系简化为线性关系 $P = \alpha \Delta w$，取曲线上一点的切线斜率来代表系数 $\alpha$。断续吸水膨胀力试验符合实际情况，因此膨胀力与含水率增量之间的关系可以由断续吸水膨胀力试验曲线确定，那么可以得到天然状态下成都黏土膨胀力的计算公式：

$$p = 6.4\Delta w \tag{4.4.1}$$

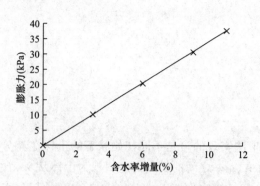

图 4.4.2　毛细管模型膨胀力计算结果

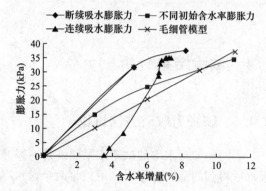

图 4.4.3　不同方法得到的膨胀力曲线

## 4.4.2　膨胀力-膨胀率关系讨论

由膨胀力与含水率的回归方程和膨胀率与含水率的回归方程则可以得到膨胀力与膨胀率之间的关系为：

$$p \approx 1.4\delta \qquad 成都黏土 \tag{4.4.2}$$

$$p \approx 14.5\delta - 112 \qquad 云南呈贡膨胀土 \tag{4.4.3}$$

式中，$p$ 为膨胀力（kPa）；$\delta$ 为膨胀率（%）。

拟合结果如图 4.4.4、图 4.4.5 所示，膨胀力、膨胀率是膨胀潜势不同形式的表现，而且根据试验结果，对于相同土样其膨胀力、膨胀率的关系是线性对应的，因此可以用膨胀率来预测膨胀力，提出膨胀模量 $A$ 的概念：

$$p = A\delta \tag{4.4.4}$$

这样可以根据一个膨胀指标预测另一个膨胀指标。

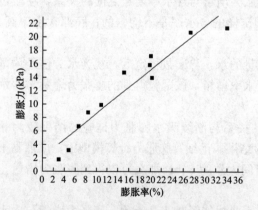

图 4.4.4　成都黏土膨胀力与膨胀率关系曲线

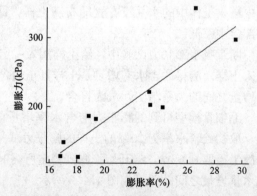

图 4.4.5　云南呈贡膨胀土膨胀力与膨胀率
关系曲线

## 4.4.3　膨胀衰减机理讨论

膨胀力的衰减机制与含水率、干密度有关，例如，当干密度为 $1.5\mathrm{g/cm^3}$ 时，初始含水率低于 20% 的土样膨胀力都会发生衰减，等于或高于 20% 时，膨胀力不发生衰减；初始含水率为 15% 的土样，当干密度小于 $1.8\mathrm{g/cm^3}$ 时，膨胀力发生衰减，当干密度等于

1.8g/cm³ 时，其膨胀力并不发生衰减，见表 4.4.1、表 4.4.2 和图 4.4.6。

不同干密度-含水率土样的最大膨胀力与最终膨胀力（kPa）　　　　表 4.4.1

| 含水率（%） | 干密度（g/cm³） | 1.5 | 1.6 | 1.7 | 1.8 |
|---|---|---|---|---|---|
| 5 | 最大膨胀力 | 54 | 140 | 248 | 650 |
| | 最终膨胀力 | 43 | 111 | 212 | 555 |
| 11 | 最大膨胀力 | 50 | 130 | 258 | 650 |
| | 最终膨胀力 | 40 | 111 | 211 | 543 |
| 15 | 最大膨胀力 | 48 | 101 | 228 | 400 |
| | 最终膨胀力 | 40 | 94 | 215 | 400 |
| 20 | 最大膨胀力 | 42 | 88 | 140 | — |
| | 最终膨胀力 | 42 | 88 | 140 | — |

不同干密度-含水率土样的饱和度　　　　表 4.4.2

| 含水率（%） | 干密度（g/cm³） | 1.5 | 1.6 | 1.7 | 1.8 |
|---|---|---|---|---|---|
| 5 | | 17 | 20 | 23 | 27 |
| 11 | | 37 | 43 | 50 | 59 |
| 15 | | 51 | 59 | 69 | 81 |
| 20 | | 68 | 79 | 92 | — |

　　通过上述分析，由干密度-含水率控制的土样的密实度是决定土样是否发生衰减的主要因素。根据对高庙子膨润土膨胀力的研究，对于配制好的重塑土样，含水率越高，静置时间越长，蒙脱石集合体分解越彻底，孔隙越趋于均质化，集合体分解、孔隙均质化的结果就是土体结构均一化，即在微观上集合体的尺寸、排布方式基本一致。

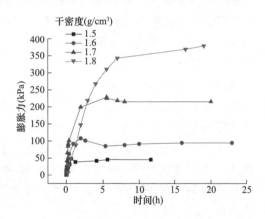

图 4.4.6　初始含水率 15% 的成都黏土不同干密度下的膨胀力曲线

　　重塑土样在宏观上的均匀性要比原状土样好，这是因为没有天然土体中那么多的裂隙存在，即强度上的不均匀性。由于裂隙的存在，天然土体的强度要小于相同干密度-含水率条件下重塑土样的强度，但是在微细观上重塑土样的均匀性没有原状土样好。

　　重塑土样的压实过程由人工控制，颗粒大小是经过人工碾磨筛分控制的，试验中用的筛子孔径是 2mm，直径小于 2mm 的土块构成了重塑土样的基本结构单元，称之为微土块。微土块由数量不等的土颗粒（叠聚体）组成，土颗粒是由数量不等的黏土晶片形成的叠聚体，三者关系如图 4.4.7 所示。对于重塑土样来说，微土块大小不一，并且压制过程不能保证土样得到均匀压实，因此，在微细观上，重塑土样的均匀性没有天然土样好，重塑土样的孔隙大小分布极不均匀（微土块之间的大孔隙和微土块内部叠聚体之间的小孔隙），如图 4.4.8 所示。

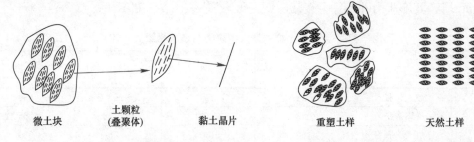

图 4.4.7　微土块、土颗粒、黏土晶片　　　　图 4.4.8　重塑土样与天然土样
　　　　　三者关系　　　　　　　　　　　　　　　的结构差异

对于干燥土样，人工制备的重塑土样可塑性极差，微土块间几乎没有粘结作用。干燥土样由于微土块之间的粘结作用弱，微土块之间几乎处于相互独立状态。微土块之间的孔隙是宏观大孔隙，土颗粒之间的孔隙属于微观小孔隙。随着含水率增大，微土块之间的粘结作用增强，界限越来越模糊，相互作用逐渐形成整体，微土块消失，土颗粒成为土体的结构单元。低含水率和高含水率时的土样内部结构如图 4.4.9 所示，随着含水率增大土体内部大孔隙逐渐消失，结构趋于均匀化。

低含水率的土样膨胀力发生的过程中，膨胀力先增大，后衰减，最后再小幅增大的过程，与土体结构的均匀化有关，是土体内部结构调整的结果。低含水率的土样在膨胀的过程中，首先微土块内部开始膨胀，膨胀力在微土块之间发生，逐渐增大。随着含水率增大土的塑性逐渐增大，在膨胀力的作用下，微土块相互挤压粘结，结构逐渐破坏，内部土颗粒开始向大孔隙扩展，此时相当于产生了膨胀变形，膨胀力开始衰减。当土体结构的均匀化调整不再对膨胀力产生影响时，由于完全进入晶格内部需要的时间较长，黏土内部的膨胀力发生缓慢，膨胀力还没完全得以发挥，衰减后膨胀力会继续增大。如图 4.4.10 表示了膨胀力衰减过程中膨胀力曲线与对应的土体结构变化的关系，竖轴代表膨胀力，横轴代表吸水量和时间对土体的共同作用。因此根据上述试验结果，水进入土体需要一定的时间后膨胀力才能完全发挥。

干密度的变化也会对膨胀力的衰减产生影响。随着干密度增加，微土块间的孔隙逐渐减小，压实过程中产生的巨大压力也会使微土块间的粘结作用增强，微土块间与微土块内部的孔隙分布逐渐趋于一致。膨胀过程中的结构调整过程不会出现应力释放，膨胀力不发生衰减。

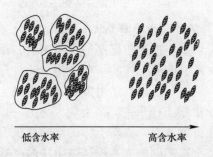

图 4.4.9　不同初始状态下的土样内部结构

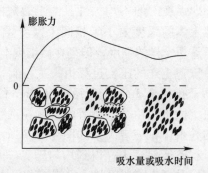

图 4.4.10　膨胀力衰减过程示意

膨胀力衰减过程中产生峰值，峰值膨胀力主要是微土块作为一个独立的结构单元发生膨胀时产生的最大膨胀力。微土块内部保留了原状土样的结构，干密度较大，因而可以产生更大的膨胀力。随着含水率增加，土体发生软化，微土块逐渐解体，原先的膨胀应力得以释放，膨胀力发生衰减。峰值膨胀力随着含水率变化也存在着一个拐点含水率，拐点含水率之前峰值大小不变，拐点含水率之后峰值大小随着含水率增加而降低。根据试验结果，云南呈贡膨胀土的拐点含水率处于缩限附近，成都黏土由于试验数量较少，拐点含水率的位置不是十分明显，在缩限以下的土样，微土块的体积是一致的，所以土体内部的微土块的相互作用是相同的，表现出相同的峰值膨胀力，见图 4.4.11。

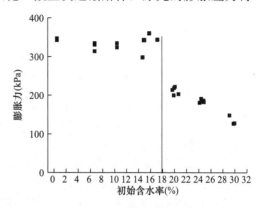

图 4.4.11　云南呈贡膨胀土峰值膨胀力与初始含水率的关系

因此，由干密度-含水率控制的结构性差异是土样膨胀力发生衰减的主要原因。

## 4.5　单轴三轴试验方法讨论

膨胀性的单轴和三轴试验条件不同，单轴状态有侧限约束，土样向一个方向变形，三轴状态没有侧限约束（忽略橡皮膜的约束），土样可以同时向轴向和径向变形。三轴试验可以通过围压控制土样的约束条件，可以更真实地反映土体在自然环境中的应力状态，单轴试验也可以通过加载轴向荷载改变土样的约束条件，但适用性显然没有三轴试验广。

此次三轴试验数量较少，只进行了围压为 0 的无荷膨胀率试验，表 4.5.1 是两种试验的试验结果。二者在相同初始状态下的膨胀率不同，这是因为在三轴试验时土样还有橡皮膜的约束，导致试验结果的差异。这种约束可以视作围压的一部分，这样看来三轴试验更能反映真实情况，结果也更符合实际，由于侧向约束的作用，单轴试验结果较三轴试验结果偏大，单轴试验结果更加保守。因此，在工程应用中如条件不允许，采用单轴试验方法进行参数取值计算结果更加保守。

试验结果对比

表 4.5.1

| 试验类型 | 初始含水率（%） | 膨胀率（%） | 最终含水率（%） |
|---|---|---|---|
| 单轴试验 | 15 | 24 | 46 |
| 三轴试验 | 15 | 20 | 42 |

## 4.6　结论

（1）现行工程实践和试验研究中，膨胀土膨胀性试验规程和方法均不能满足膨胀力计算所需参数的要求。本项研究在大量研究反复试制基础上，建立了以研制专用装置和改制常规土三轴仪为设备、单土样含水率连续变化的膨胀参数试验方法，并制定了相关操作规程。

（2）自行设计研制成功了膨胀土单土样持续（阶段）吸水条件下获取含水率-膨胀力（率）全过程膨胀曲线的专用试验装置。通过膨胀力以及膨胀率试验结果分析，拟合了膨胀率与过程含水率间的方程：$\delta = 5.57 e^{0.049 w_0} \ln(w/w_0)$；提出了膨胀力的简明计算公式 $p = 1.4\delta$。

（3）三轴试验可以通过围压控制土样的约束条件，同时测量土样的轴向和径向变形，更真实地反映土体在自然环境中的应力状态，单轴试验结果比较三轴试验结果偏大，单轴试验结果更加保守。

（4）采用瞬时剖面法制作了一套非饱和渗流试验装置对成都黏土的土-水特征曲线与非饱和渗透系数进行试验研究，结果表明，土-水特征曲线可呈幂函数关系，方程形式为 $y = Ax^B$，非饱和渗流系数采用 VG 模型拟合，拟合参数 $\alpha = 0.048 \text{kPa}^{-1}$，$n = 1.79$，$m = 0.48$。

（5）不同初始含水率条件下的强度参数试验结果表明，膨胀土内摩擦角、黏聚力随着含水率增加而降低，试验结果拟合曲线：$c = 140.61 e^{-0.058w}$、$\varphi = -0.0606 w^2 + 1.0953 w + 20.004$。

# 第5章 刚性桩承载及桩土作用特性离心模型试验研究

## 5.1 引言

国内外对于桩土相互作用的研究已经开展了许多工作，主要从试验研究（包括室内模型试验和现场测试）和理论分析两个方面展开，取得了丰硕的成果。

### 5.1.1 试验研究现状

王涛通过对比模型试验、现场实测和弹性理论解，探讨了土-土、桩-土、桩-桩的相互影响系数，得出弹性理论解夸大了上述不同介质的相互影响，并对理论解进行了修正；刘金砺通过不同基宽压缩层深度、基础和桩侧土变形范围、双桩相互影响系数以及桩顶荷载分布的测试结果，得出在粉土（压缩模量 $E_s = 8MPa$）中桩侧土的变形范围仅为 4～6 倍的桩径；同时，提出土-土、桩-土、桩-桩相互作用影响计算修正模型，结合实际工程进行计算，并将该方法应用于 7 项工程，收到了很好的工程和经济效益；张利民、胡定在离心机中进行了横向受荷的桩基承载特性研究，分析了单桩和排桩在递增荷载和循环荷载作用下的桩基反应，得到嵌固排桩的水平承载效益系数 $\eta$ 与荷载和地基类型相关，前桩在带承台的排桩中承担弯矩最大，后桩次之，中桩最小等结论；陈国良等通过竖向承载力静载试验和桩身轴力测试，分析了大直径嵌岩灌注桩在竖向荷载作用下，桩身轴力、桩侧摩阻力的分布形式，得出桩端持力层置于中风化基岩层的大直径嵌岩灌注桩桩侧摩阻力承担荷载比例较桩端阻力大，并指出桩侧摩阻力与桩土相对位移有关的结论；张忠苗等通过离心模型试验，研究了考虑泥皮效应的大直径超长单桩的承载变形特性指出大直径超长桩在高荷载水平下，表现出端承摩擦桩的性状，其侧摩阻力易发生软化，导致桩产生渐进破坏的状态；桩侧泥皮对桩侧摩阻力和承载力均有减弱的作用；王年香、章为民通过离心模型试验，获得了 18 根和 64 根超大型群桩基础的承载特性，指出群桩竖向承载效率系数随着桩数的增多而减小，桩端阻力随着桩数的增多而增大，群桩桩顶荷载分布的不均匀性随着群桩桩数的增多而增大，中间桩排的桩顶荷载比边桩桩顶荷载更不均匀；游庆仲等通过单桩离心模型试验，研究了大直径超长桩在竖向荷载作用下的承载特性，得到桩底注浆可以明显提高桩端附近的桩侧摩阻力、增加桩端阻力、减小桩端沉降的结论；卢国胜等通过对比无处理软土路基和搅拌桩复合地基的土工离心模型试验结果，指出搅拌桩复合地基的最大沉降和横向位移均显著小于天然地基，复合地基处理后的软土地基可以满足规范对工后沉降的要求，同时得到了桩土应力比随深度逐渐减小的结论；陈桂香等针对不同桩间距处理的 CFG 桩复合地基工作性状进行了离心模型试验，指出桩间距的增大对 CFG 桩复合地基的安全性能影响很大，在 1.5m（3.75 倍桩径）的情况下，CFG 桩的承载能力得到充分的发挥；马时冬通过公路试验段实测的水泥搅拌桩复合地基的桩土应力比，指出桩土应力比随着荷载的增大基本呈线性增加，在不同荷载刚度、水泥掺量和面积置换率的情况下，桩土应力比相差不大，而且在荷载一定时，桩土应力比随时间基本保持不变；张良等通过 4 组不同垫层结构处理软土地基的离心模型试验，指出垫层通过对路堤及地基给予侧向约束，匀化了基底应力与地基沉降，并且刚性垫层控制变形的效果要比柔性垫层好，同时得到了垫层受路堤横向推力及地基指向路堤中心的摩擦力作用，受到筋带在路肩处较大、其余地方较小的呈"M"形分布拉力的结论；席宁中通过一系列现场模型试验和数值计算，得出桩端土层刚度对桩侧阻力的影响范围在（5～10）$d$，并推导出桩端土层刚度对桩端平面以上侧摩阻力增大的影响范围 $D$ 的参考公式，对桩端土层刚度影响桩端侧摩阻力的影响机理进行了探讨；丁桂玲通过高速铁路试验段桩筏和桩网复合地基两种处理模式的现场试验、理论分析和数值计算三种手段的对比，指出 CFG 桩单桩复合地基在柔性荷载作用下，土体的荷载发挥系数先于桩体达到 1.0，验证了 CFG 桩复合地基中土体先破坏的特性；辛公锋通过对超长桩承载特性的现场观测，指出在高荷载水平下，桩端为黏土层的超长钻孔灌注桩也易发生桩端刺入破坏，结合超长桩 $Q$-$S$ 曲线的形态，判定以变形控制的原则判断超长桩的承载力较为合理。

### 5.1.2　理论分析现状

桩土相互作用的分析，主要是以单桩与土的相互作用分析为基础，进而探讨群桩中桩与土的相互作用。桩土相互作用的理论分析方法主要有荷载传递法、剪切位移法、弹性理论法及数值分析方法。

**1. 荷载传递法**

基本思想是把桩划分为许多弹性单元，每一单元与土体之间用非线性弹簧联系，以实现模拟桩土间荷载传递关系。桩端处土也用非线性弹簧与桩端联系，表达桩侧摩阻力与桩土相对位移之间或桩端处桩土相对位移与桩端土反力之间关系的函数即为传递函数。传递函数目前主要是根据一定的经验及机理分析，进而探求具有广泛适用性的函数。主要的传递函数有线弹性模型、理想弹塑性模型、双折线硬化模型、三折线硬化模型、考虑桩侧土软化的三折线模型及双曲线模型等。

**2. 剪切位移法**

假定受荷桩身周围土体以承受剪切变形为主，桩土之间没有相对位移，将桩土视为理想的同心圆柱体，剪应力传递引起周围土体沉降，由此得到桩土体系的受力和变形的方法。Cooke 首次使用该方法，分析了桩体向桩周土体传递荷载的过程。此后 Randoph 和 Worth 等进一步发展了剪切位移法，给出了计算桩影响半径的公式，使之可以考虑可压缩性桩的情形，并且可以考虑桩长范围内轴向位移和荷载分布情形。后来，Kraft 等、杨嵘昌、王启铜、宰金珉等对剪切位移法进行了改进，使该方法能够考虑土体的非线性、弹塑性变形、不均匀性、成层性、固结与流变等复杂性状。

剪切位移法不能考虑桩侧上下土层之间的相互影响，而且假定桩土之间不存在相对位移，这些与实际工程桩的工作特性并不相符。

**3. 弹性理论法**

将地基当作半无限弹性体，采用以 Mindlin 解（1936）为基础的多种分析方法，通常称为弹性理论分析方法。该方法首先由 D'Appolonia 和 Romualdi 在 1963 年提出，以后 Thurman、Nair 和 Poulos 等相继于 1965 年、1967 年、1968 年展开单桩在竖向荷载作用下的桩土共同作用问题。其基本假定：①地基为半无限弹性体，不考虑成桩施工对土体初始应力状态的影响，土体性质不因桩体的存在而变化；②将桩身划分为若干单元，每段桩周围环上的荷载均匀分布；③由桩与桩侧土体位移协调建立平衡方程；④土中任一点的应力和位移利用弹性半空间体内集中荷载作用下的 Mindlin 解求得。费勤发提出用分层总和法来形成地基的柔度矩阵，这样可以考虑不同的土层；杨敏等根据 Geddes 应力解对单桩沉降计算进行了分析；洪毓康根据 Mindlin 解，提出了分层地基中群桩基础共同作用分析的弹性理论法，可用于计算大规模的群桩基础；楼晓明等用 Mindlin 应力公式计算地基中任意一点的竖向附加应力和变形，研究群桩基础中桩的荷载传递特性等性状。

弹性理论法考虑了土体的连续性，一定程度上可以考虑桩与桩之间的相互作用，但无法考虑土的成层性和非线性特征的影响。王涛、刘金砺等也已经通过模型试验和现场观测发现，弹性理论解同样无法考虑土体碎散的非连续性等因素，造成理论计算值较真实值偏大，需进行修正等问题。

**4. 数值分析方法**

目前应用较为广泛和成熟的数值分析方法主要包括有限元法、边界元法和有限条分法。有限单元法不仅可以解决线弹性问题，而且可以用于非线弹性问题的分析，还可以用来对群桩进行三维分析、考虑群桩与筏板的相互作用进而得到桩、土、筏的应力分布。边界元法亦称积分方程法，是把区域问题转化为边界问题求解的一种离散方法，即将筏板地基中的桩进行离散化分析。

龚晓南利用数值方法研究了基础刚度、桩土模量比、桩长、置换率等因素对复合地基性状的影响；杨涛采用复合本构有限元和传统有限元计算模型，分析了桩土模量比和置换率对复合地基下卧层沉降的影响，并将其与天然地基的沉降相比较，指出复合地基下卧层的沉降较天然地基的增大幅度不大；胡庆国等取单桩单元为分析对象，假定在路堤作用下加固区内存在一桩土等沉面，并对等沉面上下桩周土体的位移模式进行假设，以桩土界面处位移协调为相容条件，建立了复合地基中桩侧摩阻力的计算公式；徐立新取单桩单元为研究对象，假定桩侧摩阻力和桩土相对位移为理想弹塑性关系，综合考虑路堤填土、垫层、加固区及下卧层的协同作用，推导得出路堤内荷载传递的基本微分方程并给出沉降计算的解析解。

由此可见，国内外学者在桩土相互作用的理论探索方面取得了丰硕的成果，尤其是大型计算机问世，有限元计算快速发展，使得复杂的空间问题得以解决。但是，必须明确的是，由于在计算时采用了种种假设，桩土相互作用的理论必须在实际工程中运用，才能验证其合理性。

## 5.1.3　主要研究内容

综上所述，桩土相互作用的话题由来已久，复合地基、复合桩基、桩基领域均展开了结合各自工程要求的研究，成果各异。本章结合已有的研究成果，探讨通过离心模型试验方法进行单桩竖向荷载作用下的桩土相互作用研究，主要进行以下工作：

（1）设计可在离心机内对模型桩施加竖向荷载的装置，通过计算机控制加载速度；设计可以在桩身内部安装微型荷重传感器的模型桩，实现了直接测试桩身轴力的目的。

（2）为测得稳定的土压力分布及在桩身荷载作用下土压力的变化量，试验前将土压力盒置于与实际模型相同状态的填土中进行离心机和环圈仪两种不同的标定工作，确定试验状态下的土压力盒的标定系数；试验过程中桩身轴力通过微型荷重传感器直接测试得到，为了保证轴力测试的准确性，掌握微型荷重传感器的真实工作状态，在试验前后对微型荷重传感器进行了逐个标定和整桩标定，确定微型荷重传感器的标定系数。

（3）通过 5 组离心模型试验，全面分析在竖向荷载作用下单桩桩身轴力、桩侧摩阻力、桩端阻力随桩长、桩端土强度变化而变化的规律；同时，掌握在桩身力的作用下桩周土压力、桩周土体沉降与桩身荷载的关系，并对其相互作用机制进行分析。

## 5.2 试验装置设计及传感器标定

### 5.2.1 加载装置设计

在离心机内如何对模型桩进行实时加载并在加载过程中对桩顶位移进行控制，是试验成功与否的一个关键因素。自行设计一套在离心机达到稳定工作状态后，可以对模型桩施加竖向荷载的加载装置，并且可以根据试验需要对加载速度（桩顶位移）进行控制。

图 5.2.1　加载装置

通过计算机控制步进电机的转速及最终的旋转量，进而得到加载头在竖向的移动速度及最终的移动距离。在固定直线导轨的支架上，沿模型桩四周开设 4 个滑槽，用来安装距离桩中心不同位置的位移计传感器（每个位移计传感器距离桩中心的位置可以在该滑槽内自由调整），测试桩身荷载作用对桩周土体沉降变形的影响。加载装置如图 5.2.1 所示。

### 5.2.2 模型桩设计

模型桩采用铝合金管制作，总长度 37.5cm 和 30cm 两种，用以模拟原型长度为 15m 和 12m 的桩；铝合金管外径为 15mm，壁厚为 1mm。为了测量各个断面处桩身轴力的大小，在模型桩内安装微型荷重传感器，每根模型桩各自分成长度是 57mm、76.5mm 的 4 节，在单节模型桩的两端设置丝口，一端丝口用来固定微型荷重传感器，使得其与该节模型桩紧固连接，另一端丝口用来连接微型荷重传感器的受力丝杆，使得该节模型桩所受到的轴力得以向下传递。

在铝合金管外涂胶粘剂、外裹石英砂，用以模拟桩土间的摩擦力，胶粘剂凝固后，量测模型桩的平均直径为 19mm，等效的原型桩径 $d=0.76$cm(250mm$<d<$800mm，属于中

等直径桩）。图 5.2.2 为表面处理后的单节模型桩。

　　为了准确得到模型桩的模量，设计如图 5.2.3 所示的标定箱进行模型桩的模量标定。标定箱内布置有分布不同高度的限位杆及限位垫片，限位杆限制模型桩的前后偏移，限位片限制模型桩的左右偏移，限位杆及限位片约束模型桩在标定荷载作用下不会发生失稳破坏。限位装置只是用来限制桩的水平向偏移，但是不能将模型桩抱紧，即在标定荷载作用下，模型桩在竖直方向可以自由变形。

图 5.2.2　表面处理后的单节模型桩

图 5.2.3　模型桩模量的标定

　　长 15m 模型桩对应的模量标定值为 2302.92MPa，模型桩标定得到的部分荷载与变形关系曲线如图 5.2.4 所示。

　　模型桩上固定 5 个微型荷重传感器，直径 $d=15$mm，高 $h=10$mm，两端分别有固定丝杆和受力丝杆，丝杆长 $l=4$mm。填筑模型时，模型桩分段定位、安装，然后按模型要求的压实度将填土压实到指定高度后再进行下一段模型桩的连接、定位和安装。

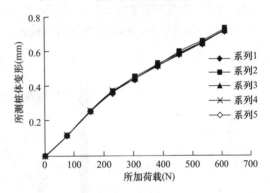

图 5.2.4　长 15m 模型桩所加荷载与所测桩体
变形关系曲线

## 5.2.3　传感器标定

　　试验用微型荷重传感器测定桩身不同断面处的轴力，用土压力盒测定桩周土体的内部应力，这两种传感器的标定系数准确与否直接影响到桩身轴力和桩周土体应力测试的准确性，必须对两种传感器进行标定。

### 1. 微型荷重传感器标定

　　试验过程中，当离心力达到 40g 稳定 10min 后，启动步进电机开始对桩顶进行加载。在离心力作用下，布置在桩顶的微型荷重传感器的应变值只发生零位附近的波动；当加载头与桩顶的微型荷重传感器接触后，其应变值开始增大，根据传感器发生变化的起始时间判断桩身何时受到荷载作用（图 5.2.5）；试验结束后，根据桩身各截面的微型荷重传感器应变值计算各截面处的桩身轴力。由此可见，桩身轴力能否准确测量，掌握微型荷重传感器的荷载-应变标定系数是至关重要的。厂家提供的微型荷重传感器标定系数是在 2VDC 电压情况下确定的，与试验离心机采集系统供电电压不一致，需要根据实际的采集系统，对微型荷重传感器进行标定。

标定采用三轴仪进行加载，通过量力环来控制所加荷载的大小，整节模型桩的定位、安装如图 5.2.6 所示，以确定微型荷重传感器在离心机采集系统下的实际系数。

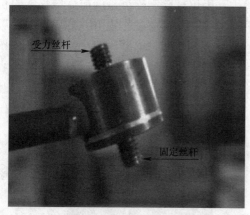

图 5.2.5　微型荷重传感器

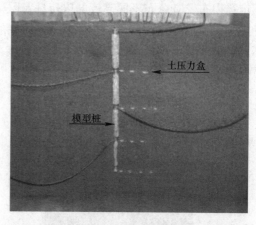

图 5.2.6　整节模型桩的定位、安装

微型荷重传感器的标定分为逐个标定和整桩标定：逐个标定是每次只标定一个微型荷重传感器；整桩标定是将传感器和模型桩事先安装完毕，在图 5.2.7 所示的标定装置下，同时进行 5 个传感器的标定，以期得到传感器在安装误差影响下的工作系数。试验过程中所进行的标定结果及其相互之间的比较，见表 5.2.1、表 5.2.2。

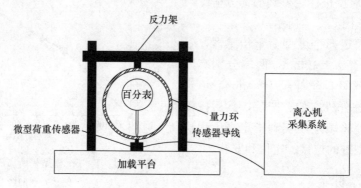

图 5.2.7　微型荷重传感器标定示意图

**微型荷重传感器标定结果**　　　　　　　　　　　　　表 5.2.1

| 标定方式 | 标定时间 | 微型荷重传感器标定结果 | | | | |
|---|---|---|---|---|---|---|
| | | 2 号 | 3 号 | 4 号 | 5 号 | 6 号 |
| 逐个标定 | M1 试验前 | 77.591 | 83.502 | 46.795 | 102.53 | 102.53 |
| | M3 试验后 | 118.17 | 105.47 | 123.43 | 161.68 | 161.68 |
| 逐个标定 | M4 试验前 | 123.17 | 115.97 | 122.45 | 196.95 | 154.61 |
| | M4 试验后 | 110.62 | 102.86 | 114.32 | 197.13 | 126.61 |
| | M5 试验后 | 125.00 | 116.88 | 113.32 | 193.52 | 128.13 |
| 整桩标定 | M5 试验前 | 118.12 | 117.45 | 104.79 | 187.87 | 111.67 |
| | M5 试验后 | 113.26 | 120.67 | 107.96 | 183.57 | 109.59 |

微型荷重传感器标定结果比较　　　　　　　　　　　　　　　　表 5.2.2

| 标定方式 | 标定时间 | 微型荷重传感器标定结果 | | | | |
|---|---|---|---|---|---|---|
| | | 2 号 | 3 号 | 4 号 | 5 号 | 6 号 |
| 逐个标定 | M1 试验前 | −34.34 | −20.83 | −62.09 | −36.58 | −36.36 |
| | M3 试验后 | 0 | 0 | 0 | 0 | 0 |
| | M4 试验前 | 4.23 | 9.96 | −0.79 | 21.81 | −4.96 |
| | M4 试验后 | −6.39 | −2.47 | −7.38 | 21.93 | −22.17 |
| | M5 试验后 | 5.78 | 10.82 | −8.19 | 19.69 | −21.24 |
| 整桩标定 | M5 试验前 | 0 | 0 | 0 | 0 | 0 |
| | M5 试验后 | −1.86 | −4.11 | 3.03 | 2.74 | −2.29 |
| COM | M5 试验前 | −5.50 | 0.49 | −7.53 | −2.92 | −12.85 |
| | M5 试验后 | −9.39 | 3.24 | −4.73 | −5.14 | −14.47 |

注：1. 逐个标定方式，以"M3 试验后"的标定系数为基准值进行比较；整桩标定方式，以"M5 试验前"的标定
　　　系数为基准值进行比较；
　　2. 表中"COM"是以逐个标定方式中"M5 试验后"的标定系数为基准值，分别比较两次整桩标定得到的系
　　　数与逐个标定方式得到的系数；
　　3. 变化百分数 $\omega$ 的计算 $\omega = \dfrac{比较值 - 基准值}{基准值} \times 100$；
　　4. "+"为相比基准值的增加百分数，"−"为相比基准值的减小百分数。

　　由表 5.2.2 中的系数变化百分数可知，逐个标定得到的前两组系数相差较大，变化百分数最小为 20.83%，最大为 62.09%，M4 试验前后标定的系数基本稳定；两次整桩标定的传感器系数变化百分数小于 5%；"COM"项得到的两次整桩标定系数与"M5 试验后"逐个标定方式得到的系数相比，变化百分数绝对值最大为 12.85%。由此可见微型荷重传感器的标定系数虽然在逐渐稳定，但是还有所波动，为了准确测定桩身轴力，及时的标定工作必不可少。

**2. 土压力盒标定**

　　土压力盒出厂时附带了传感器的标定书，由此可以得到土压力盒输入量与输出量之间的关系，但是厂家标定时的介质与土压力盒具体工作时的介质区别较大，土压力盒在标定过程中受均匀的气压或液压，因此传感器在标定过程中表现出良好的工作性能；然而土压力盒在实际土体应力的测试时，通常是埋在土中或是嵌在混凝土板上，传感器受压面上的压力不是均匀分布的，因此土压力盒在土压力作用下的输出结果将与气压或液压作用下的结果不同；此外，由于具体使用时测试系统的桥压不一定同厂家标定时的桥压一致，同样荷载情况下，所测得的信号值不一定一致，此时选用厂家的标定系数对土压力进行计算，难免有欠妥之处。

　　同时，根据调研结果已经知道，土压力盒与所测介质之间的相互作用势必造成匹配误差的存在。虽然国内外学者均就匹配误差的大小进行了一定程度的理论分析，但是由于理论计算时存在一定的假设条件，实际填土介质的多样性和各向异性在计算时又难以真实描述，所以不能仅仅依靠理论分析来判定测试时土压力盒的工作状态。

　　由此可见，为了得到真实、可靠的土压力值，在使用之前模拟土压力盒真实的介质环境对其进行标定十分必要。在高重力环境下对土压力盒进行重新标定，进而确定各个传感器的标定系数；同时，为了比较土压力盒在高重力环境下和正常重力环境下的工作状态，还应进行土压力盒的环圈仪标定，将试验过程及结果对比分析。

1) 土压力盒离心机标定

（1）离心试验设备

试验在 TLJ-2 型 100gt 土工离心机上进行。该机的最大半径（摆动吊斗表面至主轴中心）3m，有效半径（载荷重心至主轴重心）2.7m，最大加速度为 200g，最大负荷 1000kg；在最大载荷时，吊斗底板最大挠度≤0.5mm；配有大小两个模型箱，有效容积分别为 0.8m×0.6m×0.6m、0.6m×0.4m×0.4m；吊斗摆平后，吊斗底面至转臂端部的最大有效高度不小于 1.2m；该机装有 1 路气压环（1MPa，流量 10L/min，2 通道供气，无回气通道）、1 路油压环（输油接头 10MPa，流量 10L/min，2 通道供油）、1 路水压环（1MPa，流量 10L/min，单通道供水，无回水通道）以及 10 路电力环以及 63 个测点（其中静态测试的电阻式 30 点，热电偶 3 点，动态测试的电阻式 10 点，电涡流式 10 点，压电晶体 10 点）。

此外，设备启动、调速和停机采用手动和微机自动控制两种方式，对油温、油量、压力、不平衡和各类故障进行自动监测和报警并配有数据自动采集系统和高性能微机（含外设）及成套软件，进行数据的采集、管理和处理；信号采用先放大、后处理、再输出的数字式串行传输方式，使用可靠耐久的金质滑环保证数据的传输质量；安装有摄像（数字式）和照相设备，同时配备了监视微机对数字图像进行处理。

（2）试验设计

现有的离心机内无法直接对土压力盒进行加载，故采用在土压力盒上覆盖一定高度的填土，通过改变离心加速度提供标定所需变化的荷载，进而得到不同荷载作用下土压力盒的应变值，掌握土压力盒的标定系数。

本次标定在离心机中的小模型箱内进行，共填筑了 5 个模型，分别为 TM1～TM5，模型主要考虑指标及实际参数如表 5.2.3 所示。

土压力盒标定所填模型参数　　　　　　　　　　　表 5.2.3

| 模型 | 土压力盒上覆填土高度（cm） | 模型填土含水率（%） | 土压力盒所测荷载范围（kPa） | 填土状态 | 加速度范围（g）及变化次数 |
|---|---|---|---|---|---|
| TM1 | 13 | 6.57 | 2.27～227.05 | | 0～100；10 |
| TM2 | 13 | 5.474 | 2.25～224.96 | 90%压实度 | 0～100；5 |
| TM3 | 25 | 5.99 | 4.35～434.78 | | 0～100；5 |
| TM4（无上覆土体） | — | — | — | — | 0～100；5 |
| TM5 | 28 | 0.6 | 4.34～434.10 | 砂土 | 0～100；5 |

土压力盒标定时，模型填土采用与单桩桩土相互作用离心模型试验相同的填料，而且在制作模型时，填土的控制指标与单桩桩土相互作用离心模型试验相同，尽可能地标定出土压力盒在此种填料状态内高重力环境下的标定系数，使得测量出来的桩身轴力对桩周土体的作用力更加准确。

模型内的填土均采用级配砂，填筑模型时目标含水率为 6%，目标压实度控制为 90%。级配砂的物理力学指标如表 5.2.4 所示，级配累积曲线、击实曲线、剪切试验 S-P 曲线如图 5.2.8～图 5.2.10 所示。根据填土的最大干密度、压实度、含水率及离心力的大小，理论计算表 5.2.1 中传感器的量测荷载范围。

级配砂物理力学指标　　　　　　　　　　　　　　表 5.2.4

| 最大孔隙比 $e_{max}$ | 最小孔隙比 $e_{min}$ | 颗粒密度 $\rho_s$ (g/cm³) | 最佳含水率 (%) | 最大干密度 (g/cm³) | 内摩擦角 (°) | 黏聚力 $c$ (kPa) | 压缩模量 (MPa) | 压缩系数 (MPa⁻¹) |
|---|---|---|---|---|---|---|---|---|
| 0.866 | 0.395 | 2.77 | 12 | 1.86 | 32.57 | 11.41 | 32.13 | 0.05 |

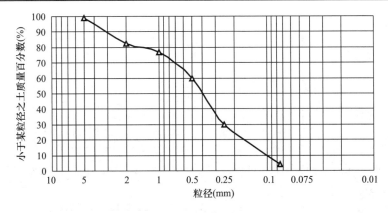

图 5.2.8　级配砂粒径级配累积曲线

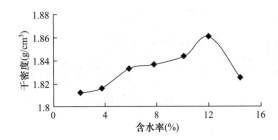

图 5.2.9　级配砂干密度与含水率关系曲线　　　图 5.2.10　级配砂的抗剪强度与垂直压力
　　　　　　　　　　　　　　　　　　　　　　　　　　　关系曲线

根据 1h 快速压缩试验，测得级配砂的压缩模量 $E_s$＝32.13MPa，压缩系数 $a_{0.1\sim0.2}$＝0.05≤0.1，判得混合料为低压缩性土。此外，由筛分试验得到砂土的不均匀系数 $C_u$＝5.1，曲率系数 $C_c$＝1.2，$d_{50}$＝0.4，细粒含量 3.79%。其中根据 $C_u$＝5.1＞5，曲率系数 $C_c$＝1.2 介于 1～3 之间，砂级配良好；0.25＜$d_{50}$＝0.4＜0.5mm，细粒含量 3.79%＜5%，判断该砂土为级配好的中砂，属于 A 组填料；当压实度为 90% 时，按式 (5.2.1) 计算得相对密度 $D_r$＝0.449＞1/3，判断该砂土在 90% 压实度时填土为中密状态。

$$D_r = \frac{e_{max} - e_0}{e_{max} - e_{min}} \tag{5.2.1}$$

TM1～TM4 模型内填土的目标含水率为 6%，压实度为 90%；TM5 用烘干的级配砂以砂土的形式进行填筑。TM1 和 TM2 是对土压力盒在 0～200kPa 范围内的荷载作用进行标定，验证不同标定方式之间的区别和联系，之所以在该荷载范围内进行两个模型的标定，是为了验证这种标定方法的稳定性；TM3 是对土压力盒在 0～400kPa 范围内的荷载作用进行标定，所得的标定系数用于单桩桩土相互作用离心模型试验中土压力的求解，同时验证在荷载增大一倍的情况下，土压力盒应变值的变化情况；TM4 是在无上覆填土的情况（即无荷载作用）下，单因素地考虑离心力的变化对土压力盒是否有影响；TM5 是为了探求在松散介质内，比较土压力盒的标定系数与厂家得到的标定系数之间的差异。

标定时，土压力盒在模型内的布置如图 5.2.11～图 5.2.16 所示。每次均标定 20 个土压力盒，以期得到每个传感器的标定系数，防止在进行单桩的桩土相互作用时，个别土压力盒失效给测量工作带来影响；同时，一旦发现失效的土压力盒，在下次模型填筑时，及时对其进行更换。

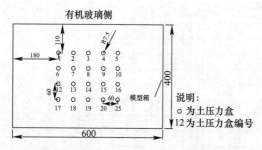

图 5.2.11　TM1 土压力盒平面布置图（mm）

图 5.2.12　TM1 土压力盒侧面布置图（mm）

图 5.2.13　TM2～TM5 土压力盒平面
布置图（mm）

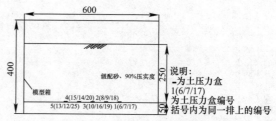

图 5.2.14　TM2～TM3 土压力盒侧面布置图（mm）

图 5.2.15　TM4 土压力盒侧面布置图（mm）

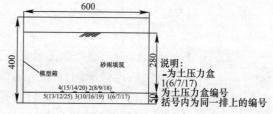

图 5.2.16　TM5 土压力盒侧面布置图（mm）

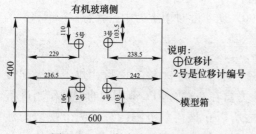

图 5.2.17　位移计平面布置图

此外，在模型顶部布置了 4 个位移计，用以测试在试验过程中模型所发生的固结沉降量，位移计平面布置如图 5.2.17 所示。

模型加载采用两种形式，如图 5.2.18、图 5.2.19 所示。TM1 采用第一种离心加载模式，第一次标定（TM1-1）完成后停机等待了 3h，然后进行第二次标定（TM1-2），以比较前后两次标定的区别；TM2 采用第二种离心加载模式，第一次标定（TM2-1）完成后停机等待了 90min，然后进行第二次标定（TM2-2），之后停机等待 75min 进行第三次标定（TM2-3）；M3 采用第二种离心加载模式，第一次标定（TM3-1）完成后停机等待 70min 然后进行第二次标定（TM3-2），之后停机等待 70min 进行第三次标定（TM3-3）；

TM4 采用第二种离心加载模式标定了一次；TM5 采用第二种离心加载模式，第一次标定（TM5-1）完成后停机等待 90min 然后进行第二次标定（TM5-2），之后停机等待 90min，进行第三次标定（TM3-3）。

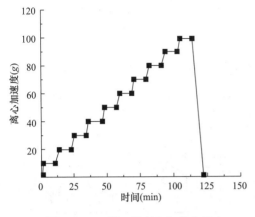

图 5.2.18　第一种离心加载曲线

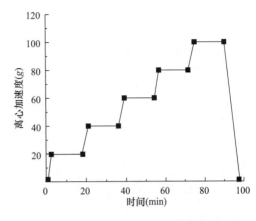

图 5.2.19　第二种离心加载曲线

（3）试验数据及分析

由于每次标定的土压力盒数量较多，而且 5 个模型标定结束后，每个传感器均标定了 12 次，数据量较大；此外，在每次标定的过程中，个别土压力盒由于某些因素，没有测试出有效的应变值，故在进行数据总处理时，这些单次出现问题的土压力盒不予考虑。标定过程中，发现 5 号、6 号、7 号、8 号、12 号、19 号的微应变反应不稳定，时有时无，失效的比例占总数的 30%。

分别给出模型 TM1、TM2、TM3、TM5 在标定过程中的填土沉降，数据统计于表 5.2.5 内，表中"TM1-1"表示模型 M1 的第一次标定。可知，同一个模型，其填土沉降随着标定次数的增加而减小；模型 TM1、TM2 上覆填土高度相同、填土压实度相同，在离心力作用及填土所受重力相同情况下，含水率大的模型沉降量更大，模型 TM1 的沉降量 0.641mm 大于模型 TM2 的沉降量 0.523mm；模型 TM3 与 TM1 的压实度相同，模型 TM3 的含水率比 TM1 的小，但是 TM3 在离心力作用下受到更大的自重作用，所以模型

模型填土沉降统计　　　　　　　　　　　　　　　　　　　　　表 5.2.5

| 模型编号 | 填土含水率（%） | 填土压实度（%） | 标定次数 | 填土沉降（mm） |
|---|---|---|---|---|
| TM1 | 6.57 | 90 | TM1-1 | 0.641 |
|  |  |  | TM1-2 | 0.147 |
| TM2 | 5.48 |  | TM2-1 | 0.523 |
|  |  |  | TM2-2 | 0.116 |
|  |  |  | TM2-3 | 0.080 |
| TM3 | 5.99 |  | TM3-1 | 0.741 |
|  |  |  | TM3-2 | 0.239 |
|  |  |  | TM3-3 | 0.080 |
| TM5 | — | — | TM5-1 | 6.434 |
|  |  |  | TM5-2 | 0.591 |
|  |  |  | TM5-3 | 0.409 |

TM3 的沉降量比 TM1 的大；而模型 TM5 为砂土填筑，在自重作用下，填土沉降量最大，最大沉降量已经达到 6.434mm。

图 5.2.20～图 5.2.23 是模型 TM4 的土压力盒在无上覆填土标定时得到的结果。从中可以看出，当土压力盒只受离心力作用时，其应变值的变动基本属于信号本身的飘动值，相比在填土荷载作用下的应变值，可以认为没有变化，可认为土压力盒的应变值不受离心力作用的影响。

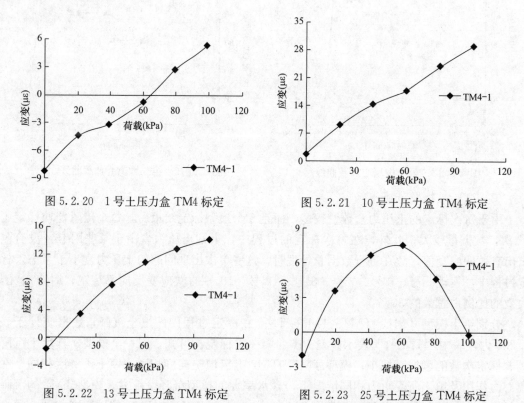

图 5.2.20　1 号土压力盒 TM4 标定　　　　图 5.2.21　10 号土压力盒 TM4 标定

图 5.2.22　13 号土压力盒 TM4 标定　　　　图 5.2.23　25 号土压力盒 TM4 标定

在此，取 1 号、10 号、13 号、25 号土压力盒的标定数据进行分析。图 5.2.24～图 5.2.27是 TM1、TM2、TM3 三次试验结束后各个土压力盒标定结果的汇总。

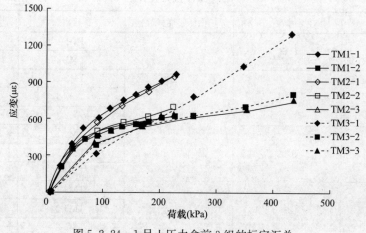

图 5.2.24　1 号土压力盒前 3 组的标定汇总

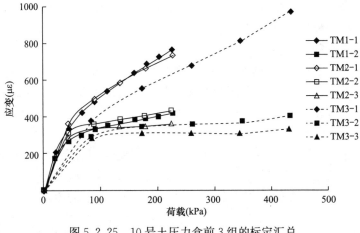

图 5.2.25　10 号土压力盒前 3 组的标定汇总

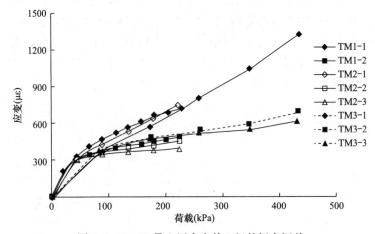

图 5.2.26　13 号土压力盒前 3 组的标定汇总

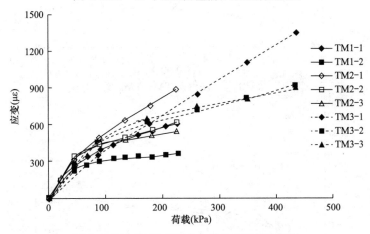

图 5.2.27　25 号土压力盒前 3 组的标定汇总

　　TM1、TM2、TM3 三次标定均在 90% 压实度的级配砂中进行，可认为在相同的介质中工作。TM1、TM2 两次标定中，土压力盒承受的最大应力理论值分别为 227.05kPa、224.96kPa；TM3 标定时，土压力盒承受的最大应力理论值为 434.78kPa。从标定结果可以得出以下结论：

① TM1、TM2 不管是模型第一次标定还是之后的再次标定,两模型得到的土压力盒标定曲线在同一标定模式下具有良好的重复性,表明这种改变离心力大小来实现土压力盒加载的标定方式具有很好的稳定性。

② TM1、TM2、TM3 三次标定土压力盒的应变值在应力增加到 434.78kPa 的情况下,最终应变值并未随之加倍,荷载-应变曲线基本沿着模型 TM1、TM2 标定时的方向发展,表明在后期荷载作用下,单位荷载增量对应的土压力盒的应变增量已经稳定,土压力盒已经达到稳定的工作状态。

③ 单个模型在进行第一次标定时,土压力盒的应变值相对更大;之后再进行标定时,土压力盒的应变值较之前有所减小。结合表 5.2.5 中给出的模型填土沉降值,表明周围填土状态变化大时,土压力盒的工作状态不稳定,随着填土状态的稳定,土压力盒的工作状态也趋于稳定。

④ 比较单个土压力盒的标定曲线发现,虽然在模型第一次标定时,模型 TM1、TM2 得到的曲线与 TM3 得到的曲线相差较大,但是之后再进行标定时,曲线的重合度明显变好,而且 200kPa 以后模型 TM3 标定得到的曲线基本沿着 TM1、TM2 标定得到的曲线发展。

图 5.2.28～图 5.2.31 是土压力盒在模型 TM5 内砂土标定的结果。图中将标定的应变曲线与 TM3 标定得到的曲线进行比较,比较不同填土状态时,土压力盒工作状态的变

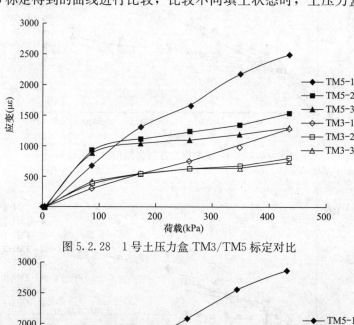

图 5.2.28　1 号土压力盒 TM3/TM5 标定对比

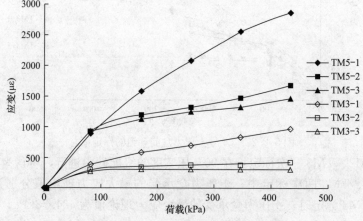

图 5.2.29　10 号土压力盒 TM3/TM5 标定对比

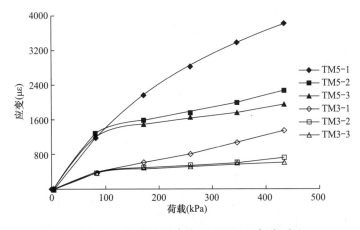

图 5.2.30　13 号土压力盒 TM3/TM5 标定对比

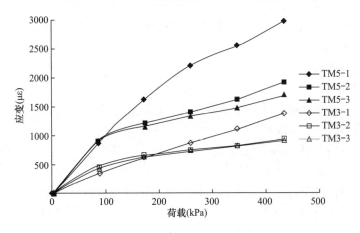

图 5.2.31　25 号土压力盒 TM3/TM5 标定对比

化。从图中可以明显地发现，当填土为砂土时，土压力盒的应变值仍然表现出与其他模型相同的性状：当模型初次受力时，土压力盒的应变值较大，模型再次受力时，压密的填土分担了部分荷载，导致土压力盒的应变值有所减小。同时，通过比较 TM3、TM5 所得应变曲线，填土强度低时土压力盒的应变值更大，而且两个不同填土状态的模型均表现出模型再次受力时，土压力盒应变减小的特征。

在桩土相互作用的离心模型试验中，模型填筑结束后，为使加载装置、位移计支架接触良好，只对模型在 5g 离心力加速度状态下进行了 10min 的预压。之后直接进行离心试验，土压力盒属于标定过程中模型初次受力时的工作状态；模型 TM5 中填土为砂土，主要是为了比较土压力盒在不同介质下的工作状态，故在此仅列出模型 TM1、TM2、TM3 在初次受力时标定得到的土压力盒标定系数，见表 5.2.6。

土压力盒标定系数　表 5.2.6

| 模型编号 | 土压力盒标定系数 | | | | | | | | | |
|---|---|---|---|---|---|---|---|---|---|---|
| | 1 号 | 2 号 | 3 号 | 4 号 | 5 号 | 6 号 | 7 号 | 8 号 | 9 号 | 10 号 |
| TM1 | 3.850 | 3.642 | 4.393 | 3.583 | 4.221 | 2.808 | 3.392 | 3.069 | 3.078 | 2.993 |
| TM2 | 4.014 | 2.963 | 4.145 | 3.660 | 1.761 | 3.387 | 3.559 | 3.521 | 2.505 | 2.999 |
| TM3 | 2.892 | 2.574 | 2.658 | 1.808 | 2.712 | 1.567 | 2.310 | 2.040 | 1.986 | 2.092 |

| 模型编号 | 土压力盒标定系数 | | | | | | | | | |
|---|---|---|---|---|---|---|---|---|---|---|
| | 12 号 | 13 号 | 14 号 | 15 号 | 16 号 | 17 号 | 18 号 | 19 号 | 20 号 | 25 号 |
| TM1 | 2.498 | 2.835 | 2.157 | 4.153 | 3.611 | 3.144 | 3.026 | 3.232 | 3.305 | 2.421 |
| TM2 | 3.060 | 3.131 | 3.222 | 4.815 | 3.749 | 4.421 | 4.078 | 3.876 | 5.822 | 3.831 |
| TM3 | 2.131 | 2.979 | 2.064 | 3.849 | 1.887 | 2.888 | 2.350 | 2.001 | 2.928 | 3.073 |

运用离心模型试验手段，对土压力盒在高重力环境下的工作状态进行探讨，有如下结论：

① 离心力对土压力盒工作状态的影响可以忽略。模型 TM4 为土压力盒上无填土作用时的标定情况，在离心加速度增大作用下，土压力盒的应变值变化很小，基本属于信号本身波动的状态，所以，可认为离心力对土压力盒的工作状态没有影响。

② 在周围介质的影响下，土压力盒的荷载-应变反应并非线性，而是随着土压力盒与周围介质相对位移调整的过程：相对位移大时，在土压力盒与土体之间容易形成土拱作用，所以测得的应变值更大；随着相对位移的减小，土拱作用逐渐消除，测得的应变值减小并趋于稳定工作状态。

③ 周围填土强度的大小影响土压力盒的反应，填土强度高土压力盒的反应就小，应变值就小；填土强度减小时，土压力盒反应大，应变值就大。

2）土压力盒的环圈标定

土工试验中应用的环圈仪是瑞典的 T. Kallstenius 于 1956 年首创，国内有进行了仿制，用于土压力盒的标定。环圈仪是将固定的筒分成若干个环，在模型填筑的过程中通过限位装置满足环圈仪各个环之间分离的特性，待填筑结束后拆除限位装置，环圈在其与填土之间摩擦力的作用下满足自平衡。由于各个环之间是分离的，环与土之间的摩擦力不能沿模型高度范围内传递，因此，环圈仪既可以大大降低侧壁摩擦力的影响，又能实现荷载沿土体均匀传递。环圈仪在土压力盒标定方面有其天然的优势，环圈仪标定土压力盒的作用机理如图 5.2.32 所示。

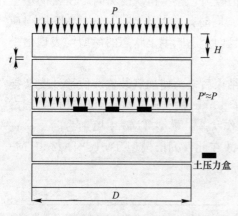

图 5.2.32 环圈仪标定土压力盒作用机理

（1）试验设计

试验主要是与采用离心模型试验方法标定得到的土压力盒的荷载-应变曲线进行对比，验证土压力盒在理论上相同荷载作用下，工作性能是否相同，即比较不同标定方法下土压力盒工作性能是否相同。

试验共进行了 16 组标定，编号为 B1～B16。试验选用的环圈仪单个环圈高度 $H=5cm$，直径 $D=35cm$，环圈间距 $t=3mm$；模型填土选用和离心机标定同样的级配砂，目标含水率 6%，目标压实度 90%，试验参数见表 5.2.7。

其中，模型 B1～B2 是为了找出一种标定结果比较稳定的标定方式，以 5～10 号土压力盒为基准，比较环圈层数增加（4 层、6 层、8 层、10 层）以及在环圈层数确定的情况下，加载板底是否添加橡胶垫来优化加载边界条件这两个因素对标定结果的影响，从而确定出以环圈数 8 层、加载板底添加橡胶垫来作为标准的标定方式；模型 B9～B12 是对其余的土压力盒在标准标定方式下进行标定，并将其结果与离心机模型标定的结果进行比较，分析土压力盒在两种标定方式下的工作状态的异同，而 B9、B10 两模型是在标准标定方式下对同样的土压力盒进行标定，进而验证标定方式的稳定性；模型 B13～B16 是在标准标定方式下，采用砂土对各个土压力盒进行标定，同样是为了比较在砂土环境下，环圈标定与离心机标定结果的异同。

环圈仪标定模型实际参数　　　　　　　　　　　　　表 5.2.7

| 模型编号 | 填土含水率（%） | 填土压实度（%） | 环圈总数 | 加载板底有无橡胶垫 | 标定土压力盒的编号 |
|---|---|---|---|---|---|
| B1 | 5.93 | | 4 | 无 | |
| B2 | 6.27 | | | 有 | |
| B3 | 6.08 | | 6 | 无 | |
| B4 | 6.42 | | | 有 | 12 号、13 号、14 号、15 号、16 号 |
| B5 | 5.99 | | 8 | 无 | |
| B6 | 5.96 | 90% | | 有 | |
| B7 | 6.27 | | 10 | 无 | |
| B8 | 6.08 | | | 有 | |
| B9 | 6.20 | | | | 6 号、7 号、8 号、9 号、10 号 |
| B10 | 5.92 | | | | 6 号、7 号、8 号、9 号、10 号 |
| B11 | 5.92 | | | | 1 号、2 号、3 号、4 号、5 号 |
| B12 | 5.86 | | 8 | 有 | 17 号、18 号、19 号、20 号、25 号 |
| B13 | | | | | 1 号、2 号、3 号、4 号、5 号 |
| B14 | 0.60 | 砂土 | | | 6 号、7 号、8 号、9 号、10 号 |
| B15 | | | | | 12 号、13 号、14 号、15 号、16 号 |
| B16 | | | | | 17 号、18 号、19 号、20 号、25 号 |

标定时，采用液压千斤顶对环圈仪进行加载，最大标定荷载为 200kPa，每级 20kPa，共进行 10 级加载，通过量力环来控制每级荷载的加载量，每个模型标定 3 次。每次标定时，无论环圈数量多少，均将土压力盒放置在整个模型高度的 1/2 处，以避免顶、底板对标定结果的影响，导线从侧壁迁出，如图 5.2.33 所示。土压力的应变值采集仍然采用离心机的采集系统，以减小不同采集系统对标定结果造成的影响。

土压力盒的布设方式如图 5.2.34 所示，每个土压力盒的中心距离与离心机标定时的相同，仍然为 60mm，避免土压力盒之间的相互影响。

（2）试验数据及分析

① 模型 B1～B8 的标定

模型 B1～B8 只针对 12 号、13 号、14 号、15 号、16 号 5 个土压力盒进行标定，比较在环圈数以及加载板底有无橡胶垫这两个变量影响下土压力盒的工作性能，确定出标准的标定模型。确定标准标定模型的原则：在标准模型下，所标定的 5 个土压力盒得到的曲线均有较好的重合性，可认为此时环圈仪的边界条件对土压力盒的影响最小。

由于每个模型标定 3 次，最终的数据量较大，限于篇幅在此仅比较 14 号土压力盒的标定曲线，如图 5.2.35～图 5.2.38 所示。

图 5.2.33　环圈标定标准模型

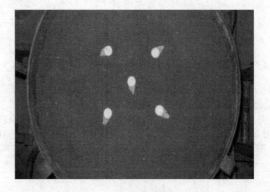

图 5.2.34　土压力盒布设方式

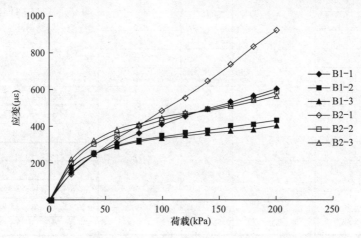

图 5.2.35　B1、B2 标定曲线汇总

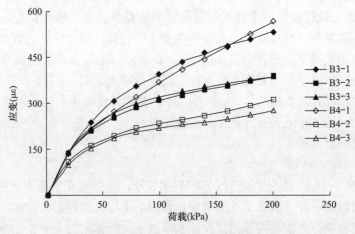

图 5.2.36　B3、B4 标定曲线汇总

　　可以看出，当环圈数较少时（图 5.2.35、图 5.2.36），加不加橡胶垫，土压力盒的标定曲线离散性均较大，而且根据模型后两次的标定曲线可以看出，应变差值 $100\sim200\mu\varepsilon$

之间，占最大应变值的 25%～30%；当环圈数增加后（图 5.2.37、图 5.2.38），土压力盒的标定曲线比较稳定，相互之间的离散性明显减小。可见随着环圈数的增加，边界条件对土压力盒工作性能的影响已经减小，而且对比 8 个环圈和 10 个环圈得到的结果发现再增加环圈的意义已经不大，所以，确定 8 个环圈为标准标定模型的环圈数，在此基础上添加橡胶垫，以进一步减小边界条件的影响。

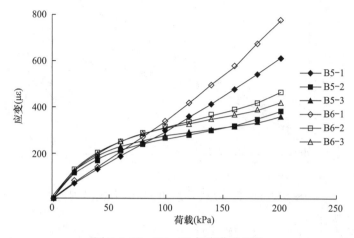

图 5.2.37 B5、B6 标定曲线汇总

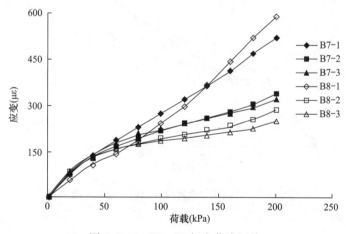

图 5.2.38 B7、B8 标定曲线汇总

② 模型 B9～B12 的标定

模型 B9、B10 的工作目的是验证标准标定模型对于其他土压力传感器的适用性，将 8 号土压力盒的结果列在图 5.2.39；而模型 B9～B12 主要是为了得到各个土压力传感器在环圈标定方式下的曲线，进而同离心机标定得到的结果进行比较。由于数据量较大，在此只列出 1 号、10 号、13 号、25 号土压力盒在标准标定模型下得到的曲线，并将其与离心机标定曲线进行比较，结果如图 5.2.40～图 5.2.43 所示。

根据图 5.2.39 所示的 8 号土压力盒，在标准标定模型下，土压力盒前后两次标定得到的曲线重合性很好，可以用此标定方法进行其余土压力盒的标定。

根据 1 号、10 号、13 号、25 号土压力盒在环圈仪与离心机标定得到的曲线的对比可知：模型第一次标定时，土压力盒在环圈仪中的荷载-应变曲线接近线性变化，但是土压力盒在离心模型标定时，荷载-应变表现出明显的非线性；模型在进行第二、三次标定时，土压力盒的反应接近一致（10号土压力盒除外），表明伴随着模型土体的稳定，不论哪种标定方式，土压力盒的工作状态都已经接近稳定。

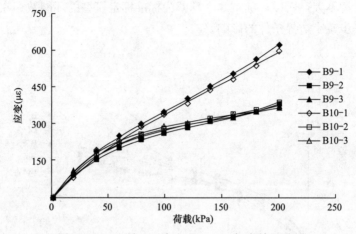

图 5.2.39　8号土压力盒 B9、B10 标定结果对比

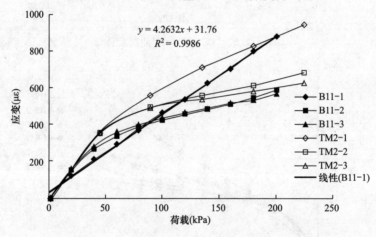

图 5.2.40　1号土压力盒环圈仪与离心机标定结果对比

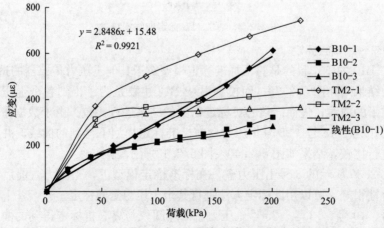

图 5.2.41　10号土压力盒环圈仪与离心机标定结果对比

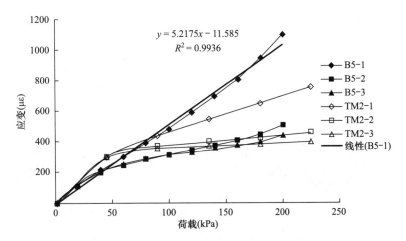

图 5.2.42　13 号土压力盒环圈仪与离心机标定结果对比

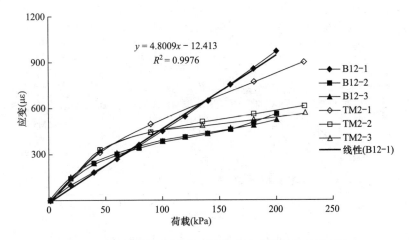

图 5.2.43　25 号土压力盒环圈仪与离心机标定结果对比

③ 模型 B13～B16 的标定

模型 B13～B16 标定的主要目的是将砂土情况下标定的荷载-应变曲线与环圈仪 90％压实度填土标定得到的荷载-应变曲线进行比较，比较不同填土状态时土压力盒工作状态的变化；同时将标定的荷载-应变曲线与离心模型 TM5 标定得到的荷载-应变曲线进行比较，比较不同标定方式之间的差异。

由于传感器较多，在此仅列出 1 号、10 号、13 号、25 号的标定结果，比较结果如图 5.2.44～图 5.2.47 所示。得出如下结论：当介质由 90％压实度的填土变为砂土时，环圈仪标定得到的土压力盒的应变值明显增大，表明随着介质强度的减弱，土压力盒的应变增大，这与在离心模型中标定得到的结果相同；比较同是砂土的环圈仪标定和离心模型 TM5 标定的结果，可以看出环圈仪标定得到的荷载-应变曲线与离心模型 TM5 第一次标定得到的荷载-应变曲线重合性较好，表明两种标定方式得到的结果差异较小，而离心模型标定时出现的应变衰减，主要是因为在自重应力作用下，松散砂体的沉降比在外荷载作用下的沉降小，所以土压力盒在被动变形阶段的变形量减小，进而导致应变量减小。

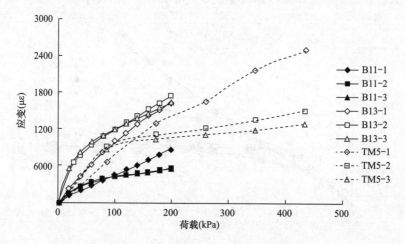

图 5.2.44　1 号土压力盒标定结果比较

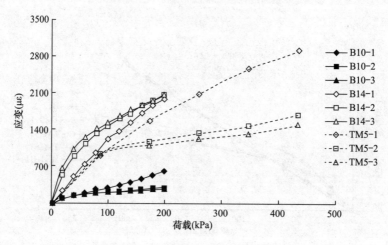

图 5.2.45　10 号土压力盒标定结果比较

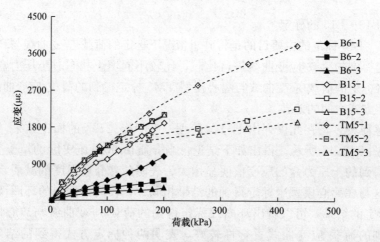

图 5.2.46　13 号土压力盒标定结果比较

通过环圈仪对土压力盒的标定试验可以得到以下结论：

a. 环圈层数和加载边界条件，对土压力盒工作性能的稳定性有一定影响。当环圈层数少时，无论加载边界条件是否得到改善（是否加橡胶垫），土压力盒的标定曲线都处在比较紊乱的状态，可见环圈层数太少时，边界条件对标定结果的不利影响无法消除；随着环圈层数的增大，边界条件对标定结果的影响逐渐减小，土压力盒最终处于稳定的工作状态。可见，环圈仪的层数在标定试验中占据主控因素，环圈层数过少，边界条件的影响不易消除。

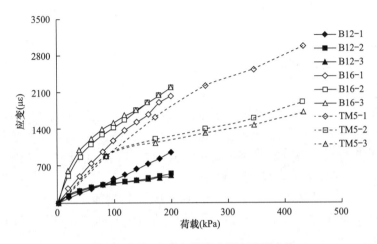

图 5.2.47　25 号土压力盒标定结果比较

b. 环圈仪标定与离心模型标定区别不大。比较 90％压实度填土标定得到的荷载-应变关系曲线及砂土标定得到的荷载-应变关系曲线发现，当填土稳定后，两种标定方式得到的荷载-应变曲线重合性较好，表明两种标定方式的区别不大。

## 5.2.4　小结

通过 5 组离心模型标定试验、16 组环圈仪标定试验，对 20 个土压力盒进行详细标定，有如下基本认识：

（1）加载装置可以实现离心环境下的实时加载，并可根据需要对加载速度进行控制，进而控制桩顶发生位移的速度；设计的模型桩可以将微型荷重传感器布置在模型桩的指定断面上，可直接测得该断面处轴力，该方法较测得的应变值换算轴力的传统方法更为直接。

（2）微型荷重传感器的标定系数在试验初期变化较大，通过试验后期的标定系数可以发现，微型荷重传感器的工作性能逐渐趋于稳定，可见对于传感器的实时标定是很有必要的。

（3）土压力盒的工作状态不受离心力场的影响，而且土压力盒的荷载-应变曲线随周围介质的强度在变化：同一模型，土压力盒在第一次标定时测得的应变值相对较大，之后两次标定，随着土体的稳定，土压力盒的荷载-应变曲线表现出良好的稳定性，土压力盒的应变值有所减小且幅度明显减小。由此可知在进行模型试验时，对模型进行适当地预压，可以提高土压力盒的工作性能，有利于得到稳定的土压力测试值。

（4）离心机和环圈仪两种标定方式在相同荷载作用，土压力盒在第二、第三次标定得到的荷载-应变曲线具有良好的重合性，表明两种标定方式都可用来标定土压力盒。

## 5.3 单桩离心模型试验方案及测试结果

试验主要通过单桩离心模型试验研究桩土之间的相互作用，探讨桩身荷载传递规律、桩侧摩阻力对地基应力场和位移场的影响。在此列仅出 5 组离心模型试验方案及所得数据进行分析。

### 5.3.1 单桩离心模型试验方案

#### 1. 模型比例的确定

离心模型试验之前，确定合理的模型比至关重要：由于模型箱尺寸的限制，尽量采用较小的模型比，才能更好地实现对原型的模拟；但是模型比太小时，不便于精确测量待测物理量，且对试验操作、精度和准确度提出较高的要求。为了准确模拟桩与土的相互作用，提高测试精度，减小重力加速度的影响，模型的比例尺取为 1：40。

根据离心模型试验的基本原理及等应力相似理论，模型加速度放大 $n$ 倍时，模型的几何长度缩短为原型的 $1/n$，原型物理量和模型间物理量之间的关系如表 5.3.1 所示。

离心模型试验中的相似比尺（原型/模型）　　　　　　　表 5.3.1

| 物理量 | 位移 | 面积 | 土应力 | 单桩承载力 |
|---|---|---|---|---|
| 相似比 | $n$ | $n^2$ | 1 | $n^2$ |

#### 2. 离心模型材料

单桩离心模型选用的主要填料仍然为级配砂；由于试验中考虑了桩端持力层的变化，模型中用到级配砂掺入 3‰ 水泥的混合料。

测得混合料的最佳含水率为 8.99％，对应的最大干密度为 1.95g/cm³；90％ 压实度情况下的混合料根据直剪试验测得黏聚力 $c = 11.41$ kPa，内摩擦角 $\varphi = 32.57$，根据 1h 快速压缩试验，测得压缩模量 $E_s = 91.59$ MPa，$a_{0.1\sim0.2} = 0.02 \leqslant 0.1$，判定混合料为低压缩性土。混合料的击实曲线、剪切试验 $S\text{-}P$ 曲线如图 5.3.1、图 5.3.2 所示。

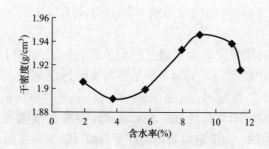

图 5.3.1　混合料的干密度与含水率关系曲线　　图 5.3.2　混合料的抗剪强度与垂直压力关系曲线

#### 3. 离心模型试验方案

离心模型试验共进行了 5 组，分别考虑了桩长及下卧层土体强度两个因素变化时，桩身的荷载传递、桩侧摩阻力对地基应力场和位移场的影响，表 5.3.2 是模型所考虑的基本参数；模型内传感器的布置如图 5.3.3～图 5.3.7 所示。

单桩离心模型参数　　　　　　　　　　表 5.3.2

| 模型 | 桩长（m） | 下卧层情况 | 填土含水率（%） | 填土压实度（%） |
|---|---|---|---|---|
| DM1 | 15 | — | 6.21 | |
| DM2 | 15 | 掺 3% 水泥 | 6.03 | |
| DM3 | 12 | — | 6.00 | 90 |
| DM4 | 12 | — | 5.80 | |
| DM5 | 15 | — | 6.14 | |

注："—"表示该参数在此模型内无变化；DM3、DM4 为对比试验，DM1、DM5 为对比试验。

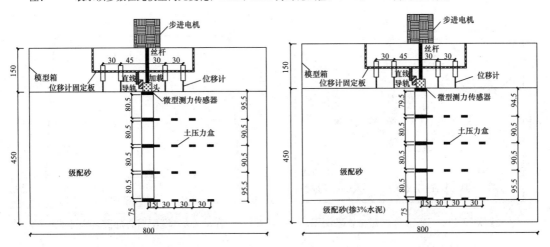

图 5.3.3　DM1、DM5 传感器布置剖面图　　　　图 5.3.4　DM2 传感器布置剖面图

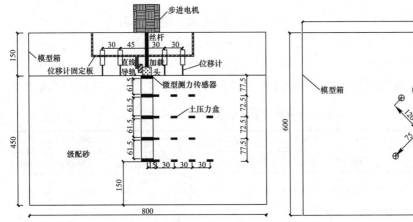

图 5.3.5　DM3、DM4 传感器布置剖面图

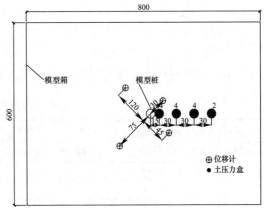

图 5.3.6　DM1 传感器布置平面图

采用步进电机带动丝杆将荷载作用在加载头上，通过控制脉冲数量将加载速度控制为 0.004mm/s，根据微型测力传感器的实时数据，判断加载头是否与桩顶的微型荷重传感器接触；当微型荷重传感器读数呈现负增长或维持不变时，认为该情况下的单桩已达到极限承载力；根据步进电机工作的时间，计算得到桩顶的位移；通过微型荷重传感器可以测得桩身轴力，进而计算得到桩侧摩阻力沿深度的分布；通过土压力盒可以测得地基土应力及其变化量；通过位移计测得距桩中心不同位置处的位移变化。

模型的离心力加载过程分为两阶段：预压阶段和实际加载阶段。预压以 5g 的离心加速度运行 10min，使加载机构之间能达到良好的接触状态，避免不必要的误差影响；预压结束后使离心加速度降至 0，停机 5min 后开始实际加载，进行实际加载时，待离心加速度达到 40g 并稳定 10min 后开始给步进电机发射脉冲信号，使加载头以 0.004mm/s 的速度向下移动，与此同时观察桩顶微型荷重传感器的信号值，直至该微型荷重传感器读数出现负增长并稳定一段时间后停止步进电机，并调整离心加速度至 0。离心加载曲线如图 5.3.8 所示。

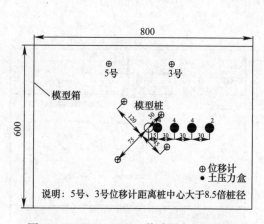

图 5.3.7　DM2～DM5 传感器布置平面图

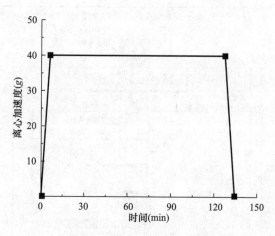

图 5.3.8　模型离心加载时程曲线

## 5.3.2　单桩离心模型试验测试结果

表 5.3.3 为 5 组单桩离心模型试验所得的桩身荷载传递、桩侧摩阻力对桩周土应力场和位移场影响的数据及桩周土压力盒埋设状况。桩身各截面轴力与桩顶沉降关系图形中，3 号、6 号、2 号、4 号、5 号为沿桩身向下依次安装的微型荷重传感器的编号；桩侧摩阻力作用下单个测点处位移变化图形中，列出了各个位移计的编号及其至桩中心的距离。

桩周土压力盒埋设状况统计　　　　　　　　　　　　表 5.3.3

| 模型编号 | 土压力盒埋测深度 (m) | 土压力盒埋设状况 （号） | | | |
|---|---|---|---|---|---|
| | | 距桩中心 0.6m | 距桩中心 1.8m | 距桩中心 3m | 距桩中心 4.2m |
| DM1 | 3.82 | 19 | 20 | 25 | — |
| | 7.42 | 9 | 10 | 17 | 18 |
| | 11.02 | 6 | 7 | 8 | — |
| | 14.86 | 1 | 2 | 3 | 4 |
| DM2 | 3.82 | 15 | 16 | 17 | — |
| | 7.42 | 9 | 10 | 13 | 14 |
| | 11.02 | 6 | 7 | 8 | — |
| | 14.86 | 1 | 2 | 3 | 4 |
| DM3 DM4 | 3.06 | 19 | 20 | 25 | — |
| | 5.86 | 9 | 10 | 17 | 18 |
| | 8.66 | 6 | 7 | 8 | — |
| | 11.86 | 1 | 2 | 3 | 4 |

| 模型编号 | 土压力盒埋测深度 (m) | 土压力盒埋设状况（号） | | | |
|---|---|---|---|---|---|
| | | 距桩中心 0.6m | 距桩中心 1.8m | 距桩中心 3m | 距桩中心 4.2m |
| DM5 | 3.82 | 19 | 20 | 25 | — |
| | 7.42 | 10 | 9 | 17 | 18 |
| | 11.02 | 6 | 7 | 8 | — |
| | 14.86 | 1 | 2 | 3 | 4 |

**1. 模型 DM1 试验数据**

（1）微型荷重传感器数据

图 5.3.9 为微型荷重传感器所测得的桩身各截面轴力随桩顶沉降变化曲线，图 5.3.10 为微型荷重传感器所测得的桩轴力在不同荷载情况下沿深度分布曲线，图 5.3.11 为由所测桩轴力算得的桩侧摩阻力在不同荷载情况下沿深度分布曲线。侧摩阻力 $q$ 计算：

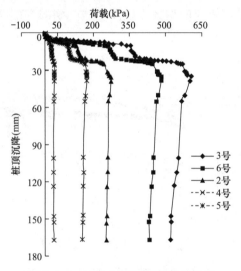

图 5.3.9　桩轴力-桩顶沉降关系曲线

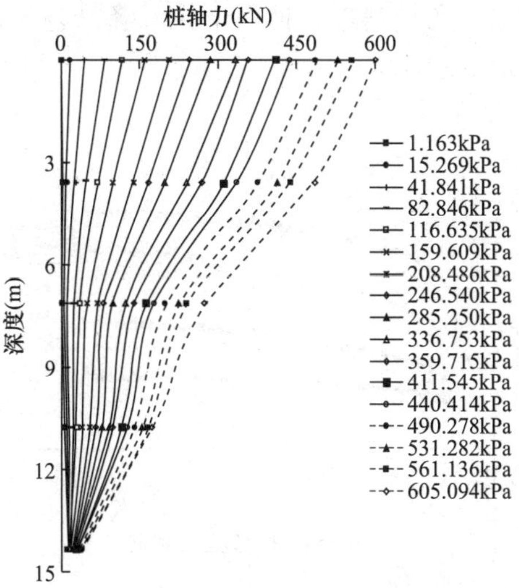

$$q = (N_i - N_{i+1})/\pi d \Delta h \quad (5.3.1)$$

式中，$N_i$、$N_{i+1}$ 为 $i$ 截面处、$i+1$ 截面处的桩身轴力；$d$ 为桩直径；$\Delta h$ 为 $i$ 截面和 $i+1$ 截面之间的高差。

由图 5.3.9 可见，随着桩顶沉降的增长，桩身各个断面处的轴力都呈现出不同程度的增长；加载到 220s、对应的桩顶沉降为 35.2mm 时，桩身各个断面处的轴力均达到峰值，桩顶处的轴力为 605.094kN；由图 5.3.10 可见，随着桩顶荷载的增加，桩身各个截面处的轴力都有所增加；在某一桩顶力作用下，桩身轴力沿深度呈现出衰减的趋势，即桩顶处轴力最大，沿桩身向下逐渐减小；由图 5.3.11 可知，随着

图 5.3.10　桩轴力沿深度分布曲线

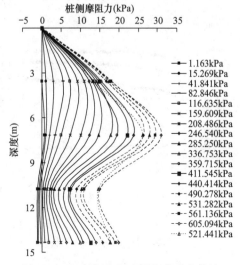

图 5.3.11　桩侧摩阻力沿深度分布曲线

桩顶荷载的增加，桩身的侧摩阻力随之增加，并且沿深度方向上，呈现出先增大后减小的趋势，而且在桩端附近又有所增加。

（2）土压力盒数据分析

图 5.3.12～图 5.3.15 为从离心加载速度达到 $40g$ 至模型桩桩顶开始受力这段时间内，不同埋测深度处土压力盒所测应力随离心力作用时间的变化曲线，由此判断在模型桩桩顶受力之前，土应力基本已经达到稳定状态；图 5.3.16～图 5.3.19 为桩顶开始受力到所受桩顶荷载最大这段时间内，不同埋测深度处土压力盒所测地基土应力变化量随加载头加载时间的变化曲线，由此看出随着桩顶荷载的增加，桩侧摩阻力作用下各层土应力变化量也增加，而且同一深度处的土应力增量沿径向衰减，离桩越近，土应力变化量越大，受到的桩侧摩阻力的影响也就越大，随着距离的增加，桩周土体受到的影响逐渐减小；图 5.3.20 为桩顶荷载最大时，从桩顶开始受力到桩顶荷载最大这段时间内所测桩周土应力变化值的空间分布，同样可以看出桩侧摩阻力对桩周土体应力场的影响沿径向衰减，离桩越近，桩周土体沉降量越大，随着距离的增大，桩周土体受到的桩侧摩阻力的影响减小。

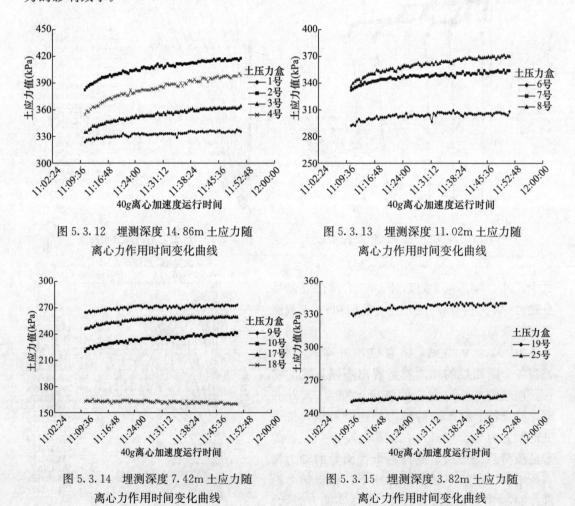

图 5.3.12　埋测深度 14.86m 土应力随
离心力作用时间变化曲线

图 5.3.13　埋测深度 11.02m 土应力随
离心力作用时间变化曲线

图 5.3.14　埋测深度 7.42m 土应力随
离心力作用时间变化曲线

图 5.3.15　埋测深度 3.82m 土应力随
离心力作用时间变化曲线

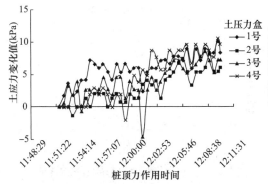

图 5.3.16　埋测深度 14.86m 土应力变化值随
　　　　　桩顶力作用时间变化曲线

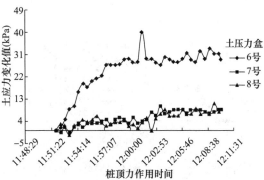

图 5.3.17　埋测深度 11.02m 土应力变化值
　　　　　随桩顶力作用时间变化曲线

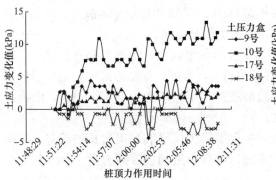

图 5.3.18　M1 埋测深度 7.56m 土应力变化值随
　　　　　桩顶力作用时间变化曲线

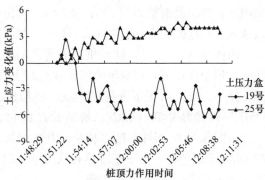

图 5.3.19　埋测深度 3.82m 土应力变化值随
　　　　　桩顶力作用时间变化曲线

（3）位移计数据分析

图 5.3.21、图 5.3.22 为位移计所测得的原型等效桩周土体沉降值在试验过程中随桩顶加载而变化的相关图形。根据图 5.3.21，可以看出随着桩顶荷载的增加，桩侧摩阻力引起的桩周土体不同位置处的沉降值随之增加，而且增加值也表现出沿径向衰减的趋势，结合图 5.3.22，在桩顶荷载最大时，桩侧摩阻力引起的桩周土体的最大沉降值为 1.741mm（测点距桩中心 1.8m），最小沉降值为 1.284mm（测点距桩中心 3.0m）。

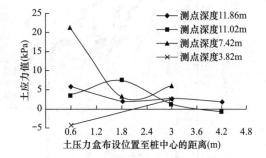

图 5.3.20　桩顶荷载最大时对应的桩周土
　　　　　应力变化值空间分布

**2. 模型 DM2 试验数据**

（1）微型荷重传感器数据分析

图 5.3.23 为微型荷重传感器所测得的桩身各截面轴力随桩顶沉降变化曲线，图 5.3.24 为微型荷重传感器所测得的桩轴力在不同荷载情况下沿深度分布曲线，图 5.3.25 为由所测桩轴力算得的桩侧摩阻力在不同荷载情况下沿深度分布曲线。

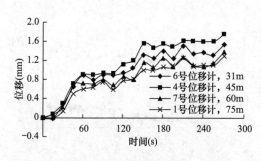

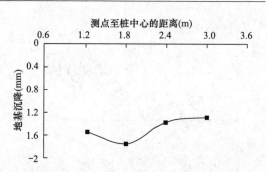

图 5.3.21　桩身荷载作用下单个测点处　　　　图 5.3.22　桩侧摩阻力引起的地基沉降曲线
　　　　　　位移变化曲线

由图 5.3.23 可见，随着桩顶加载过程的推进，桩身各个断面处的轴力都呈现出不同程度的增长；加载到 697s、对应的桩顶沉降为 95.52mm 时，桩身各个断面处的轴力均达到峰值，桩顶处的轴力为 2351.650kN；对比模型 DM1、DM2 单桩极限承载力，可知下卧层掺入 3％ 的水泥后，相同桩长（15m）的极限承载力明显提高。

由图 5.3.24 可见，随着桩顶荷载的增加，桩身各个截面处的轴力都有所增加；在某一桩顶力作用下，桩身轴力沿深度呈现出衰减的趋势，即桩顶处轴力最大，沿桩身向下逐渐减小。此时由于下卧层的改变，极限桩顶荷载作用下桩端力为 306.314kN，而模型 DM1 中桩端力为 37.472kN，增加了 7.17 倍。

由图 5.3.25 可知，随着桩顶荷载的增加，桩侧摩阻力同样表现出增长的趋势；与模型 DM1 不同的是，由于下卧层掺入了 3％ 的水泥，桩端附近的侧摩阻力由 19.910kPa 变为 103.280kPa，提高了 4.2 倍。

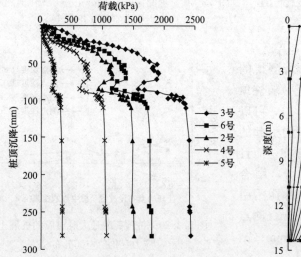

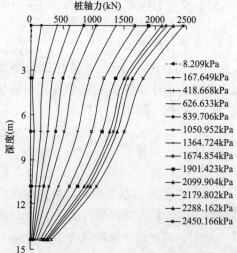

图 5.3.23　桩轴力-桩顶沉降关系曲线　　　　图 5.3.24　桩轴力沿深度分布曲线

（2）土压力盒数据分析

图 5.3.26～图 5.3.29 为从离心加载速度达到 40g 到模型桩桩顶开始受力这段时间内，不同埋测深度处土压力盒所测应力随离心力作用时间的变化曲线，由此判断在模型桩桩顶受力之前，土应力基本已经达到稳定状态；图 5.3.30～图 5.3.33 为桩顶开始受力到所受

桩顶荷载最大这段时间内,不同埋测深度处土
压力盒所测地基土应力变化量随加载头加载时
间的变化曲线,由此看出随着桩顶荷载的增加,
桩侧摩阻力作用下各层土应力变化量也增加,
而且同一深度处的土应力增量沿径向衰减,离
桩越近,土应力变化量越大,受到的桩侧摩阻力
的影响也就越大,随着距离的增加,桩周土体
受到的影响逐渐减小,而且比较 DM1、DM2 具
体的土应力变化量,发现随着桩顶荷载的增加,
桩侧摩阻力对桩周土体应力的影响也增加;
图 5.3.34 为桩顶荷载最大时,从桩顶开始受力
到桩顶荷载最大这段时间内所测桩周土应力变
化值的空间分布,同样可以看出桩侧摩阻力对桩
周土体应力场的影响沿径向衰减,离桩越近,桩

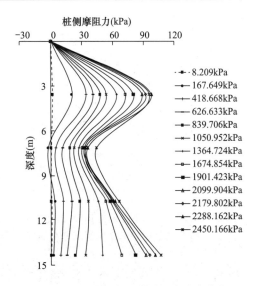

图 5.3.25　桩侧摩阻力沿深度分布曲线

周土体沉降量越大,随着距离的增大,桩周土体受到的桩侧摩阻力的影响减小。

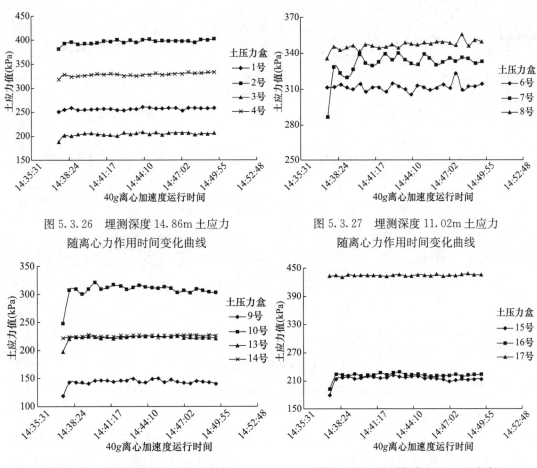

图 5.3.26　埋测深度 14.86m 土应力
随离心力作用时间变化曲线

图 5.3.27　埋测深度 11.02m 土应力
随离心力作用时间变化曲线

图 5.3.28　埋测深度 7.42m 土应力
随离心力作用时间变化曲线

图 5.3.29　埋测深度 3.82m 土应力
随离心力作用时间变化曲线

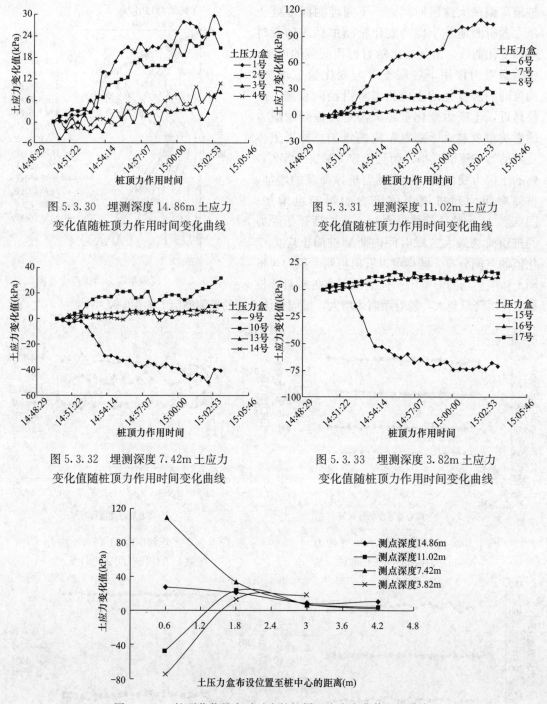

图 5.3.30　埋测深度 14.86m 土应力
变化值随桩顶力作用时间变化曲线

图 5.3.31　埋测深度 11.02m 土应力
变化值随桩顶力作用时间变化曲线

图 5.3.32　埋测深度 7.42m 土应力
变化值随桩顶力作用时间变化曲线

图 5.3.33　埋测深度 3.82m 土应力
变化值随桩顶力作用时间变化曲线

图 5.3.34　桩顶荷载最大时对应的桩周土应力变化值空间分布

（3）位移计数据分析

图 5.3.35、图 5.3.36 为位移计所测得的原型等效桩周土体沉降值在试验过程中随桩
顶加载而变化的相关图形。根据图 5.3.35，可以看出随着桩顶荷载的增加，桩侧摩阻力引
起的桩周土体不同位置处的沉降值随之增加，而且增加值也表现出沿径向衰减的趋势，结

合图 5.3.36 得到在桩顶荷载最大时，桩侧摩阻力引起的桩周土体的最大沉降值为 7.036mm（测点距桩中心 1.20m），最小沉降值为 2.530mm（测点距桩中心 6.36m）。

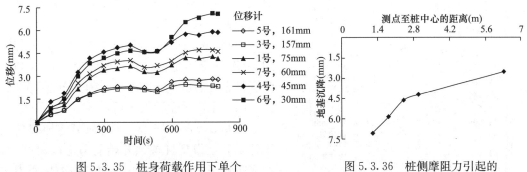

图 5.3.35　桩身荷载作用下单个　　　　　　图 5.3.36　桩侧摩阻力引起的
　　　　测点处位移变化曲线　　　　　　　　　　　　地基沉降曲线

### 3. 模型 DM3 试验数据

（1）微型荷重传感器数据分析

图 5.3.37 为微型荷重传感器所测得的桩身各截面轴力随桩顶沉降的变化曲线，图 5.3.38 为微型荷重传感器所测得的桩轴力在不同荷载情况下沿深度分布曲线，图 5.3.39 为由所测桩轴力算得的桩侧摩阻力在不同荷载情况下沿深度分布曲线。

由图 5.3.37 可见，随着桩顶加载过程的推进，桩身各个断面处的轴力都呈现出不同程度的增长；加载到 496s、对应的桩顶沉降为 79.36mm 时，桩身各个断面处的轴力均达到峰值，桩顶处的轴力此时为 1287.163kN；对比模型 DM1、DM3 单桩极限承载力，发现 12m 桩长测得的单桩极限承载力（1287.163kN）大于 15m 桩长得到的单桩极限承载力（605.094kN），与常规的桩越长，单桩极限承载力越大相矛盾，即试验结果出现矛盾。

由图 5.3.38 可见，随着桩顶力荷载的增加，桩身各个截面处的轴力都有所增加；在某一桩顶力作用下，桩身轴力沿深度呈现出衰减趋势，即桩顶处轴力最大，沿桩身向下逐渐减小。

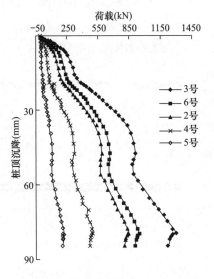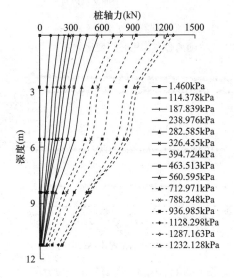

图 5.3.37　桩轴力-桩顶沉降关系曲线　　　　图 5.3.38　桩轴力沿深度分布曲线

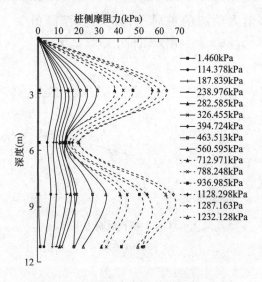

图 5.3.39 桩侧摩阻力沿深度分布曲线

由图 5.3.39 可知,随着桩顶荷载的增加,桩侧摩阻力同样表现出增长的趋势;同一桩顶荷载情况时,桩侧摩阻力沿深度范围内,呈现出先增大后减小继而又增大的趋势("耳朵"状),与模型 DM1 的分布规律相似,但是与模型 DM2 的分布规律区别明显,可见不同的下卧层状态,会影响桩侧摩阻力的分布。

(2) 土压力盒数据分析

图 5.3.40~图 5.3.43 为从离心加载速度达到 40g 至模型桩桩顶开始受力这段时间内,不同埋测深度处土压力盒所测应力随离心力作用时间的变化曲线,由此判断在模型桩桩顶受力之前,土应力基本已经达到稳定状态;图 5.3.44~图5.3.47 为桩顶开始受力到所受桩顶荷载最大这段时间内,不同埋测深度处土压力盒所测地基土应力变化量随加载头加载时间的变化曲线,由此看出随着桩顶荷载的增加,桩侧摩阻力作用下各层土应力变化量也增加,

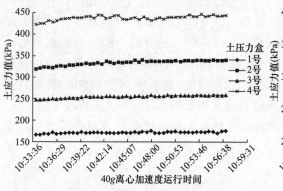

图 5.3.40 埋测深度 11.86m 土应力随离心力作用时间变化曲线

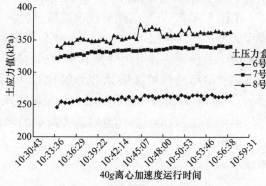

图 5.3.41 埋测深度 8.66m 土应力随离心力作用时间变化曲线

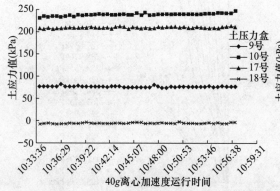

图 5.3.42 埋测深度 5.86m 土应力随离心力作用时间变化曲线

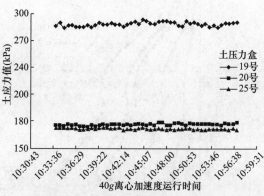

图 5.3.43 埋测深度 3.06m 土应力随离心力作用时间变化曲线

而且同一深度处的土应力增量沿径向衰减，离桩越近，土应力变化量越大，受到桩侧摩阻力的影响也就越大，随着距离的增加，桩周土体受到的影响逐渐减小，同时比较 DM1、DM2、DM3 具体的土应力变化量，发现随着桩顶荷载的增加，桩侧摩阻力对桩周土应力的影响也增加了。图 5.3.48 为桩顶荷载最大时，从桩顶开始受力到桩顶荷载最大这段时间内所测桩周土应力变化值的空间分布，同样可以看出桩侧摩阻力对桩周土应力场的影响沿径向衰减，离桩越近，桩周土体沉降量越大，随着距离的增大，桩周土体受到的桩侧摩阻力的影响减小。

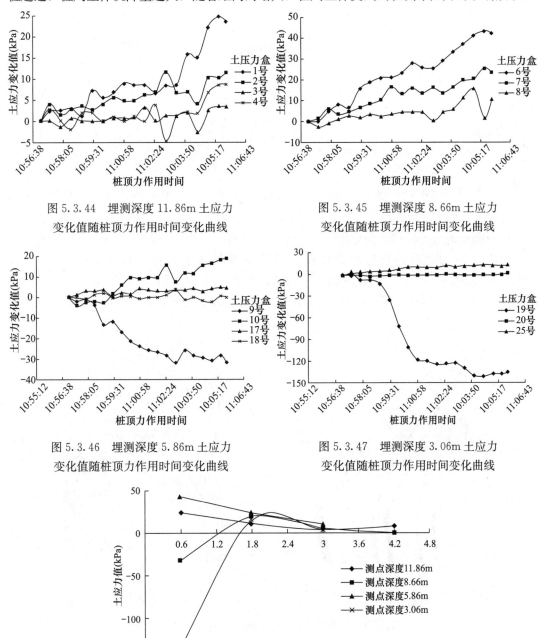

图 5.3.44　埋测深度 11.86m 土应力
变化值随桩顶力作用时间变化曲线

图 5.3.45　埋测深度 8.66m 土应力
变化值随桩顶力作用时间变化曲线

图 5.3.46　埋测深度 5.86m 土应力
变化值随桩顶力作用时间变化曲线

图 5.3.47　埋测深度 3.06m 土应力
变化值随桩顶力作用时间变化曲线

图 5.3.48　桩顶荷载最大时对应的桩周土应力变化值空间分布

（3）位移计数据分析

图 5.3.49、图 5.3.50 为位移计所测得的原型等效地基沉降值在试验过程中随桩顶加载而变化的相关图形。根据图 5.3.49，可以看出随着桩顶荷载的增加，桩侧摩阻力引起的桩周土体不同位置处的沉降值随之增加，而且增加值也表现出沿径向衰减的趋势，结合图 5.3.50 得到在桩顶荷载最大时，桩侧摩阻力引起的桩周土体的最大沉降值为 5.401mm（测点距桩中心 1.20m），最小沉降值为 2.111mm（测点距桩中心 6.36m）。

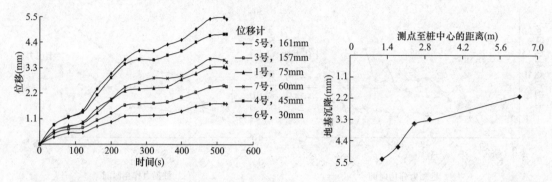

图 5.3.49　桩身荷载作用下单个测点处位移变化曲线　　图 5.3.50　桩侧摩阻力引起的地基沉降曲线

### 4. 模型 DM4 试验数据

（1）微型荷重传感器数据分析

图 5.3.51 为微型荷重传感器所测得的桩身各截面轴力随桩顶沉降的变化曲线，图 5.3.52 为微型荷重传感器所测得的桩轴力在不同荷载情况下沿深度分布曲线，图 5.3.53 为由所测桩轴力算得的桩侧摩阻力在不同荷载情况下沿深度分布曲线。

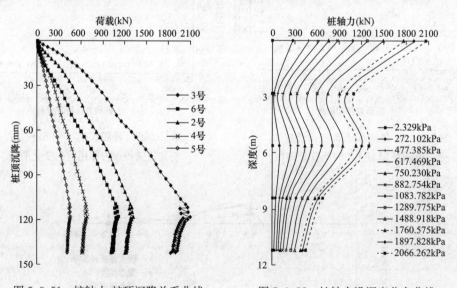

图 5.3.51　桩轴力-桩顶沉降关系曲线　　　　图 5.3.52　桩轴力沿深度分布曲线

由图 5.3.51 可见，随着桩顶加载过程的推进，桩身各个断面处的轴力都呈现出不同程度的增长；加载到 734s、对应的桩顶沉降为 117.44mm 时，桩身各个断面处的轴力均达到峰值，桩顶处的轴力此时为 2091.064kN；此后，随着加载继续进行，桩身轴力呈现出衰减趋势。对比模型 DM3 单桩极限承载力，发现在相同桩长、相同地基情况下，测得的单桩极限承载力（2091.064kN）大于 DM3 得到的单桩极限承载力（1287.163kN），相同的桩长、相同的地基情况，测得的单桩极限承载力相差 62.46%。试验结束后，观察模型桩的形态，发现模型桩在荷载作用下已经发生弯曲变形，这可能是造成所测桩顶荷载偏大的原因，如图 5.3.54 所示。

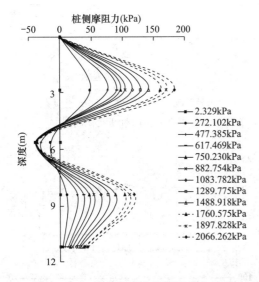

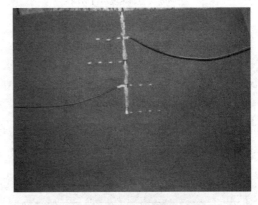

图 5.3.53　桩侧摩阻力沿深度分布曲线　　　　图 5.3.54　试验结束后模型桩形态

由图 5.3.52 可见，随着桩顶力荷载的增加，桩身各个截面处的轴力都有所增加；在某一桩顶力作用下，桩身轴力沿深度呈现出衰减的趋势，即桩顶处轴力最大，沿桩身向下逐渐减小。第三个微型荷重传感器测得的轴力较第二个微型荷重传感器测得的轴力大，这一现象与桩身轴力的传递规律不符，考虑到图 5.3.54 中模型桩的形态，加载过程中桩的弯曲是造成这一现象的原因。

由图 5.3.53 可知，桩侧摩阻力的分布虽然出现负值，但是主要是由于中间测点处的轴力过大造成的，若无此异常现象，推知模型 DM4、DM3 的分布形态应该相似，也为先增大后减小继而又增大的趋势（"耳朵"状）。

（2）土压力盒数据分析

图 5.3.55～图 5.3.58 为从离心加载速度达到 40g 到模型桩桩顶开始受力这段时间内，不同埋测深度处土压力盒所测应力随离心力作用时间的变化曲线，由此判断在模型桩桩顶受力之前，土应力基本已经达到稳定状态；图 5.3.59～图 5.3.62 为桩顶开始受力到所受桩顶荷载最大这段时间内，不同埋测深度处土压力盒所测地基土应力变化量随加载头加载时间的变化曲线，由此看出随着桩顶荷载的增加，桩侧摩阻力作用下各层土应力变化量也增加，而且同一深度处的土应力增量沿径向衰减，离桩越近，土应力变化量越大，受到桩侧摩阻力的影响也就越大，随着距离的增加，桩周土体受到的影响逐渐减小，但是区别于之前的土压力增量的是，这次试验测得的土压力增量均为正值；图 5.3.63 为桩顶荷载最大时，从桩顶开始受力到桩顶荷载最大这段时间内所测桩周土应力变化值的空间分布，同样可以看出桩侧摩阻力对桩周土应力场的影响沿径向衰减，离桩越近，桩周土体沉降量越大，随着距离的增大，桩周土体受到的桩侧摩阻力的影响减小。

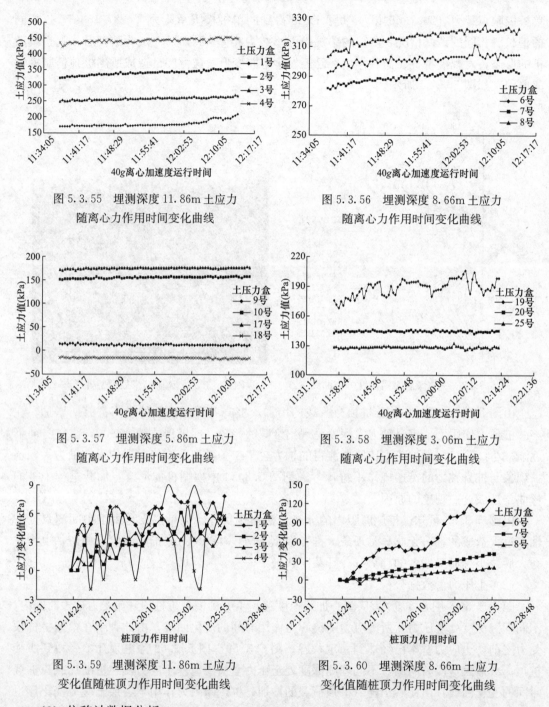

图 5.3.55　埋测深度 11.86m 土应力
随离心力作用时间变化曲线

图 5.3.56　埋测深度 8.66m 土应力
随离心力作用时间变化曲线

图 5.3.57　埋测深度 5.86m 土应力
随离心力作用时间变化曲线

图 5.3.58　埋测深度 3.06m 土应力
随离心力作用时间变化曲线

图 5.3.59　埋测深度 11.86m 土应力
变化值随桩顶力作用时间变化曲线

图 5.3.60　埋测深度 8.66m 土应力
变化值随桩顶力作用时间变化曲线

（3）位移计数据分析

图 5.3.64、图 5.3.65 为位移计所测得的原型等效地基沉降值在试验过程中随桩顶加载而变化的相关图形。根据图 5.3.64，可以看出随着桩顶荷载的增加，桩侧摩阻力引起的桩周土体不同位置处的沉降值随之增加，而且增加值也表现出沿径向衰减的趋势，结合图 5.3.65得到在桩顶荷载最大时，桩侧摩阻力引起的桩周土体的最大沉降值为 3.496mm（测点距桩中心 1.32m），最小沉降值为 1.112mm（测点距桩中心 6.52m）。

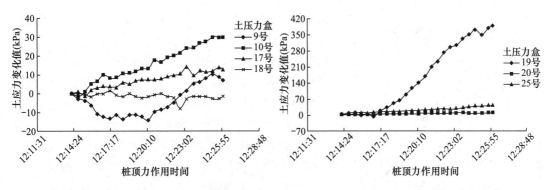

图 5.3.61 埋测深度 5.86m 土应力
变化值随桩顶力作用时间变化曲线

图 5.3.62 埋测深度 3.06m 土应力
变化值随桩顶力作用时间变化曲线

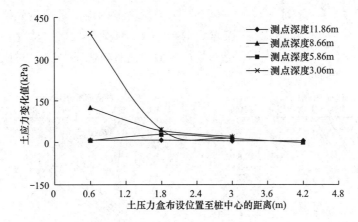

图 5.3.63 桩顶荷载最大时对应的桩周土应力变化值空间分布

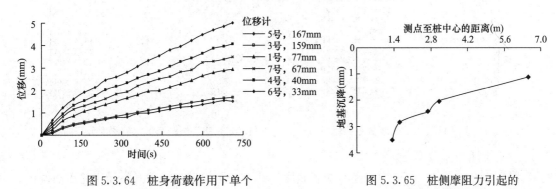

图 5.3.64 桩身荷载作用下单个
测点处位移变化曲线

图 5.3.65 桩侧摩阻力引起的
地基沉降曲线

## 5. 模型 DM5 试验数据

（1）微型荷重传感器数据分析

图 5.3.66 为微型荷重传感器所测得的桩身各截面轴力随桩顶沉降的变化曲线，
图 5.3.67 为微型荷重传感器所测得的桩轴力在不同荷载情况下沿深度分布曲线，
图 5.3.68 为由所测桩轴力算得的桩侧摩阻力在不同荷载情况下沿深度分布曲线。

由图 5.3.66 可见，随着桩顶加载过程的推进，桩身各个断面处的轴力都呈现出不同
程度的增长；加载到 596s、对应的桩顶沉降是 95.36mm 时，桩身各个断面处的轴力均达

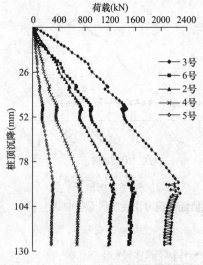

图 5.3.66 桩轴力-桩顶沉降关系曲线

到峰值，桩顶处的轴力此时为 2287.892kN；此后，随着加载继续进行，桩身轴力呈现出衰减趋势。对比模型 DM1 单桩极限承载力（605.094kN），发现在相同桩长、相同地基情况下，模型 DM3 测得的单桩极限承载力（2287.892kN）是模型 DM1 的 3.78 倍。

由图 5.3.67 可见，随着桩顶力荷载的增加，桩身各个截面处的轴力都有所增加；在某一桩顶力作用下，桩身轴力沿深度呈现出衰减的趋势，即桩顶处轴力最大，沿桩身向下逐渐减小。

由图 5.3.68 可知，随着桩顶荷载的增加，桩侧摩阻力同样表现出增长的趋势；同一桩顶荷载情况时，桩侧摩阻力沿深度范围内，呈现出先增大后减小继而又增大的趋势（"耳朵"状），与模型 DM1、DM3 的分布规律相似，而且极限荷载大，对应的极限侧摩阻力也大。

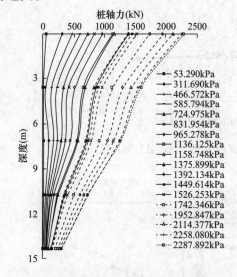

图 5.3.67 桩轴力沿深度分布曲线

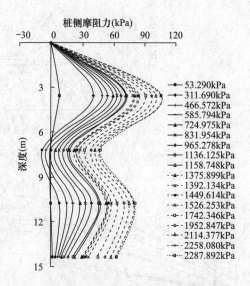

图 5.3.68 桩侧摩阻力沿深度分布曲线

（2）土压力盒数据分析

图 5.3.69～图 5.3.72 为从离心加载速度达到 40g 至模型桩桩顶开始受力这段时间内，不同埋测深度处土压力盒所测应力随离心力作用时间的变化曲线，由此判断在模型桩桩顶受力之前，土应力基本已经达到稳定状态。图 5.3.73～图 5.3.76 为桩顶开始受力到所受桩顶荷载最大这段时间内，不同埋测深度处土压力盒所测地基土应力变化量随加载头加载时间的变化曲线，由此看出随着桩顶荷载的增加，桩侧摩阻力作用下各层土应力变化量也增加，而且同一深度处的土应力增量沿径向衰减，离桩越近，土应力变化量越大，受到桩侧摩阻力的影响也就越大，随着距离的增加，桩周土体受到的影响逐渐减小，同时比较 DM1、DM2、DM3、DM5 具体的土压力增量值，发现随着桩顶荷载的增加，桩身荷载对土压力的影响也增加了；图 5.3.77 为桩顶荷载最大时，从桩顶开始受力到桩顶荷载最大

这段时间内所测桩周土应力变化值的空间分布，同样可以看出桩侧摩阻力对桩周土应力场的影响沿径向衰减，离桩越近，桩周土体沉降量越大，随着距离的增大，桩周土体受到的桩侧摩阻力的影响减小。

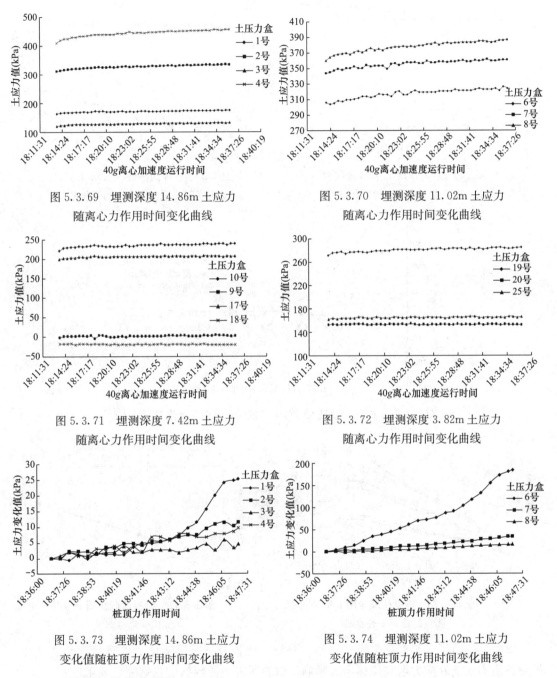

图 5.3.69　埋测深度 14.86m 土应力
随离心力作用时间变化曲线

图 5.3.70　埋测深度 11.02m 土应力
随离心力作用时间变化曲线

图 5.3.71　埋测深度 7.42m 土应力
随离心力作用时间变化曲线

图 5.3.72　埋测深度 3.82m 土应力
随离心力作用时间变化曲线

图 5.3.73　埋测深度 14.86m 土应力
变化值随桩顶力作用时间变化曲线

图 5.3.74　埋测深度 11.02m 土应力
变化值随桩顶力作用时间变化曲线

（3）位移计数据分析

图 5.3.78、图 5.3.79 为位移计所测得的原型等效地基沉降值在试验过程中随桩顶加载而变化的相关图形。根据图 5.3.78，可以看出随着桩顶荷载的增加，桩侧摩阻力引起的桩周土体不同位置处的沉降值随之增加，而且增加值也表现出沿径向衰减的趋势，结合

图 5.3.79 得到在桩顶荷载最大时，桩侧摩阻力引起的桩周土体的最大沉降值为 7.413mm（测点距桩中心 1.32m），最小沉降值为 2.627mm（测点距桩中心 6.60m）。

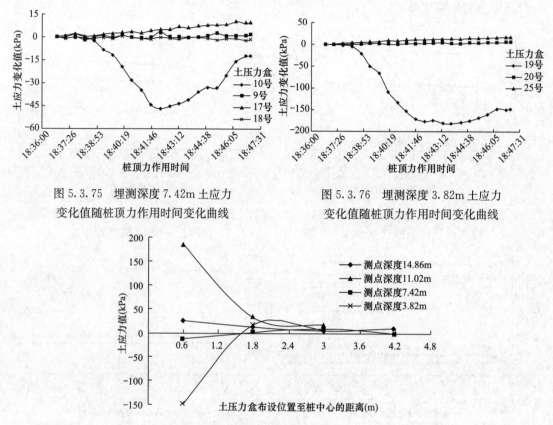

图 5.3.75　埋测深度 7.42m 土应力
变化值随桩顶力作用时间变化曲线

图 5.3.76　埋测深度 3.82m 土应力
变化值随桩顶力作用时间变化曲线

图 5.3.77　桩顶荷载最大时对应的桩周土应力变化值空间分布

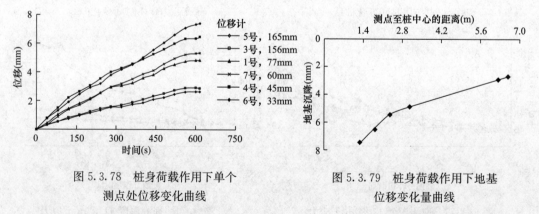

图 5.3.78　桩身荷载作用下单个
测点处位移变化曲线

图 5.3.79　桩身荷载作用下地基
位移变化量曲线

　　试验共进行了 5 组离心机模型试验，分析了桩长及下卧层变化对桩身荷载传递特性、桩侧摩阻力对地基应力场和位移场的影响，试验所得主要数据汇总见表 5.3.4。

　　根据表 5.3.4 中所得数据，模型 DM1 得到的 15m 单桩极限承载力明显偏小，试验数据不可靠；而根据图 5.3.54 可知，模型 DM4 中单桩在荷载作用下发生了弯曲变形，导致 12m 长桩的极限承载力达到了 2091.064kN，试验数据明显偏大。所以，我们以模型

DM2、DM3、DM5 得到的数据为主，进行桩身承载特性及桩土相互作用分析。

单桩离心模型试验主要数据汇总　　　　　　　　　表 5.3.4

| 模型编号 | 桩长（m） | 地基状态 | $S_{max}$ | $N_{max}$（kN） | $+\Delta P_{max}$（kPa） | $-\Delta P_{max}$（kPa） | $\omega_{max}$ |
|---|---|---|---|---|---|---|---|
| DM1 | 15 | 均匀 | 35.2 | 605.094 | 28.989 | -3.493 | 1.741 |
| DM2 | 15 | 下卧层强化 | 95.52 | 2351.650 | 108.168 | -75.311 | 7.036 |
| DM3 | 12 | 均匀 | 79.36 | 1287.163 | 42.375 | -135.247 | 5.041 |
| DM4 | 12 | 均匀 | 117.44 | 2091.064 | 391.155 | -1.488 | 3.496 |
| DM5 | 15 | 均匀 | 95.36 | 2287.892 | 185.049 | -148.361 | 7.413 |

注：表中 $S_{max}$ 为桩顶最大位移，$N_{max}$ 为单桩极限承载力，$+\Delta P_{max}$ 为桩身荷载作用下土压力最大增加量，$-\Delta P_{max}$ 为桩身荷载作用下土压力最大减小量，$\omega_{max}$ 为桩身荷载作用下地表最大沉降。

### 5.3.3　小结

本节主要给出单桩离心模型试验的试验方案及所进行的 5 组离心模型试验的测试数据，并进行了简要的分析。同时根据表 5.3.4 中列出的试验主要数据，确定以模型 DM2、DM3、DM5 的数据为主进行单桩竖向荷载作用下的桩土相互作用分析。

## 5.4　单桩离心模型试验分析

本节主要根据模型 DM2、DM3、DM5 的数据进行分析，探讨桩身荷载传递规律、桩侧摩阻力对地基应力场和位移场的影响。桩侧摩阻力的分布特性受桩周土体性质的影响，而此时桩周土体应力场和位移场所受到的影响又与桩侧摩阻力的分布形式相关，这是一对相互作用力在不同介质上的不同反映。在此主要论述桩承荷载及沉降特性、桩身轴力特性、桩侧摩阻力特性、桩端阻力特性、桩侧摩阻力对土体应力的影响及桩侧摩阻力对桩周土体沉降的影响。

### 5.4.1　桩承荷载及沉降特性

桩的荷载-沉降曲线是单桩竖向抗压静载试验的主要成果，根据沉降曲线可以确定单桩极限承载力及其相应的桩顶位移。慢速维持荷载法是国内静载试验的标准加载方法，因试验所用的加载装置不能在离心机运行状态下实现随着桩顶下沉同时保证加载值不变的功能，采用等速率贯入法，加载速率为 0.004mm/s，得到最终的荷载-沉降曲线，进而确定单桩的极限承载力。

图 5.4.1～图 5.4.3 为模型 DM2、DM3、DM5 所得到的荷载-沉降曲线，各模型在极限承载力状态下对应的桩顶沉降值统计见表 5.4.1。

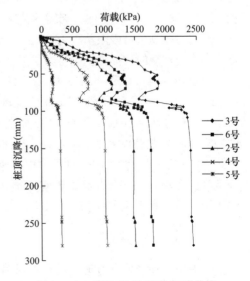

图 5.4.1　模型 DM2 荷载-沉降曲线

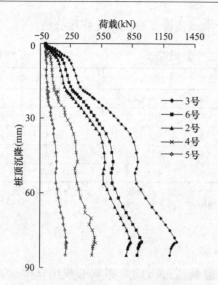

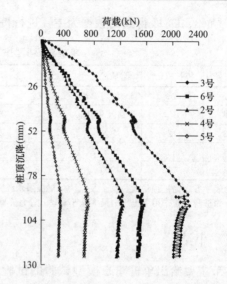

图 5.4.2 模型 DM3 荷载-沉降曲线　　　　　图 5.4.3 模型 DM5 荷载-沉降曲线

模型极限承载力对应的桩顶沉降值　　　　　　　　　表 5.4.1

| 模型编号 | 桩长（m） | 地基状态 | 填土含水率（%） | 沉降值（mm） | 极限承载力（kN） |
|---|---|---|---|---|---|
| DM2 | 15 | 下卧层强化 | 6.03 | 95.52 | 2351.650 |
| DM3 | 12 | 均匀 | 6.00 | 79.36 | 1287.163 |
| DM5 | 15 | 均匀 | 6.14 | 95.36 | 2287.892 |

首先发现试验得到的荷载-沉降曲线与常规的单桩静载试验得到的荷载-沉降曲线形态不一致：常规的荷载-沉降曲线中，桩身在荷载作用下有一个沉降发展的过程，沉降值发展的速度比较慢，曲线比较平缓；而在等速率贯入法中，控制的是加载速率，桩顶的沉降并没有发展完全，所以得到的沉降曲线随着荷载的发展呈近似线性发展的趋势。

比较 12m 与 15m 单桩的沉降值和极限荷载值，可知随着桩长的增加，单桩极限承载力和达到极限承载力所需的桩顶沉降均增加，这一试验结果符合一般的力学模式；比较模型 DM2、DM5，发现在桩长相同的情况下，增加下卧层填土的强度（模型 DM5 中 $E_b/E_s$）并没有明显提高单桩极限承载力，而且二者达到极限承载力所需的桩顶沉降值也比较接近，这个结论与常规的"提高桩端持力层强度，可以明显提高单桩极限承载力"有些矛盾。

通过图 5.4.1～图 5.4.3 中的荷载-沉降曲线形态可以解释前面提到的矛盾：模型 DM3、DM5 所得到的荷载-沉降曲线发展趋势比较稳定，呈缓慢上升态势；而从图 5.4.1 可以看出模型 DM2 在加载过程中，随着桩顶位移的发展，桩顶荷载并不是一直保持增加的态势，而是在桩顶沉降从 63.84～84.64mm 范围内有一个桩顶荷载减小的过程，减小值达到 325.078kN，表明试验过程中由于未知因素（离心机运行后，无法查证），伴随着桩顶沉降的发展有一部分荷载并没有施加在桩身，这部分"丢失"的荷载导致模型 DM2 中的极限荷载和极限位移值与模型 DM5 中的极限荷载和极限位移值相差无几。

## 5.4.2 桩身轴力特性

当桩顶施加竖向荷载时，荷载由桩身和桩周土体共同承担。桩身各个断面处所承担的荷载沿深度的分布形式，即为桩身轴力的传递特性。不同的试桩，受荷载大小、工作环境、自身性质等因素的影响，具有不同的桩身轴力传递性状。

（1）桩身轴力分布

图 5.4.4～图 5.4.6 是各模型加载过程中，桩身轴力沿深度的分布；表 5.4.2 是各模型桩在极限荷载作用下，各测点处的轴力值。

由单个模型的轴力分布可知，随着桩顶加载过程的进行，桩身各截面轴力也相应增加；在某一荷载作用下，桩身轴力随深度的增加而减小。结合三个模型的轴力分布图和表 5.4.2 可知，在地基填土情况相同时，模型 DM5 试桩的极限承载力 2287.892kN 是模型 DM3 试桩极限承载力 1287.163kN 的 1.78 倍，桩长的增加，提高了试桩的极限承载力，而且极限荷载作用下，模型

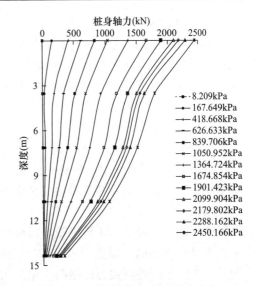

图 5.4.4　模型 DM2 桩身轴力分布

DM5 试桩各截面的轴力较模型 DM3 试桩各截面的轴力均有所提高；桩长相同时，模型 DM2 试桩的极限承载力 2351.650kN 是模型 DM2 试桩极限承载力 2287.892kN 的 1.03 倍，对应的桩端阻力 306.314kN 是 300.407kN 的 1.02 倍，下卧层强度的改变，对试桩的极限承载力和桩端阻力值均有所提高，但是效果不明显，主要还是因为加载过程中，模型 DM2 试桩荷载"丢失"所致。

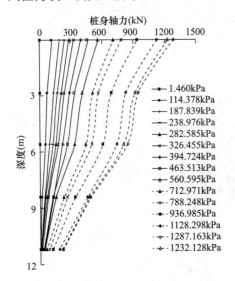

图 5.4.5　模型 DM3 桩身轴力分布

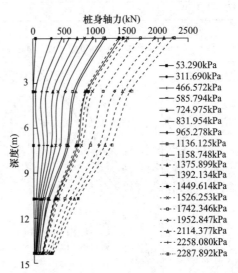

图 5.4.6　模型 DM5 桩身轴力分布

模型各测点极限桩身轴力 表 5.4.2

| 模型类型 | 各测点极限桩身轴力（kN） | | | | |
|---|---|---|---|---|---|
| | 3 号 | 6 号 | 2 号 | 4 号 | 5 号 |
| DM2 | 2351.650 | 1720.130 | 1454.276 | 1007.153 | 306.314 |
| DM3 | 1287.163 | 948.108 | 843.444 | 487.695 | 209.922 |
| DM5 | 2287.892 | 1582.450 | 1263.652 | 724.340 | 300.407 |

（2）影响因素分析

单桩荷载沿深度范围内的传递性状主要表现为桩身轴力的分布特性，其影响因素主要包括桩顶的应力水平、桩端土与桩侧土的模量比 $E_b/E_s$、桩身混凝土与桩侧土的模量比 $E_p/E_s$、桩的长径比 $L/d$、桩侧表面粗糙度等。试验中，桩身模量与桩侧土的模量比 $E_p/E_s$、桩侧表面粗糙度等因素认为不变，主要比较不同桩端土与桩侧土模量比 $E_b/E_s$、不同桩长对桩身轴力分布特性的影响。

①桩端土与桩侧土模量比 $E_b/E_s$

模型 DM2、DM5 中，试桩的长度、桩身模量等其他参数未变，比较不同桩端土与桩侧土模量比 $E_b/E_s$ 对单桩桩身轴力的影响。在比较桩端土强度对桩身轴力传递影响时，引入桩身轴力归一化系数 $\eta$ 做比较，$\eta = N/N_0$，式中 $N_0$ 为桩顶荷载，$N$ 为桩顶荷载对应下的各断面轴力。表 5.4.3 是极限桩顶荷载、近似极限桩顶荷载作用下，桩端土与桩侧土模量比 $E_b/E_s$ 不同时，模型 DM2、DM5 中试桩各断面桩身轴力归一化数据统计，由此绘制图 5.4.7 所示的桩身轴力传递归一化对比曲线。

不同桩顶荷载作用下各断面桩身轴力归一化系数 $\eta$ 表 5.4.3

| 模型编号及 $E_b/E_s$ | 桩顶荷载（kN） | 各试桩桩身轴力归一化系数 | | | | |
|---|---|---|---|---|---|---|
| | | 3 号 | 6 号 | 2 号 | 4 号 | 5 号 |
| DM2 $E_b/E_s=2.85$ | 1050.952 | 1.000 | 0.658 | 0.513 | 0.282 | 0.069 |
| | 2351.650 | 1.000 | 0.731 | 0.618 | 0.428 | 0.130 |
| DM5 $E_b/E_s=1$ | 1021.962 | 1.000 | 0.548 | 0.461 | 0.189 | 0.073 |
| | 2287.892 | 1.000 | 0.692 | 0.552 | 0.317 | 0.131 |

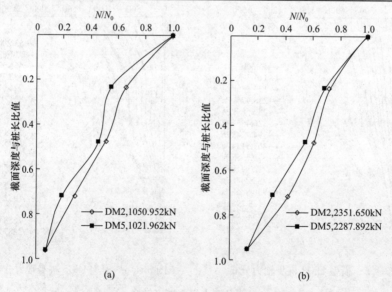

图 5.4.7　不同 $E_b/E_s$ 桩身轴力传递归一化曲线

图 5.4.7(a) 为两试桩在近似桩顶荷载（两荷载相差 2.8%）作用下的 $\eta$，图 5.4.7(b) 为两试桩在各自极限桩顶荷载作用下的 $\eta$。

由图 5.4.7(a) 可得，其他条件相同的情况下，桩顶作用近似相等的荷载，桩端土与桩侧土模量比 $E_b/E_s$ 大的试桩 $\eta$ 值在沿桩身大部分范围内更大，意味着在同一深度处 $E_b/E_s$

大的试桩桩身轴力更大,桩身承担了该深度处总荷载更多的比重;而要达到相同的 $\eta$ 值,$E_b/E_s$ 大的试桩需要的深度更大,也就是说 $E_b/E_s$ 大的桩,其轴力沿桩身衰减的速率更慢,由此可见,桩端持力层强度的提高,使得桩身承担了总荷载更多的比重。

由图 5.4.7(b)可得,尽管两试桩的极限桩顶荷载相差不大,但是 $E_b/E_s$ 大的试桩在极限桩顶荷载作用下的 $\eta$ 值依然更大,再次表明桩端土强度的提高,增强了桩身荷载占总荷载的比重。

②桩长

模型 DM3、DM5 均为均质土层,桩身模量、土体模量等其他参数未变,用来比较桩长不同对单桩桩身轴力的影响。表 5.4.4 是极限桩顶荷载、近似桩顶荷载作用下,模型 DM3、DM5 中不同长度试桩各断面桩身轴力归一化数据统计,由此绘制图 5.4.8 所示的桩身轴力传递的归一化对比曲线。

图 5.4.8(a)为两试桩在近似桩顶荷载(两荷载相差 2%)作用下的 $\eta$,图 5.4.8(b)为两试桩在各自极限桩顶荷载作用下的 $\eta$。

不同桩顶荷载作用下各断面桩身轴力归一化系数 $\eta$　　　　表 5.4.4

| 模型编号及长径比 | 桩顶荷载(kN) | 各试桩桩身轴力归一化系数 | | | | |
|---|---|---|---|---|---|---|
| | | 3 号 | 6 号 | 2 号 | 4 号 | 5 号 |
| DM3 $L/d=15.8$ | 1042.377 | 1.000 | 0.734 | 0.654 | 0.382 | 0.142 |
| | 1287.163 | 1.000 | 0.737 | 0.655 | 0.379 | 0.163 |
| DM5 $L/d=19.7$ | 1021.962 | 1.000 | 0.548 | 0.461 | 0.189 | 0.073 |
| | 2287.892 | 1.000 | 0.692 | 0.552 | 0.317 | 0.131 |

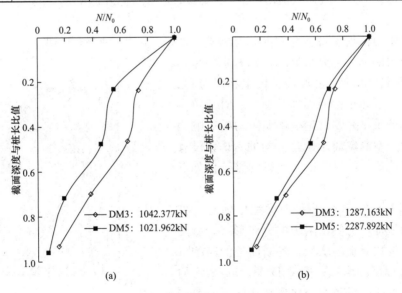

图 5.4.8　不同长径比桩身轴力传递的归一化曲线

由图 5.4.8(a)可得,其他条件相同的情况下,桩顶作用近似相等的荷载,15m 试桩要比 12m 试桩的 $\eta$ 值小,意味长桩的轴力传递速率更快;由图 5.4.8(b)、表 5.4.4 可得,尽管 15m 试桩的极限桩顶荷载更大,但是对比 12m 试桩在极限桩顶荷载作用下的 $\eta$ 值,

长桩的 $\eta$ 值依然更小，再次表明增加桩长，提高了桩顶荷载沿桩身衰减的速率，所以，在一定范围内，桩长的增大可以提高桩体的极限承载力。结合图 5.4.8 也可以发现，对于同一根桩，随着桩顶荷载的增加，相同断面处的 $\eta$ 值也随之增大，表明在桩顶荷载增大的同时，桩身轴力占总荷载的比重也随着增大。

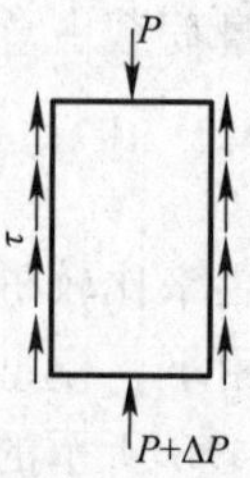

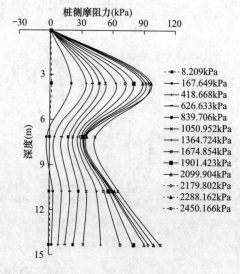

由图 5.4.9 中的桩体受力分析可知，桩顶荷载由桩身轴力和桩侧摩阻力来满足平衡条件。衰减的桩身轴力势必要转移到桩周土体上，以桩侧摩阻力的形式反映出来，这从另一个角度反映出长径比大的试桩，更容易激发桩周土体参与承担桩体荷载的性能，在相同桩顶荷载作用下，桩侧摩阻力占总荷载的比重更大。

图 5.4.9 桩体受力分析简图

有资料指出，桩土相对刚度较小时，在其他条件相同的情况下，桩的极限承载力并非随着桩长的增加一直增加：在桩长增加的初期，桩的极限承载力增加很快；桩长达到一定值后，极限承载力趋于某一数值不再增长，即有效桩长的概念。模型中桩土模量比 $50 < E_p/E_s = 71.68 < 100$，参考有关文献知，有效桩长 $l_0$ 的取值参考范围为 $l_0 = (20 \sim 25)d = 15.2 \sim 19m$，可见模型 DM5 中试桩可能仍未达到有效桩长值，所以桩长的增加提高了桩体的极限承载力。

### 5.4.3 桩侧摩阻力特性

桩侧摩阻力是基桩承载力的重要组成部分。在竖向荷载作用下，桩身材料产生压缩，桩侧土抵抗桩身向下的位移而在桩土界面产生向上的摩阻力（正摩阻力）；当桩周土由于自重固结、湿陷、地面荷载作用等，相对于桩产生向下的位移，此时桩土界面产生向下的摩阻力（负摩阻力）。相应于桩顶作用极限荷载时，桩身侧表面所发生的摩阻力（极限侧摩阻力）。

桩侧摩阻力体现了桩土之间的相互影响，影响桩侧摩阻力的大小、分布形态的因素主要包括桩周土体性质、桩土界面性质、桩土相对位移、桩径、桩长、桩端土性质、加荷速度、时间效应等。由于本节重点并非讨论桩侧摩阻力的影响因素，在试验方案制定时未做这方面的考虑，没有做相关因素的比较，仅将试验所得的结论做如下讨论。

图 5.4.10～图 5.4.12 是各模型中随着试桩桩顶荷载的施加，桩侧摩阻力的分布形态。由图可知，随着桩顶荷载的增加，各断面处的侧摩阻力均有不同程度的增加；模型 DM3、DM5 为均匀地基，试桩的侧摩阻力分布形式相同，而模型 DM2 中，由于下卧层土体强度的提高，试桩侧摩阻力的分布形式与模型 DM3、DM5 有所区别，侧摩阻力在桩端处有明显的提高。

图 5.4.10 DM2 桩身侧摩阻力分布

表 5.4.5 是各试桩在极限桩顶荷载作用下，各断面的侧摩阻力；图 5.4.13 表示各模型在极限桩顶荷载作用下，侧摩阻力沿深度的分布。

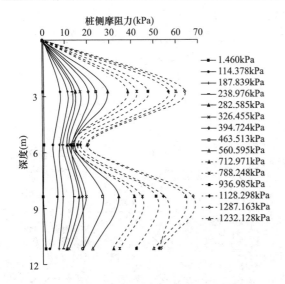

图 5.4.11　DM3 桩身侧摩阻力分布

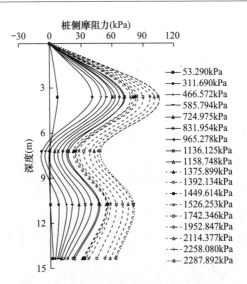

图 5.4.12　DM5 桩身侧摩阻力分布

极限桩顶荷载作用下桩侧摩阻力

表 5.4.5

| 模型编号 | 各测点处桩侧摩阻力（kPa） | | | | |
| --- | --- | --- | --- | --- | --- |
| | 3 号 | 6 号 | 2 号 | 4 号 | 5 号 |
| DM2 | 0.000 | 94.110 | 39.178 | 65.891 | 103.280 |
| DM3 | 0.000 | 64.241 | 19.831 | 67.404 | 52.630 |
| DM5 | 0.000 | 105.126 | 47.508 | 80.369 | 63.175 |

由图 5.4.13、表 5.4.5 可知，模型 DM3、DM5 中试桩的侧摩阻力沿深度分布形态相似，均为"耳朵"状。极限桩顶荷载作用时，15m 试桩对应的极限侧摩阻力值 105.126kPa 位于桩的中上部；12m 试桩对应的极限侧摩阻力值 67.404kPa 位于桩的中下部，前者是后者的 1.56 倍，两个极限侧摩阻力均发生在"耳朵"的峰值上；试桩长度相同时（15m），在极限桩顶荷载作用下，模型 DM2 的试桩桩端侧摩阻力 103.280Pa（此值也是极限侧摩阻力）是模型 DM5 的试桩所对应的桩端侧摩阻力 63.175kPa、极限侧摩阻力 105.126kPa 的 1.63 倍、0.98 倍。

以上结果表明，极限侧摩阻力的提高，是 15m 试桩极限承载力提高的一个重要因素；桩端持力层土体强度的提高，可以明显增强桩端侧摩阻力和极限侧摩阻力，同样可以提高试桩的极限承载力。

图 5.4.14 是模型 DM2 的试桩在桩顶荷载 1416.61kN、模型 DM5 的试桩在桩顶荷载 1409.854kN 所对应的侧摩阻力分布的对比情况（两荷载相差 0.5%）。

从图 5.4.14 可知，在桩长相同、桩顶荷载相近或相等的情况下，在桩的上半段两模型桩的桩侧摩阻力分布形式一致，只是模型 DM5 桩端的侧摩阻力明显低于模型 DM2，这说明桩端土体强度较小的桩端附近侧摩阻力小于桩端土体强度较大的桩端侧摩阻力，桩端土体强度的提高使得桩端侧摩阻力表现出增强效应，根据图中所示，试验中桩端土对桩端侧摩阻力的增强高度在 3m 左右，约为 $4d$（$d$ 为桩径），较有些文献中提到的桩端土层对侧摩阻力的影响范围 $D=（5\sim10）$ 偏小。

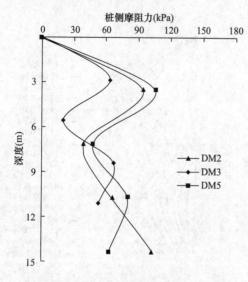

图 5.4.13　极限荷载作用下桩侧摩阻力　　　图 5.4.14　近似桩顶荷载作用下桩侧摩阻力
　　　　　沿深度分布　　　　　　　　　　　　　　沿深度分布

此外，如若模型 DM2 中没有桩端侧摩阻力的增强效应，其侧摩阻力的分布形式极有可能与模型 DM5 桩侧摩阻力的分布形式相同，由此可见，"耳朵"状侧摩阻力的分布形式在试验中多次出现，至于这种分布形式是否是单桩在竖向荷载作用下侧摩阻力真正的分布形式，有待于在今后的试验中给予验证。

## 5.4.4　桩端阻力特性

桩端阻力是桩顶荷载通过桩身和桩周土传递后，剩余的、由桩端土所承担的力，极限端阻力在数值上等于单桩竖向极限承载力减去桩的极限侧阻力，单桩桩端阻力主要受持力层性质、成桩方法、进入持力层的深度等因素的影响。以下是本次试验中模型 DM2、DM3、DM5 所得到的关于桩端阻力特性方面的内容。图中 $R$ 是桩端阻力占桩顶荷载的百分数，$R＝桩端阻力/桩顶荷载×100$。

由图 5.4.15 可知，模型试桩的 $R$ 值随着桩顶荷载的增加均呈现出增加的趋势；在地基情况相同、桩顶荷载相同时，模型 DM3 试桩的 $R$ 值大于模型 DM5 试桩对应的 $R$ 值，同时表明随着试桩长的增大，试桩的 $R$ 值呈现出衰减的趋势。由于地基情况、桩侧摩擦系数均相同，在相同桩顶荷载作用下，模型 DM5 试桩的总侧摩阻力值大于模型 DM3 试桩的总侧摩阻力值，短桩的桩端阻力相对更大。

由图 5.4.16 可知，随着桩顶荷载的增大，模型试桩的 $R$ 值也随之增大；模型 DM2 试桩的 $R$ 值始终小于模型 DM5 试桩的 $R$ 值。当桩顶荷载相同时，模型 DM5 试桩的 $R$ 值更大，也就是说下卧层强度高的试桩，其桩端阻力小于下卧层强度相对较弱时试桩的桩端阻力，这与"提高桩端持力层强度可以显著提高端阻力"是相悖的。

根据图 5.4.17 所示的试验结束后模型 DM2、DM5 相应的桩端位移情况可知，试验前布设在同一深度处的桩端土压力盒在模型 DM5 试验结束后出现了沉降差，而模型 DM2 并未出现这一沉降差。有资料指出：在临界深度内，桩端进入土层深度增加时，桩端阻力随之增加。虽然模型 DM2 的下卧层强度提高，但是桩端处并未发生明显的位移，这导致模型 DM2 试桩端阻力所占比例比模型 DM5 试桩的端阻力还小。由此可见，桩端阻力的大小并不是下卧层强度这一单因素决定。

而结合图 5.4.17 可知，虽然在绝大部分深度处，模型 DM2 桩身轴力归一化系数 $\eta$ 要比模型 DM5 桩身轴力归一化系数 $\eta$ 大，也就是说下卧层强度的提高，增大了桩身所承担荷载占总荷载的比例，但是在桩端附近桩身轴力归一化系数 $\eta$ 确实变小，如果模型 DM5 试桩在桩端附近没有发生明显的桩端沉降，那么增加桩端下卧层强度可以提高端阻力的结论应该还是成立的。

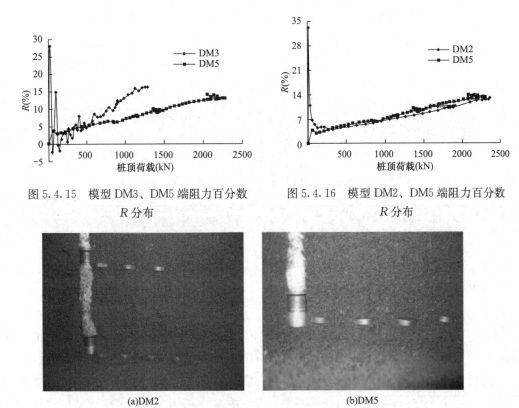

图 5.4.15　模型 DM3、DM5 端阻力百分数　　　　图 5.4.16　模型 DM2、DM5 端阻力百分数
　　　　　　　$R$ 分布　　　　　　　　　　　　　　　　　　$R$ 分布

(a)DM2　　　　　　　　　　　　　　　　(b)DM5

图 5.4.17　模型 DM2、DM5 试验后桩端沉降对比

## 5.4.5　桩侧摩阻力对土体应力的影响

测试桩侧摩阻力对桩周土体应力场的影响是试验的一个特色，在查阅的国内外资料中尚未看到相关内容的测试。桩侧摩阻力对土体应力的影响，主要表现为桩侧摩阻力作用下，桩周土体应力场的变化情况，所以，在此论述桩周土体土应力变化量的分布情况，以及桩端土体强度（桩端土与桩侧土的模量比 $E_b/E_s$）、桩长两个因素变化时对桩周土体应力场的影响。

（1）桩周土体应力场变化特性

3 组不同模型得到的桩周土体应力场的变化特性是一致的，以模型 DM3 得到的结果进行这一特性的论述。

图 5.4.18～图 5.4.21 是从桩顶开始受力到桩顶荷载最大这段时间内，不同深度处桩

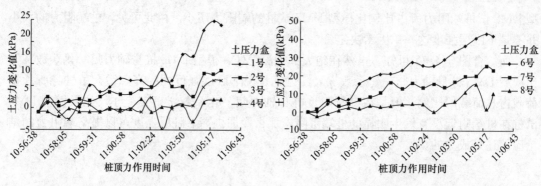

图 5.4.18 埋测深度 11.86m 土应力
变化值随桩顶力作用时间变化曲线

图 5.4.19 埋测深度 8.66m 土应力
变化值随桩顶力作用时间变化曲线

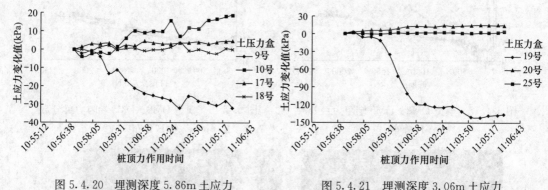

图 5.4.20 埋测深度 5.86m 土应力
变化值随桩顶力作用时间变化曲线

图 5.4.21 埋测深度 3.06m 土应力
变化值随桩顶力作用时间变化曲线

周土体应力随加载时间的变化曲线。可以看出，随着加载过程，各个深度处的土体应力均有所增长，表明荷载越大，桩侧摩阻力对桩周土体的影响越大，只是增长幅值及方向有所不同：11.86m 深度处的土应力均表现为增大的趋势，离桩中心最近测点的增加量最大，为 23.544kPa；8.66m 深度处的土应力均表现为增大的趋势，离桩中心最近测点的增加量最大，为 42.375kPa；5.86m 深度处的土应力变化量的绝对值在增长：离桩中心最近的测点表现为随着桩顶荷载的增加土应力在减小，最大的减小量为 31.711kPa，其余测点均表现为土应力的增加；3.06m 深度处的土应力变化形态与 5.86m 深度处表现一致：离桩中心最近的测点表现为随着桩顶荷载的增加土应力在减小，最大的减小量为 135.247，其余测点同样均表现为土应力的增加。

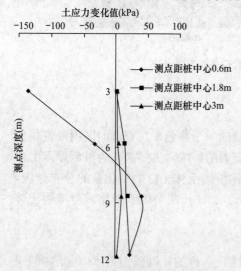

图 5.4.22 不同距离处土应力
变化量沿轴向分布

图 5.4.22 是从桩顶开始受力到桩顶荷载最大这段时间内，同一距离处的土体应力变化量沿桩身轴向方向的分布曲线。由图可知，距桩中心 0.6m 处的测点，土应力变化量沿深度表现出不同的形态：在桩的上半部分，桩周土体均表现为

土应力的减小，而且减小量的绝对值沿深度呈衰减趋势，即在桩的上半部分桩侧摩阻力对桩周土体产生了一个拉应力，使得桩周土体应力变小了；而在桩的下半部分，桩周土体表现为土应力的增加，土应力变化量的绝对值也没有上半部分土应力的变化量的绝对值大，即桩侧摩阻力对桩周土体影响沿深度在递减。而距桩中心 1.8m 和 3m 处的测点，土体均表现为土应力的增加，只是变化值没有 0.6m 处测点的大，这也反映出桩侧摩阻力对桩周土体的影响随测点远离桩身而减小。

有文献在计算桩承荷载对地基土中应力分布的影响时，得到距离桩轴线较近的桩周土体桩端力引起的土中应力在加固区受拉、下卧层受压的规律，桩侧三角形分布的侧摩阻力引起的土中应力沿深度呈“S”形分布：在加固区上部为拉应力且表现出先增大后减小的趋势、在加固区下部表现为压应力且在桩端处达到最大值。由于测试得到的桩侧摩阻力分布形式近似呈“耳朵”状，在桩身上部有明显的三角形分布的桩侧摩阻力，所以结合已文献得出：试验测试得到的桩侧摩阻力影响下距桩中心 0.6m 处桩周土体应力变化量的规律是可信的，即表现出桩身上部为拉应力且先增大后减小，桩身下部为压应力且先增大后减小。由于桩端力在桩端处产生的拉应力达到最大值，该位置处桩端力对桩周土体应力的影响要远大于桩侧摩阻力的影响，所以在桩端附近桩周土体的应力变化量较小，而且不同模型桩在该位置处的土体应力变化量区别不大。

图 5.4.23 是从桩顶开始受力到桩顶荷载最大这段时间内，同一深度处的土应力变化量沿桩径方向的分布曲线。由图可知，在同一深度处，随着测点与桩中心距离的增大，所测得的土应力变化量的绝对值呈逐渐减小的趋势，而且在 1.8m＝2.4$d$（$d$ 为桩径）范围内，土应力变化量衰减的趋势最为剧烈，之后的土应力变化量虽然在减小，但已经明显缓和。

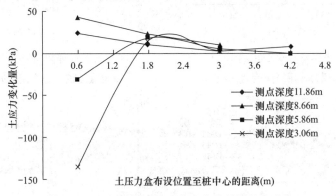

图 5.4.23　不同深度处土应力变化量沿径向分布

（2）桩端土体强度对桩周土体应力场的影响

当桩端土强度提高时，对桩身轴力、桩侧摩阻力、桩端阻力的分布都会产生影响，而不同的桩侧摩阻力分布形式，势必影响到桩周土体应力场。所以，以模型 DM2、DM5 得到的土体应力场的数据分析其他条件相同、$E_b/E_s$ 不同时，桩侧摩阻力对桩周土体应力场的影响。

由图 5.4.22 得知，在距桩中心 1.8m 范围内，土应力的变化量最为剧烈，而其他测点的变化值较为平缓，所以，取模型 DM2、DM5 中距桩中心 0.6m、1.8m 两个测点处的土应力变化值进行对比。

图 5.4.24～图 5.4.27 是两模型内不同深度处，随着桩顶荷载的施加，两测点得到的桩周土应力变化量随时间的变化曲线；图 5.4.28 是从桩顶开始受力到桩顶荷载最大这段时间内，两模型内至桩中心同一距离处测点的土应力变化量沿桩身轴向的分布曲线；图 5.4.29 是从桩顶开始受力到桩顶荷载最大这段时间内，两模型内同一深度处的土应力变化量沿桩径方向的分布曲线。为了探讨桩侧摩阻力对桩周土体应力场的影响，将两模型桩在各自极限荷载作用下的桩侧摩阻力分布形式绘于图 5.4.30 中进行对比，结合图 5.4.30 来分析比较桩端土体强度 $E_b/E_s$ 不同时，两模型内桩周土体应力场的变化特性。

由图 5.4.23 可知，在桩端附近，模型 DM2 测得的土应力增量要比模型 DM5 测得的土应力增量大，结合图 5.4.30，由于模型 DM2 下卧层强度的提高，桩端附近桩侧摩阻力要比模型 DM5 试桩的桩端侧摩阻力大，由此可见，桩侧摩阻力和桩周土体的应力变化值有较好的一致性。同样的，结合图 5.4.30 比较图 5.4.24～图 5.4.27 内两模型桩所得到的桩周土体应力变化值，可以发现，所测深度处桩侧摩阻力大的模型桩，对应的桩周土体应力变化量也要更大些；对于同一模型而言，土应力变化量大的地方，也是模型桩桩侧摩阻力大的地方，由此可见桩侧摩阻力和桩周土应力变化量的变化趋势基本一致。

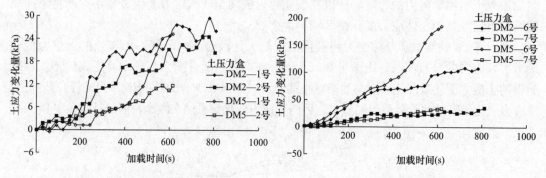

图 5.4.24　埋测深度 14.86m 土应力变化量随桩顶力作用时间变化曲线

图 5.4.25　埋测深度 11.02m 土应力变化量随桩顶力作用时间变化曲线

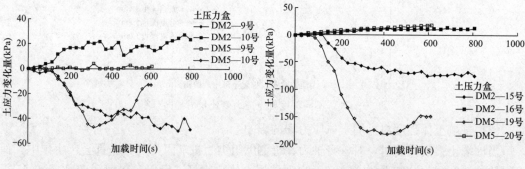

图 5.4.26　埋测深度 7.42m 土应力变化量随桩顶力作用时间变化曲线

图 5.4.27　埋测深度 3.82m 土应力变化量随桩顶力作用时间变化曲线

由图 5.4.28 可知，两模型虽然桩端土体强度有所不同，但是桩周土体应力变化量沿深度的分布趋势一致：距桩中心 0.6m 处，在桩的上半部分，土体均表现为土应力的减小，而且减小量的绝对值沿深度在衰减；在桩的下半部分，土体表现为土应力的增加，土应力变化量的绝对值也没有上半部分土应力变化量的绝对值大。再次结合图 5.4.30 可知，测得的土应力变化值在桩身上半部分更大，也是与桩侧摩阻力在桩身上半部分更大相对应的。距桩中心 1.8m 处，土体均表现为土应力增加，但是增加的值已经明显变小。

由图 5.4.29 可知，不管模型桩的桩端土强度如何，在同一深度处，随着测点与桩中心距离的增大，所测得的土体应力变化量的绝对值呈逐渐减小的趋势，而且二者衰减趋势最为剧烈的范围均在 1.8m 内，在 1.8m 之外的地方，桩身荷载对土应力的影响已经很小了；比较两模型桩所产生的最大的土应力变化量可知，由于模型 DM5 中的侧摩阻力更大，其产生的土应力变化量相对也要更大。

由以上结论可知，桩端土与桩侧土的模量比 $E_b/E_s$ 通过影响桩侧摩阻力的分布形式间接地影响桩周土体的应力场，最为明显的就是图 5.4.23 中得出的 DM2 中由于桩端土体强度提高，桩端附近增强的桩侧摩阻力产生了一个更大的桩端附近土应力变化量。这也表明，桩侧摩阻力对桩周土应力的影响确实是一对相互作用力作用在不同介质上的不同反映。此外，结合图 5.4.28、图 5.4.29 可知，桩端土体强度对桩周土体应力场的影响只局限在具体数值上，并未改变桩周土应力在桩身轴向和径向的变化规律。

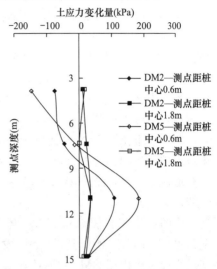

图 5.4.28　不同距离处土应力变化量沿轴向分布

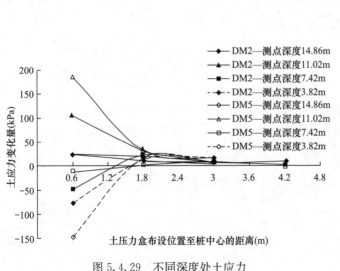

图 5.4.29　不同深度处土应力变化量沿径向分布

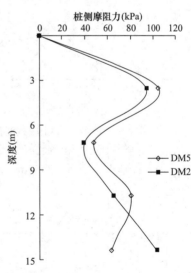

图 5.4.30　极限荷载作用下桩侧摩阻力分布对比

（3）桩长对桩周土体应力场的影响

当模型的桩长变化时，桩身轴力、桩端阻力、桩侧摩阻力也随之变化，势必对桩周土体应力场产生不同的影响。以模型 DM3、DM5 得到的土体应力场的数据分析其他条件相同、不同桩长情况下桩侧摩阻力对桩周土体应力场的影响。

取模型 DM3、DM5 中距桩中心 0.6m、1.8m 两个测点处的土应力变化量进行对比。由于 DM3、DM5 模型中桩长不一致，桩周土压力盒的布置深度也不一致，所以比较每一层土压力盒所测得的桩周土体应力变化量，并结合极限荷载作用下桩侧摩阻力的分布，分析不同桩长时两模型桩周土体应力场的变化特性。模型 DM3、DM5 桩周土压力盒埋设状况见表 5.3.3，每个模型都是布置了四层土压力盒，从上到下依次命名为第 $i$ 层，$i=1$，2，3，4。

图 5.4.31～图 5.4.34 是两模型内不同深度处，随着桩顶荷载的施加，两测点得到的桩周土应力变化量随时间的变化曲线；图 5.4.35 是从桩顶开始受力到桩顶荷载最大这段时间内，两模型内至桩中心同一距离处测点的土应力变化量沿桩身轴向的分布曲线；图 5.4.36 是从桩顶开始受力到桩顶荷载最大这段时间内，两模型内同一深度处的土应力变化量沿桩径方向的分布曲线；图 5.4.37 是两模型桩在各自极限荷载作用下，桩侧摩阻力分布形式的对比，结合图 5.4.37 来分析比较桩长不同时，两模型内桩周土体应力场的变化特性。

由图 5.4.31～图 5.4.34 并结合图 5.4.37 知，由于模型 DM5 的桩更长，平均桩侧摩阻力也随之增大，所以其对桩周土体的影响也更大，测试得到的不同埋设深度处土应力变化量均表现为模型 DM5 的要比模型 DM3 的大，桩侧摩阻力与桩周土应力变化量表现出较好的一致性。

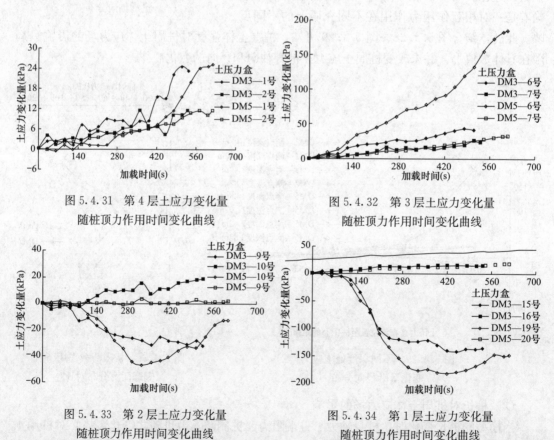

图 5.4.31　第 4 层土应力变化量随桩顶力作用时间变化曲线

图 5.4.32　第 3 层土应力变化量随桩顶力作用时间变化曲线

图 5.4.33　第 2 层土应力变化量随桩顶力作用时间变化曲线

图 5.4.34　第 1 层土应力变化量随桩顶力作用时间变化曲线

由图 5.4.35 可知，两模型虽然桩长不同，但是桩周土体应力变化量沿深度的分布趋势是一致的：距桩中心 0.6m 处，在桩的上半部分，土体均表现为土应力减小，而且减小量的绝对值沿深度在衰减；在桩的下半部分，土体表现为土应力增加，土应力变化量的绝对值也没有上半部分土应力变化量的绝对值大。距桩中心1.8m处，土体均表现为土应力增加，但是增加的值已经明显变小。

由图5.4.36可知，虽然两模型桩的长度不同，但是在同一深度处，随着测点与桩中心距离的增大，所测得的土体应力变化量的绝对值呈逐渐减小的趋势，而且二者衰减趋势最为剧烈的范围均在1.8m内，在1.8m之外的地方，土应力变化量减小，表明桩侧摩阻力对土体的影响已经很小了。同时，由于增加桩长后产生了更大的桩侧摩阻力，所以模型DM5测得的土应力变化量相对大。

由以上结论可知，桩长的变化也是以影响桩侧摩阻力的分布形式间接地影响桩周土体的应力场，

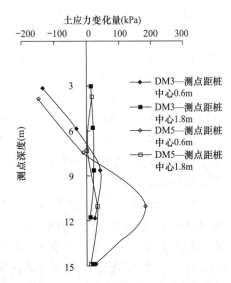

图5.4.35　不同距离处土应力变化量沿轴向分布

主要体现在增加桩长后，桩的平均侧摩阻力增加，导致所测得的桩周土应力变化量增加。此外，结合图5.4.35、图5.4.36可知，桩长的变化对桩周土体应力场的影响只局限在具体数值上，并未改变桩周土应力在桩身轴向和径向的变化规律。

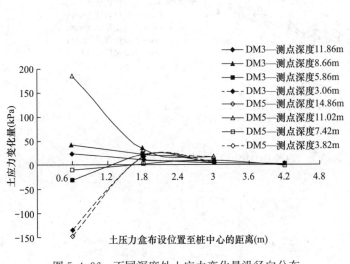

图5.4.36　不同深度处土应力变化量沿径向分布

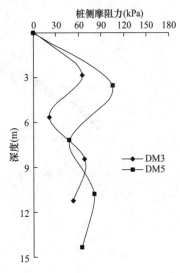

图5.4.37　极限荷载作用下桩侧摩阻力分布对比

## 5.4.6　桩侧摩阻力对桩周土体沉降的影响

天然地基在自重荷载作用下，多数已经完成固结，处于相对稳定的状态，但是本次试验填筑的级配砂地基，在离心力作用下才开始发生固结沉降，并且整个试验过程中并不能准确判断地基何时固结结束，所以需要对测试得到的地基沉降值进行一定的修正，来消除离心力对地基沉降的影响，进而得到桩侧摩阻力对桩周土体沉降的影响。具体修正过程以

模型 DM3 的地基沉降数据为例进行说明。

从离心力达到 $40g$ 开始到整个加载过程结束这段时间内，离心力始终作用在模型填土上，而且当桩顶开始受力后，桩周土体的沉降既受离心力的影响，也受桩侧摩阻力的影响，所以应该以桩顶开始受力为临界点：根据土体在离心力达到 $40g$ 到桩顶开始受力 $t_1$ 这段时间内土体的沉降曲线，拟合出沉降在离心力作用下随时间发展的系数；根据此系数计算从桩顶开始受力到桩顶荷载达到最大 $t_2$ 这段时间内，地基在离心力作用下产生的沉降值 $\omega_2$，同时根据桩身荷载作用 $t_2$ 时间内测得的总沉降 $\omega'$，按公式 $\omega=\omega'-kt_2$ 计算完全由桩身荷载引起的地基沉降，达到消除离心力对地基沉降影响的目的，进而得到桩侧摩阻力影响下桩周土体的沉降值。

图 5.4.38 为模型 DM3 在离心力达到 $40g$ 到桩顶开始受力 $t_1$ 这段时间内各测点测得的土体沉降 $\omega_2$ 随时间变化的关系曲线，根据各测点的曲线可以拟合得到该测点处沉降在离心力作用下随时间发展的系数 $k$。此外，虽然各个测点处的沉降值在离心力作用下有增长的趋势，但是并不能看出距桩中心不同位置处测点的沉降值之间的区别。

图 5.4.39 为模型 DM3 在桩身荷载作用下，从桩顶开始受力到桩顶荷载达到最大 $t_2$ 这段时间内，桩侧摩阻力影响下各测点处地基的总沉降值 $\omega'$。从图中各测点的沉降曲线可知，

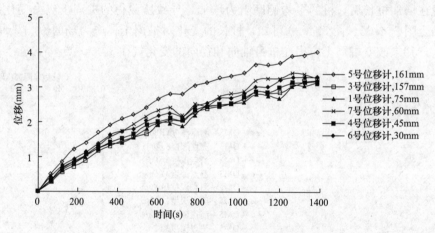

图 5.4.38　桩顶受力前离心力作用下单测点处沉降 $\omega_2$

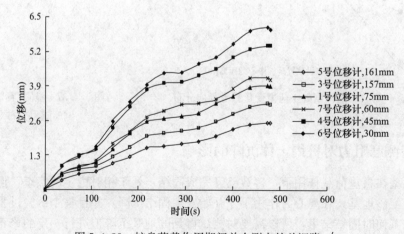

图 5.4.39　桩身荷载作用期间单个测点处总沉降 $\omega'$

虽然 $t_2$ 时间内桩周土体总沉降值 $\omega'$ 包含离心力产生的部分沉降值，但是总沉降值已经表现出随着测点远离桩中心，测点处沉降值减小的趋势，表明随着桩顶荷载的增大，桩侧摩阻力对桩周土体沉降产生的影响要比离心力的影响大。

图 5.4.40 为修正后的桩侧摩阻力作用下各测点处桩周土体产生的位移曲线。由图中距桩中心不同位置处测点的沉降值可以看出：随着测点远离桩身，桩周土体的沉降值表现出衰减的趋势。计算得到的在加载过程 $t_2$ 时间内，离心力产生的土体最大沉降值为 0.791mm（5 号位移计），占该测点总沉降的 31.2%，由此可见在离心模型试验中测试桩侧摩阻力对桩周土体沉降的影响时，对沉降值进行修正是十分必要的。

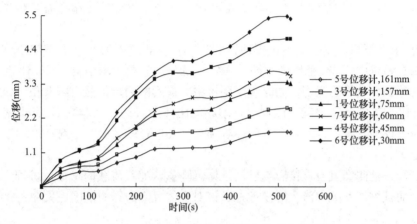

图 5.4.40　桩身荷载作用在各测点处产生的沉降 $\omega$

试验只测试了桩侧摩阻力影响下桩周土体的沉降值，在此比较不同模型中，桩侧摩阻力与桩周土体沉降的相互关系。图 5.4.41 为模型 DM5 中土体沉降值随桩顶荷载变化的趋势，图 5.4.42 为各模型内试桩达到极限荷载时，桩周土体沉降沿桩身的径向分布，表 5.4.6 为各模型参数及地基最大沉降值汇总。

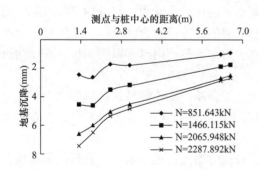

图 5.4.41　桩顶荷载对桩周地基沉降影响　　图 5.4.42　各模型桩极限荷载下地基沉降分布

各模型参数及地基最大沉降值汇总　　　　　　表 5.4.6

| 模型编号 | 地基状态 | 填土含水率（%） | 单桩极限承载力 $N_{max}$（kN） | 极限承载力作用下桩顶附近的桩侧摩阻力 $q_1$ | 桩侧摩阻力作用下桩周土体最大沉降值 $\omega_{max}$ |
|---|---|---|---|---|---|
| DM2 | 下卧层强化 | 6.03 | 2351.650 | 94.110 | 7.036 |
| DM3 | 均匀 | 6.00 | 1287.163 | 64.241 | 5.041 |
| DM5 | 均匀 | 6.14 | 2287.892 | 105.126 | 7.413 |

由图 5.4.41 可知，随着桩顶荷载的增加，桩侧摩阻力对桩周土体沉降的影响逐渐显著，不同测点处的土体沉降值均随着桩顶荷载的增加而增加，而且在同一荷载作用下，不同测点的沉降值随着测点远离桩中心而减小，表明桩侧摩阻力对桩周土体沉降的影响在径向逐渐减小。

由图 5.4.42 可知，模型 DM5 地基沉降最大，模型 DM2 地基沉降次之，模型 DM3 地基沉降最小。结合表 5.4.6 可知，模型 DM3 桩顶极限荷载最小，桩顶附近的桩侧摩阻力最小，因此模型测得的桩周土体沉降值也最小；模型 DM2 桩顶极限荷载比模型 DM5 的大，但是由于其桩顶附近的桩侧摩阻力较 DM5 的小，所以模型 DM2 中桩侧摩阻力引起的桩周土体沉降值比模型 DM5 的要小。由此可知，桩侧摩阻力的分布形态与桩周土体的沉降值有较好的一致性。

从图 5.4.42 还可以发现，不论桩顶荷载大小，桩侧摩阻力影响下桩周土体沉降显著变化范围都在距桩中心 3m 范围内，即 $3.9d$（$d$ 为桩的直径，取值为 0.76m）是桩侧摩阻力对桩周土体的显著影响范围；同时发现距桩中心最远的测点仍然有沉降值，沉降值的范围介于 1.743～2.732mm 之间，测点与桩中心的距离为（8.5～8.7）$d$，而此时尚不能说桩顶荷载对土体的影响可以忽略，表明在桩顶荷载及桩径较大时，桩身荷载对土体的影响范围明显变大。

由此可知，桩侧摩阻力直接影响桩周土体沉降值，随着荷载的增加，桩周土体沉降值也在增加，而且桩侧摩阻力值大的模型桩，桩对土体沉降的影响范围更大。

### 5.4.7 小结

通过 5 组单桩离心模型试验，主要探讨桩身荷载传递规律、桩侧摩阻力对地基应力场和位移场的影响，论述了桩承荷载及沉降特性、桩身轴力特性、桩侧摩阻力特性、桩端阻力特性、桩侧摩阻力对土应力的影响及桩侧摩阻力对土体沉降的影响等六方面，对单桩竖向荷载作用下的桩土相互作用有如下基本认识：

（1）在有效桩长范围内，增加桩长可以提高单桩的极限承载力，相应的极限桩侧摩阻力及桩端阻力也均有所增强，但是桩端阻力占总荷载的比值却有所减小；在相同桩长情况下，提高桩端下卧层土体的强度，单桩极限承载力得到提高，同时可以明显提高桩端附近的侧摩阻力。

（2）在荷载作用下，桩身轴力沿桩身自上而下逐渐减小；伴随桩顶荷载的增大，桩身各断面处的轴力、桩侧摩阻力、桩端阻力均随之增大，桩端阻力占总荷载的比例随之增大，但是桩侧摩阻力占总荷载的比例却随之减小。

（3）桩侧摩阻力对桩周土应力的影响随桩顶荷载的增大表现出增强的效果，同时桩侧摩阻力对桩周土体的影响和桩侧摩阻力的分布形式有较好的一致性：侧摩阻力大的地方，相应的桩周土应力变化量要大；侧摩阻力小的地方，相应的桩周土应力变化量要小。由于桩端阻力对桩端附近土体产生一个较大的拉应力，在这个拉应力的作用下，桩端侧摩阻力对桩周土应力的影响效果减弱，所以测试得到的桩端附近的土应力变化量相对要小。

（4）桩侧摩阻力在距桩中心 0.6m 处对桩周土应力的影响沿深度分布表现出"S"形：在桩身上部，桩侧摩阻力产生拉应力且表现出先增大后减小的趋势；在桩身的下部，桩侧摩阻力产生压应力且同样表现出先增大后减小的趋势。这样的分布特性与根据 Mindlin 公式求得的桩端力与三角形分布桩侧摩阻力引起的土应力有较好的一致性。

（5）随着桩顶荷载增大，桩侧摩阻力产生的桩周土体沉降值也随着增大；在同一荷载作用下，距离桩中心不同位置的桩周土体沉降值随距离的增大而减小，表明桩侧摩阻力对桩周土体的影响在径向方向逐渐减小，而且其显著影响范围是 3.9 倍桩径，在 8.5 倍桩径处桩身荷载对沉降的影响依然存在。

## 5.5　结论

伴随着复合地基、桩基、复合桩基在大型和重要工程上日益广泛的应用，桩土相互作用的研究不仅可以丰富地基处理的理论内容，而且具有很强的工程意义。本章针对单桩在竖向荷载作用下的工作特性，主要探讨桩身荷载传递规律、桩侧摩阻力对地基应力场和位移场的影响。有以下基本认识和观点：

（1）桩顶荷载沿桩身向下呈现出衰减的趋势；桩身轴力、桩侧摩阻力、桩端阻力、桩端阻力占总荷载的比例在加载过程中均随桩顶荷载的增大而增大，桩侧摩阻力占总荷载的比例随桩顶荷载的增大而减小。以模型 DM15 为例：桩顶荷载为 2287.892kN 时，从上到下各测试断面的轴力分别为 1582.450kN、1263.652kN、724.340kN、300.407kN；桩顶荷载从 1832.029kN 变化到 2287.892kN 时，最大桩侧摩阻力由 92.838kPa 变为 105.126kPa，桩端阻力由 216.230kN 增长为 300.340kN，桩端阻力占总荷载的比例从 11.80% 增长到 13.19%，而桩侧摩阻力占总荷载的比例从 88.20% 衰减至 86.81%。

（2）桩端土体强度提高，可以提高单桩极限承载力、桩端阻力，桩端附近侧摩阻力也表现出增强的现象；增加桩长时，单桩极限承载力同样可以得到提高。均为 15m 长的桩时，下卧层掺 3% 水泥的单桩极限承载力为 2351.650kN，较均匀地基的单桩极限承载力 2287.892kN 提高了 2.78%；桩端阻力也由均匀地基的 300.407kN 变为 306.314kN，而且桩端附近的桩侧摩阻力由均匀地基的 63.175kPa 增加到 103.280kPa，提高了 63.5%。桩周土体状态相同时，15m 长的桩对应的单桩极限承载力为 2287.892kN，较 12m 长的桩对应的单桩极限承载力 1287.163kN 提高了 77.8%。

（3）桩侧摩阻力随着桩顶荷载的增大而增大，因此桩侧摩阻力影响产生的桩周土应力变化量也随之增大，桩侧摩阻力对桩周土体的影响在桩身径向表现出衰减的趋势。桩侧摩阻力对桩周土体产生的影响和桩侧摩阻力的分布形式有较好的一致性：侧摩阻力大的断面，相应的桩周土体受到的影响大，土应力变化量较大；侧摩阻力小的断面，相应的桩周土体受到的影响小，土应力变化量相应降低。以模型 DM15 测点深度 11.02m 处的土压力盒为例：桩顶荷载由 1580.007kN 增加至 2287.892kN 时，距桩中心由近及远的土压力盒测试得到的土应力变化量分别由 86.950kPa、17.404kPa、8.566kPa 增至 185.049kPa、32.537kPa、16.277kPa，而且在任一桩顶荷载作用下，桩侧摩阻力产生的土应力变化量均随远离桩中心而减小；同时模型 DM15 测得的距桩中心 0.6m 处的土应力变化量绝对值为 182.397kPa、12.519kPa、185.049kPa、25.355kPa，各测点所对应的桩侧摩阻力为 105.126kPa、47.508kPa、80.369kPa、63.175kPa，可见侧摩阻力值与土应力变化量有较好的一致性。

（4）桩侧摩阻力在距桩中心 0.6m 处产生的桩周土应力变化量沿桩身轴向的分布趋势表现出"S"形：桩侧摩阻力在桩身上部对桩周土体产生拉应力并且表现出先增大后减小的趋势，桩侧摩阻力在桩身下部对桩周土体产生压应力且同样为先增大后减小的趋势。这样的分布特性与根据 Mindlin 公式求得的桩端力与三角形分布桩侧摩阻力引起的土中应力有较好的一致性。模型 DM15 测得的距桩中心 0.6m 处的土应力变化量为$-182.397$kPa、$-12.519$kPa、185.049kPa、25.355kPa，而各自对应的测点深度为 3.82m、7.42m、11.02m、14.86m，由此可见桩侧摩阻力在桩身上部产生了拉应力且先增大、后减小，桩侧摩阻力在桩身下部产生了压应力同样为先增大后减小，土应力变化量沿深度呈"S"形分布。

（5）桩侧摩阻力随着桩顶荷载的增大而增大，因此桩侧摩阻力影响产生的桩周土体沉降也随之增大，桩侧摩阻力对桩周土体沉降的影响在桩身径向呈现逐渐减小的特征，桩侧摩阻力的显著影响范围为 3.9 倍桩径，而且在距桩中心 8.5 倍桩径处桩侧摩阻力的影响依然存在。桩顶荷载由 851.642kN 变为 2065.928kN 时，模型 DM15 内测得的距桩中心由近及远测点处的沉降值分别由 2.447mm、2.630mm、1.697mm、1.801mm、1.006mm、0.958mm 变为 6.604mm、5.986mm、4.962mm、4.507mm、2.718mm、2.461mm，土体沉降值随桩侧摩阻力的增强而增强，而且在任一桩顶荷载作用时，桩周土体的沉降值均表现出沿桩身径向衰减的趋势，同时可以根据各测点处具体的沉降值，得到桩侧摩阻力的显著影响范围为 3.9 倍桩径，在 8.5 倍桩径处桩侧摩阻力对土体的影响仍未消除。

# 第 6 章　混凝土芯砂石桩复合地基工作性状研究

## 6.1　引言

混凝土芯砂石桩复合地基属于桩承式加筋路堤的范畴，同时又具有排水固结的特点，其桩间土的固结效果十分突出。因此，混凝土芯砂石桩复合地基必然会表现出与桩承式加筋路堤不同的特点，涉及的关键问题也必然有所不同。

混凝土芯砂石桩复合地基荷载传递机制是路堤填土的土拱效应、加筋体的拉膜效应、环状砂石桩的固结排水作用、桩土相互作用和下卧层支撑作用等各个效应的耦合作用。混凝土芯砂石桩复合地基中桩间土固结性状对复合地基工作性状的影响是混凝土芯砂石桩复合地基承载机理的研究重点和关键，只有在深刻认识桩间土固结对混凝土芯砂石桩复合地基承载机理影响的基础上，才能提出混凝土芯砂石桩复合地基荷载传递计算模型、计算桩土荷载分担、分析桩土相互作用以计算地基沉降及确定地基承载力。

### 6.1.1　桩承式加筋路堤研究现状

目前，国内外对于桩承式加筋路堤的工作性状已开展了大量的研究工作，通过采用现场实测、室内模型试验、理论分析（包括解析方法和数值方法）等方法对路堤的土拱效应、加筋体的拉膜效应、桩土相互作用以及下卧层的支撑作用等方面进行了研究，取得了丰富成果。

**1. 桩承式路堤土拱效应试验研究现状**

1）室内模型试验

1943 年太沙基在总结前人研究成果的基础上提出了"等沉面"的概念，并通过著名的 Trapdoor 试验揭示了颗粒材料之间的相对位移是引起土体中土拱效应的原因。Trapdoor 试验以简洁独特的方式对土拱效应进行了论释，以至于成为土拱效应的代名词。在此后的几十年间，不断有学者对土拱效应进行研究，但只是在太沙基工作的基础上，考虑了较为复杂土的本构模型而已，所取得的成果为桩承式加筋路堤中土拱效应的研究奠定了良好的基础。

桩承式加筋路堤中的土拱效应与 Trapdoor 试验所揭示的拱效应在本质上是相同的，但桩承式路堤中的土拱效因涉及路堤填土、加筋垫层、桩（桩帽）、桩间土及下卧层等路堤各组成部分之间的共同作用，十分复杂。

Hewlett 和 Randolph(1988)通过模型试验研究了路堤中的空间土拱效应，用干砂、方木块和塑料泡沫材料分别模拟路堤填料、桩和桩间土，根据试验观测到的现象，将路堤中的土拱理想化为半球形球拱，认为拱顶和拱脚的土体达到极限状态，并建立了求解土拱效应的解析方法；但未涉及路堤中存在水平加筋体（土工布、土工膜等材料）的情况，也未分析桩承式路堤的变形特点。

Low 等（1994）采用与 Hewlett 和 Randolph 模型试验类似的方法进行了平面土拱效应试验（图 6.1.1）。干砂、长木块及塑料泡沫材料被分别用来模拟路堤填料、桩梁和桩间土；试验考虑了水平加筋体、路堤高度以及桩梁间距对土拱效应的影响；但是加筋体采用实际工程中的土工布不符合相似定律。同时，Low 等考虑了桩间土土压力分布的不均匀性，将 Hewlett 和 Randolph 的空间土拱效应计算方法退化到平面应变状态，并与试验结果进行比较，发现当没有使用水平加筋体时，计算结果与试验结果比较接近，而使用水平加筋体时，计算结果与试验结果差别较大。从 Low 等试验来看，该模型试验研究对象是二维的土拱效应；试验侧重于对桩梁顶应力和桩间土应力状态研究，而忽视了路堤和加筋体的变形特性的研究，也没有指出试验得到的桩土应力比对应哪个部位的桩土相对位移状态。

Chew 等（2004）进行了几乎足尺的模型试验（图 6.1.2）。该试验采用接近于工程实际的土作为路堤填土，重点研究水平加筋体的作用，发现水平加筋体的变形曲线接近于悬链线，使用水平加筋体能增强土拱效应。但 Chew 等进行试验时，在路堤填筑到预定高度时，将水平加筋体下的桩间土全部挖去，即完全不考虑桩间土的承载作用，与工程实际情况不符，因而得到的结论也有待商榷。

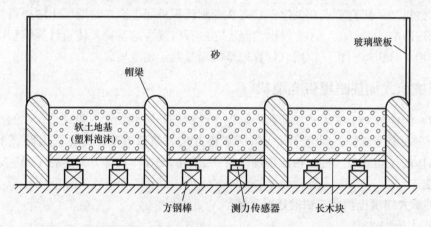

图 6.1.1　平面土拱效应试验装置测力传感器（Low 等，1994）

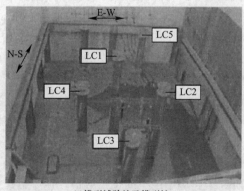

(a)模型试验坑及模型桩

(b)模型试验桩及水平加筋体

图 6.1.2　空间土拱效应试验装置（Chew 等，2004）

方磊、谢永利等（2005）制作了直径 120cm、高 100cm 的圆形钢筒模型箱试验装置，如图 6.1.3 所示。

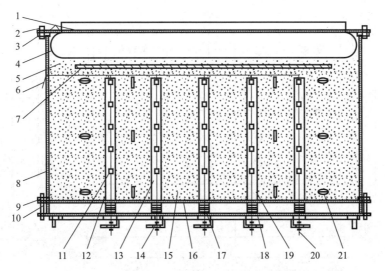

　　1—顶盖；2—顶盖螺栓；3—进气管；4—气囊；5—砂垫层；6—导线；
7—刚性承压板；8—箱壁；9—密封垫；10—底板螺栓；11—应变片；
12—橡皮膜；13—桩体；14—调节螺栓；15—桩间土；16—底板；
17—弹簧；18—垫板；19—扎丝；20—拉杆；21—压力盒

图 6.1.3　模型箱试验装置（方磊，2005）

　　试验选用外径为 40mm 的 PVC 管模拟桩体，采用间距为 4.5 倍桩径的等边三角形布桩，选用人工筛选粒径为 0.1~1.0mm 的天然风干河砂模拟桩间土，桩体持力层采用桩底弹簧模拟，路堤荷载通过空压机和橡胶气囊来实现。整个模型试验过程中主要对桩间土应力、桩身压缩变形量和桩底沉降量进行观测，分析了刚性桩复合地基桩土应力比随上部荷载、桩间土及桩端土性质等因素改变而变化的规律。结果表明：桩土应力比随着桩底持力层模量提高而增大，随着桩间土密实度增大而减小，随着上部荷载增加而增加且趋于稳定。但该模型试验路堤荷载采用气囊施加，与实际路堤有一定差异，不能反映路堤力学性状的影响，同时桩间距为 4.5 倍桩径，而桩承式加筋路堤桩间距一般在 6.0 倍桩径以上。

　　曹卫平（2007）制作了平面土拱效应模型试验装置（图 6.1.4）。试验中分别采用钢化玻璃板制作帽梁，水袋垫模拟桩间土，干净的粗河砂作为路堤填土。在试验过程中为了减小路堤填土与模型箱侧壁的摩擦力，选用了钢化玻璃围成模型槽壁，并在模型槽内侧涂有凡士林，共进行了 4 个系列 15 个试验，分别研究了路堤高度、水平加筋体以及桩梁宽度对桩土应力比和路堤变形特性的影响。结果表明：桩土应力比随桩土相对位移的变化而变化；路堤高度与桩梁净间距之比越大，桩土应力比越大；桩梁宽度与桩梁净间距之比越大，桩土应力比也越大；水平加筋体的存在能够提高桩土应力比，加筋体拉伸强度越大，提高的幅度也越大；当路堤高度与桩梁净间距之比小于 1.4 时，无论是否存在水平加筋体，路堤顶面均会出现明显的差异沉降；当路堤高度与桩梁净间距之比大于 1.6 时，路堤顶面不会出现明显的差异沉降；实验揭示了桩土差异沉降与土拱效应的关系。该模型试验不足之处：①其研究对象为平面土拱效应，与实际工程中路堤三维空间土拱效应有所差别；②桩土差异沉降采取人为控制的方式，而实际工程中桩间土固结引起的桩土差异沉降除取决于路堤各组成部分的自然耦合作用外，还受桩间土固结特性的影响。

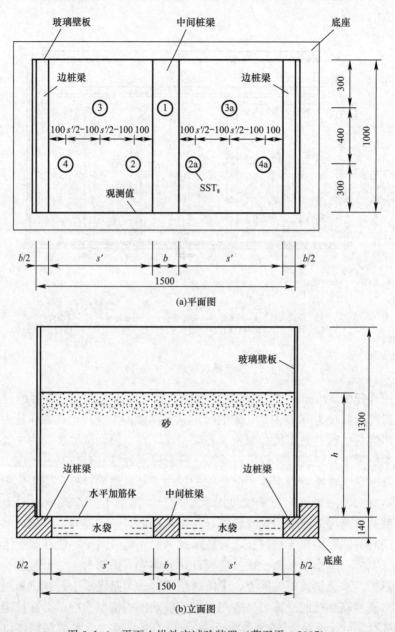

图 6.1.4  平面土拱效应试验装置（曹卫平，2007）

此外，Orianne、Horgan 和 sarby、菜德钩、强小俊、黄茂松、罗强等也采用模型试验研究了桩承式加筋路堤的土拱效应和拉膜效应、桩土差异沉降和土拱效应的关系。

通过以上有关桩承式加筋路堤室内模型试验研究可见，国内外学者通过室内模型试验对桩承式加筋路堤工作性状的研究取得了一些成果，然而依然存在以下问题：①室内模型试验中，桩间土多用泡沫、海绵等材料模拟，未考虑桩间土固结对路堤工作性状的影响；②室内模型试验较少考虑下卧层刚度对路堤工作性状的影响；③室内模型试验大多集中于路堤中轴线位置的研究，较少涉及路肩边坡附近的工作性状；④室内模型试验大多针对方案论证,鲜有进行参数化研究,对路堤工作性状的反映不够全面。

2)现场试验

除室内模型试验研究,国内外学者还通过大量现场试验研究桩承式加筋路堤的工作性状。

通过有关桩承式加筋路堤现场试验研究对桩承式加筋路堤工作性状的研究取得了一些成果和共识,然而依然存在以下问题:①与室内模型试验类似,大多也是侧重路堤各组成部分的力学性质的研究,忽视了桩间土固结与路堤工作性状之间的关系;②研究重点依然是路堤中轴线部位,对于路肩边坡工作性状的研究较少;③重视土拱效应的研究,而忽视拉膜效应,应加强对土压力和超静孔隙水压力的空间分布、格栅上下土压力的空间分布、路堤中及桩顶桩底的沉降空间分布的观测,而不只是关注桩土应力比;④现场试验设计和原型分析中,重视各监测项目的数据分析,而忽视不同监测项目数据之间的联系和整体分析。

**2. 土拱效应计算方法的研究现状**

除了采用室内模型试验和现场试验手段对土拱效应进行研究外,国内外学者还开展了对土拱效应计算方法的研究。

1)太沙基(1943)的土拱效应计算方法

太沙基(1943)基于 Trapdoor 试验,建立了平面土拱效应计算模型,如图 6.1.5 所示。

太沙基根据可动部分土体薄片的竖向受力平衡条件(图 6.1.5),可得到:

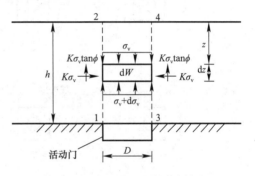

图 6.1.5　太沙基土拱效应计算模型
(太沙基,1943)

$$\frac{\mathrm{d}\sigma_\mathrm{v}}{\mathrm{d}z} + 2K\frac{\tan\phi}{D}\sigma_\mathrm{v} = \gamma \qquad (6.1.1)$$

当 $h \leqslant 2D$ 时,引入边界条件 $\sigma_\mathrm{v}\mid_{z=0}=0$,式(6.1.1)即可求解,则:

$$\sigma_\mathrm{vh} = \sigma_\mathrm{v}\mid_{z=h} = \frac{\gamma D}{2K\tan\phi}\left[1 - \exp\left(2K\frac{h}{D}\tan\phi\right)\right] \qquad (6.1.2)$$

式(6.1.2)即为土体厚度 $h \leqslant 2D$ 时,作用在 Trapdoor 上的土压力。

当 $h > 2D$ 时,求解式(6.1.1)的边界条件为 $\sigma_\mathrm{v}\mid_{z=h-2D}=\gamma(h-2D)$,此时作用在 Trapdoor 上的土压力为:

$$\sigma_\mathrm{vh} = \sigma_\mathrm{v}\mid_{z=h} = \frac{\gamma D}{2K\tan\phi}[1 - \exp(-4K\tan\phi)] + \gamma(h-2D)\exp(-4K\tan\phi) \qquad (6.1.3)$$

式中,$\gamma$、$\varphi$、$h$ 分别为土的重度、内摩擦角及土层厚度;$D$ 为 Trapdoor 宽度;$K$ 为侧向土压力系数(Terzaghi 建议取为 0.7)。

得到了作用在 Trapdoor 上的土压力后,根据土体总重量可求得作用在 Trapdoor 两侧不动边界上的土压力。

2)半球形拱计算模型

Hewlett 和 Randolph(1988)根据模型试验观测到的结果,将正方形布桩情况下,桩顶以上路堤填料中形成的土拱假定为半球壳形,并将其拆分为四个平面土拱和一个球形土拱(图 6.1.6)。Hewlett 和 Randolph(1988)认为球形土拱拱顶或者平面土拱拱脚的土单元体会达到极限状态,并据此求解了桩体荷载分担比。图 6.1.7 为半球形土拱几何尺寸示意图,其中 $s$、$b$ 分别为桩间距和桩帽宽度,$\sigma_r$、$\sigma_\theta$ 分别为土单元体所受径向、环向土压力。

(a)整个土拱  (b)平面土拱  (c)球形土拱

图 6.1.6  半球形土拱模型拆分示意图(Hewlett 和 Randolph,1988)

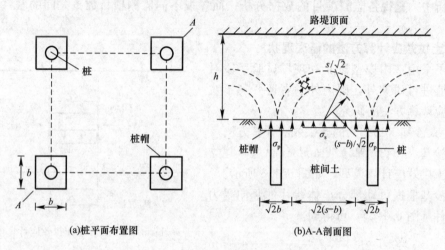

(a)桩平面布置图  (b)A-A剖面图

图 6.1.7  半球形土拱几何尺寸示意图

根据半球形土拱拱顶土单元体的竖向受力平衡条件,可得到:

$$\frac{\mathrm{d}\sigma_r}{\mathrm{d}r} + \frac{2(\sigma_r - \sigma_\theta)}{r} = -\gamma \tag{6.1.4}$$

Hewlett 和 Randolph(1988)认为球形土拱拱顶土单元体会达到极限状态,即 $\sigma_\theta = K_p\sigma_r$,$K_p = (1+\sin\varphi)/(1-\sin\varphi)$,$\gamma$、$\varphi$ 分别为路堤填料容重和内摩擦角,根据边界条件 $\sigma_r\mid_{r=s/\sqrt{2}} = \gamma(h - s/\sqrt{2})$,可得到式(6.1.4)的解为:

$$\sigma_r = \frac{\gamma}{2K_p - 3}r + \gamma\left(h - \frac{s}{\sqrt{2}}\right) \cdot \left(\frac{s}{\sqrt{2}}\right)^{2(1-K_p)} \cdot r^{2(K_p-1)} - \frac{\gamma}{2K_p - 3} \cdot \left(\frac{s}{\sqrt{2}}\right)^{3-2K_p} \cdot r^{2(K_p-1)}$$

$$\tag{6.1.5}$$

进而得到桩间土土压力为:

$$\sigma_s = \gamma \cdot \left[h - \frac{s}{\sqrt{2}}\left(\frac{2K_p - 2}{2K_p - 3}\right)\right] \cdot \left(1 - \frac{b}{s}\right)^{2(K_p-1)} + \frac{\gamma(s-b)}{\sqrt{2}(2K_p - 3)} + \gamma \cdot \frac{s-b}{\sqrt{2}} \tag{6.1.6}$$

根据单桩处理范围内路堤填料重量及上式就可求得到桩承担的路堤荷载为:$\sigma_p = \gamma s^2 h - \sigma_s(s^2 - b^2)$,而桩体荷载分担比为 $E_1 = \sigma_p/(\gamma s^2 h)$。

图 6.1.8 为平面土拱几何尺寸示意图。根据桩帽上土单元体的极限状态及单桩处理范围内路堤填料重量,可得到相应的桩体荷载分担比为 $E_2 = \beta/(1+\beta)$。Hewlett 和 Randolph 认

为 $E_1$、$E_2$ 的较小值就是实际的桩体荷载分担比,其中,$\beta=\dfrac{2K_p}{1+K_p}\cdot\dfrac{s}{s+b}\cdot\left[(1-b/s)^{-K_p}-(1+b/s\cdot K_p)\right]$。

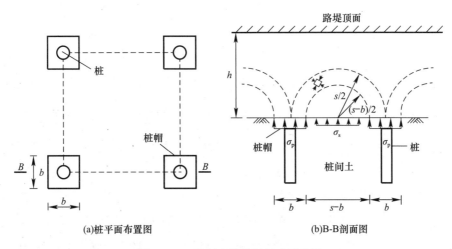

(a)桩平面布置图　　　　　　　　　(b)B-B剖面图

图 6.1.8　平面土拱几何尺寸示意图

当用桩梁将一个个独立分布的桩沿路堤纵向或横向在桩顶位置连接起来时,路堤中形成的土拱就是平面土拱。Low 等认为,拱顶或拱脚(桩梁顶)土单元体会达到极限状态,根据拱顶和拱脚土单元体的受力条件,利用与 Hewlett 和 Randolph 相似的方法得到两个桩体荷载分担比 $E_1$、$E_2$,其中的较小值就是实际的桩体荷载分担比,但 Low 等还认为桩间土土压力分布是不均匀的,因此在计算 $E_1$、$E_2$ 时,对桩间土土压力 $\sigma_s$ 乘以系数 $\alpha$(Low 等建议 $\alpha=0.8$)来进行修正。陈云敏、贾宁(2004)等对 Hewlett 和 Randolph 的半球形土拱计算模型进行了改进,分析方法与 Hewlett 和 Randolph 的半球形土拱计算方法相同。陈福全等(2007)认为土拱效应是三维空间问题,假定土拱是以对角桩的桩心连线为直径的半球环,边界条件与 Hewlett 的假定有所不同,并以此为出发点,对 Hewlett 塑性点出现在桩顶时的土拱效应计算方法作出改进(但没有考虑桩土沉降差对荷载分担比的影响)。

3)Carlsson 法(楔形土拱理论)

Carlsson 提出了一种楔形土拱的假设,来分析二维土拱效应(图 6.1.9)。该方法认为楔形体内的填土均由加筋体或桩间土承担,其余荷载由桩承担。三角形楔体的顶角为 30°,楔体高度根据几何知识可算得为 $1.87(s-a)$,$s$ 为桩间距,$a$ 为桩帽尺寸。由此可得到桩间土应力折减率 $SRR$(二维)为:

$$SRR=\frac{(2s+a)(s-a)}{6(s+a)H\tan15°}\qquad(6.1.7)$$

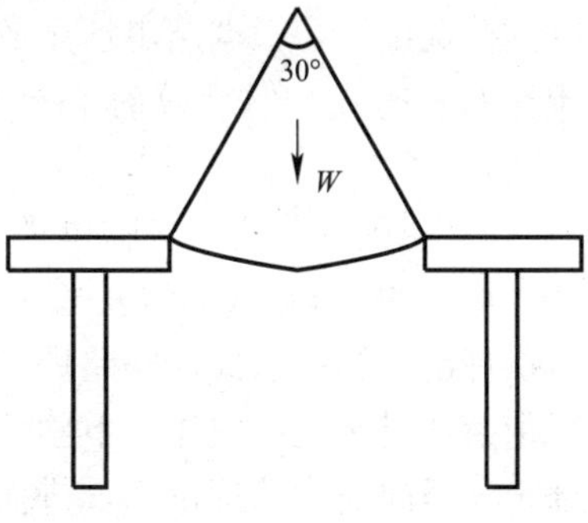

图 6.1.9　Carlsson 法楔形土拱模型

4)英国规范 BS 8006 法(Marston 埋管式土压力计算模型)

英国规范 BS 8006 提出了一个临界高度的概念(图 6.1.10),认为填土只有达到某一临界高度即 $H_c=1.4(s-a)$,路堤中才能形成完全的土拱,土拱以上的荷载通过土拱传递到相连的桩帽上，并且以等沉面假设的 Marston 埋管式土压力计算方法为基础，在桩为正方形布置情况下，给出了桩帽上部土压力的计算公式，但只考虑了路堤高度和桩间距两个因素，未考虑上部填料工程性状的影响。

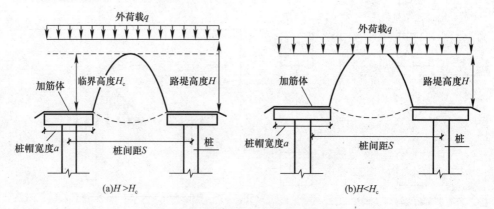

图 6.1.10　土拱临界高度示意图（BS 8006，1995）

当路堤高度小于或等于临界高度时，作用在桩帽上的土压力可按下列公式计算，当路堤高度大于临界高度时，临界高度以上的路堤荷载均由桩承担。

$$\sigma_{\mathrm{p}} = (\gamma H + q)\left(\frac{C_{\mathrm{c}} a}{H}\right)^2 \qquad (6.1.8)$$

式中，$a$ 为桩帽宽度（无桩帽时即为桩径）；$H$ 为路堤填方高度；$C_{\mathrm{c}}$ 为成拱系数（对于端承桩 $C_{\mathrm{c}}=1.95H/a-0.18$，对于摩擦桩及其他桩 $C_{\mathrm{c}}=1.5H/a-0.07$）；$s$ 为桩间距；$\gamma$ 为路堤填料的天然重度；$q$ 为施加于路堤之上的外加荷载。

由此可得到桩间土应力折减率计算公式为：

$$S_{\mathrm{3D}} = \frac{2s(\gamma H + q)(s-a)}{\gamma H(s^2 - a^2)^2}\left[s^2 - a^2\left(\frac{C_{\mathrm{c}} a}{H}\right)^2\right] \qquad (6.1.9)$$

$$S_{\mathrm{3D}} = \frac{2.8s}{H(s+a)^2}\left[s^2 - a^2\left(\frac{C_{\mathrm{c}} a}{H}\right)^2\right] \qquad (6.1.10)$$

刘吉福（2003）从粉喷桩复合地基中桩顶沉降量小于桩间土沉降量、存在桩土差异沉降的情况出发，根据路堤填土的竖向受力平衡条件，采用 Marston 模型获得了计算荷载分担比的表达式，但计算时必须先知道桩土差异沉降，而桩土差异沉降只能根据经验来确定。

5）德国规范法（多脚拱理论）

德国的 Zeaske(2001)、Zeaske 和 Kempfert(2002)提出了考虑变曲率的土拱理论——多拱理论计算桩承式加筋路堤的土拱效应（图 6.1.11）。余闯（2006）利用多拱理论根据平衡条件对路堤荷载作用下刚性桩复合地基进行了理论分析，得出了桩间土应力和桩帽上部土体竖向应力的理论解，进而得到桩体荷载分担比的计算公式。

6）考虑桩承式路堤各组成部分共同作用的土拱效应计算模型

桩承式加筋路堤中的土拱效应、拉膜效应和桩土相互作用三者并非独立存在，而是同时存在且相互影响，因此，孤立的分析其中一种或两种问题显然不够合理。国内许多学者尝试建立能够考虑桩承式路堤各组成部分共同作用的土拱效应计算模型。

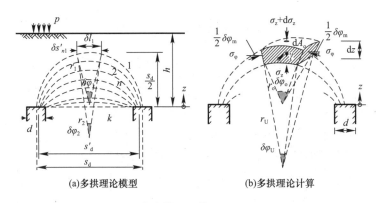

(a)多拱理论模型　　　　(b)多拱理论计算

图 6.1.11　多脚拱理论模型（Zeaske，2001）

R. P. Chen 等（2005）建立了考虑路堤、桩和桩间土的完整解析模型，但该模型难以考虑水平加筋体的作用，也不能考虑路堤施工及地基土固结过程中土拱效应的变化。许峰、张浩、郑俊杰等也分别建立了桩承式加筋路堤的土拱效应计算模型，但是也不能考虑加筋体的计算。

曹卫平（2008）等在总结分析已有现场测试资料及研究成果的基础上，首次建立能考虑路堤填筑过程与地基土固结相耦合的土拱效应计算模型。该模型路堤土拱计算采用 SSI 剪切试验整理得到的经验公式，其合理性有待商榷，且该模型也同样没有考虑水平加筋体的影响。

从对土拱效应计算方法进行的综述来看，可以得出：（1）当前路堤土拱效应的计算模型大多是在室内模型试验的基础上整理分析得到的，均未考虑桩间土固结对土拱效应的影响，对于桩间土固结性状突出的情况，其适用性有待验证；（2）半球形拱、楔形拱、多脚拱等考虑几何特征的土拱模型，虽然形象地反映了路堤内部压力拱且计算简便，但其并未考虑桩顶桩土差异沉降对桩土荷载效应值的影响。路堤中出现土拱效应的根本原因在于桩土刚度差异引起的桩土沉降差，上述分析并未有意识地考虑桩土差异沉降这一关键因素对土拱效应的影响；（3）已有的考虑桩承式加筋路堤各组成共同工作的土拱效应计算模型不够完善，有待改进。

**3. 水平加筋体拉力计算方法研究现状**

鉴于桩承式加筋路堤上部路堤荷载主要通过路堤填土中的土拱效应和加筋体的拉膜效应传递到桩上，因此，对于加筋体张拉力的计算也是桩承式加筋路堤设计的重要内容。目前关于加筋体拉力的计算方法主要有以下几种。

1）BS 8006 法

BS 8006 规范将水平加筋体受竖向荷载后的悬链线近似看成双曲线，假设水平加筋体之下脱空（图 6.1.12），得到竖向荷载 $W_T$ 引起的水平加筋体拉力为：

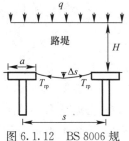

图 6.1.12　BS 8006 规范水平加筋体计算简图（BS 8006，1995）

$$T_{rp} = \frac{W_T(s-a)}{2a}\sqrt{1+\frac{1}{6\varepsilon}} \qquad (6.1.11)$$

式中，$s$ 为桩间距；$a$ 为桩帽宽度；$\varepsilon$ 为水平加筋体应变；$W_T$ 为作用在水平加筋体上的土体重量。

当 $H > 1.4(s-a)$ 时，　　$W_T = \dfrac{1.4\gamma(s-a)}{s^2-a^2}\left[s^2-a^2\left(\dfrac{C_c a}{H}\right)^2\right]$　　(6.1.12)

当 $0.7(s-a) \leqslant H \leqslant 1.4(s-a)$ 时，　$W_T = \dfrac{s(\gamma H+q)}{s^2-a^2}\left[s^2-a^2\left(\dfrac{C_c a}{H}\right)^2\right]$　(6.1.13)

当 $s^2/a^2 < (C_c a/H)^2$ 时，$W_T=0$。以上两式中各符号含义同式（6.1.9）。

2）Jones 法

Jones(1990)认为铺设在软土上的柔性网将产生下凹，下凹的形状为悬链线，当变形较小时，可近似看成是抛物线。饶为国、陈福全等均采用抛物线假定来计算加筋体的拉力。

3）Carlsson 法

Carlsson 的计算模式采用了土楔形土拱的假设（图 6.1.13），不考虑外荷载的影响，则二维平面情况的土楔重量为：

$$W_{T2D} = \frac{\gamma(s-a)}{4\tan15°} \qquad (6.1.14)$$

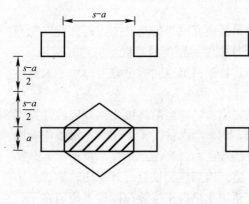

该方法中水平加筋体张拉力的计算采用了索膜理论，假定加筋体下面脱空，得到二维平面情况的加筋体拉力为：

$$T_{rp2D} = W_{T2D}\left(\frac{s-a}{8\Delta s}\right)\sqrt{1+\frac{16\Delta s^2}{(s-a)^2}}$$

$$(6.1.15)$$

式中，$\Delta s$ 为加筋体的最大挠度，其余符号意义同前。

瑞典 Rogheck(1998)等考虑了三维效应，根据图 6.1.13 的荷载分布，得到三维情况下土楔重量 $W_T$ 为：

$$W_{T3D} = \left(1+\frac{s-a}{2}\right)W_{T2D} \quad (6.1.16)$$

图 6.1.13　Carlsson 法三维荷载分布示意

则三维情况下水平加筋体的张拉力为：

$$T_{rp3D} = \left(1+\frac{s-a}{2}\right)T_{rp2D} \qquad (6.1.17)$$

4）牛志荣法

牛志荣（2000）等基于编织土工布＋粉喷桩处理桥头过渡段的桩间编织土工布的弯曲形状为抛物面等情况，根据力的平衡条件，推导了编织土工布中的拉力计算式。

编织土工布的总拉力为：

$$T = T_v + T_h \qquad (6.1.18)$$

由竖向分布荷载产生的分量为：

$$T_v = \frac{a\sqrt{a^2+4\Delta s^2}}{\Delta s}(P_1-P_2) \qquad (6.1.19)$$

由水平荷载产生的分量为：

$$T_h = 0.5K_a\gamma(2H-H_g)H_g \qquad (6.1.20)$$

$$K_{\mathrm{a}} = \tan^2\left(45° - \frac{\varphi}{2}\right) \tag{6.1.21}$$

式中，$a$ 为桩净间距的一半；$\Delta s$ 为编织土工布的最大挠度；$P_1$ 为竖向分布荷载；$P_2$ 为地基反力；$H$ 为路堤高度；$\gamma$ 为路堤填土容量；$H_{\mathrm{g}}$ 为编织土工布的影响厚度；$K_{\mathrm{a}}$ 为加筋碎石垫层的主动土压力系数；$\varphi$ 为加筋碎石垫层的内摩擦角，可取 $35°$。

5）弹性薄板法

饶为国（2002）将水平加筋垫层视为具有一定刚度的薄板，采用薄板小挠度变形理论和 Winkler 弹性地基模型推导出桩网复合地基工后沉降计算公式，但公式仅适用桩间土变形较小的情况，且在分析过程中忽略了上部路堤中土拱效应的影响；郑俊杰（2010）等将水平加筋垫层简化为具有一定刚度的薄板以考虑加筋垫层的三维变形特征，但求解时假设四边边界位移为零，不能有沉陷引起的挠度，从实际工程来看该条件不能满足；赵明华将加筋垫层视为弹性圆形薄板，将桩与桩间土视为刚度不同的弹簧体系，建立桩承式加筋路堤的计算模型；徐立新（2007）将受力后的水平加筋垫层假定为轴对称的盆（碟）形复合膜，分别考虑加筋体的受拉作用和碎石垫层受压作用，根据简支梁的挠度计算原理分别推导出水平加筋垫层的挠度计算公式和加筋体的拉力计算公式，但在分析过程中仅考虑一层加筋体的作用，未能考虑多层加筋体的影响，也未能考虑加筋体与碎石垫层的相互作用对上部土拱效应的影响，且计算公式仅适用变形较小的情况。

从以上对水平加筋体拉力的计算方法综述可以看出：①水平加筋体拉力计算方法大多没有考虑垫层的作用和影响，不能反映水平加筋垫层的整体效应，无法考虑碎石垫层和水平加筋体之间的相互作用，只是对水平加筋体的变形形状进行各种假设，以此确定水平加筋体变形后的曲线方程，进而对水平加筋体拉力进行计算，计算结果与实际情况存在一定的差异；②水平加筋体拉膜效应研究忽视了加筋体三维受力特征，对于多层加筋体的复合垫层其板效应突出缺乏适当的计算方法。

**4. 桩土相互作用研究现状**

在路堤填筑过程中，桩体和桩间土之间相对位移的发展取决于路堤填筑高度和桩间土固结进程，即桩身摩阻力分布和中性点位置随着路堤填筑和桩间土固结不断变化。因此，建立合理的桩土相互作用计算模型对于预测桩的承载变形性状及路堤中土拱效应的发展变化非常重要。

荷载作用下桩的承载变形性状，前人的研究主要有四种计算方法：荷载传递分析计算法、弹性理论计算法、剪切位移法及数值方法。荷载传递法是 Seed 和 Reese 于 1955 年首先提出的计算单桩荷载传递的方法，此后 Kezdi、佐藤悟、Coyle 和 Reese 及 Holloway 等进一步发展和改进，由于其概念明确、适用性强、计算简便等特点而被广泛应用。

荷载传递法分成位移协调法和解析法。采用解析法，如佐藤悟提出的方法常需要假设桩侧摩阻力分布；赵明华（2010）假定桩端土体符合 Winkler 地基模型，桩侧桩-土相互作用采用弹塑性模型，桩侧阻力的荷载传递模型符合佐滕悟模型，简化桩土相对位移（图 6.1.14a），综合假定的荷载传递模型，即可得出图 6.1.19（b）所示桩侧摩阻力的分布模型；张浩采用与赵明华相似的桩侧摩阻力假定，桩端阻力的发挥符合 Winkler 模型；强小俊假定桩侧摩阻力与桩间土应力服从别伦（Berrwn）公式关系；陈仁朋等也假定桩侧摩阻力沿桩身可以分为 3 段，如图 6.1.15 所示，$0 \sim z_1$ 为负摩阻力段，负摩阻力达到极限值；$z_1 \sim z_2$ 为正、负摩阻力过渡区，桩侧摩阻力随桩土相对位移的变化而变化；$z_2 \sim L$ 为正摩阻力段，正摩阻力也达到了极限值；桩端阻力采用弹塑性模型；易耀林（2009）等认为采用假设桩侧摩阻力的分布形式，联立方程组进行求解未知数数量多，求解过程非常复杂，无法得到简单的解析解，求解需要用到数值解法编程（如迭代法），因此，提出桩土相互作用可以选择不同的荷载传递形式，以有限差分法进行求解。

Alonso 等（1984）、Wong 和 Teh（1995）分别用双折线、双曲线荷载传递模型模拟桩土之间的荷载传递关系并求解了桩身负摩阻力。在此基础上，曹卫平（2007，2008）、徐正中（2009）、周万欢（2005）均采用改进的双曲线荷载传递模型模拟路堤下的桩土相互作用，分析中性点和桩身摩阻力随时间变化的规律。

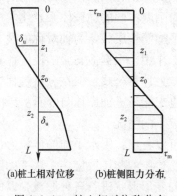
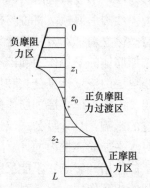

图 6.1.14　桩土相对位移分布
与桩侧摩阻力分布模型

图 6.1.15　桩侧摩阻力
沿桩身分布

## 6.1.2　复合地基固结理论研究现状

软土地基上修建建（构）筑物自然涉及固结问题，土体的固结与地基的稳定和沉降等有着密切关系。早在 1925 年太沙基就提出了著名的有效应力原理，以此建立了饱和土单向固结微分方程，并获得了一定初始条件和边界条件下的解析解，迄今仍被广泛应用。

Rendulic（1936）发展了太沙基单向固结理论，得到了二维和三维 Terzaghi-Rendulic 固结方程。Carrillo（1942）从数学上证明了多向渗流时孔隙压力比等于各单向渗流时孔隙压力比的乘积，以此，砂井地基的固结问题可简化为径向固结和竖向固结的简单组合。虽然该定理仅适用于瞬时加载和奇次边界条件，但是它的提出，使得问题的研究得到了简化，人们开始将研究重点放到轴对称情况下径向固结问题上。国内外学者针对砂井地基开展了大量研究。经过几十年发展，砂井地基固结理论已经取得了丰富的成果，从打穿的普通砂井地基到未打穿的砂井地基和双层砂井地基，以及非线性砂井理论。

散体材料桩是砂桩、碎石桩等散体材料形成的竖向增强体的统称，由于桩体具较高的强度和较好的透水性及较高的抗液化性能等特点，散体材料桩复合地基更早地被人们用于工程实践，但其推广和理论研究滞后，直到 20 世纪 60 年代才应用广泛。

　　与砂井地基相比，散体材料桩复合地基最大的特点就是"应力集中"效应，即复合地基中桩体分担的荷载远大于土体。Yoshikuni（1979）最早提出了"应力集中"的概念，此后，王瑞春（2001）、张玉国（2005）、卢萌盟（2008，2010）、张仪萍（2011）等对复合地基固结理论进行了大量的研究。现今对散体材料桩复合地基固结理论的研究是在砂井地基理论基础上引入"应力集中"，即采用了桩土等应变假定。对于刚性基础下的复合地基桩土等应变假定基本成立，而对于路堤、堤防及堆场等柔性荷载作用下的复合地基，桩土等应变假定是否成立有待商榷。

　　近年来，公路、铁路软基工程中经常采用砂石桩、搅拌桩、石灰桩、混凝土桩等竖向增强体和水平加筋垫层形成桩承式加筋路堤或路堤下桩体复合地基。陈蕾（2007）对路堤下排水粉喷桩复合地基的固结计算进行了研究，建立排水粉喷桩复合地基固结问题的控制方程，并通过工程实例对得到的解析解进行了验证；刘吉福（2009）认为在路堤荷载作用下碎石桩等散体桩、搅拌桩等半刚性桩基本上是等应变，而混凝土桩等刚性桩难以与土体等应变。路堤下桩网复合地基与刚性基础下复合地基一个共同之处：桩体分担的荷载大于土体，即"应力集中"。然而，桩承式加筋路堤是通过路堤填土的土拱效应和加筋体的拉膜效应实现荷载转移的，其应力集中程度远小于刚性基础下的复合地基。因此，刚性桩承式加筋路堤的桩间土的固结计算继续沿用等应变假定将会夸大桩体的"应力集中"，应考虑路堤下复合地基的固结问题。同时，路堤下复合地基桩土模量差异较大，随着桩间土固结沉降，桩间土承担的荷载通过拱效应等向桩体转移，在路堤荷载不变的情况下，桩间土超静孔压减小不仅仅是由土体固结造成的，随着土拱效应不断发挥，桩间土体承担的荷载减少也会导致超静孔压减小，并针对排水型复合地基固结问题展开研究，建立了固结问题的控制方程且得到了解析解，通过工程实例验证了其方法的正确性，对桩体透水性与排水体透水性对地基固结速度影响展开分析。Buddhima Indraratna 等（2013）采用有限差分法建立能够考虑土拱效应的路堤下碎石桩复合地基的固结计算模型，土拱效应采用 Low 等建立的计算模型，虽然考虑土拱效应对固结的影响，但未将桩土差异沉降和土拱效应联系起来，且计算方法只考虑砂石桩产生的径向固结。

　　混凝土芯砂石桩复合地基应用于深厚软土地区的桥头段或构造物等行车重要路段，可有效解决或减少桥头跳车的危害，但对工后沉降量有严格要求。工后沉降量的计算是复合地基设计中的一项重要内容，要准确计算复合地基的工后沉降量，就必须对复合地基的固结性状进行分析，研究复合地基固结度的计算方法；但目前的固结计算参照砂井地基和散体材料桩复合地基的计算方法，没有考虑混凝土芯砂石桩的特点。陈俊生等（2007）按照砂井地基固结理论研究了混凝土芯砂石桩复合地基的固结性状，桩阻影响通过砂石桩环形排水截面的面积折减来考虑，但忽略了砂石桩的应力集中效应；俞缙等（2012）参照无井阻散体材料桩复合地基固结解析解法建立了混凝土芯砂石桩复合地基的固结计算模型，并得到相应的解析解，由于是无井阻解，与排水截面面积无关，不能反映环形排水通道对复合地基固结性状的影响；杨燕伟（2013）参照散体材料桩复合地基的固结解析解法建立了混凝土芯砂石桩复合地基的固结计算模型，推导了考虑芯桩不排水所形成的环形排水通道固结问题的控制方程并得到了有井阻解的解析解，然而，采用等应变假定夸大了混凝土芯砂石桩的应力集中程度。

从以上对混凝土芯砂石桩复合地基固结理论的研究可以发现，对于路堤下复合地基的固结计算需要解决的首要问题是如何合理考虑桩体的应力集中程度，在考虑桩体应力集中的同时避免夸大桩体应力集中。

### 6.1.3 研究内容和技术思路

通过上述对前人关于桩承式加筋路堤（包括混凝土芯砂石桩复合地基）的土拱效应、加筋体的拉膜效应、砂井地基和散体材料桩复合地基固结理论等研究工作的回顾，可以发现：（1）现有的各种土拱效应计算方法都不能同时考虑桩土刚度差异、路堤填筑过程、桩间土固结以及桩土相互作用的影响，土拱效应发挥程度与桩间土固结和桩土差异沉降之间的关系还不明确；（2）目前拉膜效应的计算方法大多不能反映加筋体的三维变形特征；（3）由于软土的渗透系数小，桩间土体固结速度慢，桩间土固结对桩承式加筋路堤工作性状的影响很小，对于混凝土芯砂石桩复合地基，其土拱效应和拉膜效应的计算模型必须考虑固结的影响。

本章通过原型试验研究了混凝土芯砂石桩复合地基路堤填土土拱效应，采用数值方法对比分析了混凝土芯砂石桩复合地基和常规桩承式加筋路堤的承载机理的不同，建立了能够考虑路堤填土土拱效应、加筋体三维变形特征和桩土相互作用的桩承式加筋路堤桩、土荷载分担计算模型和混凝土芯砂石桩复合地基固结计算方法，以及能够考虑路堤逐级填筑和桩间土固结相耦合的混凝土芯砂石桩复合地基桩、土荷载分担计算模型。

## 6.2 混凝土芯砂石桩复合地基工作性状现场测试

利用已有的混凝土芯砂石桩复合地基软基现场试验数据，分析路堤填筑过程中及预压期芯桩与桩间土的沉降、超静孔隙水压力、芯桩顶土压力、砂石桩顶土压力、桩间土土压力、芯桩钢筋应力的变化规律，研究桩间土固结对路堤土拱效应发挥的影响，揭示混凝土芯砂石桩复合地基的承载机理。

### 6.2.1 混凝土芯砂石桩复合地基现场测试

**1. 工程概况**

某高速公路溧阳二标段起讫桩号为 K62＋800～K64＋800，全长 2.00km。路基宽度35m，采用双向六车道公路标准建设，全线计算行车速度采用 120km/h。混凝土芯砂石桩复合地基原型试验里程 K63＋046～K63＋087 之间，长 41m，宽 63m，面积 2583m²。

**2. 工程地质条件及特性**

1）工程地质条件

场地地貌单元属河流漫滩。根据钻探、静探及十字板剪切试验、土工试验成果综合分析，场地岩土层按类型、工程特性，自上而下划分为8层。

① 杂填土：表层为约50cm厚人工回填碎石层，主要以粉质黏土、粉土含少量碎石组成，软塑～可塑，富含植物根茎，层厚 2.00～3.70m，成分不均匀，松散。

② 粉质黏土：流塑～软塑，干强度中等，韧性中等，中等压缩性，层顶埋深 2.00～

3.00m，层厚 1.60～2.60m。

③ 淤泥质粉质黏土：流塑局部软塑，干强度中等，韧性中等，局部为淤泥质粉土，具轻微臭味，中（高）压缩性，层厚 6.60～10.90m。

④₁：粉质黏土夹粉土：粉质黏土（局部为淤泥质粉质黏土），流塑～软塑，干强度中等，韧性中等；粉土，稍密～中密，很湿，干强度低，韧性低，中（高）压缩性，层厚 0.60～2.50m。

④₂：粉土夹粉质黏土：中密，很湿，干强度低，韧性低；粉质黏土（局部为淤泥质粉质黏土），流塑～软塑，干强度中等，韧性中等，中等压缩性，层厚 0.70～2.90m。

④₃：粉质黏土夹粉土：粉质黏土，软塑，干强度中等，韧性中等；粉土，中密，很湿，干强度低，韧性低，中等压缩性，层厚 0.00～4.40m。

⑤ 粉质黏土：软塑局部流塑，干强度中等，韧性中等，局部为粉土，中等压缩性，层厚 9.60～10.10m。

⑥ 角砾：中密～密实，夹粉质黏土，砾径 2～5cm，棱角形、亚圆形为主，低压缩性，层顶埋深 25.3～26.90m，未揭穿。

试验段地基土分层物理力学性能指标见表 6.2.1，典型钻孔软土固结系数、渗透系数和十字板试验成果见表 6.2.2，典型断面土层分布剖面见图 6.2.1。

2）软土特性分析

从表 6.2.1 和表 6.2.2 可以看出：（1）含水量在 22.7%～44.7% 之间，平均约为 35%，孔隙比在 0.593～1.281 之间，平均约为 0.93，压缩系数在 0.17～0.86 之间，平均约为 0.42，塑性指数在 8.1～21.6 之间，平均约为 11.6，液性指数在 0.49～2.28 之间，平均约为 1.2，综合判断为软塑～流塑的中高压缩性粉质黏土；（2）地表以下 3～15m 之间软土的固结系数在 $5.29 \times 10^{-3} \sim 25 \times 10^{-3}$ cm²/s 之间，固结系数较大，渗透系数也较大，试验段区域内的软土渗透性较好；（3）淤泥质粉质黏土层厚度为 6.60～10.90m，地基承载力较低，平均约为 65kPa，为处理的重点土层；（4）综合勘察资料表明，软土厚度达到 22.0～26.5m，为典型的深厚软基；从静力触探 $P_s$ 标准值约为 4.3 可知，在地表以下 10.8～19.7m 之间存在一个厚约 0.7～2.9m 的较硬夹层。

**3. 混凝土芯砂石桩复合地基方案**

混凝土芯桩采用边长 20cm 的预制方桩，强度等级 C20；砂石桩采用含泥量小于 5% 的中粗砂，直径 50cm，设计桩长 22m；混凝土芯砂石桩采用等边三角形布置，K63+046～K63+066 段桩间距 2.1m，K63+066～K63+087 段桩间距 1.9m；混凝土芯砂石桩施工完毕后铺设 50cm 厚的碎石垫层和一层双向土工格栅形成水平加筋垫层，土工格栅双向抗拉强度≥30kN/m；加筋垫层铺设完毕后地面高程 3.1m，路床顶面中心设计高程 8.5m，预压高程 11.1m，路堤填料最大干密度 $1.84 \times 10^3$ kg/m³；路基宽度 35m，路堤边坡坡率 1∶2；地下水位距地表 1～2m，采用振动沉管法施工。试验方案见表 6.2.3。

**4. 试验监测**

测试内容包括芯桩顶沉降、桩间土沉降、超静孔隙水压力、芯桩顶土压力、砂石桩顶土压力、桩间土土压力和芯桩钢筋应力。在 K63+056 和 K63+076 处各设置一个监测断面，如图 6.2.2 所示，测点布置见图 6.2.3。每个监测断面的路堤中心地表处埋设了土压力盒以测量芯桩、砂石桩和桩间土各自分担的上部荷载。每个断面共埋设了 10 个土压力盒，

地基土物理力学性能指标

表 6.2.1

| 层号 | 层厚(m) | 含水量 ω(%) | 重度 γ(kN/m³) | 孔隙比 e | 塑性指数 $I_p$ | 液性指数 $I_L$ | 压缩系数 α (MPa⁻¹) | 压缩模量 E (MPa) | 快剪 c(kPa) | 快剪 φ(°) | $P_s$ 标准值 (MPa) | $f_{ak}$ (kPa) |
|---|---|---|---|---|---|---|---|---|---|---|---|---|
| ① | 2.0~3.7 | — | — | — | — | — | — | — | — | — | 0.956 | — |
| ② | 1.6~2.6 | 31.6~32.8 | 18.0~18.7 | 0.884~0.959 | 9.2~12.6 | 0.74~1.34 | 0.17~0.44 | 4.45~11.08 | 1~3 | 3.6~30.5 | 1.126 | 125 |
| ③ | 6.6~10.9 | 34.6~42.1 | 17.5~18.4 | 0.950~1.155 | 8.7~16.2 | 1.10~1.82 | 0.30~0.74 | 2.88~6.83 | 1~19 | 13.3~36.0 | 0.602 | 65 |
| ④₁ | 0.6~2.5 | 34.8~35.5 | 17.9~18.7 | 0.913~1.014 | 11.0~12.1 | 1.17~1.36 | 0.25~0.65 | 3.10~7.65 | 2~33 | 12.3~20.6 | 1.549 | 105 |
| ④₂ | 0.7~2.9 | 30.5~43.4 | 16.8~19.4 | 0.801~1.281 | 8.1~12.4 | 0.88~1.87 | 0.24~0.86 | 2.65~7.65 | 0~20 | 15.2~30.8 | 4.347 | 150 |
| ④₃ | 0.0~4.4 | 23.5~29.6 | 19.1~19.4 | 0.723~0.780 | 11.4~12.0 | 0.49~1.04 | 0.44~0.45 | 3.92~3.96 | 12~38 | 11.4~15.9 | 1.647 | 165 |
| ⑤ | 9.6~10.1 | 22.7~44.7 | 17.7~20.4 | 0.593~1.211 | 8.6~21.6 | 0.53~2.28 | 0.19~0.76 | 2.91~9.58 | 5~18 | 2.4~30.3 | 0.992 | 105 |
| ⑥ | 未揭穿 | — | — | — | — | — | — | — | — | — | — | 250 |

典型钻孔软土固结系数、渗透系数和十字板试验成果

表 6.2.2

| 土样编号 | 深度 (m) | 固结系数 (10⁻³cm²/s) 100kPa | 固结系数 (10⁻³cm²/s) 200kPa | 渗透系数 (10⁻⁶cm/s) 垂直 | 渗透系数 (10⁻⁶cm/s) 水平 | 十字板试验成果 $C_u$(kPa) | 十字板试验成果 $C'_u$(kPa) | $S_t$ |
|---|---|---|---|---|---|---|---|---|
| 10-1 | 2.0 | 0.21 | 0.26 | 94.9 | — | 32 | 21 | 1.48 |
| 10-2 | 4.0 | 5.29 | 5.77 | — | 3.74 | 42 | 21 | 1.97 |
| 10-3 | 6.0 | 9.45 | 9.05 | 76.9 | — | 46 | 16 | 2.91 |
| 10-4 | 8.0 | 8.95 | 9.16 | — | 10.6 | 34 | 16 | 2.06 |
| 10-5 | 10.0 | 6.27 | 7.86 | 0.25 | — | 38 | 18 | 2.11 |
| 10-6 | 12.0 | 9.95 | 9.40 | — | 2.92 | 48 | 19 | 2.49 |
| 10-7 | 14.0 | 22.3 | 25.0 | 9.06 | — | 91 | 31 | 2.96 |
| 10-8 | 16.0 | 0.59 | 0.73 | — | 0.07 | — | — | — |
| 10-9 | 18.0 | 0.32 | 0.60 | 0.08 | — | 87 | 38 | 2.30 |
| 10-10 | 20.0 | 0.29 | 0.40 | — | 0.09 | 100 | 47 | 2.12 |

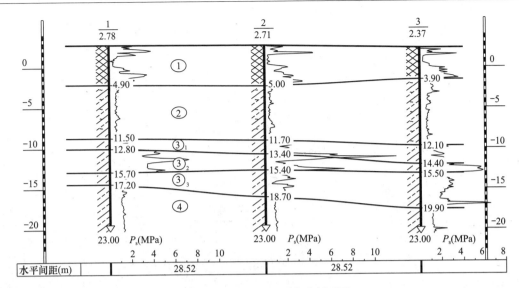

图 6.2.1　试验段土层分布剖面图

混凝土芯砂石桩复合地基方案及设计参数　　　　表 6.2.3

| 起止桩号 | 断面 | 桩径 (m) | 桩间距 (m) | 芯桩置换率 (%) | 打设深度 (m) | 路堤高度 (m) | 预压高度 (m) | 预压期 (d) |
|---|---|---|---|---|---|---|---|---|
| K63+046～K63+066 | 056 | 0.5 | 2.1 | 1.04 | 22 | 5.4 | 8.0 | 180 |
| K63+066～K63+087 | 076 | 0.5 | 1.9 | 1.28 | 22 | 5.4 | 8.0 | 180 |

其中 E1～E3 用于测量混凝土芯桩顶土压力，E4～E6 用于测量砂石桩顶土压力，E7～E10 用于测量桩间土土压力。在路堤监测断面的中心和左右两侧的桩间土埋设了 3 个沉降标以观测桩间土沉降；同时在监测断面中心的芯桩顶埋设了 1 个沉降标以观测芯桩顶的沉降和桩土差异沉降。为观测在路堤荷载作用下，芯桩的桩身应力分布，在预制芯桩内埋设钢筋计 6 支。为观测路堤填筑过程中桩间土的超静孔隙水压力变化，在路堤中心处共埋设了孔压计 9 个。

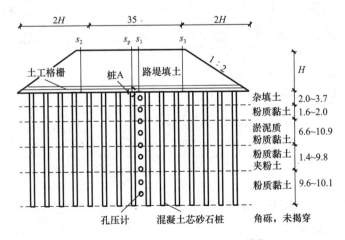

图 6.2.2　试验监测段断面示意图（单位：m）

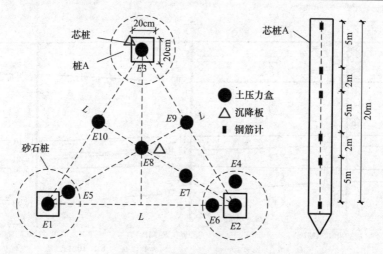

图 6.2.3　监测元件埋设示意图

## 6.2.2　试验结果分析

### 1. 芯桩、砂石桩和桩间土压力变化规律

图 6.2.4 给出了 K63+056 断面在填筑开始后芯桩桩顶、砂石桩桩顶和桩间土土压力监测结果，表 6.2.4 给出了 K63+056 和 k63+076 断面路堤中轴线处月沉降速率。可以看出：

（1）路堤填筑过程中砂石桩顶和桩间土土压力随着路堤的填高而增大，砂石桩顶和桩间土土压力在路堤填筑结束后达到峰值，预压期基本保持不变，可以看出砂石桩顶和桩间土土压力表现出类似"硬化"特征；（2）路堤填土荷载不是均匀作用在砂石桩和桩间土上，砂石桩顶土压力大于桩间土土压力；（3）路堤填筑结束后，砂石桩顶土压力约为 165kPa，桩间土土压力约为 98kPa，分别为路堤填土自重压力的 1.13 倍和 0.665，说明路堤荷载由桩间土向砂石桩转移，砂石桩顶产生了应力集中；（4）从图 6.2.4（b）可以看出桩间土土压力非均匀分布，桩间土形心处的土压力最大，路堤填筑 60d 时 E7、E8、E9 和 E10 的土压力值分别为 52.86kPa、60.95kPa、41.54kPa 和 39.48kPa，路堤填筑结束时 E7、E8、E9 和 E10 的土压力值分别为 113.73kPa、119.51kPa、97.16kPa 和 98.05kPa。

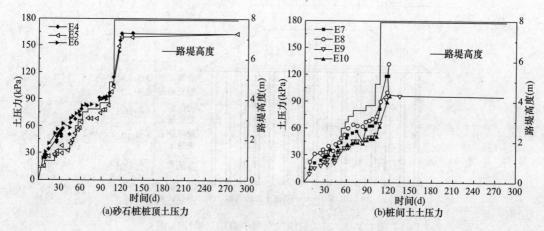

(a)砂石桩桩顶土压力　　　　　　　(b)桩间土土压力

图 6.2.4　路堤填筑开始后土压力随时间变化规律

## 2. 芯桩、桩间土沉降变化规律

图 6.2.5 和表 6.2.4 为 K63＋056 和 k63＋076 断面路堤中轴线处实测桩间土沉降随路堤填筑的变化规律，可以看出：（1）桩间土沉降随路堤填筑逐渐增大，沉降速率随路堤填筑速率增大而增大；（2）路堤填筑结束进入预压期后，桩间土沉降继续增大，沉降速率明显减小，预压约 70d 后桩间土沉降呈现收敛趋势，120d 后首次测得月沉降速率小于 5mm/月；（3）K63＋056 断面路堤中轴线处累计最大沉降为 64.9cm，K63＋076 断面路堤中轴线处累计最大沉降为 46.7cm，桩间土总沉降量较大。原因主要为：①桩间距大，芯桩的置换率小，桩间土分担的荷载大；②路堤填土（包括预压土 2.6m）总厚度 8m，填土荷载大；③软基厚度 26.5m，复合地基处理深度 22m，没有打穿下卧层，未打穿的下卧层沉降大；④环状砂石桩提供的排水通道大大缩短了加固区和下卧层的排水距离，超静孔压能在相对较短的时间内消散，使加固区和下卧层产生较大的固结沉降；（4）比较 K63＋056 断面和 K63＋076 断面的沉降量及沉降速率，桩间距越小，沉降速率越小，沉降量越小。原因在于桩间距越小，芯桩承担荷载越多，桩间土承担的荷载越少。

**各断面月沉降速率统计**　　　　　　　　　　　　　　　　表 6.2.4

| 时间 | K63＋056 断面 | | 时间 | K63＋076 断面 | |
|---|---|---|---|---|---|
| | 填土厚度（m） | 沉降速率（mm/月） | | 填土厚度（m） | 沉降速率（mm/月） |
| 2005 年 9 月 | 1.5 | 116 | 2005 年 9 月 | 0.6 | 24 |
| 2005 年 10 月 | 1.5 | 142 | 2005 年 10 月 | 1.9 | 107 |
| 2005 年 11 月 | 1.0 | 73 | 2005 年 11 月 | 1.2 | 69 |
| 2005 年 12 月 | 4.0 | 200 | 2005 年 12 月 | 4.3 | 154 |
| 2006 年 1 月 | 0 | 60 | 2006 年 1 月 | 0 | 47 |
| 2006 年 2 月 | 0 | 43 | 2006 年 2 月 | 0 | 21 |
| 2006 年 3 月 | 0 | 6 | 2006 年 3 月 | 0 | 7 |
| 2006 年 4 月 | 0 | 5 | 2006 年 4 月 | 0 | 5 |
| 2006 年 5 月 | 0 | 4 | 2006 年 5 月 | 0 | 4 |
| 2006 年 6 月 | 0 | 4 | 2006 年 6 月 | 0 | 4 |

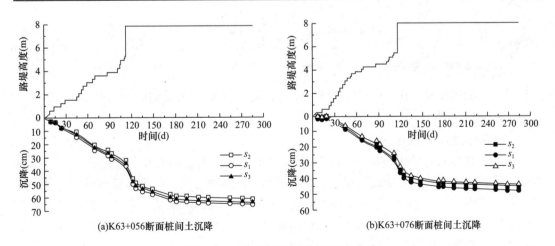

(a)K63+056断面桩间土沉降　　　　　　　(b)K63+076断面桩间土沉降

图 6.2.5　桩间土沉降随时间变化曲线

图 6.2.6 给出了 K63＋056 断面中轴线处实测的芯桩顶沉降、桩间土沉降和差异沉降

随路堤填筑的变化规律，因 K63＋076 断面中心位置桥台开挖时混凝土芯桩顶沉降板损坏，无芯桩顶沉降观测结果。从图 6.2.6 中可以看出：（1）芯桩顶沉降和桩间土沉降规律相似，芯桩顶沉降随路堤填筑高度增大而增大，芯桩顶沉降速率随路堤填筑速率增大而增大；（2）路堤填筑结束时桩土差异沉降为 8.1cm，进入预压期后的 4 个月内桩土差异沉降从 8.1cm 增加到 11.5cm，之后保持稳定基本不再变化；（3）随着路堤填筑桩土差异沉降不断增大，路堤填筑结束进入预压期后，桩土差异沉降继续增大，但桩土差异沉降速率明显减小，桩土差异沉降曲线也表现出类似"硬化"特征；（4）桩土差异沉降随时间变化曲线说明路堤填筑过程及预压期，路堤荷载由桩间土向芯桩转移，芯桩顶存在应力集中，路堤填土中存在土拱效应。

**3. 孔隙水压力变化规律**

图 6.2.7 给出了路堤填筑过程中 K63＋056 断面的孔压计监测结果。可以看出：（1）不同深度各测点孔压值随填土荷载变化而变化，荷载增大，孔压变大，荷载恒定时超静孔隙水压力迅速消散，说明环形砂石桩具有良好的排水功能，超静孔隙水压力在短时间内消散；（2）路堤填筑速率对孔压增量影响明显，8d 内进行厚度约 2.6m 的预压土填筑，填筑速率约为 0.325m/d，填土速率最大，该阶段各测点的孔压增量也最大；（3）孔压增量与荷载增量的比值 $\Delta u/\Delta p$ 随填土速率增加而增加，且整个路堤填筑过程中 $\Delta u/\Delta p$ 值较小（最大值仅为 0.32，发生在 2.6m 预压土填筑时），说明整个路堤填筑过程中地基一直处于稳定状态。

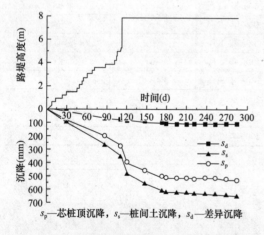

$s_p$—芯桩顶沉降，$s_s$—桩间土沉降，$s_d$—差异沉降

图 6.2.6　芯桩顶沉降、桩间土沉降、差异沉降
随时间变化曲线

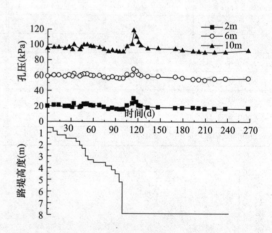

图 6.2.7　孔隙水压力随时间变化曲线

**4. 芯桩应力变化规律**

图 6.2.8 为 K63＋056 和 K63＋076 断面芯桩钢筋应力变化曲线。可以看出：（1）芯桩应力沿桩长从上到下先增大后减小，说明桩间土沉降对芯桩上部产生负摩阻力，最大值发生在距桩顶约 8m 处；（2）随着路堤填筑，芯桩应力增加，填筑结束进入预压期后芯桩应力继续增加，但增幅较小，说明在路堤填筑过程中及预压期路堤荷载一直由桩间土向芯桩转移，但与路堤填筑阶段相比，预压期路堤荷载转移量很小；（3）从 20m 处的芯桩应力随时间变化情况，可以判断芯桩端承力在路堤填筑及预压过程中一直在增大，下卧层对芯桩的支撑作用在增强，说明设置环形砂石桩加快了下卧层固结速度，下卧层（桩端土）

强度随固结不断增加，其对芯桩的端承力也不断增大；（4）K63＋056 断面芯桩应力大于 K63＋076 断面，说明桩间距越大，芯桩分担的路堤荷载越多。

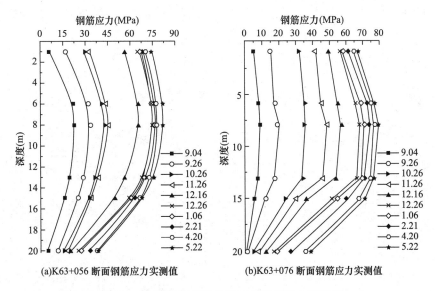

(a)K63+056 断面钢筋应力实测值　　　(b)K63+076 断面钢筋应力实测值

图 6.2.8　路堤填筑开始后桩身钢筋应力实测值

## 6.2.3　土拱效应分析

### 1. 桩间土应力折减系数时间变化规律

现场实测的芯桩顶土压力最大，砂石桩顶土压力其次，桩间土土压力最小。路堤荷载由桩间土向芯桩和环形砂石桩转移，路堤中在芯桩顶和环形砂石桩顶都形成了土拱。Low 等采用桩体荷载分担比 $E_f$（单桩承担的路堤重量与单桩处理范围内路堤总重量之比）、应力增加系数 $C_o$（单桩承担的荷载与桩体上路堤填土重量之比）和应力折减系数 $S_r$（桩间土承担的荷载与桩间土上路堤填土重量之比）表示土拱效应的发挥程度。$E_f$、$C_o$ 和 $S_r$ 表达如下：

$$E_f = P_L/A\gamma H \tag{6.2.1}$$

$$C_o = P_L/\alpha\gamma H \tag{6.2.2}$$

$$S_r = P_L/(A-\alpha)\gamma H \tag{6.2.3}$$

由式（6.2.1）～式（6.2.3）可得：$E_f = 1-(1-\alpha)S_r$ （6.2.4）

式中，$A$ 为桩体所承担的地基面积；$\alpha$ 为桩体的截面面积；$P_L$ 为桩顶所承担的荷载；$S_L$ 为桩间土所承担的荷载；$\gamma$ 为单位土体的重度；$H$ 为路堤填土的高度。当没有土拱产生时，$E_f=\alpha/A$；$C_o$ 和 $S_r$ 均等于 1。

根据 E10 土压力盒实测的桩间土土压力数据，整理分析桩间土的应力折减系数随时间变化规律（图 6.2.9）可以看出，随着路堤填筑桩间土应力折减系数逐渐减小，当进入预压期后应力折减系数基本保持不变，预压期结束时土应力折减系数为 0.665。

根据 E4、E5 土压力盒实测的砂石桩顶土压力数据，整理分析砂石桩应力增加系数随时间变化规律（图 6.2.10）可以看出，砂石桩 $C_o$ 在填筑开始 0～30d 内逐渐增大并达到最大值，而后随着路堤继续填筑而逐渐减小，当进入预压期后基本保持不变，预压期结束时砂石桩应力增加系数分别为 1.133（E4）和 1.138（E5）。原因为：在路堤填筑初期（0～30d），由于砂石桩的压缩模量大于桩间土体，路堤荷载由桩间土同时向芯桩和砂石桩转移。随着桩间土固结，桩间土的压缩模量增加，其与砂石桩压缩模量的差值不断减小，砂石桩的应力集中效应不断减弱。

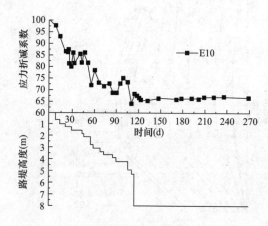

图 6.2.9　桩间土应力折减系数随时间变化规律　　　　图 6.2.10　砂石桩应力增加系数随时间变化规律

图 6.2.11 给出了桩间土和环形砂石桩的平均土应力折减系数随时间变化规律。可以看出在路堤填筑过程中，平均应力折减系数随着路堤填筑逐渐减小，进入预压期后基本保持不变，预压期结束时桩间土和环形砂石桩的平均应力折减系数为 68.5，说明在路堤填筑过程中土拱效应值随路堤填筑逐渐增大，进入预压期后土拱效应值基本保持不变。

根据式（6.2.4）计算得到了芯桩荷载分担比随时间变化规律（图 6.2.12）。可以看出在路堤填筑过程中，芯桩荷载分担比不断增大，当路堤填筑结束进入预压期后，芯桩荷载分担比基本保持不变，预压期结束时芯桩荷载分担比为 0.345，可见芯桩和桩间土都是承担路堤荷载的主要部分；同时，芯桩的桩体荷载分担比表现出类似"硬化"的特征。而由一些文献可知，桩承式加筋路堤桩体荷载分担比和桩土差异沉降时间曲线均呈现出"软

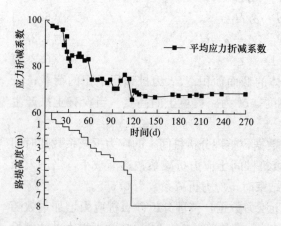

图 6.2.11　桩间土和砂石桩的平均应力折减系数随时间变化规律

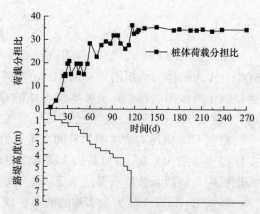

图 6.2.12　芯桩桩体荷载分担比随时间变化规律

化"而非"硬化"的特征。通常桩承式加筋路堤的桩帽置换率约为25%～30%，而桩体荷载分担比约为0.60～0.70，试验芯桩的面积置换率只有1.04%，却承担了约34.5%的路堤荷载，可见混凝土芯砂石桩复合地基的土拱效应发挥程度非常高。其原因可能是环形砂石桩使得桩间土固结速度加快，随着路堤填筑桩土差异沉降大，土拱效应和拉膜效应发挥程度高。

**2. 土压力与路堤高度的关系**

由文献可知，桩承式加筋路堤存在临界拱高 $H_c$。路堤填筑过程中，桩顶和桩间土的土压力都随着路堤的填高而增大，当路堤填筑到临界拱高 $H_c$ 后桩间土上的土压力达到了峰值，此后桩间土土压力慢慢减小直到稳定，而桩顶土压力却继续随着路堤填筑而增大；与之类似，路堤填筑过程中桩土差异沉降随着路堤的填高而增大，当路堤填筑到临界拱高 $H_c$ 后，随路堤填筑桩土差异沉降有所减小，即桩间土土压力和桩土差异沉降表现出"软化"特征。

图6.2.13给出了K63+056断面的砂石桩顶及桩间土土压力与路堤填筑高度的关系。可以看出，路堤填筑过程中，砂石桩顶和桩间土

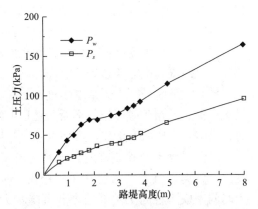

图6.2.13　砂石桩顶及桩间土土压力与路堤填筑高度的关系

土压力随着路堤填高的增大而增加，砂石桩顶和桩间土土压力在路堤填筑结束后达到峰值，预压期基本保持不变，表明路堤填筑过程中混凝土芯砂石桩复合地基没有出现临界拱高 $H_c$。

## 6.2.4　混凝土芯砂石桩复合地基工作性状分析

**1. 工作性状特征**

从原型试验数据分析来看，混凝土芯砂石桩复合地基工作性状与桩承式加筋路堤有很大不同，表现在：(1) 桩土差异沉降大，最大达到11.5cm，实测的桩承式加筋路堤的桩土差异沉降为3～5cm；(2) 路堤填筑引起的超静孔隙水压力消散速度快；(3) 下卧层对芯桩的支撑作用随时间增大；(4) 路堤填筑过程及预压期桩土差异沉降和芯桩的桩体荷载分担比时间历程曲线均呈现出类似"硬化"的特征；(5) 芯桩的桩体荷载分担比小，预压期结束时芯桩的桩体荷载分担比为0.345，桩承式加筋路堤桩体荷载分担比一般能达到0.70以上；(6) 路堤填筑过程中混凝土芯砂石桩复合地基没有出现临界拱高。

**2. 工作性状分析**

对于桩承式加筋路堤（包括混凝土芯砂石桩复合地基），路堤填筑过程中桩体和桩间土之间相对位移的发展取决于路堤填筑高度和桩间土固结进程；填筑一般逐级连续进行，可看作多次瞬时填筑，在路堤荷载施加的瞬时，桩土还来不及固结，填筑的路堤荷载在桩体和桩间土上均匀分布；随着时间的推移，地基土逐渐固结，桩土之间出现差异沉降，在桩间土固结沉降过程中，桩间土上部路堤通过摩擦力将部分自重传递给桩体

上部路堤，使得桩间土承担的荷载减小，而桩体承担的荷载增加，即路堤中出现了土拱效应。

在等沉面位置桩间土与桩顶上部填土之间的差异沉降消失，等沉面以上的填土荷载均匀分布在桩体和桩间土上，不再发生荷载转移；当路堤高度还未达到等沉面高度时，由于土拱效应，每一次填筑的路堤荷载由桩体分担多一些，而由桩间土分担少一些，但不论桩体土压力还是桩间土土压力均随着路堤的填高在逐渐增大；当路堤高度大于等沉面高度后，则后续填筑的路堤填土不再发生荷载转移；然而，桩体和桩间土所分担的路堤荷载与桩土差异沉降是相互耦合的，即随着路堤填筑和桩间土的固结，桩土差异沉降逐渐增加，路堤等沉面高度也不断增大，桩体分担的路堤荷载不断增加。

对于桩承式加筋路堤，由于桩间土的渗透系数小，桩间土固结沉降小，桩土差异沉降速率小，路堤高度能够达到等沉面高度，则后续填筑的路堤荷载均匀分布在桩体和桩间土上；同时，随着桩间土固结继续进行，桩土差异沉降增大，等沉面上移，桩间土上的路堤填土自重通过相互剪切作用不断向桩顶上的填土转移，当转移的荷载大于路堤填土的荷载时，桩间土土压力不增加，反而减小；相应地，桩顶上土压力则迅速增大。

对于混凝土芯砂石桩复合地基，由于环形砂石桩的存在，复合地基桩间土固结特性突出，路堤填筑产生的超静孔压能在短时间内消散，路堤荷载作用下桩间土固结沉降在短时间完成，桩间土沉降速率和沉降量大，桩土差异沉降和差异沉降速率大，因此，在路堤填筑过程中路堤高度难以达到等沉面，随路堤填筑砂石桩和桩间土的土压力不断增加，表现出"硬化"规律，没有出现临界拱高；由于桩间土的沉降大于桩的沉降，则桩体上部存在负摩阻力，下部为正摩阻力，桩侧摩阻力的大小、分布取决于桩土界面的极限侧摩阻力和桩土相对位移，而极限摩阻力取决于桩间土的性质和固结程度；混凝土芯砂石桩复合地基间土的固结会引起桩间土和砂石桩挤密，砂石桩和芯桩接触界面的法向应力随着桩间土孔压消散而不断增大，桩侧极限摩阻力随着接触界面法向应力增大而不断增大，桩侧摩阻力分布和中性点的位置也随着路堤填筑和桩间土的固结不断变化；桩土相对位移除与桩体和桩间土的荷载分担比有关外，还受到下卧层刚度影响，由于环形砂石桩的存在，下卧层的排水路径缩短，下卧层的固结沉降速率和固结沉降量大，强度和压缩模量也随着固结逐渐增大，下卧层对芯桩的支撑作用也逐渐增强；由于下卧层刚度越大，桩体荷载分担比越大，因此预压期随着下卧层的不断固结，芯桩的桩体荷载分担比会不断增加，预压期桩体荷载分担比与桩土差异沉降时间历程曲线均呈现"硬化"特征。

综上所述，路堤填土的土拱效应、加筋体的拉膜效应与桩土之间的相对位移（桩顶部位即为桩土差异沉降）相互耦合，而桩土差异沉降变化取决于路堤填筑高度和桩间土固结进程，即混凝土芯砂石桩复合地基荷载传递机制是路堤填土土拱效应、加筋体拉膜效应、桩间土固结效应、加固区桩土相互作用和下卧层支撑作用等各个效应的耦合作用。

## 6.2.5 小结

结合混凝土芯砂石桩复合地基现场原型试验，分析现场实测土压力、沉降、超静孔隙水压力、芯桩应力的变化规律，研究混凝土芯砂石桩复合地基的工作性状、土拱效应和承载机理：

（1）试验实测数据表明路堤填土中存在着明显的土拱效应。路堤填筑结束后环形砂石桩和桩间土共承担约 65.5% 的路堤荷载，芯桩承担约 34.5% 的路堤荷载。

（2）混凝土芯砂石桩复合地基的荷载传递机制是路堤填土的土拱效应、加筋体的拉膜效应、环形砂石桩的固结效应、桩土相互作用与桩端土的支撑作用等相互作用。

（3）实测数据表明，土拱效应发挥程度与桩土差异沉降、路堤高度密切相关，随着路堤填筑桩土差异沉降逐渐增加，土拱效应逐渐发挥，桩间土的应力折减系数逐渐减小，路堤填筑结束进入预压期后桩间土的应力折减系数基本保持不变。

（4）路堤填筑过程中芯桩顶、砂石桩顶和桩间土上的土压力随着路堤的填高而增大，路堤填土荷载并非均匀作用在砂石桩和桩间土上，砂石桩顶土压力大于桩间土土压力。

（5）砂石桩顶土压力和桩间土土压力在路堤填筑结束后达到峰值，预压期基本保持不变，与桩承式加筋路堤不同，混凝土芯砂石桩复合地基没有形成临界拱高。

（6）桩间土土压力、桩土差异沉降和芯桩荷载分担比均呈"硬化"特征。

（7）由于设置环形砂石桩，混凝土芯砂石桩复合地基桩间土固结特性突出，路堤荷载施加后，由于环形砂石桩形成的排水通道，桩间土在短时间内固结完成，桩间土沉降速度快，同时桩间土分担的路堤荷载大，沉降量大，桩土差异沉降大。

# 6.3 混凝土芯砂石桩复合地基有限元分析

混凝土芯砂石桩复合地基承载机理复杂，除受路堤填土、桩间土、芯桩等组成部分的相互作用外，还受桩间土固结的影响。然而，改善桩间土的固结性状对芯桩和桩间土荷载分担的影响还不够清晰。数值计算方法可以方便、有效地模拟复合地基的各种工况，本节通过数值计算方法，研究桩间土固结特性对混凝土芯砂石桩复合地基路堤填土土拱效应的影响，揭示改善桩间土固结特性对其承载机理的影响。

## 6.3.1 计算模型及参数

### 1. 几何模型

三维数值计算采用 ABAQUS 有限元软件。选择典型的混凝土芯砂石桩复合地基技术参数：桩长 22m，芯桩呈正三角形布置，间距为 2.1m×2.1m；芯桩直径为 0.113m（与 20cm×20cm 方桩面积等效），环形砂石桩直径 0.5m；软土层厚 29.5m，芯桩未打穿软土层，桩端以下土层厚 20m，其中软土 7m；碎石垫层和碎石扩大头厚度均为 50cm。

为简化计算，计算时不考虑土工格栅影响，取单桩加固范围土体及上部路堤等效为轴对称圆柱体（图 6.3.1）。芯桩、碎石垫层、扩大头和路堤填土采用 8 节点实体单元，砂石桩和桩

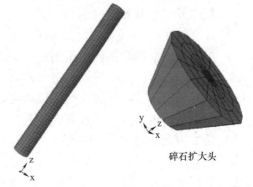

碎石扩大头

图 6.3.1 有限元计算模型

间土采用 8 节点孔压单元；桩土接触界面单元采用 ABAQUS 平台二次开发的 Goodman 单元。

**2. 材料本构模型及参数**

芯桩采用线弹性模型，桩间土采用修正剑桥模型，碎石垫层、扩大头和填土采用摩尔-库仑模型。根据工程常见土质指标和路堤情况，确定计算模型参数见表 6.3.1。

有限元计算模型参数                                    表 6.3.1

| 材料 | $\gamma$ (kN/m³) | $c$ (kPa) | $\varphi$ (°) | $\psi$ (°) | $E$ (MPa) | $\upsilon$ | $\lambda$ | $\kappa$ | $M$ | $e_1$ | $k$ (m/d) |
|---|---|---|---|---|---|---|---|---|---|---|---|
| 路堤填土 | 19 | 3 | 10 | 0 | 20 | 0.30 | — | — | — | — | — |
| 碎石垫层（扩大头） | 19 | 10 | 25 | 0 | 20 | 0.30 | — | — | — | — | — |
| 加固区 | 18 | — | — | — | — | 0.35 | 0.25 | 0.03 | 1.2 | 1.4 | $4.32 \times 10^{-4}$ |
| 下卧层 | 18 | — | — | — | — | 0.30 | 0.05 | 0.01 | 1.1 | 0.9 | $4.32 \times 10^{-4}$ |
| 芯桩 | — | — | — | — | 20000 | 0.18 | — | — | — | — | — |
| 砂石桩 | 18 | 1 | 30 | 0 | 10 | 0.30 | — | — | — | — | 4.32 |

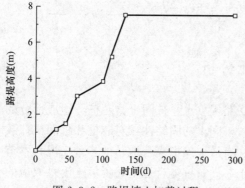

图 6.3.2　路堤填土加载过程

**3. 边界条件**

模型的顶部为自由表面，四周施加 $x$、$y$ 方向位移约束条件，在模型底部施加 $x$、$y$、$z$ 三个方向的位移约束。假定地下水位位于地表下 2m，数值计算中设其为排水面。

**4. 路堤填土加载**

路堤填土荷载施加过程见图 6.3.2。填筑结束时，路堤高度为 7.5m。

**5. 计算工况**

为研究改善桩间土固结特性对路堤填土土拱效应的影响，分别取砂石桩渗透系数 4.32m/d 和 $4.32 \times 10^{-4}$ m/d 两种工况进行模拟。前一种工况为砂石桩的渗透系数，后一种工况为桩间土的渗透系数。

## 6.3.2　计算结果分析

**1. 工况 1 计算结果**

1）路堤填土中土拱效应的形成过程

图 6.3.3 为随着路堤填筑和桩间土固结路堤填土的最大主应力矢量图和 $z$ 方向位移云图。可以看出，随着路堤填筑和桩间土固结，桩土差异沉降逐渐发展，最大主应力方向逐渐向外侧偏转，桩间土的主应力明显小于碎石扩大头顶部的主应力；桩间土上部的路堤填土竖向位移大于碎石扩大头上部的路堤填土竖向位移；路堤填筑和桩间土固结过程中路堤荷载由桩间土向碎石扩大头转移，并由碎石扩大头传递给芯桩，路堤填土中存在拱效应。由于碎石扩大头面积大于芯桩截面面积，压缩模量大于桩间土，所以具有一定的桩帽效应，有利于提高芯桩的荷载分担。从位移云图中可以发现，路堤的总沉降随着路堤高度的增大而增大；路堤高度较小时，路堤顶面出现严重的不均匀沉降，当路堤

高度达到3.0m后，路堤顶面的不均匀沉降基本消失，这也从沉降角度验证了路堤填土中土拱的存在。

对比图6.3.3(a)和（b）可以发现，30d和45d时路堤高度均为1.0m，然而45d时扩大头上的应力集中程度大于30d时；同样，对比图6.3.3(e)和（f）也可以发现相同规律，说明桩间土固结过程中桩土差异沉降继续增大，土拱效应继续发挥。

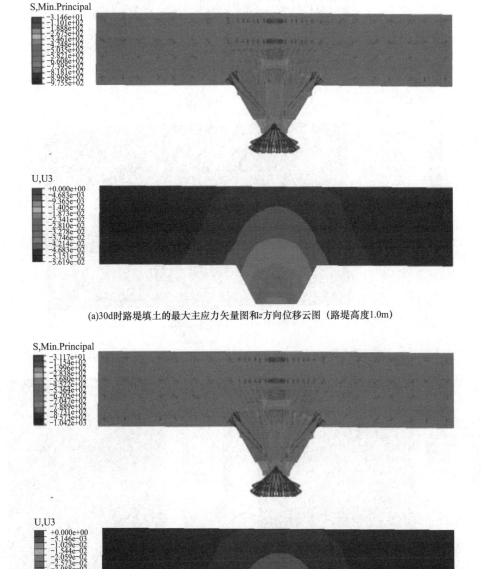

(a)30d时路堤填土的最大主应力矢量图和z方向位移云图（路堤高度1.0m）

(b)45d时路堤填土的最大主应力矢量图和z方向位移云图（路堤高度1.0m）

图6.3.3　工况1路堤填土主应力矢量图（kPa）和z方向位移云图（m）（一）

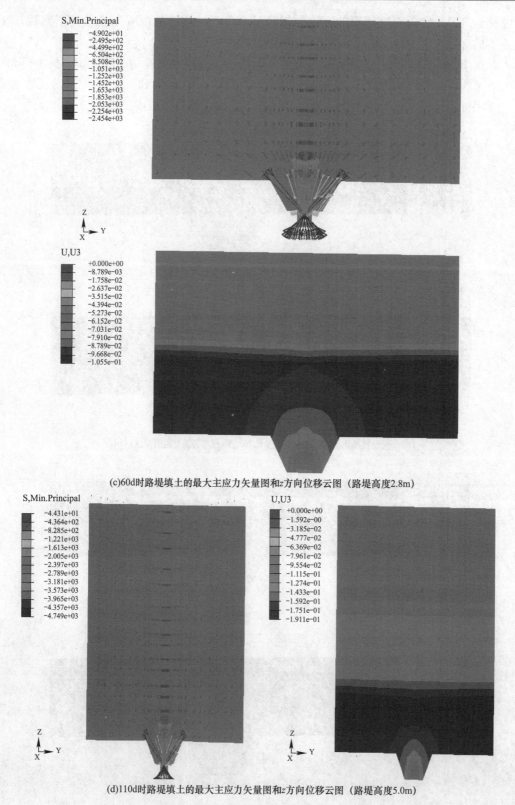

(c)60d时路堤填土的最大主应力矢量图和z方向位移云图（路堤高度2.8m）

(d)110d时路堤填土的最大主应力矢量图和z方向位移云图（路堤高度5.0m）

图6.3.3　工况1路堤填土主应力矢量图（kPa）和z方向位移云图（m）（二）

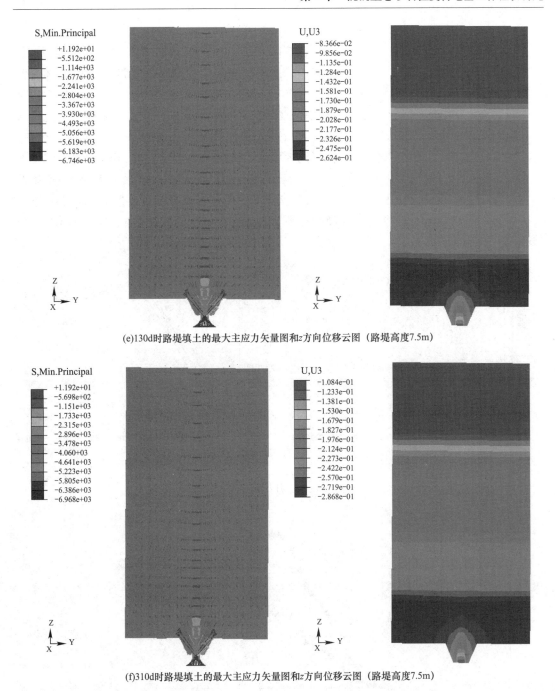

(e)130d时路堤填土的最大主应力矢量图和z方向位移云图（路堤高度7.5m）

(f)310d时路堤填土的最大主应力矢量图和z方向位移云图（路堤高度7.5m）

图 6.3.3　工况 1 路堤填土主应力矢量图（kPa）和 z 方向位移云图（m）（三）

2）芯桩和桩间土土压力随时间变化规律

如图 6.3.4 所示在芯桩顶和桩间土表面选取 A、B、C、D、E 五个点计算竖向应力。可以看出，在整个路堤填筑过程中芯桩顶和桩间土土压力都随着路堤高度增大逐渐增大，路堤填筑结束进入预压期后，芯桩顶和桩间土土压力基本保持不变；310d 时芯桩顶土压力约为 3.28MPa，桩间土土压力约为 137kPa。

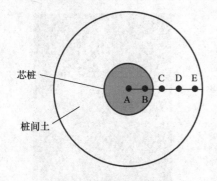

图 6.3.4 芯桩和桩间土土压力
计算点示意图

3）桩、土沉降和差异沉降

选取图 6.3.4 中 A 点和 E 点计算路堤填筑和预压过程中，芯桩顶沉降 $s_p$、桩间土沉降 $s_s$ 及桩土差异沉降 $s_d$ 的变化规律（图 6.3.5、图 6.3.6）。芯桩和桩间土沉降规律相似，随着路堤填筑芯桩和桩间土沉降逐渐增大，进入预压期后继续增大，但速率明显降低，预压约 60d 后，沉降基本稳定；310d 时桩间土沉降为22.98cm，芯桩沉降为 12.34cm，桩土差异沉降为10.65。从图 6.3.6 还可以看出桩土差异沉降随着路堤填筑逐渐增大，进入预压期后继续增加，但增幅不大，

预压 60d 后基本保持不变。

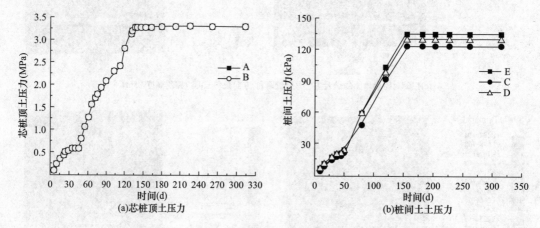

(a)芯桩顶土压力

(b)桩间土土压力

图 6.3.5 工况 1 土压力随时间变化规律

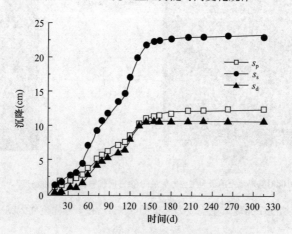

图 6.3.6 工况 1 沉降随时间变化规律

4）桩间土孔压分布

图 6.3.7 给出路堤填筑过程中不同时刻桩间土体中孔压分布，对应的路堤高度见表 6.3.2。可以看出，设置环形砂石桩提供排水通道且缩短了排水路径，路堤填筑产生的超静孔隙水压力能够迅速消散；桩端下土体的超静孔隙水压力消散也很明显。

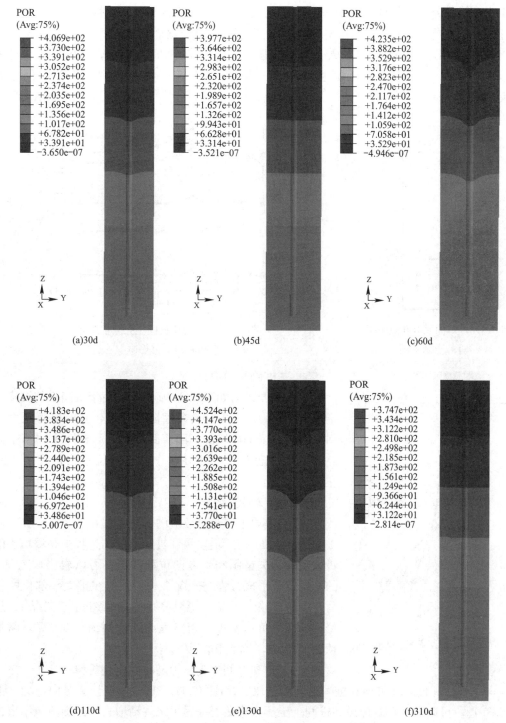

图 6.3.7　工况 1 不同时刻桩间土体孔压分布（kPa）

**不同时刻路堤高度**　　　　　　　　　　　　　　　表 6.3.2

| 时间 | 30d | 45d | 60d | 110d | 130d | 310d |
|---|---|---|---|---|---|---|
| 路堤高度 | 1.0m | 1.0m | 2.8m | 5.0m | 7.5m | 7.5m |

为分析桩间土不同位置的孔压消散情况，从桩间土表面依次向下选取 A、B、C、D、E 五个点，见图 6.3.8，计算其超静孔隙水压力随时间变化规律，计算结果见图 6.3.9。可以看出 A、B、C、D、E 点的超静孔隙水压力都能在较短时间内消散，其中 E 点位于桩端以下土体。A、B 两点由于距地表较近，其孔压消散速度快于 C、D、E 点，但差异不大。

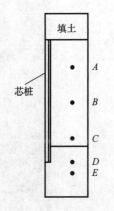

图 6.3.8 不同深度孔隙水压力
计算点示意图

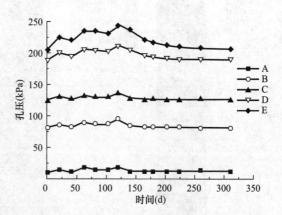

图 6.3.9 工况 1 桩间土孔隙水压力
随时间变化规律

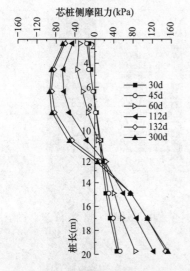

图 6.3.10 工况 1 芯桩侧摩阻力
随时间变化规律

**5）芯桩侧摩阻力**

芯桩侧摩阻力如图 6.3.10 所示。由于桩间土的沉降大于芯桩沉降，芯桩上部有负摩阻力存在，且桩侧摩阻力随固结时间的增加而增加；随着路堤填筑和桩间土固结中性点的位置逐渐下移，310d 时中性点的位置为桩顶下 12m 左右。

**2. 工况 2 计算结果**

**1）路堤填土中土拱效应的形成过程**

图 6.3.11 为路堤填筑和桩间土固结过程中路堤填土的最大主应力矢量图和 $z$ 方向位移云图。可以看出，工况 2 的土拱效应形成过程与工况 1 相似，但在扩大头部位的应力集中程度小于工况 1，路堤填土的沉降也小于工况 1；从位移云图中可以发现，当路堤高度达到约 2.0m 后，路堤顶面的不均匀沉降基本消失。

**2）桩顶和桩间土土压力随时间变化规律**

与工况 1 相同，在桩顶和桩间土表面选取 A、B、C、D、E 五个点计算竖向应力，见图 6.3.12。可以看出，芯桩顶和桩间土土压力都随着路堤填筑逐渐增大，路堤填筑结束进入预压期后，芯桩顶土压力继续增加，但增幅不大，而桩间土土压力略有下降；而工况 1 进入预压期后芯桩顶和桩间土土压力基本保持不变。分析原因为：路堤填筑在桩间土产生的超静孔压消散较慢，预压期随着孔压继续消散，固结沉降增大，桩土差异沉降也增大，所以预压期路堤荷载继续由桩间土向芯桩顶转移，但与路堤填筑过程相比，荷载转移量不大。

246

3）桩、土沉降和差异沉降

与工况 1 相同，选取图 6.3.4 中 A 点和 E 点计算路堤填筑和预压过程中芯桩和桩间土的沉降及桩土差异沉降（图 6.3.13）。芯桩和桩间土沉降规律相似，随着路堤填筑和桩间土固结芯桩和桩间土沉降逐渐增大，进入预压期后继续增加；桩土差异沉降也随着路堤填筑和桩间土固结逐渐增大，进入预压期继续增大，但差异沉降速率降低，预压 180d 后呈现收敛趋势。说明预压期随着桩土差异沉降的继续增加，土拱效应继续发挥。

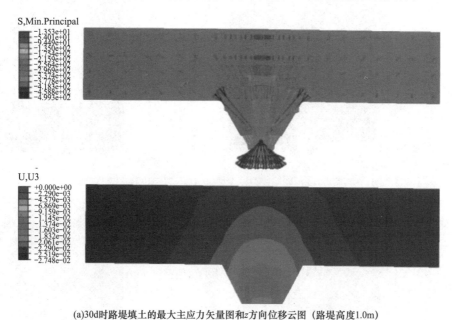

(a)30d时路堤填土的最大主应力矢量图和z方向位移云图（路堤高度1.0m）

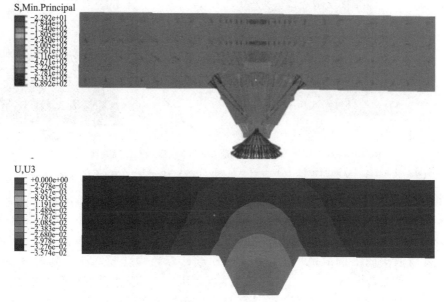

(b)45d时路堤填土的最大主应力矢量图和z方向位移云图（路堤高度1.0m）

图 6.3.11　工况 2 路堤填土主应力矢量图（kPa）和 z 方向位移云图（m）（一）

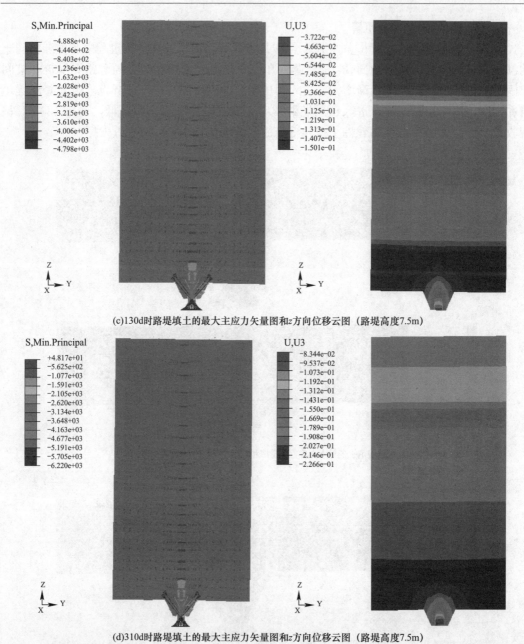

(c)130d时路堤填土的最大主应力矢量图和z方向位移云图（路堤高度7.5m）

(d)310d时路堤填土的最大主应力矢量图和z方向位移云图（路堤高度7.5m）

图 6.3.11　工况 2 路堤填土主应力矢量图（kPa）和 z 方向位移云图（m）（二）

4）桩间土孔压分布

图 6.3.14 给出路堤填筑过程中不同时刻桩间土孔压分布，对应的路堤高度见表 6.3.2。与工况 1 不同，路堤填筑产生的超静孔隙水压力消散速度很慢；与工况 1 相同，从桩间土表面依次向下选取 A、B、C、D、E 点计算超静孔隙水压力随时间变化规律（图 6.3.15）。可以看出 A、B、C、D、E 点的孔隙水压力都随着路堤填筑逐渐增大，进入预压期后逐渐消散，但消散速度较慢；沿深度方向距离地表越近初始孔压越小，由于 A 点由于距地表较近，其孔压消散速度明显快于其他点；与图 6.3.8 对比可以看出环形砂石桩显著改善了桩间土固结性状。

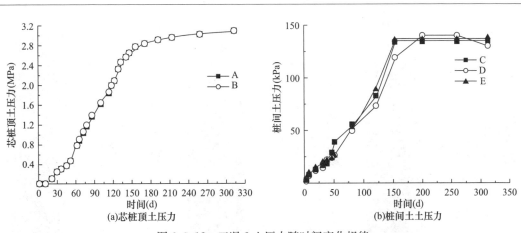

图 6.3.12　工况 2 土压力随时间变化规律

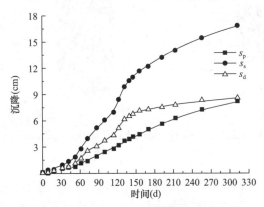

图 6.3.13　工况 2 沉降随时间变化规律

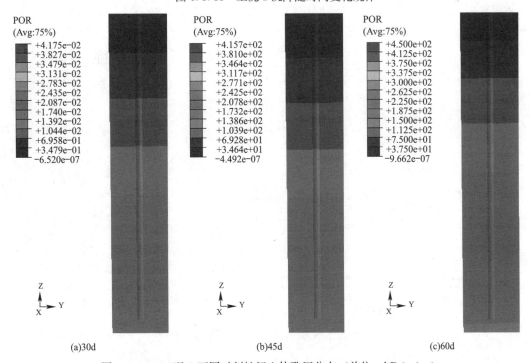

(a)30d　　　　　　(b)45d　　　　　　(c)60d

图 6.3.14　工况 2 不同时刻桩间土体孔压分布（单位：kPa）（一）

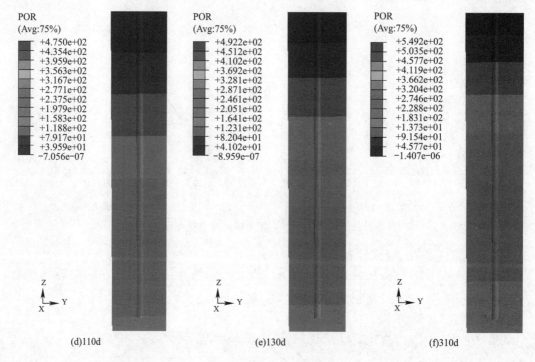

(d)110d                    (e)130d                    (f)310d

图 6.3.14　工况 2 不同时刻桩间土体孔压分布（单位：kPa）（二）

5）芯桩侧摩阻力

芯桩侧摩阻力如图 6.3.16 所示。与工况 1 相似，由于桩间土沉降大于芯桩沉降，芯桩上部有负摩阻力存在，且桩侧摩阻力随固结时间的增加而增加；随着路堤填筑和桩间土固结中性点的位置逐渐下移，310d 时中性点的位置为桩顶下 10m 左右。但与工况 1 相比，侧摩阻力值较小，中性点的位置也偏高。

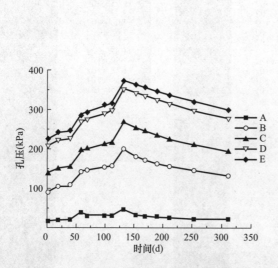

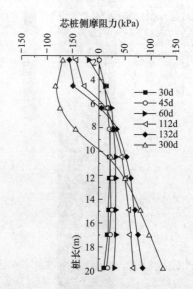

图 6.3.15　工况 2 桩间土孔隙水压力随时间　　　　图 6.3.16　工况 2 桩侧摩阻力随时间
　　　　　　变化规律　　　　　　　　　　　　　　　　　变化规律

### 3. 不同工况对比分析

表 6.3.3 为工况 1 和工况 2 在路堤填筑及预压过程中土压力、差异沉降和芯桩中性点等的对比分析。可以看出，60d 和 310d 时工况 1 的芯桩顶土压力、差异沉降及中性点位置均大于工况 2 所对应的芯桩顶土压力、差异沉降及中性点位置；但桩间土土压力小于工况 2；结合孔压分布规律可以发现，混凝土芯砂石桩复合地基由于环形砂石桩提供了排水通道，路堤填筑及预压过程中超静孔压能够很快消散，桩间土沉降及桩土差异沉降大，使得路堤填筑中土拱效应发挥程度高；同时，可以加速下卧层的固结沉降，有利于消除工后沉降。

不同工况对比分析　　　　　　　　　　　　　　　　　表 6.3.3

| 工况 | 60d | | | | 310d | | | |
|---|---|---|---|---|---|---|---|---|
| | $\sigma_p$ (MPa) | $\sigma_s$ (kPa) | 桩土差异沉降 $s_c$(cm) | 中性点 $l_0$(m) | $\sigma_p$ (MPa) | $\sigma_s$ (kPa) | 桩土差异沉降 $s_c$(cm) | 中性点 $l_0$(m) |
| 工况 1 | 1.25 | 30.2 | 2.96 | 9.5 | 3.28 | 131 | 10.6 | 12.1 |
| 工况 2 | 0.77 | 42.6 | 1.75 | 3.8 | 3.08 | 138 | 8.6 | 9.8 |

## 6.3.3　小结

通过数值计算分别模拟了砂石桩渗透系数为 4.32m/d 和 $4.32 \times 10^{-4}$m/d 两种工况，研究改善桩间土的固结特性对路堤填土土拱效应发挥的影响，结论如下：

（1）不同工况下，在路堤填土中均产生了土拱现象，即路堤荷载由桩间土向芯桩顶集中；混凝土芯砂石桩复合地基设置的碎石扩大头应力集中程度明显，具有一定的桩帽效应。

（2）工况 1 路堤填土的土拱效应发挥程度高于工况 2，通过环形砂石桩提供了排水通道，缩短了排水路径，路堤荷载产生的超静孔隙水压力能够很快消散，桩间土的固结沉降和桩土差异沉降大。

（3）环形砂石桩加速了下卧层的固结沉降，有利于减小工后沉降。

## 6.4　刚性桩承式加筋路堤桩土荷载分担研究

自 20 世纪 80 年代，国内外就开始了桩承式（加筋）路堤的工作机理研究，其研究主要针对路堤填土的土拱效应和加筋体的拉膜效应。目前，加筋体计算方法有抛物线法和薄板法两种。强小俊通过模型试验研究发现桩间形心位置土工格栅沉降大于桩间中心位置沉降，表明土工格栅变形呈现出三维特征；Jones、陈福全等将土工格栅下沉曲线简化为抛物线，但不能反映土工格栅三维变形特征；YUC 按 winkler 地基模型考虑桩间土与加筋体相互作用的虚土桩模型进行计算，将土工格栅下沉曲线简化为二次函数形式，最大位移发生在单元体圆形边界，土工格栅呈三维变形状态；赵明华采用虚土桩模型进行计算，将加筋垫层视为弹性圆形薄板，将桩与桩间土视为刚度不同的弹簧体系，建立桩承式加筋路堤的计算模型。两者都较好地反映了加筋体的三维变形特征，但都不能考虑桩土相互作用及下卧层对路堤工作性状的影响。张军、郑俊杰等建立了包括水平加筋垫层和下卧层的桩承式路堤整体分析模型，路堤填土采用圆形虚土桩模型，加筋垫层简化为矩形弹性薄板，除矩形板四边位移为零的条件不满足外，采用的水平加筋垫层沉降是最大位移，采用的上部填土差异沉降和桩间土的沉降变形均属于平均变形，不满足位移连续条件。这些研究都没有考虑加筋体的影响。

以单桩有效加固范围路堤为研究对象，将路堤填土、加筋体、桩体（帽）、桩间土及下卧层视为整体，考虑各部分之间的相互作用，建立桩承式加筋路堤土拱效应的计算方法，通过工程实例分析计算验证计算方法的合理性，并分析不同影响因素与土拱效应的关系。

## 6.4.1　计算模型

将图 6.4.1 所示单桩加固范围及上部路堤等效成同心圆柱体作为典型单元体进行分析，当三角形布桩时，$d_e=1.05l$，当正方形布桩时，$d_e=1.128l$；$l$ 为桩间距。

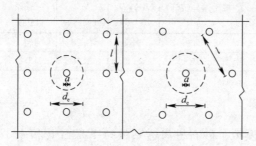

图 6.4.1　加固区单元体示意图

### 1. 路堤土拱效应计算模型

图 6.4.2 中，以填土表面作为 $z$ 轴零点，向下为正，路堤厚度为 $h$，路堤等沉面高度为 $h_e$；为便于计算，对路堤中内外土柱作如下假定：

（Ⅰ）内外土柱为均质弹性材料，且刚度相同；

（Ⅱ）土柱不发生横向变形仅发生竖向变形，同一水平面上桩间土的沉降量相同；

（Ⅲ）内外土柱间摩擦力与相对位移有关，符合理想弹塑性模型；常见的填土段内外土柱摩擦力发挥系数 $\beta$ 分布形式有 3 种：图 6.4.3 中①假定等沉面以下摩擦力发挥系数 $\beta=1$，夸大了摩擦力发挥水平；实际中，

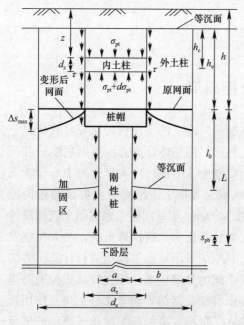

图 6.4.2　单元体桩土受力变形

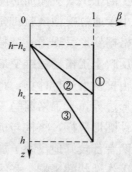

图 6.4.3　填土摩阻力发挥系数分布

等沉面处内外土柱的相对位移为 0，$\beta = 0$，等沉面向下随着相对位移增大，$\beta$ 值逐步增大，在某高度 $h_c$ 处相对位移达到弹性极限位移 $\delta_u$，$h_c$ 以下 $\beta = 1$，即图 6.4.3 中分布形式②；为简化求解过程，令 $h_c = h_e$，即假设垫层表面处内外土柱相对位移达到弹性极限值 $\delta_u$，则内外土柱界面上的摩擦力在 $h - h_e$ 高度范围内呈线性分布，即图 6.4.3 中分布形式③。

根据假定（Ⅲ），则距路堤填土表面 $z$ 处的内土柱侧摩阻力 $\tau$ 可按下式计算：

$$\tau = \begin{cases} 0, & (0 \leqslant z \leqslant h - h_e) \\ (z - h + h_e)\tau_f(h)/h_e, & (h - h_e \leqslant z \leqslant h) \end{cases} \quad (6.4.1)$$

$$\tau_f(z) = c + f_a K_a \sigma_p(z) \quad (6.4.2)$$

式中，$\tau$ 为内外土柱侧摩擦力（kPa）；$\tau_f$ 为内外土柱界面极限摩擦力（kPa）；$c$ 为路堤填土的黏聚力（kPa）；$f_a$ 为内外土柱填土段界面摩擦系数，$f_a = \tan\varphi_a$；$K_a$ 为填土的土压力系数，$K_a = 1 - \sin\varphi_a$；$\varphi_a$ 为路堤填土摩擦角（°）；$\sigma_p$ 为内土柱的平均竖向应力（kPa）。

在内土柱 $z$ 处取一微元段 $dz$ 进行受力分析，竖向受力情况如图 6.4.2 所示，根据竖向受力平衡条件，可得微段内土柱的受力平衡方程：

$$A_{cp}\sigma_p + \gamma_f A_{cp} dz + \tau \pi a_e dz = A_{cp}(\sigma_p + d\sigma_p) \quad (6.4.3)$$

式中，$A_{cp}$ 为桩帽截面积（m²），$A_{cp} = \pi a_e^2/4$；$\sigma_p$ 为内土柱在距离填土表面深度 $z$ 处的平均竖向应力（kPa）；$\gamma_f$ 为路堤填土重度（kN/m³）；$a_e$ 为桩帽等效直径。

由式（6.4.1）、式（6.4.2）和式（6.4.3）可得：

$$\frac{d\sigma_p}{dz} = \gamma_f + \frac{4(z - h + h_e)[c + f_a K_a \sigma_p(h)]}{h_e a_e}, (h - h_e \leqslant z \leqslant h) \quad (6.4.4)$$

$$\sigma_p = \gamma_f z + \frac{2[c + f_a K_a \sigma_p(h)][z^2 - 2(h - h_e)z]}{h_e a_e} + C_1, (h - h_e \leqslant z \leqslant h) \quad (6.4.5)$$

式中，$C_1$ 为待定参数，由边界条件和应力连续条件确定。通常路堤填土高度均大于等沉面高度，即满足 $h \geqslant h_e$。因此，只讨论 $h \geqslant h_e$ 的情况。由边界条件和应力连续条件可得：

$$C_1 = \frac{2[c + f_a K_a \sigma_p(h)](h - h_e)^2}{h_e a_e} \quad (6.4.6)$$

令 $z = h$，则由式（6.4.5）、式（6.4.6）可得网面处内土柱的平均竖向应力 $\sigma_{p0}$：

$$\sigma_{p0} = \left( \frac{a_e \gamma_f h + 2ch_e}{a_e - 2f_a K_a h_e} \right) \quad (6.4.7)$$

如图 6.4.2 所示，由 $z$ 处填土的受力平衡条件有：

$$\frac{1}{4}\pi d_e^2 \gamma z = \frac{1}{4}\pi a_e^2 \sigma_p + \frac{1}{4}\pi(d_e^2 - a_e^2)\sigma_s \quad (6.4.8)$$

$m$ 为桩帽面积置换率，则 $m = A_{cp}/A_e = a_e^2/d_e^2$，由式（6.4.5）、式（6.4.6）可得任意截面 $z$ 处的外土柱平均竖向应力 $\sigma_s$：

$$\sigma_s = \frac{\gamma_f z - m\sigma_p}{1 - m}, (h - h_e \leqslant z \leqslant h) \quad (6.4.9)$$

由式（6.4.7）、式（6.4.9）可得桩帽处外土柱的平均竖向应力 $\sigma_{s0}$：

$$\sigma_{s0} = \frac{\gamma_f h - m\sigma_{p0}}{1 - m} \quad (6.4.10)$$

将桩帽与桩间土顶部加筋体上表面的平均应力之比称为网上桩土应力比。根据桩土应力比定义由式（6.4.7）和式（6.4.10）可得网上桩土应力比 $n_1$：

$$n_1 = \frac{\sigma_{p0}}{\sigma_{s0}} = \frac{(1-m)\sigma_{p0}}{\gamma_f h - m\sigma_{p0}} \tag{6.4.11}$$

为求解网上桩土应力比，需要确定等沉面高度 $h_e$。由部分文献可知，路堤等沉面以下至桩帽（顶）内外土柱的压缩变形与拉伸变形之和等于桩土差异沉降，所以有：

$$\Delta s_1 = \int_{h-h_e}^{h} \frac{\sigma_p - \sigma_s}{E_f} dz = \frac{2h_e^2[c + f_a K_a \gamma_f h]}{3E_f(1-m)(a_e - 2f_a K_a h_e)} \tag{6.4.12}$$

式中，$\Delta s_1$ 为路堤底面桩帽处桩土差异沉降（m）；$E_f$ 为路堤填土压缩模量（kPa）。由式（6.4.12）可知若路堤等沉面填土高度 $h_e$ 确定，则桩土差异沉降 $\Delta s_1$ 确定；反之，若桩土差异沉降 $\Delta s_1$ 确定，则路堤等沉面高度 $h_e$ 确定。

**2. 加筋体水平的拉膜效应分析**

将土工格栅（筋体）的位移模式简化为抛物线，最大位移发生在单元体边缘，如图6.4.4 所示。设抛物线方程为：

$$z = f(r) = cr^2 + gr + e \tag{6.4.13}$$

式中，$c$、$g$、$e$ 是待定系数。由抛物线过点 $(1/2a_e, 0)$、$(1/2d_e, -\Delta s_{max})$，且当 $r = 1/2d_e$ 时，$f'(r) = 0$（即当 $r = 1/2d_e$ 时，$f(r)$ 取得极大值）可得：

$$c = \frac{-4\Delta s_{max}}{(d_e - a_e)^2} \tag{6.4.14}$$

$$g = \frac{4\Delta s_{max}}{(d_e - a_e)^2} d_e \tag{6.4.15}$$

$$e = -c\frac{1}{4}a_e^2 - \frac{1}{2}ga_e = \frac{\Delta s_{max} a_e}{(d_e - a_e)^2}(a_e - 2d_e) \tag{6.4.16}$$

由前述 4.2 节分析可知桩帽处桩土差异沉降 $\Delta s_1$ 为内外土柱平均变形量之和；因此，路堤填土与水平加筋体位移连续条件可知：

$$\Delta s_1 = \frac{\int_{r_p}^{r_e} z\,dr}{r_e - r_p} \tag{6.4.17}$$

将式（6.4.12）～式（6.4.14）代入式（6.4.17）可得：

$$\Delta s_{max} = \frac{3}{2}\Delta s_1 \tag{6.4.18}$$

由式（6.4.18）可知路堤底面桩土差异沉降 $\Delta s_1$ 已知；则加筋体的变形即可确定。抛物线在点 $(1/2a_e, 0)$ 处的导数为：

$$z'\big|_{r=\frac{1}{2}a_e} = \frac{-4\Delta s_{max}}{(d_e - a_e)^2}a_e + \frac{4\Delta s_{max}}{(d_e - a_e)^2}d_e = \frac{4\Delta s_{max}}{(d_e - a_e)} = \frac{6\Delta s_1}{(d_e - a_e)} = \tan\theta \tag{6.4.19}$$

式中，$\theta$ 为加筋体变形后桩边处切线与水平向的夹角。

$$\sin\theta = \sqrt{\frac{\tan^2\theta}{1+\tan^2\theta}} = \frac{6\Delta s_1}{\sqrt{(d_e - a_e)^2 + 36\Delta s_1^2}} \tag{6.4.20}$$

根据加筋体变形曲线，可得桩间土顶部加筋体应变 $\varepsilon_g$ 为：

$$\varepsilon_g = \sqrt{1+z'^2} - 1 \tag{6.4.21}$$

由于 $|z'|<1$，故可以近似处理应变 $\varepsilon_g$：$\varepsilon_g \approx \dfrac{1}{2}z'^2$　　　　　　　(6.4.22)

则桩帽边缘（即 $r = a_e/2$）应变为：$\varepsilon_g \approx \dfrac{1}{2}z'^2 = \dfrac{18\Delta s_1^2}{(d_e - a_e)^2}$　　　(6.4.23)

根据其应力-应变关系，可得桩帽边缘处网的张拉应力 $T$：

$$T = E_g\varepsilon_g = E_g\frac{18\Delta s_1^2}{(d_e - a_e)^2}$$　　　　　　　(6.4.24)

式中，$E_g$ 为加筋体的抗拉强度（kN/m）。

对桩顶部分的网进行受力分析，如图6.4.4所示，由竖向平衡条件可得：

$$A_{cp}\sigma_p = A_{cp}\sigma_{p0} + \pi a_e T\sin\theta$$　　　　　　(6.4.25)

$$\sigma_{p1} = \sigma_{p0} + \frac{4}{a_e}T\sin\theta$$　　　　　　(6.4.26)

由式(6.4.7)和式(6.4.9)可得：$\sigma_{s1} = \dfrac{\gamma_f h - m\sigma_{p1}}{1-m}$　　　(6.4.27)

将桩帽与桩间土顶部加筋体下表面的平均应力之比称为网下桩土应力比。由式(6.4.26)、式(6.4.27)得网下桩土应力比 $n_2$：

$$n_2 = \frac{\sigma_{p1}}{\sigma_{s1}} = \frac{(1-m)\sigma_{p1}}{\gamma_f h - m\sigma_{p1}}$$　　　　　(6.4.28)

由分析过程可以判断网下桩土应力比大于网上桩土应力比，即：$n_2 \geqslant n_1$。

**3. 桩帽间整平层分析**

假定桩帽上的压力直接传递给桩，忽略桩帽下土体对桩帽的反力，则整平层顶部的压力通过整平层的作用扩散到桩间土体表面，如图6.4.5所示。

桩顶处由桩帽传递到桩上的竖向压力为：

$$\sigma_{p2} = \frac{a_e^2}{a^2}\sigma_{p1}$$　　　　　　(6.4.29)

由整平层扩散到桩间土表面的压力为：

$$\sigma_{s2} = \frac{d_e^2 - a_e^2}{d_e^2 - a^2}\sigma_{s1}$$　　　　　　(6.4.30)

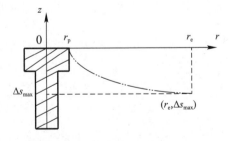

图6.4.4　桩顶部分加筋体受力图

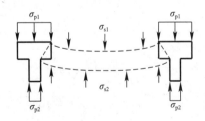

图6.4.5　桩帽和整平层受力图

**4. 加固区桩土共同作用分析**

桩土相互作用非常复杂，为使求解问题简化作如下假定：（Ⅰ）桩与桩间土体为弹性体；在垂直荷载作用下仅发生竖向变形；（Ⅱ）同一水平面上桩间土的沉降量相同，桩土间位移错动即为桩土沉降差；（Ⅲ）桩侧摩阻力发挥符合理想弹塑性模型，如图6.4.6所

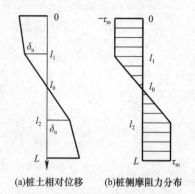

(a)桩土相对位移　　(b)桩侧摩阻力分布

图 6.4.6　桩侧摩阻力分布模型
与桩土相对位移分布

示；（Ⅳ）桩端阻力符合 Winkler 地基模型。

简化桩土相对位移如图 6.4.6(a)所示；桩侧摩阻力分布模型如图 6.4.6(b)所示。由图 6.4.6(b)可知，桩侧摩阻力沿桩身分为 3 段；其中，$0 \sim l_1$ 为负摩阻力段，$l_1$ 处桩土相对位移刚好等于弹性极限位移 $\delta_u$，负摩阻力达到极限值；$l_1 \sim l_2$ 为负、正摩阻力过渡区，桩侧摩阻力随桩土相对位移变化而变化，$l_0$ 为中性点，即该处桩土相对位移为 0；$l_2 \sim L$ 为正摩阻力段，$l_2$ 处桩土相对位移也刚好等于弹性极限位移 $\delta_u$，正摩阻力也达到极限值。因此，桩侧摩阻力沿桩身的分布为：

$$\tau(z) = \begin{cases} -\tau_m, & 0 \leqslant l \leqslant l_1 \\ -\tau_m + 2\tau_m \dfrac{l - l_1}{l_2 - l_1}, & l_1 \leqslant l \leqslant l_2 \\ \tau_m, & l_2 \leqslant l \leqslant L \end{cases}$$

(6.4.31)

$$l_0 = \frac{l_1 + l_2}{2} \tag{6.4.32}$$

式中，$\tau_m$ 为桩身最大侧摩阻力。

桩身 $l$ 处的应力为：

$$\sigma_p(l) = \sigma_{p2} - \frac{F(l)}{A_p} \tag{6.4.33}$$

同理，$l$ 处桩间土的应力为：

$$\sigma_s(l) = \sigma_{s2} + \frac{F(l)}{A_s} \tag{6.4.34}$$

式中 $A_p = \pi a^2 / 4$；$A_s = \pi/4(d_e^2 - a^2)$。$a$ 为桩体直径；$F(l)$ 为深度 $l$ 范围内桩体总侧摩阻力，即：

$$F(l) = \int_0^l \tau(l)U \mathrm{d}l$$

$$= \begin{cases} -\tau_m l U & (0 \leqslant l \leqslant l_1) \\ -\tau_m l U + \dfrac{\tau_m U}{l_2 - l_1}(l - l_1)^2 & (l_1 \leqslant l \leqslant l_2) \\ -\tau_m l_1 U + \tau_m(l - l_2)U & (l_2 \leqslant l \leqslant L) \end{cases}$$

(6.4.35)

式中，$U = \pi a$。

桩身任意位置 $z$ 处的位移为：

$$s_p(z) = \frac{1}{E_p}\left(\int_0^L \sigma_p(l)\mathrm{d}z - \int_0^z \sigma_p(l)\mathrm{d}z\right) + s_{pb} + s_{sb}$$

$$= \frac{(L - z)\sigma_{p2}}{E_p} - \frac{1}{E_p A_p}\left(\int_0^L F(l)\mathrm{d}l - \int_0^z F(l)\mathrm{d}l\right) + s_{pb} + s_{sb} \tag{6.4.36}$$

式中，$s_{sb}$ 为下卧层沉降（m）；$s_{pb}$ 为桩端刺入量（m）。

由假定（Ⅳ）可得：

$$s_{pb} = \Delta_b / k_{sb} \tag{6.4.37}$$

式中，$k_{sb}$ 为桩端土的刚度系数（kPa/m）。

同理，桩周土体任意深度 $z$ 处的位移为：

$$s_{s}(z) = \frac{1}{E_{s}}\left(\int_0^L \sigma_s(l)\mathrm{d}z - \int_0^z \sigma_s(l)\mathrm{d}z\right) + s_{sb}$$

$$= \frac{(L-z)\sigma_{s2}}{E_{s}} + \frac{1}{E_s A_s}\left(\int_0^L F(l)\mathrm{d}l - \int_0^z F(l)\mathrm{d}l\right) + s_{sb} \tag{6.4.38}$$

由式（6.4.33）、式（6.4.34）和式（6.4.35）可得：

$$\Delta_b = [\sigma_p(L) - \sigma_s(L)]$$

$$= (\sigma_{p2} - \sigma_{s2}) - \left(\frac{1}{A_p} + \frac{1}{A_s}\right)F(L) \tag{6.4.39}$$

由式（6.4.36）、式（6.4.37）和式（6.4.38）可得任一深度 $z$ 处的桩土差异沉降为：

$$\Delta s_2(z) = s_s(z) - s_p(z)$$

$$= \left(\frac{\sigma_{s2}}{E_s} - \frac{\sigma_{p2}}{E_p}\right)(L-z) + \left(\frac{1}{E_p A_p} + \frac{1}{E_s A_s}\right)\cdot\left(\int_0^L F(l)\mathrm{d}l - \int_0^z F(l)\mathrm{d}l\right)$$

$$- \frac{1}{k_{sb}}\left[(\sigma_{p2} - \sigma_{s2}) - \left(\frac{1}{A_p} + \frac{1}{A_s}\right)F(L)\right] \tag{6.4.40}$$

由式（6.4.40）可知桩土相对位移不受下卧层地基沉降 $s_{sb}$ 的影响。$z=0$ 处，即桩顶平面的桩土差异沉降 $\Delta s_2$ 为：

$$\Delta s_2(0) = s_s(0) - s_p(0)$$

$$= \left(\frac{\sigma_{s2}}{E_s} - \frac{\sigma_{p2}}{E_p}\right)L + \left(\frac{1}{E_p A_p} + \frac{1}{E_s A_s}\right)\cdot\left(\int_0^L F(l)\mathrm{d}l\right)$$

$$- \frac{1}{k_{sb}}\left[(\sigma_{p2} - \sigma_{s2}) - \left(\frac{1}{A_p} + \frac{1}{A_s}\right)F(L)\right] \tag{6.4.41}$$

根据桩顶处的位移连续条件，由式（6.4.12）和式（6.4.41）可得：

$$\Delta s_1 = \Delta s_2 \tag{6.4.42}$$

$$\frac{2h_e^2[c + f_a K_a \gamma_f h]}{3E_f(1-m)(a_e - 2f_a K_a h_e)} = \left(\frac{\sigma_s}{E_s} - \frac{\sigma_p}{E_p}\right)L + \left(\frac{1}{E_p A_p} + \frac{1}{E_s A_s}\right)\left(\int_0^L F(l)\mathrm{d}l\right) - s_{pb}$$

$$\tag{6.4.43}$$

由式（6.4.43）可以看出等沉面高度 $h_e$ 不仅受路堤填土自身几何尺寸和力学性质的影响，也受桩、桩帽、桩间土及下卧层等几何尺寸和力学性质的影响；即路堤填土的土拱效应是桩承式加筋路堤各组成部分相互作用的综合反映。

由桩侧摩阻力分布假定，桩身 $l_1$、$l_2$ 处桩土相对位移达到极限桩土相对位移 $\delta_u$，即：

$$s_p(l_1) - s_s(l_1) = -\delta_u \tag{6.4.44}$$

$$s_p(l_2) - s_s(l_2) = \delta_u \tag{6.4.45}$$

由式（6.4.43）、式（6.4.44）和式（6.4.45）联立可得关于 $h_e$、$l_1$ 和 $l_2$ 的方程组。该方程组为关于 $h_e$ 的非线性方程组，采用 Mathematic 软件可以求得该方程组的解。为简单获取各未知量的解，考虑桩顶平面处桩土差异变形与路堤荷载转移、桩土相互作用的相关性，可采用迭代法求解。

### 5. 计算参数的确定

利用工程静力触探指标 $f_s$ 确定最大侧摩阻力 $\tau_m$，由 $f_s = k_s \cdot \delta_u$ 可确定极限桩土相对位移 $\delta_u$。其中，$k_s$ 为理想弹塑性荷载传递函数中的桩侧土抗剪刚度系数（kPa/m）。Randolph 等给出了桩侧土抗剪刚度系数和桩端土刚度系数计算公式：

$$k_s = G/[r_0 \ln(r_m/r_0)] \tag{6.4.46}$$

$$k_{sb} = 4G/[\pi r_0 \rho(1-\mu)] \tag{6.4.47}$$

式中，$G$ 为土体剪切模量，$G = E_s/2(1+\mu)$；$\mu$ 为桩端土体的泊松比；$r_0$ 为桩体半径，等于 $a/2$，$r_m$ 为土体剪切变形为 0 处的半径（m）。考虑到单桩等效处理单元外壁侧摩阻力为 0，$r_m$ 近似取为单桩处理结构单元半径，等于 $d_e/2$；$\rho$ 为桩端深度影响系数，Randolph 建议取 0.85。

## 6.4.2 计算方法建立

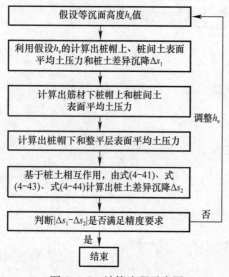

图 6.4.7 计算流程示意图

由式（6.4.12）可得：

$$\frac{d\Delta s_1}{dh_e} = \frac{4h_e[c + f_a K_a \gamma_f h_e][a_e - f_a K_a h_e]}{3E_f(1-m)[a_e - 2f_a K_a h_e]^2} \tag{6.4.48}$$

由 $\sigma_{p0} > 0$ 可得：$a_e - 2f_a K_a h_e > 0$ 即 $a_e > 2f_a K_a h_e$；所以有 $ds_1/dh_e > 0$，$\Delta s_1$ 是 $h_e$ 的递增函数。

同样的，$\Delta s_2$ 对 $h_e$ 求导可得：

$$\frac{d\Delta s_2}{dh_e} = \frac{d\Delta s_2}{d\sigma_{p1}} \cdot \frac{d\sigma_{p1}}{dh_e}$$

$$= \frac{d\Delta s_2}{d\sigma_{p1}} \left( \frac{d\sigma_{p0}}{dh_e} + \frac{4}{a_e} \cdot \frac{d(T\sin\theta)}{dh_e} \right)$$

$$= \frac{d\Delta s_2}{d\sigma_{p1}} \cdot \left[ \frac{d\sigma_{p0}}{dh_e} + \frac{4}{a_e} \cdot \left( \frac{dT}{dh_e} \cdot \sin\theta + T \cdot \frac{d\sin\theta}{dh_e} \right) \right] \tag{6.4.49}$$

$$\frac{d\Delta s_2}{d\sigma_{p1}} = -\left[ \frac{m_p}{E_s(1-m)} + \frac{1}{E_p} + \frac{1}{k_{sb}(1-m_p)L} \right] \cdot \frac{LA_{cp}}{A_p} < 0 \tag{6.4.50}$$

式中，$m_p = A_p/A_e = a^2/d_e^2$。

$$\frac{d\sigma_{p0}}{dh_e} = \frac{2c \cdot (a_e - 2f_a K_a h_e) + 2f_a K_a \cdot (2ch_e + a_e \gamma_f h)}{(a_e - 2f_a K_a h_e)^2} > 0 \tag{6.4.51}$$

$$\frac{dT}{dh_e} > 0; \frac{d\sin\theta}{dh_e} > 0 \tag{6.4.52}$$

所以可得 $d\Delta s^2/dh_e < 0$，$\Delta s_2$ 是 $h_e$ 的递减函数，随着 $h_e$ 增大，$\Delta s_2$ 减小。由理论方程组解法可知，等成面高度 $h_e$ 有解。据此，利用迭代求解的方法可得出桩（帽）、土荷载效应值，计算流程如图 6.4.7 所示。

（1）假设一个等沉面高度 $h_e$ 值（$0 \leqslant h_e \leqslant h$），根据式（6.4.12）、式（6.4.30）、式（6.4.31）分别求出桩土差异沉降 $\Delta s_1$、桩顶 $\sigma_{p2}$ 和桩间土应力 $\sigma_{s2}$；

（2）基于（1）中假定的 $h_e$，由式（6.4.23）～式（6.4.25）可求出明确荷载分担条件下的桩顶桩土差异沉降 $\Delta s_2$；

（3）计算 $\eta = \Delta s_1 - \Delta s_2$，当 $|\eta| \leqslant 0.1\%$ 时，结束运算输出相应的桩、土荷载效应值；当 $\eta > 0$ 时，调减等沉面高度 $h_e$，返回步骤（1）；当 $\eta < 0$ 时，调增等沉面高度 $h_e$，返回步骤（1）。

## 6.4.3　工程实例验证

采用某高速公路 K49+505～K49+878 现场试验段的试验结果进行验证。试验段软弱地基采用 PTC-D40 管桩疏布加固方案，正方形布桩，桥头连接段（K49+520）桩间距 3.0m（7.5D），一般路段（K49+720）桩间距 3.5m（8.75D）；桩径 400mm，壁厚 60mm，桩长 16m；桩帽为正方形，宽度 1.4m，采用 C30 混凝土现浇；K49+520 填土高度 6.67m，K49+720 填土高度 3.54m。

利用本节方法对实测断面计算分析，路基填筑采用 5% 石灰改良土，根据有关文献，路堤灰土 $c = 83.61\text{kPa}$，$\varphi = 31.9°$，$E = 12\text{MPa}$，$\gamma = 19\text{kN/m}^3$；$E_p = 20\text{GPa}$；试验段土层物理力学参数见表 6.4.1，并取泊松比 $\mu = 0.30$。

表 6.4.2 为解出的桩帽顶土压力、桩间土土压力的计算值和试验段土压力实测值，并列举国外经典设计方法计算结果进行对比。结果表明，采用本节方法得到的桩（帽）顶土压力和桩间土土压力与实测结果较为接近，两断面桩（帽）顶土压力误差分别为 11.6% 和 5.1%。

土层物理力学参数　　　　　　　　　　　表 6.4.1

| 土层名称 | $h_i$(m) | $\gamma$(kN·m$^{-3}$) | $E_s$(MPa) | $c$(kPa) | $\varphi$(°) | $f_S$(kPa) |
|---|---|---|---|---|---|---|
| 粉质黏土 | 0.4～2.1 | 18.4 | 6.85 | 27.0 | 4.1 | 169.60 |
| 淤泥质土 | 10.0～13.5 | 18.1 | 5.03 | 17.0 | 7.5 | 6.38 |
| 粉砂 | 13.1～17.2 | 19.0 | 15.50 | 8.0 | 31.0 | 49.55 |

桩土应力计算结果与实测值比较　　　　　　　表 6.4.2

| 方法 | K49+520 | | | K49+720 | | |
|---|---|---|---|---|---|---|
| | $\sigma_{pl}$ | $\sigma_{sl}$ | 误差（%） | $\sigma_{pl}$ | $\sigma_{sl}$ | 误差（%） |
| 实测 | 311.1 | 75.4 | — | 216.5 | 39.1 | — |
| BS 8006 | 279.6 | 84.2 | 26 | 145.8 | 52.3 | 10 |
| Hewlett 法 | 393.1 | 52.6 | 1.3 | 213.5 | 39.4 | 33 |
| 有关文献 | 362.5 | 61.1 | 16 | 240.3 | 34.3 | 10 |
| 本节方法 | 347.2 | 65.3 | 11.6 | 229.6 | 36.3 | 6.1 |

## 6.4.4　影响因素分析

根据推导出的计算模型，以上述某试验段里程 K49+520 的参数为基础分析加筋体抗拉模量、桩净间距、桩土压缩模量比以及下卧层压缩模量对土拱效应值和加筋体拉膜效应值的影响。

图 6.4.8 和图 6.4.9 所示分别为加筋体抗拉模量 $EA$ 为 0kN/m、100kN/m、200kN/m、400kN/m、800kN/m、1000kN/m 六种不同工况下所对应的桩土应力比和桩顶处桩土差异沉降。从图 6.4.8 可以看出随着加筋体抗拉模量增加桩土应力比增加，但影响有限，相对于加筋体抗拉模量为 100kN/m 的工况下，1000kN/m 工况下的加筋体抗拉模量是其近 10 倍，桩土应力比增加率不到 22%；从图 6.4.9 可以看出，随加筋体抗拉模量增加桩土差异沉降减小；从两图的规律可以看出，设置加筋体抑制了桩土差异沉降，削弱了土拱效应，但通过自身张拉力将其承担的路堤荷载传递到桩体上，这又等同于加强了土拱效应。

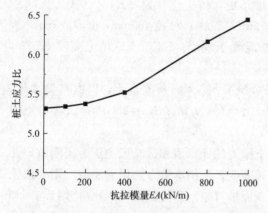

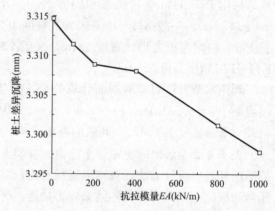

图 6.4.8　桩土应力比与加筋体抗拉模量关系　　图 6.4.9　桩土差异沉降与加筋体抗拉模量关系

桩帽的面积置换率，即桩间距和桩帽尺寸都是桩承式加筋路堤设计中的重要参数，对桩、土荷载分担有非常显著的影响。图 6.4.10 和图 6.4.11 所示分别为桩径 0.4m，桩帽宽度 1.4m，桩间距分别为 2.0m、2.5m、3.0m、3.5m 和 4.0m（与桩径归一化指标为 $s/d=5\sim10$；与桩帽宽度归一化指标为 $s/l=1.43\sim2.86$；对应的桩帽置换率为 $m=12.3\%\sim49\%$）时所对应的桩体、桩间土和加筋体的荷载分担比。随着桩间距逐渐增大，桩帽的面积置换率减小，桩体荷载分担比和加筋体荷载分担比逐渐减小，而桩间土的荷载分担比逐渐增大，当桩间距由 $5d$ 增加至 $10d$ 时，桩帽面积置换率由 49% 减小到 12.3%，桩帽荷载分担比由 79.87% 降低至 50.54%，而桩间土荷载分担比由 20.1% 增大至 49.5%，加筋体荷载分担比由 0.79% 降低至 0.6%；同时，从图 6.4.11 可以看出与桩、土的荷载分担相比，加筋体分担的路堤荷载很小。

图 6.4.12 为桩间距分别取 2.0m、2.5m、3.0m、3.5m 和 4.0m 时所对应的桩顶处桩土差异沉降值。可以看出随着桩间距增大桩顶处桩土差异沉降增大，且桩间距归一化指标 $s/d$ 与桩土差异沉降近似呈线性关系，其原因为随桩间距增大，桩间土荷载分担比增大，桩间土沉降增加，桩土差异沉降增大。从图 6.4.10 和图 6.4.12 可以发现，增加桩间距有利于发挥桩间土的强度，同时，桩间距越大桩体承担的荷载量值越大，有利于发挥桩体的承载力。桩承式加筋路堤通常要求路堤填土高度大于等沉面高度；而随着桩土差异沉降增大等沉面高度增大。所以，合理的桩间距确定应综合考虑桩体承载力的发挥程度和等沉面高度的要求，建议采用上述设计思路进行桩间距设计，但设计时避免出现过大的桩土差异沉降以保证路堤高度满足等沉面要求。

　　图 6.4.13 和图 6.4.14 为桩间土压缩模量取 5MPa、8MPa、10MPa 时，对应的桩土应力比和桩顶处桩土差异沉降。可以看出桩体压缩模量不变的情况下，随桩间土压缩模量的增加桩土应力和桩土差异沉降减小，且减小幅度较明显；当桩间土压缩模量一定时，随着桩体压缩模量增加桩土应力比和桩土差异沉降增加，但增加幅度不明显。分析原因为对于刚性桩承式加筋路堤桩体压缩模量与桩间土的压缩模量量值存在数量级的差别，因此，增加桩体压缩模量对提高桩土应力比和桩体差异沉降效果不明显。

　　图 6.4.15 和图 6.4.16 为下卧层压缩模量取 5MPa、10MPa、15MPa 时对应的桩土应力比和桩顶处桩土差异沉降。可以看出随着下卧层压缩模量增大桩土应力比和桩顶处桩土差异沉降增大，分析随着下卧层压缩模量增大，桩体向下卧层的刺入变形量减小，而桩体向路堤填土的刺入变形量增加，即桩土差异沉降增加。从图6.4.13～图 6.4.16 还可以看出随桩土差异沉降增加，桩土应力比增加，即土拱效应增强。

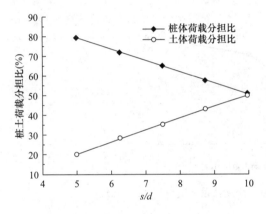

图 6.4.10　桩土荷载分担比与桩间距（桩帽置换率）关系（$E_g=1000$kN/m）

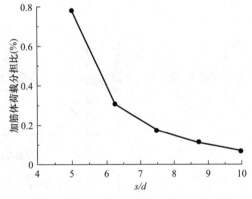

图 6.4.11　加筋体荷载分担比与桩间距（桩帽置换率）关系（$E_g=1000$kN/m）

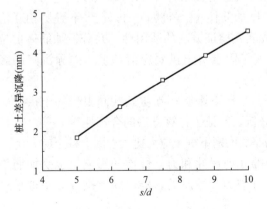

图 6.4.12　桩土差异沉降与桩间距（桩帽置换率）关系（$E_g=1000$kN/m）

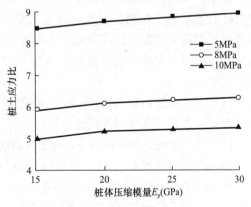

图 6.4.13　桩土应力比与桩体压缩模量 $E_p$ 关系（$E_g=1000$kg/m）

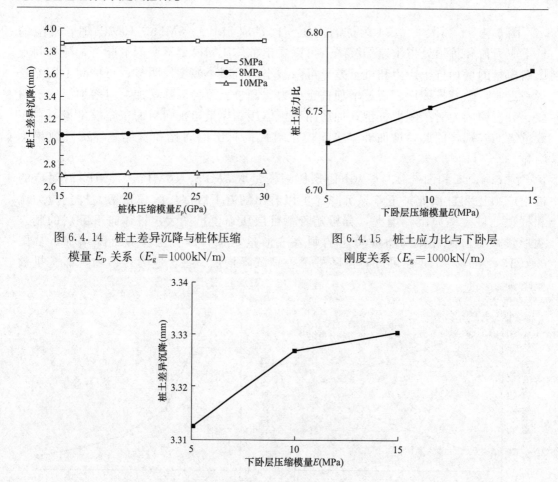

图 6.4.14　桩土差异沉降与桩体压缩
模量 $E_p$ 关系（$E_g=1000\mathrm{kN/m}$）

图 6.4.15　桩土应力比与下卧层
刚度关系（$E_g=1000\mathrm{kN/m}$）

图 6.4.16　桩土差异沉降与下卧层刚度关系（$E_g=1000\mathrm{kN/m}$）

## 6.4.5　小结

根据桩承式加筋路堤的特点，考虑路堤填土土拱效应和水平加筋体拉膜效应与桩土差异沉降及桩土相互作用的关系，建立路堤填土-加筋体-桩（桩帽）-桩间土-下卧层相互协调共同工作的土拱效应值计算方法，通过工程实例验证方法的适用性，并分析加筋体抗拉强度、桩间距、桩土压缩模量比及下卧层刚度等因素对土拱效应值和桩土差异沉降的影响，结论如下：

（1）将建立的路堤-加筋体-桩（桩帽）-桩间土-下卧层相互协调共同工作的土拱效应计算方法与工程实测及国外设计方法的对比分析，验证了计算方法的合理性。

（2）由于加筋体的拉膜效应，桩承式加筋路堤的网下桩土应力比大于网上桩土应力比。

（3）等沉面高度 $h_e$ 不仅受路堤填土自身的几何尺寸和力学性质的影响，也受加筋垫层、桩（桩帽）、桩间土及下卧层等的几何尺寸和力学性质的影响，即土拱效应是桩承式加筋路堤各组成部分相互作用的综合反映。

（4）桩土应力比随加筋体抗拉强度、桩土压缩模量比、下卧层刚度增加而增加。桩顶处的桩土差异变形随桩土压缩模量比、下卧层压缩模量增加而增加；随加筋体抗拉强度增加而减小。

（5）桩帽和桩径一定的情况下，桩体荷载分担比、加筋体荷载分担比随着桩间距增大而减小，桩间土荷载分担比随着桩间距增大而增大；桩帽和桩径一定的情况下，桩土差异沉降随桩间距增大，并近似呈线性关系。

## 6.5　混凝土芯砂石桩复合地基固结计算方法及性状分析

混凝土芯砂石桩复合地基固结计算是一个作用于桩间土的荷载随路堤填筑（时间）变化的散体材料桩复合地基固结问题；而随路堤填筑作用于桩间土上的荷载（土拱效应值）又取决于桩间土的固结。因此，混凝土芯砂石桩复合地基的固结计算是一个需考虑土拱效应发挥和桩间土固结相耦合的固结问题。本节将在已给出能够考虑路堤逐级填筑和桩间土固结相耦合的混凝土芯砂石桩复合地基土拱效应计算方法（仅考虑路堤荷载瞬时施加情况下的混凝土芯砂石桩复合地基固结计算问题）。

### 6.5.1　路堤下刚性桩复合地基的工作特点和桩体应力集中

无论是刚性基础下复合地基还是柔性基础下复合地基（例如桩承式加筋路堤或路堤下桩网复合地基），一个共同的特点是桩体和土体共同承担荷载，且桩体分担荷载大于土体，即应力集中效应。刚性基础下散体材料桩复合地基的固结计算大多一直沿用砂井地基固结计算所采用的等应变假定，通过等应变假定来考虑应力集中效应对固结的影响。然而，路堤等柔性基础下的复合地基通过土拱效应和拉膜效应来调整桩土荷载分担，桩体难以与土体等应变，继续采用桩土等应变假定必定夸大了桩体的应力集中程度和荷载分担比。因此，路堤下的刚性桩复合地基固结计算需要解决的首要问题是如何合理考虑桩体的应力集中程度，在考虑桩体应力集中的同时避免夸大桩体应力集中。

对于桩承式加筋路堤（路堤下桩网复合地基），桩间土中的超静孔隙水压力是由桩间土承担的路堤填土荷载引起的。因此，如果能够合理地确定桩间土分担的荷载，则桩承式加筋路堤的固结计算就转化为了典型的太沙基一维固结问题。同样，对于混凝土芯砂石桩复合地基，如果能够得到环形砂石桩和桩间土组成的单元体分担的路堤填土荷载，其固结计算也就转化成了散体材料桩复合地基的固结问题。所以，桩承式加筋路堤和混凝土芯砂石桩复合地基固结计算的难点就成了如何确定桩、土的荷载分担。

如前所述，填筑可以看做多次瞬时填筑，在填筑瞬时桩间土荷载增加，而随桩间土固结桩土差异沉降增大，土拱效应发挥，桩间土上的荷载减小；随着路堤填筑和桩间土固结，桩间土反复经历着加载-卸载的过程，其所承担的路堤荷载也是一个不断变化的过程。所以，混凝土芯砂石桩复合地基固结计算实际上是一个作用在桩间土上的荷载随时间（路堤填筑和桩间土固结）不断变化的固结问题，而随着路堤填筑和桩间土固结作用，在桩间土上的荷载又取决于桩间土的固结。

### 6.5.2　路堤荷载作用下地基中初始超静孔隙水压力

当地基土厚度较小时，在上覆相对宽阔的路堤荷载作用下，地基中的附加应力分布形式接近于矩形分布；当地基土厚度与路堤宽度相比较大时，地基中附加应力矩形分布与实际情况有一定的差异。贾宁（2004）在 BIOT 解及陈振建（2002）工作的基础上得到了路堤荷载（梯形分布的条形荷载）下地基中的初始超静孔压。

贾宁（2004）得到的路堤纵向中心线下深度 $z$ 处的初始超静孔压为：

$$u = \frac{2p}{\pi}\arctan\frac{B}{2z} + \frac{4p}{\pi(A-B)}\left\{\frac{A}{2z}\left(\arctan\frac{A}{2z} - \arctan\frac{B}{2z}\right) - \frac{1}{2}\left[\ln\left(\frac{A^2}{4}+z^2\right) - \ln\left(\frac{B^2}{4}+z^2\right)\right]\right\} \tag{6.5.1}$$

式中，$B$，$A$ 分别为路堤顶面、底面宽度；$p = \gamma H$，$\gamma$、$H$ 分别为路堤填料重度和路堤高度。

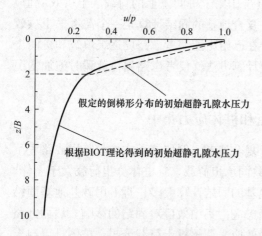

图 6.5.1　路堤中心线下初始超静孔压沿深度的分布形式

根据式（6.5.1）求出了路堤纵向中心线下地基各深度位置的初始超静孔压，如图 6.5.1 所示（纵坐标为深度与路堤顶面宽度之比；横坐标为孔压与路堤荷载集度 $p$ 之比）。可以看出，在地基表面，初始超静孔压最大，等于路堤荷载集度 $p$，随着深度增加，初始超静孔压迅速衰减，在 1 倍路堤顶面宽度的深度处，初始超静孔压仅为路堤荷载集度的 0.3 倍，在 2 倍路堤顶面宽度的深度处，初始超静孔压仅为路堤荷载集度的 0.15 倍。

从图 6.5.1 可以看出，当地基厚度不大于 2 倍的路堤顶面宽度时，将地基中初始超静孔压假定为倒梯形分布与根据 BIOT 解得到的曲线分布差别不大。

本次混凝土芯砂石桩复合地基试验段软基的厚度为 26.5m，在路堤荷载作用下，将地基中的初始超静孔压视为倒梯形分布的假定，保证了初始超静孔压的分布接近实际情况，而孔压的消散可以采用散体材料桩复合地基固结理论来计算。

### 6.5.3　混凝土芯砂石桩复合地基加固区固结计算方法研究

**1. 不考虑砂石桩径竖向渗流的复合地基固结研究**

1）计算简图

混凝土芯砂石桩复合地基固结计算简图如图 6.5.2 所示。$H$ 为软黏土层厚度；$E_s$、$E_w$ 分别为土体和砂石桩的压缩模量；$r_w$ 为砂石桩半径；$r_c$ 为混凝土芯桩半径；$r_e$ 为排水影响区半径；$r_s$ 为扰动区半径；$\bar{\sigma}$ 为由环形砂石桩和桩间土共同承担的路堤荷载。$\bar{u}_s$、$u_w$ 分别为土体和砂石桩中任一深度处的沿径向的平均孔压；$k_s$、$k_h$ 分别为土体扰动区和未扰动区的水平渗透系数；$k_v$、$k_w$ 分别为土体的竖向渗透系数和砂石桩的渗透系数。

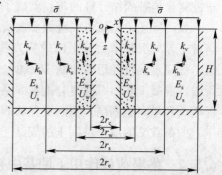

图 6.5.2　混凝土芯砂石桩复合地基固结计算简图

2）基本假定

（1）环形砂石桩和桩间土等应变假定成立，不考虑砂石桩与土体之间的相互作用。即砂石桩和土体均受侧向约束，并且竖向变形相等；

（2）忽略砂石桩内的径向渗流；

（3）扰动区和未扰动区土体除径向渗透系数不同外，其他性质相同；

（4）土体中水的渗流服从达西定律；

（5）荷载瞬时施加，荷载引起的环形砂石桩和桩间土中的附加应力呈倒梯形分布；

$$\sigma(z) = p_{\mathrm{T}} + (p_{\mathrm{B}} - p_{\mathrm{T}})\frac{z}{H} \tag{6.5.2}$$

（6）采用桩土流量连续假定，在任一深度 $z$ 处，从土体流入砂石桩的水量等于砂石桩中向上水流的增量。即：

$$\left[2\pi r \mathrm{d}z\, \frac{k_{\mathrm{s}}}{\gamma_{\mathrm{w}}}\frac{\partial u_{\mathrm{s}}}{\partial r}\right]\Big|_{r=r_{\mathrm{w}}} = -\pi(r_{\mathrm{w}}^2 - r_{\mathrm{c}}^2)\mathrm{d}z\, \frac{k_{\mathrm{w}}}{\gamma_{\mathrm{w}}}\frac{\partial^2 \bar{u}_{\mathrm{w}}}{\partial z^2} \tag{6.5.3}$$

式中，$u_{\mathrm{s}}$ 是地基中任意一点的孔压。由式（6.5.3）可以考虑环形排水通道对复合地基固结的影响。

3）基本方程和求解条件

对于混凝土芯砂石桩复合地基，由平衡条件及基本假定，有：

$$\pi(r_{\mathrm{e}}^2 - r_{\mathrm{w}}^2)\bar{\sigma}_{\mathrm{s}} + \pi(r_{\mathrm{w}}^2 - r_{\mathrm{c}}^2)\bar{\sigma}_{\mathrm{w}} = \pi(r_{\mathrm{e}}^2 - r_{\mathrm{c}}^2)\bar{\sigma} \tag{6.5.4}$$

$$\frac{\bar{\sigma}_{\mathrm{s}} - \bar{u}_{\mathrm{s}}}{E_{\mathrm{s}}} = \frac{\bar{\sigma}_{\mathrm{w}} - \bar{u}_{\mathrm{w}}}{E_{\mathrm{w}}} = \varepsilon_{\mathrm{v}} = \varepsilon_{z} \tag{6.5.5}$$

式中，$\varepsilon_{\mathrm{v}}$、$\varepsilon_{z}$ 分别为土体中任一深度处的平均体积应变和竖向应变。

$$\bar{u}_{\mathrm{s}} = \frac{1}{\pi(r_{\mathrm{e}}^2 - r_{\mathrm{w}}^2)}\int_{r_{\mathrm{w}}}^{r_{\mathrm{e}}} 2\pi r u_{\mathrm{s}}(r)\mathrm{d}r \tag{6.5.6}$$

令 $n = \dfrac{r_{\mathrm{e}}}{r_{\mathrm{w}}}$，$m = \dfrac{r_{\mathrm{c}}}{r_{\mathrm{w}}}$，$s = \dfrac{r_{\mathrm{s}}}{r_{\mathrm{w}}}$，$Y = \dfrac{E_{\mathrm{w}}}{E_{\mathrm{s}}}$ 可得：

$$\bar{u} = \frac{1}{\pi(r_{\mathrm{e}}^2 - r_{\mathrm{c}}^2)}\left[\int_{r_{\mathrm{w}}}^{r_{\mathrm{e}}} 2\pi r u_{\mathrm{s}}(r)\mathrm{d}r + \int_{r_{\mathrm{c}}}^{r_{\mathrm{w}}} 2\pi r u_{\mathrm{w}}(r)\mathrm{d}r\right] = \frac{(n^2-1)\bar{u}_{\mathrm{s}} + (1-m^2)\bar{u}_{\mathrm{w}}}{n^2 - m^2} \tag{6.5.7}$$

由式（6.5.4）、式（6.5.5）可得：

$$\varepsilon_{\mathrm{v}} = \frac{(n^2-m^2)\bar{\sigma} - [(n^2-1)\bar{u}_{\mathrm{s}} + (1-m^2)\bar{u}_{\mathrm{w}}]}{E_{\mathrm{s}}[n^2-1+(1-m^2)Y]} = \frac{(n^2-m^2)\bar{\sigma} - (n^2-m^2)\bar{u}}{E_{\mathrm{s}}[n^2-1+(1-m^2)Y]} \tag{6.5.8}$$

由式（6.5.8）可得：

$$\frac{\partial \varepsilon_{\mathrm{v}}}{\partial t} = -\frac{n^2-m^2}{E_{\mathrm{s}}[n^2-1+(1-m^2)Y]}\frac{\partial \bar{u}}{\partial t} \tag{6.5.9}$$

土体的固结方程：

$$\frac{k_{\mathrm{s}}}{\gamma_{\mathrm{w}}}\frac{1}{r}\frac{\partial}{\partial r}\left[r\frac{\partial u_{\mathrm{s}}}{\partial r}\right] + \frac{k_{\mathrm{v}}}{\gamma_{\mathrm{w}}}\frac{\partial^2 \bar{u}_{s}}{\partial z^2} = -\frac{\partial \varepsilon_{\mathrm{v}}}{\partial t}, r_{\mathrm{w}} \leqslant r \leqslant r_{\mathrm{s}} \tag{6.5.10}$$

$$\frac{k_{\mathrm{h}}}{\gamma_{\mathrm{w}}}\frac{1}{r}\frac{\partial}{\partial r}\left[r\frac{\partial u_{\mathrm{s}}}{\partial r}\right] + \frac{k_{\mathrm{v}}}{\gamma_{\mathrm{w}}}\frac{\partial^2 \bar{u}_{s}}{\partial z^2} = -\frac{\partial \varepsilon_{\mathrm{v}}}{\partial t}, r_{\mathrm{s}} \leqslant r \leqslant r_{\mathrm{e}} \tag{6.5.11}$$

相应的径向边界条件：

$$①r = r_e, \frac{\partial u_s}{\partial r} = 0; ②r = r_s, k_s \frac{\partial u_s}{\partial r} = k_h \frac{\partial u_s}{\partial r}; ③r = r_w, u_s = u_w = \bar{u}_w$$

4）控制方程推导

由相关文献可以得到：

$$\bar{u} = \bar{u}_w + \frac{\gamma_w r_e^2 F_a}{2k_h}\left[-\frac{n^2 - 1}{E_s[n^2 - 1 + (1 - m^2)Y]}\frac{\partial \bar{u}}{\partial t} + \frac{k_v}{\gamma_w}\left(\frac{\partial^2 \bar{u}}{\partial z^2} - \frac{1 - m^2}{n^2 - m^2}\frac{\partial^2 \bar{u}_w}{\partial z^2}\right)\right] \quad (6.5.12)$$

其中，$F_a = \left(\ln\frac{n}{s} + \frac{k_h}{k_s}\ln s - \frac{3}{4}\right)\frac{n^2}{n^2 - 1} + \frac{s^2}{n^2 - 1}\left(1 - \frac{k_h}{k_s}\right)\left(1 - \frac{s^2}{4n^2}\right) + \frac{k_h}{k_s}\frac{1}{n^2 - 1}\left(1 - \frac{1}{4n^2}\right)$

$$\bar{u} = \bar{u}_w - A\frac{\partial^2 u_w}{\partial z^2} \quad (6.5.13)$$

其中，$A$ 是一个正常数，表达式为 $A = \frac{1 - m^2}{n^2 - m^2}\frac{r_e^2 k_w F_a}{2k_h}$

从式（6.5.12）和式（6.5.13）中消去 $\bar{u}$ 可得关于 $\bar{u}_w$ 的偏微分方程：

$$B\frac{\partial^4 \bar{u}_w}{\partial z^4} + C\frac{\partial^2 \bar{u}_w}{\partial z^2} + A\frac{\partial^3 \bar{u}_w}{\partial t \partial z^3} - \frac{\partial \bar{u}_w}{\partial t} = 0 \quad (6.5.14)$$

其中，$B$，$C$ 均为常数，表达式如下：

$$B = -\frac{c_v[n^2 - 1 + (1 - m^2)Y](1 - m^2)r_e^2 k_w F_a}{2(n^2 - 1)(n^2 - m^2)k_h}$$

$$C = \frac{c_h k_w[n^2 - 1 + (1 - m^2)Y]\left[(1 - m^2) + (n^2 - 1)\frac{k_v}{k_w}\right]}{(n^2 - 1)(n^2 - m^2)k_h}$$

如图 6.5.2 所示，设复合地基顶面透水，底面不透水，则控制方程对应的边界条件为：

$$\begin{cases} z = 0, \bar{u}(z,t) = 0, \bar{u}_w(z,t) = 0 \\ z = H, \frac{\partial \bar{u}(z,t)}{\partial z} = 0, \frac{\partial u_w(z,t)}{\partial z} = 0 \end{cases} \quad (6.5.15)$$

由于在初始时刻（$t=0$），地基内的总附加应力由土体和砂石桩中的孔隙水承担，有效应力为零，此时土体和砂石桩均未发生变形，$\varepsilon_v = \varepsilon_z = 0$，则由式（6.5.5）得：

$$t = 0, \sigma_c = 0, \bar{\sigma}_s = \bar{u}_s, \bar{\sigma}_w = \bar{u}_w \quad (6.5.16)$$

代入式（6.5.2）得：

$$(n^2 - 1)\bar{u}_s(z,0) + (1 - m^2)\bar{u}_w(z,0) = (n^2 - m^2)\bar{\sigma}(z,0)$$

由式（6.5.5）可得：

$$\bar{u}(z,0) = \bar{\sigma}(z,0) \quad (6.5.17)$$

5）方程解答

"复合地基固结解析理论"的解法，设控制方程的解的形式为：

$$\bar{u}_w = \sum_{a=1}^{\infty} T_a(t)\sin\left(\frac{M}{H}z\right) \quad (6.5.18)$$

式中，$M = \frac{2a - 1}{2}\pi$，（$a = 1, 2, 3\cdots$）。该解已经满足定解问题的边界条件式（6.5.15）。

将式（6.5.18）代入控制方程式（6.5.14），两边同乘以 $\sin(Mz/H)$ 并在 $[0, H]$ 上关于 $z$ 积分可得：

$$T'_a(t) + \frac{B\left(\dfrac{M}{H}\right)^4 - C\left(\dfrac{M}{H}\right)^2}{1 + A\left(\dfrac{M}{H}\right)^2} T_a(t) = 0 \tag{6.5.19}$$

式 (6.5.19) 的解为：
$$T_a(t) = A' e^{-\beta_a t} \tag{6.5.20}$$

式中，$\beta_a = -\dfrac{B\left(\dfrac{M}{H}\right)^4 - C\left(\dfrac{M}{H}\right)^2}{1 + A\left(\dfrac{M}{H}\right)^2}$

$$= \frac{\left[n^2 - 1 + (1 - m^2)Y\right]}{(n^2 - 1)} \cdot \frac{\left(\dfrac{M}{H}\right)^2 (1 - m^2)c_v + \dfrac{2}{r_e^2 F_a}\left[(1 - m^2) + \dfrac{k_v}{k_w}(n^2 - 1)\right]c_h}{(n^2 - m^2)\dfrac{2k_h}{k_w F_a M^2} \cdot \dfrac{H^2}{r_e^2} + (1 - m^2)}$$

将上式代入式 (6.5.13) 可得：
$$\bar{u}(z,t) = \sum_{a=1}^{\infty}\left[1 + A\left(\frac{M}{H}\right)^2\right] T_a(t)\sin\left(\frac{M}{H}z\right) \tag{6.5.21}$$

将上式代入初始条件式 (6.5.17) 可得：
$$\sum_{a=1}^{\infty}\left[1 + A\left(\frac{M}{H}\right)^2\right] T_a(0)\sin\left(\frac{M}{H}z\right) = \bar{\sigma}(z) \tag{6.5.22}$$

上式两边同乘以 $\sin(Mz/H)$，并在 $[0, H]$ 上关于 $z$ 积分可得：
$$T_a(0) = \frac{2\displaystyle\int_0^H \bar{\sigma}\sin\left(\frac{M}{H}z\right)\mathrm{d}z}{H\left[1 + A\left(\dfrac{M}{H}\right)^2\right]} \tag{6.5.23}$$

由式 (6.5.20)、式 (6.5.23) 可得：
$$T_a(0) = A' = \frac{2\left[p_T - (-1)^m \dfrac{p_B - p_T}{M}\right]}{M\left[1 + A\left(\dfrac{M}{H}\right)^2\right]} \tag{6.5.24}$$

所以有：
$$T_a(t) = \frac{2\left[p_T - (-1)^m \dfrac{p_B - p_T}{M}\right]}{M\left[1 + A\left(\dfrac{M}{H}\right)^2\right]} e^{-\beta_a t} \tag{6.5.25}$$

将上式代入式 (6.5.18) 和式 (6.5.21) 可得桩体和复合地基中的超静孔压分别为：
$$\bar{u}_w(z,t) = \sum_{a=1}^{\infty} \frac{2\left[p_T - (-1)^m \dfrac{p_B - p_T}{M}\right]}{M\left[1 + A\left(\dfrac{M}{H}\right)^2\right]} \sin\left(\frac{M}{H}z\right) e^{-\beta_a t} \tag{6.5.26}$$

$$\bar{u}(z,t) = \sum_{a=1}^{\infty} \frac{2}{M}\left[p_T - (-1)^a \frac{p_B - p_T}{M}\right]\sin\left(\frac{Mz}{H}\right) e^{-\beta_a t} \tag{6.5.27}$$

6）复合地基固结度计算

（1）按应力定义的固结度计算

由于考虑了砂石桩和桩间土的共同作用，在计算复合地基的总平均固结度时，可将砂石桩的固结也考虑进去。

$$U_p(t) = \frac{\int_0^H (\sigma - u)\,\mathrm{d}z}{\int_0^H \sigma\,\mathrm{d}z} \tag{6.5.28}$$

将式（6.5.27）代入式（6.5.28）可得：

$$U_p(t) = 1 - \frac{4}{p_B + p_T} \sum_{a=1}^{\infty} \frac{\left[ p_T - (-1)^a \dfrac{p_B - p_T}{M} \right]}{M^2} \mathrm{e}^{-\beta_a t} \tag{6.5.29}$$

（2）按变形定义的固结度计算

按变形定义的固结度为任一时刻地基的固结沉降和最终沉降之比：

$$U_s(t) = \frac{S_t}{S_\infty} \tag{6.5.30}$$

复合地基任一时刻的固结沉降可以表示为：

$$S_t = \int_0^H \varepsilon_z\,\mathrm{d}z = \frac{1}{E_s[n^2 - 1 + (1 - m^2)Y]} \int_0^H [\sigma - \bar{u}]\,\mathrm{d}z \tag{6.5.31}$$

将式（6.5.27）代入式（6.5.31）可得：

$$S_t = \int_0^H \varepsilon_z\,\mathrm{d}z = \frac{1}{E_s[n^2 - 1 + (1 - m^2)Y]} \left\{ \frac{(p_T + p_B)H}{2} - \frac{2H\left[ p_T - (-1)^m \dfrac{p_B - p_T}{M} \right]}{M^2} \mathrm{e}^{-\beta_m t} \right\} \tag{6.5.32}$$

令 $t \to \infty$，则 $\bar{u}(z, t) \to 0$，由式（6.5.32）得到地基的最终沉降为：

$$S_\infty = \frac{1}{E_s[n^2 - 1 + (1 - m^2)Y]} \cdot \frac{(p_T + p_B)H}{2} \tag{6.5.33}$$

所以，可得复合地基按变形定义的总平均固结度为：

$$U_s(t) = 1 - \frac{4}{p_B + p_T} \sum_{a=1}^{\infty} \frac{\left[ p_T - (-1)^a \dfrac{p_B - p_T}{M} \right]}{M^2} \mathrm{e}^{-\beta_a t} \tag{6.5.34}$$

可以看出，按变形定义的固结度与按应力定义的固结度相同。即：

$$U_p(t) = U_s(t) = 1 - \frac{4}{p_B + p_T} \sum_{a=1}^{\infty} \frac{\left[ p_T - (-1)^a \dfrac{p_B - p_T}{M} \right]}{M^2} \mathrm{e}^{-\beta_a t} \tag{6.5.35}$$

**2. 考虑砂石桩径竖向渗流的复合地基固结研究**

1）计算简图

考虑砂石桩径竖向渗流的计算简图如图 6.5.3 所示。$H$ 为软黏土层厚度；$r_w$ 为砂石桩半径；$r_c$ 为混凝土芯桩半径；$r_e$ 为排水影响区半径；$r_s$ 为扰动区半径。

2）基本假定

（1）环形砂石桩和桩间土等应变假定成立，不考虑砂石桩与土体之间的相互作用，即砂石桩和土体均受侧向约束，并且竖向变形相等；

（2）土中水的渗流服从达西定律；

（3）荷载瞬时施加，荷载引起的复合地基中的附加应力沿深度不变。

3）基本方程和求解条件

对于混凝土芯砂石桩复合地基，由平衡条件及基本假定，有：

$$\pi(r_e^2 - r_w^2)\,\bar{\sigma}_s + \pi(r_w^2 - r_c^2)\bar{\sigma}_w = \pi(r_e^2 - r_c^2)\bar{\sigma} \tag{6.5.36}$$

$$\frac{\bar{\sigma}_s - \bar{u}_s}{E_s} = \frac{\bar{\sigma}_w - \bar{u}_w}{E_w} = \varepsilon_v = \varepsilon_z \tag{6.5.37}$$

式中，$\bar{\sigma}_w$、$\bar{\sigma}_s$ 分别为砂石桩和土体的平均总应力；$E_w$、$E_s$ 分别为砂石桩和土体的压缩模量；$\bar{\sigma}$ 为由环形砂石桩和桩间土共同承担的路堤荷载；$\bar{u}_s$、$\bar{u}_w$ 分别为土体和砂石桩内任一深度处沿径向的平均孔压。

$$\bar{u}_s = \frac{1}{\pi(r_e^2 - r_w^2)} \int_{r_w}^{r_e} 2\pi r u_s(r)\,\mathrm{d}r \tag{6.5.38}$$

$$\bar{u}_w = \frac{1}{\pi(r_w^2 - r_c^2)} \int_{r_c}^{r_w} 2\pi r u_w(r)\,\mathrm{d}r \tag{6.5.39}$$

式中，$u_s$、$u_w$ 分别为土体和砂石桩内任一点的超静孔压。

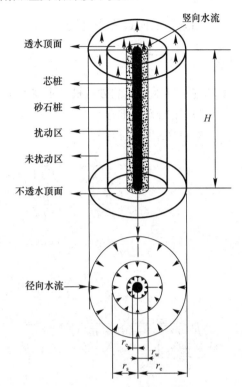

图 6.5.3　考虑砂石桩径竖向渗流的计算简图

令 $n = \dfrac{r_e}{r_w}$，$m = \dfrac{r_c}{r_w}$，$s = \dfrac{r_s}{r_w}$，$Y = \dfrac{E_w}{E_s}$，则由式（6.5.38）、式（6.5.39）可得：

$$\bar{u} = \frac{1}{\pi(r_e^2 - r_c^2)}\left[\int_{r_w}^{r_e} 2\pi r u_s(r)\,\mathrm{d}r + \int_{r_c}^{r_w} 2\pi r u_w(r)\,\mathrm{d}r\right] = \frac{(n^2-1)\bar{u}_s + (1-m^2)\bar{u}_w}{n^2 - m^2} \tag{6.5.40}$$

由式（6.5.36）、式（6.5.37）可得：

$$\varepsilon_v = \frac{(n^2-m^2)\bar{\sigma} - \left[(n^2-1)\bar{u}_s + (1-m^2)\bar{u}_w\right]}{E_s[n^2 - 1 + (1-m^2)Y]} = \frac{(n^2-m^2)\bar{\sigma} - (n^2-m^2)\bar{u}}{E_s[n^2 - 1 + (1-m^2)Y]} \tag{6.5.41}$$

由式（6.5.40）、式（6.5.41）可得：

$$\frac{\partial \varepsilon_v}{\partial t} = -\frac{n^2 - m^2}{E_s[n^2 - 1 + (1-m^2)Y]}\frac{\partial \bar{u}}{\partial t} \tag{6.5.42}$$

土体和桩体的固结方程为：

$$\frac{k_s}{\gamma_w}\frac{1}{r}\frac{\partial}{\partial r}\left[r\frac{\partial u_s}{\partial r}\right] + \frac{k_v}{\gamma_w}\frac{\partial^2 \bar{u}_s}{\partial z^2} = -\frac{\partial \varepsilon_v}{\partial t}; r_w \leqslant r \leqslant r_s$$

$$\frac{k_h}{\gamma_w}\frac{1}{r}\frac{\partial}{\partial r}\left[r\frac{\partial u_s}{\partial r}\right] + \frac{k_v}{\gamma_w}\frac{\partial^2 \bar{u}_s}{\partial z^2} = -\frac{\partial \varepsilon_v}{\partial t}; r_s \leqslant r \leqslant r_e \tag{6.5.43}$$

$$\frac{1}{r}\frac{\partial}{\partial r}\left[\frac{k_{hw}}{\gamma_w}r\frac{\partial u_w}{\partial r}\right] + \frac{k_{vw}}{\gamma_w}\frac{\partial^2 \bar{u}_w}{\partial z^2} = -\frac{\partial \varepsilon_v}{\partial t}; r_c \leqslant r \leqslant r_w$$

式中，$k_s$、$k_h$ 分别为土体扰动区和未扰动区的水平渗透系数；$k_v$ 为土体的竖向渗透系数；

$k_{hw}$、$k_{vw}$ 分别为桩体水平和竖向渗透系数；$\gamma_w$ 为水的重度。

相应的径向边界条件为：① $r=r_e$；$\dfrac{\partial u_s}{\partial r}=0$；② $r=r_c$；$\dfrac{\partial u_w}{\partial r}=0$；③ $r=r_w$；$u_s=u_w$；

④ $r=r_s$；$k_s\dfrac{\partial u_s}{\partial r}=k_h\dfrac{\partial u_s}{\partial r}$；⑤ $r=r_w$；$k_s\dfrac{\partial u_s}{\partial r}=k_{hw}\dfrac{\partial u_w}{\partial r}$；其中径向边界条件⑤可以考虑混凝土芯桩不排水形成的砂石桩环形排水通道。

4）控制方程推导

参考文献可以得到：

$$\bar{u}-\bar{u}_w=-\frac{(n^2-1)}{E_s[n^2-1+(1-m^2)Y]}\cdot\left(\frac{\gamma_w r_e^2 F_c}{2k_h}-\frac{\gamma_w F_d}{2k_{hw}}\right)\frac{\partial\bar{u}}{\partial t}+\frac{k_v r_e^2 F_c}{2k_h}\frac{\partial^2\bar{u}}{\partial z^2}-$$
$$\left[\frac{k_v r_e^2 F_c}{2k_h}\frac{(1-m^2)}{(n^2-m^2)}+\frac{(n^2-1)}{(n^2-m^2)}\frac{k_{vw}F_d}{2k_{hw}}\right]\frac{\partial^2\bar{u}_w}{\partial z^2} \tag{6.5.44}$$

$$F_c=\left(\ln\frac{n}{s}+\frac{k_h}{k_s}\ln s-\frac{3}{4}\right)\frac{n^2}{n^2-1}+\frac{s^2}{n^2-1}\left(1-\frac{k_h}{k_s}\right)\left(1-\frac{s^2}{4n^2}\right)+\frac{k_h}{k_s}\frac{1}{n^2-1}\left(1-\frac{1}{4n^2}\right)$$

$$F_d=\frac{r_c^4}{r_w^2-r_c^2}\ln\frac{r_w}{r_c}-\frac{1}{2}r_c^2-\frac{1}{4}(r_w^2+r_c^2)+\frac{1}{2}r_w^2 \tag{6.5.45}$$

$$\frac{(n^2-m^2)(n^2-m^2)}{E_s[n^2-1+(1-m^2)Y]}\frac{\partial\bar{u}}{\partial t}=\frac{(n^2-m^2)k_v}{\gamma_w}\frac{\partial^2\bar{u}}{\partial z^2}+\frac{(k_{vw}-k_v)(1-m^2)}{\gamma_w}\frac{\partial^2\bar{u}_w}{\partial z^2} \tag{6.5.46}$$

整理后得：

$$\frac{\partial^2\bar{u}_w}{\partial z^2}=A\frac{\partial\bar{u}}{\partial t}-B\frac{\partial^2\bar{u}}{\partial z^2} \tag{6.5.47}$$

式中，$A=\dfrac{(n^2-m^2)(n^2-m^2)\gamma_w}{E_s(k_{vw}-k_v)[n^2-1+(1-m^2)Y](1-m^2)}$

$B=\dfrac{k_v(n^2-m^2)}{(1-m^2)(k_{vw}-k_v)}$

将式（6.5.47）代入式（6.5.44）可得：

$$\bar{u}_w=\bar{u}+C\frac{\partial\bar{u}}{\partial t}-D\frac{\partial^2\bar{u}}{\partial z^2} \tag{6.5.48}$$

式中，

$$C=\frac{[k_{vw}(n^2-1)-(m^2-1)k_v]\gamma_w r_e^2 F_c}{2k_h(k_{vw}-k_v)E_s[n^2-1+(1-m^2)Y]}+\frac{\gamma_w(n^2-1)[k_{vw}(n^2-m^2-1)+k_v]}{2k_{hw}(k_{vw}-k_v)E_s[n^2-1+(1-m^2)Y]}$$

$$D=\frac{k_v k_{vw}r_e^2 F_c}{2k_h(k_{vw}-k_v)}+\frac{(n^2-1)k_v k_{vw}F_d}{2k_{hw}(1-m^2)(k_{vw}-k_v)}$$

由式（6.5.48）可得：

$$\frac{\partial^2\bar{u}_w}{\partial z^2}=\frac{\partial^2\bar{u}}{\partial z^2}+C\frac{\partial^3\bar{u}}{\partial t\partial z^2}-D\frac{\partial^4\bar{u}}{\partial z^4} \tag{6.5.49}$$

由式（6.5.47）、式（6.5.49）可得：

$$D\frac{\partial^4\bar{u}}{\partial z^4}-C\frac{\partial^3\bar{u}}{\partial t\partial z^2}-(B+1)\frac{\partial^2\bar{u}}{\partial z^2}+A\frac{\partial\bar{u}}{\partial t}=0 \tag{6.5.50}$$

式（6.5.48）、式（6.5.50）即分别为 $\bar{u}_w$ 和 $\bar{u}$ 的控制方程。

如图6.5.3所示，设复合地基顶面透水，底面不透水，控制方程对应的边界条件为：

$$z = 0, \bar{u}(z,t) = 0, \bar{u}_w(z,t) = 0 \atop z = H, \dfrac{\partial \bar{u}(z,t)}{\partial z} = 0, \dfrac{\partial u_w(z,t)}{\partial z} = 0 \left.\right\} \tag{6.5.51}$$

同样地，$t=0$ 时土体和砂石桩均未发生变形，$\varepsilon_v = \varepsilon_z = 0$，则由式（6.5.37）得：

$$t = 0, \sigma_c = 0, \bar{\sigma}_s = \bar{u}_s, \bar{\sigma}_w = \bar{u}_w \tag{6.5.52}$$

代入式（6.5.36）得：

$$(n^2 - 1)\bar{u}_s(z,0) + (1 - m^2)\bar{u}_w(z,0) = (n^2 - m^2)\bar{\sigma} \tag{6.5.53}$$

由式（6.5.40）可得：

$$\bar{u}(z,0) = \bar{\sigma} \tag{6.5.54}$$

4）控制方程的解答

设方程式（6.5.50）的解为 $\bar{u} = Z(z)T(t)$，代入式（6.5.50）可得：

$$\frac{Dz^{(4)} - (B+1)^{(2)}}{Cz^{(2)} - Az} = \frac{T'}{T} = -\beta \tag{6.5.55}$$

式中，$\beta$ 为一个大于 0 的数。

由式（6.5.55）可得：

$$T' + \beta T = 0 \tag{6.5.56}$$

$$Dz^{(4)} - (B+1-\beta C)z^{(2)} - A\beta z = 0 \tag{6.5.57}$$

$\bar{u}(z, t)$ 的通解为：

$$\bar{u}(z,t) = \sum_{e=1}^{\infty} A_e [a_e \sin(\lambda_e z) + b_e \cos(\lambda_e z) + c_e \sinh(\xi_e z) + d_e \cosh(\xi_e z)] e^{-\beta_e t} \tag{6.5.58}$$

其中，

$$\xi_e = \sqrt{\frac{(B+1-\beta C) + \sqrt{(B+1-\beta C)^2 + 4AD\beta}}{2D}} \atop \lambda_e = \sqrt{\frac{-(B+1-\beta C) + \sqrt{(B+1-\beta C)^2 + 4AD\beta}}{2D}} \left.\right\} \tag{6.5.59}$$

将式（6.5.58）代入式（6.5.48）可得 $\bar{u}_w$ 的表达式：

$$\bar{u}_w(z,t) = \sum_{e=1}^{\infty} A_e \{(1 - C\beta_e + D\lambda_e^2)[a_e \sin(\lambda_e z) + b_e \cos(\lambda_e z)] +$$
$$(1 - C\beta_e - D\xi_e^2) \cdot [c_e \sinh(\xi_e z) + d_t \cosh(\xi_e z)]\} e^{-\beta_e t} \tag{6.5.60}$$

将式（6.5.58）和式（6.5.60）分别代入边界条件式（6.5.51），可得以下关系：

$$b_e = c_e = d_e = 0 \tag{6.5.61}$$

$$a_e \lambda_e \cos(\lambda_e H) = 0 \tag{6.5.62}$$

因为 $a_e \neq 0$、$\lambda_e$（否则解为零解），所以：

$$\lambda_e = \frac{M}{H}, M = \frac{2e-1}{2}\pi \quad (e = 1,2,3\cdots) \tag{6.5.63}$$

将上式代入式（6.5.59）可得 $\beta_e$：

$$\beta_e = \frac{D + \left(\dfrac{H}{M}\right)^2 (B+1)}{C\left(\dfrac{H}{M}\right)^2 + A\left(\dfrac{H}{M}\right)^4} \tag{6.5.64}$$

将式（6.5.61）、式（6.5.63）、式（6.5.64）代入式（6.5.58）、式（6.5.60）可得整个桩体的和地基内的平均孔压为：

$$\bar{u}(z,t) = \sum_{e=1}^{\infty} A'_e \sin\left(\frac{M}{H}z\right) e^{-\beta_e t} \tag{6.5.65}$$

$$\bar{u}_w(z,t) = \sum_{e=1}^{\infty} A'_e \left(1 - C\beta_e + D\frac{M^2}{H^2}\right) \sin\left(\frac{M}{H}z\right) e^{-\beta_e t} \tag{6.5.66}$$

最后，利用初始条件式（6.5.54），由傅里叶级数正交性可得：

$$A'_e = \frac{2\sigma}{M} \tag{6.5.67}$$

由上式代入式（6.5.65）、式（6.5.66）可得：

$$\bar{u}(z,t) = \sum_{e=1}^{\infty} \frac{2\sigma}{M} \sin\left(\frac{M}{H}z\right) e^{-\beta_e t} \tag{6.5.68}$$

$$\bar{u}_w(z,t) = \sum_{e=1}^{\infty} \frac{2\sigma}{M}\left(1 - C\beta_e + D\frac{M^2}{H^2}\right) \cdot \sin\left(\frac{M}{H}z\right) e^{-\beta_e t} \tag{6.5.69}$$

6）固结度计算

按变形定义的固结度表达式与按应力定义的固结度表达式相同，即：

$$U_p(t) = U_s(t) = 1 - \sum_{e=1}^{\infty} \frac{2}{M^2} e^{-\beta_e t} \tag{6.5.70}$$

### 3. 解的讨论

对所得到的解析解进行退化，分析解的合理性。

1）几何性验证

$$\beta_a = \frac{[n^2 - 1 + (1 - m^2)Y]}{(n^2 - 1)} \cdot \frac{\left(\frac{M}{H}\right)^2(1 - m^2)C_v + \frac{2}{r_e^2 F_a}\left[(1 - m^2) + \frac{k_v}{k_w}(n^2 - 1)\right]C_h}{(n^2 - m^2)\frac{2k_h}{k_w F_a M^2} \cdot \frac{H^2}{r_e^2} + (1 - m^2)} \tag{6.5.71}$$

（1）首先令 $m=0$，则：

$$\beta_a = \frac{[n^2 - 1 + Y]}{(n^2 - 1)} \cdot \frac{\left(\frac{M}{H}\right)^2 C_v + \frac{2}{r_e^2 F_a}\left[1 + \frac{k_v}{k_w}(n^2 - 1)\right]C_h}{\frac{n^2 2k_h}{k_w F_a M^2} \cdot \frac{H^2}{r_e^2} + 1} \tag{6.5.72}$$

式（6.5.72）即为散体材料桩复合地基的解。

（2）令 $m=1$，则：

$$\beta_a = C_v \cdot \frac{M^2}{H^2} \tag{6.5.73}$$

固结度表达式退化为：

$$U_p(t) = U_s(t) = 1 - \sum_{a=1}^{\infty} \frac{2}{M^2} e^{-M^2 T_v} \tag{6.5.74}$$

式（6.5.74）即为太沙基一维固结解。$m=1$ 相当于桩承式加筋路堤。

2）物理性验证

令 $k_{hw} \to \infty$ 则式（6.5.64）退化为：

$$\beta_e = \beta_a = \frac{[n^2-1+(1-m^2)Y]}{(n^2-1)} \cdot \frac{\left(\dfrac{M}{H}\right)^2(1-m^2)C_v + \dfrac{2}{r_e^2 F_a}\left[(1-m^2)+\dfrac{k_v}{k_w}(n^2-1)\right]C_h}{(n^2-m^2)\dfrac{2k_h}{k_w F_a M^2} \cdot \dfrac{H^2}{r_e^2}+(1-m^2)}$$

$$(6.5.75)$$

即当 $k_{hw} \to \infty$ 时，考虑砂石桩固结的加固区解析解退化为采用桩周流量连续假定得到的解。通过以上几何性和物理性的验证说明本节提出的两种加固区解析解的合理性。

## 6.5.4　混凝土芯砂石桩复合地基下卧层固结计算方法

对复合地基而言，下卧层的沉降不可忽略，固结计算时，需考虑下卧层的固结性状，才能全面、准确分析整个复合地基的固结规律。混凝土芯砂石桩复合地基的环形砂石桩缩短了下卧层的排水距离，极大地促进了下卧层的排水固结，下卧层的固结沉降占总沉降的比例较大。所以，对于混凝土芯砂石桩复合地基，下卧层固结必须引起足够的重视。

谢康和（1987）针对未打穿砂井地基提出的改进方法能够比较真实地反映未打穿砂井地基的实际情况。未打穿复合地基如图 6.5.4 所示。

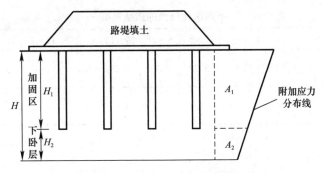

图 6.5.4　砂石桩未打穿复合地基的情况

图 6.5.4 中，整个未打穿地基的厚度为 $H$，其中加固区土层厚度为 $H_1$，加固区以下土层厚度为 $H_2$；$A_1$、$A_2$ 分别为路堤荷载引起的附加应力面积。

整个受压土层的平均固结度按下式计算：

$$\overline{U} = Q\overline{U}_{rz} + (1-Q)\overline{U}_z'$$

$$(6.5.76)$$

式中，$\overline{U}_{rz}$ 为加固区土层的平均固结度，采用式（6.5.41）计算；$\overline{U}_z'$ 为加固区以下土层的平均固结度，按太沙基单向固结理论计算：

$$Q = \frac{A_1}{A_1+A_2}$$

$$(6.5.77)$$

计算 $\overline{U}_z'$ 时取用的竖向排水距离为：

$$H' = (1-\alpha\rho_w)H_s$$

$$(6.5.78)$$

式中，$A_1$、$A_2$ 分别为加固区土层及以下土层的起始孔隙水压力曲线所包围的面积，按式（6.5.1）计算。

当单面排水时，取 $H_s = H$；当双面排水时，取 $H_s = H/2$。

式（6.5.78）中：

$$\rho_w = H_1/(H_1 + H_2) = H_1/H \qquad (6.5.79)$$

$$\alpha = 1 - \sqrt{\beta_z/\beta_{rz}} \qquad (6.5.80)$$

$$\beta_z = \frac{\pi^2 C_v}{4H^2} \qquad (6.5.81)$$

$$\beta_{rz} = \beta_a = \frac{[n^2 - 1 + (1-m^2)Y]}{(n^2-1)} \cdot \frac{\left(\dfrac{M}{H}\right)^2 (1-m^2)C_v + \dfrac{2}{r_e^2 F_a}\left[(1-m^2) + \dfrac{k_v}{k_w}(n^2-1)\right]C_h}{(n^2 - m^2)\dfrac{2k_h}{k_w F_a M^2} \cdot \dfrac{H^2}{r_e^2} + (1-m^2)}$$

$$(6.5.82)$$

式中，取 $M = \pi/2$。

## 6.5.5　实例分析

某公路溧阳二标中河特大桥桥头段 K63+041~K63+087 段采用混凝土芯砂石桩复合地基技术处理深厚软基，受压土层厚 26.5m，为成层地基，其中 K63+056 断面各土层的固结系数取值如表 6.5.1 所示，计算简图如图 6.5.5 所示，实测桩间土荷载和修正桩间土荷载如图 6.5.6 所示，计算时荷载和时间历程如图 6.5.7 所示。

不同深度处土的固结系数 　　　　　　　　　表 6.5.1

| 深度（m） | 0~2 | 2~4 | 4~6 | 6~8 | 8~10 | 10~12 | 12~14 | 14~16 | 16~18 | 18~20 | 20~22 |
|---|---|---|---|---|---|---|---|---|---|---|---|
| 径向固结系数 $C_h(10^{-3} cm^2/s)$ | 7.58 | 9.08 | 8.55 | 8.72 | 8.78 | 8.93 | 9.32 | 4.94 | 2.2 | 0.58 | 7.62 |
| 竖向固结系数均值 $C_v(10^{-3} cm^2/s)$ | 6.94 | | | | | | | | | | |

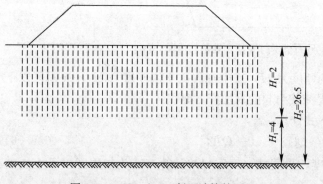

图 6.5.5　K63+056 断面计算简图

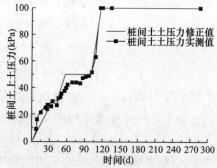

图 6.5.6　实测和修正的桩间土荷载

$\Delta p_1 = 30kPa$；$\Delta p_2 = 20kPa$；$\Delta p_3 = 50kPa$；$\sum \Delta p = 100kPa$；$t_0 = 0d$；$t_1 = 35d$；$t_2 = 43d$；$t_3 = 57d$；$t_4 = 101d$；$t_5 = 116d$；采用改进高木俊介法计算，得到加固区平均固结度时间关系曲线如图 6.5.8 所示。

（1）加固区以下土层固结度的计算：

$$H' = (1 - a\rho_w)H, \quad \rho_w = \frac{H_1}{H_1 + H_2} = \frac{22}{22 + 4.5} = 0.83, C_h = C_v = 6.94 \times 10^{-3} cm^2/s,$$

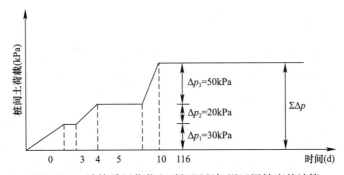

图 6.5.7　计算采用荷载和时间历程加固区固结度的计算

$$\beta_{rz} = 1.38 \times 10^{-6}, \beta_z = \frac{\pi^2 C_v}{4H^2} = 2.44 \times 10^{-9}, a = 1 - \sqrt{\beta_z/(\beta_r + \beta_z)} = 0.96,$$

$$H' = (1 - 0.96 \times 0.83) \times 26.5 = 5.42 \text{m}_{\circ}$$

得到下卧层平均固结度时间关系曲线如图 6.5.9 所示。

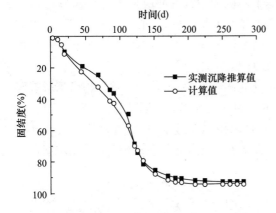

图 6.5.8　加固区平均固结度时间关系曲线

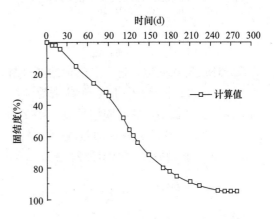

图 6.5.9　下卧层平均固结度时间关系曲线

(2) 总平均固结度的计算：

根据总平均固结度计算式 (6.5.8) 得到总平均固结度时间关系曲线 (图 6.5.10)。

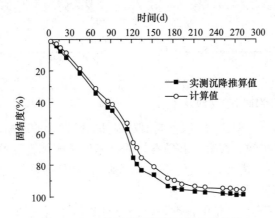

图 6.5.10　总平均固结度时间关系曲线

### 6.5.6 固结性状分析

比较了两种解析解与以往的混凝土芯砂石桩复合地基固结解析解，并分析 $s$、$k_h/k_s$、$m$、$H/d_w$ 等六个无量纲参数对复合地基固结性状的影响。采用径向固结时间因子 $T_h$ 作为横坐标对 $\beta_a$ 中的参数进行无量纲化，其中 $T_h = C_h t/4r_e^2$。

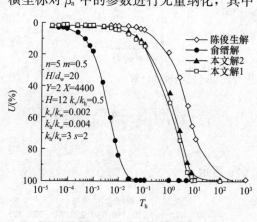

图 6.5.11　不同解比较

图 6.5.11 反映陈俊生解、俞缙解和本节两种解析解的比较。可以看出，陈俊生解参照砂井地基有井阻解求解，采用面积折减考虑环形排水通道的影响，但忽略了砂石桩的应力集中，所以固结最慢；俞缙解为无井阻解，但其夸大了混凝土芯桩的应力集中并忽略了砂石桩的环形排水通道的影响，因此固结最快；本节解基于有井阻解，合理地考虑了芯桩和砂石桩的应力集中以及砂石桩的环形排水通道，所以固结速度介于陈俊生解和俞缙解之间，可以同时考虑桩土共同分担荷载、环形排水通道，这一点其他的两种解是无法考虑到的。

图 6.5.12 中当 $s=1$ 时，土体未受到扰动，此时固结最快；当 $s=5$ 时，相当于影响区的土体均受到扰动，此时固结最慢；$s=2$ 时居中。即扰动区越大，固结越慢。

图 6.5.13 中，$s$ 一定的情况下，$k_h/k_s=1$ 时，相当于土体没有扰动，固结最快；$k_h/k_s=6$ 时，扰动最大，固结最慢。由图 6.5.12 可以看出，土体受到的扰动越大，固结越慢。

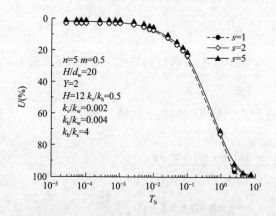

图 6.5.12　扰动区大小对固结性状的影响

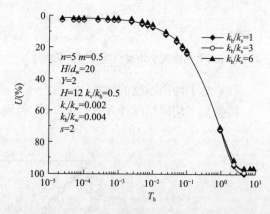

图 6.5.13　扰动程度 $k_h/k_s$ 对固结性状的影响

图 6.5.14 反映 $r_e$、$r_w$ 一定，$r_c$ 取不同值对地基固结性状的影响。$m=0$ 时，即砂石桩复合地基时，固结速度最快，混凝土芯砂石桩固结速度小于等直径的砂石桩复合地基；$m$ 从 0.3→1.0 固结速度逐渐增大，即地基固结速度随 $m$ 增大而增大。随 $m$ 增大砂石桩排水截面面积减小，固结速度减小。

图 6.5.15 反映芯桩直径一定的情况下，砂石桩长细比对固结度的影响。从图中可以看出：长细比越大固结速度越慢。

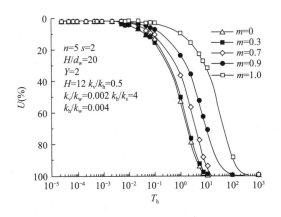

图 6.5.14　芯桩和砂石桩直径比对固结
性状的影响

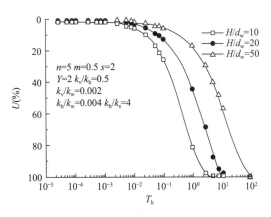

图 6.5.15　砂石桩长细比对固结性状的影响

## 6.5.7　小结

本节分析了混凝土芯砂石桩复合地基的工作特点，在此基础上建立了混凝土芯砂石桩复合地基加固区的固结解析解理论，提出了未打穿的混凝土芯砂石桩复合地基固结计算方法，采用实测的桩间土荷载对工程实例进行了固结度的计算并与实测值比较，研究了混凝土芯砂石桩复合地基的固结特性，主要研究结论如下：

（1）根据混凝土芯砂石桩承担路堤荷载和芯桩的应力集中特点，提出固结计算中采用桩间土分担的路堤荷载来考虑芯桩的应力集中效应的观点；将混凝土芯砂石桩复合地基的固结问题转化为环形砂石桩复合地基的固结计算；与等应变假定相比，更为合理地考虑了芯桩的应力集中效应，避免人为夸大芯桩的应力集中。

（2）针对复合地基加固区的固结计算，分别提出了两种固结计算模型，并得到了解析解。两种加固区固结计算模型都能够考虑混凝土芯砂石桩独特的环形排水通道和砂石桩的应力集中效应，与以往混凝土芯砂石桩复合地基固结解析解相比该理论模型更接近于实际工况。

（3）采用建立的复合地基加固区固结计算模型，并结合改进的谢康和法提出了未打穿混凝土芯砂石桩复合地基的固结计算方法；在基础上，采用实测的桩间土土压力进行固结计算，验证该方法的合理性。

（4）对复合地基加固区的固结性状分析，发现砂石桩长细比越大，地基固结越慢；扰动区越大或者扰动区土体渗透系数沿径向减小得越快，固结越慢；砂石桩直径一定的情况下，固结速率随芯桩直径增大而减小。

## 6.6　考虑填筑和桩间土固结的混凝土芯砂石桩复合地基桩土荷载分担计算模型

在混凝土芯砂石桩复合地基现场试验、有限元分析所揭示的混凝土芯砂石桩复合地基承载机理的基础上，将单桩等效处理范围内的地基及上部填土简化为轴对称圆柱体，把路堤填土-水平加筋体-芯桩-环形砂石桩-桩间土-下卧层联系起来，采用 Marston 土拱模型计算芯桩的荷载分担，加筋体计算采用三维变形特征的拉膜效应模型、采用解析解计算加固区的固结问题，采用荷载传递法求解桩土相互作用，首次建立了能够考虑路堤填筑过程及桩间土固结的混凝土芯砂石桩复合地基土拱效应的计算模型，并获得了解答，与现场实测数据进行了比较。结果表明，提出的混凝土芯砂石桩复合地基计算土拱效应计算模型能反映实际工程中土拱效应值的发展变化，计算结果与现场实测结果比较吻合。

## 6.6.1 混凝土芯砂石桩复合地基荷载传递规律分析

混凝土芯砂石桩复合地基荷载传递规律十分复杂，除涉及路堤填土、水平加筋垫层、芯桩、环形砂石桩、桩间土和下卧层之间的相互作用之外，环形砂石桩引起的桩土固结对其荷载传递规律的影响尤其重要。也就是说混凝土芯砂石桩复合地基荷载传递机制是路堤填土土拱效应、加筋体拉膜效应、加固区桩土相互作用、下卧层支撑作用和桩间土固结等各个效应的耦合作用。

在路堤刚刚填筑的时候，路堤荷载均匀地作用在芯桩顶、砂石桩顶和桩间土上。由于芯桩的压缩性远大于砂石桩和桩间土的压缩性，在同样的路堤荷载作用下，桩间土的沉降量大于桩顶的沉降量，因此会产生桩土差异沉降 $s_d(t)$。这个差异沉降 $S_d(t)$ 使得路堤中芯桩上部的路堤与砂石桩和桩间土上部的路堤之间产生摩擦力，将桩间土上部的路堤荷载部分转移到芯桩顶上的路堤中，即路堤填土中出现土拱效应。

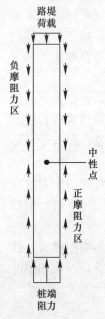

图 6.6.1 桩土相互作用

通过土拱效应将桩间土上的部分路堤荷载传递给芯桩，剩余荷载由水平加筋体和桩间土承担；加筋体产生变形，通过拉力又将部分荷载传递给芯桩，这种加筋体变形张拉引起荷载传递就称为加筋体的"拉膜效应"，拉模效应的发挥程度取决于桩土差异沉降 $S_d(t)$ 的大小。

桩土差异沉降在垫层底部（桩顶位置）最大，随着距桩顶高度的增加，桩间土与桩顶上部填土之间的差异沉降逐渐减小，与之对应摩擦力在垫层底部（桩顶位置）最大，随着距桩顶高度增加逐渐减小；当高度增加到一定值时，差异沉降最终消失，该高度处的平面就是填土中的"等沉面"，在等沉面处摩擦力为 0，在等沉面以上的各个平面上，沉降和竖向应力处处相等，没有荷载转移；芯桩顶处的桩土差异沉降使得在桩顶下一定深度范围内产生桩侧负摩阻力；在某一深度处桩体沉降量等于土体沉降量，该深度处桩侧摩阻力为零，该点称为"中性点"，在中性点深度以下桩体沉降量大于桩间土沉降量，桩间土对桩体产生正摩阻力。桩土相互作用如图 6.6.1 所示。

由前述，桩土差异沉降 $S_d(t)$ 除了与芯桩和桩间土分担的路堤荷载有关外，还随着路堤填筑和桩间土的固结不断变化；反过来，芯桩、砂石桩、桩间土的路堤荷载分担取决于桩土差异沉降 $S_d(t)$。所以，芯桩、桩间土各自承担的路堤荷载与桩土差异沉降及桩间土固结进程是相互耦合的。

实际路堤是逐级填筑的，在路堤填筑过程中，路堤高度随时间推移逐渐增大，路堤荷载逐渐增加，同时在已填筑的路堤荷载作用下，桩间土固结和桩土差异沉降也在逐渐发展，因此，路堤填筑过程中的土拱效应受到路堤高度变化及桩间土固结的双重影响。路堤填筑完毕后，路堤荷载维持不变，该阶段的土拱效应仅受到桩间土固结的影响。

## 6.6.2　混凝土芯砂石桩复合地基桩土荷载分担计算模型

### 1. 基本假定

（1）路堤分步逐级填筑到设计高度，每级路堤荷载引起的地基初始超静孔压沿深度为倒梯形分布；

（2）混凝土芯桩顶上土压力均匀分布，环形砂石桩和桩间土在其分担的路堤填土荷载作用下变形满足等应变假定；

（3）地基土体饱和；桩间土的固结满足采用第 6.4.1 节推导出的环形砂石桩固结方程；

（4）芯桩和环形砂石桩界面荷载传递采用双曲线模型，芯桩桩端土反力与桩端刺入变形采用 Winkler 地基模型。

第一个假设将根据 BIOT 固结理论得到的路堤荷载下地基中初始超静孔压分布，既考虑了路堤荷载并非大面积荷载的特点，又使计算过程较为简单，便于应用。由于填土的土拱效应和加筋体的拉膜效应，无论桩顶、环形砂石桩还是桩间土范围内，竖向土压力的分布都是不均匀的，但分析的重点是芯桩、砂石桩和桩间土各自承担了多少路堤荷载，对芯桩而言，桩顶总荷载才有实际意义，因此将芯桩顶上的土压力假定为均匀分布并不影响桩顶总荷载。对桩间土和环形砂石桩组成的整体而言，其变形规律应介于自由应变和等应变之间，采用等应变假定对固结计算带来的误差不大；同时根据现场试验实测的桩土应力比，环形砂石桩和桩间土的平均应力比为 1.6 左右，接近砂石桩和桩间土的弹性模量之比，假定环形砂石桩和桩间土满足等应变假定是基本合理的。

### 2. 路堤填土的土拱效应模型

由 6.2 节现场试验可知混凝土芯砂石桩复合地基的桩土差异沉降大，没有出现临界拱高，因此，采用传统的 Marston 模型来考虑路堤填土的土拱效应，而没有采用 6.4 节提出的修正 Marston 模型。传统的 Marston 模型如图 6.6.2 所示。

路堤填土可以简化为如图 6.6.2 所示的模型，以路堤表面为 $z$ 轴的零点，向下为正，从内土柱中取出一个厚度为 $dz$ 的水平单元体进行受力分析。该单元承受的竖向力包括：单元体顶面和底面的法向应力、单元体自重 $\gamma A_p dz$、单元体剪应力 $\tau$。假定路堤填土为均质各向同性材料，内摩擦角为 $\varphi$，黏聚力为 $c$，

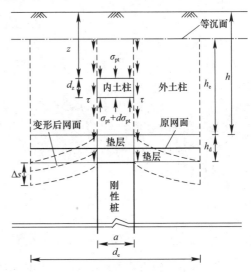

图 6.6.2　桩顶上部路堤填土受力计算

内外土柱间的水平作用力符合静止土压力理论。由该单元体的竖向力平衡条件得：

$$A_p \sigma_p + \gamma A_p dz + \tau(z)\pi a dz = A_p(\sigma_p + d\sigma_p) \tag{6.6.1}$$

式中，$A_p$ 为芯桩桩体截面积（$m^2$），$A_p = \pi a^2/4$；$a$ 为芯桩直径（m）；$\sigma_p$ 为内土柱在距填土表面深度 $z$ 处的平均竖向应力（kPa）；$\gamma$ 为路堤重度（$kN/m^3$）。

由式（6.6.1）可得：

$$\frac{\mathrm{d}\sigma_\mathrm{p}}{\mathrm{d}z} = \gamma + \frac{4}{a}\tau(z) \tag{6.6.2}$$

$$\tau(z) = \beta\tau_\mathrm{f}(z) = \beta[c + f_\mathrm{a}K_\mathrm{a}\sigma_\mathrm{p}(z)] \qquad (0 \leqslant z \leqslant h) \tag{6.6.3}$$

式中，$\tau_\mathrm{f}$ 为内外土柱界面上的极限摩擦力；$c$ 为路堤填土的黏聚力（kPa）；$f_\mathrm{a}$ 为内外土柱填土段界面摩擦系数，$f_\mathrm{a} = \tan\varphi_\mathrm{a}$；$K_\mathrm{a}$ 为填土段的静止土压力系数，$K_\mathrm{a} = 1 - \sin\varphi_\mathrm{a}$；$\varphi_\mathrm{a}$ 为路堤填土内摩擦角（°）；$\beta$ 为侧向摩擦力发挥程度系数，简化时取 $\beta = 1$；$\sigma_\mathrm{p}$ 为内土柱的平均竖向应力（kPa）。

（1）当 $h \leqslant h_\mathrm{e}$ 时：

在填土表面即 $z=0$ 处：$\sigma_\mathrm{p}=0$；联立式（6.6.2）和式（6.6.3），由应力连续条件可得：

$$\sigma_\mathrm{p}(z) = \left(\frac{\gamma_\mathrm{f}a + 4c}{4f_\mathrm{a}K_\mathrm{a}}\right)\left[\exp\left(\frac{4f_\mathrm{a}K_\mathrm{a}z}{a}\right) - 1\right] \qquad (0 \leqslant z \leqslant h) \tag{6.6.4}$$

令 $z=h$，则由式（6.6.4）可得网面处内土柱的平均竖向应力 $\sigma_\mathrm{p}(h)$：

$$\sigma_\mathrm{p}(h) = \left(\frac{\gamma_\mathrm{f}a + 4c}{4f_\mathrm{a}K_\mathrm{a}}\right)\left[\exp\left(\frac{4f_\mathrm{a}K_\mathrm{a}h}{a}\right) - 1\right] \tag{6.6.5}$$

令 $m = A_\mathrm{p}/A_\mathrm{e}$，由桩顶上 $z$ 处填土的受力平衡条件有：

$$\gamma z = m\sigma_\mathrm{p} + (1-m)\sigma_\mathrm{s} \tag{6.6.6}$$

由式（6.6.6）可得任意截面 $h$ 处的外土柱平均竖向应力 $\sigma_\mathrm{s}(h)$：

$$\sigma_\mathrm{s}(h) = \frac{\gamma_\mathrm{f}h - m\sigma_\mathrm{p0}}{1-m} \tag{6.6.7}$$

路堤等沉面以下至桩顶内外土柱的压缩变形与拉伸变形之和等于桩土差异沉降。因此有：

$$\begin{aligned}
\Delta s = \int_0^h \frac{\sigma_\mathrm{p} - \sigma_\mathrm{s}}{E_\mathrm{f}}\mathrm{d}z &= \frac{\gamma_\mathrm{f}a}{4f_\mathrm{a}K_\mathrm{a}E(1-m)} \cdot \frac{a}{4f_\mathrm{a}K_\mathrm{a}}\left[\exp\left(\frac{4f_\mathrm{a}K_\mathrm{a}h}{a}\right) - 1\right] \\
&+ \frac{4c}{4f_\mathrm{a}K_\mathrm{a}E(1-m)}\left\{\left[\exp\left(\frac{4f_\mathrm{a}K_\mathrm{a}h}{a}\right) - 1\right]\frac{a}{4f_\mathrm{a}K_\mathrm{a}} - h\right\} \\
&+ \frac{\gamma_\mathrm{f}h}{2E(1-m)}\left(\frac{a}{2f_\mathrm{a}K_\mathrm{a}} + h\right)
\end{aligned} \tag{6.6.8}$$

（2）当 $h \geqslant h_\mathrm{e}$ 时：

在等沉面，即 $z = h - h_\mathrm{e}$，$\sigma_\mathrm{p} = \gamma(h - h_\mathrm{e})$；联立式（6.6.2）和式（6.6.3），由应力连续条件可得：

$$\begin{aligned}
\sigma_\mathrm{p} = {}&\left(\frac{\gamma_\mathrm{f}a + 4c}{4f_\mathrm{a}K_\mathrm{a}}\right)\left[\exp\left(4f_\mathrm{a}K_\mathrm{a}\frac{z - h + h_\mathrm{e}}{a}\right) - 1\right] + \\
&\gamma_\mathrm{f}(h - h_\mathrm{e})\exp\left(4f_\mathrm{a}K_\mathrm{a}\frac{z - h + h_\mathrm{e}}{a}\right) \qquad (0 \leqslant z \leqslant h)
\end{aligned} \tag{6.6.9}$$

令 $z=h$，则由式（6.6.9）可得网面处外土柱的平均竖向应力 $\sigma_\mathrm{p}(h)$：

$$\begin{aligned}
\sigma_\mathrm{p}(h) = {}&\left(\frac{\gamma_\mathrm{f}a + 4c}{4f_\mathrm{a}K_\mathrm{a}}\right)\left[\exp\left(\frac{4f_\mathrm{a}K_\mathrm{a}h_\mathrm{e}}{a}\right) - 1\right] + \\
&\gamma_\mathrm{f}(h - h_\mathrm{e})\exp\left(\frac{4f_\mathrm{a}K_\mathrm{a}h_\mathrm{e}}{a}\right) \qquad (0 \leqslant z \leqslant h)
\end{aligned} \tag{6.6.10}$$

同理，可得桩顶处桩土差异沉降 $\Delta s$ 为：

$$\Delta s = \int_{h-h_e}^{h} \frac{\sigma_p - \sigma_s}{E_f} \mathrm{d}z = \frac{\gamma_f a}{4 f_a K_a E(1-m)} \left[ \exp\left(\frac{4 f_a K_a h_e}{a}\right) - 1 \right] \left( \frac{a}{4 f_a K_a} + h - h_e \right)$$

$$+ \frac{4c}{4 f_a K_a E(1-m)} \left\{ \left[ \exp\left(\frac{4 f_a K_a h_e}{a}\right) - 1 \right] \frac{a}{4 f_a K_a} - h_e \right\}$$

$$+ \frac{\gamma_f h_e}{2E(1-m)} \left( \frac{a}{2 f_a K_a} + 2h - h_e \right) \tag{6.6.11}$$

（3）求解 $h_e$

根据复合地基桩土应力比分析，若 $\Delta s$ 已知，取 $h = h_e$，由式（6.6.11）可得：

$$\Delta s = \frac{\gamma_f a}{4 f_a K_a E(1-m)} \cdot \frac{a}{4 f_a K_a} \left[ \exp\left(\frac{4 f_a K_a h_e}{a}\right) - 1 \right] +$$

$$\frac{4c}{4 f_a K_a E(1-m)} \left\{ \left[ \exp\left(\frac{4 f_a K_a h_e}{a}\right) - 1 \right] \frac{a}{4 f_a K_a} - h_e \right\} + \tag{6.6.12}$$

$$\frac{\gamma_f h_e}{2E(1-m)} \left( \frac{a}{2 f_a K_a} + h_e \right)$$

由式（6.6.12）计算得到 $h_e$。如果 $h < h_e$，即路堤填土高度小于等沉面高度，则由式（6.6.5）计算 $\sigma_p(h)$；如果 $h \geqslant h_e$，则将由式（6.6.11）计算得到 $h_e$，并将其代入式（6.6.11）计算 $\sigma_p(h)$。由式（6.6.7）可得 $\sigma_s(h)$。

**3. 水平加筋体拉膜效应的计算模型**

水平加筋体的计算采用 6.4 节建立的计算方法。

芯桩边缘处网的张拉应力 $T$：

$$T = E_g \varepsilon_g = E_g \frac{18 \Delta s^2}{(d_e - a)^2} \tag{6.4.13}$$

芯桩顶上的平均土压力为：

$$\sigma_{p1}(h) = \sigma_p(h) + \frac{4}{a} T \sin\theta \tag{6.4.14}$$

$$\sin\theta = \sqrt{\frac{\tan^2\theta}{1 + \tan^2\theta}} = \frac{6\Delta s_1}{\sqrt{(d_e - a_e)^2 + 36\Delta s_1^2}} \tag{6.4.15}$$

$$\varepsilon_g \approx \frac{1}{2}(z')^2 = \frac{18\Delta s_1^2}{(d_e - a)^2} \tag{6.4.16}$$

环形砂石桩和桩间土所分担平均荷载为：

$$\sigma_{s1}(h) = \frac{\gamma_f h - m\sigma_{p1}(h)}{1 - m} \tag{6.6.17}$$

至此，可得芯桩的荷载分担比 Efficacy：

$$\text{Efficacy} = \frac{A_p \sigma_{p1}(h)}{A_e \gamma h} \times 100\% = \frac{m\sigma_{p1}(h)}{\gamma h} \times 100\% \tag{6.6.18}$$

**4. 环形砂石桩和桩周土的固结模型**

实际工程中路堤填筑并未一次瞬时加载，难以用单级匀速加载过程表述，为了较为真实地表示现场的施工过程，可以将路堤填筑过程简化为若干个瞬时加载过程，如图 6.6.3 所示。

现有的太沙基一维固结理论、砂井地基及散体材料桩复合地基固结理论等都假定荷载是一次瞬时施加的，而实际工程中，路堤荷载多是分级分阶段逐渐施加的。为使计算结果能比较真实地反映现场路堤荷载施加的情况，常将路堤填筑过程分为若干个阶段，在每一个阶段，路堤荷载匀速施加，对固结方程进行求解。此外，人们常根据瞬时加荷条件下的固结解析解，采用改进的太沙基法和改进的高木俊介法来修正固结与时间的关系。针对一维固结问题，国内外许多学者研究过荷载随时间任意变化时，包括卸荷情况下地基中的孔压变化过程。实际上，卸载固结就是加载反过程，地基中超静孔压的增量是负值，仍可用太沙基一维固结理论求解，只不过因为土体的卸荷模量大于压缩模量，导致土体在卸载时的固结系数大于加载情况。针对散体材料桩复合地基，卢萌盟等也给出了线性加载下的固结解析解。

对于混凝土芯砂石桩复合地基和桩承式加筋路堤，在某一级路堤填筑后，随着桩间土的固结，桩土沉降差逐渐产生，土拱效应和拉膜效应逐步发挥，路堤荷载由桩间土（包括砂石桩）向刚性桩（混凝土芯桩）转移，对于桩间土（包括砂石桩）表现为卸载，而路堤的填筑本身又是一个加载过程。因此，在路堤荷载逐步施加过程及路堤填筑结束后的一段时间内，桩间土反复经历着加载-卸载过程。因此，对于混凝土芯砂石桩复合地基桩间土的固结计算，难点在于如何考虑这种反复的加载-卸载过程。

对于混凝土芯砂石桩复合地基固结问题，由于控制方程为线性偏微分方程，且边界条件为其次边界条件，可以证明该数学模型的解满足叠加原理，对于该类问题可以采用叠加原理求解，早在 1983 年黄文熙就提出了孔压可以线性叠加，刘加才（2005）、Conte 和 Troncone（2006）也提出了类似的观点。因此，对于分级加载及分级卸载的情况（图 6.6.4），忽略卸荷模量和压缩模量的差异，则地基深度 $z$ 处任意时刻 $t$ 的孔压就是 $t$ 时刻前各级荷载在 $t$ 时刻引起孔压的代数和，即：

$$u(z,t) = \sum_{j=1}^{n} \sum_{a=1}^{\infty} \frac{2\Delta q_j}{M} \sin \frac{M \cdot z}{H} \exp[-\beta_a(t-t_j)] \tag{6.6.19}$$

式中，$M = \frac{2a-1}{2}\pi$，$a = 1, 2, 3\cdots$；$t_j$ 为从零时刻算起 $\Delta q_j$ 荷载施加的时刻；$\Delta q_j$ 为第 $j$ 阶加（卸）载量，加载为正，卸载为负。

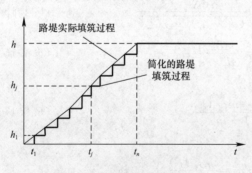

图 6.6.3　简化的路堤填筑过程

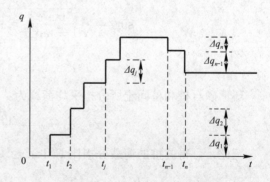

图 6.6.4　多级瞬时加载、卸载

根据有效应力原理、地基沉降计算理论，可得经过时间 $t$ 后，深度 $z$ 处、厚度为 $dz$ 的土层的压缩量为：

$$ds(z,t) = \frac{\sum_{j=1}^{n} \Delta q_j(z) - u(z,t)}{E_s} dz \tag{6.6.20}$$

对上式积分可得经过时间 $t$ 后，深度 $z$ 处的沉降量为：

$$s(z,t) = \frac{1}{E_s} \int_z^H \left[ \sum_{j=1}^n \Delta q_j(z) - u(z,t) \right] \mathrm{d}z \tag{6.6.21}$$

式中，$E_s$ 为环形砂石桩和桩间土的复合模量。

**5. 芯桩与周围介质相互作用分析**

1）桩侧双曲线荷载传递模型

桩侧双曲线荷载传递函数也可以表示为桩侧剪应力 $\tau(z, t)$ 与桩土相对位移 $w_p(z, t) - w_s(z, t)$ 的关系，$w_p(z, t)$ 为 $t$ 时刻的桩位移，$w_s(z, t)$ 为 $t$ 时刻的桩周土位移。

$$\tau(z,t) = \frac{w_p(z,t) - w_s(z,t)}{\dfrac{1}{k_s} + R_f \dfrac{|w_p(z,t) - w_s(z,t)|}{\tau_f}} \tag{6.6.22}$$

式中，$\tau(z, t)$ 为桩土界面上的剪应力；$k_s$、$\tau_f$ 分别为桩土界面的初始剪切刚度和抗剪强度；$R_f$ 为破坏比，$R_f = \tau_f / \tau_{ult}$，$\tau_{ult}$ 为桩土界面的极限剪应力，本节取 $R_f = 1$。

桩土界面的抗剪强度 $\tau_f$ 通常采用 R. J. Chandler 提出的有效应力法来确定，即：

$$\tau_f = k_0 (\gamma' z + \Delta\sigma') \tan\phi' \tag{6.6.23}$$

式中，$k_0$ 为土的水平侧压力系数，$k_0 = 1 - \sin\phi'$；$\gamma'$ 为土的有效重度，表示某时刻地基深度 $z$ 处由于孔压消散引起的竖向附加有效应力。

由式（6.6.23）可以看出桩土界面的抗剪强度 $\tau_f$ 是一个沿深度线性增加的量，同时随着桩侧土固结桩土界面有效应力增加逐渐增长，因此，式（6.6.23）也能够反映在桩间土固结过程中，桩土接触界面法向应力的增加。

桩土界面初始刚度 $k_s$ 可以定义为：

$$k_s = \frac{\tau_f}{w_u} \tag{6.6.24}$$

式中，$w_u$ 是界面极限相对位移；参考桩承式路堤固结性状的试验结果，取 $w_u = 2\mathrm{mm}$。

2）桩土相互作用荷载传递法

对混凝土芯砂石桩复合地基桩土相互作用的研究采用如图 6.6.5 所示的轴对称理论模型。

对于某一时刻 $t$，根据任一桩单元的竖向受力平衡条件可得到：

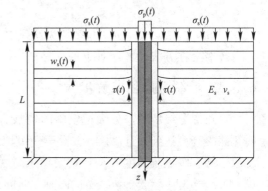

图 6.6.5　桩土相互作用模型

$$\frac{\mathrm{d}^2 w_p(z,t)}{\mathrm{d}z^2} = -\frac{\pi a}{E_p A_p} \tau(z,t) \tag{6.6.25}$$

式中，$w_p(z, t)$ 为 $t$ 时刻的桩身位移；$E_p$ 为芯桩弹性模量；$A_p$、$a$ 分别为芯桩横截面面积和直径；$\tau(z, t)$ 为 $t$ 时刻深度 $z$ 处桩周土作用于桩的侧摩阻力，向上为正，向下为负。

当桩土界面荷载传递采用双曲线模型进行模拟时，显然该方程是非线性的，需用数值方法来求解。将桩长为 $L$ 的桩等分为 $n$ 段，自桩顶向下各结点编号依次记为 0，1，…，$i$，…，$n-1$，$n$，其中桩顶节点编号为 0，桩端节点编号为 $n$。利用差分格式，可将控制方程（6.6.25）转换为代数方程，即：

$$w_p^{i+1} = \left(\frac{L}{n}\right)^2 \left(-\frac{\pi a}{E_p A_p}\right) \tau^i + 2w_p^i - w_p^{i-1} \tag{6.6.26}$$

式（6.6.26）可按照下述迭代法求解：

（1）假定桩顶节点位移 $w_p^0$，根据相应的桩侧土位移 $w_s^0$ 及桩土界面荷载传递关系求得 $\tau_0$；

（2）根据 $w_p^1 = w_p^0 - (L/n)(\sigma_p/E_p)$ 得到桩身节点1位移，根据相应的桩侧土位移 $w_s^1$ 求得 $\tau_1$；

（3）从前两步得到的桩身前2个节点的位移，利用式（6.6.26）可依次得到桩身其余节点的位移 $w_p^i$（当然包括桩端位移 $w_p^n$）及摩阻力 $\tau_i$；

（4）根据 Winkler 地基模型，桩端的位移还可由下式求得：

$$w_{pc}^n = \frac{\pi a(1 - \mu_r^2)}{4E_r}\left[\sigma_p - \frac{4}{a}\int_0^L \tau(z)\mathrm{d}z\right] \tag{6.6.27}$$

式中，$E_r$、$\mu_r$ 为下卧层土体的压缩模量和泊松比。

（5）求桩端位移误差 $ERR$，$ERR = w_p^n - w_{pc}^n$；

（6）若 $ERR \leqslant \varepsilon$，则本次假定的桩顶位移满足要求，否则重新假定桩顶位移，重复步骤（1）～（5），直到桩端位移误差满足要求为止。一般可取 $\varepsilon = 1.0 \times 10^{-6}$m。

应该说明的是，第二次迭代时，仍需假定桩顶位移，而以后各次迭代，桩顶位移可按下式计算：

$$w_p^0(num) = \frac{ERR(num-1)w_p^0(num-2) - ERR(num-2)w_p^0(num-1)}{ERR(num-1) - ERR(num-2)}$$

$$\tag{6.6.28}$$

式中，$num$、$num-1$、$num-2$ 均为迭代次数（$num \geqslant 3$）。

按照上述方法计算，对于每一时刻，计算时一般迭代 9～12 次就可以满足要求。

### 6.6.3 求解思路和求解步骤

设路堤分级填筑，分级填筑瞬时完成，从 $t_1$ 时刻开始填筑，在 $t_n$ 时刻填筑结束，$t_n$ 时刻路堤高度达到设计高度 $h$。设第一级填筑高度为 $h_1$，$h(t_1) = h_1$，到 $t_2$ 时开始填筑第二级，第二级填筑高度为 $h_2$，此时填土高度 $h(t_2) = h_1 + h_2$，依次类推到 $t_n$ 时路堤填筑高度 $h(t_n) = h_1 + h_2 + \cdots + h_n = h$；同时，时间段 $t_1 \sim t_n$ 分为 $n-1$ 个时间间隔，当 $n$ 取足够大时，时间间隔足够小，$n$ 次瞬时加载就比较接近现场实际路堤填筑情况。

（1）在 $t_1$ 时刻，路堤进行了第一次填筑，瞬时填高为 $h_1$，此时，桩间土还来不及固结，桩与桩间土之间还未出现沉降差，即桩土沉降差 $s_d(t_1) = 0$，因此，作用在芯桩上、环形砂石桩上、桩间土上的路堤填土荷载均为 $\gamma h_1$，$\gamma$ 为路堤填料重度，即 $\sigma_{p_1} = \gamma h_1$、$\sigma_{s_1} = \gamma h_1$。

当时间过渡到 $t_2$ 时刻时，桩间土在第一次填筑的路堤填土荷载下（填土高度为 $h_1$）已经固结了 $t_2 - t_1$ 时间，此时，芯桩与桩间土之间出现了差异沉降 $s_d(t_2)$。由式（6.6.21）可以计算出在路堤填土荷载 $\gamma h_1$ 作用下 $t_2 - t_1$ 时间内桩间土的沉降 $s_s(t_2)$，由桩土相互作用计算模型可以得到芯桩顶的位移 $s_p(t_2)$，所以，芯桩顶的桩土差异沉降 $s_d(t_2) = s_s(t_2) - s_p(t_2)$。由 $s_d(t_2)$ 可以得到等沉面 $h_e(t_2)$，根据 Marston 土拱计算模型由 $h_e(t_2)$ 可以计算出 $t_2$ 时刻的芯桩顶上和桩间土（包括环形砂石桩）上的土压力 $\sigma_p(t_2)$、$\sigma_s(t_2)$。计算流程见图 6.6.6。

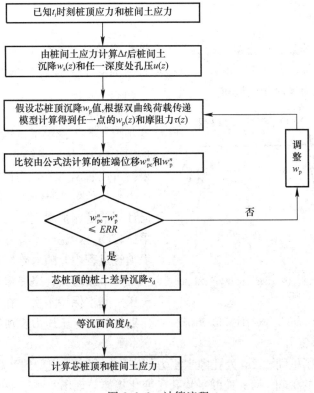

图 6.6.6　计算流程

（2）$t_2$ 时刻进行路堤的第二次填筑，$t_2$ 时刻路堤填筑高度为 $h(t_2)=h_1+h_2$，则 $t_2$ 时刻的芯桩和桩间土上应力分别为 $\sigma_{P_1}=\sigma_p(t_2)+\gamma h_2$，$\sigma_{s1}=\sigma_s(t_2)+\gamma h_2$。

与步骤（1）相同，在 $t_2$ 到 $t_3$ 时间段内，桩间土在其分担的路堤填土荷载 $\sigma_{s1}=\sigma_s(t_2)+\gamma h_2$ 作用下 ［高度为 $h(t_2)=h_1+h_2$］ 已经固结了 $t_3-t_2$ 时间，可计算出到 $t_3-t_1$ 时间内桩间土的沉降 $s_s(t_3)$，由桩土相互作用计算模型可以得到芯桩顶的位移 $s_p(t_3)$，芯桩顶的桩土差异沉降 $s_d(t_3)=s_s(t_3)-s_p(t_3)$；由 $s_d(t_3)$ 可以得到等沉面 $h_e(t_3)$，根据 Marston 土拱计算模型由 $h_e(t_3)$ 可以计算出 $t_3$ 时刻的芯桩和桩间土（包括环形砂石桩）上的土压力 $\sigma_p(t_3)$、$\sigma_s(t_3)$。

（3）以此类推，可以得到路堤逐级瞬时填筑下的芯桩和桩间土上的路堤填土荷载。

（4）在 $t_n$ 时刻路堤进行最后一次填筑，高度为 $h_n$，路堤填筑结束进入预压期，则 $t_n$ 时刻路堤高度为 $h(t_n)=h$。$t_n$ 时刻芯桩和桩间土上的土压力分别为 $\sigma_p(t_n)=\sigma_p(t_{n-1})+\gamma h_n$，$\sigma_s(t_n)=\sigma_s(t_{n-1})+\gamma h_n$。

当时间过渡到 $t_{n+1}$ 时刻时，桩间土在路堤填土 $\sigma_s(t_n)=\sigma_s(t_{n-1})+\gamma h_n$ 作用下固结了 $t_{n+1}-t_n$ 时间，可以算出 $t_{n+1}-t_n$ 时间内桩间土的沉降 $s_s(t_{n+1})$，由桩土相互作用计算模型可以得到芯桩顶的位移 $s_p(t_{n+1})$，所以，芯桩顶的桩土差异沉降 $s_d(t_{n+1})=s_s(t_{n+1})-s_p(t_{n+1})$。由 $s_d(t_n)$ 可以得到等沉面 $h_e(t_{n+1})$，根据 Marston 土拱计算模型由 $h_e(t_{n+1})$ 可以计算出 $t_{n+1}$ 时刻的芯桩和桩间土（包括环形砂石桩）上的土压力 $\sigma_p(t_{n+1})$、$\sigma_s(t_{n+1})$。

（5）以此类推，可以得到预压期任一时刻芯桩和桩间土上的路堤填土荷载。

### 6.6.4 实例验证

将 6.2 节所述的某高速公路混凝土芯砂石桩复合地基试验段 K63+056 断面监测结果与本节模型计算结果进行比较。利用本节模型计算时，土层参数、桩间距的取值均与 6.2 节相同，芯桩等效为等面积的圆桩。

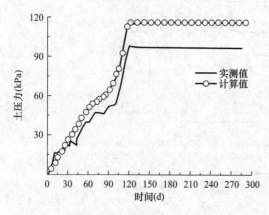

图 6.6.7　桩间土土压力实测值与计算值的比较

**1. 桩间土土压力**

图 6.6.7 表示了试验段 K63+056 断面桩间土土压力实测结果和本节模型计算结果。可以看出本节方法计算得到的桩间土土压力平均值为 116kPa，计算值大于实测值，但计算值随路堤填筑变化规律与现场实测结果比较吻合，说明本节方法是合理的；在路堤填筑过程中，随着路堤逐渐填高，桩间土土压力不断增大，路堤填筑完毕后，桩间土土压力基本保持不变，在路堤填筑过程和预压期桩间土上土压力表现出"硬化"特征。

**2. 超静孔隙水压力**

图 6.6.8 给出了桩间土 2m 处孔隙水压力的实测值和本节模型的计算结果。可以看出，本节方法计算得到的桩间土 2m 处的平均孔压变化规律与现场实测结果比较吻合。

**3. 芯桩桩身侧摩阻力**

图 6.6.9 给出了本节模型计算得到的路堤填筑过程中及预压期芯桩侧摩阻力值。可以看出在路堤填筑过程中及预压期芯桩的上部为负摩阻力区，芯桩的下部为正摩阻力区；随着路堤填筑和桩间土的固结，正摩阻力区和负摩阻力区的桩侧摩阻力值在增大；随着路堤填筑中性点的位置从桩顶下约 12m 的位置经历了上移、再下移、最终稳定的过程，最后

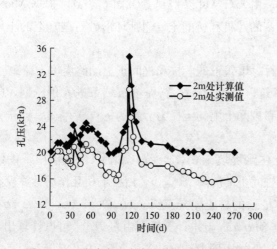

图 6.6.8　孔隙水压力实测值与计算值的比较

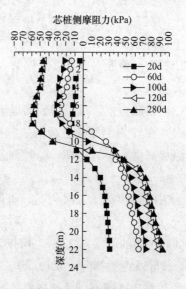

图 6.6.9　路堤填筑过程及预压期芯桩侧摩阻力的变化

中性点的位置稳定在桩顶下 10m 左右。图 6.6.9 也说明了路堤填筑过程中芯桩侧摩阻力分布和芯桩中性点位置经历了较为复杂的变化过程。

### 6.6.5　小结

在分析混凝土芯砂石桩复合地基工作性状和荷载传递机理的基础上，建立了能够考虑路堤填筑过程与地基土固结相耦合的桩、土荷载分担计算模型，并与现场实测结果进行了比较，可以得到以下结论：

（1）建立的桩、土荷载分担计算模型能够考虑路堤填筑及桩间土固结过程对土拱效应和拉膜效应的影响，能够反映土拱效应的发展过程。

（2）本节模型计算的桩间土应力结果与现场实测结果的对比说明，本节计算模型正确合理地反映了在路堤填筑过程及预压过程中桩间土承担的路堤荷载。

（3）在路堤填筑过程中，随着路堤逐渐填高，桩间土土压力不断增大，路堤填筑完毕后，桩间土土压力基本保持不变，在路堤填筑过程和预压期桩间土土压力表现出"硬化"特征。

（4）模型计算得到的桩间土的平均孔压变化规律与现场实测结果比较吻合。

（5）路堤填筑过程中芯桩侧摩阻力分布和芯桩中性点位置经历了较为复杂的变化过程。在路堤填筑过程中及预压期芯桩的上部为负摩阻力区，芯桩的下部为正摩阻力区；随着路堤填筑和桩间土的固结，正摩阻力区和负摩阻力区的桩侧摩阻力值都在增大；随着路堤填筑中性点的位置从桩顶下约 12m 的位置经历了上移、下移、最终稳定的过程，最后中性点的位置稳定在桩顶下 10m 左右。

## 6.7　结论

通过现场试验、有限元计算、解析解等方法对混凝土芯砂石桩复合地基的工作性状和承载机理展开研究，尤其是桩间土固结对复合地基承载机理的影响，得到以下结论：

（1）通过已有的混凝土芯砂石桩复合地基现场试验数据，研究了路堤填筑和预压过程中混凝土芯砂石桩复合地基路堤填土的土拱效应，揭示了混凝土芯砂石桩复合地基的荷载传递机理。结果表明，混凝土芯砂石桩复合地基现场试验实测数据表明路堤中存在着明显的土拱效应；路堤填筑结束后环形砂石桩和桩间土承担约 65.5% 的路堤荷载，芯桩承担约 34.5% 的路堤荷载；随着路堤填筑桩土差异沉降逐渐增加，桩间土的应力折减系数逐渐减小，路堤填筑结束进入预压期后桩间土的应力折减系数基本保持不变；混凝土芯砂石桩复合地基的荷载传递机制是路堤填土的土拱效应、加筋体的拉膜效应、环形砂石桩的固结效应、桩土相互作用与桩端土的支撑等相互作用。

（2）对复合地基单桩加固范围土体及上部路堤进行数值计算，重点分析了提高桩间土固结特性对路堤填土土拱效应发挥的影响。研究发现，设置环形砂石桩加速桩间土的排水固结，路堤填筑产生的超静孔压能够很快消散，桩土差异沉降大，路堤填土土拱效应发挥程度提高；同时设置的碎石扩大头具有一定的桩帽效应。

（3）建立了能考虑路堤填土-加筋体-桩（桩帽）-桩间土-下卧层互相协调共同工作的

桩承式加筋路堤土拱效应计算方法，并给出了计算模型的求解方法，采用相关文献中的工程试验结果对本章提出的计算模型进行了验证，验证了本计算方法的合理性，并分析了不同影响因素对土拱效应值的影响。

（4）分析了混凝土芯砂石桩复合地基的工作特点，提出固结计算中根据桩间土分担的荷载来合理地考虑芯桩的应力集中效应，在此基础上建立了两种混凝土芯砂石桩复合地基加固区的固结解析解模型，并提出了未打穿的混凝土芯砂石桩复合地基固结计算方法，并研究了混凝土芯砂石桩复合地基的固结特性。

（5）在文献调研、现场试验和数值计算所揭示的混凝土芯砂石桩复合地基荷载传递机理的基础上，建立了能够考虑路堤填筑过程与桩间土固结相耦合的桩、土荷载分担计算模型，计算模型得到的桩间土土压力、桩间土孔压计算结果与现场实测结果比较吻合。建立的桩、土荷载分担计算模型能够考虑路堤填筑过程及桩间土固结过程对土拱效应和拉膜效应的影响，能反映土拱效应发展变化过程。

# 第 7 章　新近填土桩负摩阻力分布试验研究

## 7.1　引言

随着我国西部大开发战略的实施，西部地区进入一个飞速的发展时期。大量修建于沟谷、丘陵地带的建筑通常伴有深厚的填土。根据成分的不同，填土可分为素填土、杂填土和冲填土等类型。素填土是由碎石、砂或粉土、黏性土等一种或几种材料组成的填土，不含杂质或含杂质很少；按主要组成物质分为碎石素填土、砂性素填土、粉性素填土及黏性素填土。杂填土是含大量建筑垃圾、开山石料、工业废料或生活垃圾等杂物的填土，包括填筑时间不足 6 年的新近填土；冲填土为由水力冲填泥浆形成的填土。

研究在新近填土中桩负摩阻力的产生以及发展规律，避免因负摩阻力的产生对桩造成破坏作用显得尤为重要。通过室内模型试验和现场实测数据对新近填土中桩的负摩阻力特性进行研究，为新近填土中桩的设计和施工提供有力依据，具有重要的工程实际意义。

### 7.1.1　国内外研究现状

#### 1. 桩基负摩阻力国内外研究

20 世纪 30 年代，荷兰沿海一带有一些采用桩基础的建筑物因为不均匀沉降出现了很多开裂问题，K. Tezaghi 和 R. B. Peck 经过一系列调查研究，首次提出了负摩阻力的概念，此后负摩阻力问题受到越来越多的重视，相关研究在 20 世纪 60 年代和 70 年代达到高潮。但在 20 世纪 80 年代以后，钢管桩在国外的工程中被广泛运用，负摩阻力问题的敏感性大大降低，因此相关的研究和文章也大量减少。但是，我国现已大量使用灌注桩，负摩阻力的影响仍十分突出。

国内外学者采用了多种方法对桩基负摩阻力进行研究，归纳起来主要包括理论分析、现场试验、模型试验、数值模拟四个方面。

1）理论研究

理论研究包括极限分析法、荷载传递法、弹性或弹塑性理论法等方法。此外还有剪切位移法等其他理论方法。

（1）极限分析法

1965 年，Johannessen 和 Bjerrum 通过研究发现桩侧负摩阻力的大小与桩周土体的竖向有效应力成正比例关系，并因此提出了有效应力法。1969 年，Endo 采用不排水抗剪强度计算桩侧负摩阻力，并提出了与有效应力法相对应的总应力法。采用极限分析法计算负摩阻力需要用到中性点位置这个重要的参数，Elmasry 和 Broms 等分别提出了一些计算中性点位置的经验公式。此方法简单直观且实用性强，但计算出来的结果往往比实际值要大，偏于保守。

我国《建筑桩基技术规范》JGJ 94—2008 中规定：桩周土沉降可能引起桩侧负摩阻力值时，应根据工程具体情况考虑负摩阻力对桩基承载力和沉降的影响；当无实测资料时，桩侧负摩阻力可按下列公式计算：

$$q_{si}^n = \xi_{ni}\sigma'_i \tag{7.1.1}$$

式中，$q_{si}^n$ 为第 $i$ 层土桩侧负摩阻力标准值；$\xi_{ni}$ 表示第 $i$ 层桩周土的负摩阻力系数，可按表 7.1.1 取值；$\sigma'_i$ 是第 $i$ 层桩周土的平均竖向有效应力。

负摩阻力系数 $\xi_n$                              表 7.1.1

| 土类 | $\xi_n$ |
|---|---|
| 饱和黏土 | 0.15～0.25 |
| 黏性土、粉土 | 0.25～0.40 |
| 砂土 | 0.35～0.50 |
| 自重湿陷性黄土 | 0.20～0.35 |

该规范还规定了应根据桩周土沉降等于桩沉降来计算中性点位置，也可参照表 7.1.2 确定。

中性点深度 $l_n$                              表 7.1.2

| 持力层性质 | 黏性土、粉土 | 中密以下砂 | 砾石、卵石 | 基岩 |
|---|---|---|---|---|
| 中性点深度比 $l_n/l_0$ | 0.5～0.6 | 0.7～0.8 | 0.9 | 1 |

注：其中 $l_n$ 为中性点深度，$l_0$ 为桩周软弱土层下限深度。

（2）荷载传递法

1957 年，Seed 和 Reese 第一次提出了荷载传递法的作用机理；佐藤悟提出了荷载传递函数是线弹性-理想塑性的双折线模型。周国林以桩-土线弹性-全塑性的荷载传递模型为基础，得到了多层土地基中单桩负摩阻力计算模型，该模型既适用于端承型桩，又适用于摩擦型桩；赵明华、贺炜等对佐藤悟的双折线模型进行改进，通过荷载传递法建立了桩侧负摩阻力的基本微分方程，并在此基础上，考虑土体分层特性和桩-土相互作用推出了对任何土体沉降曲线都适用的单桩负摩阻力分段解析解。

荷载传递法包括位移协调法和荷载传递解析法两类，其理论清晰且计算简便，考虑了桩侧土的分层、变截面桩和应力应变关系的非线性特征，因此广泛应用于实际工程之中；但是该法未考虑土的连续性、应力场效应以及软弱下卧层影响等因素，从而理论上也会存在一定的局限性。

（3）弹性或弹塑性理论法

1969 年，Poulos 和 Mattes 基于 Mindlin 解，提出了边界元法，该方法采用了镜像单元的处理手段，可用于端承型桩的负摩阻力计算；Teh 和 Wong 基于太沙基一维固结理论以及土体有限层元法，并考虑了桩-土界面相对滑移等各个因素对桩身下拉荷载和桩顶沉降的影响，提出了计算群桩负摩阻力的计算模型。黄洪超等以太沙基一维固结理论为基础，对 Mindlin 位移解作二次积分后，用桩侧摩阻力表示压缩沉降，将桩体沉降和桩侧摩阻力两者用有限差分法建立联系，利用弹塑性分析模型对单桩负摩阻力从土体的成层性和桩土间是否存在极限位移两个方面进行了分析。

2）现场试验研究

1965 年，Johannessen 和 Bjerrum 现场监测某工地的钢管桩，得到了桩周土体中孔隙水压力变化时桩侧负摩阻力的变化规律，试验结果表明，孔隙水压力上升后，土体的有效应力变小，进而导致桩侧负摩阻力减小；Endo 等在日本某工程现场对 4 根钢管桩进行了长期的现场测试，钢管桩直径为 0.61m，长度为 43m，该工地的地下水位因抽水而不断降低，土体发生沉降从而导致了桩基负摩阻力，试验结果发现，因极限负摩阻力的存在以及随着时间增长土体固结速率降低，桩基负摩阻力会随时间非线性发展，最后趋于稳定；Walker 和 Darvall 的钢管桩负摩阻力现场试验表明，3m 高的地面堆载在单桩周围产生的 35mm 沉降足以使负摩阻力发展到 18m 的深度。

Bozozuk 通过现场试验得到的成果表明，如果桩顶未加荷载，那么基桩只需在很小的土体沉降时就能产生负摩阻力。魏汝龙对某码头结构损坏的原因进行分析研究，结果表明因大面积的填土固结沉降使得桩体受到了较大的负摩阻力，从而使桩体产生了较大的附加沉降，最后因桩基的不均匀沉降导致码头结构破坏；李光煜等利用滑动测微计测定了某处于 4.6m 高地面堆载作用下的 45m 长闭口钢管桩的桩身应变，并且根据桩身应变推导出桩身轴力以及中性点的位置；李大展等对陕西省某湿陷性黄土地基中的扩底桩进行了浸水试验，试验结果表明，地面沉降量相同时，负摩阻力随着桩身沉降的增大而减小，中性点的位置随着桩身沉降的增大而升高，并指出端承摩擦桩浸水后产生负摩阻力时，相较于承载力问题，附加沉降问题才是需要首先考虑的；马时冬以某高速路中桥台桩基础为研究对象，对桩侧负摩阻力特性进行了现场试验，该桩基础所在的地层中有约 13m 厚的淤泥，2 根试桩直径均为 1.5m，长均为 28m，且均为钢筋混凝土灌注桩，在 4.5m 高的填土堆载作用下，测试了桩身应力、应变以及桩周土分层沉降，得到了中性点的位置和桩侧负摩阻力的分布规律，并介绍了一个已被日本规范引入的中性点计算公式，该计算公式考虑了桩顶荷载、土层分布和性质以及桩端持力层等各种因素，比我国规范估算的中性点深度更接近实际情况；冯忠居等对芝川河大桥下行线靠黄河一侧的某场地 2 根试桩进行了现场浸水试验，该场地下部为细砂和粉质黏土，上部为湿陷性黄土，采用的钻孔灌注桩桩长为 35m，桩径为 1.2m；试验结果表明，桩身轴力在浸水前随着深度增加而减小，浸水后在湿陷范围内桩身轴力沿深度不再有明显降低甚至会有所增加，但是在未湿陷的部分，桩身轴力依然随深度增加而减小。Fellenius 等研究了土体液化对桩侧负摩阻力的影响，发现液化后的土体使得桩侧摩阻力的中性点位置较液化前有所降低，下拉荷载也变大，但液化范围的桩侧负摩阻力有所减小。夏力农等在湖南某开发区内通过现场试验研究了桩顶荷载对桩侧负摩阻力的影响；在试验场地内打下了 3 根试桩，桩与桩的间隔为 2.8m，试桩管径为 287mm 的振动沉管灌注桩，桩长为 10.5m，其中 1 根桩不施加桩顶荷载，在其余 2 根桩桩顶分别施加 75kN 和 125kN 的桩顶荷载，待沉降稳定后，在地面加上 1.5m 高的砂堆进行加载，最后的试验结果表明，桩顶荷载越大，则负摩阻力引起的附加沉降越大，中性点的位置越高，并且附加轴力也会越小；刘兹胜对上海洋山深水港工程中某根桩顶自由的钢管桩进行了现场试验，获取了负摩阻力随深度的分布、中性点位置等负摩阻力的相关参数，试验结果表明，时间因素对负摩阻力发展有较明显的影响，土质好且埋深大的土层中的桩侧负摩阻力达到峰值的时间要长于桩周土为软土时所需时间，现场试验得出的淤泥质黏土的负摩阻力系数只有 0.04，而抛石棱体的负摩阻力系数达到 0.8，除此之外的其他土层都与规范较为吻合。

3）模型试验研究

1981 年，Sawaguchi 等采用室内模型试验研究了 4 种楔形桩和倾斜单桩的负摩阻力特性，发现楔形桩可明显减小桩侧负摩阻力的影响；Shibata 等通过模型试验分别对倾斜群桩和竖直群桩在有无沥青涂层情况下的负摩阻力特性进行了研究，并利用该试验结果验证一种可预测黏性土层中负摩阻力作用下群桩效应系数的半经验理论计算方法，试验结果表明，沥青涂层可明显降低桩侧负摩阻力的影响，并验证了建立的群桩效应系数计算方法的正确性。陆明生在一个圆形钢桶中通过模型试验研究了端承桩和摩擦桩的桩侧负摩阻力特性，试验结果表明，摩擦桩中性点在 $0.65 \sim 0.75$ 倍桩长处，端承桩全桩长范围内都承受负摩阻力，堆载过程中产生的土体应变软化现象会使得桩身下拉荷载降低；苗鹏等采用室内模型试验方法，通过对膨胀土中模型桩失水收缩时产生的负摩阻力特性进行研究得到结论，随着时间的增长，桩-土相对位移趋于稳定，桩侧负摩阻力也不再发生变化，中性点会逐渐收敛并且稳定在某一位置；杨庆等通过模型试验对粉土中承受竖向静载的混凝土单桩进行了研究，分析了桩周土体的含水率和地面堆载对中性点和下拉荷载的影响，试验结果表明，中性点位置会随着地面堆载增大而升高，中性点的深度在最优含水率处会有所降低；孙波等结合模型试验和现场试验研究了堆载条件下单桩负摩阻力特性，试验结果发现，中性点位置会随着桩顶荷载增加而向上移动；孔纲强等通过模型试验对竖直（倾斜）群桩负摩阻力特性进行了研究，包括桩身下拽力、中性点位置、群桩效应等，得到了一些能为工程设计提供有益参考的结论；孙建波等进行了室内冻土在混凝土圆柱上产生的负摩阻力模型试验，冻土土样采用哈尔滨粉质黏土，混凝土圆柱体埋入冻土深度为 50cm；该试验研究了负摩阻力与土体融沉量之间的关系，分析了不同含水量时桩侧负摩阻力与土融沉量的时程关系曲线以及含水量对负摩阻力、土融沉量两者的影响，并计算出冻融土中桩的承载力在夏季冻土融化时，承载力会下降 8% 左右；黄挺等通过模型试验测定了模型桩的桩身应力、桩顶位移以及土体分层沉降随固结时间的变化，试验结果表明，随着固结时间增长，桩顶沉降和土体沉降都会增长，且沉降都在早期阶段发展较快、后期阶段发展相对较慢，桩身轴力也会逐渐增大，并且早期增幅大于后期增幅，中性点的位置总体上变化不明显，会随时间略有上移；马学宁等选取桩长为 105cm、直径为 3cm 的亚力克棒作为模型桩，采用兰州某地区的黄土作为桩周模型土，通过改变堆载和桩顶加载的次序设计了可研究加载次序对单桩负摩阻力影响的室内模型试验，试验结果表明，先堆载比先加桩顶荷载时的中性点位置，负摩阻力的范围更大。

4）数值模拟研究

1995 年，Wong 和 Teh 采用双曲线弹簧模拟桩-土相互作用面，并利用迭代法建立成层土中的桩侧负摩阻力的数值计算模型，并利用该模型研究了桩侧负摩阻力特性。陈福全等采用 PLAX 软件，对某桥台桩基进行了三维有限元数值模拟，研究结果表明，规范中估算中性点位置的方法只考虑了桩端持力层的性质，得出的中性点是此时可能出现的位置最深的中性点，实际的中性点深度往往会小于该估算的中性点深度。Lee 等采用有限元软件 ABAQUS 分析了群桩负摩阻力特性，研究结果表明，群桩效应的主要影响因素是地面堆载和桩-土摩擦系数，负摩阻力对摩擦型桩产生的影响最需要考虑的是下拉荷载产生的桩体沉降问题；Comodromos 和 Bareka 利用有限差分法软件 FLAC3D，研究了地面堆载和桩顶荷载的加载顺序对桩侧负摩阻力特性的影响，研究结果表明，先加桩顶荷载比先加地面堆载时产生的下拉荷载要大；Hanna 和 Sharif 为了分析桩筏基础负摩阻力特性，采用有限元软件 CRISP 建立了相应的二维数值模型，研究结果表明，地面堆载等级减小能使中性点位置上升，以及安全系数和桩基长径比增大也会使中性点位置上升。夏力农等采用有限元软件 PLAXIS，研究了桩顶荷载以及桩体弹性模量对桩基负摩阻力的影响，研究结果表明，桩顶荷载增大会使中性点逐渐上移、下拉荷载逐渐减小，摩擦桩在桩顶荷载较小时，荷载-沉降基本呈线性关系，桩体弹性模量对桩侧负摩阻力的影响存在一个临界值，当弹性模量小于临界值时，桩身压缩变形会使得桩顶沉降和桩端沉降有较明显的差别，从而导致中性点上移以及最大附加应力降低，当弹性模量大于该临界值时，弹性模量的影响可以忽略不计；孔纲强等采用有限差分软件 FLAC3D 建立了群桩数值计算模型，分析了加载速率以及加载方式对桩侧负摩阻力分布规律以及中性点位置的影响。

**2. 新近填土中桩基负摩阻力研究**

使桩基产生负摩阻力的原因有很多，新近填土在自重固结过程中导致填土沉降大于桩身沉降就是其中一种，目前为止针对新近填土中桩基负摩阻力的研究还相对较少。王华等提出了一种利用分层沉降观测资料确定大面积填土作用下桩侧负摩阻力中性点位置的方法；许建在某基地进行了桩基负摩阻力现场试验，试验结果表明，在新近厚填土场地桩基负摩阻力包含两个部分：一部分是软弱土层随着土的固结沉降对桩产生负摩阻力，另一部分是新近填土自身固结及其随着软弱土层的固结沉降而沉降，对桩产生负摩阻力；康景文等在某堆填形成深厚填土层的场地中进行了桩基负摩阻力现场试验，得出了桩侧负摩阻力分布规律，并对其进行分析，提出了简化的桩侧负摩阻力沿轴向线性分布理论计算图以及计算负摩阻力系数的方法；贺威采用钢环加载的方法模拟新近填土自重应力场，分析了持力层性质以及桩顶荷载和自重荷载加载顺序对桩侧负摩阻力、中性点位置等的影响，并建立了填土自重作用时桩的负摩阻力（极限状态）的简化计算方法；赖余斌等通过模型试验研究了填土场地中桩侧负摩阻力，得到结论，桩侧负摩阻力有较明显的时间效应，填土层厚度的增大会导致中性点位置下降，同时桩侧负摩阻力也会增大。

1）中性点研究

中性点是负摩阻力分布规律的一个重要参数，很多研究人员都对中性点进行了探讨，得出了一些经验性结论，总结出中性点的位置如表 7.1.2 所示。王华、王东等通过对桩周土的分层沉降观测和桩的沉降观测得出以下结论，持力层越硬中性点越深，桩周土欠固结程度越高则中性点越深；李光煜等通过试验得出中性点的深度约为 $0.66L$（$L$ 为桩长）。在桥梁桩基中，通常认为中性点深度 $h_1 = \beta h_2$（$\beta$ 为中性点相对深度系数，$h_2$ 为可压缩土层厚度，一般取 0.75m）。马时冬通过现场桩基负摩阻力试验得出，根据目前规范提供的中性点计算方法所得出的中性点深度在很多情况下大于实际中性点深度。国外研究认为，中性点位置开始是变化的，但最终会稳定在某一点处，一般为桩长的 0.73～0.78 倍，后来经过分析认为，桩身荷载增大会使桩身位移增大，从而导致中性点上移，随着时间增长，中性点位置又会逐渐下移，直至稳定。

中性点的位置有时不是唯一的。朱彦鹏、赵天时、陈长流在大厚度自重湿陷性黄土场地上进行了长时间的桩基浸水荷载试验，通过现场试验，发现桩身轴力出现了多个峰值点，中性点位置并不是单一的，而是沿桩身出现了多个中性点；黄土的实际湿陷情况是分段发生的，而非单一中性点以上出现整段的湿陷；在雨期时，桩体上部土体会上升，从而在桩上部会出现第二个中性点。

通过以上研究可以看出，目前还没有确定中性点位置的准确计算方法，但经过研究得出，中性点位置大致在 0.65～0.75 倍桩长范围内。

2）下拉荷载研究

中性点以上的负摩阻力总和为下拉荷载。经过试验分析认为，长径比和桩体刚度对下拉荷载影响较大，下拉荷载与长径比成反比，与桩体刚度成正比；此外，桩间距、土体的弹性模量以及桩土模量比都会对下拉荷载产生影响，对于桩距较小的群桩，其桩基的负摩阻力降低，这是由于群桩中各表面单位面积所分担的土体重量小于单桩负摩阻力极限值，将导致基桩负摩阻力降低，即显示群桩效应；由于下拉荷载多是由桩周土沉降引起的，因此在初期增长较快，且研究发现，即使很小的沉降也可以导致很大的负摩阻力产生，负摩阻力其实是一个沉降问题而不是破坏问题。

3）现有负摩阻力计算方法

由于影响负摩阻力的因素很多，因此对于负摩阻力大小的计算，目前还没有很精确的计算公式，大多是采用一些经验公式。现在运用最广泛的经验法是有效应力法。J. B. Burland 和 W. Starke 总结以往的试验结果得出，对于黏土来说，负摩阻力与土体中的竖向有效应力有关，并提出了桩身负摩阻力因子。

$$\beta = \tau_{sf}/\sigma' \tag{7.1.2}$$

式中，$\tau_{sf}$ 为桩侧负摩阻力；$\sigma'$ 为土体竖向有效应力。

该方法得到的是桩侧负摩阻力的极限值，是对负摩阻力设计的保守计算，因此具有一定局限性。此外研究人员还采用简化的荷载传递函数来求解桩的负摩阻力。周国林基于桩的荷载传递函数概念，建立了单桩负摩阻力传递机理的力学模型，分析了弹性阶段以及弹塑性阶段桩的负摩阻力计算方法，并给出了中性点位置的计算公式；赵明华、贺炜等对佐藤梧双折线模型进行了改进，以荷载传递法建立了基桩负摩阻力的基本微分方程，在此基础上导出了适用于任意土体沉降曲线的基桩负摩阻力分布段解析解。

4）新近填土中桩的负摩阻力研究

许建在厚填土场地进行了桩基负摩阻力试验，该试验结果表明，在新近厚填土场地，桩的负摩阻力由两部分组成：一部分是软弱土层的固结沉降对桩产生的负摩阻力；另一部分是填土自身固结沉降对桩产生的负摩阻力；康景文、毛坚强等假定负摩阻力沿深度线性分布，积分以后得到桩身轴力为深度的二次函数，再将实测的桩身轴力曲线拟合成二次函数，从而得到该类新近厚填土场地中基桩的负摩阻力系数为 0.09～0.15；楼小明对填土荷载作用下环形群桩基础的负摩阻力进行了研究，表明现有规范方法对于端承长桩负摩阻力的计算结果偏大，还有待进一步完善；陈雪华、律文田等通过软土地区桥台桩基的现场试验研究，揭示了软土地区桥台路基填土时桥台基桩负摩阻力的变化规律，随着深度增加，中性点以上桩侧负摩阻力变化较大，中性点以下桩侧负摩阻力随深度变化不大。

## 7.1.2 新近填土中桩基负摩阻力研究目前存在的问题

国内外学者对桩基负摩阻力研究大部分现场试验和室内模型试验都利用湿陷性黄土的湿陷性、冻土的融化、地面堆载等产生的桩侧负摩阻力，针对新近填土中的桩侧负摩阻力的研究还相对较少，目前新近填土中桩基负摩阻力研究存在的主要问题有：①针对新近填土中桩基负摩阻力未达极限状态时分布形式的研究较少；②对新近填土自重固结过程中，桩侧负摩阻力变化规律的研究相对较少；③新近填土中的桩基负摩阻力会受到较多因素的影响，包括桩端持力层性质、桩顶荷载和填土自重荷载的加载次序、填土密实度等因素，这些因素对负摩阻力造成的具体影响的研究还相对缺乏。

### 7.1.3　主要研究内容

本章通过室内模型试验研究新近填土中桩的负摩阻力特性，主要包括以下几个方面：

（1）由于新近填土的自重固结尚未完成，在自重固结过程中，桩侧负摩阻力也会发生变化，研究在自重固结过程中，桩侧负摩阻力的变化规律。

（2）影响新近填土中桩侧负摩阻力的因素非常复杂，分析桩端持力层性质、桩顶加载与填土自重加载的加载次序、填土密实度三个因素对新近填土中桩侧负摩阻力的影响。

## 7.2　模型试验方案的确定

### 7.2.1　工程背景

#### 1. 工程概况

试验以某项目工程为依托。该工程由 20 幢建筑物组成，总用地面积约 25 万 $m^2$，总建筑面积 30 万 $m^2$，包括办公楼、车间、仓库等，框架结构，层数为 1～4 层。建筑物跨度均在 8～12m 之间，单柱荷载较大，基础主要采用现场灌注桩，桩芯直径 1.0～1.5m，桩端进入中风化砂岩层，最大桩长约 33m。

#### 2. 工程水文地质条件

场地原始地貌属山丘残坡积物沉积地带及丘前冲沟地带，地形起伏较大，处理后的地面高程约为 344～347m，相对高差 3m。勘察所揭露的深度内，场地地层可分 4 层：

（1）填土层（$Q_4^{ml}$）：以黏土、砂岩块体为主，局部有建筑垃圾、淤泥质土，厚度 1.50～28.20m，如图 7.2.1 所示。

（2）淤泥质粉质黏土层（$Q_4^{pl+dl}$）：流塑-软塑状态，含有机质，为原古河道、池塘淤积形成，场地内局部分布，厚度 1.10～6.80m。

图 7.2.1　填土层

（3）黏土层（$Q_4^{pl+dl}$）：软塑-可塑状态，场地内局部分布，厚度 1.10～12.10m。

（4）基岩层（$J_2s^2$）：其中强风化砂岩岩芯破碎，为极软岩，风化裂隙发育，厚度 0.60～14.0m；中等风化砂岩风化裂隙较发育，结构面结合一般。

场地土层中赋存有上层滞水和基岩裂隙水两种类型的地下水。

### 7.2.2　模型试验原理

模型试验的原理以相似原理和量纲分析为基础，确定模型设计中的相似准则为目标。

#### 1. 相似原理

（1）相似第一定理：相似系统的相似指标等于 1 或相似判据相等。相似第一定理是系统相似的必要条件，它揭示了相似系统的基本性质。

（2）相似第二定理：相似现象中有 $n$ 个物理量和 $k$ 个基本量纲，则这 $n$ 个物理量可以表示为（$n$-$k$）个独立的相似判据。

（3）相似第三定理：对于同一类物理现象，如果单值条件相似，而由单值条件的物理量所组成的相似判据在数值上相等，则现象相似。

相似第一定理和相似第二定理是现象相似的必要条件；相似第三定理由于直接和代表具体现象的单值条件相联系，并强调单值条件相似，是模型试验必须遵循的理论原则。

**2. 量纲分析**

在研究尚未建立适当数学模型时，方程分析法就无能为力，而以相似第二定理为主要理论基础的量纲分析法则是有力的分析手段。在利用量纲分析以前，必须对所研究的问题进行深入细致的分析，以确定有哪些物理量参加所研究的现象。

# 7.3 模型试验设计

## 7.3.1 模型材料的确定

以相似原理和量纲分析为依据确定相关物理量的相似比，然后确定模型材料参数和桩顶荷载。先选取几何相似常数 $C_l$ 和重度相似常数 $C_\gamma$ 分别作为第一基本量和第二基本量，为了保证模型试验的可操作性和可靠性，取几何相似常数 $C_l = 25$，最后根据相似第二定理确定相关物理量的相似比，如表 7.3.1 所示。

各物理量相似比                                          表 7.3.1

| 物理量 | 相似关系 | 相似比 |
|---|---|---|
| 弹性、压缩模量 $E$ | $\pi = E/\gamma l$ | $C_E = C_\gamma \cdot C_l$ |
| 内摩擦角 $\varphi$ | $\pi = \varphi$ | $C_\varphi = 1$ |
| 黏聚力 $c$ | $\pi = c/\gamma l$ | $C_c = C_\gamma \cdot C_l$ |

由此可确定模型材料：①模型桩为外径 30mm，内径 28mm 的铝合金管，其弹性模量为 72GPa；②采用密实粗砂、松散细砂、密实细砂、中密粉砂、密实粉砂 5 种石英砂作为模型土；③采用水泥地面和桩端土箱模拟桩端基岩。

## 7.3.2 模型试验装置

**1. 模型试验箱**

模型箱采用 8 个带环形钢槽的钢环组成，既保证了装配时的便捷性，又可以根据需要调整钢槽中的铁砂配重。在试验装置装配过程中，待每层钢环安装完成后，再根据试验需要将铁砂加入该层钢环的钢槽中进行配重。钢环之间采用垫块约束其位移，可以保证装配过程中钢环的重力未施加在填土中；填土完成后，抽掉钢环之间的垫块，钢环下沉，钢环和铁砂的重力通过深入填土的传力钢片施加在模型箱内的填土中，产生的土压力模拟填土产生的自重应力场。钢环的构造如图 7.3.1、图 7.3.2 所示，钢环组成的模型箱如图 7.3.3 所示。

当拆掉钢环之间的约束后，钢环下沉，钢环以及钢片上部的填土重量均通过传力钢片沿扩散角扩散在填土中，造成填土中心的土压力随着深度增大而增大。为了保证产生的土压力在桩土相互影响的填土范围内沿竖直方向深度的增加呈线性增加、在水平方向均匀分布，确定钢环尺寸为：内径 800mm，外径 960mm，高 100mm，传力钢片长度为 100mm。钢环与钢环之间的垫块如图 7.3.4 所示，由两块带有拉环的小铁块叠加而成，总厚度 20mm。

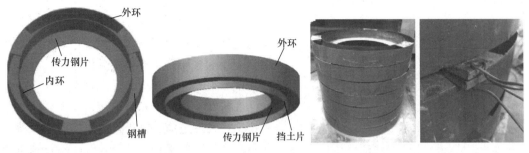

图 7.3.1　钢环上部　　图 7.3.2　钢环下部　　图 7.3.3　钢环　　图 7.3.4　垫块
组成的模型箱

### 2. 桩端持力层土箱

桩端持力层土箱为一个圆柱形钢桶，内径 800mm，高 800mm。土箱放置在钢环底部，即模型桩桩底，然后在箱内填土，模拟桩端持力层。

### 3. 桩顶加载系统

桩顶加载系统分为两种，第一种采用 4 个 82N 的钢块构成，分 4 级加载；第二种由载荷板、传力件、千斤顶以及反力架组成。载荷板如图 7.3.5 所示，为一块边长为 180mm，厚度为 4mm 的钢板，试验开始前将其固定在桩顶。

传力件如图 7.3.6 所示，由两块 4mm 厚钢板和一根外径为 100mm，内径为 92mm 的钢管焊接而成。加载时，传力件底部钢板正对在载荷板上面，将液压千斤顶放置在传力件上部钢板上，千斤顶顶部与反力架接触，从而将荷载施加在桩顶。

千斤顶采用由成都市伺服液压设备有限公司生产的 1.5T-08-00 型号高精度双向液压缸，如图 7.3.7 所示，内径 32mm，最大出力 15kN，最大行程 80mm。采用油管将手动油泵与千斤顶相连，就可以通过油泵手动加载；将数显表与千斤顶上的传感器相连，可以在加载过程中控制加载大小。

### 4. 钢架

钢架尺寸为：长 1.8m，宽 1.8m，高 2.5m。在沉降测量过程中，选取合适高度将基准梁固定在钢架上，然后将测量沉降的百分表和位移传感器通过磁性表座固定在基准梁上（图 7.3.8）。

图 7.3.5　载荷板　　图 7.3.6　传力件　　图 7.3.7　高精度双向　　图 7.3.8　桩顶加载
液压缸　　　　　系统

### 7.3.3　测量内容

　　模型试验分为 2 个阶段，第一阶段先测量填土中的土压力，可求出填土的模拟重度；第二阶段获取桩身轴力、填土沉降、桩顶沉降的量测数据，再进行对比分析。

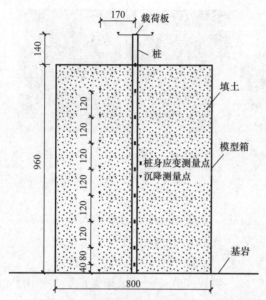

图 7.3.9　桩身轴力、填土沉降、桩顶
沉降测点的布置（mm）

　　测量元件及布置方式如图 7.3.9 所示：①土压力测点全部布置在填土中心线上，先在填土底面布置 1 个，然后沿着中心线向上每隔 120mm 布置 1 个，共布置 8 个测点；②在桩身 9 个截面布置应变片用于测量桩身应变，再通过应变推得桩身轴力；③沉降测量点布置在距桩中心 17cm 处；④桩顶沉降的测点布置在载荷板 4 个角。

#### 1. 土压力测定

　　将土压力盒按指定位置分别埋入填土中对应位置，注意保持土压力盒平放，然后将导线引出连接静态应变仪，测量加载后的土压力盒应变，再根据标定参数计算出各点土压力。

　　采用的土压力盒是型号为 XY-TY02A 的电阻式微型土压力计，其相关参数如下：量测范围为 0～0.08MPa；温度范围为 -25～+60℃；分辨力≤0.08%F.S.；温度量测为 0.5℃。

　　土压力盒标定参数会随着标定介质的变化而变化，需在各类填土中重新标定。

　　标定装置包括：（1）底面是边长为 17cm 的正方形，高度为 20cm 的钢制砂箱；（2）4 块重量为 82N 的钢块，其底面尺寸为 17cm×17cm。

　　标定过程如下：

　　（1）在某平整地面上放置标定箱；

　　（2）根据试验所需填土种类和密实度将土填入砂箱，先将填土高度控制到 14cm，在该高度土层中心处置土压力盒（图 7.3.10），埋置完成后继续填土直至砂箱填满，最后将填土表面抹平（图 7.3.11）；

图 7.3.10　土压力盒埋入标定箱

图 7.3.11　完成土压力盒埋置

（3）将土压力盒导线与静态应变仪连接，并平衡归零；

（4）将钢块分 4 级荷载加在填土表面，每级施加荷载为 82N，即每级荷载使土压力盒测点处增加的土压力约为 2.85kPa。加载同时分别读取每级加载后的土压力盒应变；

（5）根据已知的施加每级荷载增加的土压力和对应的土压力盒应变，可得出土压力盒在该种密实度填土中的标定参数。

**2. 桩身轴力测量**

为了保护应变片使测量结果更精确，先将模型桩沿轴向剖开，将应变片贴在桩体内壁，再把模型桩粘合在一起。为了测量模型桩的压缩应变，可供选择：方式一属于 1/4 桥，方式二和方式三属于半桥，方式五属于全桥。每一种桥路各有其优缺点：1/4 桥的一个测点只需要一个应变片，一排通道只需要一个补偿片在公共补偿端进行温度补偿，因此可大量节省应变片且贴片简单，但是其线性和准确性较差，抗干扰能力较弱；相比之下半桥的线性、准确性较高，使用简单，可适用于环境温度变化较大等较恶劣环境；全桥的连接方式消除了非线性误差，线性和准确性比半桥更高，具有更强的抗干扰能力，但是此桥路一个测点需要 4 个应变盘，比较耗费材料，贴片方式也最复杂。

通过对比，最后选择方式五作为此模型试验的贴片方式，因为此方式作为全桥的一种，准确度最高，抗干扰能力更强，且能减少偏心引起的误差。

如图 7.3.9 所示，桩体共有 9 个测量截面。每一个截面均匀分布 4 个测点，按顺时针依次编号为 1~4 号，每个测点有竖向和横向 2 个应变片，1 号和 3 号测点组成一个全桥，2 号和 4 号测点组成一个全桥，最后每个截面的应变取两个全桥分别测得的数据的平均值，某截面中应变片布置方式如图 7.3.12 所示。

电阻应变片采用 BE120-3AA（23）型号，电阻值为 120.2±0.1Ω，灵敏度系数为 2.19±1%。电线采用 0.12mm² 的铜质导线，统一长度为 4m，每根导线电阻为 0.8Ω。贴片过程如下：

（1）贴片前的模型桩处理，先清理模型桩上的污垢，然后在稍大于贴片位置的范围内用细砂布沿 45°方向打磨出一些交叉的纹路，以此提高应变片与构件之间的粘结力。打磨结束后，用划针标记出应变片的坐标线。最后用洁净棉纱蘸丙酮将打磨的部位清洗干净。

（2）贴应变片与端子的固定，采用 502 胶进行贴片。先在贴片位置滴适量 502 胶，用镊子将应变片对准标记的坐标线缓缓放下，并用镊子对应变片位置进行微调，然后将聚乙烯塑料薄膜盖在应变片上，用手指进行挤压，直至多余胶水和气泡被挤出，待胶水初步凝固后即可松开。最后检查应变片的位置是否准确，是否有残余气泡，以及是否有翘曲脱胶现象。在每一个应变片附近用 502 胶固定 2 个端子，端子的位置要便于应变片引线与导线的焊接。

（3）导线与应变片引线的焊接，将应变片引线的末端和导线的起始端焊接在同一端子上，并在引线下面贴上绝缘胶带保证引线与铝合金桩体隔离。最后在每根导线末端用标签做好编号，再用胶带将标签包裹，防止标签脱落。应变片粘贴与导线焊接见图 7.3.13。

（4）应变片和导线的保护，为了减小空气中的水分等对应变片和导线的影响，涂一层硅橡胶将应变片和导线裸露部位包裹起来，如图 7.3.14 所示。贴片完成后将两部分铝管重新合起来，将接缝处用 AB 胶粘结。并在桩身外表面用 AB 胶粘上铁砂，模拟工程桩的粗糙表面，如图 7.3.15 所示。

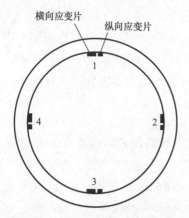

图 7.3.12　各截面应变片布置方式

图 7.3.13　应变片粘贴与导线焊接

图 7.3.14　应变片和导线的保护

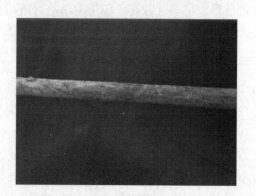

图 7.3.15　模型桩

### 3. 填土沉降测量

桩侧负摩阻力是土的沉降大于桩的沉降导致的，故应对桩、土的位移进行量测。试验采用百分表进行填土沉降测量，操作过程如下：

（1）将钢架在地面放平稳，避免钢架在测量过程中产生晃动影响测量结果。

（2）将基准梁固定在钢架合适高度。

（3）将弹性很小的细棉线一端固定在边长为 2cm 的正方形中心，并将引出线从套管中穿出。采用套管是为了防止砂土与引出线之间的摩擦影响测量结果，套管采用 PC 塑料硬管，内径 4mm，外径 5mm，该管柔软度比较适中，表面光滑，既避免了刚度过大影响填土中应力分布，又避免了太柔软无法起到隔离引出线与砂土的作用，如图 7.3.16 所示。

（4）在填土过程中按照图 7.3.9 将上述组合件埋入指定位置，所有测点距模型箱中心点为 17cm。埋置过程中保证小木片平放、引出线和套管竖直。

（5）将磁性表座固定在基准梁上，然后将百分表倒立固定在磁性表座上，将引出线连接在百分表上。

（6）安装完成后检查百分表、引线是否保持竖直。安装完成后的百分表如图 7.3.17 所示。当填土发生沉降时，会带动小木片发生向下位移，同时引出线拉扯百分表使其指针发生变化，变化后的读数与初始读数之差就是所需的沉降量。

图 7.3.16　填土沉降测量组合件

图 7.3.17　填土沉降量测

**4. 桩顶沉降测量**

为了减少桩身倾斜等因素引起的误差,采用 4 个位移传感器安装在载荷板 4 个角,读取 4 个沉降数据,最后取平均值作为桩顶沉降。位移传感器采用 ST3000 型号传感器,精度为 0.01mm。安装完成后的位移传感器如图 7.3.18 所示。

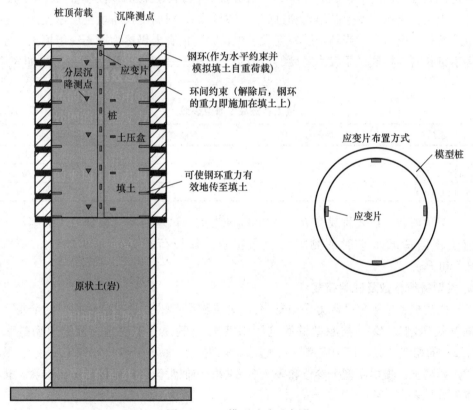

图 7.3.18　模型试验示意图

## 7.3.4　模型试验方案

**1. 模型相似常数**

选取几何相似常数 $C_l$,重度相似常数 $C_\gamma$ 作为第一基本量和第二基本量。综合考虑试验的可操作性及试验结果的可靠性,将几何相似比定为 $C_l = 25$。原型填土重度为 $16kN/m^3$,

经过后期试验测得模型土重度为 $43.3\mathrm{kN/m^3}$，$\gamma_\mathrm{p}/\gamma_\mathrm{m}=0.37$。通过这两个基本量，根据 $\pi$ 定理分别确定同桩、土体介质等相关物理量的相似比，如表 7.3.2 所示。

各物理量相似比　　　　　　　　　　表 7.3.2

| 物理量 | 相似关系 | 相似比 |
|---|---|---|
| 弹性、变形模量 $E$ | $\pi=E/\gamma l$ | $C_E=C_\gamma \cdot C_l=9.25$ |
| 集中荷载 $P$ | $\pi=p/\gamma l^3$ | $C_p=C_\gamma \cdot C_3 l=5781.25$ |
| 应力 $\sigma$ | $\pi=\sigma/\gamma l$ | $C_\sigma=C_\gamma \cdot C_l=9.25$ |
| 应变 $\varepsilon$ | $\pi=\varepsilon$ | $C_\varepsilon=1$ |
| 内摩擦角 $\varphi$ | $\pi=\varphi$ | $C_\varphi=1$ |
| 黏聚力 $c$ | $\pi=c/\gamma l$ | $C_c=C_\gamma \cdot C_l=9.25$ |
| 线位移 $\delta$ | $\pi=\delta/l$ | $C_\delta=C_l=25$ |

**2. 原型参数**

（1）桩：桩径及桩长的变化，对负摩阻力的分布规律没有本质性的影响，故选择一个具有一定代表性的尺寸：桩径 $0.8\sim1.4\mathrm{m}$、桩长 $20\sim24\mathrm{m}$，桩的弹性模量为 $28\mathrm{GPa}$。

（2）土层：土层主要包括填土和桩底土（岩）层。根据桩长与填土层厚度的关系，桩底土层按两种情况考虑：当填土层厚度大于桩长时，桩底土仍然为填土；当填土层厚度小于或等于桩长时，桩底位于较为坚硬的持力层上。填土和桩底土层的原型参数如表 7.3.3 所示。

填土和桩底土原型参数　　　　　　　　表 7.3.3

| 土层 | 黏聚力（kPa） | 内摩擦角（°） | 压缩模量（MPa） |
|---|---|---|---|
| 填土 | $15\sim25$ | $15\sim20$ | $15\sim20$ |
| 桩底土 1（填土） | $15\sim25$ | $15\sim20$ | $15\sim20$ |
| 桩底土 2（岩） | — | — | $1500\sim5000$ |

（3）桩顶荷载：最大荷载按 $P_\mathrm{max}=1900\mathrm{kN}$ 考虑。试验时将荷载分为 4 级施加，以研究对应于不同荷载水平时的侧阻力分布特点。每级荷载分别为 $0.25P_\mathrm{max}$、$0.5P_\mathrm{max}$、$0.75P_\mathrm{max}$ 和 $P_\mathrm{max}$。

**3. 模型材料参数及试验荷载**

（1）模型桩：由于负摩阻力是因桩-土相对位移引起的，故在荷载相似的前提下，使模型桩的抗压刚度 $EA_\mathrm{m}$ 与原型桩的抗压刚度 $EA_\mathrm{p}$ 满足相似要求。根据原型桩参数和表 7.3.2 中的相似常数，得到模型桩的抗压刚度 $EA_\mathrm{m}=2434.5\sim7455.6\mathrm{kN}$。

（2）模型土：根据原型土参数和表 7.3.2 中的相似常数可得到模型土的参数，模型土的具体参数见表 7.3.4。

模型土参数　　　　　　　　　　表 7.3.4

| 土层 | 黏聚力（kPa） | 内摩擦角（°） | 压缩模量（MPa） |
|---|---|---|---|
| 填土 | $1.62\sim2.70$ | $12\sim20$ | $0.54\sim2.16$ |
| 桩底土 1 | $1.62\sim2.70$ | $12\sim20$ | $1.54\sim2.16$ |
| 桩底土 2 | — | — | $162.16\sim540.54$ |

（3）试验荷载：根据原型桩顶部荷载和集中荷载相似常数可得模型桩最大桩顶荷载为 1900kN/5781.25＝328.6N。加载均分为 4 级，故每级荷载为 328.6N/4＝82.2N。

**4. 试验设备及测点布置**

（1）模型试验箱。根据模型桩的长度、直径，为消除边界影响，采用直径 800mm、高度 1600mm 的圆柱形试验箱。为模拟填土的自重作用，采用分离式钢环组成模型箱的外壁：在填土及置桩过程中，各环不能发生位移；填土完成后，取掉钢环之间的约束，钢环下沉，并将重力传至填土层，使其发生沉降（图 7.3.18）；钢环的尺寸应保证其所产生的应力场沿深度线性增长，即与填土产生的应力场相似。

（2）桩顶荷载。如前所述，桩顶最大竖向荷载为 328.6N，采用重物（如钢块或砝码）分级加载。

（3）量测元件及布置方式。采用百分比量测桩顶位移及填土沉降；在桩身布置 8～10 个截面量测应变，由应变可推得桩身轴力、摩阻力的分布情况；填土中布置 5～8 个土压力量测断面，通过压力盒量测土中竖向压力随深度的变化；填土中不同深度布置 5～8 个沉降量测点，通过百分表量测填土在不同深度处的沉降。

**5. 试验方案**

（1）研究新近填土自重固结过程中桩侧负摩阻力的变化规律。通过调整钢环中铁砂的重量来模拟新近填土自重固结过程。按钢环中铁砂填充程度分为空环、半环、满环三种，随着铁砂增加，模型土中的模拟自重应力和沉降都会增大，这就模拟了新近填土自重固结的过程，从而可以对新近填土自重固结过程的桩侧负摩阻力进行研究。

（2）研究持力层性质对桩侧负摩阻力的影响。将桩端持力层分为两类进行试验，第一类是基岩，第二类与桩侧模型土一致。模型土的弹性模量远小于基岩，根据试验结果可以对比分析出持力层性质对桩侧负摩阻力的影响。

（3）研究加载次序对桩侧负摩阻力的影响。按照加载次序将试验分为两类，一类是先加填土自重再加桩顶荷载，另一类是先加桩顶荷载再加填土自重。可根据试验结果对比分析出加载次序对桩侧负摩阻力的影响。

（4）研究密实度对桩侧负摩阻力的影响。在保证模拟重度接近的情况下，将同一种模型土按不同的密实度进行试验，根据试验结果可对比分析出密实度对桩侧负摩阻力的影响。

**6. 试验过程**

因各组试验的流程不尽相同，以涉及面最多、操作最为复杂的第 8 组试验为例说明。

（1）将桩端持力层土箱平放在反力架下方，用铅锤将其中心对准反力架的中心，将细砂按规定的密实度填满土箱。

（2）将模型桩竖直放置在填土中心处。

（3）1 号钢环平放在土箱上，在钢槽中填满铁砂（钢环从下到上依次编号为 1～8）。

（4）按密实度要求在该层钢环范围内填入细砂。

（5）将最底层的沉降测量组合件按测点布置图 7.3.9 埋在该层填土中。

（6）将 2 号钢环平放在第一层钢环上，并在 1、2 号两个钢环之间放入垫块，约束住钢环的位移，再将第二环的中空部分填满铁砂。这就使第二层钢环的重量并没有施加在填土中，而是通过垫块传至第一环，最后通过土箱传至地面。

（7）重复上述过程，依次装完 1～8 号环组装成一个模型箱，同时将所有沉降测量组合件依次埋入砂土中。

（8）安装填土沉降测量的百分表和桩顶沉降测量的位移传感器，并将桩内应变片的引出导线连接到静态应变仪。

（9）从上往下一层一层抽掉钢环之间的垫块，施加填土自重。

（10）待沉降和应变片的应变变化稳定后，读取填土沉降、桩顶沉降以及桩身应变数据。

（11）将桩顶加载系统安装在桩顶，加载过程中要尽量减少对桩体的干扰，并且要注意加载系统的中心线对准桩体的中心线，防止产生偏压。

（12）用高精度双向液压缸分级施加荷载直至极限荷载，获取相应的沉降和桩身应变。

### 7.3.5 小结

（1）介绍了模型试验的工程背景，然后通过相似原理与量纲分析确定了相关物理量的相似比，从而确定了模型材料。

（2）确定了模型试验装置，其中的模型试验箱由 8 个钢环组成，钢环以及钢片上部填土重量通过传力钢片沿扩散角传到填土中，可模拟填土自重应力场。

（3）详细介绍了模型试验中需要测量的内容，先单独进行土压力测定，再同时获取桩身轴力、填土沉降、桩顶沉降数据。

（4）确定了具体的试验方案，模型试验共包括 11 组试验，可通过不同组之间的对比分析，研究新近填土桩侧负摩阻力。

（5）以操作过程最为复杂的第 8 组试验为例，说明了模型试验的试验过程。

## 7.4 模型试验填土物理力学指标测定

模型试验采用的填土包括密实粗砂、松散细砂、密实细砂、中密粉砂、密实粉砂（为了简便，将试验中采用的粒径≤0.075mm 的石英砂成统一称为粉砂）5 类石英砂。首先，需通过土工试验确定其相关的物理力学指标。

### 7.4.1 颗粒分析试验

在某厂家购买了 3 种不同的石英砂，采用筛析法进行颗粒分析。试验仪器设备包括：分析筛、天平、烘箱等。

试验前先取 200g 石英砂试样，并将其烘干。烘干后称重，然后将试样倒入分析筛中，进行筛析。最后对各级筛上的石英砂称重。筛分后将其定为粉砂（粒径≤0.075mm）、细砂、粗砂三种类型，细砂和粗砂的颗粒级配曲线如图 7.4.1、图 7.4.2 所示。

根据土的颗粒级配曲线可知：

（1）粗砂中粒径大于 0.5mm 者占总重的 100%，且粒径大于 2mm 者只占 9.87%。

（2）细砂中粒径大于 0.075mm 者占总重的 91.18%，且粒径大于 0.25mm 者只占 14.8%。

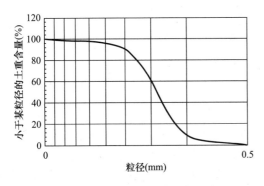

图 7.4.1　粗砂颗粒级配曲线

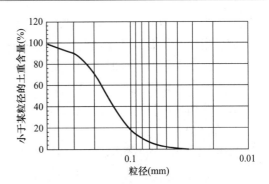

图 7.4.2　细砂颗粒级配曲线

## 7.4.2　密实度的控制

为了在试验过程中能控制石英砂的密实度，需要确定石英砂在不同密实度时对应的密度：先确定各类石英砂的最大孔隙比和最小孔隙比，然后确定不同密实度所对应的相对密实度 $D_r$，再求出所需要的密实粗砂、松散细砂、密实细砂、中密粉砂、密实粉砂 5 类填土对应的孔隙比，最后通过孔隙比求出对应的密度。

### 1. 最小孔隙比

采用 JDM-1 型电动相对密度仪，通过振动锤击法测出砂土的最大干密度。试验进行两次平行测试，两次测试的差值不大于 $0.03\mathrm{g/cm^3}$，取两次测量的平均值，最后将最大干密度换算成最小孔隙比 $e_{min}$。最小孔隙比见表 7.4.1。

最小孔隙比　　　　　　　　　　　　　　　　　　　表 7.4.1

| 石英砂种类 | 最小孔隙比 $e_{min}$ |
| --- | --- |
| 粗砂 | 0.68 |
| 中砂 | 0.68 |
| 细砂 | 0.68 |
| 粉砂 | 0.84 |

### 2. 最大孔隙比

采用漏斗法和量筒法测量石英砂的最小干密度，试验仪器有：1000mL 量筒、长颈漏斗、锥形塞、砂面拂平器。

取测试差值不大于 $0.03\mathrm{g/cm^3}$ 的两次平行测定结果的平均值作为最小干密度，最后将最小干密度换算成最大孔隙比 $e_{max}$，最大孔隙比见表 7.4.2。

最大孔隙比　　　　　　　　　　　　　　　　　　　表 7.4.2

| 石英砂种类 | 最大孔隙比 $e_{max}$ |
| --- | --- |
| 粗砂 | 1.05 |
| 中砂 | 1.10 |
| 细砂 | 1.19 |
| 粉砂 | 1.27 |

### 3. 相对密实度 $D_r$

根据相对密实度 $D_r$ 可将砂土的密实度划分为 3 种：

（1）当 $1.0 \geqslant D_r > 0.67$ 时，砂土属于密实状态。

（2）当 $0.67 \geqslant D_r > 0.33$ 时，砂土属于中密状态。

（3）当 $0.33 \geqslant D_r > 0$ 时，砂土属于松散状态。

为了增大不同密实度之间的可区分性，同时保证模型试验的可操作性，取三种密实度分别对应的相对密实度：密实 $D_r = 0.2$；中密 $D_r = 0.5$；松散 $D_r = 0.8$。

**4. 孔隙比**

根据下式可计算出孔隙比 $e$，结果见表 7.4.3。

$$D_r = (e_{max} - e)/(e_{max} - e_{min}) \tag{7.4.1}$$

孔隙比 $e$                                                                          表 7.4.3

| 类别 | 孔隙比 $e$ |
|---|---|
| 密实粗砂 | 0.75 |
| 松散细砂 | 1.09 |
| 密实细砂 | 0.78 |
| 中密粉砂 | 1.06 |
| 密实粉砂 | 0.93 |

**5. 密度**

因为采用的石英砂均为干砂，含水率几乎均为 0，可采用以下式进行计算。

$$\rho = \rho_w G_s/(e+1) \tag{7.4.2}$$

根据《工程地质手册》可知，砂的土粒相对密度平均值为 2.65，试验取石英砂的土粒相对密度 $G_s = 2.65$ 进行计算。计算结果见表 7.4.4。

密　度                                                                          表 7.4.4

| 类别 | 密度（g/cm³） |
|---|---|
| 密实粗砂 | 1.514 |
| 松散细砂 | 1.268 |
| 密实细砂 | 1.489 |
| 中密粉砂 | 1.286 |
| 密实粉砂 | 1.373 |

## 7.4.3　直剪试验

采用南京土壤仪器厂有限公司生产的 ZJ 型应变控制直剪仪进行快剪试验，试验基本过程如下：

（1）通过控制密度将石英砂按所需要的密实度填入剪切盒中。

（2）因为模型试验中产生土压力不超过 50kPa，为了让直剪试验能更好地接近模型试验中土体的真实状态，采用自制的砝码分级施加垂直压力，垂直荷载分别为 12kPa、24kPa、36kPa、48kPa。

（3）按 4r/min 即 0.8mm/min 的速度进行剪切。

（4）试样每产生剪切位移 0.2～0.4mm 测记位移读数和测力计读数，持续记录；当测力计出现峰值时，此峰值即为抗剪强度；若未出现峰值，则持续记录到剪切位移为 6mm

时停机，取剪切位移为 4mm 时所对应的剪应力为抗剪强度。

（5）处理数据。以垂直压力为横坐标，抗剪强度为纵坐标，绘制抗剪强度和垂直压力关系曲线。图 7.4.3～图 7.4.7 所示为各类石英砂抗剪强度和垂直压力的关系。图中直线的倾角即为石英砂的内摩擦角，而直线在纵坐标上的截距就是其黏聚力。因为石英砂的黏聚力非常小，此处忽略不计。内摩擦角见表 7.4.5。

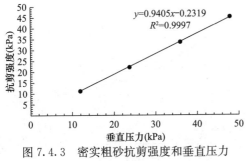

图 7.4.3　密实粗砂抗剪强度和垂直压力关系曲线

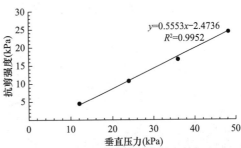

图 7.4.4　松散细砂抗剪强度和垂直压力关系曲线

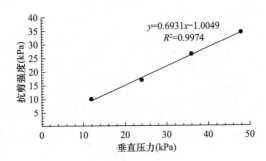

图 7.4.5　密实细砂抗剪强度和垂直压力关系曲线

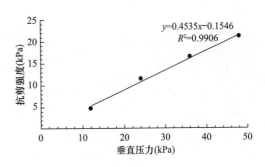

图 7.4.6　中密粉砂抗剪强度和垂直压力关系曲线

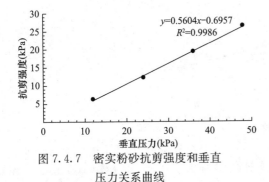

图 7.4.7　密实粉砂抗剪强度和垂直压力关系曲线

内摩擦角　　　表 7.4.5

| 类别 | 内摩擦角 $\varphi$(°) |
| --- | --- |
| 密实粗砂 | 43.2 |
| 松散细砂 | 29.0 |
| 密实细砂 | 34.7 |
| 中密粉砂 | 24.4 |
| 密实粉砂 | 29.2 |

## 7.4.4　标准固结试验

采用南京土壤仪器厂有限公司制造的 WG 型单杠杆固结仪进行标准固结试验，试验的基本步骤如下：

（1）制备好试样，并将试样按试验标准放置在固结仪器中。

（2）加压设备安装好后，安装百分表。

（3）施加 1kPa 的预压力使得仪器的上下各部件都与试样接触，读取百分表的初始读数。

（4）分级施加各级竖向荷载，荷载等级为 10kPa、20kPa、30kPa、40kPa、50kPa。

（5）每级荷载施加后，按一定时间间隔持续对百分表读数直至沉降稳定后加下一级荷载。

（6）处理数据，绘制 $e$-$p$ 曲线，并计算各级荷载范围内的侧限压缩模量 $E_s$。图 7.4.8～图 7.4.12 所示为各类石英砂的 $e$-$p$ 曲线。

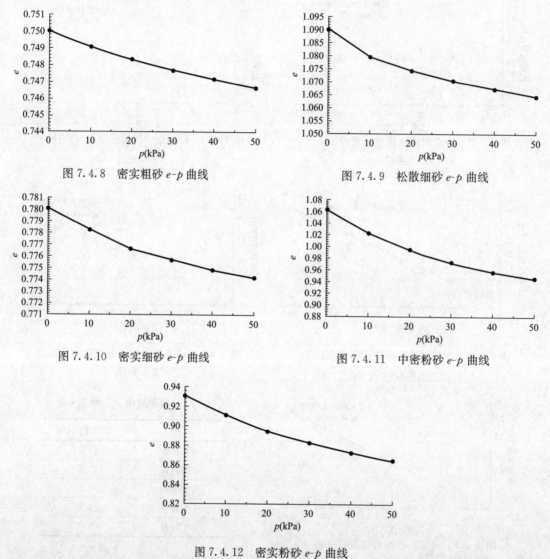

图 7.4.8 密实粗砂 $e$-$p$ 曲线　　　　　　　　图 7.4.9 松散细砂 $e$-$p$ 曲线

图 7.4.10 密实细砂 $e$-$p$ 曲线　　　　　　　　图 7.4.11 中密粉砂 $e$-$p$ 曲线

图 7.4.12 密实粉砂 $e$-$p$ 曲线

根据 $e$-$p$ 曲线可计算出各个荷载范围内的压缩模量 $E_s$，见表 7.4.6。

压缩模量　　　　　　　　　　　　　　　　　　　　　　　　表 7.4.6

| 荷载范围 $p$(kPa) | 密实粗砂 $E_s$(MPa) | 松散细砂 $E_s$(MPa) | 密实细砂 $E_s$(MPa) | 中密粉砂 $E_s$(MPa) | 密实粉砂 $E_s$(MPa) |
|---|---|---|---|---|---|
| 0～10 | 18.47 | 1.96 | 10.19 | 0.55 | 1.00 |
| 10～20 | 24.43 | 4.08 | 10.81 | 0.68 | 1.19 |

| 荷载范围 $p$(kPa) | 密实粗砂 $E_s$(MPa) | 松散细砂 $E_s$(MPa) | 密实细砂 $E_s$(MPa) | 中密粉砂 $E_s$(MPa) | 密实粉砂 $E_s$(MPa) |
|---|---|---|---|---|---|
| 20~30 | 28.17 | 5.29 | 18.69 | 0.91 | 1.53 |
| 30~40 | 31.38 | 6.36 | 20.42 | 1.35 | 1.94 |
| 40~50 | 34.31 | 7.68 | 27.42 | 1.82 | 2.42 |

## 7.4.5　试验过程

### 1. 填土和设桩

在模型箱中按所需密实度逐层填土，安置模型桩，同时布置土压力盒及沉降测点。此时钢环位置固定，相互之间不能发生相对位移。

### 2. 桩顶加载

在实际工程中，上部结构在桩顶产生的压力是逐渐增加的，填土施加在桩侧的摩阻力也是随填土层的固结沉降逐步发生的，这样就存在一个桩顶压力、填土摩阻力施加先后顺序的问题。为反映出这一因素对负摩阻力的影响，在模型试验时采用不同的加载方式。

第一种加载方式：先不施加桩顶荷载，而使填土在重力作用下充分固结沉降，并在桩侧产生负摩阻力；待沉降完成后，再分级施加桩顶荷载；每级加载后，量测桩及土的变形和受力，稳定后，加下一级荷载，依此逐级加至最大荷载。

第二种加载方式：先施加桩顶荷载，待变形及受力稳定后，再使填土层在重力作用下产生固结沉降，直至稳定。

### 3. 土层沉降的实现

由于试验时很难按需要控制填土在自身重力作用下发生固结沉降的过程（例如，填土在填筑过程中即开始固结沉降，而当开始量测时，有相当部分的沉降已完成，而其准确量值也难以估算），故如前所述，以土周围钢环的重力作用于填土上，以其产生的压力模拟填土自重产生的压力（试验时，使填土自重产生的固结沉降先期完成）。在试验时，周围钢环间有支承约束时，钢环不产生沉降，其重力就不会传至填土；撤去支承约束时，其重力就会传至填土，使填土发生沉降，并在桩侧产生负摩阻力。通过这种方法，可按试验的需要，有效地控制填土沉降的发生时间。

### 4. 量测

按一定时间间隔量测桩顶沉降、土层沉降、桩身应变、填土压力等，直至变形及应力稳定。

## 7.4.6　小结

（1）介绍了实际工程的水文地质条件及模型试验的基本原理。

（2）推导出了原型与模型各物理量应满足的相似比，并根据原型参数和相似比要求确定了试验用土、模型桩和荷载的参数。

（3）从试验设备、测点布置、试验过程三方面介绍了模型试验方案，为模型箱的研制和材料的选取提供了依据。

## 7.5 试验设备研制及相似材料确定

### 7.5.1 相似材料

**1. 填土**

填土相似材料的选取考虑压缩模量为主要影响因素，故确定相似材料时应以压缩模量满足相似要求为主，强度指标为辅。通过对某料场生产的 $1\sim2mm$、$0.5\sim1mm$、$0.25\sim0.5mm$、$0.075\sim0.25mm$、$\leqslant0.075mm$ 等不同级配的石英砂进行试验，最终选取粒径 $\leqslant0.075mm$ 的石英砂作为填土的相似材料。

表 7.5.1 及图 7.5.1 为其固结试验的结果。

压缩系数为

$$a_v = (e_i - e_{i+1})/(p_i - p_{i+1}) \qquad (7.5.1)$$

相应的压缩模量为

$$E_s = (1 + e_0)/a_v \qquad (7.5.2)$$

通过式（7.5.1）、式（7.5.2）计算得到该石英砂的压缩模量见表 7.5.2。

通过直剪试验测得该石英砂的抗剪强度与垂直压力关系曲线，如图 7.5.2 所示。可知，该石英砂的黏聚力为 $1.807kPa$，内摩擦角为 $12.4°$。

**每级荷载下对应的孔隙比**　　　　　　　　　　　　表 7.5.1

| 荷载（kPa） | 孔隙比 $e$ |
|---|---|
| 12.5 | 0.523 |
| 25.0 | 0.507 |
| 50.0 | 0.489 |
| 100.0 | 0.482 |

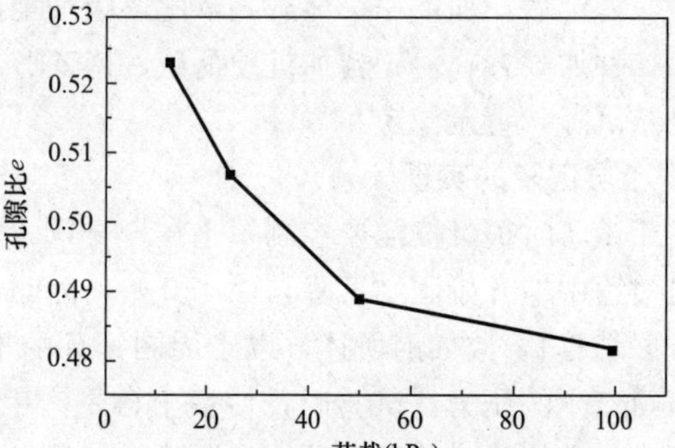

图 7.5.1　石英砂 $e\text{-}p$ 曲线

**石英砂压缩模量**　　　　　　　　　　　　表 7.5.2

| 荷载范围（kPa） | 压缩模量（MPa） |
|---|---|
| $0\sim12.5$ | 0.6 |
| $12.5\sim25.0$ | 1.2 |
| $25.0\sim50.0$ | 2.1 |
| $50.0\sim100.0$ | 11.1 |

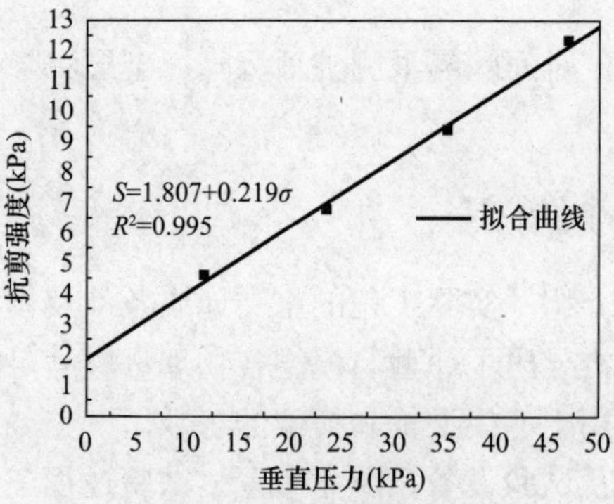

$S=1.807+0.219\sigma$
$R^2=0.995$

图 7.5.2　石英砂强度曲线

**2. 桩底风化岩层**

桩底风化岩层的相似材料采用石膏和水进行配比。

为确定不同水膏比时石膏的弹性模量，通过三轴试验确定试件的弹性模量。在线性范围内，通过量力环的变形与量力环系数可以测出试件所受的荷载 $P$，再测出试件在不同荷载作用下对应的变形，根据式（7.5.3）即可求出石膏的弹性模量。

$$E = PL/(A\Delta L) \qquad (7.5.3)$$

式中，$E$ 为石膏的弹性模量；$P$ 为试件所受的荷载；$L$ 为试件高度；$A$ 为石膏试件截面面积；$\Delta L$ 为试件形变量。

按照水膏比 0.2∶1、0.3∶1、0.4∶1、0.5∶1 进行配比制作试件，如图 7.5.3 所示。

通过三轴试验测得石膏材料应力-应变曲线如图 7.5.4 所示。对应力-应变曲线拟合，拟合曲线的斜率即为石膏材料的弹性模量。

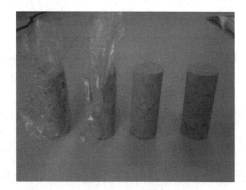

图 7.5.3　石膏试件

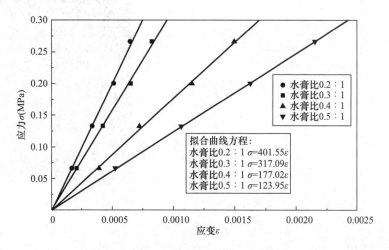

图 7.5.4　石膏材料应力-应变曲线

根据三轴试验结果，水膏比为 0.2∶1、0.3∶1、0.4∶1 的石膏材料压缩模量都能满足相似关系。水膏比为 0.2∶1、0.3∶1 的石膏和易性较差，若按照这两种比例配制大量石膏作为桩底持力层容易出现空隙，不能保证材料的均匀性；水膏比为 0.4∶1 的石膏材料则在和易性上能够满足试验的要求。根据上述分析，选取水膏比为 0.4∶1 的石膏材料作为桩底较为坚硬持力层的相似材料，见表 7.5.3。

不同配比石膏的弹性模量　　　　　　　　　　　　　　　　　　　　表 7.5.3

| 试件编号 | 水膏比 | 弹性模量（MPa） |
| --- | --- | --- |
| 1 | 0.2∶1 | 405 |
| 2 | 0.3∶1 | 317 |
| 3 | 0.4∶1 | 177 |
| 4 | 0.5∶1 | 124 |

### 3. 试验桩体

经过对不同材质、规格的管材进行比较，最终选定外径为 30mm，厚度为 1mm 的铝合金管作为试桩材料。为进一步验证试算结果，在该规格的铝合金管表面粘贴应变片测定其弹性模量。测定结果见表 7.5.4 和图 7.5.5。

铝合金管应力-应变值          表 7.5.4

| 压力（N） | 应力（GPa） | 应变（$\times 10^{-5}$） |
|---|---|---|
| 82 | 0.000900049 | 1.264 |
| 164 | 0.001800097 | 2.528 |
| 246 | 0.002700146 | 3.673 |
| 328 | 0.003600195 | 4.858 |

如图 7.5.5 所示，通过试验测得该铝合金的弹性模量为 73.42GPa。该铝合金管 $EA_m = 6689.02$kN。为了模拟实际桩的粗糙表面，试验时在模型桩外表面粘砂粒，如图 7.5.6 所示。

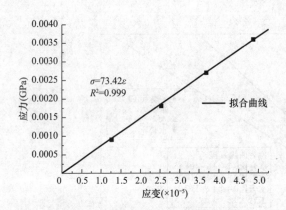

图 7.5.5 铝合金管应力-应变曲线

图 7.5.6 模型桩外表面处理

## 7.5.2 试验设备

### 1. 钢环尺寸的确定

通过钢环模拟填土的自重应力场是本试验的核心技术问题。钢环产生的应力场应与自重应力场相似，即竖向线性分布，水平方向均匀分布。钢环构造如图 7.5.7 所示。

钢环主要由钢盒、钢片及挡土片三部分组成。往钢盒中添加铁砂以增加钢环重量，钢盒中铁砂的自重以及钢片上部填土的自重通过钢片传递给填土，每个钢环下部设置一道挡土片，以防止填土填充到钢环之间的空隙处，如图 7.5.8 所示。

假设钢环及钢片上部的填土自重以均布荷载的形式作用于钢片上，并通过钢片以角度 $\theta$ 进行扩散，因此图 7.5.8 中位于填土中心的 A、B、C 三点的土压力分别为

$$p_A = \frac{2pL}{L + z_1 \tan\theta} \tag{7.5.4}$$

$$p_B = \frac{2pL}{L + z_1 \tan\theta} + \frac{2pL}{L + z_2 \tan\theta} \tag{7.5.5}$$

$$p_C = \frac{2pL}{L + z_1 \tan\theta} + \frac{2pL}{L + z_2 \tan\theta} + \frac{2pL}{L + z_3 \tan\theta} \tag{7.5.6}$$

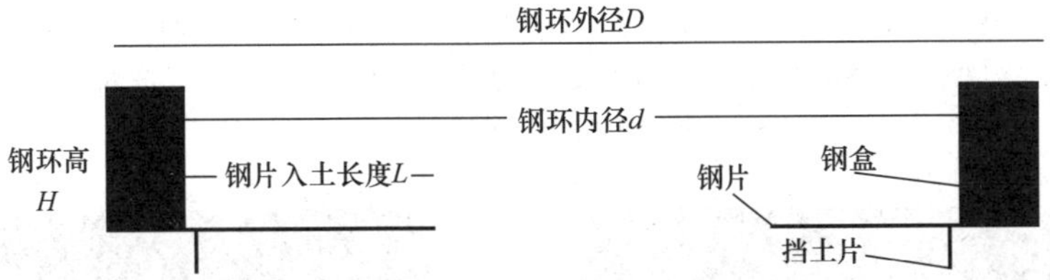

图 7.5.7　钢环构造

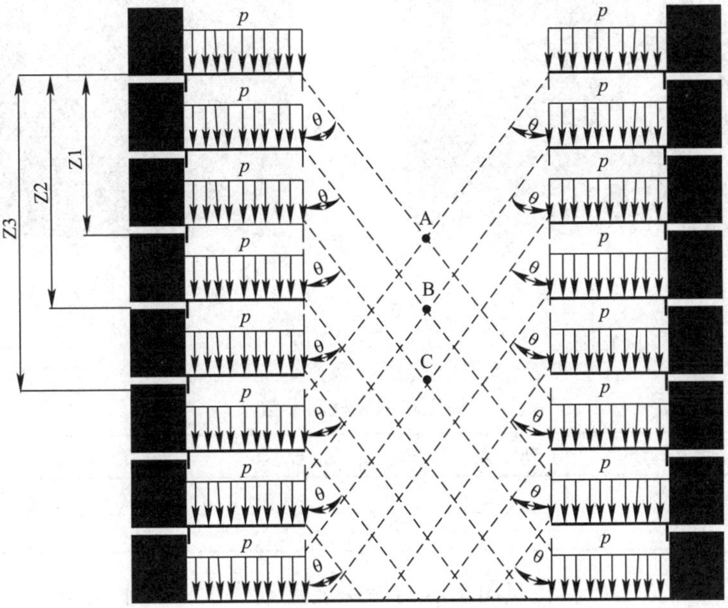

图 7.5.8　钢环荷载传递

由式（7.5.4）～式（7.5.6）可以看出，通过钢环加载，填土中心的土压力随着深度增加而增大，但还有如下问题需要解决：①通过钢环加载模拟的土压力在竖向的分布规律能否近似地认为是线性分布的；②钢环的重力通过钢环底部的钢片传到填土上，在填土的同一深度，越靠近钢片的地方土压力值可能越大，即通过钢环加载模拟的土压力在水平向的分布规律能否近似地认为是均匀分布的；③钢片尺寸越长，应力的扩散范围越大，但土体的有效范围越小，需确定一个合适的钢片尺寸同时满足传力和土体的有效范围的要求。

为了解决上述问题，研究在钢环作用下填土应力场的分布规律，采用 ABAQUS 对 3 种不同尺寸的钢环建模进行计算（表 7.5.5）。计算得出填土在钢环作用下土压力的竖向分布规律和水平分布规律，以判断采用钢环加载模拟填土自重应力场是否可行，并确定一个合适的钢环尺寸用于试验。

钢环尺寸        表 7.5.5

| 钢环编号 | 内径（m） | 外径（m） | 高（m） | 钢片长度（m） |
|---|---|---|---|---|
| 1 号 | 0.8 | 0.96 | 0.1 | 0.2 |
| 2 号 | 0.8 | 0.96 | 0.1 | 0.1 |
| 3 号 | 0.8 | 0.96 | 0.15 | 0.1 |

计算时假定：（1）填土为符合 Mohr-Coulomb 屈服准则的弹塑性材料；（2）在定义钢片和填土之间的接触关系时，假定钢片和与其接触的填土之间不发生相对位移。在定义位移边界条件时，假定填土底部不产生任何方向的位移，填土中心和填土的右边界在水平方向不产生位移，模型计算如图 7.5.9 所示。计算得到 1 号钢环的竖向应力云图如图 7.5.10 所示。

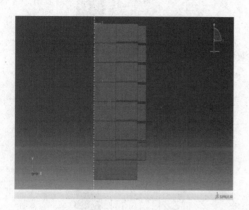
图 7.5.9　模型计算图

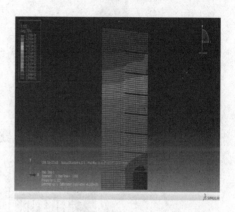
图 7.5.10　应力云图（1 号）

材料参数见表 7.5.6。

填土和钢环材料参数 表 7.5.6

| 类别 | 密度（kg/m³） | 弹性模量（MPa） | 泊松比 | 内摩擦角（°） | 膨胀角（°） |
|---|---|---|---|---|---|
| 填土 | 1750 | 5 | 0.3 | 18 | 18 |
| 钢环 | 7800 | 200000 | — | — | — |

由图 7.5.10 可以看出：在竖向土压力沿深度逐渐增大，水平向土压力基本呈层状分布。在 1 号钢环、2 号钢环、3 号钢环作用下填土的土压力沿竖向大致呈线性分布，与实际土压力的竖向分布规律相符。钢片对土压力的水平分布规律有一定的影响，其影响范围大致为 0.1m；在距钢片 0.1m 的范围内，土压力的水平分布曲线出现较大的倾斜，土压力分布不均匀；在距钢片 0.1m 范围外，土压力的水平分布曲线基本是一条水平直线，土压力分布比较均匀，均匀分布的范围是 $2(r-L-0.1)$m，其中 $r$ 为模型箱半径，$L$ 为钢片入土长度。张四平、邓安福等指出，日本的岸田英明就砂箱中的模型试验进行过专门研究，并提出桩对桩周土体的横向影响范围为 $10D$，$D$ 为桩径。综合以上分析和研究结果可知，若在钢环作用下填土的土压力在水平方向均匀分布的范围 $2(r-L-0.1) \geqslant 10D$ 且土压力的竖向分布规律呈线性分布，那么采用该钢环模拟填土的自重应力场的方案是可行的。

1 号钢环作用下填土土压力在水平向均匀分布的范围是 0.2m，小于 10 倍桩径 0.3m，故 1 号钢环的尺寸不能满足试验的要求。2 号、3 号钢环作用下填土土压力在水平向均匀分布的范围是 0.4m，大于 10 倍桩径，且土压力的竖向均大致呈线性分布，因此 2 号、3 号钢环均能满足试验要求。由图 7.5.11、图 7.5.12 可知在将土压力纵向分布曲线拟合成线性曲线时，2 号钢环的相关系数 R22＞R23，因此选择 2 号钢环较 3 号钢环更为合理。

综上所述，选择 2 号钢环模拟填土的自重应力场能够满足试验要求，所以确定试验中钢环的几何尺寸为：内径 0.8m，外径 0.96m，高 0.1m，钢片入土长度 0.1m。

通过 2 号钢环加载的土压力实测结果如表 7.5.7、图 7.5.11 所示。

土压力实测结果　　　　　　　　　　　　　　表 7.5.7

| 深度（m） | 应变值（$\mu\varepsilon$） | 土压力（kPa） |
|---|---|---|
| 0 | 0 | 0.00 |
| 0.12 | 1.6 | 1.34 |
| 0.24 | 8.4 | 3.52 |
| 0.36 | 19.4 | 7.42 |
| 0.48 | 37.2 | 12.33 |
| 0.60 | 48.0 | 20.32 |
| 0.72 | 52.4 | 29.34 |
| 0.84 | 53.8 | 34.51 |

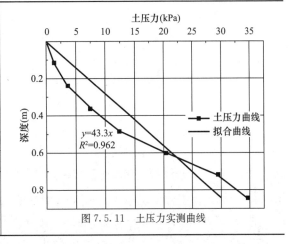

图 7.5.11　土压力实测曲线

由图 7.5.12～图 7.5.17 可知，土压力随着深度增加而增大。对土压力曲线进行线性拟合的相关系数 $R^2=0.962$，说明土压力随深度大致呈线性分布，填土的实际重度为

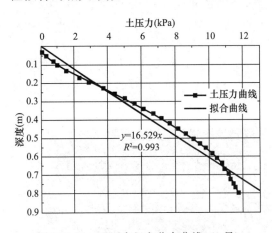

图 7.5.12　土压力竖向分布曲线（1 号）

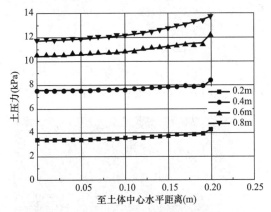

图 7.5.13　土压力水平向分布曲线（1 号）

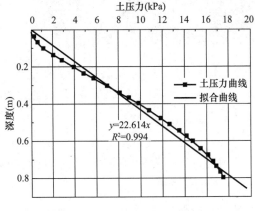

图 7.5.14　土压力竖向分布曲线（2 号）

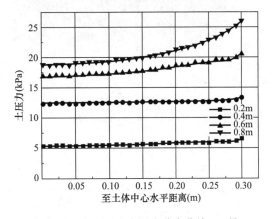

图 7.5.15　土压力水平向分布曲线（2 号）

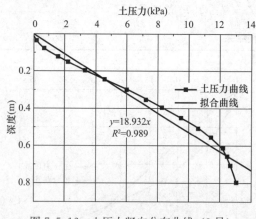

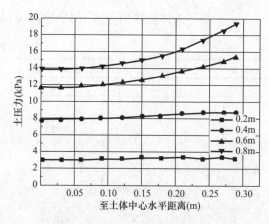

图 7.5.16　土压力竖向分布曲线（3 号）　　图 7.5.17　土压力水平向分布曲线（3 号）

$43.3kN/m^3$。以上分析说明本试验通过钢环施加压力可模拟出填土土压力的分布特点。

为了方便试验过程中安装钢环，故将钢环内部做成中空，以减轻钢环重量，待每层钢环安装完成以后再往钢环中空部分填上铁砂，以保证通过钢环施加给土体的力达到要求。通过垫块可以保证在模型装填过程中钢环的重力不会直接作用于土上。待钢环全部安装完成以后，撤掉垫块，钢环的自重将会通过钢环底部的钢片传递给土。

**2. 桩顶加载装置**

桩顶加载装置分为承载板和钢块两部分。在试验中将承载板和桩粘合在一起，如图 7.5.18 所示。每级荷载为 82.4N，采用 17cm×17cm×3.5cm 的钢块。试验时将钢块逐个置于桩顶之上，模拟桩的加载过程。

图 7.5.18　钢块和承载板

## 7.5.3　量测内容及量测方法

**1. 测点布置**

根据本次试验目的，需要量测以下 4 个方面的内容：土压力、桩身应变、填土沉降和桩顶沉降。测点布置如图 7.5.19 所示。

**2. 土压力量测**

采用 XY-TY02A 电阻式微型土压力计，如图 7.5.20 所示。该土压力计的参数：测量范围（MPa）0～0.8；分辨力（％F.S.）≤0.08；温度测量范围－25～＋60℃；温度测量精度 0.5℃。处于不同介质中的土压力计的率定参数存在较大差异，厂家采用的是油压标定法。为了使土压力的量测结果更加准确，在试验之前将土压力计置于试验用土中进行标定。土压力计标定装置如图 7.5.21 所示。

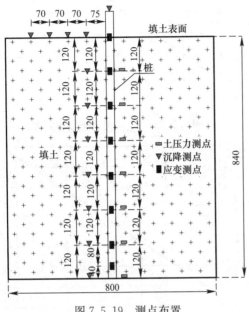

图 7.5.19  测点布置

图 7.5.20  XY-TY02A 电阻式微型土压力计

标定步骤为：

（1）将圆柱形砂箱置于平整的地面上。

（2）往砂箱装填试验用土，待试验用土填到砂箱高度一半时将土压力计放置在砂箱中间；土压力计放置好以后继续往砂箱填试验用土，直至装满。

（3）在砂箱表面放置与砂箱表面大小相同的承载板。

（4）将土压力计导线连接到应变仪上，测出其初始读数并将初始读数归零。

（5）按照每级荷载 2.5kPa 逐级加载，待每级加载应变仪读数稳定以后施加下一级荷载。

标定结果如图 7.5.22～图 7.5.29 所示。

由以上标定结果可以看出土压力计的应力-应变之间的关系为：

$$\sigma = A + B\varepsilon \qquad (7.5.7)$$

式中，$\sigma$ 为土压力值（kPa）；$\varepsilon$ 为应变量（$\times 10^{-6}$）；$A$、$B$ 为率定参数。

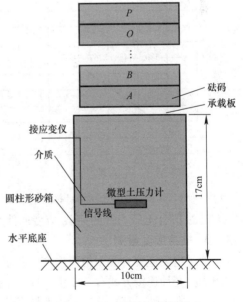

图 7.5.21  土压力计标定装置

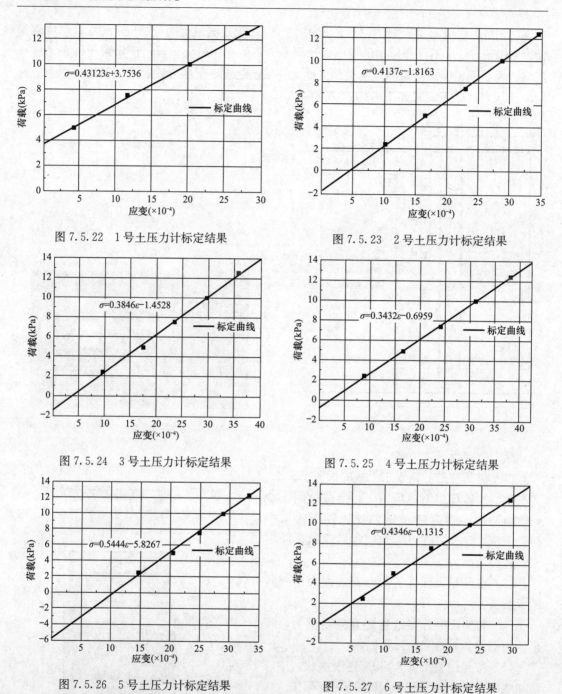

图 7.5.22　1号土压力计标定结果　　　　图 7.5.23　2号土压力计标定结果

图 7.5.24　3号土压力计标定结果　　　　图 7.5.25　4号土压力计标定结果

图 7.5.26　5号土压力计标定结果　　　　图 7.5.27　6号土压力计标定结果

通过拟合土压力计的荷载-应变曲线得到各土压力计的率定参数，见表 7.5.8。

**3. 桩身应变量测**

通过电阻应变片测量桩身应变，并由此得到桩身轴力。用于量测简单拉伸、压缩过程的常用的应变计连接方式有 1/4 桥、1/2 桥和全桥三种。为保证桩身应变量测的准确性，本次试验选择准确性最高、抗干扰能力最强的全桥连接方式。采用 BE120-3AA 式电阻应变片。

格栅尺寸 8mm×5mm；适用温度 −30～70℃；灵敏系数 2.1±2%；室温应变极限 20000μm/m。

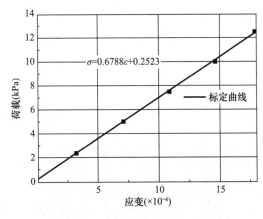

图 7.5.28　7 号土压力计标定结果

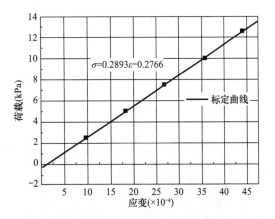

图 7.5.29　8 号土压力计标定结果

土压力计率定参数　　　　　　　　　　表 7.5.8

| 土压力计编号 | $A$(kPa) | $B$(kPa/$\mu\varepsilon$) |
| --- | --- | --- |
| 1 | 3.7536 | 0.4312 |
| 2 | −1.8163 | 0.4137 |
| 3 | −1.4528 | 0.3846 |
| 4 | −0.6959 | 0.3432 |
| 5 | −5.8267 | 0.5444 |
| 6 | −0.1315 | 0.4346 |
| 7 | 0.2523 | 0.6788 |
| 8 | −0.2766 | 0.2893 |

由于将应变片贴在桩身外表面很容易被破坏，且导线影响桩的受力，所以试验时将试验桩剖为两半，将应变片贴在桩体内表面。贴片的操作步骤为：

（1）涂刷胶水。将桩内表面清洁后涂一层底胶，以增加粘结力，待底胶稍干后，即可涂刷胶水，涂刷时应单方向进行，以免将污物带入中部。胶层涂量应适中，不可太厚或者太薄。

（2）应变片粘贴。在应变片和模型表面的胶层稍有挥发即可进行贴片。贴片时应先贴应变片的前端，然后由前至后将整个应变片贴好，使应变片和模型表面密贴，如图 7.5.30 所示。

（3）干燥。在室温下自然干燥。

（4）引线焊接。先将应变片引出线焊接到接线端子，再将铜导线焊接到接线端子。

（5）涂胶保护铜导线。在试验过程中铜导线与接线端子连接处很容易由于铜导线受拉而被破坏，因此在铜导线焊接好以后将铜导线与接线端子连接处涂抹一层胶水以起到保护铜线的作用，如图 7.5.31 所示。

**4. 沉降量测**

1）填土沉降

填土沉降量测装置有百分表、钢架、基准梁和带引出线的小块钢板。量测方法如下：

（1）将钢架置于水平地面上，然后将基准梁架设在钢架顶端。

（2）在填土的沉降测点埋入带引出线的小块钢板，待小块钢板埋设好以后，将引出线竖直地引到基准梁上。在基准梁上与引出线相交的位置做上记号。

（3）在基准梁上有记号的位置安装百分表。

（4）将小块钢板引出线与百分表相连。当填土沉降时会带动小块钢板一起沉降，小块钢板产生沉降时会通过引出线使百分表读数发生改变，通过百分表读数差值可量测出填土沉降。

钢架、小块钢板、百分表的安装和引出线与百分表的连接如图 7.5.32、图 7.5.33 所示。

图 7.5.30　钢架

图 7.5.31　小块钢板

图 7.5.32　安装好的百分表

图 7.5.33　引出线与百分表的连接

图 7.5.34　桩顶沉降量测装置

2）桩顶沉降

为消除桩身倾斜对桩顶沉降量测所产生的误差，在桩顶设 3 个测点。如图 7.5.34 所示，在承载板上焊接 3 根钢筋，每相邻的两根钢筋之间夹角为 120°，每根钢筋上连上引出线，引出线的另一端与基准梁上的百分表相连。

最终以 3 个百分表读数的平均变化值作为桩顶的沉降量。

# 7.6　模型试验结果及分析

试验共进行了 11 组，桩顶加载到极限承载力，各个试验组的基本信息见表 7.6.1。

各试验组基本信息　　　　　　　　　　　　　　表 7.6.1

| 试验组次 | 石英砂类别 | 密实度 | 桩端持力层 | 加载顺序 | 铁砂填充程度 |
|---|---|---|---|---|---|
| 第 1 组 | 细砂 | 松散 | 基岩 | 只加自重荷载 | 空环 |

| 试验组次 | 石英砂类别 | 密实度 | 桩端持力层 | 加载顺序 | 铁砂填充程度 |
|---|---|---|---|---|---|
| 第 2 组 | 细砂 | 松散 | 基岩 | 只加自重荷载 | 半环 |
| 第 3 组 | 细砂 | 松散 | 基岩 | 只加自重荷载 | 满环 |
| 第 4 组 | 粉砂 | 中密 | 基岩 | 只加自重荷载 | 满环 |
| 第 5 组 | 粉砂 | 密实 | 基岩 | 只加自重荷载 | 满环 |
| 第 6 组 | 细砂 | 密实 | 基岩 | 只加自重荷载 | 满环 |
| 第 7 组 | 粗砂 | 密实 | 基岩 | 只加自重荷载 | 满环 |
| 第 8 组 | 细砂 | 松散 | 细砂 | 先加自重荷载，再加桩顶荷载 | 满环 |
| 第 9 组 | 细砂 | 松散 | 细砂 | 先加桩顶荷载，再加自重荷载 | 满环 |
| 第 10 组 | 粉砂 | 中密 | 粉砂 | 先加自重荷载，再加桩顶荷载 | 满环 |
| 第 11 组 | 粉砂 | 中密 | 粉砂 | 先加桩顶荷载，再加自重荷载 | 满环 |

钢环产生的自重土压力在 8 号环以下的范围内才开始产生，最上面的 8 号环范围内并没有土压力。规定填土表面为 0 点，向下深度为正，在 $0 \sim 0.12\mathrm{m}$ 范围内没有产生自重土压力，该范围为无效段、故在后续的具体分析中，桩体有效范围是 $0.12 \sim 0.96\mathrm{m}$，有效长度为 $0.84\mathrm{m}$。

$6 \sim 7$ 组试验中，因为填土沉降非常小，桩身变形量不可忽略，所以桩身各处沉降由桩身变形量和桩端沉降决定；其他组试验中桩身变形量相对填土沉降量非常小，可认为桩身各处沉降都等于桩顶测量沉降。

## 7.6.1　土压力测定结果

### 1. 土压力盒标定

不同种类石英砂介质中的标定结果见表 7.6.2。

土压力盒标定结果

表 7.6.2

| 松散细砂 | | 中密粉砂 | | 密实粉砂 | |
|---|---|---|---|---|---|
| 土压力盒编号 | 标定参数 $K$ | 土压力盒编号 | 标定参数 $K$ | 土压力盒编号 | 标定参数 $K$ |
| 101 | 0.1587 | 101 | 0.0841 | 101 | 0.1007 |
| 102 | 0.1595 | 102 | 0.1130 | 102 | 0.1248 |
| 103 | 0.1354 | 103 | 0.0853 | 103 | 0.1328 |
| 104 | 0.1260 | 104 | 0.0823 | 104 | 0.1442 |
| 105 | 0.1599 | 105 | 0.0953 | 105 | 0.1346 |
| 106 | 0.1440 | 106 | 0.0795 | 106 | 0.1560 |
| 107 | 0.1574 | 107 | 0.0740 | 107 | 0.1215 |
| 108 | 0.1596 | 108 | 0.0887 | 108 | 0.1380 |

### 2. 土压力拟合

各组试验土压力沿深度分布拟合曲线如图 7.6.1～图 7.6.5 所示，其中深度为 $x$ 轴，土压力为 $y$ 轴。可知，模型箱产生土压力随深度大致呈线性分布，产生的模拟重度见表 7.6.3。

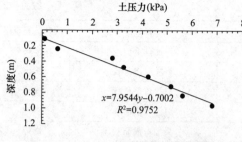

图 7.6.1　土压力沿深度分布拟合曲线
（第 1 组）

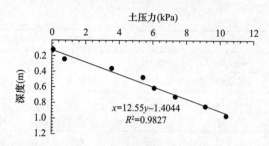

图 7.6.2　土压力沿深度分布拟合曲线
（第 2 组）

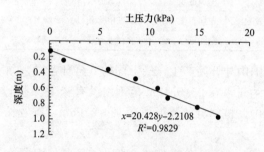

图 7.6.3　土压力沿深度分布拟合曲线
（第 3、8、9 组）

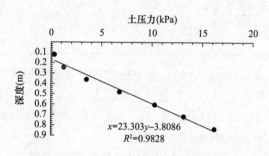

图 7.6.4　土压力沿深度分布拟合曲线
（第 4、10、11 组）

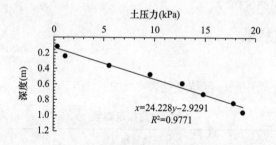

图 7.6.5　土压力沿深度分布拟合曲线（第 5 组）

各试验组模拟重度　　　　　　　　　　表 7.6.3

| 试验组次 | 模拟重度（kN/m³） |
| --- | --- |
| 第 1 组 | 7.95 |
| 第 2 组 | 12.55 |
| 第 3 组 | 20.43 |
| 第 4 组 | 23.3 |
| 第 5 组 | 24.23 |
| 第 8 组 | 20.43 |
| 第 9 组 | 20.43 |
| 第 10 组 | 23.3 |
| 第 11 组 | 23.3 |

## 7.6.2　试验结果及分析

### 1. 桩身轴力

各试验组桩身轴力沿深度分布曲线如图 7.6.6～图 7.6.16 所示。分析可知：

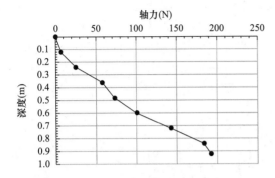

图 7.6.6　桩身轴力沿深度分布曲线（第 1 组）

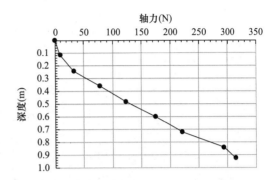

图 7.6.7　桩身轴力沿深度分布曲线（第 2 组）

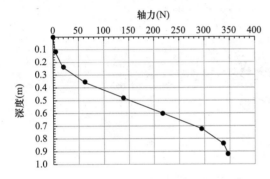

图 7.6.8　桩身轴力沿深度分布曲线（第 3 组）

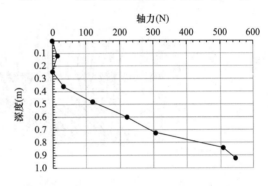

图 7.6.9　桩身轴力沿深度分布曲线（第 4 组）

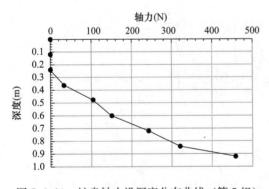

图 7.6.10　桩身轴力沿深度分布曲线（第 5 组）

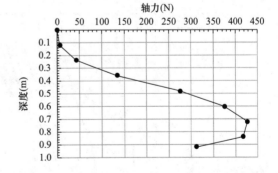

图 7.6.11　桩身轴力沿深度分布曲线（第 6 组）

第 1～5 组的桩身轴力随着深度增加而持续增大，中性点在桩端处。桩身轴力持续增加是因为桩为端承桩，此时桩端沉降几乎为 0，而桩身变形又忽略不计，因此桩体各处沉降都小于填土沉降，此时桩侧摩阻力全部都为负摩阻力。

第 6～7 组的桩身轴力在无效段 0～0.12m 深度范围内，轴力变化非常小，可近似认为轴力保持不变，桩侧无摩阻力；在 0.12～0.72m 深度范围内，桩身轴力随着深度增加持续增大，这是因为该深度范围内桩身变形和桩端沉降导致的桩身沉降小于填土沉降，桩侧摩阻力

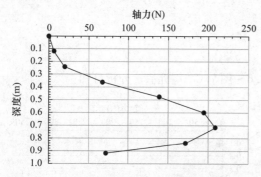

图 7.6.12 桩身轴力沿深度分布曲线（第 7 组）

为负摩阻力；在深度 0.72m 以下，轴力随深度增加而持续减小，这是因为该深度范围内填土沉降过小，桩身变形和桩端沉降导致的桩身沉降大于填土沉降，此时桩侧摩阻力为正摩阻力。由此可知，在填土自重荷载作用下，这两组试验中桩的中性点约在 0.71 倍桩长处。

第 8、10 组试验的分析分两个阶段讨论，第 1 阶段是先加填土自重，第 2 阶段是继续施加桩顶荷载。

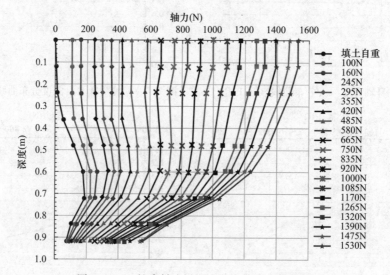

图 7.6.13 桩身轴力沿深度分布曲线（第 8 组）

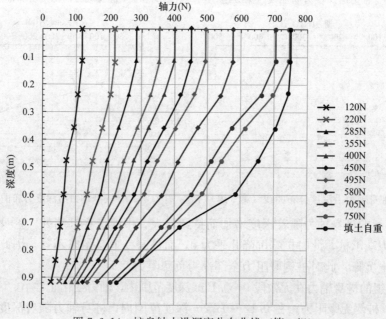

图 7.6.14 桩身轴力沿深度分布曲线（第 9 组）

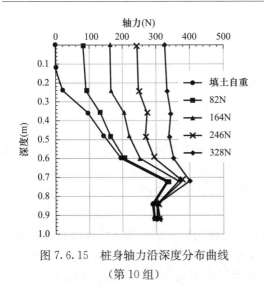

图 7.6.15　桩身轴力沿深度分布曲线
（第 10 组）

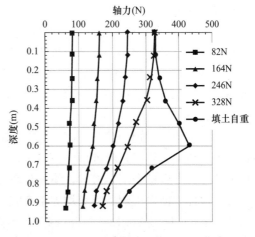

图 7.6.16　桩身轴力沿深度分布曲线
（第 11 组）

1）第 1 阶段

在无效段 0～0.12m 深度范围内，轴力基本保持为 0，桩侧未产生摩阻力；在 0.12～0.72m 深度范围内，桩身轴力随着深度增加持续增大，桩侧摩阻力为负摩阻力；在深度 0.72m 以下，轴力随深度增加而逐渐减小（第 10 组试验在 0.84～0.92m 深度范围内轴力随深度增加而有略微增加，可能是因为测量误差导致），这是由于该深度范围内，填土沉降已经减小到小于桩身沉降，桩侧摩阻力转化为正摩阻力。由此可知，在填土自重作用下，两组试验中桩的中性点在 0.71 倍桩长附近。

2）第 2 阶段

（1）第 8 组：桩顶荷载在 100～485N 范围内，桩身轴力在 0.12～0.6m 深度范围内随深度增加而增大，桩侧摩阻力为负摩阻力；在 0.6m 深度以下，轴力随深度增加而减小，桩侧摩阻力为正摩阻力；中性点位置从填土自重作用下的 0.71 倍桩长附近上升到 0.57 倍桩长附近。桩顶荷载在 580～835N 范围内，桩身轴力曲线在上半段特征不明显，在下半段随深度增加而减小。桩顶荷载增加到 920N 后，随着荷载增大，桩身轴力越来越明显地呈现如下趋势：随着深度增加，轴力逐渐减小，桩侧摩阻力全部转化为正摩阻力。

（2）第 10 组：桩顶荷载在 82～328N 范围内，桩身轴力曲线在 0.12～0.72m 深度范围内，轴力随深度增加而增大，桩侧摩阻力为负摩阻力；在 0.72m 深度以下，轴力随深度增加而减小，桩侧摩阻力为正摩阻力；中性点依旧保持在 0.71 倍桩长附近。

（3）通过观察各级桩顶荷载作用下产生的轴力增量，可发现如下规律：在 0～0.12m 深度范围内，轴力增量几乎等于各级桩顶荷载大小，这是因为该范围内，桩侧摩阻力为 0；在桩侧摩阻力为负摩阻力段，轴力增量随深度增加而逐渐减小，这是因为施加桩顶荷载后，桩身沉降增加，在该深度范围内桩-土相对位移减小，所以负摩阻力减小，导致轴力增量逐渐减小；在桩侧摩阻力为正摩阻力段，轴力增量也随深度增加而逐渐减小，这是因为在桩顶荷载作用下，桩身沉降增加，在该深度范围内桩-土相对位移增大，正摩阻力增大，导致轴力增量逐渐减小。

第 9、11 组试验的分析也分两个阶段讨论，第 1 阶段是先加桩顶荷载，第 2 阶段是继续施加填土自重。

1）第 1 阶段

在 0.12m 深度以下，轴力随着深度增加而逐渐减小，这是因为此时填土沉降几乎没有发生，而桩身发生沉降，桩体沉降大于填土沉降，导致该范围内桩侧产生了正摩阻力。随着桩顶荷载增大，轴力随深度增加而减小的趋势有所增加，这是因为桩顶荷载越大，桩身沉降增大，则桩-土相对位移增大，导致桩侧的正摩阻力增大。

2）第 2 阶段

（1）第 9 组：桩顶加载到 750N 以后，继续施加填土自重荷载，加载完成后的桩身轴力在全桩长范围内依然随深度增加而减小，桩侧摩阻力均为正摩阻力，这是因为第一阶段桩顶加载较大导致桩身沉降较大，第二阶段施加填土自重荷载后填土的沉降量依然小于桩身沉降，这样就使得桩侧摩阻力均为正摩阻力。

（2）第 11 组：在 0.12～0.6m 深度范围内，桩身轴力随着深度增加持续增大，桩侧摩阻力为负摩阻力，这是因为施加填土自重荷载后该范围内填土沉降量增加较大，导致填土沉降大于桩身沉降，桩侧摩阻力由原来的正摩阻力转变成负摩阻力；在 0.6m 深度以下，轴力随深度增加持续减小，桩侧摩阻力为正摩阻力，这是因为此范围内填土沉降增大后依旧小于桩身沉降，桩侧摩阻力依旧是正摩阻力。由此可知，桩的中性点约在 0.57 倍桩长处。为了研究仅由填土自重荷载产生的桩侧负摩阻力，从图 7.6.16 中将仅由填土自重作用产生的桩身轴力提取出来，如图 7.6.17 所示。可知，0.12～0.6m 深度范围内，桩侧摩阻力为负摩阻力；在 0.6～0.92m 深度范围内，桩侧摩阻力为正摩阻

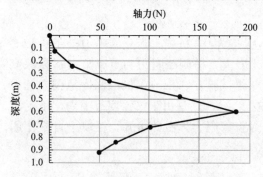

图 7.6.17 填土自重作用产生的桩身轴力
（第 11 组）

力；桩的中性点在 0.57 倍桩长附近。

**2. 桩身沉降与填土沉降**

沉降曲线如图 7.6.18～图 7.6.26 所示，其中第 1～5 组为填土自重加载后，桩身沉降与填土沉降曲线；第 6～7 组因为填土沉降和桩身沉降都非常小，几乎无法测得相关数据，此处不做分析；第 8 组包含了两个加载阶段的沉降曲线；第 9、11 组填土沉降和桩身沉降

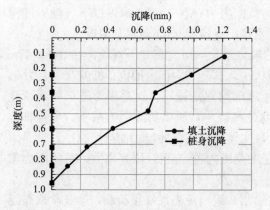

图 7.6.18 桩身沉降和填土沉降曲线（第 1 组）

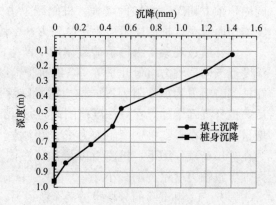

图 7.6.19 桩身沉降和填土沉降曲线（第 2 组）

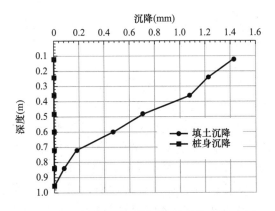

图 7.6.20　桩身沉降和填土沉降曲线（第 3 组）

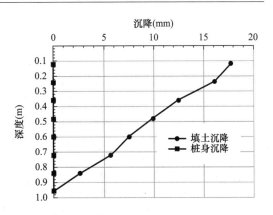

图 7.6.21　桩身沉降和填土沉降曲线（第 4 组）

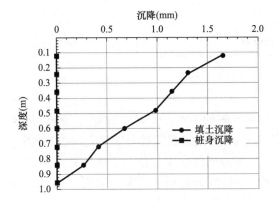

图 7.6.22　桩身沉降和填土沉降曲线（第 5 组）

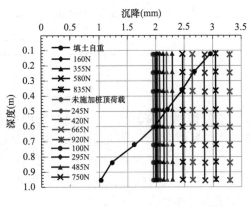

图 7.6.23　桩身沉降和填土沉降曲线（第 8 组）

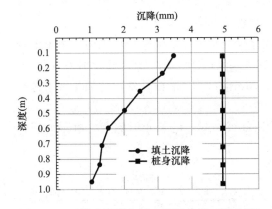

图 7.6.24　桩身沉降和填土沉降曲线（第 9 组）

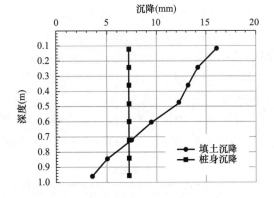

图 7.6.25　桩身沉降和填土沉降曲线（第 10 组）

均为全部加载完成后的沉降；第 10 组只包含第 1 阶段的填土沉降和桩身沉降。

分析图 7.6.18～图 7.6.26 的沉降曲线可知：

第 1～5 组的桩身沉降为 0，这是因为桩顶沉降非常小，几乎测量不出来；填土沉降随着深度增加而逐渐减小，桩端处填土沉降减小到 0；两条曲线仅在桩端处相交，其他范围内无交点，也就是说在整个桩长范围内，填土沉降始终大于桩身沉降，桩侧摩阻力均为负摩阻力，这与桩身轴力中的分析一致。

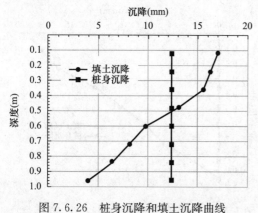

图 7.6.26　桩身沉降和填土沉降曲线
（第 11 组）

第 8 组试验在第 1 阶段时，填土沉降曲线和桩身沉降曲线在点（1.95，0.61）处相交，说明在 0.12～0.61m 深度范围内，填土沉降大于桩身沉降，桩侧摩阻力为负摩阻力；在 0.61m 深度以下，填土沉降小于桩身沉降，桩侧摩阻力为正摩阻力。因此桩的中性点在 0.58 倍桩长处，与桩身轴力分析中的桩中性点在 0.71 倍桩长附近也较为吻合。

第 8 组试验在第 2 阶段时，填土沉降基本保持不变，桩顶沉降持续增加。桩顶荷载在 100～485N 范围内，各级荷载对应的中性点位置见表 7.6.4，最后可得到如下结论：

| 中性点的位置 | | | | | | | 表 7.6.4 |
|---|---|---|---|---|---|---|---|
| 荷载等级（N） | 100 | 160 | 245 | 295 | 355 | 420 | 485 |
| 中性点深度比 | 0.575 | 0.565 | 0.540 | 0.529 | 0.485 | 0.448 | 0.379 |

（1）桩顶荷载在 100～485N 范围内，除了 485N 时的中性点位置略微偏高以外，其余中性点位置都在 0.57 倍桩长附近，基本满足前面桩身轴力及桩侧摩阻力分布规律中的分析。

（2）桩顶荷载达到 835N 后，中性点消失，全桩段桩侧摩阻力都为正摩阻力。除开一些测量误差等的影响，这与前面分析的桩顶荷载达到 920N 以后，桩侧摩阻力全部转化为正摩阻力基本吻合。

（3）随着桩顶荷载等级增加，中性点逐渐上升，最后达到一定荷载后中性点消失。这是因为随着桩顶荷载增加，填土沉降几乎没有，而桩身沉降逐渐增大。

第 9 组试验的填土沉降曲线和桩身沉降曲线没有交点，在整个桩长范围内，填土沉降都小于桩身沉降，桩侧摩阻力均为正摩阻力。第 10、11 组两条曲线交点分别为（7.19，0.73）和（12.42，0.51），中性点位置分别在 0.73 倍和 0.46 倍桩长处，这都与轴力分析中相吻合。

对第 8、9 组试验的桩顶加载阶段，用千斤顶逐级加载，记录变形稳定时桩顶荷载作用下的沉降量。各级桩顶荷载作用下桩顶沉降的 $p$-$s$ 曲线如图 7.6.27 和图 7.6.28 所示。

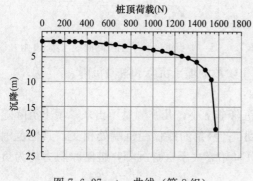

图 7.6.27　$p$-$s$ 曲线（第 8 组）

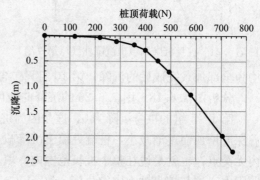

图 7.6.28　$p$-$s$ 曲线（第 9 组）

可知，第 8 组试验中，直到荷载达到 1580N 时，桩体发生急剧下沉，达到了单桩极限承载力，且无论先加桩顶荷载还是后加桩顶荷载，随着桩顶荷载等级提高，桩顶沉降持续增大，并且其增大速率也越来越快。

### 7.6.3　桩侧负摩阻力的确定

获得桩身轴力曲线后，采用对轴力进行差分的方法直接获得桩侧负摩阻力，即通过已知轴力的相邻两点之间的轴力差求得该范围内的平均摩阻力并不合理。这是因为轴力差分的相邻两点间距离往往较大，导致最后得到的结果可能与真实的桩侧负摩阻力分布相差较大。

因为桩侧负摩阻力达到极限状态时，负摩阻力与桩周土体的竖向有效应力成

正比例关系，所以可假设：

$$q_s^n(z) = Az \tag{7.6.1}$$

式中，$q_s^n$ 为桩侧负摩阻力；$A$ 为待定系数；$z$ 为深度。

对式（7.6.1）积分且因为仅在填土自重作用下时，$z=0$ 处轴力为 0，可得到轴力的表达式为：

$$N(z) = \frac{1}{2} u A z^2 \tag{7.6.2}$$

式（7.6.2）也可写成：

$$N(z) = A' z^2 \tag{7.6.3}$$

因此，如果由填土自重作用产生的某段桩身轴力能拟合成式（7.6.3）的二次函数形式，则该段范围的桩侧负摩阻力达到了极限状态，否则未达极限状态。如果达到极限状态，则可求得负摩阻力系数，并通过对轴力拟合的二次函数求导，求得桩侧负摩阻力分布函数；如果未达极限状态，则尝试采用三次函数拟合，再求出桩侧负摩阻力分布函数。对各组试验中填土自重作用下的桩身轴力进行拟合，并确定其桩侧负摩阻力。

#### 1. 桩侧负摩阻力未达极限状态

第 1~2 组试验桩侧负摩阻力都未达极限状态，以第 1 组试验为例对未达极限状态的桩侧负摩阻力的确定进行详细说明。

第 1 组试验中，对 0.12~0.92m 深度范围内的桩身轴力沿深度按 $y=ax^2$ 的函数形式进行二次函数拟合，为了匹配式（7.6.3）的二次函数，先将无效段 0~0.12m 去掉，其他各坐标点沿深度减小 0.12m，拟合曲线如图 7.6.29 所示。

以深度为自变量 $x$，轴力为因变量 $y$，则二次拟合函数为 $y=347.63x^2$。该拟合曲线的相关系数为 0.872，拟合情况较差。这就说明该组试验桩侧负摩阻力未达极限状态。因为桩侧负摩阻力未达极限状态，二次函数拟合效果不好。此处尝试对 0.12~0.92m 深度范围内的桩身轴力采用三次函数拟合，由初始条件可知，拟合的三次函数形式为：$y=ax^3+bx^2$。先将无效段 0~0.12m 去掉，其他各坐标点沿深度减小 0.12m，拟合曲线如图 7.6.30 所示。

以深度为自变量 $x$，轴力为因变量 $y$，则三次拟合函数为 $y=-570.48x^3+756.25x^2$。该拟合曲线的相关系数为 0.968，拟合情况较好。这说明非极限状态的桩侧负摩阻力所产生的桩身轴力分布形式可能为三次函数，从而负摩阻力沿深度的分布函数

为二次函数。

由上可知，桩侧负摩阻力的分布函数为 $y=-18.17x^2+16.06x$，为了使其与实际深度相吻合，将其沿深度 $x$ 向下移动 $0.12m$，函数转变为 $y=-18.17(x-0.12)^2+16.06(x-0.12)$，桩侧负摩阻力在 $0.12\sim0.92m$ 深度范围内的分布如图 7.6.31 所示。采用同样的方式可得到第 2 组试验的相关曲线，如图 7.6.32～图 7.6.34 所示。

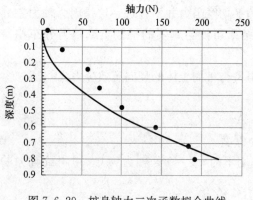

图 7.6.29　桩身轴力二次函数拟合曲线
（第 1 组）

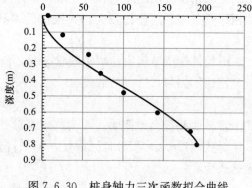

图 7.6.30　桩身轴力三次函数拟合曲线
（第 1 组）

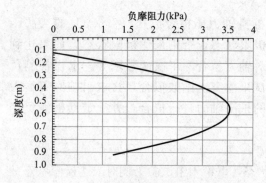

图 7.6.31　非极限状态负摩阻力分布曲线
（第 1 组）

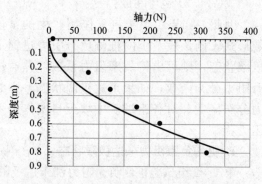

图 7.6.32　桩身轴力二次函数拟合曲线
（第 2 组）

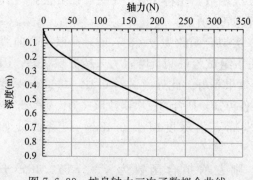

图 7.6.33　桩身轴力三次函数拟合曲线
（第 2 组）

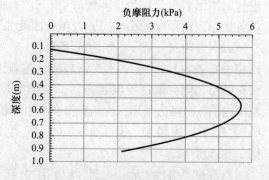

图 7.6.34　非极限状态负摩阻力分布曲线
（第 2 组）

负摩阻力未达极限状态的两组试验的桩身轴力均能较好地采用三次函数进行拟合，故未达极限状态的桩侧负摩阻力可能按二次函数分布，相关函数见表 7.6.5。

未达极限状态时的轴力拟合函数以及负摩阻力函数　　表 7.6.5

| | 第 1 组 | 第 2 组 |
|---|---|---|
| 深度范围（m） | 0.12～0.92 | 0.12～0.92 |
| 二次拟合函数 | $y=347.63x^2$ | $y=559.64x^2$ |
| 相关系数（二次拟合） | 0.872 | 0.895 |
| 三次拟合函数 | $y=-570.48x^3+756.25x^2$ | $y=-896.4x^3+1201.7x^2$ |
| 相关系数（三次拟合） | 0.968 | 0.985 |
| 负摩阻力函数 | $y=-18.17(x-0.12)^2+16.06(x-0.12)$ | $y=-28.55(x-0.12)^2+25.51(x-0.12)$ |

### 2. 桩侧负摩阻力达到极限状态

除开第 1、2、9 组试验，其余各组在填土自重作用下产生的桩侧负摩阻力均在一定的深度范围内达到极限状态。因为第 3 组和第 8 组只有持力层性质不同，从理论上分析，两组的负摩阻力系数应该一致，所以在负摩阻力达到极限状态的范围内，两组试验在填土自重作用下的桩侧负摩阻力和桩身轴力也应该保持一致。观察两组试验的轴力图，确实在 0.12～0.6m 深度范围内，两者轴力非常接近，符合上述理论分析。因此在此处将两组试验在填土自重作用下的桩身轴力整合在一起进行拟合。同理，第 4 组和第 10 组的轴力也放在一起拟合。现以第 3 组和第 8 组为例对达到极限状态的桩侧负摩阻力的确定进行详细说明。

观察第 3 组试验桩身轴力图可知，0.72m 深度以下桩侧负摩阻力未达到极限状态，故只取 0.12～0.72m 深度范围内的桩身轴力；观察第 8 组试验的桩身轴力图可知，0.6m 深度以下桩侧摩阻力未达极限状态，故只取 0.12～0.6m 深度范围内的桩身轴力。将上述两组试验所取的轴力点汇总在一个坐标系中，并且为了匹配式（7.6.3）的二次函数形式，各坐标点沿深度减小 0.12m，然后按 $y=ax^2$ 的函数形式进行二次函数拟合，拟合曲线如图 7.6.35 所示。

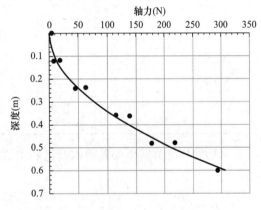

图 7.6.35　桩身轴力二次函数拟合曲线<br>（第 3、8 组）

以深度为自变量 $x$，轴力为因变量 $y$，则二次拟合函数为：$y=853.8x^2$。该拟合曲线的相关系数为 0.976，拟合情况很好。这就说明第 3 组试验桩侧负摩阻力在 0.12～0.72m 深度范围内达到极限状态，第 8 组试验桩侧负摩阻力在 0.12～0.6m 深度范围内达到极限状态。因为桩侧负摩阻力达到极限状态，则可按式 $\xi_n=2A'/u\gamma$ 求解负摩阻力系数 $\xi_n$，式中 $A'$ 即为二次拟合函数的系数，$\gamma$ 为填土的重度。

将 $A'=853.8$，$\gamma=20.43+12.43=32.86\text{kN/m}^3$，$u=3.14\times0.03=0.0942\text{m}$ 代入式（7.6.4），可求得负摩阻力系数 $\xi_n=0.552$。

根据轴力拟合函数 $y=853.8x^2$ 可求得桩侧负摩阻力函数为 $y=18.13x$，将其曲线整体沿深度 $x$ 下降 0.12m，函数转化为 $y=18.13(x-0.12)$，从而得到第 3 组和第 8 组达到极限状态的负摩阻力沿深度分布的曲线，如图 7.6.36 和图 7.6.37 所示。

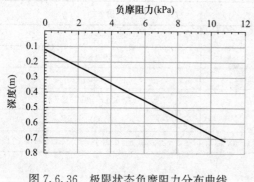

图 7.6.36　极限状态负摩阻力分布曲线（第 3 组）

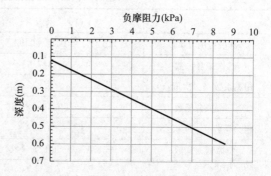

图 7.6.37　极限状态负摩阻力分布曲线（第 8 组）

负摩阻力达到极限状态的试验组的桩身轴力均能较好地采用二次函数进行拟合，桩侧负摩阻力符合线性分布，相关函数见表 7.6.6。

达到极限状态时的轴力拟合函数和负摩阻力函数　　　　表 7.6.6

| 试验组次 | 深度范围（m） | 二次拟合函数 | 相关系数 | 负摩阻力函数 | 负摩阻力系数 |
|---|---|---|---|---|---|
| 第 3 组 | 0.12～0.72 | $y=853.8x^2$ | 0.979 | $y=18.13(x-0.12)$ | 0.552 |
| 第 4 组 | 0.12～0.84 | $y=936.77x^2$ | 0.982 | $y=19.89(x-0.12)$ | 0.554 |
| 第 5 组 | 0.12～0.92 | $y=680.09x^2$ | 0.99 | $y=14.44(x-0.12)$ | 0.383 |
| 第 6 组 | 0.12～0.48 | $y=2165.89x^2$ | 0.993 | $y=45.98(x-0.12)$ | |
| 第 7 组 | 0.12～0.48 | $y=1091.76x^2$ | 0.991 | $y=23.18(x-0.12)$ | |
| 第 8 组 | 0.12～0.6 | $y=853.8x^2$ | 0.979 | $y=18.13(x-0.12)$ | 0.552 |
| 第 10 组 | 0.12～0.72 | $y=936.77x^2$ | 0.982 | $y=19.89(x-0.12)$ | 0.554 |
| 第 11 组 | 0.12～0.6 | $y=867.2x^2$ | 0.967 | $y=18.41(x-0.12)$ | |

采用同样的方式可得其他试验组的相关曲线，如图 7.6.38～图 7.6.48 所示。

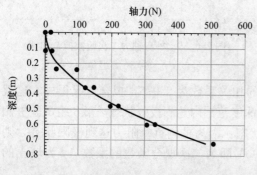

图 7.6.38　桩身轴力二次函数拟合曲线（第 4、10 组）

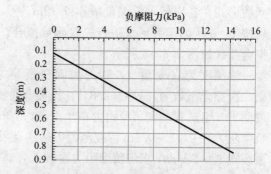

图 7.6.39　极限状态负摩阻力分布曲线（第 4 组）

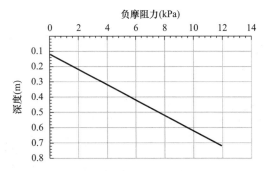

图 7.6.40　极限状态负摩阻力分布曲线
（第 10 组）

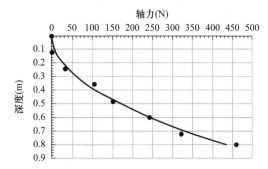

图 7.6.41　桩身轴力二次函数拟合曲线
（第 5 组）

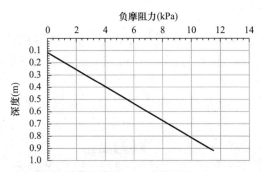

图 7.6.42　极限状态负摩阻力分布曲线
（第 5 组）

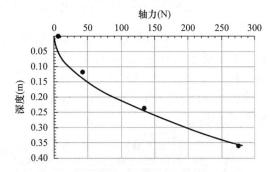

图 7.6.43　桩身轴力二次函数拟合曲线
（第 6 组）

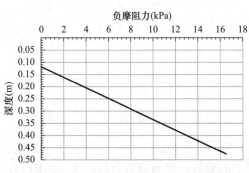

图 7.6.44　极限状态负摩阻力分布曲线
（第 6 组）

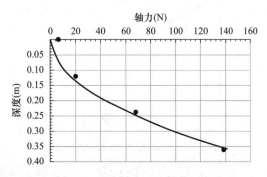

图 7.6.45　桩身轴力二次函数拟合曲线
（第 7 组）

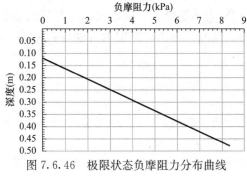

图 7.6.46　极限状态负摩阻力分布曲线
（第 7 组）

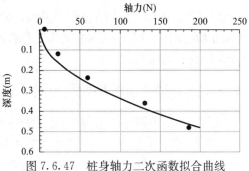

图 7.6.47　桩身轴力二次函数拟合曲线
（第 11 组）

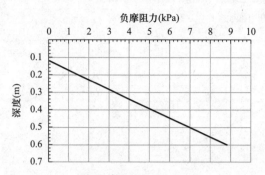

图 7.6.48　极限状态负摩阻力分布曲线（第 11 组）

### 7.6.4　自重固结过程中负摩阻力的变化规律

新近填土属于欠固结土，自重固结尚未完成，会随时间逐渐完成固结，在自重固结过程中桩侧负摩阻力也会发生变化。将第 1～3 组试验进行对比分析，研究新近填土在自重固结过程中桩侧负摩阻力的变化规律。

1～3 组的桩身轴力沿深度分布如图 7.6.49 所示，桩侧负摩阻力沿深度分布如图 7.6.50所示。

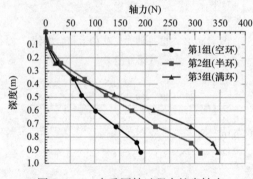

图 7.6.49　自重固结过程中桩身轴力

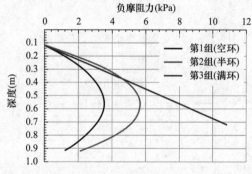

图 7.6.50　自重固结过程中桩侧负摩阻力

由图 7.6.49 和图 7.6.50 可知：

（1）桩端持力层为基岩时，随着填土自重固结的发展，桩侧摩阻力始终为负摩阻力。

（2）随着填土自重固结的发展，桩侧摩阻力从非极限状态向极限状态逐渐过渡，桩侧负摩阻力分布从沿全桩长先增大后减小的二次函数曲线过渡到在一定范围内沿深度呈线性增长。

（3）随着填土自重固结过程的发展，桩侧负摩阻力不断增大，桩身轴力也在逐渐增大（在深度较小的范围内，图中曲线不太符合此规律，可能是因为该范围内，桩身轴力较小，测量误差的影响相对较大）。

### 7.6.5　持力层性质对桩侧负摩阻力的影响

持力层性质不同可能使得桩侧负摩阻力发生变化。采用第 3、8 组试验以及第 4、10 组试验两两进行对比分析，研究持力层性质对桩侧负摩阻力的影响。

由 7.6.3 节中的分析可知，第 3、8 组试验的负摩阻力分布函数一致，区别在于第 3 组试验中达到极限状态的桩侧负摩阻力深度范围是 0.12～0.72m，而第 8 组试验的深度范围是 0.12～0.6m，由此可知，在负摩阻力都达到极限状态的深度范围内，持力层性质对桩侧负摩阻力并无明显影响，而相比持力层为填土的情况，持力层为基岩时达到极限状态的负摩阻力范围会增大。分析第 4、10 组试验，也符合上述结论。

第 3、8 组试验在填土自重作用下的桩身轴力分布曲线如图 7.6.51 所示，第 4、10 组试验在填土自重作用下的桩身轴力分布曲线如图 7.6.52 所示。

由图 7.6.51 和图 7.6.52 可知：①相比持力层为填土时，持力层为基岩时中性点位置逐渐下降，负摩阻力的分布范围增大；②桩身轴力在负摩阻力都达到极限状态的深度范围内，基岩作为持力层时的桩身轴力与持力层为填土时的桩身轴力比较接近，持力层性质对桩身轴力并无明显影响。

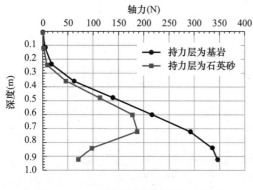

图 7.6.51　不同持力层时的桩身轴力（第 3、8 组）

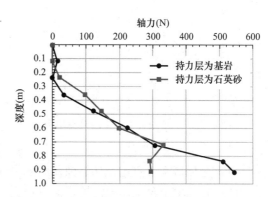

图 7.6.52　不同持力层时的桩身轴力（第 4、10 组）

## 7.6.6　加载次序对桩侧负摩阻力的影响

实际工程中，填土自重固结完成一般需要较长时间，但是桩顶荷载产生的桩体沉降完成时间相对较短，这就存在一个加载顺序的问题，填土自重加载和桩顶加载先后顺序不同会对桩侧负摩阻力产生怎样的影响，现在的研究还不够完善。对加载次序对桩侧负摩阻力的影响进行研究，研究分两种情况讨论，第一种是桩顶荷载较小时，全部加载完成后桩侧存在负摩阻力时；第二种是桩顶荷载较大时，全部加载完成后桩侧均为正摩阻力时。

**1. 当加载全部完成后桩侧存在负摩阻力时**

填土为中密粉砂时，第 10 组试验是先加填土自重，再加桩顶荷载；第 11 组试验是先加桩顶荷载，再加填土自重。两组试验在全部加载完成后的桩身轴力分布如图 7.6.53 所示。

可知，当全部加载完成后：

（1）先加填土自重比先加桩顶荷载时的中性点位置更深，负摩阻力分布范围更大。

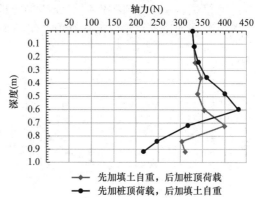

图 7.6.53　全部加载完成后桩身轴力（第 10、11 组）

（2）先加填土自重，再加桩顶荷载时的下拉荷载为 73.16N；而先加桩顶荷载，再加填土自重时的下拉荷载为 101.08N，后者是前者的 1.38 倍。由此可知，先加桩顶荷载比先加填土自重的桩侧负摩阻力产生的下拉荷载要大。

两组试验中填土自重作用部分产生的桩身轴力如图 7.6.54 所示，填土自重作用部分产生的桩侧负摩阻力如图 7.6.55 所示。可知，当只考虑填土自重作用时：

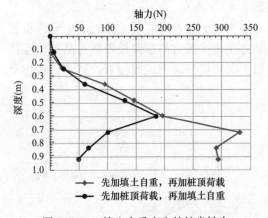

图 7.6.54 填土自重产生的桩身轴力
（第 10、11 组）

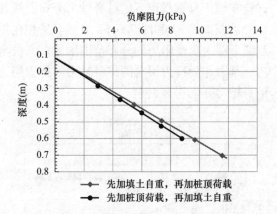

图 7.6.55 填土自重产生的桩侧负摩阻力
（第 10、11 组）

（1）先加填土自重比先加桩顶荷载的中性点位置更深，负摩阻力分布范围更大。

（2）先加填土自重比先加桩顶荷载达到极限状态的负摩阻力范围更大。

（3）在 0.12～0.6m 深度范围内，两组试验桩侧负摩阻力非常接近，因此，负摩阻力达到极限状态的深度范围内，加载次序对桩侧负摩阻力影响非常小。

**2. 当加载全部完成后桩侧均为正摩阻力时**

填土为松散细砂时，第 8 组试验是先加填土自重，再加桩顶荷载；第 9 组试验是先加桩顶荷载，再加填土自重。全部加载完成后的桩身轴力分布如图 7.6.56 所示，可知全部加载完成后，桩身轴力均随深度增加而减小，桩侧摩阻力均为正摩阻力，先加填土自重比先加桩顶荷载的桩身轴力大。

两组试验中填土自重作用部分产生的桩身轴力如图 7.6.57 所示，可知当只考虑填土自重时，先加填土自重比先加桩顶荷载的中性点位置更深，负摩阻力分布范围更大。

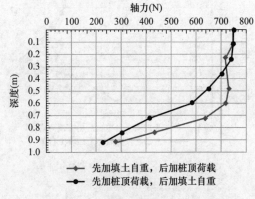

图 7.6.56 全部加载完成后桩身轴力
（第 8、9 组）

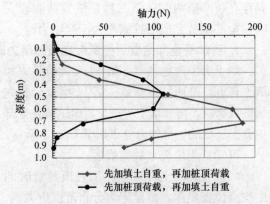

图 7.6.57 填土自重产生的桩身轴力
（第 8、9 组）

### 7.6.7　密实度对桩侧负摩阻力的影响

在工程中，新近填土的密实度也会有所不同，这也会影响到桩侧负摩阻力，通过多个试验组的对比研究了密实度对桩侧负摩阻力的影响。

第 4 组对应的是中密粉砂，第 5 组对应的是密实粉砂，并且这 2 组试验的模拟重度非常接近，因此可对比分析出密实度对负摩阻力的影响，对应的轴力分布曲线如图 7.6.58 所示，桩侧负摩阻力分布曲线如图 7.6.59 所示。可知：

（1）密实状态比中密状态达到极限状态时的桩侧负摩阻力范围更大。

（2）在同一深度处，密实状态的桩侧负摩阻力要小于中密状态的桩侧负摩阻力，前者只有后者的 0.73 倍。

（3）密实状态时桩侧负摩阻力产生的下拉荷载为 459.16N，而中密状态时的下拉荷载为 546.48N，前者是后者的 0.84 倍。

由此可知，密实度增大会使达到极限状态时的桩侧负摩阻力范围增大，使同一深度处的桩侧负摩阻力减小，并导致下拉荷载减小。

由计算可知，密实状态下的负摩阻力系数为 0.383，而中密状态下的负摩阻力系数为 0.554，也就是说密实度越大，负摩阻力系数会越小。

观察第 5～7 组试验结果，三组试验的填土密实度均为密实，且桩端持力层均为基岩。其中填土为细砂和粗砂时，桩身轴力随深度增加先增大后减小，中性点出现在桩长范围内，这与其他较为松散状态时的中性点在桩端有所区别。但填土为密实粉砂时桩身轴力随着深度增加而持续增大，中性点在桩端处，这与较为松散状态时的规律类似。分析其原因，可能是在 50kPa 荷载范围内，密实细砂的压缩模量为 10.19～27.42MPa，密实粗砂的压缩模量为 18.47～34.31MPa，这两种情况压缩模量都比较大，所以自重作用下填土沉降非常小，导致桩身下部出现了填土沉降小于桩身沉降，从而出现了正摩阻力。而密实粉砂的压缩模量只有 1～2.42MPa，压缩模量比较小，自重作用下，填土沉降依然相对较大，导致整个桩长范围内填土沉降都大于桩身沉降，桩侧摩阻力均为负摩阻力。由此可知，桩端持力层为基岩时，随着密实度增加，如果填土达到较高的压缩模量，桩体下部则可能出现正摩阻力。

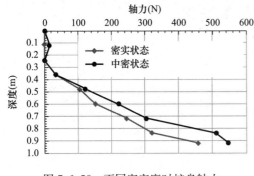

图 7.6.58　不同密实度时桩身轴力
（第 4、5 组）

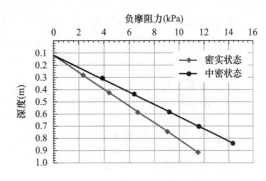

图 7.6.59　不同密实度时桩侧负摩阻力
（第 4、5 组）

### 7.6.8 小结

对 11 组模型试验结果进行了对比分析，研究了新近填土桩侧负摩阻力，取得了以下成果：

（1）随着填土自重固结发展，桩侧负摩阻力不断增大，负摩阻力从非极限状态向极限状态逐渐过渡。其中达到极限状态的桩侧负摩阻力沿深度呈线性分布，未达极限状态的桩侧负摩阻力沿深度呈二次函数分布。

（2）相比持力层为填土的情况，持力层为基岩时的中性点位置会降低，负摩阻力分布范围以及达到极限状态的负摩阻力范围会增大；但是在负摩阻力都达到极限状态的范围内，持力层性质对负摩阻力并无明显影响。

（3）加载次序对填土自重作用部分产生的桩侧负摩阻力的影响为：相比先加桩顶荷载，先加填土自重时的中性点位置更深、负摩阻力分布范围以及达到极限状态的负摩阻力范围更大；负摩阻力达到极限状态的深度范围内，加载次序对桩侧负摩阻力影响非常小。

（4）新近填土密实度增大会使达到极限状态的桩侧负摩阻力范围增大，使同一深度处的桩侧负摩阻力减小，并导致负摩阻力系数减小；桩端持力层为基岩时，一般情况下桩侧摩阻力均为负摩阻力，但是随着密实度增加，如果填土达到较高的压缩模量，桩体下部则可能出现正摩阻力。

## 7.7 现场试验结果及分析

本次试验总共进行了 3 组试验，其基本信息见表 7.7.1。

三组试验的基本信息　　　　　　　　　　　　　表 7.7.1

| 试验组次 | 持力层材料 | 加载顺序 |
|---|---|---|
| 1 | 石英砂 | 填土自重→桩顶荷载 |
| 2 | 石英砂 | 填土自重→桩顶荷载 |
| 3 | 石膏 | 填土自重→桩顶荷载 |

通过以上 3 组试验的轴力和沉降量测结果分析如下问题：

（1）填土自重作用下桩的侧摩阻力分布规律；

（2）桩顶加载对桩的侧摩阻力特性的影响；

（3）加载次序对桩的侧摩阻力特性的影响；

（4）持力层性质对桩的侧摩阻力特性的影响。

### 7.7.1 试验结果及分析

**1. 第 1 组试验**

1）桩身轴力分布规律

在填土和各级荷载作用下的桩身轴力曲线如图 7.7.1 所示。可以看出：

（1）在填土自重作用下，轴力在距桩顶 0～0.6m 范围内随着深度增大，在距桩顶约

0.6m 处达到最大值，表明在该范围内桩侧产生了负摩阻力，中性点位置约在 0.71 倍桩长处；深度 0.6m 以下，轴力随深度的增大而减小，表明在该范围内桩侧为正摩阻力。

（2）在桩顶荷载作用下，轴力总体上呈现出沿深度先增大后减小的规律。在距桩顶约 0.6m 处达到最大值；在深度 0.6m 以下轴力随深度增大而减小，由于桩顶荷载增加增大了桩的沉降，在填土底部正摩阻力增大使得轴力减小趋势增大。

2）桩和填土的沉降

桩顶沉降 $S$ 由桩身变形 $S_1$ 和桩端沉降量 $S_2$ 组成：

$$S = S_1 + S_2 \tag{7.7.1}$$

假设全桩段轴力均达到最大轴力，根据应力-应变关系可以得到 $S_1$ 的偏保守计算公式：

$$S_1 = \frac{P_{max}L}{AE} \tag{7.7.2}$$

式中，$P_{max}$ 为最大桩身轴力；$L$ 为桩长；$A$ 为桩的截面面积；$E$ 为桩的弹性模量。

由图 7.7.1 可知当桩顶荷载为 328N 时桩身最大轴力为 397N，根据式（7.7.2）计算得到 $S_1 = 0.05$mm，可见桩身变形量非常小，可以忽略不计，近似的认为桩顶的沉降量等于桩端的沉降量。桩的沉降曲线（忽略桩身变形）和填土沉降曲线如图 7.7.2 所示。可以看出：

（1）桩的沉降随着荷载增加而增加，而桩顶加载对于填土沉降的影响很小。

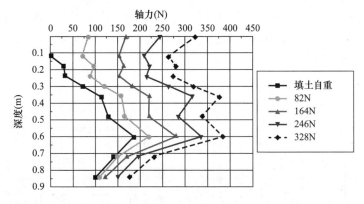

图 7.7.1　桩身轴力沿深度的分布（第 1 组）

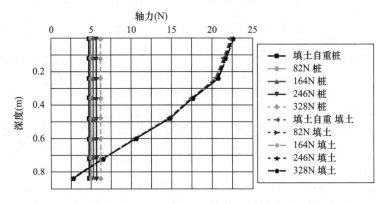

图 7.7.2　桩和填土的沉降与桩顶加载的关系曲线（第 1 组）

（2）桩顶荷载为 0、82N、164N、246N、328N 时，相应的桩的沉降分别为 3.712mm、3.944mm、4.264mm、4.670mm、5.197mm，可见桩的沉降随着桩顶荷载增加呈现逐渐增长的趋势，同一深度处桩-土相对位移减小，桩侧负摩阻力减小。

（3）桩顶荷载为 0、82N、164N、246N、328N 时，中性点位置分别为 0.776m、0.768m、0.757m、0.745m、0.728m，说明随着桩顶荷载增加，中性点位置逐渐上移，负摩阻力分布范围减小，正摩阻力分布范围增大。

**2. 第 2 组试验**

第 2 组试验的加载顺序为：先施加 328N 桩顶荷载，待稳定以后让填土在自重作用下产生沉降。通过应变和沉降的量测得到了桩身轴力和沉降沿深度的分布规律。

1）桩身轴力分布规律

第 2 组试验的桩身轴力分布规律如图 7.7.3 所示。可以看出：

（1）当在桩顶施加 328N 荷载时，轴力随深度衰减。这是由于当先施加桩顶荷载时，桩的沉降大于填土的沉降，此时桩侧产生了正摩阻力，使得桩身轴力沿深度逐渐减小。

（2）在填土自重作用时，在距桩顶大致 0～0.6m 范围内桩的轴力沿深度增加，这是由于填土自重作用时，填土的沉降在该范围内比桩的沉降大，导致该范围内桩侧产生了负摩阻力；在 0.6m 至桩端的范围内桩的轴力沿深度减小，说明在该范围内桩的沉降大于填土的沉降，使得桩侧产生了正摩阻力。

2）桩体沉降和填土沉降

试验通过对桩顶沉降和填土沉降的量测得到了桩的沉降曲线（忽略桩身变形）和填土沉降曲线如图 7.7.4 所示，得出的中性点在距桩顶约 0.7m 处，与根据桩身轴力分布规律得出的中性点位置差别不大。

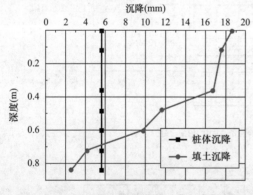

图 7.7.3　桩身轴力沿深度的分布（第 2 组）

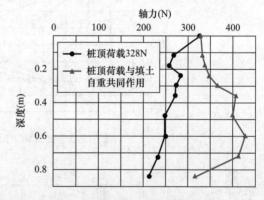

图 7.7.4　填土自重作用时桩和填土的沉降曲线（第 2 组）

**3. 第 3 组试验**

第 3 组试验用石膏模拟坚硬持力层，加载顺序为：首先让填土在自重作用下沉降，待沉降完成以后依次在桩顶施加 82N、164N、246N 和 328N 荷载。通过应变和沉降的量测得到了桩身轴力和沉降沿深度的分布规律。

1）桩身轴力分布规律

在填土和各级荷载作用下的桩身轴力曲线如图 7.7.5 所示。可以看出：

（1）在填土自重作用时，轴力沿深度逐渐增加。这是由于填土在自重作用下产生了较大的沉降，而由于桩底持力层弹性模量较大，桩的沉降量很小，因此在整个桩段桩的沉降比填土的沉降小，桩侧摩阻力均为负摩阻力。

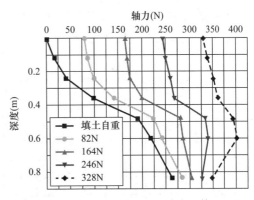

图 7.7.5　桩身轴力沿深度的分布（第 3 组）

（2）当桩顶荷载较小时（$P=82N$、$P=164N$），桩身轴力沿深度逐渐增加，桩侧摩阻力均为负摩阻力。随着桩顶荷载增加（$P=246N$、$P=328N$），桩的沉降增大，在填土的下部桩的沉降大于填土的沉降，桩侧产生正摩阻力，此时桩身轴力沿深度呈现先增大后减小的规律。

2）桩体沉降和填土沉降

试验通过对桩顶沉降和填土沉降的量测得到了桩的沉降曲线（忽略桩身变形）和填土沉降曲线如图 7.7.6 所示。可以看出：桩的沉降曲线和填土沉降曲线没有交点，即在各级荷载作用下桩的沉降都小于填土沉降，桩侧摩阻力均为负摩阻力。而在前面的分析中，当桩顶荷载为 246N 和 328N 时桩侧都出现了正摩阻段，这可能是桩的沉降量测结果偏小，因此在桩顶荷载为 246N 和 328N 时桩的沉降曲线和填土的沉降曲线没有出现交点。

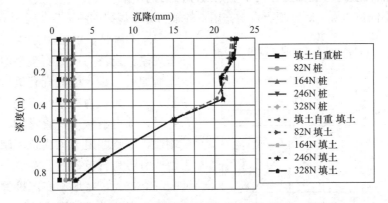

图 7.7.6　桩和填土的沉降与桩顶加载的关系曲线（第 3 组）

### 4. 加载次序对摩阻力的影响

第 1 组试验和第 2 组试验在桩顶荷载和填土自重共同作用时的桩身轴力分布规律如图 7.7.7 所示。两组试验在填土自重作用下的桩身轴力如图 7.7.8 所示。从两图可以看出：

（1）当桩顶荷载相同时，两种情况下的轴力分布规律大致相同，在深度 0～0.6m 的范围内增大，随后减小。在同一深度填土先沉降时的桩身轴力比桩顶先加载时的轴力小，这是由于填土先沉降时，桩侧负摩阻力已发挥出来，再施加桩顶荷载会使桩产生新的沉降，桩-土相对位移减小，负摩阻力减小。

（2）填土先沉降时的最大桩身轴力为 383N，桩顶先加载时的最大桩身轴力为 428N，较填土先沉降时的最大轴力增加了 11.7%。可见，两种情况下的桩身轴力具有一定的差别，但最大轴力相差不大。

（3）填土自重作用时第 2 组试验的桩身轴力大于第 1 组试验的桩身轴力，这是由于桩顶先加载时桩的大部分沉降已经产生，在填土自重作用下桩的沉降较小，桩-土相对位移较第1组试验大，负摩阻力增大。

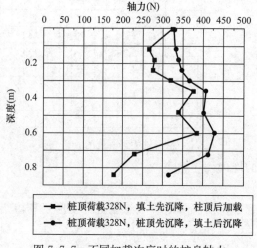

图 7.7.7　不同加载次序时的桩身轴力
（第1、2组）

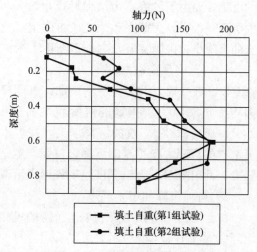

图 7.7.8　填土自重作用下的轴力
（第1、2组）

**5. 持力层性质对填土自重作用下桩的负摩阻力的影响**

桩位于不同持力层上时，填土自重作用下的轴力分布规律如图7.7.9所示。可以看出：

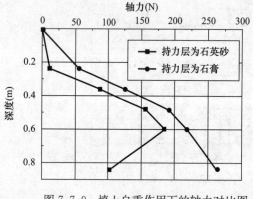

图 7.7.9　填土自重作用下的轴力对比图
（第1、3组）

（1）两种情况的轴力沿深度呈现不同的分布规律。当持力层为石英砂时，轴力沿深度先增加后减小，桩侧既有负摩阻力也有正摩阻力，最大轴力在中性点处；当持力层为石膏时，轴力沿深度一直增加，最大轴力在桩端处，桩侧摩阻力均为负摩阻力。这是由于当持力层为石英砂时，在填土自重作用下桩的沉降较大，在填土底部桩的沉降大于填土沉降，产生了正摩阻力，因此轴力沿深度先增加后减小。当持力层为弹性模量较大的石膏时，填土自重作用下桩的沉降较小，小于填土沉降，桩侧均为负摩阻力，因此轴力沿深度一直增加。

（2）同一深度，持力层为石膏的轴力大于持力层为石英砂的轴力。说明随着持力层弹性模量增加，在填土自重作用时桩的沉降减小，桩-土相对位移增大，负摩阻力增大。

（3）持力层为石英砂时的最大轴力为185N，持力层为石膏时的最大轴力为263N，较前者增大了42.1%。说明持力层弹性模量增加会对最大桩身轴力产生较大的影响，选择适当的持力层可以减小桩身轴力，防止桩产生破坏。

## 7.7.2　填土自重作用时的桩侧摩阻力

在经过离散的桩身单元中取任一微元进行受力分析，如图7.7.10所示。

由静力平衡条件可得：

$$\tau(z) = -\frac{1}{\pi D} \cdot \frac{\mathrm{d}P_\mathrm{p}(z)}{\mathrm{d}z} \tag{7.7.3}$$

式中，$\tau(z)$ 为桩身侧摩阻力；$D$ 为桩身截面直径；$P_\mathrm{p}(z)$ 为土层深度 $z$ 处的桩身轴力。

根据上式可知，若知道土层深度 $i$ 处的桩身轴力 $P_i$ 和土层深度 $i+1$ 处的桩身轴力 $P_{i+1}$，即可求出该桩段的平均侧摩阻力 $q$：

$$q = \frac{1}{\pi D} \cdot \frac{P_i - P_{i+1}}{l} \tag{7.7.4}$$

根据式（7.7.4）计算得到第 1 组试验和第 3 组试验在填土自重作用下桩侧摩阻力如图 7.7.11 所示。

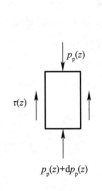

图 7.7.10　桩身单元受力

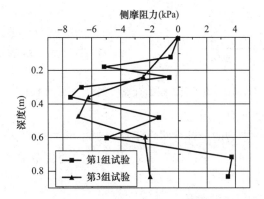

图 7.7.11　填土自重作用下桩侧摩阻力（第 1、3 组）

表 7.7.2 中给出了各桩中性点位置，以及最大负侧摩阻力及位置等。

负摩阻力信息汇总（第 1、3 组）　　　　　表 7.7.2

| 试验编号 | 桩长（m） | 桩侧填土层厚度（m） | 最大负摩阻力（kPa） | | | 中性点 | |
|---|---|---|---|---|---|---|---|
| | | | 分布深度（m） | 摩阻力值（kPa） | $l_{nmax}/l_0$ | 深度（m） | $l_n/l_0$ |
| 1 | 0.84 | 0.84 | 0.36 | 7.48 | 0.43 | 0.66 | 0.79 |
| 3 | 0.84 | 0.84 | 0.48 | 6.29 | 0.57 | 0.84 | 1 |

注：$l_{nmax}$ 为最大负摩阻力深度；$l_0$ 为桩侧填土层厚度；$l_n$ 为中性点深度。

从图 7.7.11 和表 7.7.2 可以看出：第 1 组试验的负摩阻力总体上沿着深度先增加，在深度 0.36m 处达到最大值，然后沿着深度减小，在 0.62m 处减小到 0，最后过渡到正摩阻力。第 3 组试验的负摩阻力沿着深度总体上先增加，在 0.48m 处达到最大值，然后沿着深度逐渐减小。

## 7.7.3　深厚填土中摩阻力计算模型探讨

### 1. 计算模型

为便于工程应用，依总结的负摩阻力的分布特点，并参考《建筑桩基技术规范》中负摩阻力的计算方法，提出如图 7.7.12 所示的负摩阻力计算模型。以下对其作简要说明：

（1）负摩阻力是桩-土之间相互作用的结果，其大小及分布形式与桩、土的变形等密切相关。显然，达到极限状态时的负摩阻力的确定相对简单，此时的负摩阻力主要取决于

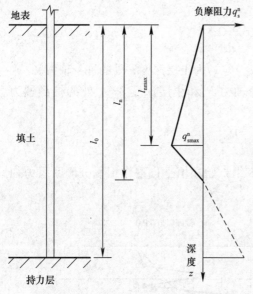

图 7.7.12 填土负摩阻力计算模型

桩-土界面的性质及桩-土之间的作用力，而不再考虑桩-土之间的变形协调问题。本模型所针对的即是达到极限状态时的负摩阻力。分析量测结果，并考虑填土的特点，这样的假设应是比较合理的，而且计算较为简单，也能满足工程设计的要求。

（2）所假设的负摩阻力的分布形式为：由地表从 0 开始线性增加，并在填土层下部某一位置达到最大值，在此，将此段称为"负摩阻力增大段"，这也是负摩阻力分布的主要范围。之后，负摩阻力逐渐减小，在填土层底部附近减至零。参照《建筑桩基技术规范》，可将增大段的负摩阻力表示为：

$$q_{si}^n = \xi_{ni} \sigma_i' \qquad (7.7.5)$$

式中，$\xi_{ni}$ 为第 $i$ 层土的负摩阻力系数；$\sigma_i'$ 为第 $i$ 层土的竖向有效应力。

这一模型的合理性将在下面通过试验的量测结果进行验证。

（3）在上一节已确定了 $l_n$ 及 $l_{nmax}$ 的变化范围，因此以下只需确定 $\xi_{ni}$，即可获得该模型中的全部参数。

**2. 计算模型验证**

用拟合的方法求得负摩阻力系数：

（1）按上述计算模型，负摩阻力在负摩阻力增长段沿深度线性分布，假设为：

$$q_s^n(z) = Az \qquad (7.7.6)$$

式中，$A$ 为待定参数。

（2）式（7.7.6）积分后，得到轴力的表达式为：

$$N(z) = \frac{1}{2} uAz^2 + C \qquad (7.7.7)$$

式中，$C$ 亦为待定参数；$u$ 为桩的周长。

由于桩顶处桩身轴力为 0，由此可得 $C=0$，因此上式可以写为：

$$N(z) = A'z^2 \qquad (7.7.8)$$

（3）通过负摩阻力增长段（$l_{nmax}$ 范围内）的轴力量测结果即可确定 $A'$，并由 $A'$ 求得 $\xi_{ni}$：

$$\xi_{ni} = \frac{2A'}{u\gamma} \qquad (7.7.9)$$

式中，$u$ 为桩的周长；$\gamma$ 为填土的重度，计算时取 $43.3 \text{kN/m}^3$。将表 7.7.4 中各桩 $A'$ 的值代入式（7.7.9），即可求得相应的 $\xi_{ni}$。

为确定上述待定系数 $A'$，对第 1 组试验和第 3 组试验负摩阻力增长段的轴力进行拟合。表 7.7.3 为负摩阻力增长段轴力量测结果。

图 7.7.13 和图 7.7.14 给出了相应的轴力拟合曲线（负摩阻力增长段）。由表 7.7.4 中给出的相关系数可知，拟合效果良好，说明式（7.7.6）是合理的。

第 1 组试验、第 3 组试验负摩阻力增长段轴力量测结果　　　表 7.7.3

| 第 1 组试验 | | 第 3 组试验 | |
| --- | --- | --- | --- |
| 深度（m） | 轴力（kN） | 深度（m） | 轴力（kN） |
| 0 | 0 | 0 | 0 |
| 0.12 | 0.001 | 0.12 | 0.031 |
| 0.18 | 0.029 | 0.24 | 0.042 |
| 0.24 | 0.033 | 0.36 | 0.115 |
| 0.30 | 0.071 | 0.48 | 0.192 |
| 0.36 | 0.114 | | |

待定系数拟合结果（第 1 组试验、第 3 组试验）　　　表 7.7.4

| 试验编号 | $A'$ | $\xi_{ni}$ | 相关系数 $R^2$ |
| --- | --- | --- | --- |
| 1 | 0.815 | 0.231 | 0.960 |
| 3 | 0.845 | 0.239 | 0.982 |

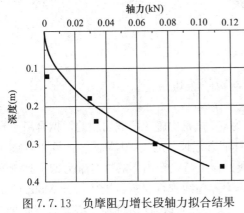

图 7.7.13　负摩阻力增长段轴力拟合结果（第 1 组试验）

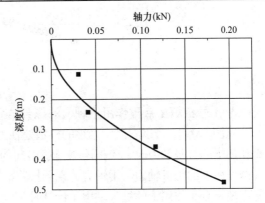

图 7.7.14　负摩阻力增长段轴力拟合结果（第 3 组试验）

### 7.7.4　与现场量测结果对比

**1. 现场量测方案**

现场量测通过在桩身不同深度的截面布置钢筋计，获得桩轴力的分布。选取 1 号桩的量测结果与试验结果进行对比。1 号桩的基本信息见表 7.7.5。

试桩基本信息　　　表 7.7.5

| 桩号 | 桩侧土层（非岩）厚度（m） | | | 嵌岩深度（m） | | 桩径（m） | 桩长（m） |
| --- | --- | --- | --- | --- | --- | --- | --- |
| | 填土 | 淤泥质粉质黏土 | 黏土 | 强风化砂岩 | 中风化砂岩 | | |
| 1 号 | 25.5 | 0.0 | 0.0 | 1.3 | 1.7 | 1.0 | 28.3 |

**2. 轴力量测结果**

1 号桩的轴力量测结果如图 7.7.15 所示。可见随着时间增长，轴力不断增大，尤其是桩身 13m 之后轴力增大明显。18.5m 至桩底之间，轴力逐渐减小，至桩下 24.1m 轴力稳定在 300kN 左右。最大轴力处出现在桩顶下约 18.5m 处，且其位置基本保持不变，至监测结束，最大轴力 1435kN。负摩阻力主要发生在桩身 0～18.5m 范围之内，正摩阻力主要发生在 18.5m 至桩端的范围之间，中性点深度 $l_n$/填土层厚度 $l_0$＝0.86。

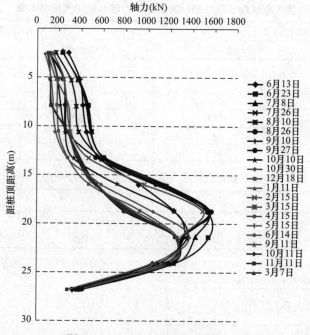

图 7.7.15　1 号桩轴力随深度变化

### 3. 1 号桩填土自重作用下轴力的拟合结果

从图 7.7.15 可以看出 1 号桩的桩顶处轴力不为 0，这是由施工荷载引起的，拟合填土自重作用下的桩身轴力时，应把施工荷载引起的桩身轴力减掉。通过 ABAQUS 计算得到施工荷载作用下的桩身轴力，用轴力的现场量测结果减去施工荷载作用下的桩身轴力即得到 1 号桩在填土自重作用下的桩身轴力。计算时假定桩体为理想线弹性材料，土体符合 Mohr-Coulomb 屈服准则的弹塑性材料，桩底为中风化砂岩，水平方向取 15 倍桩径，桩端向下扩展 1 倍桩长以降低边界效应的影响，桩与填土的摩擦系数取 0.35，桩与强风化砂岩的摩擦系数取 0.4，桩与中风化砂岩的摩擦系数取 0.45。参数如表 7.7.6 所示。图 7.7.16 为模型计算图。

桩和土的材料参数　　　　　　　　　　　　　　　　表 7.7.6

| 类别 | 密度（kg/m³） | 弹性模量（MPa） | 泊松比 | 内摩擦角（°） | 黏聚力（kPa） |
|------|------------|--------------|------|------------|------------|
| 填土 | 1750 | 18 | 0.3 | 18 | 20 |
| 岩层 | 2400 | 300 | 0.3 | 30 | 6 |
| 桩 | 2500 | 28000 | 0.3 | — | — |

图 7.7.16　模型计算图

计算得到 1 号桩在桩顶荷载作用下的轴力。表 7.7.7 给出了 1 号桩在不同荷载作用下的轴力。

不同荷载作用下 1 号桩的轴力
表 7.7.7

| 深度 $z$ (m) | 桩顶荷载作用下的轴力 (kN) | 桩顶荷载与填土共同作用下的轴力 (kN) | 填土自重作用下的轴力 (kN) |
|---|---|---|---|
| 2.5 | 96.97 | 100.32 | 3.35 |
| 5.2 | 95.23 | 124.64 | 29.41 |
| 7.9 | 93.48 | 131.25 | 37.77 |
| 10.6 | 91.74 | 284.66 | 192.92 |
| 13.3 | 90.00 | 385.05 | 295.05 |
| 16.0 | 88.26 | 540.17 | 451.91 |
| 18.7 | 86.52 | 782.91 | 696.39 |
| 21.4 | 84.78 | 1243.48 | 1158.70 |
| 24.1 | 83.05 | 1141.76 | 1058.71 |
| 26.8 | 81.30 | 280.85 | 199.55 |

1 号桩在填土自重作用下的桩身轴力分布规律如图 7.7.17 所示。通过式（7.7.4）计算得到 1 号桩的侧摩阻力如图 7.7.18 所示。

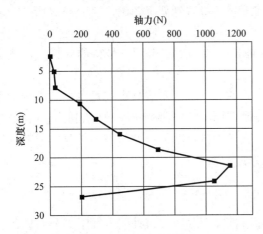

图 7.7.17 填土自重作用时的轴力（1 号桩）

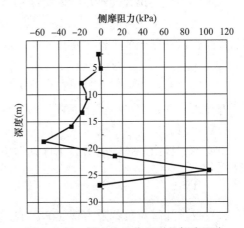

图 7.7.18 填土自重作用时的侧摩阻力（1 号桩）

表 7.7.8 给出了 1 号桩中性点位置，以及最大负侧摩阻力的大小及位置等。

负摩阻力信息汇总（1 号桩）
表 7.7.8

| 桩号 | 最大负摩阻力（kPa） | | | 中性点 | |
|---|---|---|---|---|---|
| | 分布深度（m） | 摩阻力值（kPa） | $l_{nmax}/l_0$ | 深度（m） | $l_n/l_0$ |
| 1 号 | 18.7 | 54.5 | 0.73 | 20.9 | 0.82 |

注：$l_{nmax}$ 为最大负摩阻力深度；$l_0$ 为桩侧填土层厚度；$l_n$ 为中性点深度。

图 7.7.19 给出了相应的轴力拟合曲线（负摩阻力增长段）。由表 7.7.9 中给出的相关系数可知，拟合效果较好，说明式（7.7.6）是合理的。

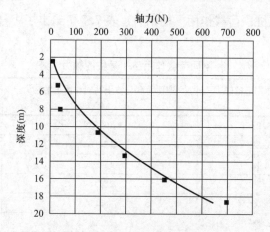

图 7.7.19　1 号桩轴力拟合曲线

待定系数拟合结果（1 号桩）　　　　　　　　　　　　　表 7.7.9

| 桩号 | $A'$ | $\xi_{ni}$ | 相关系数 $R^2$ |
|---|---|---|---|
| 1 号 | 1.845 | 0.065 | 0.972 |

**4. 模型试验结果与现场量测结果对比**

通过模型试验结果与现场量测结果的对比分析，可得到如下结论：

（1）对比图 7.7.1 和图 7.7.15 可知：在填土自重作用下轴力沿深度呈现先增大后减小的规律；试验得到的中性点深度为 0.71 倍桩长，现场量测得到 1 号桩的中性点深度为 0.74 倍桩长。

（2）通过对轴力的拟合结果可知：模型试验的负摩阻力系数与现场量测的负摩阻力系数相差较大，这是由于原型土参数并未完全按照现场土体的参数选取而引起的差异；通过相关系数可以看出，用二次函数来拟合填土自重作用时负摩阻力增长段的桩身轴力效果较好，说明本章提出的负摩阻力简化计算方法较为合理。

## 7.7.5　小结

（1）桩顶加载对负摩阻力特性的影响：随着桩顶荷载增大，桩侧负摩阻力分布段范围减小，中性点位置上移。

（2）加载次序对负摩阻力特性的影响：加载次序对桩身最大轴力的影响不大，桩顶先加载的最大轴力比后加载的最大轴力大 11.7%。

（3）桩底持力层性质对负摩阻力特性的影响：桩底持力层弹性模量增大会导致桩身最大轴力增大，当桩位于坚硬持力层的最大桩身轴力较桩位于软弱持力层的桩身轴力增大了 42.1%，且随着持力层弹性模量增大，负摩阻力分布范围增大，中性点位置出现下移。

（4）结合试验结果提出了填土自重作用时桩的负摩阻力的简化计算方法：假定桩侧摩阻力随深度线性增加，桩身轴力在负摩阻力增大段为深度的二次函数，通过轴力的拟合结果即可求出负摩阻力系数。

（5）通过模型试验结果与现场量测结果对比可知：填土自重作用时，桩身轴力随深度先增大后减小，中性点深度大约在 0.7 倍桩长处；但用二次函数拟合填土自重作用时负摩阻力增长段的轴力效果较好，说明假定负摩阻力从桩顶处沿深度由 0 线性增大到一定值以后又线性减小到 0，然后过渡到正摩阻力的简化计算模型是合理的。

## 7.8　结论

为了研究新近填土中桩基负摩阻力，以实际工程为背景，设计了 11 组室内模型试验，采用了密实粗砂、松散细砂、密实细砂、中密粉砂、密实粉砂 5 类石英砂作为模型土，先测定了各试验组的土压力，再测量了桩身轴力、填土沉降、桩顶沉降，并将结果进行对比分析，得到了以下成果：

（1）新近填土自重固结过程中桩侧负摩阻力的变化规律，随着填土自重固结发展，桩侧负摩阻力不断增大，负摩阻力从非极限状态向极限状态逐渐过渡。其中达到极限状态的桩侧负摩阻力沿深度呈线性分布，未达极限状态的桩侧负摩阻力沿深度呈二次函数分布。

（2）桩端持力层性质对桩侧负摩阻力的影响，相比持力层为填土的情况，持力层为基岩时的中性点位置会降低，负摩阻力分布范围以及达到极限状态的负摩阻力范围会增大；但是在负摩阻力都达到极限状态的范围内，持力层性质对负摩阻力并无明显影响。

（3）填土自重加载和桩顶加载的先后次序对填土自重作用部分产生的桩侧负摩阻力造成的影响，相比先加桩顶荷载，先加填土自重时的中性点位置更深、负摩阻力分布范围以及达到极限状态的负摩阻力范围更大；负摩阻力达到极限状态的深度范围内，加载次序对桩侧负摩阻力影响非常小。

（4）新近填土的密实度对桩侧负摩阻力的影响，新近填土密实度增大会使达到极限状态的桩侧负摩阻力范围增大，使同一深度处的桩侧负摩阻力减小，并导致负摩阻力系数减小；桩端持力层为基岩时，一般情况下桩侧摩阻力均为负摩阻力，但是随着密实度增加，如果填土达到较高的压缩模量，桩体下部则可能出现正摩阻力。

# 第8章 隧道锚受力特性及极限承载力试验研究

## 8.1 引言

近年来我国基础设施建设发展迅速，尤其是铁路、公路网的建设。目前东部铁路、公路网已经非常发达，而西南区域由于地形复杂，多深山峡谷，使得铁路、公路建设异常艰难，为了克服地形地貌对施工造成的困难，大量的桥隧被应用于工程建设中。悬索桥以其优秀的跨越能力，成为跨越深山峡谷的理想选择。

悬索桥是一种以悬索为主要承重构件的桥梁，主要由悬索、索塔、锚碇、吊杆、桥面系等部分组成。其形式为以利用索塔悬挂并锚固于两岸的悬索作为上部结构，从悬索上垂下许多吊杆，将桥面吊住，在桥面和吊杆之间设置加劲肋，以减少结构挠曲变形，受力时加劲梁通过吊杆将荷载传递给悬索，悬索最终传递给基础、锚碇或周围岩体。悬索桥的主要承重构件主缆主要承受拉力，一般采用抗拉强度高的钢材制作，能充分利用材料的强度；并且悬索桥加劲梁不是主要承重构件，其截面面积不会随桥梁跨度增大而增大。因此悬索桥与其他结构形式的桥梁相比，具有用料省、自重轻的特点，其跨越能力也是各种桥梁形式中最大的。

大跨径悬索桥锚碇形式主要有自锚式和地锚式两种，地锚式又主要分为隧道式锚碇和重力式锚碇两种。自锚式悬索桥的主缆锚固在加劲梁上，由加劲梁和桥墩平衡主缆荷载。重力式锚碇主缆锚固在重力式混凝土块中，依靠混凝土重力平衡主缆荷载。隧道式锚碇主缆锚固在岩洞中的混凝土锚块中，荷载由主缆传给混凝土锚碇，最终传给周围岩体，可调动周围较大范围内的岩体参与抗拔作用，因此相较于重力式锚碇，隧道式锚碇可更好地利用锚址区的地层条件，减少开挖量和混凝土用量，工程造价较低。此外，隧道锚开挖量的减少使隧道锚施工对周围环境影响减小，有利于保护环境。隧道锚通常多在完整性较好的岩体中使用，其结构形式如图 8.1.1 所示。

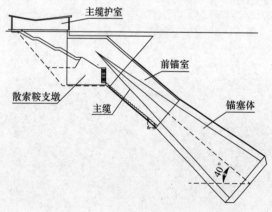

图 8.1.1 隧道锚结构示意图

在国外，如美国的乔治华盛顿大桥、旧金山奥克兰海湾大桥、英国的福斯大桥、日本的下津井濑户大桥等悬索桥的全部或一侧锚碇均采用隧道式锚碇；国内则在沪蓉线四渡河大桥、西藏角笼坝大桥、广东虎门大桥、重庆鹅公岩大桥、重庆丰都长江大桥、忠县长江公路大桥、万州长江二桥等悬索桥采用了隧道锚。

悬索桥与其他结构的桥梁相比，刚度较小，在相同荷载作用下变形较大。其在铁路中的应用因为铁路重载的特点而受到了限制。对于悬索桥隧道锚的研究多集中在公路悬索桥中，铁路悬索桥的研究较少，同时由于各个锚址区地质条件不尽相同以及岩体的复杂性，人们尚未建立起完整的隧道式锚碇相关理论体系和规范，国外只有笼统的设计规范，国内也只有公路悬索桥设计规范。本章依托我国首座铁路悬索桥金沙江特大桥对隧道式锚碇进行研究是必要的。

## 8.1.1 国内外研究现状

目前，国内外对隧道锚的研究主要是利用现场模型试验、室内模型试验、数值模拟和理论分析对锚塞体和围岩受力变形特性、隧道锚极限承载力、围岩破坏形式以及工程隧道锚的安全性进行研究。

**1. 原位模型试验**

由于隧道锚受力和变形涉及锚碇和围岩的相互作用，因此其受力特性与围岩力学性质紧密相关，开展原位模型试验研究锚碇围岩系统的变形特性和受力机理，为数值计算提供岩体物理力学参数，验证隧道锚的安全性是非常必要的。

夏才初等基于广州虎门大桥开展了原位模型试验（几何相似比1：50），对锚碇结构岩体的变形机理进行了探讨并根据其可能的破坏模式提出重点监测部位，试验结果表明：总体上，锚碇入口周围岩体位移最大，当荷载为设计荷载时其位移为6.5mm，当荷载达到设计荷载的4.8倍时，锚碇口周围围岩出现塑性变形，位移为9.5mm时，围岩达到弹性极限；围岩位移随着距锚碇口距离的增大而减小，当荷载达到一定数值时，锚碇体下部的位移以垂直位移为主，其他部位岩体的位移均以水平位移为主，围岩顶部在荷载试验中是上抬的，距围岩顶部20m的山后背的岩体，在荷载达到一定值时呈现出下沉趋势；在四渡河特大悬索桥隧道锚原位模型试验中，朱杰兵等开展了几何相似比为1：12的现场模型试验，共进行了两种荷载试验，分别为流变试验、快速超载试验，第一次流变试验分1.2$P$、5.2$P$、6.8$P$三个荷载级，每级荷载流变时间为280h；超载试验采用逐级加（卸）荷一次循环的方式，最大荷载级为7.6$P$，最后进行第二次流变试验，荷载级为2.6$P$，流变时间为760h；流变试验中，荷载为1.6$P$及2.6$P$时，监测仪器均没有监测到岩石流变位移，由此推论出隧道锚碇长期稳定系数不小于2.6；超载试验，短时间内加载到最大荷载级7.6$P$时，岩体及结构未出现破坏，由此可得隧道锚碇短期极限承载力较高；肖本职等针对重庆鹅公岩长江大桥东隧道锚进行了室内岩体参数试验和1：12.5的现场结构试验，通过室内岩体参数流变试验得到岩体长期剪切强度为$f=0.6$，$c=0.7$MPa，在现场结构试验中，荷载在4.6$P$时岩体变形处于弹性阶段，并通过模型预测研究得到围岩极限承载力在6.0$P$以上；赵海斌等基于坝陵河大桥进行了几何相似比为1：30和1：20的隧道锚碇模型试验，荷载分8～10级加载，在每级荷载作用下隧道锚位移达到稳定状态时再施加下一级荷载，试验结果表明，锚塞体和岩体之间存在较大相对位移，锚塞体和围岩在岩体完整性较差岩体中的位移远远大于其在岩体完整性较好的岩体中的位移，试验结果为以后的设计和分析提供了参考；在南溪长江大桥隧道锚模型试验中，于新华等在岩石较破碎、完整性较差的岩体中开展了1：20的隧道锚模型试验，在岩石相对较完整的岩体中开展了1：30的隧道锚模型试验，试验对锚塞体和不同地质条件的围岩相互作用的变形情况进行了研究，试验成果表明，1：30 隧道锚模型试验所能达到的极限荷载为 14.24MPa，为设计承载力的 28 倍，1：20 隧道锚模型试验所能达到的极限荷载为 8.68MPa，为设计承载力的 17 倍，在加载过程中两个模型的位移应力曲线基本保持线性，但卸载后残余变形较大；在普拉特大桥原位模型试验中，张奇华等进行了几何相似比为 1：25 的隧道锚抗拔承载力现场模型试验，试验加载内容共有三部分，第一部分为 1P、2P、4P、6P、8P 循环加（卸）载试验，第二部分为 6P 和 12P 流变试验，第三部分为破坏性试验（约 50P），此时千斤顶接近满负荷；试验结果表明，在 1P~8P 荷载作用下，锚塞体和围岩的变形很小，变形处于弹性阶段，最大位移在后锚面处，为 61μm，随着荷载增大，围岩的变形影响范围变大，后锚面的变形大于前锚面的变形，说明锚塞体应力传递是由后锚面传至前锚面，围岩在大约 50P 荷载作用下基本上处于弹性阶段，锚塞体混凝土进入了塑性发展阶段，综合考虑后确定超载稳定系数为 8，在 6P 荷载流变试验中，围岩和锚塞体均未出现流变变形，因此认为隧道锚长期安全系数大于 6；庞正江等为了尽可能地减少"尺寸效应"的影响，将隧道锚模型试验相似比定为 1：10 进行了试验研究，加载方式采用分级加（卸）载单循环方法，分别有 1P、3.5P、7P、10.5P、13.5P 五级荷载；试验结果表明，隧道锚模型在荷载小于 7.1MN 时处于弹性变形阶段，隧道锚模型在荷载大于 7.1MN 且小于 19.5MN 处于弹塑性变形阶段，隧道锚模型在荷载大于 19.5MN 且小于 23.7MN 时处于屈服阶段，隧道锚模型在荷载大于 23.7MN 时处于流变阶段，且根据塑性区的发展变化，可判断隧道锚最可能的潜在滑移面是锚碇下部与岩体之间的接触面，其次，后锚面的上部岩体有可能因拉（剪）应力过大而导致隧道锚失稳；李栋梁等针对浅埋软岩隧道式锚碇稳定性进行了原位模型试验研究，几何相似比为 1：10，进行蠕变试验和极限破坏试验；试验结果表明，浅埋软岩（泥岩）隧道式锚碇在设计荷载及高于几倍设计荷载的荷载作用下具有一定的承载能力，仍可处于线弹性工作状态，其蠕变变形的趋势基本上趋于稳定，具有一定的长期稳定性；周火明等利用现场模型缩尺模型试验研究软岩隧道锚变形破坏机理，荷载按 1P、2.25P、3.5P、4.75P、6P、7P……分级加载，加载至 11.5P 时锚体模型破坏，试验结果表明，当荷载小于 7P 时，锚塞体周围岩体处于弹性状态，当荷载大于 7P 时，围岩体出现塑性区并随荷载增大而扩大，加载到 11.5P 时，塑性区贯通并延伸至地表，锚体模型破坏，锚体模型超载试验变形破坏全过程与软岩荷载试验变形破坏三阶段相似，隧道锚极限承载力主要取决于锚碇体底界面以及锚碇体上方岩体抗拉和抗剪能力；梁宁慧等在软岩地质条件下进行了几何相似比为 1：30 的现场模型试验，试验结果表明，锚碇围岩破坏类型是拉剪复合型破坏，沿锚碇轴向参与拉拔作用的岩体破坏区类似一个倒锥形，通过试验得到模型锚的可靠抗拉拔承载能力为 1344kN，隧道锚长期稳定系数为 3.5。

**2. 室内模型试验**

在隧道锚原位模型试验中，由于模型锚和工程锚所处地质条件相同，围岩强度较大且由于加载系统的极限负荷限制，一般很难达到隧道锚模型围岩破坏，因此很难通过现场原位模型试验去研究隧道锚围岩破坏形式、拉拔作用的全过程以及隧道锚极限承载力。而室内模型试验可以通过合理地确定相似比和配置相似材料，达到围岩的破坏条件，可以实现对隧道锚拉拔作用全过程的研究。

汤华等基于普立特大桥，通过室内模型试验，对隧道锚抗拔作用机理和承载能力进行了研究；试验结果表明，当荷载小于 0.7kN 时，锚塞体和地表均无明显位移，当荷载达到 1.5kN 时，地表出现多条明显的放射状裂纹，围岩发生整体破坏，破坏形态为从锚塞体底端开始到地表以下一定距离为一近似的倒锥形，隧道锚的极限承载力由两部分组成，分别为锚塞体和围岩接触面的极限摩阻力以及围岩剪切-拉破坏的极限阻力（围岩的夹持效应）；邓琴等开展锚塞体不同长度和埋深的室内模型试验对隧道锚-围岩系统的承载特性进行研究，试验结果表明，隧道锚在荷载作用下，首先达到极限状态的是锚塞体与围岩接触部分，锚塞体位移整体很小，随着荷载增加，其产生的应力逐渐传递到围岩中，围岩随之出现变形，最终锚塞体位移发生突变，模型发生破坏，围岩表面出现放射性裂纹，锚塞体埋深的增加有助于隧道锚允许荷载和极限荷载的提高，增加锚塞体长度对隧道锚允许荷载影响很小，对极限荷载影响明显，并可有效提高隧道锚的极限承载力；江南基于金沙江特大桥隧道锚工程，设计并开展隧道锚室内模型试验，试验不考虑隧道锚埋深，设计三种不同接触面的锚塞体（平直型接触面、防滑齿坎接触面、防滑齿坎加锚杆接触面），并针对这三种锚塞体进行加载试验，研究了在不同荷载作用下锚碇体和围岩的应力及变形分布规律，并且采用超载试验方法对隧道锚极限承载能力及破坏模式进行研究，并对三种不同接触条件下的试验结果进行比较分析，试验结果表明，最大位移总发生在锚塞体后锚面处，围岩位移随着与锚塞体距离增大而减小，锚塞体的荷载传递为在锚塞体主轴方向上由后锚面传递至前锚面，在水平方向上为以锚塞体为中心向四周递减，增加抗滑齿坎及径向锚杆可增强围岩变形与锚塞体变形的连续性，提高锚塞体、围岩协同工作能力，平直型接触面锚塞体变形影响范围为一圆柱体，大小为锚体平均直径的 1～2 倍，防滑齿坎型接触面锚塞体变形影响范围为一上大下小的倒锥形，其底面直径约为锚塞体平均直径的 2 倍，顶面直径约为锚体平均直径的 5 倍，隧道锚的荷载-位移曲线可划分为三个阶段，依次为弹性变形阶段、弹塑性变形阶段和破坏阶段。防滑锯齿型接触面锚塞体情况下隧道锚的极限承载力较光面增加 50%，在锚塞体与围岩接触面上增设锚杆对提高隧道锚极限承载的作用有限，但能增强锚塞体和围岩的连系，可以增强隧道锚的整体刚度；三种接触条件下的围岩破坏形式分别为：平直型接触面为沿锚塞体和围岩接触面发生剪切滑移破坏，防滑齿坎接触面、防滑齿坎加锚杆两种方案的破坏模式均为喇叭形倒圆锥台形破坏，破坏面主要出现在围岩体内，但加锚杆方案的破坏范围大于防滑齿坎方案。

### 3. 数值模拟

相对于模型试验和理论计算而言，数值分析具有模拟能力强、方便快捷，擅长定量对比分析的优势。当前较为常用的数值分析方法包括连续变形分析和非连续变形分析两大类。

曾钱帮等使用 FLAC3D 差分软件建立数值分析模型，考虑开挖对岩体的扰动，对坝陵河悬索桥隧道锚锚体长度的方案进行对比，分析结果表明：为了获取合理的锚塞体长度，得到最大的经济效应，在设计时，要考虑到隧道锚极限承载力是由锚塞体混凝土和围岩间的粘结力和围岩的夹持效应两部分组成；董志宏等对矮寨悬索桥隧道锚碇吉首岸进行数值模拟计算，分析了由于施工开挖引起的锚碇、塔基和公路隧道围岩位移和应力变化；计算结果表明：隧道锚与公路隧道围岩变形有显著连系，隧道锚锚洞的开挖影响了公路隧道围岩的变形，锚洞后锚面底部围岩和下方隧道顶部围岩塑性区贯通，对锚碇的长期承载力有较大的威胁；张利洁等对四渡河特大桥隧道锚碇建立三维弹塑性数值模型进行分析，对模型施加不同倍数的设计主缆荷载，计算后观察塑性区的分布范围，以此判定隧道锚的稳定性及极限承载能力，结果表明：当荷载为主缆的设计荷载时，隧道锚岩体变形较小，说明此时岩体所受影响较小，当荷载达到主缆设计荷载的 7 倍时，锚塞体周围围岩出现大量塑性区并部分贯通，隧道锚前锚面的位移有 17mm，隧道锚承载力已到达极限状态，此时破坏模式为拉或拉剪破坏，当降低混凝土锚塞体与周围围岩接触面的强度参数，则塑性区发展更快，围岩破坏时为剪切破坏；江南应用有限元软件 ABAQUS 对比分析了马蹄形和圆形两种横断面隧道式锚碇的承载性状，分析结果表明，马蹄形断面随着荷载的增大出现了多处较大的应力集中，集中分布在边墙与拱及边墙与底板的交界处，圆形断面没有出现应力集中，应力分布均匀，马蹄形断面和圆形断面在断面面积相等的情况下比较发现，在荷载相同条件下，圆形断面位移小于马蹄形断面，极限承载力圆形断面大于马蹄形断面，说明圆形断面承载性能优于马蹄形断面；汪海滨通过研究发现，锚碇轴线倾角并不是越大越好，而应将其控制在 30°～45° 之间，其主要原因是要考虑锚碇－散索鞍－主缆的耦合影响，各参数对锚体位移和围岩应力的拓扑敏感性，放大角影响＞锚体长度影响＞锚体半径；张奇华对矮寨大桥的基岩稳定性进行了分析，并对群洞效应对隧道锚和隧道稳定性的影响问题进行了研究，发现在主缆设计荷载下，构筑物之间的交互作用很小，当在锚碇开挖阶段对两岸边坡加以有效稳固时，围岩的稳定性可以得到保证；罗莉姬以四渡河特大桥为工程背景，对隧道锚长期稳定性问题进行研究，对锚碇围岩进行了蠕变试验，基于蠕变模型得到了不同时刻最大主应力、最大主应变和竖直方向位移的分布规律为三个变量随时间的增长呈递减趋势，到第五年增量趋于零，蠕变速率趋于零并保持不变，蠕变引起应力重分布，使得应力在结构中的分布趋于均匀，位移增长速率随时间衰减，经过 5 年，蠕变应力、变形和位移基本能达到稳定，可以认为，蠕变对隧道锚岩体的变形稳定基本没有影响；韩冰等使用 FLAC3D 差分软件对某大桥隧道锚碇系统进行三维黏弹塑性数值模拟；计算结果表明，锚塞体和围岩的位移在考虑岩体的流变特性后均有所增加，隧道锚的塑性区面积进一步扩大。

### 4. 理论计算

朱玉用锚杆的轴力分布类比锚体的轴力分布，假设锚体沿与岩体的结合面发生剪切破坏，以剪应力达到极限值求得锚体极限破坏理论解；汪海滨同样假设锚体沿与岩体的结合面发生剪切破坏，通过对锚体的平衡方程，发现判定结合面破坏的关键在于锚碇-围岩的接触面本构关系，对不同形式的接触面进行概括，得到了锚体在不同情况下的破坏公式，该公式考虑了锚体横向变形对接触面正压力的减小，即泊松效应系数，以及侧压力的影响系数的影响，以角笼坝大桥为工程实例，该公式得到了有限元计算与模型试验的验证；余家富从岩体力学的角度出发探讨了隧道锚抗拉承载力公式，假设破坏形式为隧道锚锚塞体沿锚塞体表面拔出破坏，在宏观方面进行简化并在完整岩体的前提下推导出隧道锚抗拔承载力公式。

上述理论解都是先假定破坏模式，然后取隔离体进行分析，但目前对于隧道锚破坏形式以及其影响因素尚没有较清楚的认识并且由理论计算所得极限承载力没有足够的试验数据支持，因此这些理论公式具有局限性。

综上所述，国内外对隧道锚的研究多集中在公路悬索桥，多是依托某一工程，研究隧道锚在不同荷载及加载条件下的力学响应以及围岩的破坏形式，对工程隧道锚的安全性进行评价。相对于公路悬索桥隧道锚，铁路悬索桥隧道锚的研究明显不足，因此本章依托金沙江特大桥进行现场原位模型试验和室内模型试验，研究在循环荷载和蠕变荷载作用下锚塞体和围岩受力、变形特性，研究在荷载作用下锚塞体不同几何参数对锚塞体传力过程、围岩变形和隧道锚承载力的影响以及隧道锚破坏模式。

## 8.1.2　研究内容与技术路线

### 1. 研究内容

隧道锚是由锚塞体和周围岩体组成的一个复杂体系。由于隧道锚的受力和变形涉及锚塞体与周围岩体的相互作用及岩体的变形和破坏，因此使得锚塞体和围岩的受力及变形特性相当复杂。目前还没有完整可靠的经验可供借鉴，在众多研究方法中，模型试验是最直观、最可信的研究手段之一。因此通过现场模型试验和室内模型试验对隧道式锚碇的受力特性以及在不同锚塞体参数下隧道锚变形规律和围岩破坏形式进行研究，研究成果对于提高本项工程的质量安全，促进隧道式锚碇设计的进步具有理论意义和应用价值。主要研究内容如下：

（1）依据文献分析总结悬索桥隧道锚的研究现状，了解隧道锚各部分的作用机理及可能的破坏模式。

（2）依托金沙江特大桥进行原位抗拔模型试验，对锚塞体及围岩受力变形特性进行研究，验证工程隧道锚安全性。

（3）设计编制室内模型试验方案，变换锚塞体参数进行室内相似模型试验，研究隧道锚在不同锚塞体参数情况下的变形以及围岩破坏形式。

### 2. 技术路线

本章依托丽香铁路金沙江特大桥隧道式锚碇，采用现场原位模型试验和室内模型试验相结合的方式，对隧道锚受力特性和围岩破坏形式进行研究，技术路线如图 8.1.2 所示。

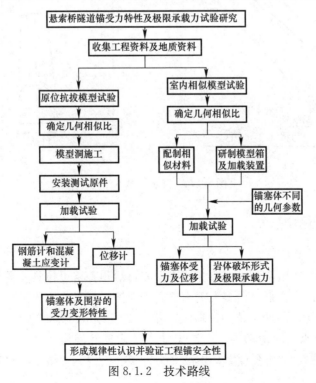

图 8.1.2　技术路线

## 8.2 背景工程

### 8.2.1 隧道式锚碇

金沙江特大桥丽江岸和香格里拉岸均采用隧道式锚碇，隧道锚长度（散索鞍 IP 点到后锚面）为 85m，隧道锚轴线与水平面夹角为 40°，隧道洞口截面尺寸从 10.0m×10.8m 渐变为 18.0m×19.0m，每个截面均设半圆形拱顶。整个锚碇结构的组成部分包括散索鞍支墩、前锚室（包括隧洞段和现浇段）、锚塞体以及后锚室。散索鞍支墩采用 $D=2.5m$ 钻孔桩基础。锚碇隧洞总轴线长度为 88m，其中前锚室轴线长度 40m，锚塞体轴线长度 45m，后锚室轴线长度 3m。锚碇隧洞前锚室断面尺寸为 10.0m×10.8m，拱顶半径 5.0m；锚塞体前端断面尺寸为 12.5m×13.0m，拱顶半径 6.25m，锚塞体后端断面尺寸为 18.0m×19.0m，拱顶半径 9.0m；后锚室后端断面尺寸为 18.0m×19.0m，拱顶半径 9.0m；左右洞最小净距 14.546m，隧道锚基本结构如图 8.2.1 所示。

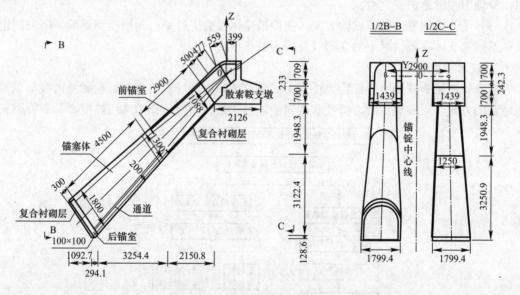

图 8.2.1　隧道锚基本结构

### 8.2.2 工程地质情况

#### 1. 地形地貌

金沙江特大桥位于云南省丽江市和迪庆藏族自治州香格里拉县交界处，桥址区所在的位置地势总体西北高东南低，诸多大雪山耸立于金沙江两岸，构成了高山大川相间的壮丽景观。区内地形险峻，山地、峡谷、高原、盆地交错分布，地面高程多在 2500～5000m。该桥大角度穿越金沙江深切峡谷。丽江岸陡，平均自然横坡约 45°，隧道锚附近坡面约 49°，主墩坡面约 39°，基岩多裸露，植被多为竹子、松树。香格里拉岸稍缓，近似为直线坡，基岩零星出露，植被不发育，矮树稀疏。平均自然坡度约 39°，主墩以下覆土稍厚。桥址区全景如图 8.2.2 所示。

图 8.2.2　金沙江特大桥桥址区全景

**2. 地层岩性**

根据勘察结果可知，桥址区基岩大部分裸露，局部有覆土。上覆第四系崩积（$Q_4^{col}$）块石土，冲洪积（$Q_4^{al+pl}$）卵石土，坡残积（$Q_4^{dl+el}$）粉质黏土，冰碛层（$Q_{3gl}$）粗角砾土、块石土。下伏三叠系片理化玄武岩（Tβ）。各地层岩性具体情况如下：

① 块石土（$Q_4^{col}$）：稍密～中密，稍湿～潮湿。石质为片理化玄武岩，块石大小混杂，含量超过 80%，直径一般为几厘米至几米，尖棱状，块石间充填有碎石、角砾及黏粒，厚 5～20m。属Ⅳ级软石。

② 卵石土（$Q_4^{al+pl}$）：潮湿～饱和状，中密～密实，石质主要为灰岩、砂岩、片岩、板岩、玄武岩质，卵石含量最多，约占 50%，漂石约占 20%～30%，其余为砾石、砂层。厚约 10～50m，属Ⅳ级软石，分布于金沙江河床内。

③ 粉质黏土（$Q_4^{dl+el}$）：硬塑～坚硬状，土质不均一，石质成分主要为夹片理化玄武岩质碎石角砾，局部为碎石角砾土。厚 0～2m，属Ⅱ级普通土，分布于金沙江两岸片理化玄武岩坡面上。

④ 粗角砾土（$Q_{3gl}$）：密实状，稍湿～潮湿。石质成分为片理化玄武岩，强风化至弱风化，其中约 50% 为粗角砾，碎、块石约占 10%～20%，最大直径可达数米，混杂有圆棱至尖棱状，大小不一，分选性差，主要充填玄武岩全风化物及黏性土。属Ⅲ级硬土。主要分布于两岸冰蚀槽谷、洼地内。

⑤ 块石土（$Q_{3gl}$）：稍密～中密，稍湿～潮湿。石质为片理化玄武岩，其中超过 90% 为块石，大小混杂，以大块体为主，最大直径达数米，尖棱状，碎石、角砾及黏粒填充在块石间，厚度不均，分布于香格里拉岸铍选厂冰蚀洼地。属Ⅳ级软石。

⑥ 片理化玄武岩（Tβ）：片状、板状、似层状构造，岩石中发生了绿泥石化和片理化变质，局部可见气孔状、杏仁状构造，耐风化。出露岩体主要为弱风化带（W2），属Ⅴ级次坚石。陡峻地形处浅表为强至中卸荷带。

⑦ 断层破碎带（Fbr）：是由片理化玄武岩经构造挤压形成，主要有断层泥、断层角砾、压碎岩，松软破碎，沿铍选厂断层分布，宽度 10～30m。

### 3. 地质构造

桥址所在区域属青藏高原断块区之川-滇块体，受板块相互推挤影响且块体地质构造复杂，川-滇块体地壳构造运动强烈，是我国大陆现今地壳构造运动最为强烈的地区。桥址区主要地质构造为断层，其次为各种结构面，这些结构面对岩土工程性质有很大影响。

根据《铁路工程地质手册》结构面规模分级，见表8.2.1，丽江岸Ⅲ、Ⅳ、Ⅴ级结构面主要发育，片理化玄武岩片理多呈中至薄层似层状，局部片理呈块状，贯通性差。浅部卸荷后岩层变缓，局部近水平状。香格里拉岸片理化玄武岩片理多呈中至薄层似层状，局部片呈块状，贯通性差。浅部局部有卸荷变形现象。根据地表调绘香格里拉岸主要发育三组结构面，J1：N17°W/46°NE（片理），J2：N25°W/44°SW，J3：N75°E/41°SE。

**结构面规模分级**　　　　表8.2.1

| 级别 | 走向长度 | 倾向长度 | 厚度 | 典型结构面 |
|---|---|---|---|---|
| Ⅰ | 大于数千米 | 数百~数千米 | 大于数米 | 区域性大断层 |
| Ⅱ | 数十~数百米 | 数百米 | 1米左右 | 不整合、夹层，侵入接触带，层间错动带，中小型断层等 |
| Ⅲ | 数十~数百米 | 数十米 | 数十厘米 | |
| Ⅳ | 数米~数十米 | 数米 | 不大 | 节理裂隙，层面，片理面 |
| Ⅴ | 以厘米计 | 以厘米计 | 以厘米计 | 细小节理裂隙面 |

### 4. 现场岩体试验成果

为了获得岩体物理力学参数，勘察单位围绕片理化玄武岩岩体在平洞中进行了岩体直剪强度试验、岩体结构面间直剪强度试验、混凝土（岩体）直剪强度。岩体直剪试验试样尺寸为50cm×50cm，最大垂直应力为9.0MPa，结果如表8.2.2所示。岩体结构面间直剪强度试验共选择两个点进行现场大剪试验，试件面积为50cm×50cm，最大垂直应力为0.5MPa，结果如表8.2.3所示。混凝土（岩体）直剪强度件面积为50cm×60cm，最大垂直应力为9.0MPa，混凝土强度为C30，结果如表8.2.4所示。

**岩体直剪强度试验成果汇总**　　　　表8.2.2

| 岩性 | 组数 | 试点位置 | 抗剪断强度 | | 单点法抗剪强度综合值 | |
|---|---|---|---|---|---|---|
| | | | $\varphi$ (°) | $c$ (MPa) | $\varphi$ (°) | $c$ (MPa) |
| 片理化变玄武岩（钠长绿泥片岩） | 1 | 右岸 PD18 平洞 219~224.47m 洞底板 | 39.4 | 2.36 | 36.1 | 2.30 |

**岩体结构面间直剪强度试验成果汇总**　　　　表8.2.3

| 岩性 | 试点编号 | 状态 | 组数 | 抗剪强度 | |
|---|---|---|---|---|---|
| | | | | $f$ (°) | $c$ (MPa) |
| 玄武岩 | DJ1 | 天然 | 5 | 17.2 | 0.125 |
| | DJ2 | 饱和 | 5 | 15.3 | 0.104 |

**混凝土（岩体）直剪强度试验成果汇总**　　　　表8.2.4

| 岩性 | 组数 | 抗剪断强度 | | 单点综合抗剪强度 | |
|---|---|---|---|---|---|
| | | $f'$ | $c'$(MPa) | $f$(°) | $c$(MPa) |
| | | 平均值 | 平均值 | 平均值 | 平均值 |
| 片理化变玄武岩 | 3 | 36.8 | 1.35 | 33 | 1.06 |

**5. 卸荷带划分**

勘察单位采用平硐勘探的方式查明卸荷带深度,根据裂隙发育密度、裂隙张开度、岩体弹性波速等指标将卸荷岩体分为强卸荷带和弱卸荷带,强卸荷带主要地质特征有裂隙发育,普遍张开,多处可见宽张卸荷裂隙集中成带,裂隙充填物以次生黄泥和岩屑为主,岩体松弛掉块明显。弱卸荷带主要地质特征为裂隙较发育,卸荷裂隙的开度明显变小,只有长大裂隙夹泥,含泥量逐渐减少,岩体松弛不明显。

强卸荷带、弱卸荷带和未卸荷带适用于不同的建筑物基础和工程的持力层,强卸荷带不宜作为建筑物基础及其附属工程的持力层。弱卸荷带能够承受较大的压应力但岩体均匀性差,可以作为墩台基础、边坡、岸坡锚固工程的持力层,不宜作为隧道锚的持力层。未卸荷带岩体强度高,可以作为隧道锚的持力层。

丽江岸陡,岩体以弱、微风化为主,强卸荷带深约43m,弱卸荷带深约73m,其工程地质剖面如图8.2.3所示。香格里拉岸强卸荷带不发育,弱卸荷带深约70m,其工程地质剖面图如图8.2.4所示。

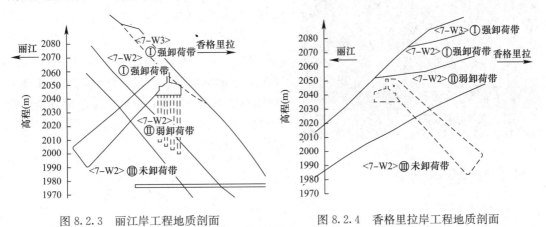

图 8.2.3　丽江岸工程地质剖面　　　　图 8.2.4　香格里拉岸工程地质剖面

说明:图中 7 代表片理化玄武岩,W3 代表强风化,W2 代表弱风化。

**6. 隧道锚围岩分级**

桥址区围岩岩性为片理化玄武岩,薄层状为主,局部为块状,岩层倾角较陡,为硬质岩石,岩质均一。隧道锚围岩分级如表8.2.5所示。

隧道锚围岩分级　　　　　　　　　　　　　　表 8.2.5

| 位置 | V级 | IV级 | III级 |
|---|---|---|---|
| 丽江岸 | 0～10m | 10～35m | 35m 以上 |
| 香格里拉岸 | 0～15m | 15～25m | 25m 以上 |

## 8.3　隧道锚原位缩尺模型试验方案

金沙江特大桥两岸均使用隧道锚,两岸的地质情况有所不同,为了使试验结果更加接近实际情况,隧道锚原位模型试验在香格里拉岸和丽江岸分别开挖锚洞进行试验,本次研究针对丽江岸隧道锚原位模型试验进行设计和实施。

### 8.3.1 试验锚洞选址

#### 1. 选址原则

（1）为保证试验结果可靠，有利于工程安全，试验场地地质情况应与实际锚洞地质条件相似。

（2）因为试验的时间跨度较长，所以为了不影响施工的进度，试验锚洞要尽量选在远离工程锚洞一定距离处。

（3）现场原位模型试验场地要能够布置一个试验锚洞，并且还得有一定的人员工作空间以及能够承受反力架传来的巨大荷载的足够大范围的围岩。

#### 2. 丽江岸试验锚洞位置选定

隧道锚的持力层需要选择在未卸荷带岩层，由表 8.2.3 可知丽江岸作为持力层的未卸

图 8.3.1 江岸模型锚洞位置

荷带岩层（7-W2Ⅲ），埋深平均深度达到了近80m，如果直接开挖至未卸荷带岩层将大大提高施工难度和造价。在丽江岸有一地勘工作留下的平硐 PD42，平硐深度约 111m，弱卸荷带（7-W2Ⅱ）与未卸荷带岩层交界面深度约 78m，平硐的深度满足试验要求，并且在施工现场有便道通向平硐，因此丽江岸充分利用此平硐，开挖丽江岸试验锚洞，其所处位置如图 8.3.1所示。

### 8.3.2 原位模型设计

#### 1. 相似关系

模型试验是将研究对象根据相似理论的原则按比例制成模型，用模型代替原型进行测试研究，并将研究结果用于原型的试验方法。为了将模型试验结果正确地运用于实际工程锚上，首先就要掌握原型和模型各个物理量的相似关系。模型锚和工程锚处于同一地质条件下，则模型和原型具有相同的弹性模量、强度、黏聚力、内摩擦角。若取几何相似比为 $C_l$，则模型和原型参数之间的换算关系如下：

弹性（变形）模量： $\qquad E_m = E_p$ (8.3.1)

几何尺寸： $\qquad l_m = l_p/C_l$ (8.3.2)

荷载： $\qquad N_m = N_p/C_l^2$ (8.3.3)

模型中量测到的数据与实体结构的换算关系如下：

应力： $\qquad \sigma_m = \sigma_p$ (8.3.4)

位移： $\qquad u_m = u_p/C_l$ (8.3.5)

应变： $\qquad \varepsilon_m = \varepsilon_p$ (8.3.6)

以上式中，$E_m$、$E_p$ 分别为模型和原型的弹性（变形）模量；$l_m$、$l_p$ 分别为模型和原型的几何尺寸；$N_m$、$N_p$ 分别为模型和原型的荷载；$\sigma_m$、$\sigma_p$ 分别为模型和原型的应力；$u_m$、$u_p$ 分别为模型和原型的位移；$\varepsilon_m$、$\varepsilon_p$ 分别为模型和原型的应变；$C_l$ 为几何相似比。

**2. 模型尺寸**

为使模型试验所得结果尽可能真实地反映实际工程隧道锚在荷载作用下的变形及应力状态，并考虑试验场地条件，本次隧道锚缩尺模型试验比例尺设计为 1∶10（即 $C_l = 10$），1∶10 的几何相似比为目前所有隧道锚模型试验中比例尺最大。

金沙江特大桥实桥隧道式锚碇所设计的主缆载荷为 288443kN（单个锚碇），按相似比计算，模型锚碇的设计荷载 $P$ 约为 2884kN。

模型锚碇采用与实桥锚体相同强度等级的混凝土，试验锚洞开挖采用爆破加人工修整的方式。锚塞体材料按实体锚配置，由实桥锚体尺寸根据几何相似比得到模型锚体的尺寸，模型锚碇的形式及尺寸如图 8.3.2 所示。

丽江岸模型试验利用勘察留下的 PD42 平硐可以使模型锚碇设置在未卸荷带岩层，在进入平硐 58.4m 处时，将平硐扩大，作为模型锚碇的临空面及人员进行试验的工作空间。试验隧道锚布置的纵断面图如图 8.3.3 所示。

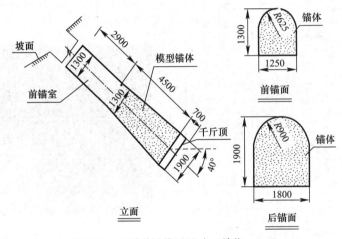

图 8.3.2　隧道锚模型尺寸（单位：mm）

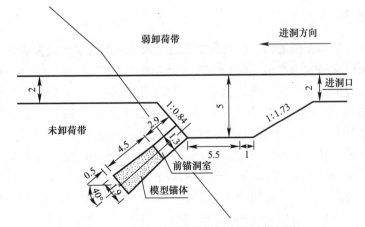

图 8.3.3　丽江岸试验隧道锚布置纵断面图

**3. 传力钢板**

当荷载达到 12$P$ 时，每个千斤顶出力已达到了 3500kN，为保证锚塞体后锚面均匀受力，并且防止锚塞体混凝土被局部压碎而导致试验无法进行。需要在千斤顶前端设置一块传力钢板，传力钢板厚度为1cm。为了方便搬运和安装，将钢板分割为6块，在左右两块钢板上切割出两个直径为150mm的孔洞，千斤顶的油管由此引出，在顶部弧形钢板左右两侧切割两个直径为80mm的孔洞，用于千斤顶后部混凝土反力板位移的测量。钢板分割及开孔示意图如图8.3.4所示。将钢板搬运至模型锚洞内靠在用于固定千斤顶的型钢钢架上，拼接后，为了防止钢板与型钢钢架焊接在一起，使用窄钢板条焊接钢板接缝，使钢板与后锚面一起变形。使用泡沫胶封闭钢板接缝处及钢板四周。

**4. 试验锚碇配筋**

模型锚碇钢筋在锚洞内绑扎，采用HRB400钢筋，轴向主筋为$\phi25$螺纹钢筋，共24根，将需要安装钢筋计的主筋按长度要求截断并两头车丝，利用套管和钢筋计连接。环向箍筋为$\phi12$螺纹钢筋，共23根。为防止后锚面过早被压坏，在后锚面底部用$\phi12$光面钢筋绑扎三层钢筋网片。锚塞体配筋实景如图8.3.5所示。

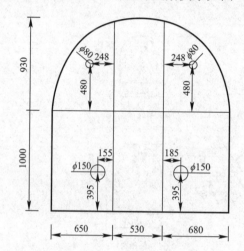

图8.3.4　钢板分割及开孔示意图（单位：mm）　　图8.3.5　锚塞体配筋实景

## 8.3.3　加载系统

由图8.3.3可知模型锚碇的设计荷载$P$约为2884kN，为了研究隧道锚在超张拉下的受力特性，本次试验最大加载能力按35MN设计，即12$P$。

采用后推法模拟锚碇的实际受力状态，模型锚碇底部用10个相同规格和型号的千斤顶向外出力，确保千斤顶均匀出力，同时使千斤顶合力方向与锚碇体设计拉力方向一致（与水平面成40°倾角）。千斤顶采用上海恒宜液压设备有限公司生产的QF320T-20b型弧面千斤顶，其外观尺寸为$\phi315\times427$mm，活塞杆直径180mm，最大行程200mm，最大工作压力63.9MPa，最大出力3840kN。千斤顶采用电动油泵带动，油泵和油管均由上海恒宜液压设备有限公司生产，油箱储油量为150L，每分钟流量为6L，能够同时带动10个大吨位千斤顶运行。油泵上接压力表和压力传感器，均可显示整个系统实时压力并且系统压力可调，而且可随时保压，也可停机保压。油管均配用$6\times3$（内部3层钢丝缠绕）型的超高压油管，可承受的最高压力70MPa，爆破压力100MPa，保证在使用时不会出现爆管的情况。电动油泵如图8.3.6所示。

控制系统采用武汉建科ST3000静载荷测试仪，由主机、远程控制端、压力传感器和

位移传感器组成，静载荷测试仪通过压力传感器可以
实现对电动油泵的自动控制，可通过预设荷载级实现
油泵的自动加载、补压和卸载。

图 8.3.6　电动油泵

在模型隧道锚洞室开挖完成后，修整后锚室底部
临空面，确保整平后该临空面与水平面夹角为 50°。在
此临空面上浇筑厚 50cm 的混凝土反力座，使用 C40 混
凝土，绑扎两层钢筋网片。紧贴混凝土反力座焊接用
于固定和支撑千斤顶的型钢钢架。

安装千斤顶时，使用一根 9m 长的工字钢，将工字钢一头搭在型钢钢架上，另一头放
在前锚室洞口，将千斤顶顺着工字钢滑入对应位置，再调整千斤顶使其与混凝土反力板紧
密接触，转动千斤顶调整油嘴位置方便油管安装。千斤顶安装调试完毕后，将传力钢板搬
入对应位置进行拼接，油管由传力钢板左右两个预留的 $\phi$150mm 孔洞穿出，传力钢板靠在
型钢钢架上与千斤顶应有一定的距离。加压系统如图 8.3.7 所示。

传力钢板拼接后，使用窄钢板将钢板接缝焊接在一起，油管由预留孔中穿出，使用直
径为 145mm 的钢管将油管从洞底穿出到锚洞外。用泡沫胶封堵钢板接缝和四周。

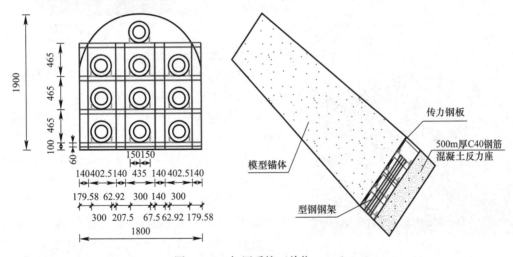

图 8.3.7　加压系统（单位：mm）

## 8.3.4　量测方案

本次现场原位模型试验的量测内容有围岩和锚塞体位移及锚塞体应变。

### 1. 变形监测

如图 8.3.8 所示，锚塞体和围岩变形的测量采用直径为 3cm 的镀锌钢管作为位移传递
杆，位移传递杆穿过套管将位移传至设于洞口的基准梁处进行测量，位移传递杆的一端固
定在需要测量的点位，套管另一端固定在洞口的钢架上并在位移传递杆端头焊接一块钢
板，安装位移传感器时，要使传感器测试端头和位移传递杆端头钢板接触紧密。

锚塞体变形主要有整体滑移变形和压缩变形，所以需要测量后锚面位移和前锚面位移，
本次试验在锚塞体后锚面共设置上、下、左、右四个测点，在前锚面中心设置一个测量点。

在锚洞口围岩上面、左侧和右侧分别钻孔，孔深 20cm，插入约 40cm 长的锚杆，使用

锚固剂固定，作为围岩变形的 3 个测点。在锚杆露出的一端焊接薄钢板，位移传递杆一端固定在薄钢板上，将围岩变形引出锚洞口进行测量。

变形的测量采用调频式位移传感器，测量精度为 0.01mm，需与前述 ST3000 静载荷测试仪配合使用，可通过设置测得所需时间的即时位移。位移传感器通过磁性表座固定在基准梁上，与位移传递杆上的钢板紧密接触。基准梁利用浇筑混凝土时搭建的钢架，距锚洞口 3m，距前锚面 5m，可保证在加载过程中围岩的变形不对基准梁造成影响。基准梁如图 8.3.9 所示。

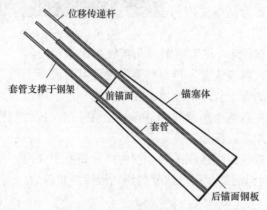

图 8.3.8　位移传递杆示意图

图 8.3.9　江岸基准梁

### 2. 应变监测

锚塞体应变的测量采用江苏海岩工程材料仪器有限公司生产的振弦式钢筋计和振弦式混凝土应变计，数据采集系统由 1 台 SX-40 型手动集线箱和 1 台显示仪组成，如图 8.3.10 所示。

锚塞体应变测量沿锚塞体轴向设置 6 个断面，在每个断面安装 8 个应变测试仪器，分别为 4 个钢筋计和 4 个混凝土应变计。给截面编号，如图 8.3.11 所示，从后锚面到前锚面分别为 1～6 截面，截面间距为 65cm，6 截面距前锚面 58cm，1 截面距后锚面 56cm。

图 8.3.10　应变数据采集系统

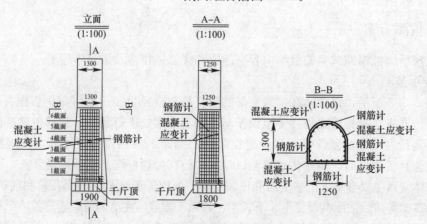

图 8.3.11　钢筋计应变计布置

安装钢筋计时，先将需要安装钢筋计的主筋按尺寸截断，车丝，在绑扎钢筋前，利用套筒将钢筋和钢筋计连接起来，再绑扎入指定位置。在钢筋绑扎完成后，利用扎丝将混凝土应变计绑扎在对应位置的主筋上，绑扎要牢靠。应变测量仪器安装完成如图 8.3.12 所示。

图 8.3.12　钢筋计及混凝土应变计布置

## 8.3.5　加载及量测方案

本次试验分别进行了 $4P$ 蠕变试验、$6P$ 蠕变试验、$8P$ 蠕变试验、$12P$ 循环荷载试验和 $8P\sim12P$ 加载试验，具体试验方法如下所述。

**1. $4P$ 蠕变试验**

1）加载方式

荷载从 0 开始，按 $0\to1P\to2P\to3P\to4P$ 加载，每级荷载维持 1h，再施加下一级荷载。$4P$ 荷载级维持时间不少于 5d，达到稳定标准（24h 读数差不大于 0.002mm）时，施加下一级荷载。

2）数据采集

电测位移计：（1）当施加完每级荷载后，立即采集一次数据；（2）荷载保持阶段（$1P\sim3P$ 期间），按 5min、10min、15min、30min 的时间间隔采集一次数据；（3）蠕变阶段（$4P$），第 1h 按 5min、10min、15min、30min 的时间间隔采集数据，1h 后，每 1h 采集一次数据。

钢筋计及应变计：（1）加载前测初值。（2）在荷载保持阶段（$1P\sim3P$ 期间），每级荷载施加完成后，在施加下一级荷载之前测读一次。（3）蠕变阶段（$4P$），0$\sim$24h，每 12h 测一次，24h 以后，每 24h 测一次。

**2. $6P$ 蠕变试验**

1）加载方式

$6P$ 蠕变试验在 $4P$ 蠕变基础上，不卸载，荷载由 $4P$ 开始，按 $4P\to5P\to6P\to0P$ 加卸载。$5P$ 荷载级维持 1h 再施加下一级荷载，$6P$ 荷载级维持时间不少于 5d，达到稳定标准（24h 读数差不大于 0.002mm）时，卸载到 0，维持半天到 1d 或变形稳定，试验结束。

2）数据采集

电测位移计：（1）当施加完每级荷载后，立即采集一次数据；（2）荷载保持阶段（$5P$ 期间），按 5min、10min、15min、30min 的时间间隔采集一次数据；（3）蠕变阶段（$6P$），第 1h 按 5min、10min、15min、30min 的时间间隔采集数据，1h 后，每 1h 采集一次数据；（4）卸载后立即读一次，然后在 1h 内按 5min、10min、15min、30min 的时间间隔采集一次数据，1h 后，每 1h 采集一次数据直至稳定。

钢筋计及应变计：（1）加载前测初值；（2）在荷载保持阶段（5P 期间），每级荷载施加完成后，在施加下一级荷载之前测读一次；（3）蠕变阶段（6P），0～24h，每 12h 测一次，24h 以后，每 24h 测一次。卸载稳定后读一次。

**3. 8P 蠕变试验**

1）加载方式

荷载从 0 开始，按 0→1P→2P→3P→4P→5P→6P→7P→8P→0P 加载，每级荷载维持 30min，再施加下一级荷载。8P 荷载级维持时间不少于 5d，达到稳定标准（24h 读数差不大于 0.002mm）时，卸载到 0，维持半天到 1d 或变形稳定，试验结束。

2）数据采集

电测位移计：（1）当施加完每级荷载后，立即采集一次数据；（2）荷载保持阶段（1P～7P 期间），按 5min、10min、15min 的时间间隔采集一次数据；（3）蠕变阶段（8P），第 1h 按 5min、10min、15min、30min 的时间间隔采集数据，1h 后，每 1h 采集一次数据；（4）卸载后立即读一次，然后在 1h 内按 5min、10min、15min、30min 的时间间隔采集一次数据，1h 后，每 1h 采集一次数据直至稳定。

钢筋计及应变计：（1）加载前测初值；（2）在荷载保持阶段（1P～7P 期间），每级荷载施加完成后，在施加下一级荷载之前测读一次；（3）蠕变阶段（8P），0～24h，每 12h 测一次，24h 以后，每 24h 测一次。卸载稳定后读一次。

**4. 12P 循环荷载试验**

1）加载方式

12P 循环荷载试验分 6 次进行循环加卸载，荷载从 0 开始，按 0→1P→2P→1P→0、0→2P→4P→2P→0······0→2P→4P······→12P······→4P→2P→0 加卸载。每个循环加卸载过程中的中间荷载维持 5min，峰值荷载维持 30min。0 荷载处维持 30min，进行下一个循环荷载的加卸载。

2）数据采集

电测位移计：（1）当施加完每级荷载后，立即采集一次数据；（2）在每个循环加卸载过程中的中间荷载维持到 5min 时采集一次数据，峰值荷载时按 5min、10min、15min 的时间间隔采集数据；（3）卸载到 0 时，按 5min、10min、15min 的时间间隔采集数据，然后进行下一个循环。

钢筋计及应变计：（1）加载前测初值；（2）每级荷载施加完成后，在施加下一级荷载之前测读一次。

**5. 8P～12P 加载试验**

1）加载方式

荷载从 8P 开始，按 8P→9P→10P→11P→12P 加载，每级荷载维持 60min，再施加下一级荷载。

2）数据采集

电测位移计：（1）当施加完每级荷载后，立即采集一次数据；（2）每级荷载维持阶段按 5min、10min、15min、30min 的时间间隔采集数据。

钢筋计及应变计：（1）加载前测初值；（2）每级荷载施加完成后，在施加下一级荷载之前测读一次。

## 8.4　隧道锚原位模型试验量测成果及分析

隧道锚原位模型试验加载历时 40d，按第 8.3 节所述试验方案进行加载，量测围岩、锚体位移以及锚体的变形和受力，本节对所测得的位移和锚体轴力进行整理和分析。后锚面位移测点有 4 个，围岩位移测点有 3 个，下文图中所给出的均是位移测点的平均值，前锚面是中心点的位移值。在加载过程中，由于锚体及围岩的变形，千斤顶需不断地补压调整，此外，洞外的施工也有一定的干扰，故位移曲线略有波动。

### 8.4.1　流变试验结果及分析

#### 1. 位移量测结果

为了研究锚体和围岩在长期荷载作用下稳定性，载荷试验共进行了 $4P$、$6P$、$8P$ 三组蠕变试验，首先进行了 $4P$ 蠕变试验，荷载维持时间为 120h，$4P$ 蠕变结束后不卸载，加载到 $6P$ 进行 $6P$ 蠕变试验，荷载维持时间为 85.3h，$8P$ 蠕变试验在 $12P$ 循环荷载试验结束后进行，荷载维持时间为 120h，$4P$ 蠕变变形量与时间关系曲线如图 8.4.1 所示。

由图 8.4.1 所知，$4P$ 蠕变试验当荷载终止时，后锚面位移最大为 0.736mm，前锚面位移次之为 0.270mm，围岩位移最小为 0.171mm。三者的位移分布曲线分布规律基本类似，后锚面位移明显大于前锚面位移，说明锚塞体被压缩，并且荷载是沿锚塞体轴向由后锚面传到前锚面，前锚面位移大于围岩位移但相差不大，说明锚塞体和围岩之间产生了相对位移，但位移较小。

在 $6P$ 蠕变试验荷载维持阶段，由于油管破裂使荷载降为 0，蠕变时间未能达到 5d，但蠕变变形已基本稳定。如图 8.4.2 所示，$6P$ 蠕变试验，当荷载终止时，后锚面位移为 1.295mm，前锚面位移为 0.529mm，围岩位移为 0.356mm，三者的变形趋势大致相同，

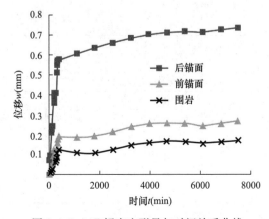

图 8.4.1　$4P$ 蠕变变形量与时间关系曲线

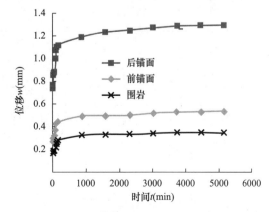

图 8.4.2　$6P$ 蠕变变形量与时间关系曲线

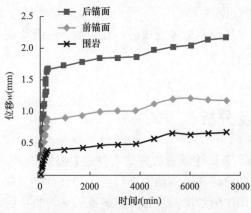

图 8.4.3　8P 蠕变变形量与时间关系曲线

能够协调变形，后锚面位移大于前锚面大于围岩，且后锚面位移与前锚面位移之差明显大于前锚面位移和围岩位移之差，说明锚塞体被压缩，并且锚塞体和围岩有相对位移，但比较小，主要是锚塞体的压缩变形。

图 8.4.3 为 8P 蠕变试验，当荷载终止时，后锚面位移为 2.156mm，前锚面位移为 1.172mm，围岩位移为 0.667mm，与 4P 和 6P 蠕变试验相似，也是后锚面位移最大，前锚面位移次之，围岩位移最小，三者变形趋势近似相同，能够协调变形。锚塞体产生了压缩变形，并且锚塞体与围岩之间产生了相对位移。

表 8.4.1 给出了三组蠕变试验各个部位最终的位移值，从整体上看，锚塞体和围岩在 4P、6P、8P 荷载作用下的位移值均比较小，随着荷载增大，各测点的位移值也增大，锚体的压缩变形也随之增大，锚体和围岩之间的相对位移整体较小，但也随荷载增大而增大，在荷载小于 8P 时，锚塞体和围岩的相对位移很小，说明主要由锚塞体后段承担荷载，且锚塞体和围岩有较好的粘结，二者基本可以共同变形。荷载为 8P 时，锚体和围岩的相对位移增量较大，说明锚塞体前段开始发挥作用。

蠕变试验各部位变形（单位：mm）　　　　　　　　表 8.4.1

| 荷载 ＼ 变形部位 | 后锚面 | 前锚面 | 围岩 | 锚体压缩变形 | 锚体围岩相对位移 |
|---|---|---|---|---|---|
| 4P | 0.736 | 0.270 | 0.171 | 0.466 | 0.099 |
| 6P | 1.295 | 0.529 | 0.356 | 0.766 | 0.173 |
| 8P | 2.156 | 1.172 | 0.667 | 0.984 | 0.505 |

由表 8.4.2 可得，在 4P、6P 和 8P 荷载作用下，隧道锚每天的蠕变位移随着蠕变天数的增加在减小，处于减速蠕变阶段。

蠕变试验单位时间内蠕变变形量统计（单位：mm）　　　　　表 8.4.2

| 测点 | 荷载 | 瞬时位移 | 第 $i$ 天蠕变变形量 | | | | | 蠕变位移 |
|---|---|---|---|---|---|---|---|---|
| | | | $i=1$ | $i=2$ | $i=3$ | $i=4$ | $i=5$ | |
| 后锚面 | 4P | 0.10 | 0.13 | 0.05 | 0.03 | 0.00 | 0.02 | 0.23 |
| | 6P | 0.11 | 0.17 | 0.04 | 0.02 | 0.01 | | 0.24 |
| | 8P | 0.13 | 0.17 | 0.08 | 0.09 | 0.09 | 0.11 | 0.54 |
| 前锚面 | 4P | 0.02 | 0.05 | 0.05 | 0.02 | 0.01 | 0.03 | 0.16 |
| | 6P | 0.04 | 0.08 | 0.02 | 0.01 | 0.00 | | 0.11 |
| | 8P | 0.07 | 0.11 | 0.07 | 0.10 | 0.09 | 0.04 | 0.41 |
| 围岩 | 4P | 0.01 | 0.05 | 0.02 | 0.02 | 0.01 | 0.01 | 0.11 |
| | 6P | 0.03 | 0.07 | 0.01 | 0.01 | 0.00 | | 0.09 |
| | 8P | 0.03 | 0.06 | 0.06 | 0.09 | 0.10 | 0.03 | 0.34 |

如表 8.4.2 所示，荷载为 4P 时，后锚面平均瞬时变形量为 0.10mm，平均蠕变变形

量为 0.23mm，平均蠕变变形量与平均瞬时变形量之比为 2.3。前锚面平均瞬时变形量为 0.02mm，平均蠕变变形量为 0.16mm，平均蠕变变形量与平均瞬时变形量之比为 8。围岩平均瞬时变形量为 0.01mm，平均蠕变变形量为 0.11，平均蠕变变形量与平均瞬时变形量之比为 11。

荷载为 6P 时，后锚面平均瞬时变形量为 0.11mm，平均蠕变变形量为 0.24mm，平均蠕变变形量与平均瞬时变形量之比为 2.1。前锚面平均瞬时变形量为 0.04mm，平均蠕变变形量为 0.11mm，平均蠕变变形量与平均瞬时变形量之比为 2.75。围岩平均瞬时变形量为 0.03mm，平均蠕变变形量为 0.09，平均蠕变变形量与平均瞬时变形量之比为 3。

荷载为 8P 时，后锚面平均瞬时变形量为 0.13mm，平均蠕变变形量为 0.54mm，平均蠕变变形量与平均瞬时变形量之比为 4.2。前锚面平均瞬时变形量为 0.07mm，平均蠕变变形量为 0.37mm，平均蠕变变形量与平均瞬时变形量之比为 5.6。围岩平均瞬时变形量为 0.03mm，平均蠕变变形量为 0.31，平均蠕变变形量与平均瞬时变形量之比为 10.3。

比较三种荷载作用下各测点的蠕变变形发现，随着荷载增大，蠕变变形也随之增大，比较三种荷载作用下平均蠕变变形量与平均瞬时变形量之比可得，在 4P、6P、8P 荷载作用下，后锚面蠕变速率小于前锚面，围岩蠕变速率均大于后锚面和前锚面。这说明，围岩也作为隧道锚的一部分，为隧道锚提供承载力。

**2. 锚体受力量测结果**

根据钢筋计和混凝土应变计读数，可计算出锚塞体各截面轴力。图 8.4.4 和图 8.4.5 所示为 4P、6P 和 8P 蠕变试验时各截面轴力与荷载及截面位置的关系，其中 1～6 截面与锚塞体轴线垂直，且锚塞体从后锚面到前锚面依次为 1～6 截面。

由图 8.4.4 可知，随着荷载增大，各截面轴力随荷载近似线性增大。由图 8.4.5 可知，在同一荷载作用下，锚塞体轴力从后锚面到前锚面依次递减，曲线的斜率逐渐变小，说明轴力减小的速率依次变小，在荷载作用下，锚塞体后段先发挥作用，并且越靠近后锚面发挥的比例越高。

图 8.4.6～图 8.4.8 所示为 4P、6P 和 8P 蠕变试验稳压后，蠕变阶段截面轴力和截面位置关系。可知，蠕变试验在蠕变阶段各截面的轴力随时间变化不大，且沿锚体纵向依次减小。

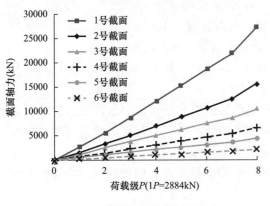

图 8.4.4　蠕变试验截面轴力与荷载关系

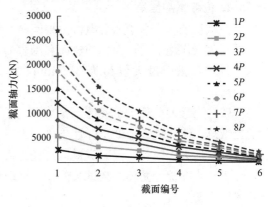

图 8.4.5　蠕变试验截面轴力和截面位置关系

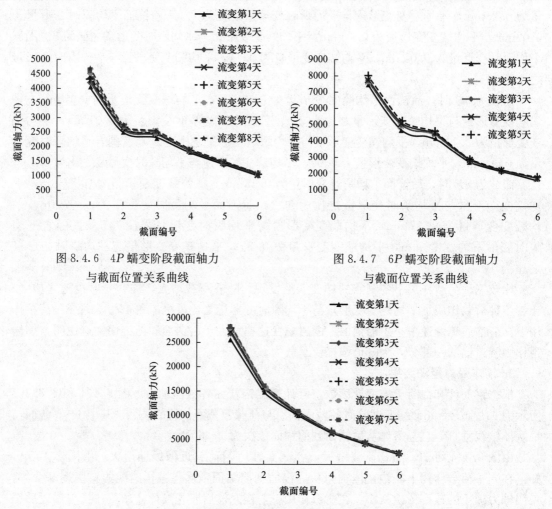

图 8.4.6　4P 蠕变阶段截面轴力
与截面位置关系曲线

图 8.4.7　6P 蠕变阶段截面轴力
与截面位置关系曲线

图 8.4.8　8P 蠕变阶段截面轴力与截面位置关系曲线

## 8.4.2　0～12P 循环加卸载试验

### 1. 位移量测结果

在试验期间，由于油泵电机出现问题，荷载最大只加到了 10.4P，图 8.4.9 所示为各级循环荷载作用下后锚面、前锚面和围岩的位移-荷载曲线。分析可知：

（1）后锚面最大位移为 3.59mm，前锚面最大位移为 1.97mm，围岩最大位移有 1.07mm。

（2）当最大荷载小于或等于 8P 时，前、后锚面及围岩的位移很小且卸载后变形基本上能恢复，说明隧道锚处于弹性阶段。当最大荷载大于 8P 时，变形显著增大且卸载后有一部分变形无法恢复，说明隧道锚已经进入了塑性发展阶段。

表 8.4.3 统计循环加载试验前、后锚面和围岩的峰值位移及各级循环的残余变形、锚塞体压缩变形量。

根据表 8.4.3 作出峰值位移-荷载曲线、残余位移-荷载曲线及锚塞体压缩量-荷载曲线，如图 8.4.10～图 8.4.12 所示。

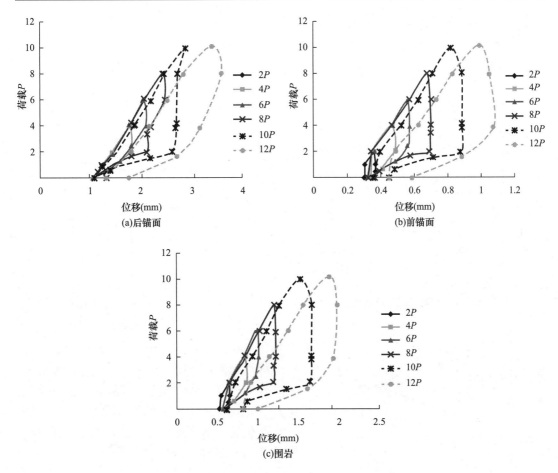

图 8.4.9　位移-荷载曲线（0～12P 循环加载试验）

**峰值位移、残余变形及压缩变形量统计**（单位：mm）　　　表 8.4.3

| 荷载 P | 峰值位移 | | | 残余变形 | | | 压缩变形 |
| --- | --- | --- | --- | --- | --- | --- | --- |
| | 后锚面 | 前锚面 | 围岩 | 后锚面 | 前锚面 | 围岩 | |
| 0 | 1.02 | 0.54 | 0.30 | 1.02 | 0.54 | 0.30 | 0.48 |
| 2 | 1.46 | 0.66 | 0.37 | 1.05 | 0.58 | 0.34 | 0.80 |
| 4 | 1.79 | 0.86 | 0.48 | 1.05 | 0.57 | 0.33 | 0.93 |
| 6 | 2.08 | 1.01 | 0.57 | 1.04 | 0.59 | 0.33 | 1.07 |
| 8 | 2.46 | 1.23 | 0.70 | 1.09 | 0.64 | 0.37 | 1.23 |
| 10 | 2.88 | 1.67 | 0.89 | 1.30 | 0.82 | 0.45 | 1.21 |
| 10.4 | 3.59 | 1.97 | 1.07 | 1.75 | 0.99 | 0.58 | 1.62 |

分析如下：

（1）由表 8.4.3 和图 8.4.10 可知，在荷载作用下，锚塞体位移整体上是后锚面最大，前锚面次之，围岩最小。当荷载小于 8P 时，前、后锚面及围岩的位移随着荷载增大近似线性增大；当荷载大于 8P 时，曲线的斜率增大，说明位移随荷载增大的速率增大，超过 10P 时，位移速率显著增大。

（2）由表 8.4.3 和图 8.4.11 可知，当荷载小于 8P 时，隧道锚的残余变形基本不随荷载发生变化,在荷载作用下的变形基本上能恢复;当荷载大于8P时,隧道锚残余变形增大,变形有少部分不能恢复;当荷载大于10P时,残余变形显著增大,不能恢复的变形进一步增多。

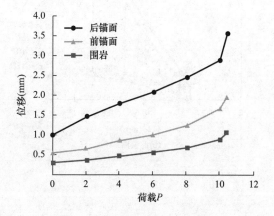

图 8.4.10　峰值位移-荷载曲线

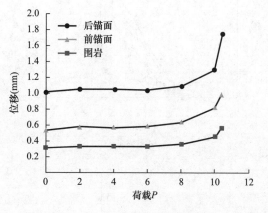

图 8.4.11　残余位移-荷载曲线

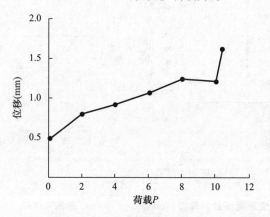

图 8.4.12　锚体压缩量-荷载曲线

（3）由表 8.4.3 和图 8.4.12 可知,锚塞体压缩量在荷载小于8P时,随着荷载增大近似线性增大,当荷载大于10P时,显著增大。综合上述分析结果可知,当荷载大于8P小于10P时,锚塞体压缩量基本没有变化,围岩位移仅为 0.89mm,说明这时锚塞体和围岩发生了相对滑移,但比较小,大约为0.78mm;当荷载大于10P时,锚塞体压缩量显著增大,说明后锚面发生了较大塑性变形。

**2. 锚体受力量测结果**

整理锚塞体轴力测量结果,绘制曲线如下:图 8.4.13 为各级循环荷载作用下截面轴力与截面位置关系曲线,图 8.4.14 为各级峰值荷载作用下截面轴力与截面位置关系曲线,图 8.4.15 为各级峰值荷载作用下各截面轴力与荷载关系曲线。

由上述曲线分析可得:

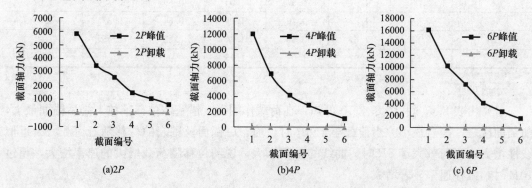

(a)2P　　　　　　(b)4P　　　　　　(c) 6P

图 8.4.13　循环荷载作用下截面轴力与截面位置关系曲线（一）

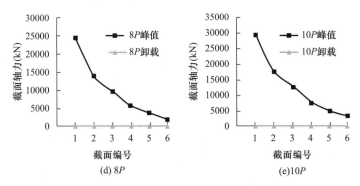

(d) 8P　　　　　　　　　　(e)10P

图 8.4.13　循环荷载作用下截面轴力与截面位置关系曲线（二）

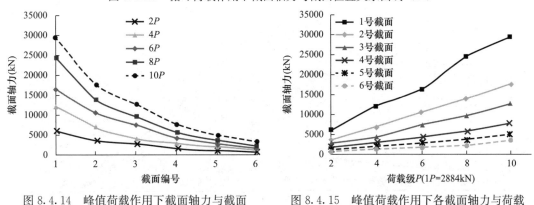

图 8.4.14　峰值荷载作用下截面轴力与截面　　　图 8.4.15　峰值荷载作用下各截面轴力与荷载
位置关系曲线　　　　　　　　　　　　　关系曲线

（1）在卸载到 0 后，各截面轴力基本上能恢复到 0，结合位移分析结果可知，当荷载小于 8P 时，隧道锚处于弹性阶段。

（2）总体而言，各截面轴力随着荷载增大近似线性增大。

（3）在同一荷载作用下，截面 1～截面 6 即从后锚面到前锚面的轴力是逐渐减小的，且截面 4～截面 6 的轴力衰减速度减小。

## 8.4.3　8P～12P 加载试验

在 8P 蠕变试验结束后，对隧道锚持续加载，最后由于油泵电机达到极限负荷，所加到的最大荷载为 12P。

**1. 位移量测结果**

由图 8.4.16 和图 8.4.17 可知，随着荷载增大，后锚面和前锚面位移也近似线性增大，且后锚面位移大于前锚面位移。在每一级荷载维持阶段，位移都能基本稳定不再增长。后锚面最大位移为 4.448mm，前锚面最大位移为 2.43mm。总体而言，位移均较小，隧道锚未达到承载力极限状态。

**2. 锚体受力量测结果**

由图 8.4.18 和图 8.4.19 可知，各截面的轴力随着荷载增大线性增大，在荷载不变的情况下，锚塞体轴力沿轴向从后锚面到前锚面递减，且递减的速率变小。随着荷载增大，截面 5 和截面 6 的轴力相差很小，说明锚塞体前段未充分发挥作用，荷载较大时，增加锚塞体长度对提高隧道锚承载力作用不大。

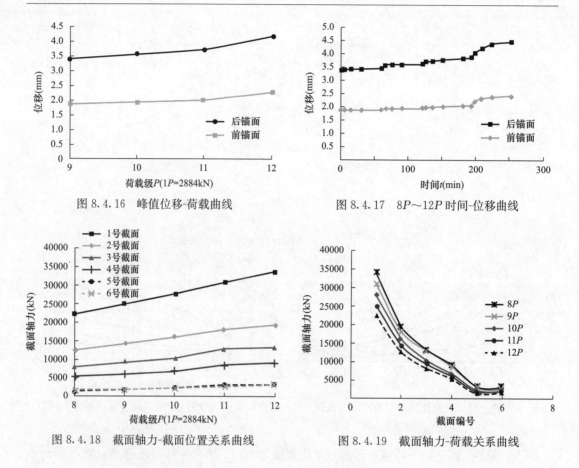

图 8.4.16　峰值位移-荷载曲线

图 8.4.17　8P~12P 时间-位移曲线

图 8.4.18　截面轴力-截面位置关系曲线

图 8.4.19　截面轴力-荷载关系曲线

## 8.4.4　围岩对锚塞体阻力分析

在 0~12P 循环荷载试验中，由轴力分布形式还可进一步得到两相邻量测断面之间的轴力差。它所反映出的是围岩作用于该段锚体侧面的阻力大小，该阻力由法向力分量和切向阻力分量组成。沿锚塞体轴向将锚塞体分为 6 段，如图 8.4.20 所示。

由图 8.4.21 可得，除去在 4P 荷载作用下曲线有波动外，其余荷载作用下的曲线变化趋势大致相同。

（1）总体上看，围岩对锚塞体的阻力沿锚塞体轴向从后锚面到前锚面呈现先增大后减小再趋于稳定的规律。

（2）由于 1 号截面距后锚面很近也即 0 号锚段很短，所以表现出来的围岩对锚塞体的阻力比较小。

（3）锚塞体所受阻力随着与后锚面距离的增大而增大，在 1 号锚段达到峰值，随后减小，之后在 3 号锚段略有增加，最后减小并趋于稳定。说明锚塞体在荷载作用下主要是后锚面~2 号截面的部分发挥作用，2 号截面~4 号截面锚段的抗力正在被激活，4 号截面~前锚面锚段发挥作用的比例较低，其抗力还未被充分调动。

（4）随着荷载增大，曲线的变化趋势基本不变，4 号截面~前锚面锚段抗力发挥作用的比例还是较低，说明荷载增大并不会充分调动锚塞体前部的抗力，当荷载较大时，增加锚塞体长度对隧道锚承载力影响不大。

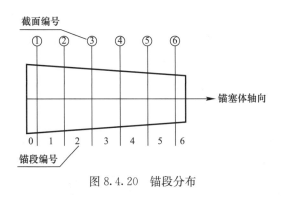

图 8.4.20　锚段分布

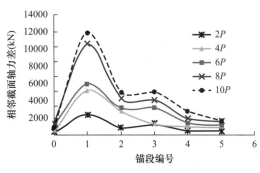

图 8.4.21　相邻截面锚体轴力差的分布曲线

## 8.4.5　小结

本节基于金沙江特大桥丽江岸试验隧道锚，进行蠕变和循环荷载试验模拟实桥隧道锚在实际情况下的受力状况，得到以下研究成果：

（1）在 $4P$、$6P$、$8P$ 蠕变试验中，锚体和围岩均能保持较好的粘结，共同变形。蠕变阶段每天的蠕变位移随着天数增加而减小，是衰减型蠕变。由于围岩的"夹持效应"，围岩的蠕变速率要大于后锚面和前锚面的蠕变速率。

（2）循环加卸载试验中，当荷载小于 $8P$ 时，隧道锚处于弹性阶段；当荷载大于 $8P$，隧道锚进入塑性发展阶段；当荷载大于 $8P$ 小于 $10P$ 时，锚塞体和围岩发生了较小的相对位移；当荷载大于 $10P$ 时，后锚面发生了较大的塑性变形。

（3）锚体各截面轴力随着荷载增大近似线性递增。在同一荷载作用下，锚塞体轴力从后锚面到前锚面依次递减，且蠕变阶段稳压后，各截面轴力基本不随时间变化。循环荷载试验卸载到 0 后，各截面轴力基本能恢复到 0。

（4）锚塞体荷载的传递主要是由后锚面传向前锚面，在荷载作用下锚塞体后段先发挥作用，并且越靠近后锚面发挥作用的比例越高。随着荷载增大，锚塞体前端发挥作用的比例一直较低，当荷载较大时，增加锚塞体长度对隧道锚承载力的提高作用不大。

（5）外荷载加至 $12P$ 时，锚体后锚面和前锚面位移均较小，且在荷载维持阶段，位移不会持续增长，隧道锚还未达到承载能力极限状态。丽江岸隧道锚设计能够满足承载力和位移要求。

## 8.5　隧道锚室内模型试验方案

隧道锚现场模型试验由于受制于现场加载条件，一般很难使隧道锚达到破坏，所以隧道锚的极限承载力及其破坏形式也就很难通过现场试验得出。本节基于金沙江特大桥隧道锚设计了室内模型试验方案。

### 8.5.1　模型制作

#### 1. 模型尺寸

隧道锚原型总长为 85m，其中前锚室长 40m，锚塞体长 45m，锚塞体前端断面尺寸为

12.5m×13.0m，拱顶半径 6.25m，锚塞体后端断面尺寸为 18.0m×19.0m，拱顶半径 9.0m。本次室内试验选取模型尺寸和原型尺寸的几何相似比为 1：100，即几何相似常数 $C_l=100$，考虑隧道锚加载的影响范围，选取模型箱尺寸为 2m×1m×1m。

由几何相似常数可得隧道锚模型总长为 85cm，前锚室长 40cm，锚塞体长 45cm，锚塞体前端断面尺寸为 12.5cm×13.0cm，锚塞体后端断面尺寸为 18.0cm×19.0cm。

金沙江大桥为铁路悬索桥，设计采用的实桥隧道式锚碇的主缆载荷载为 288443kN（单个锚碇），则按相似比计算，模型锚碇的设计荷载 $P$ 约为 288N。

**2. 相似材料的配置**

根据 8.3 节所述，结合室内模型试验几何相似常数可得围岩和锚塞体模型的物理力学参数。如表 8.5.1 所示。

室内模型试验的岩体相似材料主要控制参数有重度、黏聚力、内摩擦角。根据模型与原型各参数之间的关系，使用重晶石粉、石英砂和水配置围岩相似材料，进行直剪试验，最后选定重晶石粉、石英砂和水的质量比为 626：1037：210，重度为 20.5kN/m³，黏聚力 $c=12.8$kPa，内摩擦角 $\varphi=34.6°$。

围岩锚塞体物理力学参数　　　　　　　　　　　表 8.5.1

| 名称 | 类型 | 重度 $\gamma$(kN/m³) | 弹性模量 $E$(MPa) | 黏聚力 $c$(kPa) | 内摩擦角 $\varphi$(°) |
|---|---|---|---|---|---|
| 围岩 | 原型 | 25 | 6400 | 1350 | 36.5 |
| | 模型 | 25 | 64 | 13.5 | 36.5 |
| 锚塞体 | 原型 | 25 | 31500 | — | — |
| | 模型 | 25 | 315 | — | — |

锚塞体模型的基本尺寸按照实际模型尺寸和几何相似比进行缩小，因为锚塞体相对于围岩而言相当于刚体，其模量对于隧道锚受力变形影响很小。相对于本次试验的目的，锚塞体受力、变形和隧道锚破坏的机制来说，围岩参数的影响更大一些。考虑成模的方便性和锚塞体需要具有足够的强度，使用石膏粉和水制作锚塞体模型。

**3. 模型箱制作**

模型箱主要采用钢板和槽钢焊接而成，正面设计成可以拆卸的槽钢框架，在槽钢框架背面粘贴玻璃，以便围岩相似材料和锚塞体模型的填筑、定位以及加载中变形的观测。加工成型后的模型箱如图 8.5.1 所示。

(a)模型箱正面　　　　　　　　　　　　　(b)模型箱侧面

图 8.5.1　隧道锚室内模型试验模型箱

模型箱所用钢板厚为 4mm，正面槽钢框架采用 8 号规格的槽钢，其余起加劲作用的槽钢采用 10 号规格。正面槽钢框架与模型箱体采用螺栓连接。

在填筑围岩相似材料之前，取下正面槽钢框架，在玻璃上贴透明塑料布，防止在填筑围岩相似材料时玻璃被刮花，然后使用螺栓将槽钢框架与模型箱体紧密连接。填筑围岩相似材料厚度到 5cm 时，放入锚塞体到预定位置，然后再填筑围岩相似材料到预定高度。后锚室和前锚室的成型均使用对应直径的一半铝管，在填筑围岩相似材料时将其放入对应位置。

**4. 锚塞体制作**

将锚塞体截面简化为圆形，取整个隧道锚结构的一半研究，如图 8.5.2 所示，锚塞体模具使用钢板制作而成，共有三部分。在浇筑锚塞体模型时，先将这三部分拼接好，使用钢丝箍紧，再使用胶带将缝隙堵住；然后将锚塞体模具放在木板上；最后将锚塞体材料灌入模具中，等待其固结成型后拆除模具。

为测试锚塞体轴力，需要在锚塞体上贴应变片，因此还需在锚塞体表面预留 4 个用于贴应变片的槽，在应变片贴好后，使用相同的材料将槽回填。成型后的锚塞体模型如图 8.5.3 所示。

图 8.5.2　锚塞体模具

(a)锚体模型正面

(b)锚体模型俯视

图 8.5.3　锚塞体模型

## 8.5.2　试验工况

**1. 锚塞体模型方案**

为了研究锚塞体长度以及锚塞体扩展角对隧道锚承载力的影响，本次试验变换锚塞体长度和扩展角，共进行了 4 组试验。4 种方案锚塞体尺寸如图 8.5.4 所示。

（1）方案一：锚塞体各项参数均为实桥隧道锚尺寸根据相似关系所得，锚塞体长度为 45cm，坡度比为 1:16。

（2）方案二：锚塞体长度减少为 30cm，坡度比为 1:16。

（3）方案三：锚塞体长度为 22.5cm，坡度比为 1:16。

（4）方案四：锚塞体长度为 22.5cm，坡度比为 1:8。

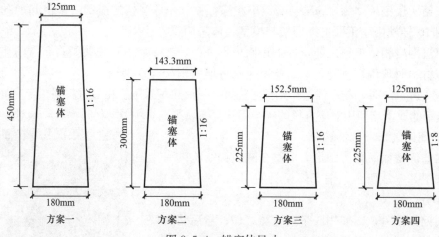

图 8.5.4　锚塞体尺寸

**2. 加载工况**

根据相似关系可知模型锚的设计荷载 $P=288N$，加载按照 $1P \rightarrow 2P \rightarrow 3P \rightarrow 4P \cdots\cdots$ 的顺序加载，模型锚在每级荷载作用下稳定后，施加下一级荷载，直至模型锚破坏为止。

## 8.5.3　加载系统

模型加载采用后推法，在模型箱底部锚塞体对应位置预留一个和锚塞体后锚面大小一致的半圆孔，围岩相似材料填筑完成后将千斤顶放入模型箱底部，穿过预留的半圆形孔对锚塞体进行加载，为锚塞体受力均匀，在千斤顶和锚塞体之间放置钢板。千斤顶的放置如图 8.5.5 所示。

如图 8.5.6 所示，加载系统由千斤顶、传感器、油管、手动油泵和数显表组成，均由成都市伺服液压设备有限公司生产。千斤顶最大出力 15kN，行程 80mm，传感器最大量程 10kN，精度为千分之五。千斤顶和手动油泵通过油管连接，加载时手动油泵给千斤顶提供油压，传感器测量力的大小并显示在数显表上。

图 8.5.5　千斤顶放置示意图

图 8.5.6　加载系统

## 8.5.4　量测系统

### 1. 位移量测

测量的位移数据包括锚塞体后锚面位移、锚塞体后锚面围岩位移和地表位移，所有位移均使用位移传感器进行测量。测点布置如图 8.5.7 所示。

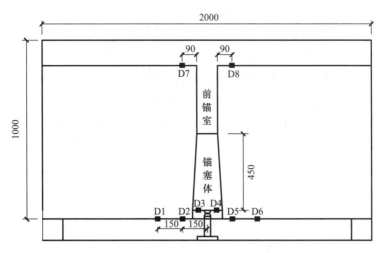

图 8.5.7　位移测点布置示意图（单位：mm）

锚塞体后锚面的位移，使用位移传感器直接顶在后锚面上的方法来进行测量，共布置两个测点，编号为 D3、D4。

后锚面围岩位移的测点关于模型锚是对称布置的，共有 4 个测点，从左到右编号为 D1、D2、D5、D6。间距为 150mm。在模型箱底部对应测点位置钻孔，孔径为 φ12mm。在填筑围岩相似材料前，用大于小孔的木板将小孔盖住，再进行相似材料的填筑。

在试验时，使用位移传感器穿过钻好的小孔顶在预先放置的小木块上，来测量后锚面围岩的位移，传感器使用磁性表座固定在模型箱上。

在地表对应测点位置放置小木片，使用位移传感器与木片紧密接触来测量地表位移。

填筑相似材料时，在竖直方向上每隔一段距离，使用彩砂铺一条水平直线，在玻璃上相同位置也画一条直线，使其与彩砂所铺直线重合，以便于对围岩变形和隧道锚变形影响范围进行观察和量测。

完成填土和测点布置的隧道锚模型如图 8.5.8 所示。

位移传感器采用的是武汉建科科技有限公司生产的调频式位移传感器，测量精度为 0.01mm，与该公司生产的 ST3000 静载荷测试仪配合使用，如图 8.5.9 所示。

**2. 应变量测**

如图 8.5.10 所示，在 45cm 和 30cm 长锚塞体中沿轴线方向设置了 6 个应变测试断面，在同一横截面（测试断面）上有 4 个应变测点。在 45cm 长锚塞体中，1 号截面距前锚面 25mm，6 号截面距后锚面 25mm，其余截面之间相距 80mm。在 30cm 长锚塞体中，1 号截面距前锚面 25mm，6 号截面距后锚面 25mm，其余截面之间相距 50mm。

图 8.5.8　制作完成后的隧道锚模型

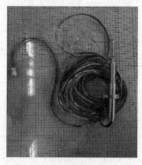 

(a)位移传感器　　　　　　　(b)静载荷测试仪

图 8.5.9　位移量测系统

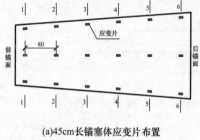 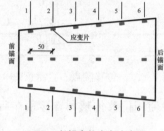 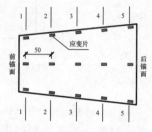

(a)45cm长锚塞体应变片布置　　(b)30cm长锚塞体应变片布置　　(c)22.5cm长锚塞体应变片布置

图 8.5.10　应变片布置示意图

在 22.5cm 长的锚塞体中沿轴线方向设置了 5 个应变测试断面，在同一横截面（测试断面）上有 4 个应变测点。1 号截面距前锚面 12.5mm，6 号截面距后锚面 12.5mm，其余截面之间相距 50mm。

锚塞体的应变通过贴应变片的方式进行测量，在制作锚塞体模型时，在锚塞体表面预留 4 个沿锚体轴向的槽，将应变片贴入槽中相应位置，做好防水，理好线，再用相同材料将槽回填。贴好应变片回填之后的锚塞体模型如图 8.5.11 所示。应变片使用中航工业电测仪器股份有限公司制造的型号为 BQ120-10AA 型的应变片，电阻值为 $120.6\pm0.1\Omega$，灵敏系数为 $2.20\pm1\%$，栅长×栅宽＝10mm×2mm。应变测试仪采用由江苏东华测试技术股份有限公司生产的 DH3818Y 型静态应变测试仪，采样速度为 60 点/s，最高分辨率为 $1\mu\varepsilon$，拱桥电压为 $2.000V\pm0.1\%$。

**3. 锚体轴力计算**

由于锚塞体是一个变截面的半圆柱体，粘贴的应变片与所测截面不垂直，因此由所测截面的应变并不能直接求出轴力。所以同一参数的锚塞体需要制作两个，在相同位置粘贴应变片，一个用于试验，一个用于标定。如图 8.5.11、图 8.5.12 所示。使用反力架对锚塞体应变进行标定。

由于在标定时每个截面轴力已知，均等于后锚面轴力也即千斤顶出力，可由数显表读出。这样可得到每个测量截面的轴力-应变曲线。在试验中会得到每个测量截面在每级荷载作用下的应变，利用标定所得的测量截面的轴力-应变曲线，可得每个测量截面在每级荷载作用下的轴力，进而可以做出隧道锚每个测量截面的荷载-轴力曲线。

图 8.5.11 锚塞体模型贴好应变片后

图 8.5.12 锚塞体应变标定

## 8.6 模型试验量测结果及分析

本节根据 8.5 节所述试验方法，针对不同锚塞体长度和坡度比共进行 4 组室内模型试验。得到不同锚塞体参数下各测点位移和锚塞体轴力，并对所得数据进行分析。

### 8.6.1 模型试验结果

#### 1. 位移测试结果

由于结构的对称性，与锚塞体相同距离位置的位移相同，所以锚塞体后锚面围岩位移测点 D1 和 D6 所测数值求平均作为距锚塞体 30cm 处围岩的位移，记为 A1。测点 D2 和 D5 求平均值作为距锚塞体 15cm 处围岩位移，记为 A2。测点 D7 和 D8 求平均值作为地表位移，记为 A3。测点 D3 和 D4 求平均值作为锚塞体后锚面位移，记为 A4。

1）方案一

位移量测结果见表 8.6.1 及图 8.6.1。

方案一位移量测结果（单位：mm） 表 8.6.1

| 荷载（N） | 围岩位移 A1 | 围岩位移 A2 | 地表位移 A3 | 后锚面位移 A4 |
|---|---|---|---|---|
| 0 | 0 | 0 | 0 | 0 |
| 297 | 0 | 0 | 0.01 | 0.05 |
| 577 | 0.03 | 0.04 | 0.025 | 0.265 |
| 853 | 0.035 | 0.045 | 0.025 | 0.685 |
| 1110 | 0.035 | 0.06 | 0.025 | 1.235 |
| 1387 | 0.035 | 0.065 | 0.04 | 2.65 |
| 1656 | 0.035 | 0.08 | 0.06 | 6.655 |
| 1921 | 0.03 | 0.095 | 0.08 | 10.33 |
| 2194 | 0.04 | 0.12 | 0.145 | 14.575 |
| 2499 | 0.035 | 0.125 | 0.245 | 19.13 |
| 2726 | 0.045 | 0.14 | 0.35 | 25.265 |
| 3005 | 0.04 | 0.165 | 0.485 | 32.515 |
| 3243 | 0.04 | 0.175 | 0.635 | 42.535 |

续表

| 荷载（N） | 围岩位移 A1 | 围岩位移 A2 | 地表位移 A3 | 后锚面位移 A4 |
|---|---|---|---|---|
| 3444 | 0.04 | 0.205 | 0.855 | 54.6 |
| 3710 | 0.04 | 0.275 | 1.475 | 71.175 |

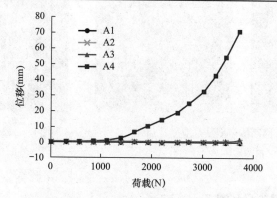

图 8.6.1　方案一荷载-位移曲线

2）方案二

位移量测结果见表 8.6.2 及图 8.6.2。

方案二位移量测结果（单位：mm）　　　　　　　　表 8.6.2

| 荷载（N） | 围岩位移 A1 | 围岩位移 A2 | 地表位移 A3 | 后锚面位移 A4 |
|---|---|---|---|---|
| 0 | 0 | 0 | 0 | 0 |
| 381 | 0 | 0 | 0.01 | 0.12 |
| 564 | 0 | 0.01 | 0.045 | 0.25 |
| 861 | 0.005 | 0.01 | 0.08 | 0.79 |
| 1136 | 0.01 | 0.03 | 0.11 | 1.43 |
| 1423 | 0.015 | 0.05 | 0.15 | 4.02 |
| 1713 | 0.015 | 0.07 | 0.2 | 10.29 |
| 1999 | 0.025 | 0.09 | 0.27 | 18.075 |
| 2266 | 0.035 | 0.095 | 0.385 | 25.905 |
| 2490 | 0.045 | 0.115 | 0.49 | 34.68 |
| 2810 | 0.05 | 0.145 | 0.605 | 49.895 |
| 3160 | 0.06 | 0.22 | 0.775 | 71.84 |

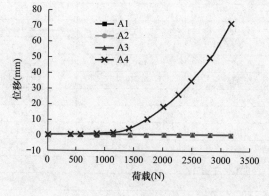

图 8.6.2　方案二荷载-位移曲线

3）方案三

位移量测结果见表 8.6.3 及图 8.6.3。

方案三位移量测结果（单位：mm）　　　表 8.6.3

| 荷载（N） | 围岩位移 A1 | 围岩位移 A2 | 地表位移 A3 | 后锚面位移 A4 |
| --- | --- | --- | --- | --- |
| 0 | 0 | 0 | 0 | 0 |
| 144 | 0.02 | 0.025 | 0 | 0.115 |
| 288 | 0.02 | 0.03 | 0.01 | 0.26 |
| 432 | 0.025 | 0.04 | 0.01 | 0.385 |
| 581 | 0.025 | 0.04 | 0.015 | 0.505 |
| 714 | 0.03 | 0.04 | 0.035 | 0.685 |
| 869 | 0.03 | 0.05 | 0.07 | 0.98 |
| 1008 | 0.035 | 0.05 | 0.115 | 1.655 |
| 1150 | 0.035 | 0.05 | 0.135 | 3.18 |
| 1290 | 0.035 | 0.08 | 0.18 | 5.415 |
| 1430 | 0.04 | 0.09 | 0.195 | 8.77 |
| 1572 | 0.04 | 0.105 | 0.215 | 12.18 |
| 1716 | 0.04 | 0.125 | 0.225 | 16.455 |
| 1849 | 0.045 | 0.15 | 0.275 | 20.875 |
| 1938 | 0.045 | 0.16 | 0.285 | 24.51 |
| 2089 | 0.045 | 0.17 | 0.305 | 30.07 |
| 2201 | 0.045 | 0.2 | 0.335 | 35.295 |
| 2333 | 0.045 | 0.21 | 0.36 | 43.34 |
| 2417 | 0.055 | 0.225 | 0.41 | 50.105 |
| 2538 | 0.055 | 0.24 | 0.5 | 59.265 |
| 2695 | 0.055 | 0.27 | 0.605 | 73.92 |

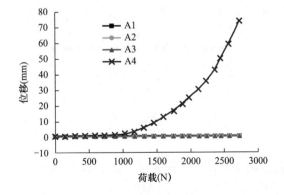

图 8.6.3　方案三荷载-位移曲线

4）方案四

位移量测结果见表 8.6.4 及图 8.6.4。

方案四位移量测结果（单位：mm）　　　　　　　表 8.6.4

| 荷载（N） | 围岩位移 A1 | 围岩位移 A2 | 地表位移 A3 | 后锚面位移 A4 |
|---|---|---|---|---|
| 0 | 0 | 0 | 0 | 0 |
| 135 | 0.015 | 0.025 | 0.005 | 0.1 |
| 323 | 0.02 | 0.025 | 0.005 | 0.195 |
| 430 | 0.02 | 0.025 | 0.015 | 0.285 |
| 571 | 0.02 | 0.035 | 0.025 | 0.4 |
| 724 | 0.02 | 0.035 | 0.035 | 0.49 |
| 823 | 0.02 | 0.04 | 0.055 | 0.635 |
| 990 | 0.02 | 0.04 | 0.075 | 0.795 |
| 1133 | 0.02 | 0.045 | 0.095 | 1.59 |
| 1290 | 0.02 | 0.05 | 0.115 | 3.06 |
| 1427 | 0.025 | 0.06 | 0.18 | 5.125 |
| 1574 | 0.025 | 0.08 | 0.22 | 8.9 |
| 1720 | 0.025 | 0.105 | 0.27 | 12.705 |
| 1850 | 0.02 | 0.12 | 0.33 | 16.455 |
| 2008 | 0.015 | 0.14 | 0.37 | 19.96 |
| 2162 | 0.02 | 0.15 | 0.41 | 24.62 |
| 2326 | 0.015 | 0.155 | 0.47 | 30.76 |
| 2475 | 0.025 | 0.17 | 0.52 | 37.075 |
| 2600 | 0.025 | 0.185 | 0.585 | 42.62 |
| 2732 | 0.03 | 0.205 | 0.655 | 49.72 |
| 2905 | 0.03 | 0.275 | 0.895 | 60.61 |
| 3035 | 0.025 | 0.33 | 0.97 | 70.8 |

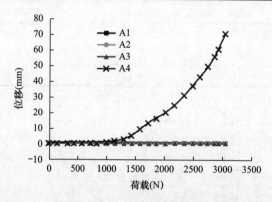

图 8.6.4　方案四荷载-位移曲线

**2. 应变测试结果**

应变测试结果共包括两部分，一部分为标定所得锚塞体轴力-应变曲线，另一部分为试验中锚塞体荷载-应变曲线。最后通过这两部分得到锚塞体荷载-轴力曲线。

1）方案一

试验中各级荷载作用下锚塞体各截面应变及轴力如表 8.6.5 所示，锚塞体各截面轴力-应变标定曲线、荷载-轴力曲线如图 8.6.5、图 8.6.6 所示。

方案一试验锚塞体各截面应变及轴力 表 8.6.5

| 荷载 (N) | 1 截面 | | 2 截面 | | 3 截面 | | 4 截面 | | 5 截面 | | 6 截面 | |
|---|---|---|---|---|---|---|---|---|---|---|---|---|
| | 应变 | 轴力 (N) | 应变 | 轴力 (N) | 应变 | 轴力 (N) | 应变 | 轴力 (N) | 应变 | 轴力 (N) | 应变 | 轴力 (N) |
| 577.0 | 3.5 | 7.7 | 6.1 | 54.3 | 10.0 | 107.9 | 20.9 | 235.5 | 30.9 | 401.5 | 33.2 | 568.2 |
| 853.0 | 10.3 | 62.4 | 18.2 | 172.4 | 31.3 | 338.7 | 41.5 | 471.8 | 49.1 | 640.1 | 49.3 | 844.1 |
| 1110.0 | 20.7 | 145.3 | 29.5 | 281.8 | 53.0 | 573.9 | 58.8 | 669.3 | 64.3 | 840.5 | 63.8 | 1093.5 |
| 1387.0 | 25.6 | 184.5 | 35.6 | 341.9 | 69.4 | 752.0 | 74.0 | 843.4 | 80.5 | 1053.3 | 80.5 | 1379.0 |
| 1656.0 | 33.3 | 246.3 | 48.7 | 469.4 | 86.8 | 941.3 | 90.2 | 1029.0 | 97.8 | 1280.0 | 96.2 | 1649.1 |
| 1921.0 | 44.5 | 335.2 | 56.6 | 546.0 | 98.3 | 1066.4 | 100.9 | 1151.4 | 109.9 | 1438.4 | 111.8 | 1915.4 |
| 2194.0 | 55.8 | 425.6 | 65.9 | 636.0 | 113.0 | 1225.7 | 120.2 | 1378.4 | 124.1 | 1626.0 | 127.6 | 2187.0 |
| 2499.0 | 69.7 | 537.0 | 78.8 | 761.7 | 129.1 | 1401.1 | 135.3 | 1545.8 | 141.3 | 1851.2 | 145.0 | 2486.2 |
| 2726.0 | 76.9 | 594.0 | 88.0 | 851.7 | 140.5 | 1525.1 | 149.5 | 1708.2 | 156.5 | 2050.8 | 158.5 | 2717.7 |
| 3005.0 | 81.2 | 628.4 | 96.8 | 937.0 | 157.4 | 1707.8 | 160.4 | 1832.7 | 169.2 | 2218.1 | 175.2 | 3003.4 |
| 3243.0 | 97.8 | 761.6 | 108.6 | 1052.4 | 169.8 | 1842.6 | 176.8 | 2020.2 | 183.8 | 2409.9 | 188.3 | 3227.3 |
| 3744.0 | 105.5 | 822.9 | 116.6 | 1129.7 | 200.6 | 2177.1 | 208.0 | 2378.2 | 212.3 | 2784.5 | 218.1 | 3738.3 |

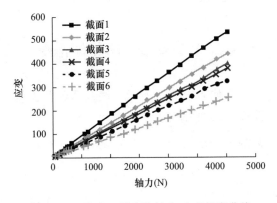

图 8.6.5　方案一锚塞体轴力-应变标定曲线

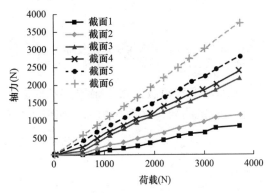

图 8.6.6　方案一锚塞体荷载-轴力曲线

2）方案二

试验中各级荷载作用下锚塞体各截面应变及轴力如表 8.6.6 所示，锚塞体各截面轴力-应变标定曲线、荷载-轴力曲线如图 8.6.7、图 8.6.8 所示。

方案二试验锚塞体各截面应变及轴力 表 8.6.6

| 荷载 (N) | 1 截面 | | 2 截面 | | 3 截面 | | 4 截面 | | 5 截面 | | 6 截面 | |
|---|---|---|---|---|---|---|---|---|---|---|---|---|
| | 应变 | 轴力 (N) | 应变 | 轴力 (N) | 应变 | 轴力 (N) | 应变 | 轴力 (N) | 应变 | 轴力 (N) | 应变 | 轴力 (N) |
| 380.0 | 1.3 | 23.4 | 3.5 | 149.6 | 5.5 | 190.8 | 7.5 | 250.4 | 12.1 | 286.9 | 16.7 | 372.3 |
| 564.0 | 3.5 | 60.6 | 7.0 | 237.9 | 10.5 | 363.7 | 12.2 | 409.3 | 20.2 | 479.0 | 25.0 | 556.8 |
| 861.0 | 7.9 | 138.0 | 10.0 | 315.7 | 16.1 | 556.0 | 18.8 | 631.6 | 29.0 | 689.4 | 38.4 | 856.1 |
| 1134.0 | 11.3 | 197.6 | 13.9 | 414.9 | 21.1 | 726.8 | 25.5 | 855.9 | 39.8 | 944.4 | 50.6 | 1128.1 |
| 1423.0 | 14.7 | 257.4 | 17.0 | 494.3 | 25.7 | 886.6 | 31.6 | 1058.7 | 50.7 | 1203.0 | 63.6 | 1418.7 |
| 1713.0 | 17.6 | 308.7 | 20.1 | 572.3 | 30.6 | 1055.3 | 40.1 | 1343.0 | 62.9 | 1493.4 | 76.7 | 1709.8 |
| 1999.0 | 20.9 | 366.8 | 23.3 | 653.2 | 35.3 | 1219.6 | 47.0 | 1576.3 | 73.5 | 1745.9 | 89.5 | 1995.8 |

续表

| 荷载<br>(N) | 1 截面 | | 2 截面 | | 3 截面 | | 4 截面 | | 5 截面 | | 6 截面 | |
|---|---|---|---|---|---|---|---|---|---|---|---|---|
| | 应变 | 轴力<br>(N) | 应变 | 轴力<br>(N) | 应变 | 轴力<br>(N) | 应变 | 轴力<br>(N) | 应变 | 轴力<br>(N) | 应变 | 轴力<br>(N) |
| 2289.0 | 24.0 | 421.6 | 27.1 | 748.9 | 41.2 | 1422.8 | 53.5 | 1791.9 | 86.7 | 2057.9 | 102.4 | 2284.7 |
| 2490.0 | 27.3 | 479.0 | 30.5 | 836.4 | 46.2 | 1593.7 | 59.1 | 1981.9 | 97.2 | 2308.2 | 111.5 | 2486.1 |
| 2810.0 | 30.4 | 534.4 | 33.7 | 917.2 | 52.1 | 1796.2 | 70.4 | 2361.4 | 108.9 | 2586.3 | 125.8 | 2805.6 |
| 3160.0 | 34.1 | 598.4 | 36.0 | 975.5 | 60.4 | 2085.1 | 77.7 | 2603.8 | 119.4 | 2836.1 | 141.4 | 3155.1 |

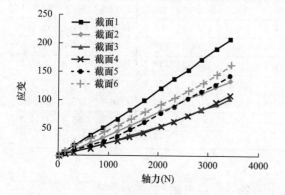

图 8.6.7　方案二锚塞体轴力-应变标定曲线

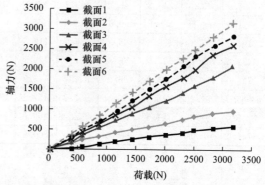

图 8.6.8　方案二锚塞体荷载-轴力曲线

3）方案三

试验中各级荷载作用下锚塞体各截面应变及轴力如表 8.6.7 所示，锚塞体各截面轴力-应变标定曲线、荷载-轴力曲线如图 8.6.9、图 8.6.10 所示。

方案三试验锚塞体各截面应变及轴力　　　　　　　　表 8.6.7

| 荷载<br>(N) | 1 截面 | | 2 截面 | | 3 截面 | | 4 截面 | | 5 截面 | |
|---|---|---|---|---|---|---|---|---|---|---|
| | 应变 | 轴力<br>(N) | 应变 | 轴力<br>(N) | 应变 | 轴力<br>(N) | 应变 | 轴力<br>(N) | 应变 | 轴力<br>(N) |
| 144.0 | 0.0 | 76.3 | 0.1 | 81.6 | 0.1 | 103.9 | 0.8 | 114.7 | 4.9 | 141.4 |
| 281.0 | 1.0 | 86.2 | 1.4 | 102.2 | 2.1 | 133.5 | 6.4 | 195.5 | 19.0 | 264.8 |
| 432.0 | 4.9 | 124.3 | 6.3 | 176.0 | 9.3 | 238.6 | 15.5 | 324.4 | 34.6 | 398.9 |
| 581.0 | 9.6 | 171.0 | 12.4 | 268.8 | 18.4 | 369.5 | 25.8 | 467.5 | 55.8 | 576.1 |
| 714.0 | 15.4 | 227.4 | 19.1 | 367.6 | 26.1 | 478.7 | 34.6 | 587.6 | 71.9 | 706.7 |
| 869.0 | 21.3 | 284.3 | 27.5 | 488.5 | 36.1 | 616.0 | 45.1 | 726.5 | 90.9 | 857.8 |
| 1008.0 | 24.4 | 314.2 | 34.4 | 585.9 | 45.6 | 742.8 | 56.1 | 868.9 | 109.5 | 1001.8 |
| 1150.0 | 28.0 | 348.2 | 41.7 | 687.6 | 53.9 | 851.5 | 65.8 | 989.9 | 128.2 | 1141.9 |
| 1290.0 | 31.4 | 380.9 | 48.7 | 782.3 | 63.8 | 976.9 | 76.1 | 1116.2 | 147.2 | 1280.4 |
| 1430.0 | 33.8 | 404.1 | 57.1 | 894.0 | 73.0 | 1090.1 | 86.0 | 1233.1 | 165.0 | 1406.3 |
| 1572.0 | 34.9 | 414.1 | 63.7 | 979.5 | 84.3 | 1225.1 | 98.9 | 1381.7 | 187.8 | 1562.0 |
| 1712.0 | 36.5 | 429.4 | 72.5 | 1090.4 | 93.2 | 1328.1 | 108.6 | 1489.3 | 209.0 | 1701.4 |
| 1849.0 | 44.1 | 500.5 | 81.7 | 1204.5 | 105.3 | 1464.0 | 123.0 | 1643.5 | 226.9 | 1815.6 |
| 1938.0 | 45.8 | 517.0 | 86.5 | 1262.1 | 110.7 | 1522.9 | 130.5 | 1721.4 | 245.6 | 1930.5 |
| 2089.0 | 48.1 | 538.0 | 92.1 | 1327.8 | 124.1 | 1663.7 | 145.2 | 1867.1 | 271.2 | 2081.3 |
| 2201.0 | 50.3 | 558.2 | 97.9 | 1395.0 | 132.5 | 1748.4 | 156.5 | 1975.0 | 291.4 | 2194.6 |

续表

| 荷载<br>（N） | 1 截面 | | 2 截面 | | 3 截面 | | 4 截面 | | 5 截面 | |
|---|---|---|---|---|---|---|---|---|---|---|
| | 应变 | 轴力<br>（N） | 应变 | 轴力<br>（N） | 应变 | 轴力<br>（N） | 应变 | 轴力<br>（N） | 应变 | 轴力<br>（N） |
| 2333.0 | 51.5 | 569.8 | 106.2 | 1489.2 | 142.6 | 1847.2 | 168.6 | 2085.2 | 315.6 | 2324.7 |
| 2417.0 | 55.5 | 606.4 | 115.6 | 1592.7 | 151.8 | 1933.5 | 178.5 | 2172.2 | 331.9 | 2408.0 |
| 2538.0 | 56.3 | 614.2 | 123.5 | 1675.7 | 165.7 | 2058.3 | 191.6 | 2281.9 | 355.6 | 2524.3 |
| 2695.0 | 60.6 | 653.2 | 141.1 | 1854.3 | 179.2 | 2172.4 | 210.0 | 2426.4 | 390.1 | 2681.4 |

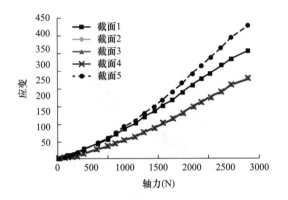

图 8.6.9　方案三锚塞体轴力-应变标定曲线

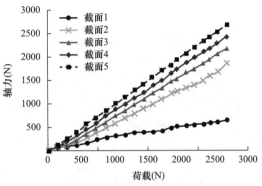

图 8.6.10　方案三锚塞体荷载-轴力曲线

4）方案四

试验中各级荷载作用下锚塞体各截面应变及轴力如表 8.6.8 所示，锚塞体各截面轴力-应变标定曲线、荷载-轴力曲线如图 8.6.11、图 8.6.12 所示。

方案四试验锚塞体各截面应变及轴力

表 8.6.8

| 荷载<br>（N） | 1 截面 | | 2 截面 | | 3 截面 | | 4 截面 | | 5 截面 | |
|---|---|---|---|---|---|---|---|---|---|---|
| | 应变 | 轴力<br>（N） | 应变 | 轴力<br>（N） | 应变 | 轴力<br>（N） | 应变 | 轴力<br>（N） | 应变 | 轴力<br>（N） |
| 135.0 | 1.4 | 10.5 | 8.0 | 61.4 | 13.0 | 89.6 | 18.0 | 113.6 | 25.0 | 134.0 |
| 323.0 | 8.2 | 63.5 | 8.0 | 61.7 | 26.3 | 181.6 | 36.7 | 231.3 | 59.7 | 319.9 |
| 430.0 | 10.5 | 81.3 | 9.3 | 71.2 | 40.6 | 280.1 | 52.8 | 333.0 | 78.8 | 422.6 |
| 571.0 | 14.0 | 108.6 | 13.1 | 100.8 | 57.5 | 396.6 | 72.1 | 454.9 | 106.1 | 568.7 |
| 724.0 | 17.7 | 137.0 | 17.1 | 130.9 | 81.5 | 562.1 | 98.8 | 623.3 | 134.6 | 721.2 |
| 823.0 | 24.4 | 189.0 | 21.7 | 166.1 | 92.2 | 635.9 | 111.7 | 704.5 | 153.0 | 820.1 |
| 1133.0 | 31.6 | 244.9 | 30.2 | 231.8 | 133.9 | 923.3 | 161.4 | 1018.2 | 210.9 | 1130.3 |
| 1290.0 | 32.7 | 254.0 | 32.8 | 251.6 | 152.4 | 1051.0 | 183.2 | 1155.7 | 238.8 | 1279.8 |
| 1427.0 | 34.2 | 265.5 | 35.5 | 272.4 | 172.0 | 1185.6 | 205.5 | 1296.6 | 266.0 | 1425.5 |
| 1574.0 | 34.7 | 269.3 | 37.0 | 283.4 | 191.6 | 1321.0 | 229.4 | 1447.6 | 292.6 | 1568.1 |
| 1720.0 | 34.2 | 265.4 | 38.4 | 294.7 | 210.4 | 1450.3 | 250.5 | 1580.8 | 320.3 | 1716.9 |
| 1850.0 | 34.5 | 267.4 | 40.6 | 311.6 | 229.5 | 1582.1 | 273.7 | 1727.0 | 343.2 | 1839.5 |
| 2008.0 | 36.1 | 280.2 | 43.9 | 336.5 | 248.8 | 1715.6 | 296.0 | 1867.7 | 372.8 | 1998.3 |
| 2162.0 | 35.2 | 272.8 | 44.0 | 337.1 | 269.9 | 1861.1 | 320.6 | 2023.0 | 402.6 | 2157.7 |
| 2326.0 | 36.2 | 281.1 | 45.3 | 347.3 | 290.1 | 2000.2 | 343.6 | 2168.3 | 432.8 | 2319.9 |

387

续表

| 荷载<br>（N） | 1 截面 | | 2 截面 | | 3 截面 | | 4 截面 | | 5 截面 | |
|---|---|---|---|---|---|---|---|---|---|---|
| | 应变 | 轴力<br>（N） | 应变 | 轴力<br>（N） | 应变 | 轴力<br>（N） | 应变 | 轴力<br>（N） | 应变 | 轴力<br>（N） |
| 2475.0 | 37.2 | 288.3 | 46.1 | 353.4 | 311.9 | 2150.1 | 368.2 | 2323.3 | 460.3 | 2467.4 |
| 2600.0 | 40.3 | 312.6 | 47.7 | 365.4 | 331.5 | 2285.2 | 391.5 | 2470.2 | 484.5 | 2596.7 |
| 2732.0 | 41.4 | 320.9 | 48.2 | 369.9 | 344.7 | 2376.2 | 406.6 | 2565.3 | 508.7 | 2726.6 |
| 2905.0 | 42.2 | 327.1 | 49.1 | 376.7 | 366.7 | 2528.1 | 432.3 | 2727.5 | 539.0 | 2888.9 |
| 3035.0 | 43.7 | 339.0 | 49.2 | 377.5 | 382.3 | 2635.6 | 449.6 | 2836.8 | 562.1 | 3013.1 |

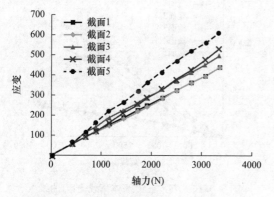

图 8.6.11　方案四锚塞体轴力-应变标定曲线　　　　图 8.6.12　方案四锚塞体荷载-轴力曲线

## 8.6.2　位移分析

### 1. 位移分布规律

根据位移测试结果绘制各方案在每级荷载作用下的隧道锚位移分布图。方案一（长 45cm，坡度比 1∶16 锚塞体）如图 8.6.13 所示；方案二（长 30cm，坡度比 1∶16 锚塞体）如图 8.6.14 所示；方案三（长 22.5cm，坡度比 1∶16 锚塞体）如图 8.6.15 所示；方案四（长 22.5cm，坡度比 1∶8 锚塞体）如图 8.6.16 所示。

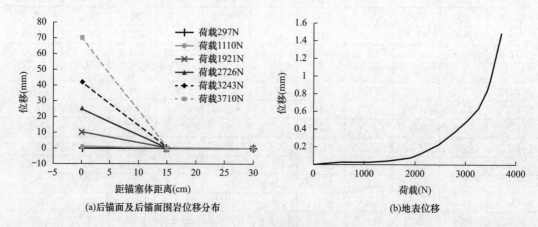

(a)后锚面及后锚面围岩位移分布　　　　　(b)地表位移

图 8.6.13　方案一隧道锚位移分布

由图可知，不论哪种试验方案，最大位移均发生在后锚面处，并以锚塞体为中心向两端快速衰减，在距后锚面 30cm 处，围岩位移基本为 0。后锚面位移在荷载较小时，增量较小，随着荷载增大，其增量也逐渐增大。

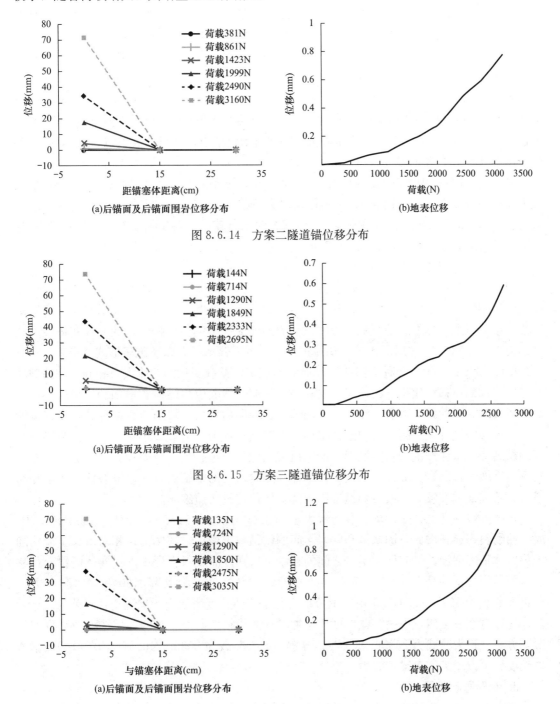

图 8.6.14　方案二隧道锚位移分布

图 8.6.15　方案三隧道锚位移分布

图 8.6.16　方案四隧道锚位移分布

图 8.6.13 所示为方案一隧道锚位移分布，锚塞体后锚面位移远大于后锚面围岩位移，最大位移为 71.175mm，加载最大荷载为 3710N。距后锚面 15cm 处围岩最大位移为

0.275mm，距后锚面 30cm 处围岩最大位移为 0.04mm。地表位移在荷载小于 1500N 时增量较小，当荷载大于 1500N 时，其位移增量逐渐增大，地表位移最大为 1.475mm。

图 8.6.14 所示为方案二隧道锚位移分布，锚塞体后锚面最大位移为 71.84mm，加载最大荷载为 3160N。距后锚面 15cm 处围岩最大位移为 0.22mm，距后锚面 30cm 处围岩最大位移为 0.06mm。地表位移在荷载小于 500N 时增量较小，当荷载大于 500N 时，其位移增量逐渐增大，地表位移最大为 0.775mm。

图 8.6.15 所示为方案三隧道锚位移分布，锚塞体后锚面最大位移为 73.92mm，加载最大荷载为 2695N。距后锚面 15cm 处围岩最大位移为 0.27mm，距后锚面 30cm 处围岩最大位移为 0.05mm。地表位移在荷载小于 500N 时增量较小，当荷载大于 500N 时，其位移增量逐渐增大，地表位移最大为 0.605mm。

图 8.6.16 所示为方案四隧道锚位移分布，锚塞体后锚面最大位移为 70.8mm，加载最大荷载为 3035N。距后锚面 15cm 处围岩最大位移为 0.33mm，距后锚面 30cm 处围岩最大位移为 0.03mm。地表位移在荷载小于 600N 时增量较小，当荷载大于 600N 时，其位移增量逐渐增大，地表位移最大为 0.97mm。

**2. 不同方案锚塞体位移比较**

图 8.6.17 所示为不同方案锚塞体后锚面荷载-位移曲线，其中方案一、二、三为锚塞体坡度比相同，变换锚塞体长度依次为 45cm、30cm、22.5cm。用以比较锚塞体长度对隧道锚承载力以及破坏形式的影响。方案三和方案四为锚塞体长度相同，变换锚塞体坡度比分别为 1∶16 和 1∶8，用以比较锚塞体扩展角对隧道锚承载力以及破坏形式的影响。

由图 8.6.17 可得，4 种方案锚塞体后锚面位移随荷载变化的规律大致相同，在荷载较小时，后锚面位移均较小，曲线斜率也较小，说明后锚面位移随荷载增加的增量较小；当荷载较大时，曲线斜率随着荷载增大逐渐增大，说明后锚面位移随荷载增加的增量也逐渐增大。位移的这种发展趋势说明隧道锚的变形发展过程为当荷载较小时，锚塞体与围岩之间的粘结使锚塞体和围岩共同变形，所以后锚面位移较小。当荷载增加到一定值时，曲线斜率显著增大，围岩变形较小，说明锚塞体和围岩之间的粘结被破坏，锚塞体产生了相对滑移，后锚面位移较大，最后隧道锚因为锚塞体位移过大而破坏。

比较方案一、二、三，当荷载依次大于 1387N(4.8*P*)、1136N(3.9*P*)、1008N(3.5*P*)时，曲线斜率显著增大，锚塞体和围岩之间的粘结被破坏，锚塞体出现相对滑移，说明随着锚塞体长度增加，锚塞体和围岩之间的粘结也增强。曲线斜率变小，锚塞体后锚面位移发展放缓，方案一最大荷载为 3710N(12.9*P*)，方案二最大荷载为 3160N(10.9*P*)，方案三最大荷载为 2695N(9.4*P*)，由以上分析可得锚塞体长度增加会增加隧道锚承载力。

比较方案三、四，当锚塞体坡度比增加时，曲线斜率变小，锚塞体后锚面位移发展放缓，方案三最大荷载为 2695N(9.4*P*)，方案四最大荷载为 3035N(10.5*P*)，所以增加锚塞体坡度比可以增大隧道锚承载力。

**3. 变形影响范围**

在方案一和方案二的试验中，采用彩砂在围岩相似材料中铺水平直线，结合玻璃上画的线对围岩变形及影响范围进行观察和量测，如图 8.6.18 所示。锚塞体周围土体变形不太明显，锚塞体和围岩之间的结合面被破坏，锚塞体整体向上产生相对滑移，其破坏模式为锚塞体和围岩接触面的剪切滑移破坏，最后隧道锚因位移过大而失效。

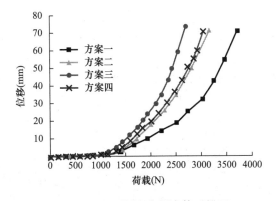

图 8.6.17　不同方案锚塞体后锚面
荷载-位移曲线

图 8.6.18　围岩变形及影响范围观测

图 8.6.19 和图 8.6.20 为方案一和方案二在各级荷载作用下围岩变形及影响范围的整理结果。将每道测量断面的围岩变形曲线画于相应位置，并将围岩最大位移和影响距离标于图上，用曲线将各道测量断面的围岩变形曲线为零的点连接起来，连接线所包络的范围即为变形影响区。

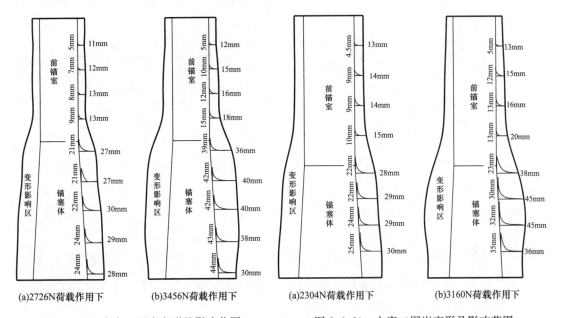

图 8.6.19　方案一围岩变形及影响范围

图 8.6.20　方案二围岩变形及影响范围

可知，隧道锚在荷载作用下变形影响范围沿锚塞体的轴向相差不多，随着荷载增加，影响范围有所增加，但整体较小。紧靠锚塞体的围岩位移远远大于其余位置的围岩位移，说明隧道锚的破坏是锚塞体和围岩接触面的剪切滑移破坏。

### 8.6.3　轴力分析

图 8.6.21～图 8.6.24 所示为各方案试验中锚塞体在各级荷载作用下截面位置与轴力关系曲线。

可知，无论哪种方案，在同一荷载水平作用下，越靠近后锚面，锚塞体轴力越大，随着与后锚面距离增大，锚塞体轴力呈非线性减少，在靠近前锚面处达到最小值。荷载水平增大时，锚塞体整体轴力也随之增大。说明隧道锚荷载是由后向前传递，锚塞体后端面承受较大荷载，在实际工程中应确保其抗压强度满足要求。

比较图 8.6.16 和图 8.6.24 可知，方案四锚塞体截面 1 和截面 2 轴力急剧减小，随着荷载增加其轴力变化也很小，说明锚塞体坡度比增大使锚塞体前端承受较小的荷载。

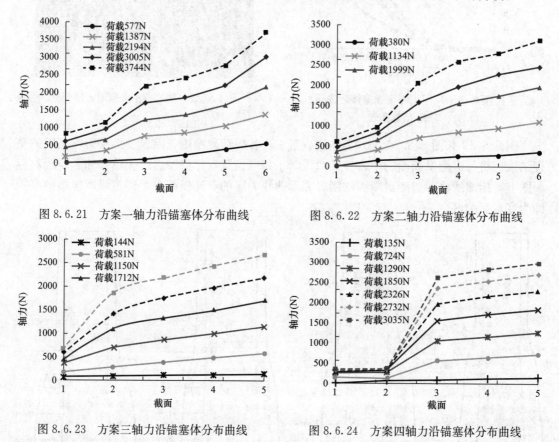

图 8.6.21　方案一轴力沿锚塞体分布曲线　　　　图 8.6.22　方案二轴力沿锚塞体分布曲线

图 8.6.23　方案三轴力沿锚塞体分布曲线　　　　图 8.6.24　方案四轴力沿锚塞体分布曲线

## 8.6.4　小结

本节对不同锚塞体参数的室内模型试验结果进行了分析，对 4 种不同方案情况下隧道锚承载机理进行了研究，得到了以下结论：

（1）4 种方案情况下，最大位移均发生在锚塞体后锚面处，并以锚塞体为中心向两端快速衰减，后锚面位移在荷载较小时，随着荷载增大其增量较小，当荷载大于一定值时，随着荷载增大其增量也逐渐增大。

（2）比较方案一、二、三，可知随着锚塞体长度增加，锚塞体后锚面荷载-位移曲线斜率逐渐变小，位移发展逐渐放缓，在相同荷载水平作用下，锚塞体长度越长其后锚面位移越小，说明增加锚塞体长度可以增加隧道锚承载力。

（3）比较方案三和方案四，可知当锚塞体坡度比增加时，其后锚面荷载-位移曲线斜率变小，相同荷载水平作用下，锚塞体坡度比增加减小了后锚面位移，说明增加锚塞体坡度比可以增加隧道锚承载力。

（4）4 种方案后锚面荷载-位移曲线趋势相同，在荷载较小时，曲线斜率较小，当荷载大于一定值时，荷载-位移曲线斜率显著增大，围岩位移较小，说明隧道锚变形发展过程为锚塞体先和围岩一起变形，荷载大于一定值时锚塞体和围岩之间的粘结被破坏，锚塞体发生了相对滑移，最后隧道锚因位移过大而失效。

（5）隧道锚变形影响范围沿锚塞体轴向相差不多，紧靠锚塞体的围岩位移最大且远远大于其余位置的围岩位移，说明隧道锚的破坏为锚塞体和围岩接触面的剪切滑移破坏。

（6）在同一荷载水平作用下，锚塞体后端面轴力最大，随着与后端面距离的增加，轴力呈非线性减小，说明隧道锚荷载是由锚塞体后端向前端传递的。当锚塞体坡度比增大时，锚塞体前端所受荷载减小。

## 8.7 结论

本章依托金沙江特大桥隧道式锚碇，采用现场原位模型试验和室内模型试验对隧道锚受力特性和隧道锚破坏形式进行研究，主要结论如下：

（1）现场原位缩尺模型试验，隧道锚在各级蠕变荷载（$4P$、$6P$、$8P$）作用下，锚体和围岩均能保持较好的粘结，因围岩的夹持效应，围岩的蠕变速率大于后锚面和前锚面的蠕变速率，隧道锚的蠕变是衰减型蠕变，蠕变位移随时间增加在减小。在循环荷载作用下，当荷载小于 $8P$ 时，隧道锚处于弹性阶段；当荷载大于 $8P$，隧道锚进入塑性发展阶段；当荷载大于 $8P$ 且小于 $10P$ 时，锚塞体和围岩发生了较小的相对位移，当荷载大于 $10P$ 时，后锚面发生了较大的塑性变形；外荷载加至 $12P$ 时，锚体后锚面和前锚面位移均较小，且在荷载维持阶段，位移不会持续增长，隧道锚未达到承载能力极限状态。

（2）室内模型试验得出隧道锚最大位移均发生在锚塞体后锚面处，并以锚塞体为中心向两端快速衰减，4 种方案锚塞体后锚面荷载-位移曲线趋势相同。当荷载较小时，曲线斜率较小，当荷载大于一定值时，曲线斜率显著增大，围岩变形较小，说明此时锚塞体和围岩接触面粘结被破坏，锚塞体发生了相对滑移。

（3）在室内模型试验中，随着锚塞体长度增加，锚塞体后锚面荷载-位移曲线斜率变小，在同一荷载水平作用下，锚塞体越长，后锚面位移越小。方案一最大承受荷载为 3710N（$12.9P$），方案二最大承受荷载为 3160N（$10.9P$），方案三最大承受荷载为 2695N（$9.4P$），说明增加锚塞体长度可以增加隧道锚承载力。比较方案三和方案四可得，当锚塞体坡度比增加时，其后锚面荷载-位移曲线斜率变小，相同荷载水平作用下，锚塞体坡度比的增加减小了后锚面位移，方案四最大承受荷载为 3035N（$10.5P$），说明增加锚塞体坡度比可以增加隧道锚承载力。

（4）室内模型试验中，锚塞体周围土体变形不太明显，隧道锚变形影响范围为一近似的圆柱体。紧靠锚塞体围岩位移很大，远远大于其余位置围岩的位移，说明隧道锚的破坏为锚塞体和围岩接触面的剪切滑移破坏。

（5）由现场原位模型试验和室内模型试验得到的锚塞体轴力分布规律相同，锚塞体各截面轴力随着荷载增加近似线性递增。在同一荷载水平作用下，锚塞体后端面轴力最大，随着与后锚面距离的增加，轴力呈非线性减小，说明隧道锚的荷载传递是由锚塞体后锚面传向前锚面，后锚面承受较大荷载。

本章基于现场原位模型试验和室内模型试验对隧道式锚碇的受力特性和隧道锚破坏模式进行了研究，虽然取得了一些成果，但由于隧道式锚碇与围岩作用机理的复杂性以及时间有限，仍需对很多问题进行进一步研究：

（1）本章仅就试验实测数据进行了分析，相关的理论分析模型还需进一步推导证明。

（2）现场原位模型试验重点量测了锚塞体后锚面和前锚面以及前锚面围岩位移，后锚面围岩以及锚塞体周围岩体的受力、变形还有待研究。

（3）室内模型试验，只是对锚塞体长度和坡度比对隧道锚承载能力的影响做了研究，前锚室长度对隧道锚承载能力和破坏模式的影响还需进一步研究。

# 第9章 膨胀土边坡膨胀力分布模型试验研究

## 9.1 引言

膨胀土中黏粒成分主要是由亲水矿物组成，同时具有显著的吸水膨胀和失水收缩两种变形特性的黏性土，亲水矿物主要包括蒙脱石、伊利石和高龄石等。陕西的南部地区将膨胀土称为"黄胶泥"，这种称呼反映了它吸水发生软化从而具有黏胶性质；湖北的部分区域称之为"蒜瓣泥"，这一称呼则生动地描绘了膨胀土的多裂隙性质；在我国膨胀土分布较广的南方部分省份将它形容成"晴天一把刀，雨天一团糟"和"天晴张大嘴，雨后吐黄水"，分别是对膨胀土的特殊强度性质和遇水膨胀、失水收缩规律的形象描述。

随着成都城市建设向东向南发展，在成都市东郊和东南郊区二级、三级阶地区域进行了大量的高层房屋建筑工程，以及伴随的深边坡的开挖。这些建筑区域是著名的成都黏土（膨胀土）分布地区，边坡开挖后，大量的边坡出现变形过大、坡脚软化、悬臂桩倾斜甚至整体破坏的现象，如龙潭寺某膨胀土边坡、成华区某膨胀土边坡，在降雨后发生悬臂桩倾倒、边坡土体整体滑动破坏等工程事故，严重影响了该地区的工程建设。

由于膨胀土地区的边坡频繁出现各类问题，暴露出以往的设计方法存在不足，亟需对现行的方案进行改进。在实际的设计方案改进中，部分设计单位从膨胀土的特性出发，尝试将膨胀力加入膨胀土边坡支护设计中。具体做法是将膨胀力视为附加应力，作为土压力的一部分参与到边坡的稳定性计算，膨胀力的数值通常采用经验值或室内膨胀力试验做出的参数。这样的改进方式，在理论上相比以往的设计方案无疑是较大有进步的，但仍然存在膨胀力参数可靠性的问题。无论使用经验值还是室内试验得到的实测值，均无法准确反映膨胀力对边坡稳定性的影响。由此可见，对膨胀土边坡的研究仍是不足的，这也是目前部分成都市膨胀土边坡失效的主要原因。

在现行的边坡支护设计规范中，均未见到明确体现膨胀土设计理论和计算方法的要求。实际的生产建设中，通常将膨胀土边坡的支护设计在一般黏性土的基础上，对土体的抗剪强度进行适当的折减，这样的做法虽然在一定程度上保障了边坡的稳定性，但仍然缺乏理论依据和实践支持。随着膨胀土地区边坡建设的持续进行，建筑工程实践亟须解决膨胀土边坡中膨胀力参数的可靠性问题，开展膨胀土边坡的膨胀力研究是必要的、迫切的。

### 9.1.1 裂隙膨胀土湿度场的研究现状

经典的土力学理论指出，影响土渗流的因素主要是土颗粒的组成、土的状态和土的结构。膨胀土作为一种特殊土，裂隙发育是其区别于一般土体的主要特征，由于裂隙对土体的渗流具有显著影响，因此膨胀土的渗流特性也区别于一般的黏性土，它的渗流特性是由其裂隙发育情况和土颗粒孔隙等因素共同决定的。研究膨胀土裂隙发育规律是研究膨胀土渗流的重要部分，主要方法包括图像处理法、压汞法、电阻率法、CT 法、超声波法等。

王晓磊等将膨胀土分为裂隙影响层和原始层，通过试验确定土体的参数，并利用数值模拟软件对土体内部的孔隙水压力的分布规律进行了研究。张维根据风化作用对膨胀土的影响确定了裂隙深度，研究了裂隙对膨胀土边坡渗流的影响。湛文涛通过数值软件分析不同降雨量和降雨时长对膨胀土边坡渗流的影响，由于风化作用导致的膨胀土体表面渗透系数增加，对膨胀土边坡渗流场产生不可忽略的影响。Warren 重新界定了裂缝系统的几何特征和渗流特性，并对原有的理论加以补充，考虑了各向异性，得到了只能用于均质正交裂缝系统的更具代表性的模型。郑少河将膨胀土中的主要裂隙单独处理，由于浅层风化土体的渗透性显著大于原状土，将土体按照裂隙发育程度分为两层计算，结果表明膨胀土裂隙显著改变了其内部的湿度场分布。袁俊平研究发现深度 0.5m 以内的膨胀土体裂隙发育，大于 0.5m 深度的裂隙分为平行于坡面和接近于竖直两组，通过渗透系数随隙宽变化曲线和膨胀时程曲线模拟裂隙对膨胀土渗流的影响。赵梦怡通过对膨胀土裂隙率随深度变化的研究，得到了膨胀土边坡不同深度的渗透率计算公式，找到了一种基于裂隙分布的膨胀土湿度场分布规律计算方式。

## 9. 1. 2　边坡支护研究现状

边坡是在进行建筑物地下部分的施工时，由地面向下开挖出用于开展施工的空间，为了保护边坡周边环境和地下施工时的安全，对边坡采取临时性的支护措施称为边坡支护。支护结构可分为桩板式支挡结构、土钉墙、重力式水泥墙和放坡四大类，因为适用范围较广，可靠性较高，桩板式支挡结构广泛用于各类边坡的支护设计中。

Terzaghi 等于 20 世纪 40 年代提出了边坡研究的相关方法——通过计算支挡结构所受荷载和预先估计开挖边坡稳定程度的总应力法，这一方法从提出之日起就得到了广泛应用，经过多年来研究人员的不断改进与修正，该分析理论的原理沿用至今。Eide 等于 20 世纪 60 年代使用仪器对在墨西哥城和奥斯陆的软黏土边坡开挖进行监测，在 Terzaghi 的理论基础上结合监测数据的分析，提出了关于深边坡稳定性的计算公式。Bransby 等通过干砂柔性悬臂柔性板桩墙附近土壤变形的室内模型试验，提出了一种简单的分析方法，该方法能将砂土中的变形与墙体的变形联系起来，该方法也可以很好地预测沉降和其他观测行为。Nian 等利用极限分析方法结合强度折减，考虑了土的各向异性和不均匀性，研究了抗滑桩的布置位置对其加固效果的影响，以及土体非均质性和土压力的各向异性对稳定性的影响。Leung 等利用离心机进行模型试验，研究了密实砂土开挖后对挡土墙后相邻单桩基础的影响，发现在墙体稳定的情况下，桩的弯曲力矩和挠度随着桩与墙之间距离的增加而呈指数下降，在挡土墙倒塌的情况下，墙后土壤的破坏模式具有从墙脚趾附近突出到地面的滑移平面，破坏区域内的土壤表现出较大的横向运动，并在区域内的桩上引起明显的弯矩和挠曲。张怀文等基于极限平衡理论和 Rankine 土压力理论的基本假设，将宽度为有限值的土体转换成重度相同的半无限土体，并保持两种土体的土压力水平分量相同；将此方法用于某大厦的边坡设计，通过现场变形监测，支护结构的各项变形指标均满足设计需求，具有良好的支护效果。杨明等利用离心机进行模型试验，开展了抗滑桩的位置和桩头约束措施对桩身内应力以及边坡稳定性的影响，通过模型试验，再现了桩间土拱的形成以及其破坏形式。陈欣乐等利用 FLAC3D 软件，建立了桩基础与深边坡施工的相互作用分析模型。在桩顶荷载与边坡开挖支护共同作用下，采用三维流固耦合分析法对边坡开挖过程中的地表沉降、桩顶沉降和桩身纵向位移、桩身侧反力和桩身弯曲规律进行了分析。

## 9.1.3　膨胀力研究现状

膨胀土遇水时会发生一系列的物理化学反应，从而导致体积发生膨胀，当边界条件对土体的变形产生阻碍时，膨胀土就会对外界产生力的作用，称为膨胀力。膨胀土产生膨胀的本质原因是其特殊的组成物质和排列结构，水作为产生膨胀的诱因，在膨胀土的研究中同样备受科研人员的重视。

国内外学者关于膨胀土膨胀力的研究主要是从膨胀机理出发，并结合微观和宏观试验验证理论的适用性。目前，主要的膨胀理论包括双电层理论、晶格膨胀理论、吸力势能理论和黏土矿物叠片体理论等。其中晶格膨胀理论和双电层理论的应用最为广泛。Bolt 假设在膨胀土的膨胀过程结束时，土体中的水分子均位于晶层之间，在此假设的基础上，得到了土体宏观参数-孔隙比和微观参数-晶层间距之间的关系，并与双电层理论结合建立了膨胀土的膨胀模型；在 Bolt 研究的基础上，Sridharan、Tripathy、Schanz 等使用拟合关系式代替双电层理论中的椭圆积分，在此基础上建立了更为简化的模型，确定了膨胀力和干密度之间的关系，基于双电层扩散理论简化后的压实膨胀土膨胀力计算方程与试验结果对比，当干密度小于 $1.55\text{g/cm}^3$ 时，方程计算结果与试验实测的膨胀压力值较为一致，但在干密度大于 $1.55\text{g/cm}^3$，理论方程的计算值与试验得到的结果有较大的差别；Komine 等在结合扩散双电层理论和范德华力的基础上，提出了一种计算膨胀土基础物质膨胀性质的方法，该方法建立了不同干密度、不同膨胀土类型和不同膨胀土含量与土体最大膨胀力和最大膨胀应变之间的关系。贾景超通过研究蒙脱石矿物的膨胀机理，分别建立了用来描述蒙脱石晶层长程膨胀和短程膨胀的模型，使用该模型，可以建立土体的宏观膨胀力与微观晶层间膨胀力之间的关系，并且可以通过计算得到膨胀土的侧向膨胀力，但该模型并未考虑到客观存在的土颗粒之间的相互作用力；崔德山等通过阿太堡试验、Zeta 电位试验、电导率试验和比表面积试验得到了土体的液限含水率、比表面积和结合水密度，在试验参数的基础上建立了扁平状黏土颗粒表面结合水膜厚度的计算公式；王铁行等通过热重试验，得到了黄土结合水的密度和水膜的厚度，通过分析试验数据得到黄土的水膜厚度随着土体含水率的增加而增加，黄土结合水的密度随着土体含水率的增加而减小。

## 9.1.4　研究内容及技术路线

### 1. 研究目标

通过模型试验，得到原状膨胀土边坡湿度场、桩顶位移以及桩身应变随加水量的变化，在前人研究的基础上，推导出膨胀力随含水率变化的关系式。使用数值模拟软件，验证所推导的公式在膨胀土边坡膨胀力计算的适用性。将模型试验结果与膨胀力公式结合，得到在膨胀土边坡膨胀力沿深度的分布规律。

### 2. 研究内容

主要研究内容及技术路线如下（图 9.1.1）：

（1）以龙潭寺时代欣城膨胀土边坡为研究背景，通过原状土模拟试验，得到膨胀土边坡湿度场随降雨总量的变化特征。

（2）以龙潭寺时代欣城膨胀土边坡为研究背景，通过原状土模拟试验，得到膨胀土边坡排桩表面应变在不同降雨量下沿边坡深度的变化，桩顶位移随降雨量的变化。

（3）基于膨胀土的特性，在膨胀力约等于吸力的基础上，推导出膨胀土边坡中膨胀力的计算公式。

（4）将模型试验得到的膨胀土湿度场与膨胀力计算公式相结合，得到膨胀力沿深度的分布情况。

（5）采用模型试验手段，得到使用公式计算的膨胀力作用在测试桩上产生的桩身应变，与模型试验得到的桩身应变结果进行对比，检验所推导的公式在边坡膨胀力计算中的适用性。

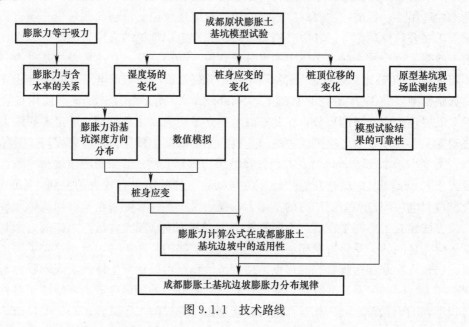

图 9.1.1　技术路线

## 9.2　膨胀土边坡模型试验方案

### 9.2.1　试验目的

以时代欣城膨胀土边坡为原型，建立成都膨胀土边坡原状样试验模型，得到膨胀土边坡湿度场随降雨总量的变化特征、桩顶位移随降雨量的变化和膨胀土边坡的膨胀力随边坡深度的变化。

### 9.2.2　试验原型

以某项目悬臂桩支护段膨胀土边坡为基本模型。概化模型地层从上自下分别为黏土层0～8m，强风化层泥岩 8～12m。边坡开挖深度 6.0m，支护排桩为旋挖成孔灌注桩，排桩桩径1.0m，桩长 11.0m，桩间距 2.0m，冠梁宽 1.0m，高 0.8m，桩身 C30 混凝土，如图 9.2.1所示。

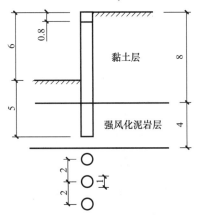

图 9.2.1　基坑支护剖面图（单位：mm）

### 9.2.3　试验方案

**1. 试验装置的结构**

根据试验目的和场地条件，结合原型的结构特点，考虑采用缩尺模型试验。由于模型尺寸缩减，需要有试验边界的约束装置，约束住土体的侧向位移，制作模型试验专用约束装置为试验装置。

**2. 模型结构与材料的选择**

原型结构为边坡排桩支护，边坡长度远大于单根桩径和桩间距，可近似视为平面应变状态模型。考虑到模型边界效应对试验结果的影响，基本结构模型选用 7 根桩的宽度作为模型宽度。

支护桩和冠梁的原型材料均为现浇钢筋混凝土材料，模型试验在考虑时间和操作的条件下，选用有机玻璃（PMMA）材料作为相似材料模拟支护桩和冠梁。由于排桩原型为现浇钢筋混凝土结构，支护桩与冠梁通过混凝土及其内部钢筋相连，试验模型采用自攻螺钉将支护桩与冠梁连接在一起，等效其之间的连接方式。

原型内支撑位于边坡侧，提供支撑反力。为便于操作，将内支撑置于土压力侧，采用有机玻璃板及钢框架结构对其他边界进行约束，减小对排桩结构的扰动。

**3. 加载方式**

试验中需要对土样加水，使土体膨胀从而产生附加荷载。综合试验精度与可做操作性，采用喷壶在土样表面喷水的方式对试样进行加水操作。

**4. 测试内容及方式**

结合试验模型的结构和测试目的，需要测量冠梁与支护桩连接处的位移、支护桩表面的应变、水入渗的实时深度和土样某深度的含水率。冠梁与支护桩连接处的位移采用千分表测量，支护桩表面应变采用电阻应变片测量，水入渗的实时深度采用自制元器件测量，土样某深度的含水率采用钻孔取样烘干的方式测量。试验过程中，监测桩连接处的位移、桩的变形和降水入渗的实时含水率。

### 9.2.4　试验方案设计

**1. 试验尺寸**

结合原型结构尺寸和试验场地条件，拟定进行室内缩尺模型试验，几何比例定为 1：15。试验模型约束装置的边界尺寸为 1.1m×1.1m×1.1m，可以满足试验要求。

### 2. 试验材料

由于混凝土凝结耗时较长且小尺寸钢筋混凝土试样加工精度较低，考虑到试验周期和试验现场的条件，因此选择相似材料模拟支护桩和冠梁主要结构单元。经过反复比选，拟定采用有机玻璃（PMMA）作为相似材料。

### 3. 支护桩与冠梁的连接方式

支护桩与冠梁之间的连接方式，采用自攻螺钉，将桩和冠梁连接在一起。这种结构形式与原型结构的受力形式是基本等价的。采用这种简化连接形式，既能实现桩和冠梁连接的结构形式，又能将桩和冠梁区分开来，可以分别测试桩和冠梁的位移、变形等试验参数，对模型试验操作较为便利。

### 4. 试验荷载

原型中的荷载为土压力荷载与膨胀土膨胀力荷载，此次试验主要研究膨胀力对边坡稳定性的影响，土压力荷载对排桩的作用不在本次试验的研究范围内；并且由于试验模型进行缩尺后，土样中土压力荷载成倍减小，根据朗金土压力公式验算，模型中的土压力绝大部分位于拉应力区，根据现行边坡设计中的计算方法，此次模型试验中可忽略土压力的影响。膨胀力荷载的产生是由于膨胀土吸水导致体积增加，土体体积在变大的过程中受到排桩的阻力，从而对排桩产生与约束方向相反的作用力。采用喷洒水的方式可以使土体吸水从而发生膨胀，模拟自然条件下膨胀土与排桩的作用关系，使试验土样对模型支护桩产生作用力，从而实现试验荷载的产生。

### 5. 测量方法

使用《土工试验方法标准》GB/T 50123—2019 规定的烘干法测量土的含水率。土壤的进水深度可由土壤含水率的变化来体现。测试含水率的方法有烘干法、张力计法、电阻法以及依据土壤介电常数的时域反射法（TRD）、频域反射法（FRD）和 $ECH_2O$ 等。其中，烘干法需要取土进行测试，为破坏型，不宜作为主要的测试手段；张力计法等基于非饱和土理论的测试基质吸力的方法操作困难，且不经济；通过测试土壤介电常数的时域反射发（TRD）受测试原理的影响，元件往往偏大，而本模型试验测试含水率的点的密度大，元件过大会改变渗流路径，影响测试结果，难以适用。土壤电阻率受到土质、密度、含水率、温度等的影响，对于某一密度下的成都膨胀土，其含水率是主要控制因素，故可通过测试土壤电阻间接测试土壤含水率。因此，本章基于电阻法原理，自行研制测试元件，测试土壤含水率的变化，从而得到土壤的进水深度。使用电子万用表测量自制元件的电阻值，自制的元器件仅为定性分析土中水的入渗深度，对测量精度的要求不高，因此使用电子万用表即可满足需求。

使用电子千分表测量位移，电子千分表的测头轻触到冠梁与支护桩连接处，当冠梁与支护桩连接处发生位移时，电子千分表的测头由表内的阻尼器带动随连接处移动，从而通过与测头相连的测杆带动表内的测量光栅产生位移，测量光栅每移过一个标尺节距便会输出一个周期的交变信号，用计数器计下光信号变化的周期数即可知冠梁与支护桩连接处的位移量；使用电阻式应变片测量应变，电阻式应变片通过 502 等强力胶水粘贴在测试桩的表面，当测试桩的表面因应变产生变形时，带动贴在其表面的应变片发生拉伸或压缩变形，应变片内的康铜电阻丝因拉伸或压缩发生阻值的改变，可以通过四分之一桥电路读取电阻丝阻值的改变，并进而算出应变片（即与应变片粘贴处测试桩）的应变。此两种测量技术有成熟的仪器和方法，并在科研和生产中广泛使用，具有一定的可靠度。

**6. 采用的主要仪器设备**

试验用到的主要仪器有电子式千分表、电阻式应变片、静态电阻式应变仪、自制测水入渗深度元器件和电子万用表。

**7. 试验过程设计**

由于模型试验的主要目的是测量膨胀土边坡支护桩所受膨胀力，因此，试验过程是在模拟主要施工工序。主要过程是桩孔的开挖、排桩的浇筑、边坡的开挖、测试桩应变与位移的测量。试验工序与实际工序对应关系如表 9.2.1 所示。

试验工序与实际工序对应关系　　　　　　　　　表 9.2.1

| 工序 | 实际工序 | 试验工序 | 测试工序 |
|---|---|---|---|
| 1 | 使用旋挖机，开挖排桩的桩孔 | 使用打孔地钻配合钻机，在试验土样上打出测试桩的孔位 | 测量孔位直径是否满足要求 |
| 2 | 将编制好的排桩钢筋笼放入桩孔，并浇筑混凝土 | 将粘贴好应变片的 PMMA 测试桩放入打好的孔位内，并将使用膨胀土、石膏、乙二醇和水调配好的粘合剂灌入测试桩与孔壁的缝隙内 | 检查粘合剂的浇筑质量 |
| 3 | 待排桩混凝土初凝后，在排桩的顶部编织冠梁钢筋笼，并浇筑混凝土 | 待粘合剂初凝后，使用自攻螺钉将 PMMA 测试桩和冠梁连接起来 | 检查自攻螺钉的连接质量 |
| 4 | 待排桩与冠梁混凝土凝固产生强度后，开挖边坡，并在开挖完成后在冠梁与支护桩连接　处放置测位仪 | 待粘合剂完全凝固产生强度后，开挖边坡，并在开挖完成后在冠梁与测试桩连接处放置电子千分表 | 测量桩顶位移和桩身应变 |

## 9.2.5　试验模型设计

**1. 理论设计**

根据研究目标的需要，结合原型结构的尺寸，如图 9.2.1 及表 9.2.2 所示，并综合考虑试验场地条件限制，模型试验的几何比例为 1:15。

试验原型和模型的参数简表　　　　　　　　　表 9.2.2

| 类型 | 桩径 (cm) | 桩长 (cm) | 锚固深度 (cm) | 桩间距 (cm) | 冠梁尺寸 (cm) | 弹性模量 (GPa) |
|---|---|---|---|---|---|---|
| 试验原型 | 100 | 1100 | 500 | 200 | 100×80 | 30 |
| 试验模型 | 5 | 80 | 40 | 10 | 5×4 | 5 |

假设膨胀力荷载为三角形分布，将桩作为分析对象，悬臂桩的桩顶挠度为：

$$\omega = \frac{q_0 l^4}{30EI} \tag{9.2.1}$$

式中，$\omega$ 为桩顶挠度；$q_0$ 为桩身荷载；$l$ 为桩身长度；$E$ 为桩的弹性模量；$I$ 为桩的惯性矩。

在此情况下，桩身荷载可表示为：

$$q_0 = p_a b \tag{9.2.2}$$

$$p_a = \gamma z K_a \tag{9.2.3}$$

式中，$p_a$ 为土压力；$K_a$ 为土压力系数；$\gamma$ 为土的重度；$z$ 为计算点深度。

将式 (9.2.2)、式 (9.2.3) 代入式 (9.2.1) 得：

$$\omega = \frac{K_a \gamma z b l^4}{30EI} \tag{9.2.4}$$

根据相似理论可得：

$$\omega_m = C_\omega \omega_p \tag{9.2.5a}$$

$$E_m = C_E E_p \tag{9.2.5b}$$

$$I_m = C_I I_p = C_l^4 l_p \tag{9.2.5c}$$

$$l_m = C_l l_p \tag{9.2.5d}$$

$$z_m = C_l z_p \tag{9.2.5e}$$

$$b_m = C_l b_p \tag{9.2.5f}$$

$$\gamma_m = C_\gamma \gamma_p = \frac{C_F F_p}{C_l^3 l_p} = \frac{C_F}{C_l^3} \gamma_p \tag{9.2.5g}$$

将式（9.2.5）代入式（9.2.4）得：

$$C_\omega = \frac{C_F}{C_E C_l} \tag{9.2.6}$$

挠度为位移量，根据相似原理位移量的相似比等于几何相似比，即 $C_l = C_\omega$，由于几何相似比已确定为 $C_l = 1:15$，因此挠度相似比 $C_\omega = 1:15$。模型试验采用的土样与试验原型的土样一致，因此 $C_\gamma = 1:1$，将 $C_l = 1:15$ 和 $C_\gamma = 1:1$ 代入式（9.2.5g）得力的相似比 $C_F = 1:15^3$。将 $C_l = 1:15$、$C_\gamma = 1:1$ 和 $C_F = 1:15^3$ 代入式（9.2.6）得桩的弹性模量相似比应 $C_E = 1:15$。

通过对市场常见相似材料的调查与分析，选取有机玻璃（PMMA）作为此次模型试验中桩的相似材料。通过压力机测量得到所选有机玻璃的弹性模量为 5GPa，又知原型中桩的弹性模量为 30GPa，则桩的实际弹性模量相似比 $C_E' = 1:6$。为使桩顶挠度不变，须将模型桩的惯性矩 $I_m$ 缩小 $C_E/C_E' = 0.4$ 倍，又由式（9.2.5c）可知，须将桩径在原尺寸上缩小 0.795 倍。

原型桩径 $d_p = 100\text{cm}$，由式（9.2.5）可得模型原桩径为 $d_m = 6.67\text{cm}$。根据模型材料实际选择情况，再将桩径缩小 0.795 倍，实际的模型桩径应为 $d_m' = 5.3\text{cm}$。结合实际情况，模型试验取桩径为 5cm，桩间距为 10cm。原型中冠梁的宽度与桩径相同，高度为宽度的 0.8 倍，因此模型中冠梁的高度为 5cm，宽度为 4cm，采用和桩同样的材质。由于原状土为全成都膨胀土，与现场土层分布不一致，为保证有效锚固深度、地基抗力，增加锚固段至 40.0cm。试验原型和模型的参数如表 9.2.2 所示。

**2. 材料选用及材料参数试验**

1）桩与冠梁相似材料的确定

通过理论设计，桩与冠梁的相似材料选取有机玻璃（PMMA）。制作 $\phi 50 \times 100\text{mm}$ 的有机玻璃（PMMA）圆柱形试样，如图 9.2.2 所示，使用弹性模量测试机（图 9.2.3）对圆柱形试样的弹性模量进行测试，得到有机玻璃试验的应力-应变曲线如图 9.2.4 所示。

图 9.2.2　有机玻璃式样

图 9.2.3　弹性模量测试机

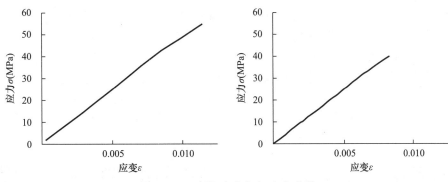

图 9.2.4　有机玻璃应力-应变曲线

对图 9.2.4（a）中数据进行线性拟合，$R^2 = 0.99918$，得到应力 $\sigma$ 与应变 $\varepsilon$ 之间拟合公式为：

$$\sigma = 4821\varepsilon + 0.63 \tag{9.2.7}$$

对图 9.2.4（b）中数据进行线性拟合，$R^2 = 0.99981$，得到应力 $\sigma$ 与应变 $\varepsilon$ 之间拟合公式为：

$$\sigma = 4902\varepsilon + 0.11 \tag{9.2.8}$$

对两组数据的结果取平均值，得到有机玻璃的弹性模量的实测值约为 5GPa，与 C30 混凝土的弹性模量之比为 1∶6。

2）边坡土体参数的确定

由于本次试验使用的是含有天然裂隙的原状土，因此，试验原型和模型的土体参数一致，按照《土工试验方法标准》GB/T 50123—2019 的规定，对现场所取土样进行土样重度和室内直接剪切等试验，得到试验原型土样达到饱和含水率时的参数 $\gamma = 24kN/m^3$，$\varphi = 10°$，$c = 15kPa$。体积模量和剪切模量按照"成都时代欣城项目岩土工程勘察报告"中岩土工程特性指标建议值取值，如表 9.2.3 所示。

饱和含水率时试验土样工程特性参数　　　　　　　　　　表 9.2.3

| 参数 | 重度（kN/m³） | 体积模量（MPa） | 剪切模量（MPa） | 黏聚力（kPa） | 内摩擦角（°） |
|---|---|---|---|---|---|
| 数值 | 24 | 23.8 | 16.3 | 15 | 10 |

### 3. 测量仪器及元器件

1）位移测量

位移测量仪器选用数显大量程千分表，最大量程为 12.7mm，测量精度为 0.001mm，千分表参数如表 9.2.4 所示。测试元件使用前，应在厂家出厂说明书的基础上，对测试元件进行检验、重新标定。根据施工工序进行试验操作，在测试桩顶部布置位移监测点，监

千分表参数　　　　　　　　　　表 9.2.4

| 项目 | 数值 |
|---|---|
| 量程（mm） | 0～12.7 |
| 测量力（N） | ≤1.5 |
| 分辨率（mm） | 0.001 |
| 公差（mm） | ≤±0.005 |

测其桩顶位移。为使千分表在使用过程中不会因进水而导致失灵，特将其包裹在一次性PVC手套内，同时兼顾防水性与透光性，如图9.2.5所示。

2）应变片及应变仪

应变仪采用秦皇岛市信恒电子科技有限公司生产的CM-1A-10型数字静态应变仪，如图9.2.6所示，该型应变仪有10个测量通道与一个公共温度补偿通道，应变仪参数如表9.2.5所示。测量元件为应变片，应变片参数如表9.2.6所示，测试元件使用前，应在厂家出厂说明书的基础上，对测试元件进行检验、重新标定。

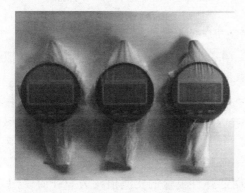

图9.2.5　千分表

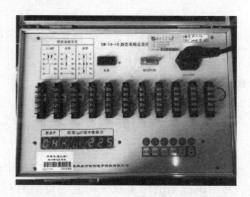

图9.2.6　CM-1A-10型数字静态应变仪

**CM-1A-10型数字静态应变仪参数**　　　　　　　　　　表9.2.5

| 项目 | 数值 | 项目 | 数值 |
|---|---|---|---|
| 型号 | CM-1A-10 | 桥压 | $2V_{DC}$ |
| 分辨率 | $1\mu\varepsilon$ | 电源 | AC220V±10% |
| 基本误差 | ±0.2% | 使用温度 | 0～40℃ |
| 温度漂移 | $\leq\pm1\mu\varepsilon/℃$ | 使用湿度 | 30%～85% |
| 零点漂移 | $\leq\pm4\mu\varepsilon/4h$ | 灵敏度变化 | ±0.1% |
| 应变电阻值范围 | 60～1kΩ | 预调平衡范围 | 0.001～9.999 |

**应变片参数**　　　　　　　　　　表9.2.6

| 项目 | 数值 | 项目 | 数值 |
|---|---|---|---|
| 型号 | BX120-10AA | 电阻 | 120.0±0.03Ω |
| 栅长×栅宽 | 10mm×2mm | 灵敏度系数 | 2.08±0.01 |
| 基长×基宽 | 15mm×4mm | 使用温度 | -20～80℃ |
| 基底材料 | 缩醛类 | 最大微应变 | 20000 |
| 丝栅材料 | 康铜 | 额定电压 | ≤12V |

3）自制测水入渗深度元器件和电子万用表

自制测水入渗深度元器件采用二极法，使用两面覆铜的印刷电路板（PCB线路板）制作，使用蚀刻液将多余的覆铜去掉，并使用电烙铁采用锡焊法将电极与单绞绝缘铜线焊接在一起。电极长1.5cm，电极宽0.3cm，两极中心点距离为0.6cm，如图9.2.7所示。

读数仪采用电子万用表，将每个元器件的两极接到电子万用表上，并使用欧姆档，对其电阻数值进行测量，如图9.2.8所示。

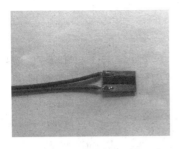

图 9.2.7　自制测水入渗深度
　　　　　　元器件

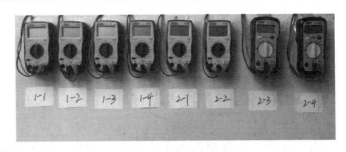

图 9.2.8　电子万用表

## 9.2.6　试验模型制作

根据原型及试验目的要求，对原型进行简化，设计的试验模型如下。试验设计缩尺比例为 1∶15，采用加水使土体膨胀的方式产生土压力，围护桩和冠梁采用有机玻璃（PMMA）材料制作。模拟支护桩共 7 根，其中贴有应变片的测试桩 3 根，桩直径 50mm，桩间距 100mm，悬臂段长 0.4m，锚固段长 0.4m，如图 9.2.9 所示。试验的反力装置由四块长 1.1m，宽 1.1m，高 1.1m 的有机玻璃板和 20 根角钢焊接的框架组成，整体装置如图 9.2.10、图 9.2.11 所示。

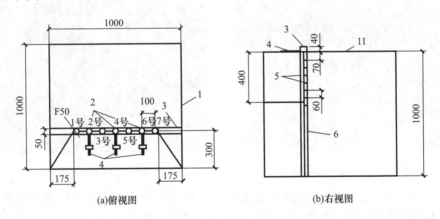

1—原装膨胀土；2—贴有应变片的测试桩；3—冠梁；4—电子千分表；5—应变片；6—测试桩
图 9.2.9　模型示意图

图 9.2.10　模型试验平台

图 9.2.11　试验模型俯视图

### 9.2.7　试验取样

　　试验土样取自成华区理工东苑附近，几何尺寸为 1m×1m×1m，距模型试验原型约 3.4km。试验土样与原型土样均在第四纪时期，同一地质区域内相同地质条件下形成的膨胀土，土的各类性质一致，可视为同一种土。首先，用挖掘机在待取土样四周挖出巷道，以便人工操作，其中三侧巷道宽约 0.5m，深约 1.55m，一侧巷道宽 1.5m，高 1.5m。再将样品侧面削平并在侧面加上采用角钢固定好的有机玻璃，以防止试样被破坏。如图 9.2.12 所示。

　　土样底部使用长约 1.46m、宽 12cm 的定制刀具切割，切割动力采用千斤顶，千斤顶参数：量程 10t，直径 8cm，高度 15.5cm，行程 10cm。在开挖侧壁挖槽，挖槽宽度 40mm，深度 155mm。千斤顶后侧放置千斤顶底座，固定千斤顶，提供反力。另外，切割刀具连有钢板，钢板底部采用滚动装置减少摩擦阻力，在切割过程中，刀具两侧铺设轨道，钢板轨道由 4 根直径 50mm 钢管组成；直径 15mm 钢管 4 根组成，其目的是减小摩擦阻力以及保证切割方向正确，取样过程如图 9.2.13 所示。当刀具切割贯穿试样后，钢板刚好完全卡在试样底部，使用准备好的锁扣将有机玻璃装置和底部钢板锁在一起，使用吊车把试样吊进卡车，将试样运回实验室。另外，取足够散装土试样带回实验室备用。

图 9.2.12　有机玻璃装置　　　　　　　　图 9.2.13　现场取样

　　试样取回后将底部钢板和固定有机玻璃的三角钢焊接，使其成为一体（图 9.2.14）。然后对土样四周边界缝隙进行修整填充，四周边界缝隙宽度约为 0～1cm，填充材料为现场

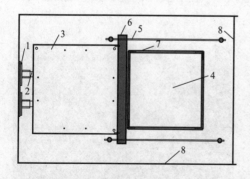

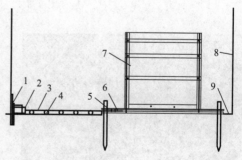

1—千斤顶底座；2—千斤顶；3—钢板；4—土样；5—轨道；6—刀具；7—有机玻璃装置；8—开挖侧壁；9—开挖底层

图 9.2.14　取样原理

取回的散装土试样，首先将取回的散装土放置在烘箱烘干，烘箱温度设置为 103℃，烘干后将土样碾碎，将碾碎后的膨胀土过 0.5mm 筛，过筛后的土样再放置烘箱烘 12h；然后将土样配置与原状土样一样含水率，将配置好的土样填充在模型试样的边界，用刀具捣实；最后，用削土刀和刮土刀将试样表面削平。

## 9.2.8　孔位开挖及测试桩的埋置

根据试验设计方案，测试桩需要埋在试验土样中。由于试验土样为原状土，无法像重塑土一样在制样时将测试桩埋置于土样中，因此需要在土体中挖出测试桩的孔位，之后将测试桩放置于孔位内，并在测试桩与孔位内壁的空隙中填入粘合剂，以达到试验设计方案的目的。

### 1. 孔位开挖

考虑到粘合剂具有一定的黏稠度，为保证粘合剂能完全将测试桩与孔位内壁的空隙填满，空隙不宜过小。又由于部分测试桩表面贴有应变片，应变片及连接应变片的导线会增加测试桩的直径。综合考虑以上因素，孔位的内径应为 6cm 左右。

打孔使用双叶地钻钻头，钻头直径为 6cm，长度为 80cm，如图 9.2.15 所示。由于地钻钻头的长度及直径过大，且试验土样因自然放置风干，导致土样较为坚硬，因此需要搭配大功率电锤使用，才能保证钻头顺利打入土样。选用博士 GBH 5-40D 型电锤，输入功率 1100W，空转速率 170～340r/min，锤击率 1500～2900 次/min，单次最大锤击力 8.5J，如图 9.2.16 所示。

图 9.2.15　地钻钻头　　　　　　　　图 9.2.16　GBH 5-40D 型电锤

地钻钻头搭配电锤加上其中间的转接头，总长度接近 1.5m，又由于转接头与钻头和电锤连接时均有较大框量，因此直接在土样上钻孔，很难保证孔位垂直。在自然风干状态下，膨胀土表面硬度较大，当电锤使用低速时，钻头很难将表面较为坚硬的膨胀土钻透；当使用较高速度钻进时，钻头触碰到土样表面的瞬间，会发生跳钻现象，风干膨胀土的表面布满宽窄不一的裂隙；当钻头跳到裂隙中时，由于电锤工作产生的抖动，会使得裂隙被人为扩大，甚至导致土样表面大面积破坏。土样内部不规则地分布着黑色铁锰结核，其硬度远大于膨胀土本身，当钻头在钻进过程中遇到铁锰结核，同样会导致跳钻现象，致使土体产生不同程度的破坏。

为解决上述问题对孔位开挖产生的影响，须在地钻钻头外侧套一个内径略大于钻头直径的铁管，以减轻钻头的纵向振动对土样产生的影响。为使铁管不与试验土样接触，须在铁管外侧套一个中间有孔的铁板，横跨试验土样外侧搭建钢管架，将铁板置于钢管架之上。在搭建钢管架时，应尽量保证钢管架水平与竖直，在放置铁管时，将磁吸式水准仪吸附在铁管外壁，保障其在安置时相对垂直，如图 9.2.17 所示。铁管长 20cm，内径

6.2cm，壁厚 1cm，其外壁车有螺纹；铁板厚 1.5cm，长 20cm，宽 20cm，以其几何中心为圆心、8.2cm 为直径有一圆孔，圆孔壁车有螺纹。将铁管旋进铁板的圆孔内，通过螺纹调整铁管下缘与土样间的距离，当铁管下缘距土样较近时，可减轻跳钻对土样的破坏，当铁管下缘距土样较远时，可方便清理从孔位里钻出的土。

将钻的钻头套在铁管内，人站在钢管架上，脚踩铁板两端以防止晃动，手持电锤，以中速旋转挡工作。按照试验计划，依次由中间孔位至两侧孔位进行钻孔作业，相邻钻孔的中心间距为 10cm，钻孔如图 9.2.18 所示。孔位共计 7 个，从左至右依次编为 1~7 号孔位，以方便后续作业，其中 2、4、6 号孔所埋测试桩贴有应变片。

图 9.2.17　铁管置于钢管架上

图 9.2.18　钻孔

**2. 测试桩的埋置**

为方便在边坡开挖时剥离凝固在测试桩表面的粘合剂，在埋置测试桩之前，先在测试桩靠近边坡一侧的外表面均匀地涂抹凡士林，然后依次将测试桩放入打好的孔位内，使测试桩的圆心基本与孔位的圆心重合，并保证测试桩处于垂直状态。在每个测试桩与洞孔的缝隙内，孔位插入 3 个夹角呈 120°的小木楔，以起到固定测试桩的作用。

将过 0.5mm 筛的中等膨胀土、过 0.1mm 筛的细砂、纯度 99.9%的乙二醇、蒸馏水、过 0.015mm 筛的石膏粉，按照 3∶4∶4∶10∶14 的比例配制粘合剂。在配制时，按照先后顺序将蒸馏水、乙二醇、石膏粉、中等膨胀土、细砂放入配制容器内，使用搅拌器将其搅拌至充分混合状态，无同种物质聚合颗粒且无气泡时，即调配成功。

当粘合剂调配成功之后，应立即灌入测试桩与孔位内壁的缝隙中，在灌浆的同时，使用细钢丝绕测试桩搅拌，使粘合剂均匀分布防止其内部出现空泡，当粘合剂刚没过测试桩上表面即停止灌浆。当半小时左右粘合剂达到半固体状态时，由于土体会吸收粘合剂里的水分，导致缝隙内的粘合剂液面下降，此时应按上述方式重新配制粘合剂并灌入缝隙内。

**3. 自制测水入渗深度元器件的埋置**

自制测水入渗深度元器件分两列埋入试验土样中，两列间距为 10cm，均位于中间测试桩（4 号桩）的正后方，第 1 列与 4 号桩桩心距离 15cm，第 2 列与 4 号桩桩心距离 25cm，如图 9.2.19（a）所示。每列竖直方向均布置 4 个元器件，每列元器件的布置深度相同，四个元器件的深度由上至下分别为 3cm、14cm、25cm、36cm，如图 9.2.19（b）所示。

**4. 冠梁安装**

冠梁的材质与测试桩的材质相同，均为机玻璃（PMMA）材质，两者通过 $\phi6\times50$mm 自攻螺钉连接。首先使用记号笔在冠梁和测试桩上分别标记出自攻螺钉的位置，然后使用电钻搭配电钻支架（图 9.2.20）在标记处垂直打孔。为冠梁打孔的钻头使用直径为 6.5mm 的麻花钻，钻头直径略大于自攻螺钉的直径，保证自攻螺钉在穿过冠梁时仅受到 $x$、$y$ 和 $z$ 方向的支持力，不受扭矩作用，能顺利攻入测试桩的孔内。

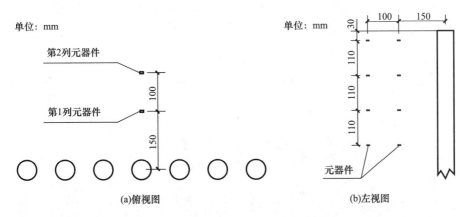

图 9.2.19　自制测水入渗深度元器件布置示意图

将冠梁放置在测试桩上，冠梁与测试桩上的孔对齐，把自攻螺钉穿过冠梁放到测试桩的孔上，使用电钻将自攻螺钉攻入测试桩上的孔内。在冠梁左右两侧各钻一个直径为 10mm 的孔，使用螺栓将冠梁的两端固定到边界约束钢架上，限制冠梁两端的移动，冠梁安装如图 9.2.21 所示。

图 9.2.20　电钻支架与电钻

图 9.2.21　冠梁安装

**5. 边坡开挖**

当粘合剂完全凝固时，使用挖土刀、铲子等工具对边坡进行分层开挖，开挖过程时应尽量采用切削，避免较大的振动对土体产生扰动。开挖时，每隔 10cm 对刚开挖的新鲜土体进行取样测试含水率，得到土样的初始含水率如表 9.2.7、图 9.2.22 所示。

表 9. 2. 7

**土样不同深度的初始含水率**

| 序号 | 深度（mm） | 含水率 $w$（%） |
| --- | --- | --- |
| 1 | 0 | 7.3 |
| 2 | 10 | 12.8 |
| 3 | 20 | 13.9 |
| 4 | 30 | 13.5 |
| 5 | 40 | 13.7 |

粘合剂凝固后强度明显大于测试土样，开挖应尤其小心，因为其内包裹着测试桩、应变片以及连接应变片的导线。边坡的俯视图呈梯形，如图 9.2.23（a）所示。在测试阶段加水时，水可能会汇集到边坡底部，从而导致边坡底部的土体变软，使得被动土压力减小。为了避免水汇集到边坡底部，沿着边坡底部，在约束边界的有机玻璃板上打一排直径为 6mm 的圆孔，相邻孔的间距为 10cm，如图 9.2.23（b）所示。

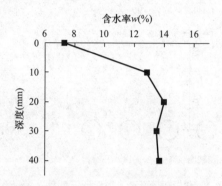

图 9.2.22　初始含水率随深度变化曲线

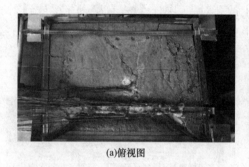

(a)俯视图　　　　　　　　　　　　　　(b)正视图

图 9.2.23　完成开挖的边坡

## 9.2.9　测量设备安装

### 1. 电子千分表的布置

分别在 2、4 和 6 号桩的顶部安装一个电子千分表，监测桩顶位移的变化。使用有机玻璃板制作 3 个 1cm×0.5cm×0.5cm 的立方体，在其正面的几何中心使用电钻打一个 $\phi2\times2$ 的圆孔，沿着与底边成 45°角的方向，使用砂纸将 3 个有机玻璃块的背面刮花，如图 9.2.24 所示。使用砂纸，沿与水平方向呈 45°角的方向，将 2、4、6 号桩的顶部 1cm×0.5cm 左右的区域打磨粗糙，用 502 胶水，将 3 个有机玻璃立方体的刮花面粘贴在 2、4、6 号桩的顶部粗糙区域。在边坡上方的合适方位搭建一根钢管架，将 3 个磁力表座的磁头吸在钢管架上，将电子式千分表放入磁力表座的燕尾槽内，调整磁力表座，使得电子式千分表的测量头垂直插入有机玻璃块的圆孔内，如图 9.2.25 所示。此举是为了防止测试桩发生位移时，电子千分表的测量头与测试桩发生相对位移，导致测量失败。

### 2. 测试桩应变片的布置

试验共需贴有应变片的测试桩 3 个，分别位于 2、4、6 号孔。在 2、4、6 号测试桩的表面，分别竖直布置三列应变片，每列应变片之间的夹角成 120°，对三列分别编号为 1、

2 和 3，其中左侧应变片列为"列 1"，前侧应变片列为"列 2"，右侧应变片列为"列 3"，如图 9.2.26(a)所示，以测试桩编号加应变片列编号表示某一列应变片，例如 2 号测试桩前侧应变片列记作"2-2"。每列应变片的数量与位置均相同，分别在距桩顶 70mm、130mm、190mm、250mm、310mm、370mm、430mm 位置布置测点，如图 9.2.26(b)所示。

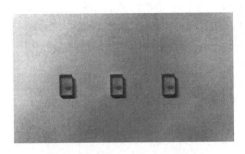

图 9.2.24　带孔有机玻璃块

图 9.2.25　安装电子千分表

### 3. 应变片的粘贴

应变片的粘贴按照以下步骤进行：

（1）将测试桩的两端固定到台钳上，使用画线笔在测试桩的表面画出三条呈 120°夹角的竖线，在每条竖线距桩顶 70mm、130mm、190mm、250mm、310mm、370mm、430mm 位置处画出十字标记，此十字标记为每个应变片的中心位置，画线的深度要适中，过深会影响应变片的粘贴质量。

（2）使用电子万用表检测应变片的电阻值，确保应变片质量，考虑到电子万用表的测量精度，不应使用电阻值超过 $120.0 \pm 1\Omega$ 范围的应变片。

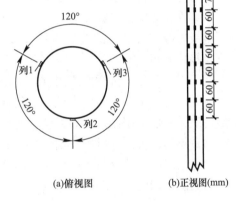

(a)俯视图　　　(b)正视图(mm)

图 9.2.26　应变片位置示意图片

（3）使用砂纸，沿着 45°方向交叉打磨测试桩表面的标记处，先用 200 目粗砂纸打磨，再用 500 目细砂纸精磨。打磨十字标记处是为了增加应变片的粘贴质量，打磨的纹路过浅会影响胶水与测试桩的粘合力，但过分打磨会导致无法识别十字标记位置和改变测试桩表面的曲率。

（4）用镊子夹取无纺布沾适量丙酮清洁结构表面，擦洗顺序由中心向四周，擦洗过程中根据情况更换 2～3 次无纺布，直至表面见不到污垢为止，擦洗干净后不可再接触擦洗区域。

（5）在十字标记处涂抹一滴（约 0.05mL）"502 胶水"，立即将应变片放置在胶水上，并保证应变片上的十字标记与测试桩上的十字标记重合。再用塑料薄膜盖在应变片上，用大拇指沿着粘贴方向碾压 2～3 次，挤出应变片下方的多余胶水，之后，大拇指按压在应变片上 1min 左右，室温低时适当延长。用"502 胶水"将应变片的接线端子粘贴在应变片的下方合适位置，留出因测试桩变形对应变片与接线端子之间排线的拉伸距离，应保证两根排线不产生接触。

（6）在应变片和接线端子的表面以及连接接线端子导线的裸露处涂抹一层"705 胶水"，防止在应变片埋入土体后，因为土体内的水分，应变片的两端发生短路，导致应变片失效，如图 9.2.27（a）所示。应变片的粘贴完成后，测试桩如图 9.2.27（b）所示。

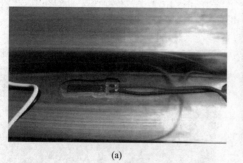 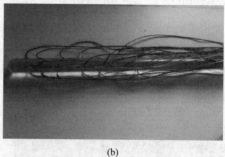

(a)　　　　　　　　　　　　　　　　(b)

图 9.2.27　贴有应变片的测试桩

**4. 应变片与应变仪的连接**

为防止应变片被瞬时大电流烧坏和保证测量的准确性，先将应变仪做接地处理，CM-1A-10 型数字静态应变仪的电源接口本身自带接地线，为保险起见制作辅助接地电极，使用电线将应变仪机身的金属螺栓连接至铁钎，铁钎打入地下 50cm，并时常对铁钎浇水，减小接地电阻。

采用四分之一桥桥路连接方式，将应变片连接至 CM-1A-10 型数字静态应变仪。每一个应变片连接至一个测量通道，使用裸导线将应变仪的 10 个测量通道的补偿端与公共补偿通道的补偿端相连，公共补偿端连接相同的应变片（图 9.2.28），应变片用相同的方式粘贴在与测试桩同等材质、同样直径的有机玻璃上，将其放置在边坡内，避免阳光直射。使用数据线将应变仪与计算机相连，通过计算机内安装的 CM-1A 测量系统软件读取应变片的数值，如图 9.2.29、图 9.2.30 所示。

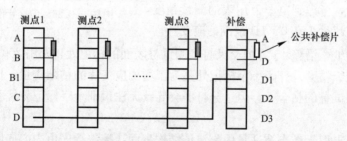

图 9.2.28　应变仪连接示意图

## 9.2.10　加水测试步骤

（1）检查电子万用表、电子千分表和应变仪的工作情况，检查应变片与应变仪的连接是否良好，应变仪的接地是否良好，确定各个测试装置均能正常工作。

（2）使用喷壶在土样表面均匀地喷洒水，喷洒速率不宜过大，应保证土样表面不会产生积水。刚开始的加水不宜过大，应避免一次加水量过大，导致表面土体急剧膨胀，致使土样表面裂隙闭合，影响水的入渗，随着试验的进行可逐步加大每次循环的加水量。

图 9.2.29　应变片与应变仪的连接

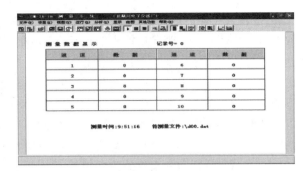

图 9.2.30　CM-1A 测量系统

（3）从开始加水起，每隔固定时间读取并记录桩顶电子千分表、应变仪和自制测水入渗深度元器件示数。

（4）当相邻的几次示数差别不大时，即土体内的湿度场基本稳定后，开始下一个周期的加水测试工作，重复步骤 1～3。

（5）随着累计加水量的增加，土样上部区域的土体趋于饱和状态，可逐步减小单次加水量，当桩顶位移趋于稳定时，终止加水。

## 9.3　试验结果分析

### 9.3.1　含水率随累计加水量的变化

随着累计加水量增加，试验土样不同深度的含水率发生改变，因为水是均匀洒在土样表面的，在一次加水循环稳定后，同一深度处土样的含水率可视为一致。本次试验使用电钻钻取不同深度处的土样，并使用烘干法测量所取土样的含水率。

取土样使用的电钻以及麻花钻钻头如图 9.3.1 所示。因为麻花钻钻头呈螺旋形且具有较大缝隙，利于土样残留在钻头的缝隙处，根据《土工试验方法标准》GB/T 50123—2019 5.2 节烘干法测含水率的规定，采用烘干法测量细粒土的含水率需要土样 15～30g，使用此方法可满足规范要求。本试验测量距试样表面 0cm、10cm、20cm、30cm 和 40cm 处土样的含水率。

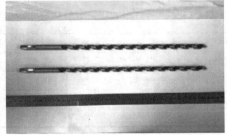

图 9.3.1　取土样使用的电钻和麻花钻钻头

测量土样表面含水率的试样，在试验土样表面找合适位置取样即可。20cm、30cm 和

40cm 深度处土样的取样方法与 10cm 深度处土样的取样方法一致，以 10cm 深度处土样的取样方法为例。在距麻花钻钻头 9cm 和 11cm 处做标记，使用电钻将钻头在土样表面取样处向下打孔，当钻头到达 9cm 标记处时，停止打钻作业，清理钻头上和钻孔周边被钻头带出来的土样，并用直径略小于钻孔直径的中空薄壁铁管清理钻孔内的土样。将未工作状态下的钻头插入钻孔，然后启动电钻，当到达 11cm 标记处，关闭电钻，将钻头从钻孔内取出，获取钻头土样，如图 9.3.2 所示，当试样不足时，可用直径略小于钻孔直径的中空薄壁铁管在钻孔内取样。测量试样含水率的方法按照《土工试验方法标准》GB/T 50123—2019 5.2 节烘干法测含水率的规定进行。

图 9.3.2　钻取试样

　　试验期间累计加水 11 次，在每次加水后，当自制测水入渗深度元器件的读数基本稳定时，可视为土样的含水率变化达到稳定状态，此时按上述方法分别对土样 0cm、10cm、20cm、30cm、40cm 深度进行取样，得到成都弱膨胀土边坡不同深度处含水率随累计加水量的变化如表 9.3.1 所示，将表内数据分别以累计加水量和取样深度分组绘制成折线图，如图 9.3.3、图 9.3.4 所示。

成都弱膨胀土边坡不同深度处含水率随累计加水量的变化　　表 9.3.1

| 累计加水量（L） | 不同深度处含水率（%） | | | | |
| --- | --- | --- | --- | --- | --- |
| | 0cm | 10cm | 20cm | 30cm | 40cm |
| 0 | 7.3 | 12.8 | 13.9 | 13.5 | 13.7 |
| 5 | 14.0 | 12.1 | 13.1 | 13.4 | 13.79 |
| 10 | 13.9 | 12.6 | 13.1 | 13.8 | 13.5 |
| 15 | 16.6 | 13.6 | 13.6 | 14.1 | 14.45 |
| 31 | 18.1 | 19.8 | 14.5 | 14.4 | 14.4 |
| 43 | 21.6 | 21.5 | 15.5 | 14.1 | 14.6 |
| 55 | 21.8 | 22.7 | 18.7 | 17.7 | 14.51 |
| 67 | 21.6 | 22.7 | 19.6 | 18.6 | 14.94 |
| 79 | 21.9 | 22.8 | 22.5 | 19.6 | 15.6 |
| 91 | 23.2 | 23.8 | 23.2 | 21.3 | 20.9 |
| 103 | 22.8 | 23.8 | 24.5 | 22.4 | 21.9 |
| 115 | 22.8 | 24.5 | 24.0 | 23.1 | 22.6 |

　　如表 9.3.1、图 9.3.3 所示，当累计加水量为 0L 时，含水率的最大值位于 30cm 深度处，为 15.5%，土样表面的含水率最小，为 7.3%。导致这一现象的原因是蒸发作用使得土样上部含水率较低，40cm 处土样裂隙不发育且深度较大，不利于水渗入这一深度。随

着累计加水量增加，土样的含水率峰值逐步向 10cm 深度处移动。当累计加水量达到 115L 时，土样 10cm 深度处的含水率最大，为 24.5%，其他深度处的含水率趋于一致。

如表 9.3.1、图 9.3.4 所示，土样 0cm、10cm、20cm、30cm、40cm 深度处的含水率总体上随着累计加水总量的增加而增加，符合野外土体含水率随降雨总量变化的规律。当累计加水量为 0 时，土样表面处的含水率最小，为 7.3%，其他深度处土样的含水率接近，处于 14% 左右，均为最小值。因为土样从野外取回实验室内避光自然风干 2 年左右，其含水率已经达到自然条件下能达到的最小状态，土样表面因为直接与空气接触，其含水率最小。当累计加水量达到 115L 时，土样各深度处的含水率趋于一致，处于 24% 左右，此时 40cm 以上部分土样基本处于饱和状态；由于试样 0~10cm 深度段裂隙发育，在 10~20cm 深度段裂隙较发育，20~30cm 深度段裂隙不发育，利于水渗入到土样 10cm 深度处，致使该深度处土样含水率最高，达到 24.5%，20cm 深度处含水率略低于 10cm 深度处，为 24.0%，由于深度较大和裂隙不发育的因素，土样 30cm 和 40cm 深度处含水率较低，30cm 深度处含水率为 23.1%，40cm 处含水率为 22.6%，土样表面因蒸发作用，导致含水率并非最大，为 22.8%。

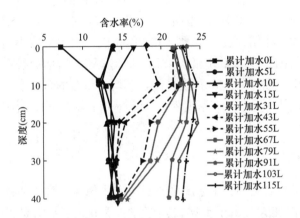 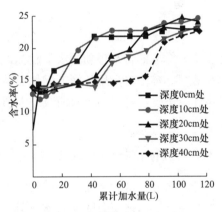

图 9.3.3　弱膨胀土边坡不同累计
加水量下含水率随深度变化曲线

图 9.3.4　弱膨胀土边坡不同深度处
含水率随加累计水量变化曲线

在龙潭寺地区取得成都弱膨胀土，进行室内离心模型试验，在试验结束后，采用分层取样的方式，得到了一条含水率沿深度方向变化的曲线，土样的初始含水率为 20%，试验结果如图 9.3.5 所示。

图 9.3.5 的曲线形态与图 9.3.3 中加水 67L 时的曲线形态类似，含水率总体上随着深度增加而减小，但在土层表面，两条曲线差距较大，图 9.3.5 中土层表面的含水率相较于 2cm 深度处有较大增长，而在图 9.3.3 中土层表面的含水率与紧邻深度处的含水率基本相同。造成这一现象的原因是两个试验的加水方式不同，离心模型试验为土体表面连续吸水，0cm 深度处土体的含水率基本处于饱和状态；膨胀土坑模型试验为断续加水，每次加水稳定后再测量含水率，受到蒸发和渗流作用，土体表面的含水率低于饱和含水率。在排除这一因素的影响后，两条曲线的变化趋势一致。

在成都市西河镇某膨胀土边坡进行了膨胀土边坡在降雨条件下含水率随深度变化的现场试验，试验边坡的天然含水率为 20%，试验结果如图 9.3.6 所示。

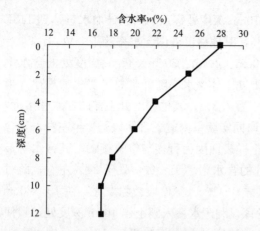

图 9.3.5　离心模型试验含水率随深度变化曲线

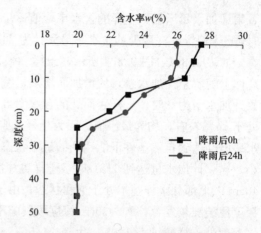

图 9.3.6　现场边坡含水率随深度变化曲线

可知，降雨后 24h 相比于降雨后 0h，0～10cm 深度范围内，土体的含水率明显减小，10～20cm 深度范围内，土体的含水率明显增加，降雨后 0h，30～40cm 深度范围内的含水率基本保持不变，当降雨 24h 后，30～40cm 深度范围内的含水率产生了明显的增加趋势，造成这一现象的主要原因是，当停止降雨后，土体中的水因重力作用向下渗流，导致下部的含水率增大，同时，土体表面受到蒸发的作用，进一步增加了土体表面含水率的减小趋势。图 9.3.6 的含水率随深度变化曲线与图 9.3.3 累计加水 43L、55L 和 67L 时的曲线形态相近，总体上含水率随深度增加而减小。在 0～10cm 深度区间内，两个试验的含水率均基本保持不变，且均为单根曲线最大值；从 10～30cm 深度处的含水率随着深度增加而明显减小。

## 9.3.2　桩顶位移随累计加水量的变化

随着累计加水量增加，土样的含水率随之增加，由于膨胀土具有吸水膨胀、失水收缩的特性，土样的体积会随着含水率增加而变大。由于土样在其他方向受到边界装置的约束，不能通过产生位移释放变形，只能在沿着边坡方向发生位移，从而释放因含水率升高而导致的体积变大。土样在沿着边坡方向发生位移的时候，由于测试桩与土样紧密接触，测试桩会随着土样一起沿着边坡方向发生位移，测试桩的位移导致其产生变形，从而产生对土体的作用力，阻止其继续沿着边坡方向发生位移。由于测试桩的底部有锚固段，因此测试桩位移的最大值发生在其顶部，试验在 2、4、6 号测试桩的顶部分别布置了一个电子千分表，用于测量这 3 根桩桩顶沿着边坡方向的位移，如表 9.3.2 所示。将桩顶位移随累计加水量的变化绘制成折线图，如图 9.3.7 所示。

成都弱膨胀土边坡桩顶位移随累计加水量的变化　　　　　　表 9.3.2

| 累计加水量（L） | 桩顶位移（mm） | | |
| --- | --- | --- | --- |
| | 2 号桩 | 4 号桩 | 6 号桩 |
| 0 | 0 | 0 | 0 |
| 5 | 0.224 | 0.159 | 0.256 |
| 10 | 0.486 | 0.435 | 0.528 |
| 15 | 1.001 | 0.964 | 0.907 |

续表

| 累计加水量（L） | 桩顶位移（mm） | | |
|---|---|---|---|
| | 2号桩 | 4号桩 | 6号桩 |
| 31 | 2.971 | 3.033 | 2.303 |
| 43 | 3.866 | 3.707 | 3.595 |
| 55 | 4.966 | 3.79 | 4.957 |
| 67 | 5.951 | 3.939 | 5.891 |
| 79 | 7.041 | 4.097 | 6.475 |
| 91 | 7.524 | 4.237 | 6.693 |
| 103 | 7.863 | 4.311 | 6.822 |
| 115 | 8.063 | 4.381 | 6.881 |

桩顶位移随着累计加水量增加而增大，当累计加水量达到91L时，桩顶位移趋于稳定并达到最大值。当土样吸水后，其体积产生增大的趋势，随着累计加水量增加，土样的体积增大趋势呈现线性增加。由于土样受边界条件的约束，其产生的体积增大趋势只能沿着测试桩方向释放，使得测试桩随着土样的体积膨胀产生了变形，因为测试桩下端锚固，上端自由，测试桩的变形会通过产生桩顶位移的形式体现出来，并且桩顶位移随着测试桩变形增加而增大。因此，测试桩的桩顶位移会随着累计加水量增加，当累计加水量达到91L时，土样产生的体积增大趋势已经随测试桩的变形基本释放完毕，累计加水量再增加，土体产生的体积膨胀增量很小，不足以使桩顶位移产生明显的增大。

对模型试验的原型时代欣城边坡，采用测斜管进行现场监测支护桩的位移，其中一根支护桩的桩顶位移随边坡开挖时间的变化曲线，如图9.3.8所示。

可知，时代欣城边坡支护桩的桩顶位移随着边坡开挖时间的增加而逐渐增大，当边坡开挖33d左右时，支护桩的桩顶位移达到最大，约为400mm。在第一次边坡开挖后22d，边坡进行了第二次开挖，导致桩顶位移在第22d后的变化率增大。通过对比，图9.3.8原型边坡桩顶位移随时间的变化曲线与图9.3.7模型试验桩顶位移随累计加水量的变化曲线形态基本相同，说明模型试验的结果具有合理性。

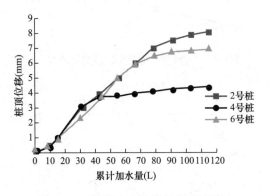

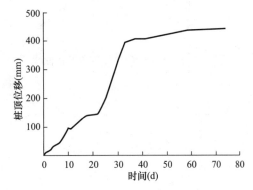

图9.3.7　膨胀土边坡桩顶位移随累计　　　　图9.3.8　原型边坡现场监测桩顶位移
　　　　加水量的变化曲线

### 9.3.3　变形稳定时的桩身应变

2、4、6号测试桩的表面，分别竖直布置三列应变片，每列应变片之间的夹角成

120°，对三列分别编号为 1、2 和 3，其中左侧应变片列为"列 1"，前侧应变片列为"列 2"，右侧应变片列为"列 3"，以测试桩编号加应变片列编号表示某一列应变片，例如 2 号测试桩前侧应变片列记作"列 2-2"。

由图 9.3.7 可知，当累计加水量达到 91L 时，测试桩的桩顶位移趋于稳定并达到最大值，此时可以认为测试桩的桩身应变达到稳定并达到最大值。分别将此时 2、4 和 6 号桩身上的应变片的数值绘制成折线图，得到 2-1、2-2、2-3、4-1、4-2、4-3、6-1、6-2、6-3 列应变片数值变化曲线如图 9.3.9～图 9.3.17 所示。

其中列 2-2 深度 7cm 处、列 4-2 深度 13cm 处、列 6-1 深度 37cm 处和列 6-2 深度 13cm 处的应变片，在试验过程中出现故障，导致无法读取这些应变片的数值，在绘制这些列应变片数值的变化曲线时，已将这三个点位从折线图中删除。

当应变片数值为正时，表示此处的测试桩受拉，当应变片的数值为负时，表示此处的测试桩受压。由图 9.3.9～图 9.3.17 可得，应变片数值变化曲线与 $y$ 轴的交点大致位于 30cm 处，此处代表应变片受拉与受压的分界点。

位于测试桩前侧的应变片，列 2-2、列 4-2 和列 6-2，30cm 以上部分受到拉应力作用，30cm 以下部分受到压应力作用。位于测试桩左右两侧的应变片，列 2-1、列 2-3、列 4-1、列 4-3、列 6-1 和列 6-3，30cm 以上部分受到压应力作用，30cm 以下部分受到拉应力作用。30cm 以上部分，应变片的变化曲线呈"C"字形，30cm 以下部分，应变片的变化曲线基本呈直线。

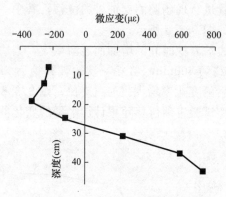

图 9.3.9　列 2-1 应变片数值变化曲线

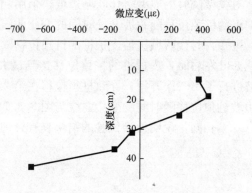

图 9.3.10　列 2-2 应变片数值变化曲线

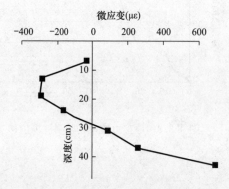

图 9.3.11　列 2-3 应变片数值变化曲线

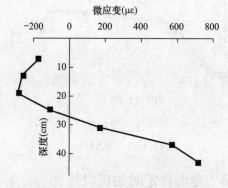

图 9.3.12　列 4-1 应变片数值变化曲线

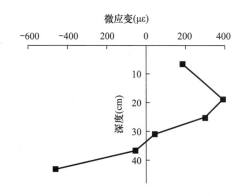

图 9.3.13  列 4-2 应变片数值变化曲线　　　图 9.3.14  列 4-3 应变片数值变化曲线

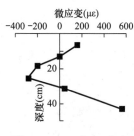
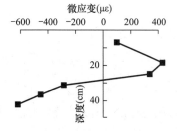
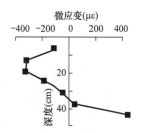

图 9.3.15  列 6-1 应变　　　　图 9.3.16  列 6-2 应变片数值　　　图 9.3.17  列 6-3 应变
片数值变化曲线　　　　　　　变化曲线　　　　　　　　片数数值变化曲线

## 9.3.4  膨胀土边坡膨胀力的分布形式

膨胀土的膨胀力产生，本质上是由于土体发生体积膨胀引起的，而膨胀土的体积膨胀受含水率变化影响。大量的研究表明，对于同一种膨胀土，膨胀力主要与两个因素有关，一个是土体的初始含水率，另一个是土体的含水率相较于初始含水率的增量。

关于膨胀力计算公式，国内外学者用不同的思路得到了不同的方法。梁大川、贾景超、徐加放等基于岩土体的水化理论，分别得到了一套膨胀力的计算公式；赵梦怡基于膨胀土矿物晶格膨胀和双电层理论，建立一套考虑土体裂隙的膨胀力计算公式。上述学者的公式需要的参数过多，有些参数的获取现在并未找到统一、经济、可靠的方式，暂时不利于实际应用。Chenevert 推导的膨胀力公式相较于上述学者的方法，所需的参数较少，实用性较强。

**1. 膨胀力计算公式**

在完全淹没的情况中，膨胀力的试验结果表明，膨胀力对时间的对数曲线是典型的倒 S 形曲线，曲线形态类似于土体的固结曲线。Baker 和 Kassif 通过研究发现，在某些简化的假设条件下，膨胀土吸力的消散和膨胀土膨胀力的增加呈正比例关系，并且在数学表达式的形式上，吸力耗散函数和土体固结方程是相似的。这些发现在一定程度上解释了膨胀力关于时间的对数函数曲线形态呈现典型 S 形的原因。在其研究的基础上，Baker 和 Kassif 认为极限膨胀力约等于吸力，这与 Warkentin 研究结论是相似的。

Chenevert 在基于极限膨胀力约等于吸力这一结论的基础上，提出了膨胀力计算公式：

$$\sigma_{\text{eMax}} = -\frac{RT}{\overline{V}} \ln \frac{p}{p_0} \tag{9.3.1}$$

式中，$\sigma_{eMax}$ 为极限膨胀力，由室内试验结果拟合得到；$R$ 为气体常数，8.3L · kPa/(mol · K)；$T$ 为绝对温度；$p/p_0$ 为相对蒸气压力，其中 $p$ 为与湿土平衡的蒸气压，$p_0$ 为与纯水平衡的蒸气压；$\overline{V}$ 为水的偏摩尔体积，0.018L/mol。

相对蒸气压力 $p/p_0$ 在土壤学中应用广泛，但是由于试验手段的限制，在工程领域中难以获取相对蒸气压力 $p/p_0$ 的参数值，直接使用该公式较为困难，因此考虑使用可以通过室内土工试验获取的土的参数指标代替相对蒸汽压力 $p/p_0$。

根据 Raoult 定律，在温度一定的情况下，对于难挥发性电解质的稀溶液，其蒸气压等于纯溶剂的蒸气压与溶液中溶剂的摩尔分数的乘积，即：

$$p = p_0 x_a \tag{9.3.2}$$

式中，$p$ 为难以挥发电解质稀溶液的蒸气压；$p_0$ 为纯溶剂的蒸气压；$x_a$ 为溶液中溶剂 $\alpha$ 的摩尔分数，在土中溶剂 $\alpha$ 为纯水。

将式（9.3.2）代入相对蒸气压表达式可得：

$$\frac{p}{p_0} = \frac{p_0 x_a}{p_0} = x_a = \frac{n_w}{n_w + n_s} \tag{9.3.3}$$

式中，$n_w$ 为纯水的物质的量（mol）；$n_s$ 为溶质的物质的量，即土的物质的量（mol）。

对于自然界中的土体，土颗粒是组成土体的骨架，自由水只存在于土颗粒的间隙中，因此，土颗粒在土体中的占比要远大于水在土体中的占比，即 $n_s \gg n_w$，代入式（9.3.3）可得：

$$p/p_0 \approx n_w/n_s \tag{9.3.4}$$

物质的量等于质量除以物质的摩尔质量，即：

$$n = m/M \tag{9.3.5}$$

式中，$n$ 为物质的量（mol）；$m$ 为质量（g）；$M$ 为物质的摩尔质量（g/mol），纯水的摩尔质量为 18g/mol。

根据含水率的定义有：

$$m_w = w m_s \tag{9.3.6}$$

式中，$m_w$ 为土的质量（g）；$m_s$ 为土颗粒的质量（g）；$w$ 为土的含水率（%）。

将式（9.3.5）、式（9.3.6）代入式（9.3.4），得到含水率与相对蒸气压的表达式：

$$\frac{p}{p_0} \approx \frac{\frac{m_w}{M_w}}{n_s} = \frac{w \times \frac{m_s}{M_w}}{n_s} = \frac{m_s}{M_w \cdot n_s} \times w = \beta \times w \tag{9.3.7}$$

式中，$\beta$ 为常数，与土颗粒质量 $m_s$、水的摩尔质量 $M_w$、土颗粒的物质的量 $n_s$ 有关。

由式（9.3.7）可得相对蒸气压与含水率呈现正比关系。通过整理试验得到的吸力曲线和文献资料查找得到的吸力曲线发现，对于同一种土，其吸力与初始含水率之间存在唯一对应关系，又因为膨胀力约等于吸力，所以，对于同一种土，其膨胀力与初始含水率之间也存在唯一对应关系。

将式（9.3.7）代入式（9.3.1）可得膨胀力与含水率之间的关系为：

$$\sigma_{eMax} = -\frac{RT}{\overline{V}}\ln(\beta w) = -\frac{RT}{\overline{V}}\ln w + \frac{RT}{\overline{V}}\ln\beta = k\ln w + c \tag{9.3.8}$$

式中，$\sigma_{eMax}$ 为极限膨胀力（kPa）；$k$ 为常数，由室内试验结果拟合得到；$c$ 为常数，由室内试验结果拟合得到。

通过室内土膨胀力试验，可以得到不同初始含水率下极限膨胀力，通过对所得数据拟合，可以得到式（9.3.8）中的常数 $k$ 和 $c$。

土体处在 100~110℃ 的环境内至少 8h，才能近似认为土体中自由水完全消失，在自然条件下气温和湿度无法达到那么严苛的程度，因此膨胀土的含水率最小值不可能为 0。在自然环境中，土体受蒸发作用导致含水率下降，当含水率下降到一定的值时，土体的含水率无法继续下降，即达到最小值，此时的含水率称为初始含水 $w_0$。由于不同地区的气候不一致，导致土体所处的蒸发条件有所区别，因此不同地区土体的初始含水率有所不同。即使处于同一地区，土体的不同深度受蒸发作用的影响程度不同，因此同一区域不同深度处的土体的初始含水率也有所不同。

自然界中的膨胀土无法达到室内土工试验时充分吸水的条件，此时所谓的膨胀力并非膨胀土完全吸水条件下的极限膨胀力，而是相较于初始含水率的含水率增加量产生的膨胀力。在数值上，应等于初始含水率 $w_0$ 产生的极限膨胀力与实际含水率 $w_1$ 产生的极限膨胀力的差值，即：

$$\sigma_e = \sigma_{eMax}(w_0) - \sigma_{eMax}(w_1) = (k\ln w_0 + c) - (k\ln w_1 + c) = k\ln\left(\frac{w_0}{w_1}\right) \quad (9.3.9)$$

式中，$\sigma_e$ 为膨胀力（kPa）；$w_0$ 为初始含水率（%）；$w_1$ 为实际含水率（%）。

**2. 膨胀土膨胀力与含水率之间的关系**

使用模型试验所用成都膨胀土，根据《土工试验方法标准》GB/T 50123—2019 进行自由膨胀率试验，得到其自由膨胀率为 60%，使用《膨胀土地区建筑技术规范》GB 50112—2013 表 4.3.4 对其进行分类，得到成都膨胀土为弱膨胀潜势土。

分别配置初始含水率为 12%、14%、16%、18%、21.4%、25% 和 23% 的 $\phi 61.8 \times 20mm$ 的环刀样，干密度均为 1.5g/cm³，使用固结仪根据《土工试验方法标准》GB/T 50123—2019 进行极限膨胀力试验，得到不同初始含水率下成都弱膨胀土的极限膨胀力如表 9.3.3、图 9.3.18 所示。

不同初始含水率下成都弱膨胀土的极限膨胀力　　　　表 9.3.3

| 初始含水率（%） | 12.0 | 14.0 | 16.0 | 18.0 | 21.4 | 25.0 | 30.0 |
|---|---|---|---|---|---|---|---|
| 极限膨胀力（kPa） | 62.3 | 55.8 | 50.6 | 48.7 | 29.4 | 24.6 | 9.7 |

由表 9.3.3 可知，成都弱膨胀土的初始含水率越小，其产生的极限膨胀力越大，如初始含水率 12% 的试样，其膨胀力可以达到 62.3kPa，而当初始含水率达到 25% 时，试样的极限膨胀力为 24.6kPa，二者相差 2~3 倍，表 9.3.3 数据充分说明初始含水率对成都弱膨胀土的极限膨胀力影响是较大的。

对图 9.3.18 中的数据进行对数函数拟合，得到 $k = -54.51203$，$c = 199.3127$，$R^2 = 0.97922$，成都膨胀土极限膨胀力 $\sigma_{eMax}$ 与初始含水率 $w_0$ 关系的拟合公式为：

$$\sigma_{eMax} = -54.51203 \times \ln w_0 + 199.3127$$

$$(9.3.10)$$

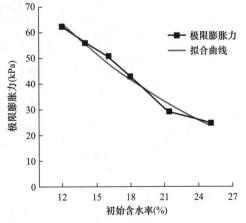

图 9.3.18　膨胀土极限膨胀力随初始
含水率变化曲线

将式（9.3.10）拟合得到的参数 $k=-54.51203$，$c=199.3127$ 代入式（9.3.9），得到成都弱膨胀土的膨胀力与初始含水率 $w_0$ 和实际含水率 $w_1$ 之间的关系为：

$$\sigma_e = -54.51203 \times \ln\left(\frac{w_0}{w_1}\right) \tag{9.3.11}$$

为了得到在膨胀土边坡模型试验中，膨胀力随着累计加水量在边坡深度方向的变化，将在膨胀土边坡模型试样中测量的不同深度处含水率随累计加水量变化的数据（表9.3.1）代入式（9.3.11），得到成都弱膨胀土边坡不同深度处膨胀力随累计加水量变化如表9.3.4所示，并注意到，因为距地表0cm深度处，膨胀土的膨胀力能够沿着垂直方向充分释放掉，并不会作用在边坡上，因此，距地表0cm深度处的膨胀力应为0。将表9.3.4内数据分别以累计加水量和取样深度分组绘制成折线图，如图9.3.19、图9.3.20所示。

膨胀土边坡不同深度处膨胀力随累计加水量的变化      表 9.3.4

| 累计加水量（L） | 不同深度处膨胀力（kPa） | | | | |
| --- | --- | --- | --- | --- | --- |
| | 0cm | 10cm | 20cm | 30cm | 40cm |
| 0 | 0 | 0.0 | 0.0 | 0.0 | 0.0 |
| 5 | 0 | 0.0 | 0.0 | 0.0 | 0.5 |
| 10 | 0 | 0.0 | 0.0 | 1.2 | 0.0 |
| 15 | 0 | 3.3 | 0.0 | 2.3 | 3.0 |
| 31 | 0 | 23.5 | 2.0 | 3.5 | 2.9 |
| 43 | 0 | 28.0 | 5.7 | 2.6 | 3.7 |
| 55 | 0 | 31.0 | 16.0 | 15.5 | 3.3 |
| 67 | 0 | 31.2 | 18.5 | 18.6 | 4.9 |
| 79 | 0 | 31.2 | 26.1 | 21.4 | 7.2 |
| 91 | 0 | 33.6 | 27.9 | 26.5 | 23.1 |
| 103 | 0 | 33.7 | 30.8 | 29.2 | 25.6 |
| 115 | 0 | 35.1 | 29.7 | 31.0 | 27.5 |

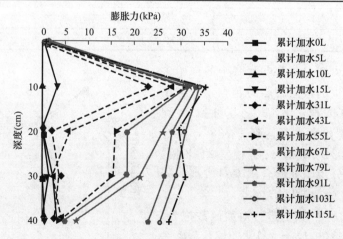

图 9.3.19 膨胀土边坡不同累计加水量下膨胀力随深度的变化曲线

如表9.3.4、图9.3.19所示，膨胀力随累计加水量增加沿着深度变化规律。因为距地表0cm深度处，膨胀土的膨胀力能够沿着垂直方向充分释放掉，并不会作用在边坡上，因此，无论距地表0cm深度处土体的实际含水率为多少，其膨胀力总是为0kPa。当累计加水量为 0L 时，此时土样从野外取回实验室内避光自然风干 2 年左右，其含水率已经达到自然条件下能达到的最小状态，此时土样各深度处的土体均处于初始含水率状态，各深度处土体的膨胀力均为 0kPa。

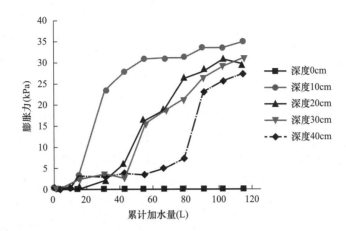

图 9.3.20　膨胀土边坡不同深度处膨胀力随累计加水量的变化曲线

　　无论累计加水量为多少，膨胀力的最大值均位于 10cm 深度处，导致这一现象的原因是土体从自然条件含水率最低的情况下开始吸水，只有当上层土体的含水率达到一定值时，水才会向下渗流。水源补给处位于土体表面，越深处土体水的渗流路径越长，由达西定律可知，渗流速度与渗流路径成反比，因此，越深处土体的含水率越低，由式（9.3.11）可知，在初始含水率一致的情况下，实际含水率越高，膨胀力越大。由非饱和土渗流特性可知，渗透系数随着体积含水率增加而增大，也会导致土层上部的含水率大于土层下部，使得土层上部的膨胀力较大。

　　由表 9.3.4、图 9.3.20 可知，膨胀力随累计加水量的变化曲线呈现"S"形，每条曲线均存在急剧增加段，随着深度增加，曲线的急剧增加段向后移动。当在急剧增加段之前，曲线形态趋于平缓，数值基本不变，考虑到测量误差，可视为膨胀力基本为 0。当累计加水量达到 31L 时，10cm 深度处的膨胀力急剧增加，从 3.3kPa 增加到 23.5kPa，并当累计加水量达到 91L 时，10cm 深度处的膨胀力趋于稳定并达到最大值 33.7kPa。当累计加水量达到 55L 时，20cm 和 30cm 深度处的膨胀力急剧增加，分别从 5.7kPa 增加到 16.0kPa，从 2.6kPa 增加到 15.5kPa。当累计加水量达到 79L 时，40cm 深度处的膨胀力急剧增加，从 7.2kPa 增加到 23.1kPa。

### 3. 膨胀土边坡膨胀力分布

　　在自然环境中，受大气作用导致的膨胀土含水率变化深度存在极限，国内外学者研究发现，在深度 1~2m 的土层内，受到降雨和蒸发作用导致的含水率变化最为频繁，在 3m 以下深度，含水率的波动一般不超过 1%，所以，膨胀土受到大气风化应力作用影响的临界深度为 3m。由于土体的膨胀力与含水率的变化有关，3m 深度以下的膨胀土，在自然环境中含水率长期保持不变，其原有的膨胀力会随着时间的推移逐渐释放掉，3m 深度以上的膨胀土，由于受到大气风化应力的作用，含水率会在短时间内急剧变化，膨胀力同样会随含水率的变化在短时间内产生，此时膨胀力会产生明显的破坏作用，具体在膨胀土边坡中，会对支挡结构产生额外的应力作用。因此，在自然环境下，膨胀土边坡产生膨胀力的

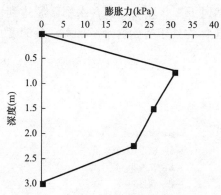

图 9.3.21　实际边坡膨胀力分布

极限深度为 3m。

在模型试验中，由图 9.3.19 可知，40cm 深度处的膨胀力曲线在加水 79L 以前变化平缓，相比加水 79L 以后的急剧变化，可以视为基本为 0，保持不变。将加水 79L 时膨胀力沿深度变化的曲线等比放大到 3m 深度，得到实际边坡的膨胀力分布曲线如图 9.3.21 所示。

可知，膨胀力沿深度的分布基本呈现梯形，分别在 0.75m 和 2.25m 处存在明显的拐点，在拐点与起始点之间，呈线性变化。在 0m 深度和 3m 深度处，膨胀力均为 0kPa，当深度达到 0.75m 时，膨胀力达到最大值 31.2kPa，在另一拐点 2.25m 处，膨胀力为 21.4kPa。

## 9.4　模型试验膨胀力的数值模拟验证

通过对模型试验结果分析，得到了成都弱膨胀土边坡模型试验不同深度处含水率、桩顶位移和桩身应变随累计加水量的变化。在前人研究的基础上，找到了一种计算膨胀力随含水率变化的理论公式，将理论公式与不同深度处含水率随累计加水量变化的数据结合，得到了膨胀力沿边坡深度方向分布曲线。膨胀力随含水率变化的公式完全基于理论推导，其在边坡的膨胀力计算方面适用性未经检验。现通过数值模拟方法，将理论公式得到的膨胀力分布作用在边坡上，得到此膨胀力作用下桩身的应变，对比模型试验得到的桩身应变数据，检验膨胀力随含水率变化的公式在边坡计算中的适用性。

ANSYS 软件是美国 ANSYS 公司开发，拥有与诸多 CAD 软件实现数据共享与交换的接口，如 AutoCAD 和 Rhino 等，集结构、流体、电场、磁场、声场分析于一体的大型通用有限元分析（FEA）软件，广泛应用于核工业、铁路、石油化工、航空航天、机械制造、能源、汽车运输、国防军工、电子、土木工程、造船、生物医学、轻工、地质、水利、家电等行业。ANSYS 功能强大，操作方便。目前已成为世界上最流行的有限元分析软件，多年来在有限元分析中排名第一。目前，我国 100 多所科技大学使用 ANSYS 软件进行有限元分析或作为标准教学软件。

### 9.4.1　数值模拟参数的确定

#### 1. 土体参数

数值模拟的主要对象为测试桩，主要为了研究测试桩在特定约束条件和应力条件下的变形特征，土体仅作为测试桩的锚固段约束条件，土体的变形和破坏特征不作为主要的研究对象，因此，可将土体简化为弹性材料。根据岩土工程勘察报告中岩土工程特性指标建议值取值，得到土体的重度为 24kN/m³，体积模量为 23.8MPa，剪切模量为 16.3MPa，弹性模量为 39.811MPa，泊松比为 0.22121，如表 9.4.1 所示。

数值模拟土体参数　　　　表 9.4.1

| 参数 | 重度（kN/m³） | 体积模量（MPa） | 剪切模量（MPa） | 弹性模量（MPa） | 泊松比 |
|---|---|---|---|---|---|
| 数值 | 24 | 23.8 | 16.3 | 39.811 | 0.22121 |

在 ANSYS workbench 中的 Engineering Data 模块添加成都弱膨胀土的材料参数，将表 9.3.1 中的数据输入材料参数列表中，如图 9.4.1 所示。

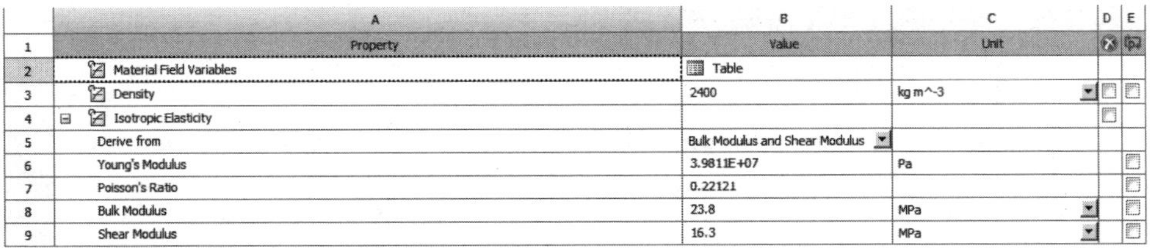

| | A | B | C | D | E |
|---|---|---|---|---|---|
| 1 | Property | Value | Unit | | |
| 2 | Material Field Variables | Table | | | |
| 3 | Density | 2400 | kg m^-3 | | |
| 4 | Isotropic Elasticity | | | | |
| 5 | Derive from | Bulk Modulus and Shear Modulus | | | |
| 6 | Young's Modulus | 3.9811E+07 | Pa | | |
| 7 | Poisson's Ratio | 0.22121 | | | |
| 8 | Bulk Modulus | 23.8 | MPa | | |
| 9 | Shear Modulus | 16.3 | MPa | | |

图 9.4.1　成都弱膨胀土材料参数

**2. 测试桩及冠梁参数**

根据所使用有机玻璃（PMMA）说明数的参数表，得到有机玻璃的重度为 11.8kN/m³，体积模量为 6.1403GPa，剪切模量为 1.8248GPa，弹性模量为 5GPa，泊松比为 0.37，如表 9.4.2 所示，对弹性模量重要数据进行实测，其结果与有机玻璃（PMMA）生产厂家提供的数值基本一致。

数值模拟测试桩及冠梁的参数　　　　表 9.4.2

| 参数 | 重度（kN/m³） | 体积模量（GPa） | 剪切模量（GPa） | 弹性模量（GPa） | 泊松比 |
|---|---|---|---|---|---|
| 数值 | 11.8 | 6.1403 | 1.8248 | 5 | 0.37 |

在 ANSYS workbench 中的 Engineering Data 模块添加有机玻璃的材料参数，将表 9.4.2中的数据输入材料参数列表中，如图 9.4.2 所示。

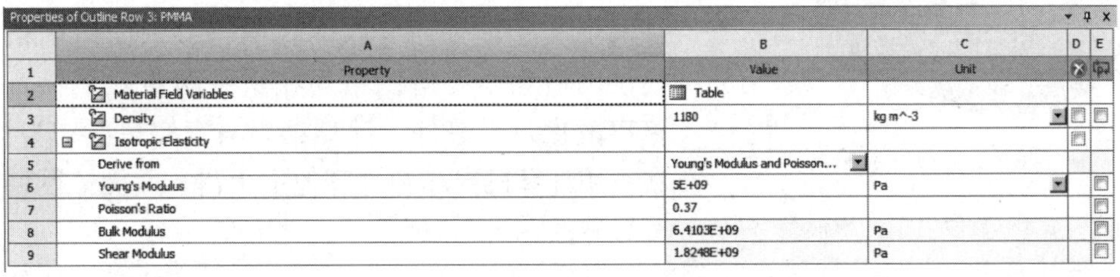

Properties of Outline Row 3: PMMA

| | A | B | C | D | E |
|---|---|---|---|---|---|
| 1 | Property | Value | Unit | | |
| 2 | Material Field Variables | Table | | | |
| 3 | Density | 1180 | kg m^-3 | | |
| 4 | Isotropic Elasticity | | | | |
| 5 | Derive from | Young's Modulus and Poisson... | | | |
| 6 | Young's Modulus | 5E+09 | Pa | | |
| 7 | Poisson's Ratio | 0.37 | | | |
| 8 | Bulk Modulus | 6.4103E+09 | Pa | | |
| 9 | Shear Modulus | 1.8248E+09 | Pa | | |

图 9.4.2　有机玻璃材料参数

## 9.4.2　数值模拟模型建立

**1. 几何模型建立**

数值模拟以模型试验所做的边坡模型为原型，建立边坡的三维数字模型是数值模拟试验的第一步。数值模拟采用几何尺寸为 1∶1 的等比例三维模型，并根据应力与边界条件对模型进行简化处理。在模型试验中，由于边坡上部的土体高度较小，根据朗金土压力公式验算，模型中的土压力绝大部分位于拉应力区，根据现行边坡设计中的计算方法，此次模型试验中可忽略土压力的影响。因此，在进行数值模拟时，忽略土压力对测试桩的影响，只考虑膨胀土因为吸水膨胀产生的膨胀力对测试桩的影响。

数值模拟主要是为了验证第四节计算的膨胀力分布是否合理，即计算得到的膨胀力是否等效于模型试验中膨胀土因吸水膨胀而产生的膨胀力。检验方法是将膨胀土产生的膨胀力从测试桩上撤掉，将计算得到的膨胀力直接作用在测试桩上，比较两种情况下测试桩的桩身应变。因此，在建立模型时，可以将边坡上部产生膨胀力的膨胀土体简化掉，数值模拟模型的几何尺寸如图9.4.3所示。

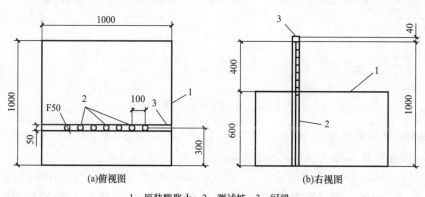

1—原装膨胀土；2—测试桩；3—冠梁

图9.4.3　数值模拟模型几何尺寸

使用ANSYS软件的Space Claim模块，按照图9.4.3中的尺寸建立数值模拟所需的三维几何模型，如图9.4.4所示。

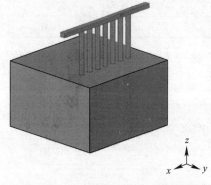

图9.4.4　数值模拟三维模型

**2. 网格划分**

使用集成在Workbench平台上的高度自动化网格刨分工具——Meshing对几何模型进行网格划分。

在使用ANSYS进行网格划分时，通常会采用四种网格类型，分别为四面体网格、六面体网格、棱柱层网格和金字塔网格。在这些网格中，六面体网格离散化效果最好，计算结果与真实情况较为接近，在占用计算机内存和计算速度上讲，六面体网格也都是最好的。

设置网格划分方法为六面体主导网格划分（Hex Dominant），使用这种网格划分方法时，对三维几何模型的网格划分将主要采用六面体单元，但为了保障网格划分的连续性，在某些几何尺寸突变的地方，如转角和圆孔边界等不适于划分六面体单元的地方，将采用少量的金字塔单元和四面体单元作为过渡，将相邻的六面体单元衔接起来。设置自由面网格类型（Free Face Mesh Type）为四边形和三角形混合模式（Quad/Tri）。

网格精细程度影响着数值模拟结果的准确性，理论上网格划分越细致，最终得到的结果就越接近于真实情况；但网格划分越细致，模型总体包含的单元数量就越多，导致模型的运算量成几何倍数增加，严重影响数值模拟的运算速度。模型的单元数量越多，其所占的存储空间就越大，当模型的大小超过计算机的内存（RAM）时，就会导致数据溢出，无法进行运算。为了提高数值模拟计算结果的准确性，同时降低模型的计算量，可以将几何模型进行差异化的网格划分，对主要研究对象进行精细化的网格划分，对次要研究对象进行网格划分时，可以进行适当的网格粗化。

对于此次数值模拟，测试桩和冠梁为主要研究对象，土体为次要研究对象，因此，将测试桩和冠梁分成一个组，土体分成另一个组，分别进行网格划分（图 9.4.5）。设置测试桩和冠梁的单元尺寸（Element Size）为 $5\times10^{-3}$ m，土体的单元尺寸（Element Size）为 $1.5\times10^{-2}$ m，模型的总单元数量（Elements）为 425155 个，总节点数量（Nodes）为 1622269 个。

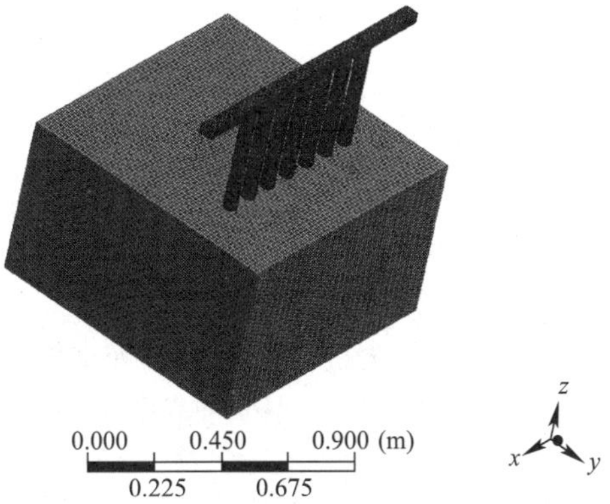

图 9.4.5　数值模拟三维模型网格划分

### 3. 接触面设置

几何模型存在测试桩和土体两个部件，需要设置部件之间的接触关系。当两个部件的相邻面距离小于系统设置阈值时，软件会自动检并生成接触对，分别在土体和测试桩的接触范围上选取接触面，设置测试桩上的接触面为接触体（Contact Bodies），土体上的接触面为目标体（Target Bodies），如图 9.4.6 所示。

ANSYS Workbench 中有 5 种接触类型，分别为绑定接触（Bonded）、不分离接触（No Separation）、无摩擦接触（Frictionless）、摩擦接触（Friction）和粗糙接触（Rough），如表 9.4.3 所示。

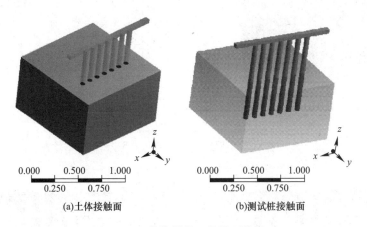

(a)土体接触面　　　　　(b)测试桩接触面

图 9.4.6　数值模拟三维模型接触面

**ANSYS Workbench 接触类型**　　　　　　　表 9.4.3

| 接触类型 | 迭代次数 | 法向行为（分离） | 切向行为（滑移） |
|---|---|---|---|
| 绑定接触 | 1 | 不允许分离 | 不允许滑动 |
| 不分离接触 | 1 | 不允许分离 | 允许滑动 |
| 无摩擦接触 | 多次 | 允许分离 | 允许滑动 |
| 摩擦接触 | 多次 | 允许分离 | 不允许滑动 |
| 粗糙接触 | 多次 | 允许分离 | 允许滑动 |

在模型试验中，可基本认为测试桩与土体不发生相对位移，即为法向分离和切向滑移

产生，根据表 9.4.3 对 5 种接触类型性质的描述，设置测试桩和土体间的接触类型为绑定接触（Bonded）。

**4. 边界条件施加**

根据实际情况对模型施加边界条件，边界条件施加在冠梁以及土体上，分别为冠梁上与 $x$ 轴垂直的两个面，土体上与 $x$ 轴垂直的两个面，与 $y$ 轴垂直的两个面和与 $z$ 轴垂直的负平面，如图 9.4.7 所示。约束形式采用固定约束（Fixed Support），用于限制面在 $x$、$y$、$z$ 方向上的移动和绕各轴的转动。

**5. 膨胀力施加**

施加膨胀力的值选取累计加水量为 91L 时膨胀力的数据，如图 9.4.8 所示，膨胀力为分段函数，在 0～0.4m 的范围内被分为四段，每段均为线性函数，在施加膨胀力时，同样对测试桩分段施加膨胀力。

以全局坐标系的 $x$ 轴正方向为 $x$ 轴正方向，以全局坐标系的 $z$ 轴负方向为 $y$ 轴正方向，以全局坐标系的 $y$ 轴正方向为 $z$ 轴正方向，建立局部坐标系，用以施加膨胀力。将测试桩由上到下每 0.1m 分为 1 段，共分为 4 段，在每段上分别施加如图 9.4.8 所示的膨胀力，如图 9.4.9 所示。

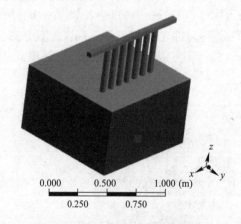

图 9.4.7 数值模拟三维模型边界
条件的施加

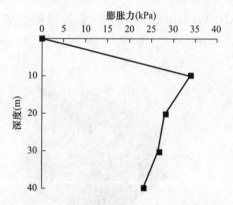

图 9.4.8 累计加水量为 91L 时膨胀力
沿深度的分布

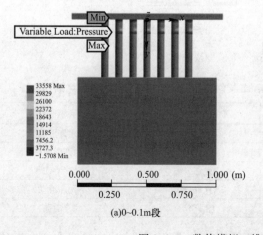

(a)0～0.1m段

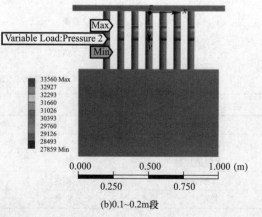

(b)0.1～0.2m段

图 9.4.9 数值模拟三维模型膨胀力的施加（一）

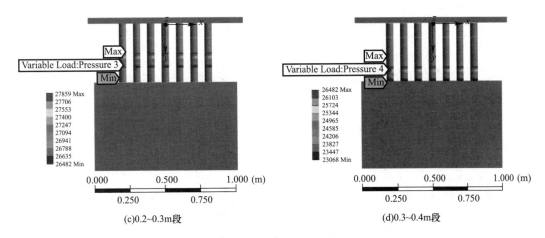

图 9.4.9　数值模拟三维模型膨胀力的施加（二）

## 9.4.3　数值模拟计算结果

数值模拟的原型为成都原状膨胀土边坡模型试验，在模型试验过程中，为了得到测试桩的桩身应变，分别在 2 号、4 号和 6 号桩的表面竖直布置了三列应变片。数值模拟是为了检验膨胀力随含水率变化的公式在边坡计算中的适用性，因此需要对比模型试验和数值模拟测试桩的桩身应变。

参照模型试验应变片的布置方式，分别在模型试验中测试桩的对应位置设置路径，用以输出对应位置处的测试桩桩身应变，部分路径设置如图 9.4.10 所示。

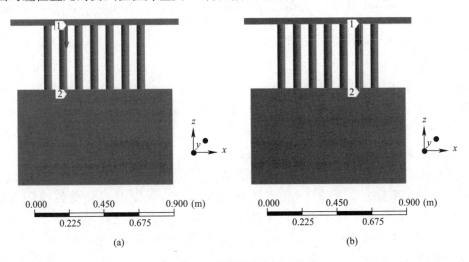

图 9.4.10　测试桩应变输出路径

在模型试验中，2、4、6 号测试桩的表面，分别竖直布置有三列应变片，每列应变片之间的夹角成 120°。三列应变片的编号分别为 1、2 和 3，其中左侧应变片列为"列 1"，前侧应变片列为"列 2"，右侧应变片列为"列 3"，以测试桩编号加应变片列编号表示某一列应变片，例如 2 号测试桩前侧应变片列记作"列 2-2"。为了统一编号，易于对比分析，在数值模拟的结果表述中，同样采取模型试验的编号方式对应变片进行编号。对建立的模型进行求解，输出设置路径的应变，如图 9.4.11～图 9.4.19 所示。

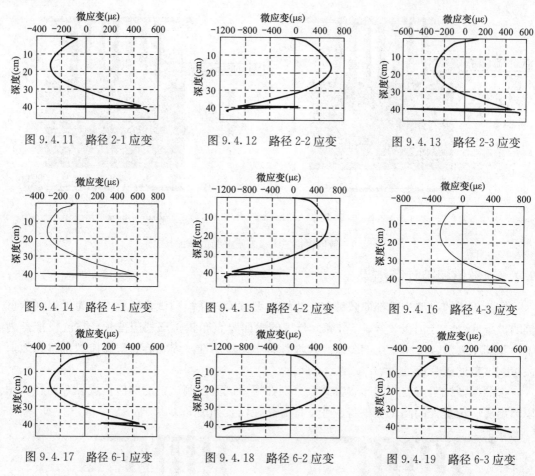

图 9.4.11 路径 2-1 应变　　　　图 9.4.12 路径 2-2 应变　　　　图 9.4.13 路径 2-3 应变

图 9.4.14 路径 4-1 应变　　　　图 9.4.15 路径 4-2 应变　　　　图 9.4.16 路径 4-3 应变

图 9.4.17 路径 6-1 应变　　　　图 9.4.18 路径 6-2 应变　　　　图 9.4.19 路径 6-3 应变

当微应变的数值为正时，表示此处的测试桩受拉；当微应变的数值为负时，表示此处的测试桩受压。由图 9.4.11～图 9.4.19 可知，微应变数值变化曲线与 $y$ 轴的交点大致位于 30cm 处，表示测试桩受拉与受压的分界点位于 30cm 处，30cm 以上部分，微应变曲线呈现"C"形，深度 40cm 处，微应变产生突变，造成这一现象的原因是边坡深度为 40cm，测试桩在这一深度受到了边界条件的影响，产生了应力集中现象，当排除这一点的影响时，30cm 以下部分，微应变曲线基本呈线性变化。位于测试桩前侧的应变路径，列 2-2、列 4-2 和列 6-2，30cm 以上部分受到拉应力作用，30cm 以下部分受到压应力作用。位于测试桩左右两侧的应变路径，列 2-1、列 2-3、列 4-1、列 4-3、列 6-1 和列 6-3，30cm 以上部分受到压应力作用，30cm 以下部分受到拉应力作用。

### 9.4.4　数值模拟与模型试验结果对比

在模型试验过程中列 2-2、列 4-2、列 6-1 和列 6-2 的部分应变片受损，导致这些列应变片的部分数据缺失，桩身应变的规律表示不完整，不对这些数据的数值模拟和模型试验结果对比分析。对于模型试验应变数据完整的应变片列，对比其数值模拟得到的应变曲线与模型试验得到的应变曲线，如图 9.4.20～图 9.4.24 所示。

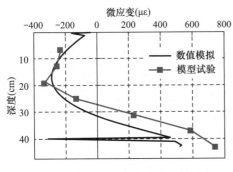

图 9.4.20　列 2-1 应变试验结果对比

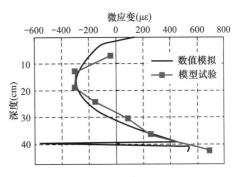

图 9.4.21　列 2-3 应变试验结果对比

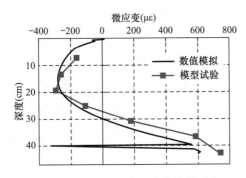

图 9.4.22　列 4-1 应变试验结果对比

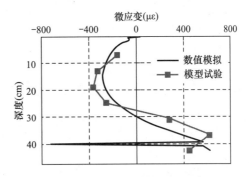

图 9.4.23　列 4-3 应变试验结果对比

可知，数值模拟的应变曲线和模型试验的应变曲线形态相近，两种曲线于 $y$ 轴的交点均位于 30cm 附近。在 0～30cm 段，数值模拟与模型试验的曲线均呈现"C"形；数值模拟曲线在 40cm 处产生突变，造成这一现象的原因是边坡深度为 40cm，测试桩在这一深度受到了边界条件的影响，产生了应力集中现象，当排除这一点的影响时，数值模拟曲线在 30cm 下基本为直线，与模型试验的应变曲线变化规律基本一致。

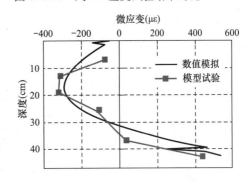

图 9.4.24　列 6-3 应变试验结果对比

数值模拟曲线的起点为原点，即深度 0cm 处的桩身应变为 0，由于模型试验未在 0cm 处布置应变片，未通过模型试验得到该点处的应变，但由模型试验曲线的变化规律可知，0cm 处的桩身应变约等于 0。

由模型试验与数值模拟桩身应变曲线对比结果可知，对于桩身应变而言，采用公式计算得到的膨胀力和原状膨胀土吸水膨胀产生的膨胀力是等价的，因此使用膨胀力公式计算支护边坡膨胀力是可行的。

## 9.5　结论

开展成都原状膨胀土边坡模型试验，确定了膨胀土在吸水膨胀后会对支挡结构产生额外的作用力，导致支挡结构发生较大的变形，经过分析认为这一额外的作用力为膨胀土因吸水而产生的膨胀力。

（1）通过开展成都原状膨胀土边坡模型试验，得到了成都膨胀土湿度场沿着深度方向的变化，测试桩的桩顶位移和测试桩的桩身应变随模型试验加水量的变化规律。

（2）在前人研究的基础上，找到一种适用于膨胀土边坡膨胀力计算的公式。通过数值模拟，验证了膨胀力计算公式 $\sigma_e = k\ln(w_0/w_1)$ 在成都膨胀土边坡中的适用性。

（3）结合模型试验得到的湿度场与膨胀力计算公式，得到成都膨胀土边坡中，膨胀力沿深度的分布规律，膨胀力分布曲线近似为梯形，在深度为 0.75m 时，膨胀力达到最大值 31.2kPa。

（4）限于时间关系和取样条件的限制，仅对成都弱膨胀土边坡的膨胀力分布形式进行了初步研究，对于亲水性矿物含量不同的膨胀土边坡，其膨胀力分布形式还有待进一步研究。

# 第 10 章　地震条件下桩板结构振动台模型试验与分析

## 10.1　引言

我国是一个多地震的国家，因地震而导致的滑坡灾害非常严重。最早关于地震引发崩塌、滑坡的记载当数公元前 780 年岐山地震，《国语》记载："周幽王二年，径洛渭三川皆震，川竭，岐山崩"。1718 年发生在我国甘肃的笔架山山崩由地震诱发（M＝7.5），酿成 4 万人死亡的惨重灾害。1973 年发生于四川省炉霍境内的 7.9 级地震，诱发各种规模滑坡 137 处（西藏三江地区就有数十处），滑坡面积达 90km²，死亡人数 2175 人。2008 年 5 月 12 日下午 2 点 28 分中国四川汶川发生的里氏 8.0 级地震，其震级大、余震多、破裂长、次生山地灾害严重，汶川、北川等重灾区几乎所有山体都发生了严重的滑坡甚至垮塌。由此可见，地震滑坡给人民的生命财产和生产活动带来了极为严重的危害和影响。

经过多年的工程实践和理论研究，国内外在滑坡防治的各个方面都取得了很大成就，其中支挡抗滑结构的发展应用尤为迅速。当削坡、减载、阻水、排水等措施不足以解决边坡失稳问题时，采用抗滑桩等抗滑支挡结构是国内外公认的比较有效的工程措施。抗滑桩作为治理滑坡的有效工程措施，在世界各国滑坡治理中占有重要的地位。工程实践表明，抗滑桩能迅速、安全、经济地解决一些较困难的工程问题，因此发展较快。抗滑桩的抗滑原理，可以归纳为以下几点：①抗滑桩依靠滑面以下部分的锚固作用和被动抗力来共同平衡作用在桩上的滑坡推力；②抗滑桩桩距在一定范围时，可以借助桩的受荷段与桩后土体及桩两侧的摩阻力形成土拱效应，使滑体不至于从桩间滑出；③抗滑桩承受了桩间距范围之内滑体所产生的滑坡推力。

总的来看，抗滑桩具有以下优点：①抗滑能力较大，工程量较小，在滑动面深、滑坡推力大的情况下，较其他的抗滑结构经济、有效；②桩位灵活，可设在滑坡体中最有利于抗滑的部位，可以单独使用，也能与其他建筑物配合使用；③抗滑桩施工方便，所需的设备简单，具有工程进度快、施工质量较好、相对安全等优点，施工时可间隔开挖，不致引起滑坡条件的恶化，施工中如果发现问题也易于补救；④开挖桩孔能校核地质情况，检验和修改原有的设计，使其更符合实际；⑤对整治运营线路上的滑坡和处在缓慢滑动阶段的滑动特别有利。

作为一种挡土支护结构，由抗滑桩发展成的板桩墙在公路、基坑支护、水工结构等工程中也得到了广泛的应用。桩板墙又名桩板式抗滑桩，是由半埋式单桩及在两桩之间逐层安设或浇筑的挡土板组成。桩板式挡土墙系钢筋混凝土结构，利用桩深埋部分的锚固段的锚固作用和被动土抗力维护挡土墙的稳定。桩板式挡土墙适宜于土压力大，墙高超过一般挡土墙限制的情况，地基强度的不足可由桩的埋深得到补偿。桩板式挡土墙可作为路堑、路肩和路堤挡土墙使用，也可用于处治中小型滑坡。

由于桩板式挡土墙的高度可不受一般挡土墙高度的限制，在减小工程数量、缩短工期、降低成本、节约投资方面，桩板墙这一结构相比于桥梁方案和其他挡土墙方案在高陡边坡路段及车站地段有着明显的优越性，且施工简便，外形构造美观，运营后养护、维修费用低，因此作为一种挡土支护结构，桩板墙目前已被广泛地运用于铁路、公路、基坑支护、水工结构等各类建设工程中。

玉（溪）蒙（自）铁路位于高烈度地震区（8度），全线大量采用了桩板结构作为高边坡路堑支护结构。但是对于高烈度地震区高路堑边坡支挡结构物设计怎么样考虑，目前国内外尚缺少成熟的设计计算方法，导致设计中常常出现过于保守的现象，大大地浪费国家和人民财产。因此高烈度地震对桩板结构的影响是一个非常值得研究的问题。

本章通过振动台模型试验和理论计算两种主要手段，对双排桩板墙结构进行试验研究和分析，研究其在地震作用下的结构受力、变位的特性及变化规律，并研究和分析高陡边坡在不同支挡形式下的土体加速度分布情况及其动力特性，另外，对于双排桩板结构试验模型中的上、下排桩对滑坡推力的不同支护作用进行了理论和试验计算分析，以期为今后类似工程的科研、设计、施工作指导，具有理论意义和应用价值。

## 10.1.1 桩板结构研究与发展现状

桩板结构是由锚固桩发展而来，当边坡采用悬臂式锚固桩支挡时，存在桩间支挡类型选择问题，桩间挂板或搭板就形成了桩板结构（也叫桩板墙）。桩板结构利用桩锚固段的锚固作用和被动土抗力，维护土体或边坡的稳定。桩板结构是近年来发展起来的用于土体开挖和边坡稳定的新型挡土结构，是由桩与桩间的墙面板共同组成，利用墙面板把土的侧压力传递给桩，通过桩体来使边坡稳定。桩板结构不设支撑，完全靠深埋入土体的下部分两侧的土压力的平衡来维持支挡结构的稳定。20世纪70年代初在柳枝线上首先将板桩式挡墙应用在路堑边坡中，后来在南昆等线上应用到路堤中，由于工程实践的增多，这项技术日趋成熟，1992、1993年铁路系统有关单位分别编制了路堑式、路肩式桩板结构通用图。

20世纪40年代，国外就开始使用此类抗滑结构来整治边坡，以取代高额造价的挡土墙。日本最早使用抗滑桩，此后美国也在1967年在隧道的上部开挖中使用排架式抗滑桩。20世纪70年代，奥地利公路部门将锚索和抗滑桩结合起来整治滑坡。此外在其他一些国家，如苏联、捷克斯洛伐克、意大利和波兰等，都曾使用过桩板结构来整治滑坡，这一技术在国外整治滑坡中已屡见不鲜。

### 1. 国内外理论研究

几十年来，许多学者都对桩板结构做过研究，但是重点主要是放在对桩板结构中桩体的研究上。从已有的文献报道来看，桩体研究的内容主要包括：①桩土相互作用机制研究；②土体位移对桩侧向作用的影响；③桩侧土压力的分布形式；④桩间土的土拱效应；⑤桩体的极限抗力；⑥考虑桩土相互作用的边坡稳定性分析；⑦桩的设计计算理论研究。

从研究的方法看，主要可分为三类：①试验研究，包括室内物理模型试验和现场原位测试；②理论分析，通过建立各种数学物理模型，研究土体移动对桩的影响；③数值模拟研究，主要采用有限元方法，建立二维或三维有限元模型，综合研究桩土相互作用条件下桩身变形和内力分布、桩周土体的应力分布和变形响应等规律。下面就有代表性的一些研究成果，分类简单综述。

国外的研究多侧重于土坡变形作用到桩体上的情况，特别对于海港工程、堤坝工程中承受软黏土变形的被动桩的研究较多。对于承受土体水平位移桩和桩群的设计计算，提出了许多方法，归纳起来主要有：压力法、位移法和有限元法。Begemann 和 DeLeeuw（1972）提出计算由地面荷载产生、作用于桩上的荷载时，可近似地认为桩是刚性的，土体侧向位移和水平应力分布用弹性方法计算，桩应按等值板桩墙考虑，即为压力法。位移法必须已知无桩时土体自由侧向位移分布，然后把此位移叠加到桩上，而桩土相互作用则用弹性理论或地基反力计算，位移法能得到桩的弯矩和位移分布情况。Marehe（1973）及 Bourges（1980）等基于 PY 曲线法利用有限差分法分析了桩的变形和弯矩沿桩身的变化。Maugeri 和 Motta（1992）假定作用于桩上的荷载与土体相对位移为一种非线性双曲阵性函数，利用位移法根据地基反力法的概念进行了桩的计算，同样在土体位移与实测位移相近的情况下得出了较为满意的结果。有限元法分为平面应变分析和三维分析，用平面应变计算桩土相互作用时，桩用等值的板桩墙替代，其抗弯刚度等于平均抗弯刚度，从而把桩群直接分成单元网格进行计算。Springman（1984）及 Stewart（1992）将桩排简化为等刚度的板桩，按平面应变问题进行了分析。之后，Springman（1989）又采用有限元法按三维问题进行了进一步的分析。

与国外的研究不同，国内对于抗滑桩的计算研究主要集中于加固岩土体边坡方面，尤其以加固大、中型破碎岩体滑坡为主。对于普通抗滑桩的计算，将滑坡推力作为外荷载作用于抗滑桩上，桩与岩土相互作用的力学计算模型一般采用线弹性 Winkler 地基梁模型。这种计算方法与上面提到的压力法类似，在此我们也将其称为压力法。根据对桩前滑体考虑方法的不同，又可分为两种，即悬臂桩法和地基系数法。前者将桩身所承受的滑坡推力和桩前滑体的剩余抗滑力或被动土压力视为已知外力，然后根据滑动面以下岩土的地基系数计算锚固段的桩壁应力以及桩身各截面的变位、内力。此法出现较早，计算简单，在实际工作中应用较多。地基系数法是将滑坡推力作为已知的设计荷载，然后根据滑动面上、下地层的地基系数，把整根桩当作弹性地基上的梁来计算。在具体计算时，根据采用的途径不同，又可分为初参数法、杆件有限单元法和无量纲系数法等不同方法。

对于平面应变和三维有限元法也有学者进行了研究计算。位移法和有限元法可以较为准确地模拟地基和荷载条件，位移法的主要缺点是对土体自由时的位移估算不准，有限元法由于桩土性质的复杂性等因素使其应用受到限制，但这是一种很有发展潜力的方法。对于工程应用而言，压力法由于其计算简便而得到广泛的应用。压力法计算抗滑桩的最大问题就是作用于桩上的荷载如何确定，对此有许多学者讨论推导了单排抗滑桩因土体移动而受到的极限侧向力表达式。S. Hassiotis 等根据 Ito 等的理论分析了抗滑桩加固土坡的稳定性计算。Ctpotahob（1996）根据土体挤压或绕桩流动过程中由于应力集中形成的塑性区的形状和应力状态，通过积分求解作用于抗滑桩上的极限土压力。沈珠江（1992）根据散粒体的极限平衡理论推导了桩的绕流阻力计算公式。这些方法都是基于理想极限状态的思想得出的，事实上，在工程应用中，抗滑桩与岩土体未必达到满足要求的极限状态。

我国工程设计计算中一般认为作用于桩上的荷载为两抗滑桩中心距之间的滑体所产生

的滑坡推力，滑坡推力的计算根据边坡的极限平衡稳定性分析方法确定。人们通过工程实践和模型试验发现，在两抗滑桩之间的岩土体存在着成拱效应，两桩之间的滑坡推力可以通过土拱作用传递到两侧的抗滑桩上，因此，应用土拱理论来分析抗滑桩上的荷载也是一条值得探索的途径。关于此方面的研究，多集中于基坑开挖中的桩侧向土压力分析上，对边坡工程中土拱效应的研究较少。潘家铮（1980）对边坡中的土拱效应进行了研究，将土拱的形状视为直线，推导了桩间土体的压力传递计算公式。

无论国外还是国内，对坡体中桩间土体之间的受力作用研究甚少。用土拱理论研究抗滑桩间的滑坡推力传递过程是一种有效的方法，现在虽有初步的研究，但均较为粗糙，没有得出土拱作用下滑坡推力在坡体与桩间的传递机制。而对于最大桩间距的确定，目前方法没有全面考虑桩间土拱效应、桩前滑体的稳定以及桩的可能极限承载能力。

对于抗滑桩桩位的确定，目前主要是以经验公式为主，实际过程中依据土拱理论，分析滑坡的推力传递规律，能够确定更加合理的桩位。对于挡土板的研究，挡土板采用卸荷拱原理进行计算，或是采用了目前比较常用的库仑土压力的方法计算了挡土板所受的土压力，挡土板按照两端简支板进行受弯和受剪的计算，按照受弯构件进行配筋。

## 2. 结构形式的发展

桩板挡土墙可根据其受力的不同分成三种类型：悬臂式桩板挡土墙、锚定式桩板挡土墙、内支撑式桩板挡土墙。由于桩板式挡土墙的高度可不受一般挡土墙高度的限制，悬臂式桩板结构地面以上悬臂高度一般不超过 15m，预应力锚索桩的地面以上高度可达 15m 以上。地基强度不足可由桩的埋深得到补偿。挡土板与一般桩间挡土墙相比，其优点在于可以不考虑基底承载力；采用装配式挡土板施工方便快捷。滑坡和顺层地段，桩上设锚索或锚杆可减小桩的埋深和桩的截面尺寸，在悬臂较大或桩上外力较大时，是一种很好的支挡形式。在减小工程数量、缩短工期、降低成本、节约投资方面，桩板墙这一结构相比于桥梁方案和其他挡土墙方案在高陡边坡路段及车站地段有着明显的优越性，且施工简便，外形构造美观，运营后养护、维修费用低。

桩板式挡土墙适用于土压力较大，墙高超过一般挡土墙限制的情况，地基强度的不足可由桩的埋深得到补偿。桩板式挡土墙可作为路堑、路肩和路堤挡土墙使用，也可用于处治中小型滑坡，多用于岩石地基。由于土的弹性抗力较小，设置桩板式挡土墙后，桩顶处可能产生较大的水平位移或转动，因而一般不宜用于土质地基。若需用于土质地基，一般应在桩的上部（一般可在桩顶下 $0.29H$ 处）设置锚杆等，以减小桩的位移和转动，提高挡土墙的稳定性。桩板式挡土墙作路堑墙时，可先设置桩，然后开挖路基，挡土板可以自上而下安装，这样既保证了施工安全，又减少了开挖工程量。运用抗滑桩理论在现代支挡结构的运用中越来越普遍，随着新技术、新工艺的发展，桩板结构也广泛地运用于工程实际当中。

## 3. 桩板结构存在的不足与问题

桩板结构的应用绝大多数取得了成功，个别失败者主要是因为滑坡性质定得不准，如滑面位置、滑坡范围、滑坡推力或设计参数（如地基抗力系数）等，造成桩的埋深不足而倾倒或折断。因此，桩板结构失效的主要原因就是桩体的失效破坏。经总结，桩板结构在设计上主要有以下几个问题值得注意：①目前抗滑桩的设计计算理论和计算方法还不成熟，传统设计计算理论所采用的许多假设都在不同程度地回避了桩-土相互作用的全面分析，即回避了土拱效应的分析；②桩板结构中对抗滑桩合理尺寸、间距以及悬臂高度的确定。

## 10.1.2　振动台试验

地震模拟振动台作为地震工程研究中的一种强有力的工具，使地震破坏现象在试验室内得以实现，它弥补了强地震稀少的不足，使研究工作周期大大缩短。通过地震模拟试验，可以确定结构的动力特性及其在地震作用下的破坏机理，从而为结构抗震设计提供定量依据。

振动台试验是 20 世纪 70 年代发展起来专用于土的液化性状研究和模拟地震作用的室内大型动力试验。比起常用的动三轴和动单剪试验，振动台试验具有下述一些优点（Finn，1972）：①可以制备模拟现场 $K_0$ 状态饱和砂的大型均匀试样，可测出土样内部的应变和加速度；②在低频和平面应变的条件下，整个土样中将产生均匀的加速度的传播；③可以查出液化时大体积饱和土的实际孔隙水压力的分布；④在振动时能用肉眼观察试样。

振动必须是接近于地震时剪切波自基岩向上垂直输入的情况。为了控制试样的均匀性和代表性，宜比较和选用适当的方法来制备土样。

对于路堑边坡的处理，国内已有许多单位做过大量研究。如铁科院西北分院对西北地区的膨胀岩（土）路堑加固防护措施进行了较系统的研究，特别是对其特性、土钉加固等研究得很深入。在南昆铁路广西段选点对膨胀岩（土）路堑加固防护措施也进行了研究，取得了一些成果。但对以上所述的几个方面的问题，仍未做出最好的解答，特别是对高烈度地震区膨胀岩（土）深路堑采用桩板结构与框架锚杆联合加固的设计计算方法，目前国内外未见报道。

双排桩板结构在滑坡处理中已有应用，但是对于滑坡推力如何分配、不同排桩之间的相互影响等问题，国内外学术界没有较系统的相关研究，结合全埋式双排桩大型室内模型试验，对上述问题进行了探讨，初步得出了一些结论，但与实际工程应用仍有一定差距。

目前，桩板结构在深路堑处理上，已大量使用，并会以其安全、施工快速方便的优点获得更快的发展。另外，对于高烈度地震区路堑支挡结构物设计怎么样考虑，目前国内外尚缺少成熟的设计计算方法。

## 10.1.3　研究内容

针对地震作用下的桩板墙结构桩-土相互作用问题，本章以玉蒙铁路石崖寨车站为工程实例，选取 DK125+020 处的双排桩板墙为研究对象，利用振动台模型试验和理论计算对桩身受力、变位及土体加速度进行研究。主要内容包括：

（1）通过振动台模型试验研究分析不同加载状态下（静力、$0.1g_x$、$0.2g_x$、$0.3g_{xz}$、$0.4g_{xz}$、$0.5g_{xz}$、$0.7g_{xz}$、$0.9g_{xz}$）桩身受力、土体加速度、桩身变位变化情况；

（2）通过振动台模型试验对比分析不同加固方式下（单排桩、双排桩）桩身受力、土体加速度、桩身变位变化情况；

（3）通过理论计算，对比研究不同加载状态下单排桩、双排桩板结构试验模型中桩体桩后受力，并且与试验反算结果进行对比，分析研究两者差异；

（4）通过对比理论计算和试验反算对于双排桩试验模型中上排桩的桩后受力占各自总滑坡推力的比值，研究单排桩、双排桩板结构的不同支护效果，并提出双排桩板结构中上、下排桩对于滑坡推力的不同分担比。

本章以实际工程为背景，以振动台模型试验和理论计算为研究手段，对双排桩板墙结构进行地震响应分析，主要思路如下：

（1）通过钻孔勘测和室内物理力学试验，获得场地土层的重要土力学参数及基本性状特征；

（2）进行边坡加固的振动台模型试验，并对试验结果进行分析；

（3）对试验模型进行理论计算，并分析计算结果；

（4）对试验数据进行反算，并分析比较其与理论计算结果的差异，对比研究单排桩、双排桩板结构的不同支挡效果。

## 10.2　振动台试验方案

### 10.2.1　试验设备技术指标

试验采用大型地震模拟试验台，其相关技术指标如下。

振动台尺寸：6m×6m；台面最大负载：600kN；水平向最大位移：±150mm；垂直向最大位移：±100mm；满载时水平向最大加速度：1$g$；满载时垂直向最大加速度：0.8$g$；空载时水平向最大加速度：3$g$；空载时垂直向最大加速度：2.6$g$；频率范围：0.1～80Hz；自由度数：6（沿3轴平动和绕3轴转动）。

### 10.2.2　试验内容

试验结合玉蒙线现场情况，选取玉蒙线DK125＋020处桩板墙支挡结构试验工点的原型横断面作为参考原型，通过振动台模型试验，对如下几个方面进行研究：①路堑边坡的动力特性；②桩板墙支挡结构及边坡在地震过程中可能产生的破坏形式；③土-结构相互作用力与结构位移的关系；④输入动荷载（峰值变化）对边坡动力特性的影响；⑤单排桩、双排桩板结构应力分布差异。

图10.2.1　模型箱

### 10.2.3　模型设计

#### 1. 模型箱设计

本试验采用钢板＋型钢＋有机玻璃制作的封闭式刚性模型箱，内空尺寸为3.7m×1.5m×2.1m（长×宽×高），如图10.2.1所示。试验中，为减小振动波的反射，在振动方向的填土前、后壁均内衬50mm厚泡沫板垫层。

#### 2. 模型材料选择和相似比设计

（1）滑体、滑床材料选择及参数。本试验中的滑体、滑床土体为黏土、石膏和标准石英砂按不同比例配制而成，试验过程中对其测定的相关参数见表 10.2.1。

滑体、滑床土体材料参数　　　　　　　　　　　　　　表 10.2.1

| 土体 | 重度（kN/m³） | 摩擦角（°） | 黏聚力（kPa） | 含水率（%） |
| --- | --- | --- | --- | --- |
| 滑体 | 17.5 | 30.0 | 1.1 | 7.3 |
| 滑床 | 20.0 | 38.3 | 6.9 | 5.7 |

（2）模型桩、板选择。试验采用桩体尺寸为下排桩 1m（高）×0.15m（长）×0.1m
（宽）和上排桩 1.25m（高）×0.15m（长）×
0.1m（宽），非测试桩采用槽钢对焊而成，测试
桩为两块钢板加两块 2cm 厚硬 PVC 板（中间留
有土压力计孔位）铆接而成，见图 10.2.2。模型
中桩间距为 0.3m，共设 5 根桩。挡土板为 2.5cm
厚的木板，只是起挡土的作用，不对其进行板后
土压力测试。

（3）试验仪器选择。试验采用的传感器包括
应变式土压力传感器（测总土压力）、压电式动土
压力传感器（测动土压力）、位移传感器、加速度
传感器，全部布置在中桩和填土中间的纵剖面上。

图 10.2.2　测试桩

（4）相似比选择。结合现场试验工点和模型箱的实际尺寸，本试验采用 1：20 几何相
似比。

### 3. 试验模型设计及仪器布置

为研究单排桩、双排桩板结构对于高边坡的不同支护效果，分别做了两个模型，如
图 10.2.3～图 10.2.6 所示。

由图 10.2.3 和图 10.2.4，单排桩板结构模型中，桩的锚固段为桩长的 50%，取中间
的桩为测试桩。沿测试桩身布置 6 个土压力传感器用以量测不同桩深位置的土压力（具体
位置见图）。为了研究桩土作用力分布及其与桩体位移之间的关系，在桩顶和桩前坡脚处
各设一个位移传感器。在桩顶位置安装加速度传感器，用以量测抗滑桩桩顶加速度变化规
律，并在桩后滑体和滑床内，等距离安装 4 个加速度计，用以量测边坡加速度变化规律。

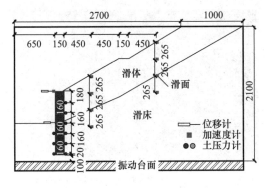

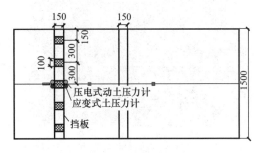

图 10.2.3　单排桩板结构模型尺寸及测试仪器　　　图 10.2.4　单排桩板结构模型尺寸及测试仪器
布置侧视图（单位：mm）　　　　　　　　布置俯视图

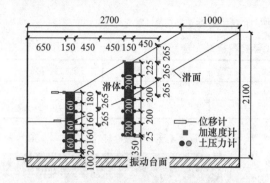

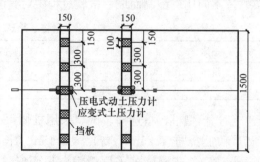

图 10.2.5　双排桩板结构模型尺寸及测试仪器
布置侧视图（单位：mm）

图 10.2.6　双排桩板结构模型尺寸及测试仪器
布置俯视图

由图 10.2.5 和图 10.2.6 可知，双排桩板结构模型试验仪器布置与单排桩板结构模型试验仪器布置基本一致。另外，模型箱底部安装 1 个加速度计，以量测输入振动台的实际加速度。

## 10.2.4　试验过程

（1）试验前的各种准备工作。包括配土、模型桩（板）的制作、加工槽钢等。

图 10.2.7　加速度计埋设

（2）试验模型制作。按预定位置预先放置非测试桩（板）、击实土体、安放测试桩（具体图示见图 10.2.2）、埋设加速度计（图 10.2.7）。其中很重要的工作就是取土称重以保证滑床和滑体击实后的重度，并注意保护测试桩上面的仪器。为了保证总土压力计在击实过程中不发生零漂，击实过程中采用槽钢保护。试验开始前，将槽钢取出，并灌砂、击实。

（3）安放位移计。在测试桩的桩顶和桩中位置安放差动位移计，对于双排桩模型，上排桩只在桩顶位置安放位移计。为了保险起见，还各取测试桩旁边的一根非测试桩，在其桩顶位置安放了拉线位移计。位移计安装如图 10.2.8 和图 10.2.9 所示。

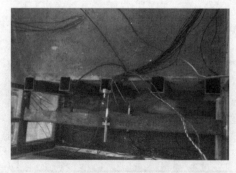

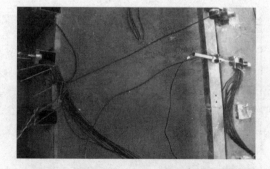

图 10.2.8　位移计安装（单排桩板结构模型）

图 10.2.9　位移计安装（双排桩板结构模型）

（4）试验开始前，测试人员在振动台面上安放加速度计，以测试台面实际加速度。

（5）按预定加载方案输入加速度峰值分别为 0.1g、0.2g、0.3g、0.4g、0.5g、

$0.7g$、$0.9g$ 的地震波。数据采集人员实时采集不同波次加载后的数据。

（6）试验结束，拆卸仪器。

## 10.2.5　试验加载方式

本试验采用经压缩过的实测汶川地震波，如图 10.2.10 所示。输入方向为双向输入（$X$，$Z$ 方向），测试在不同波形、不同峰值加速度下的模型动力响应。

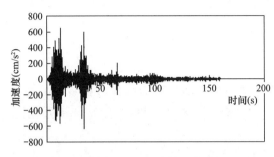

图 10.2.10　汶川波时程曲线

每台次施加的地震波至少 3 组（多遇、设计、罕遇）；根据场地勘查及地震危险性分析结果，选择 3 种与模型所在场地具有类似条件的已有数字化汶川强地震记录 3 组（代号 WC），包括小震、中震和大震。按相似律进行相似处理后依次输入，进行小震、中震和大震地震模拟试验。

每次试验前和完成后，均进行动力特性测试。单台次单种波形试验加载顺序如下：白噪声（动力特性测试）→小震→白噪声→中震→白噪声→大震→白噪声。

## 10.3　试验结果分析

本节主要列举了试验过程中静力状态下和输入加速度峰值分别为 $0.1g_x$、$0.2g_x$、$0.3g_{xz}$、$0.4g_{xz}$、$0.5g_{xz}$、$0.7g_{xz}$、$0.9g_{xz}$ 地震作用下的实测数据，包括桩前和桩后总土压力、动土压力、边坡土体加速度分布和桩体位移等，并对其进行了对比和分析。

鉴于时程曲线过多，仅列举了试验过程中加速度峰值为 $0.5g_{xz}$ 地震作用下实测到的时程曲线。

### 10.3.1　单排桩板结构试验模型

**1. 总土压力**

1）桩后总土压力

由试验方案，单排桩板结构试验模型的桩后总土压力有桩身 $-0.18$m、$-0.34$m、$-0.50$m、$-0.66$m、$-0.82$m、$-0.98$m 共 6 处，列举桩身 $-0.34$m 处总土压力的时程曲线，如图 10.3.1 所示。

2）桩前总土压力

单排桩板结构试验模型的桩前总土压力有桩身 $-0.66$m、$-0.82$m、$-0.98$m 共 3 处，桩身 $-0.66$m 处总土压力的时程曲线如图 10.3.2 所示。

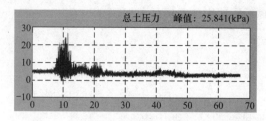

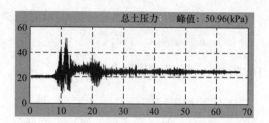

图 10.3.1　桩身－0.34m 处桩后总土压力
时程曲线

图 10.3.2　桩身－0.66m 处桩前总土压力
时程曲线

## 2. 动土压力

### 1）桩后动土压力

单排桩板结构试验模型的桩后动土压力同样有桩身－0.18m、－0.34m、－0.50m、－0.66m、－0.82m、－0.98m 共 6 处，桩身－0.34m 处动土压力的时程曲线，如图 10.3.3所示。

### 2）桩前动土压力

单排桩板结构试验模型的桩前动土压力同样有桩身－0.66m、－0.82m、－0.98m 共 3 处，桩身－0.66m 处动土压力的时程曲线，如图 10.3.4 所示。

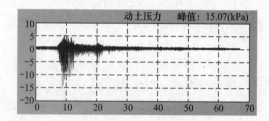

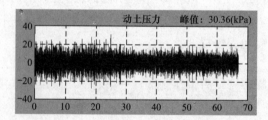

图 10.3.3　桩身－0.34m 处桩后动土压力
时程曲线

图 10.3.4　桩身－0.66m 处桩前动土压力
时程曲线

## 3. 土体加速度

由试验方案，单排桩板结构试验模型中的土体加速度可分为桩后 0.45m 水平加速度、桩后 0.53m 竖直加速度、桩后 1.50m 水平加速度三部分。其相关时程曲线如下。

### 1）桩后 0.45m 土体水平加速度

本部分仅列举了滑面上 0.45m 处土体水平加速度时程曲线，如图 10.3.5 所示。

### 2）桩后 0.53m 土体竖直加速度

滑面上 0.53m 处土体竖直加速度时程曲线，如图 10.3.6 所示。

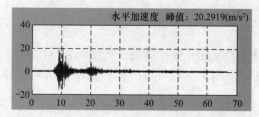

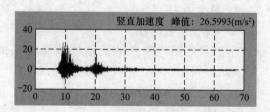

图 10.3.5　滑面上 0.45m 处土体水平加速度
时程曲线

图 10.3.6　滑面上 0.53m 处土体竖直加速度
时程曲线

3）桩后 1.50m 土体水平加速度

滑面上 1.50m 处土体水平加速度时程曲线，如图 10.3.7 所示。

**4. 桩顶位移**

在 $0.5g_{xz}$ 地震作用下，单排桩桩顶位移的时程曲线如图 10.3.8 所示。

经计算可以得出，在 $0.5g_{xz}$ 地震作用前后，单排桩发生桩顶位移 10.55mm。

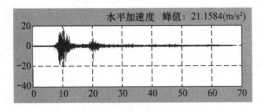 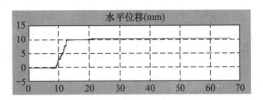

图 10.3.7　滑面上 1.50m 处土体水平加速度
时程曲线

图 10.3.8　单排桩桩顶位移时程曲线

## 10.3.2　双排桩板结构试验模型

参照 10.2 节，本部分的时程曲线也包括土压力、土体加速度、桩顶位移三部分，但是考虑到图形太多，土压力部分仅列出下排桩的桩前和桩后总土压力、动土压力。

**1. 总土压力**

1）下排桩桩后总土压力

由试验方案，双排桩板结构试验模型中的下排桩桩后总土压力有桩身 −0.18m、−0.34m、−0.50m、−0.66m、−0.82m、−0.98m 共 6 处，此处仅列举桩身 −0.34m 处桩后总土压力的时程曲线，如图 10.3.9 所示。

2）下排桩桩前总土压力

由试验方案，双排桩板结构试验模型中的下排桩桩前总土压力有桩身 −0.66m、−0.82m、−0.98m 共 3 处，桩身 −0.66m 处桩前总土压力时程曲线，如图 10.3.10 所示。

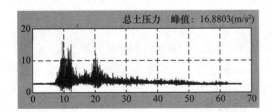 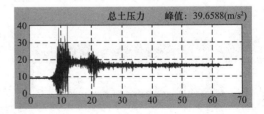

图 10.3.9　桩身 −0.34m 处桩后总土压力
时程曲线

图 10.3.10　桩身 −0.66m 处桩前总土压力
时程曲线

**2. 动土压力**

1）下排桩桩后动土压力

同样，双排桩板结构试验模型中的下排桩桩后动土压力也有桩身 −0.18m、−0.34m、−0.50m、−0.66m、−0.82m、−0.98m 共 6 处，桩身 −0.34m 处桩后动土压力时程曲线如图 10.3.11 所示。

2）下排桩桩前动土压力

双排桩板结构试验模型中的下排桩桩前动土压力有桩身－0.66m、－0.82m、－0.98m共3处，桩身－0.66m处桩前动土压力时程曲线如图10.3.12所示。

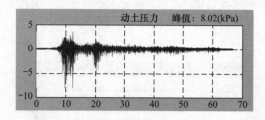

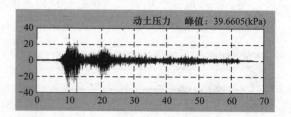

图10.3.11　桩身－0.34m处桩后动土压力
时程曲线

图10.3.12　桩身－0.66m处桩前动土压力
时程曲线

### 3. 土体加速度

由试验方案，双排桩板结构试验模型中的土体加速度可分为下排桩桩后0.450m水平加速度、下排桩桩后0.265m竖直加速度、下排桩桩后1.500m水平加速度三部分。其相关时程曲线如下。

1）桩后0.450m土体水平加速度

本部分列举了滑面上0.450m处土体水平加速度时程曲线，如图10.3.13所示。

2）桩后0.265m土体竖直加速度

滑面上0.265m处土体竖直加速度时程曲线如图10.3.14所示。

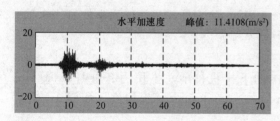

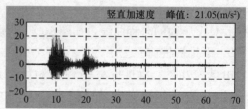

图10.3.13　滑面上0.450m处的土体水平加速度
时程曲线

图10.3.14　滑面上0.265m处的土体竖直加速度
时程曲线

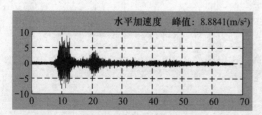

图10.3.15　滑面上1.500m处的土体水平
加速度时程曲线

3）桩后1.500m土体水平加速度

滑面上1.500m处土体水平加速度时程曲线如图10.3.15所示。

### 4. 桩顶位移

双排桩板结构试验模型的桩顶位移包括下排桩桩顶位移和上排桩桩顶位移，其在$0.5g_{xz}$地震作用下，桩顶位移的时程曲线分别如图10.3.16和图10.3.17所示。

经计算可以得出，在$0.5g_{xz}$地震作用前后，下排桩发生桩顶位移5.57mm，上排桩发生桩顶位移3.78mm。

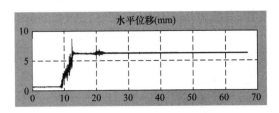

图 10.3.16　下排桩桩顶位移时程曲线

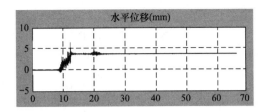

图 10.3.17　上排桩桩顶位移时程曲线

## 10.3.3　单排桩板结构试验模型数据分析

### 1. 桩后和桩前总土压力、动土压力

由表 10.3.1 和图 10.3.18 可见，桩后总土压力沿桩身从上到下为反 S 形分布。悬臂段的最大土压力位置位于 -0.34m 处，约为悬臂段长度的 2/3 处，其静力状态下和加速度峰值为 $0.1g_x$、$0.2g_x$、$0.3g_{xz}$、$0.4g_{xz}$、$0.5g_{xz}$、$0.7g_{xz}$、$0.9g_{xz}$ 地震作用下的土压力分别为 4.02kPa、6.07kPa、8.21kPa、11.19kPa、16.32kPa、25.84kPa、40.24kPa、67.42kPa，$0.1g_x$、$0.2g_x$、$0.3g_{xz}$、$0.4g_{xz}$、$0.5g_{xz}$、$0.7g_{xz}$、$0.9g_{xz}$ 地震作用下的总土压力较静力状态下总土压力分别增加了 51%、104.23%、178.36%、305.97%、542.79%、901%、1577.11%。锚固段的最大土压力位置位于桩最下部，其静力和加速度峰值为 $0.1g_x$、$0.2g_x$、

桩后总土压力（kPa）　　　　　　　　　　　　　　表 10.3.1

| 桩身位置（m） | 静力 | $0.1g_x$ | $0.2g_x$ | $0.3g_{xz}$ | $0.4g_{xz}$ | $0.5g_{xz}$ | $0.7g_{xz}$ | $0.9g_{xz}$ |
|---|---|---|---|---|---|---|---|---|
| 0 | 0 | 0 | 0 | 0 | 0 | 0 | 0 | 0 |
| -0.18 | 1.51 | 3.52 | 4.56 | 6.00 | 8.52 | 11.42 | 20.78 | 38.52 |
| -0.34 | 4.02 | 6.07 | 8.21 | 11.19 | 16.32 | 25.84 | 42.24 | 67.42 |
| -0.50 | 2.12 | 3.54 | 4.38 | 5.52 | 7.87 | 11.21 | 19.76 | 32.74 |
| -0.66 | 0.81 | 2.11 | 2.95 | 3.93 | 5.43 | 7.56 | 11.68 | 20.45 |
| -0.82 | 2.14 | 4.22 | 6.06 | 7.38 | 9.18 | 13.38 | 20.52 | 33.72 |
| -0.98 | 4.19 | 8.19 | 11.87 | 16.98 | 16.04 | 44.78 | 73.52 | 115.14 |

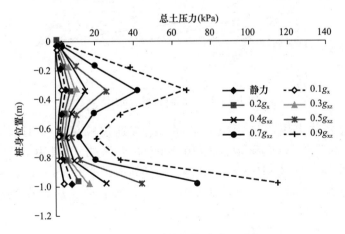

图 10.3.18　单排桩桩后总土压力

$0.3g_{xz}$、$0.4g_{xz}$、$0.5g_{xz}$、$0.7g_{xz}$、$0.9g_{xz}$ 地震作用下的总土压力分别为 4.19kPa、8.19kPa、11.87kPa、16.98kPa、16.04kPa、44.78kPa、73.52kPa、115.14kPa，$0.1g_x$、$0.2g_x$、$0.3g_{xz}$、$0.4g_{xz}$、$0.5g_{xz}$、$0.7g_{xz}$、$0.9g_{xz}$ 地震作用下的总土压力较静力状态下总土压力分别增加了 95.47%、183.3%、305.25%、521.48%、968.74%、1654.65%、2647.97%。

由表 10.3.2 和图 10.3.19 可见，桩后动土压力分布也是沿桩身从上到下为反 S 形分布。悬臂段的最大土压力位于 $-0.34$m 处，约为悬臂段长度的 2/3 处，其加速度峰值为 $0.1g_x$、$0.2g_x$、$0.3g_{xz}$、$0.4g_{xz}$、$0.5g_{xz}$、$0.7g_{xz}$、$0.9g_{xz}$ 地震作用下的动土压力分别为 1.44kPa、2.82kPa、5.11kPa、8.59kPa、15.07kPa、16.28kPa、42.94kPa。$0.2g_x$、$0.3g_{xz}$、$0.4g_{xz}$、$0.5g_{xz}$、$0.7g_{xz}$、$0.9g_{xz}$ 地震作用下的动土压力较 $0.1g_x$ 状态下动土压力分别增加了 95.83%、254.86%、496.53%、946.53%、1725%、2881.95%。

桩后动土压力（kPa）                                    表 10.3.2

| 桩身位置（m） | $0.1g_x$ | $0.2g_x$ | $0.3g_{xz}$ | $0.4g_{xz}$ | $0.5g_{xz}$ | $0.7g_{xz}$ | $0.9g_{xz}$ |
|---|---|---|---|---|---|---|---|
| 0 | 0 | 0 | 0 | 0 | 0 | 0 | 0 |
| $-0.18$ | 1.18 | 1.98 | 2.76 | 4.38 | 6.18 | 11.22 | 20.36 |
| $-0.34$ | 1.44 | 2.82 | 5.11 | 8.59 | 15.07 | 16.28 | 42.94 |
| $-0.50$ | 0.54 | 1.15 | 2.04 | 3.36 | 4.74 | 7.92 | 15.41 |
| $-0.66$ | 0.31 | 0.78 | 1.56 | 2.46 | 3.42 | 5.52 | 10.76 |
| $-0.82$ | 0.78 | 1.44 | 2.27 | 3.60 | 5.67 | 11.18 | 21.14 |
| $-0.98$ | 2.73 | 4.57 | 7.12 | 12.40 | 23.21 | 38.50 | 65.66 |

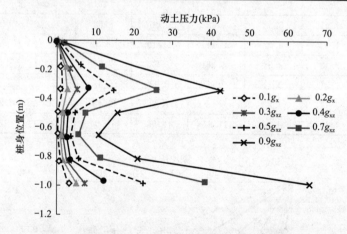

图 10.3.19　单排桩桩后动土压力

锚固段的最大动土压力位于桩最下部，其加速度峰值为 $0.1g_x$、$0.2g_x$、$0.3g_{xz}$、$0.4g_{xz}$、$0.5g_{xz}$、$0.7g_{xz}$、$0.9g_{xz}$ 地震作用下的动土压力分别为 2.73kPa、4.57kPa、7.12kPa、12.40kPa、23.21kPa、38.50kPa、65.66kPa。$0.2g_x$、$0.3g_{xz}$、$0.4g_{xz}$、$0.5g_{xz}$、$0.7g_{xz}$、$0.9g_{xz}$ 地震作用下的动土压力较 $0.1g_x$ 状态下动土压力分别增加了 67.4%、160.81%、354.21%、750.18%、1310.26%、2305.12%。

**2. 桩前总土压力、动土压力**

由表 10.3.3 和图 10.3.20 可见，桩前总土压力沿桩身中部从上到下为倒三角形分布。

最大总土压力位于 −0.66m 处，其静力和加速度峰值为 $0.1g_x$、$0.2g_x$、$0.3g_{xz}$、$0.4g_{xz}$、$0.5g_{xz}$、$0.7g_{xz}$、$0.9g_{xz}$ 地震作用下的总土压力分别为 6.06kPa、13.78kPa、18.91kPa、25.97kPa、35.41kPa、50.96kPa、81.66kPa、139.52kPa。$0.1g_x$、$0.2g_x$、$0.3g_x$、$0.4g_x$、$0.5g_{xz}$、$0.7g_{xz}$、$0.9g_{xz}$ 地震作用下的总土压力较静力状态下总土压力分别增加了 127.4%、212.05%、328.55%、484.32%、740.92%、1247.52%、2202.31%。

桩前总土压力 （kPa）　　　　　　　　　　表 10.3.3

| 桩身位置（m） | 静力 | $0.1g_x$ | $0.2g_x$ | $0.3g_{xz}$ | $0.4g_{xz}$ | $0.5g_{xz}$ | $0.7g_{xz}$ | $0.9g_{xz}$ |
|---|---|---|---|---|---|---|---|---|
| −0.66 | 6.06 | 13.78 | 18.91 | 25.97 | 35.41 | 50.96 | 81.66 | 139.52 |
| −0.82 | 1.83 | 3.71 | 5.70 | 8.52 | 13.82 | 20.85 | 32.26 | 55.90 |
| −0.98 | 0.24 | 0.98 | 1.94 | 2.13 | 3.02 | 4.17 | 7.48 | 12.88 |

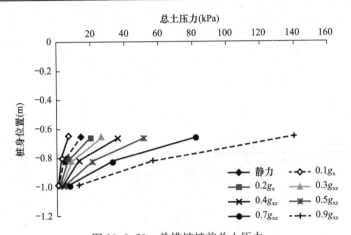

图 10.3.20　单排桩桩前总土压力

由表 10.3.4 和图 10.3.21 可见，桩前动土压力也是沿桩身中部从上到下为倒三角形分布。最大土压力位于 −0.66m 处，其加速度峰值为 $0.1g_x$、$0.2g_x$、$0.3g_{xz}$、$0.4g_{xz}$、$0.5g_{xz}$ 地震作用下的土压力分别为 6.16kPa、8.98kPa、13.41kPa、20.38kPa、30.36kPa、51.66kPa、89.64kPa。$0.2g_x$、$0.3g_{xz}$、$0.4g_{xz}$、$0.5g_{xz}$、$0.7g_{xz}$、$0.9g_{xz}$ 地震作用下的动土压力较 $0.1g_x$ 状态下动土压力分别增加了 45.78%、117.7%、230.84%、392.86%、738.64%、1355.2%。

桩前动土压力 （kPa）　　　　　　　　　　表 10.3.4

| 桩身位置（m） | $0.1g_x$ | $0.2g_x$ | $0.3g_{xz}$ | $0.4g_{xz}$ | $0.5g_{xz}$ | $0.7g_{xz}$ | $0.9g_{xz}$ |
|---|---|---|---|---|---|---|---|
| −0.66 | 6.16 | 8.98 | 13.41 | 20.38 | 30.36 | 51.66 | 89.64 |
| −0.82 | 1.38 | 2.64 | 4.14 | 7.02 | 11.26 | 19.34 | 31.28 |
| −0.98 | 0.16 | 0.23 | 0.47 | 0.86 | 1.67 | 3.65 | 7.14 |

**3. 桩后土体加速度**

在单排桩板结构试验模型中，加速度计的埋设如图 10.3.22 所示，本部分通过对桩后 0.45m、1.50m 处的土体实测加速度峰值进行比较，分析土体对于地震波的放大效应。

1）桩后 0.45m 土体加速度分布

由表 10.3.5 和图 10.3.23 可以看出，除了 $0.7g_{xz}$、$0.9g_{xz}$ 两个震次外，其他各个震次

的加速度峰值曲线近似呈线性分布，且其数值均随着高度增加而增加。通过比较发现，随着震级增加，加速度峰值曲线趋陡。由计算得出，$0.1g_x$、$0.2g_x$、$0.3g_{xz}$、$0.4g_{xz}$、$0.5g_{xz}$震次中，土体水平加速度峰值增加的速率分别为0.58、1.27、5.77、8.68、18.57。由此可见，随着震级增加，土体水平加速度峰值增加的速率也急剧增加。

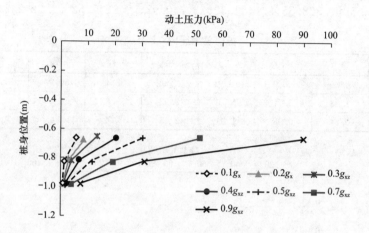

图10.3.21　单排桩桩前动土压力

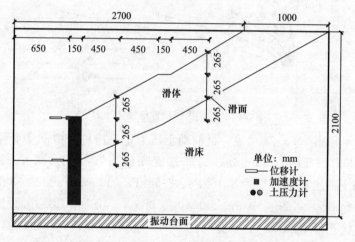

图10.3.22　单排桩板结构试验模型加速度计埋设示意图

**桩后0.45m土体水平加速度峰值**（$m/s^2$）　　　　表10.3.5

| 位置 | $0.1g_x$ | $0.2g_x$ | $0.3g_{xz}$ | $0.4g_{xz}$ | $0.5g_{xz}$ | $0.7g_{xz}$ | $0.9g_{xz}$ |
|---|---|---|---|---|---|---|---|
| 滑面上0.530m | 1.76 | 3.33 | 7.98 | 11.81 | 20.29 | 29.71 | 29.71 |
| 滑面上0.265m | 1.58 | 2.94 | 5.83 | 8.76 | 16.55 | 28.62 | 30.14 |
| 滑面处 | 1.45 | 2.61 | 4.36 | 7.37 | 11.11 | 18.00 | 24.55 |
| 滑面下0.265m | 1.29 | 2.32 | 3.59 | 4.75 | 5.80 | 11.02 | 15.03 |

对于$0.7g_{xz}$、$0.9g_{xz}$两个震次，从总体上看加速度峰值沿高度增加而增加，滑面下0.265m、滑面、滑面上0.265m三个点处的土体水平加速度峰值沿高度增加趋势明显，滑面上0.265m和滑面上0.530m处的加速度接近，说明在这两个震次地震作用下上部土体出现整体滑动。

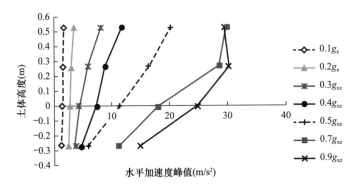

图 10.3.23 桩后 0.45m 土体水平加速度峰值分布

由表 10.3.6 和图 10.3.24 可以看出，在 $0.1g_x$ 和 $0.2g_x$ 两个震次中，土体的竖直加速度峰值近似呈线性分布，其随高度增加而增大，峰值增加速率分别为 1.86、5.53。在 $0.3g_{xz}$、$0.4g_{xz}$、$0.5g_{xz}$ 三个震次中，滑面处土体竖直加速度峰值发生了较大的突变，说明此处滑体和滑床的土体间发生了较大的相对滑动，其他三个位置处的竖直加速度峰值仍近似呈直线分布，但是其增加速率较 $0.1g_x$ 和 $0.2g_x$ 两个震次明显变陡，说明随着震级增加，竖直加速度峰值增加的速率也急剧变大。$0.5g_{xz}$ 震次的曲线与 $0.4g_{xz}$ 的曲线比较起来，最明显的变化是滑面上 0.530m 和 0.265m 位置处的竖直加速度峰值显著增加，说明上层土体发生了较大的瞬时滑动。不考虑滑面处发生突变的加速度峰值，$0.3g_{xz}$、$0.4g_{xz}$、$0.5g_{xz}$ 三个震次的总体土体竖直加速度峰值增加速率分别为 11.74、18.37、27.61。

桩后 **0.45m 土体竖直加速度峰值**（$m/s^2$）　　　　　　　　表 10.3.6

| 位置 | $0.1g_x$ | $0.2g_x$ | $0.3g_{xz}$ | $0.4g_{xz}$ | $0.5g_{xz}$ | $0.7g_{xz}$ | $0.9g_{xz}$ |
|---|---|---|---|---|---|---|---|
| 滑面上 0.530m | 2.77 | 6.87 | 13.96 | 20.35 | 16.60 | 30.35 | 30.35 |
| 滑面上 0.265m | 2.29 | 5.01 | 11.89 | 17.25 | 16.99 | 30.58 | 30.58 |
| 滑面处 | 1.80 | 3.52 | 15.01 | 29.96 | 29.96 | 29.96 | 29.96 |
| 滑面下 0.265m | 1.30 | 2.58 | 4.95 | 6.31 | 8.62 | 13.64 | 21.01 |

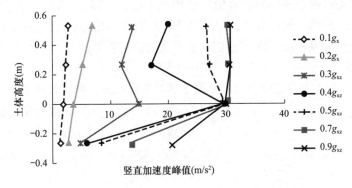

图 10.3.24 桩后 0.45m 土体竖直加速度峰值分布

对于 $0.7g_{xz}$、$0.9g_{xz}$ 两个震次，从滑面向上三个点处的加速度峰值相同，体现出明显的不规律性，但也说明了在这连个震次作用下，滑体部分土体发生了较大的竖向瞬时滑动。

2）桩后 1.50m 土体加速度分布

由表 10.3.7 和图 10.3.25 可以看出，$0.1g_x$、$0.2g_x$、$0.3g_{xz}$ 三个震次中的土体水平加速度峰值均随着高度增加而增加，且近似呈线性，其增加速率分别为 0.84、1.29、5.07，呈逐渐增大趋势。$0.4g_{xz}$、$0.5g_{xz}$ 两个震次中，滑面处土体竖直加速度峰值发生了很大突变，说明此处滑体和滑床的土体间发生了较大的相对滑动，其他三个位置的竖直加速度峰值沿高度近似呈线性分布，其增加速率分别为 12.58、20.72，较 $0.1g_x$、$0.2g_x$、$0.3g_{xz}$ 三个震次显著增大。

桩后 1.50m 土体水平加速度峰值（m/s²）　　　　　　　表 10.3.7

| 位置 | $0.1g_x$ | $0.2g_x$ | $0.3g_{xz}$ | $0.4g_{xz}$ | $0.5g_{xz}$ | $0.7g_{xz}$ | $0.9g_{xz}$ |
|---|---|---|---|---|---|---|---|
| 滑面上 0.530m | 1.92 | 3.41 | 7.71 | 13.99 | 21.16 | 30.34 | 30.34 |
| 滑面上 0.265m | 1.55 | 2.99 | 5.78 | 8.77 | 11.85 | 20.39 | 30.41 |
| 滑面处 | 1.37 | 2.64 | 5.09 | 30.23 | 30.23 | 30.23 | 29.13 |
| 滑面下 0.265m | 1.35 | 2.42 | 3.60 | 5.27 | 7.48 | 16.92 | 21.24 |

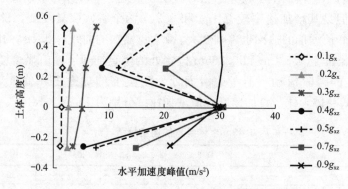

图 10.3.25　桩后 1.50m 土体水平加速度峰值分布图

$0.7g_{xz}$ 震次的加速度峰值图示同 $0.5g_{xz}$ 震次的加速度峰值图示相似。对于 $0.9g_{xz}$ 震次，最明显的变化就是滑面处的加速度峰值居然比 $0.4g_{xz}$、$0.5g_{xz}$、$0.7g_{xz}$ 三个震次的值要小，说明了土体前期的滑动已很充分了。但是从 $0.9g_{xz}$ 震次的滑面向上的三个点处的土体加速度峰值相近这一点可以看出，滑体还是发生了较大的整体滑动。

**4. 桩顶位移**

试验过程中，为了不使桩因为击实后部土体发生跑位，试验准备过程中均是用槽钢将桩挡住，故静力状态下的位移为零。由测试数据，单排桩板结构振动台试验模型在 $0.1g_x$、$0.2g_x$、$0.3g_{xz}$、$0.4g_{xz}$、$0.5g_{xz}$、$0.7g_{xz}$、$0.9g_{xz}$ 七个震次下的桩顶位移分别为 0.45mm、1.23mm、2.85mm、5.26mm、10.55mm、17.35mm、28.67mm，如图 10.3.26 所示。

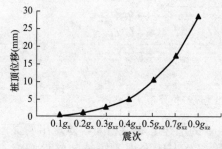

图 10.3.26　单排桩板结构不同震次下的桩顶位移图

按《铁路路基支挡结构设计规范》规定："桩板墙顶位移应小于桩悬臂段长度的 1/100，且不宜大于 10cm"。另外按工程设计经验，当桩顶位移达到 20cm 时，已经处于破坏状态。

由上可见，单排桩板结构试验模型在加速度峰值为 $0.4g$ 的地震作用下，桩顶发生位移 5.26mm，按相似比折算到实际工程中为 10.52cm，已经达到极限使用状态。在加速度峰值为 $0.5g$ 的地震作用下，桩顶发生位移 10.55mm，按相似比折算到实际工程中为 21.10cm，已经发生破坏。在加速度峰值为 $0.9g$ 的地震作用下，桩顶发生位移 28.67mm，按相似比折算到实际工程中为 57.34cm，已经发生严重破坏。其相关破坏图示如图 10.3.27 和图 10.3.28 所示。

图 10.3.27　单排桩板结构 $0.5g_{xz}$ 震次破坏示意图　　图 10.3.28　单排桩板结构 $0.9g_{xz}$ 震次破坏示意图

## 10.3.4　双排桩板结构试验模型数据分析

### 1. 桩后和桩前总土压力、动土压力

由表 10.3.8 和图 10.3.29 可见，静力状态下和 $0.1g_x$、$0.2g_x$、$0.3g_{xz}$、$0.4g_{xz}$、$0.5g_{xz}$ 地震作用下的桩后总土压力沿桩身从上到下均为反 S 形分布。悬臂段的最大土压力位于 $-0.425$m 处，约为悬臂段长度的 2/3 处，其静力和加速度峰值为 $0.1g_x$、$0.2g_x$、$0.3g_{xz}$、$0.4g_{xz}$、$0.5g_{xz}$、$0.7g_{xz}$、$0.9g_{xz}$ 地震作用下的总土压力分别为 3.01kPa、4.23kPa、5.52kPa、6.81kPa、10.03kPa、16.37kPa、22.71kPa、36.38kPa。$0.1g_x$、$0.2g_x$、$0.3g_{xz}$、$0.4g_{xz}$、$0.5g_{xz}$、$0.7g_{xz}$、$0.9g_{xz}$ 地震作用下的总土压力较静力状态下总土压力分别增加了 40.53%、83.39%、116.25%、233.22%、377.41%、654.49%、1108.64%。

上排桩桩后总土压力（kPa）　　　　　　　　表 10.3.8

| 桩身位置（m） | 静力 | $0.1g_x$ | $0.2g_x$ | $0.3g_{xz}$ | $0.4g_{xz}$ | $0.5g_{xz}$ | $0.7g_{xz}$ | $0.9g_{xz}$ |
|---|---|---|---|---|---|---|---|---|
| 0 | 0 | 0 | 0 | 0 | 0 | 0 | 0 | 0 |
| $-0.225$ | 1.35 | 2.24 | 3.31 | 3.82 | 5.37 | 8.09 | 13.97 | 24.54 |
| $-0.425$ | 3.01 | 4.23 | 5.52 | 6.81 | 10.03 | 16.37 | 22.71 | 36.38 |
| $-0.625$ | 1.83 | 2.38 | 3.37 | 4.05 | 5.07 | 7.17 | 11.12 | 17.96 |
| $-0.825$ | 0.65 | 1.11 | 1.57 | 2.02 | 3.05 | 4.33 | 7.53 | 13.13 |
| $-1.025$ | 1.72 | 3.16 | 4.25 | 4.96 | 6.57 | 9.81 | 15.78 | 16.63 |
| $-1.225$ | 3.17 | 6.59 | 8.99 | 12.38 | 18.41 | 28.88 | 47.11 | 77.29 |

锚固段的最大土压力位于桩最下部，其静力和加速度峰值为 $0.1g_x$、$0.2g_x$、$0.3g_{xz}$、$0.4g_{xz}$、$0.5g_{xz}$、$0.7g_{xz}$、$0.9g_{xz}$ 地震作用下的总土压力分别为 3.17kPa、6.59kPa、8.99kPa、12.38kPa、18.41kPa、28.88kPa、47.11kPa、77.29kPa。$0.1g_x$、$0.2g_x$、$0.3g_{xz}$、$0.4g_{xz}$、$0.5g_{xz}$、$0.7g_{xz}$、$0.9g_{xz}$ 地震作用下的总土压力较静力状态下总土压力分别

增加了 107.89％、183.60％、290.54％、480.76％、811.04％、1386.12％、2338.17％。

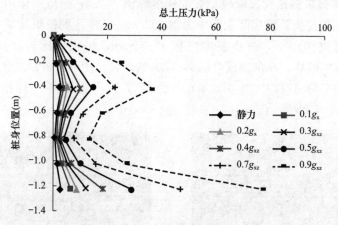

图 10.3.29　上排桩桩后总土压力

由表 10.3.9 和图 10.3.30 可见，桩后动土压力分布沿桩身从上到下为反 S 形分布。悬臂段的最大土压力位于 $-0.425$m 处，约为悬臂段长度的 2/3 处，其加速度峰值为 $0.1g_x$、$0.2g_x$、$0.3g_{xz}$、$0.4g_{xz}$、$0.5g_{xz}$、$0.7g_{xz}$、$0.9g_{xz}$ 地震作用下的土压力分别为 1.02kPa、1.83kPa、2.89kPa、5.17kPa、8.55kPa、16.58kPa、24.75kPa。$0.2g_x$、$0.3g_{xz}$、$0.4g_{xz}$、$0.5g_{xz}$、$0.7g_{xz}$、$0.9g_{xz}$地震作用下的动土压力较 $0.1g_x$ 状态下动土压力分别增加了 79.41％、183.33％、406.86％、738.23％、1329.41％、2316.47％。

<table>
<tr><td colspan="8" align="center">上排桩桩后动土压力（kPa）</td></tr>
</table>

表 **10.3.9**

| 桩身位置（m） | $0.1g_x$ | $0.2g_x$ | $0.3g_{xz}$ | $0.4g_{xz}$ | $0.5g_{xz}$ | $0.7g_{xz}$ | $0.9g_{xz}$ |
|---|---|---|---|---|---|---|---|
| 0 | 0 | 0 | 0 | 0 | 0 | 0 | 0 |
| $-0.225$ | 0.54 | 0.96 | 1.74 | 2.63 | 4.43 | 8.79 | 15.87 |
| $-0.425$ | 1.02 | 1.83 | 2.89 | 5.17 | 8.55 | 16.58 | 24.75 |
| $-0.625$ | 0.31 | 0.76 | 1.11 | 1.86 | 3.35 | 6.71 | 11.46 |
| $-0.825$ | 0.19 | 0.41 | 0.72 | 1.47 | 2.01 | 4.55 | 8.13 |
| $-1.025$ | 0.52 | 0.97 | 1.43 | 2.39 | 4.61 | 8.62 | 16.25 |
| $-1.225$ | 1.57 | 2.51 | 4.29 | 8.27 | 16.92 | 16.75 | 49.98 |

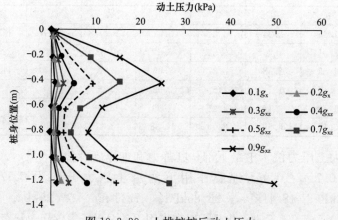

图 10.3.30　上排桩桩后动土压力

锚固段的最大动土压力位置位于桩最下部，其加速度峰值为 $0.1g_x$、$0.2g_x$、$0.3g_{xz}$、$0.4g_{xz}$、$0.5g_{xz}$、$0.7g_{xz}$、$0.9g_{xz}$ 地震作用下的动土压力分别为 1.57kPa、2.51kPa、4.29kPa、8.27kPa、16.92kPa、16.75kPa、49.98kPa。$0.2g_x$、$0.3g_{xz}$、$0.4g_{xz}$、$0.5g_{xz}$、$0.7g_{xz}$、$0.9g_{xz}$ 地震作用下的动土压力较 $0.1g_x$ 状态下动土压力分别增加了 59.87%、173.25%、416.75%、850.32%、1603.82%、3083.44%。

由表 10.3.10 和图 10.3.31 可见，桩前总土压力在从桩顶到 $-0.425$m 这段均较小，但是在锚固段处（$-0.625$m 处）土压力突然变大，从 $-0.625$m 处往下，土压力迅速减小，近似呈倒三角形分布。静力状态和 $0.1g_x$、$0.2g_x$、$0.3g_{xz}$、$0.4g_{xz}$、$0.5g_{xz}$、$0.7g_{xz}$、$0.9g_{xz}$ 地震作用下的总土压力分别为 4.14kPa、8.94kPa、12.09kPa、17.13kPa、23.58kPa、36.32kPa、67.14kPa、127.35kPa。$0.1g_x$、$0.2g_x$、$0.3g_{xz}$、$0.4g_{xz}$、$0.5g_{xz}$、$0.7g_{xz}$、$0.9g_{xz}$ 地震作用下的总土压力较静力状态下总土压力分别增加了 115.94%、192.03%、313.77%、469.57%、777.29%、1521.74%、2976.09%。

上排桩桩前总土压力（kPa）　　　　　　　表 10.3.10

| 桩身位置（m） | 静力 | $0.1g_x$ | $0.2g_x$ | $0.3g_{xz}$ | $0.4g_{xz}$ | $0.5g_{xz}$ | $0.7g_{xz}$ | $0.9g_{xz}$ |
|---|---|---|---|---|---|---|---|---|
| 0 | 0 | 0 | 0 | 0 | 0 | 0 | 0 | 0 |
| −0.225 | 1.12 | 1.16 | 1.21 | 1.27 | 1.35 | 1.46 | 2.79 | 5.32 |
| −0.425 | 0.68 | 0.7 | 0.73 | 0.77 | 0.83 | 0.91 | 1.47 | 2.44 |
| −0.625 | 4.14 | 8.94 | 12.09 | 17.13 | 23.58 | 36.32 | 67.14 | 127.35 |
| −0.825 | 1.89 | 4.26 | 5.52 | 7.02 | 9.42 | 16.34 | 20.23 | 34.44 |
| −1.025 | 0.64 | 1.26 | 1.77 | 2.28 | 2.70 | 4.74 | 8.95 | 15.89 |
| −1.225 | 0.24 | 0.36 | 0.45 | 0.75 | 1.15 | 1.38 | 3.32 | 7.23 |

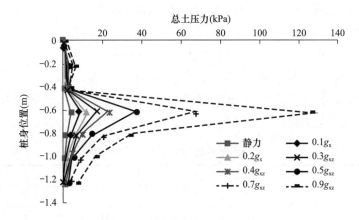

图 10.3.31　上排桩桩前总土压力

由表 10.3.11 和图 10.3.32 可见，桩前动土压力在从桩顶到 $-0.425$m 这段也均较小，但在锚固段（$-0.625$m 处）土压力突然变大，从 $-0.625$m 处往下，土压力迅速减小，近似呈倒三角形分布。$0.1g_x$、$0.2g_x$、$0.3g_{xz}$、$0.4g_{xz}$、$0.5g_{xz}$、$0.7g_{xz}$、$0.9g_{xz}$ 地震作用下的土压力分别为 1.83kPa、2.62kPa、3.65kPa、5.85kPa、11.58kPa、29.34kPa、69.59kPa。$0.2g_x$、$0.3g_{xz}$、$0.4g_{xz}$、$0.5g_{xz}$、$0.7g_{xz}$、$0.9g_{xz}$ 地震作用下的动土压力较 $0.1g_x$ 状态下动土压力分别增加了 43.17%、99.45%、219.67%、532.79%、1503.28%、3702.73%。

上排桩桩前动土压力（kPa）　　　　　　　　　　　表 10.3.11

| 桩身位置（m） | $0.1g_x$ | $0.2g_x$ | $0.3g_{xz}$ | $0.4g_{xz}$ | $0.5g_{xz}$ | $0.7g_{xz}$ | $0.9g_{xz}$ |
|---|---|---|---|---|---|---|---|
| 0 | 0 | 0 | 0 | 0 | 0 | 0 | 0 |
| −0.225 | 0.02 | 0.05 | 0.07 | 0.11 | 0.17 | 0.88 | 1.92 |
| −0.425 | 0.01 | 0.02 | 0.04 | 0.05 | 0.08 | 0.26 | 0.78 |
| −0.625 | 1.83 | 2.62 | 3.65 | 5.85 | 11.58 | 29.34 | 69.59 |
| −0.825 | 1.02 | 1.64 | 2.35 | 3.34 | 5.44 | 8.82 | 20.52 |
| −1.025 | 0.21 | 0.39 | 0.58 | 0.71 | 1.47 | 3.39 | 7.71 |
| −1.225 | 0.06 | 0.12 | 0.27 | 0.39 | 0.59 | 1.35 | 2.63 |

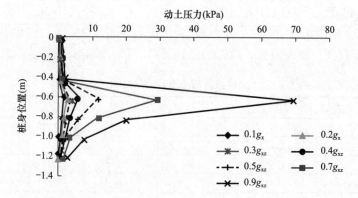

图 10.3.32　上排桩桩前动土压力

## 2. 下排桩桩后和桩前总土压力、动土压力

由表 10.3.12 和图 10.3.33 可见，悬臂段桩后总土压力在−0.34m 处（约为悬臂段长度的 2/3 处）最大，其静力和加速度峰值为 $0.1g_x$、$0.2g_x$、$0.3g_{xz}$、$0.4g_{xz}$、$0.5g_{xz}$、$0.7g_{xz}$、$0.9g_{xz}$ 地震作用下的土压力分别为 1.99kPa、4.31kPa、5.46kPa、7.75kPa、11.16kPa、16.88kPa、25.93kPa、43.72kPa。$0.1g_x$、$0.2g_x$、$0.3g_{xz}$、$0.4g_{xz}$、$0.5g_{xz}$、$0.7g_{xz}$、$0.9g_{xz}$ 地震作用下的总土压力较静力状态下总土压力分别增加了 116.58%、174.37%、289.45%、460.80%、748.24%、1203.02%、2096.98%。

下排桩桩后总土压力（kPa）　　　　　　　　　　表 10.3.12

| 桩身位置（m） | 静力 | $0.1g_x$ | $0.2g_x$ | $0.3g_{xz}$ | $0.4g_{xz}$ | $0.5g_{xz}$ | $0.7g_{xz}$ | $0.9g_{xz}$ |
|---|---|---|---|---|---|---|---|---|
| 0 | 0 | 0 | 0 | 0 | 0 | 0 | 0 | 0 |
| −0.18 | 1.03 | 2.82 | 3.62 | 4.73 | 7.11 | 9.98 | 15.41 | 16.22 |
| −0.34 | 1.99 | 4.31 | 5.46 | 7.75 | 11.16 | 16.88 | 25.93 | 43.72 |
| −0.50 | 0.23 | 1.65 | 2.13 | 2.57 | 3.31 | 4.55 | 7.59 | 13.58 |
| −0.66 | 3.71 | 6.22 | 7.05 | 8.52 | 10.56 | 16.06 | 20.73 | 33.18 |
| −0.82 | 0.82 | 2.72 | 3.33 | 4.25 | 5.50 | 7.43 | 11.11 | 19.91 |
| −0.98 | 1.03 | 3.70 | 5.85 | 8.72 | 12.92 | 22.98 | 38.38 | 69.63 |

按照理论，锚固段−0.66m 处土压力应比较小，但是实测值相当大，推测其原因可能是土压力计突出桩后平面较多或者是此处被坚硬土块堵住。桩最下部总土压力在静力状态

和加速度峰值为 $0.1g_x$、$0.2g_x$、$0.3g_{xz}$、$0.4g_{xz}$、$0.5g_{xz}$、$0.7g_{xz}$、$0.9g_{xz}$ 地震作用下的数值分别为 1.03kPa、3.70kPa、5.85kPa、8.72kPa、12.92kPa、22.98kPa、38.38kPa、69.63kPa。$0.1g_x$、$0.2g_x$、$0.3g_{xz}$、$0.4g_{xz}$、$0.5g_{xz}$、$0.7g_{xz}$、$0.9g_{xz}$ 地震作用下的总土压力较静力状态下总土压力分别增加了 259.22%、467.96%、746.60%、1154.37%、2131.07%、3616.21%、6660.20%。

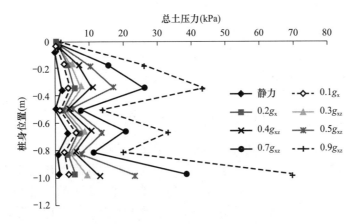

图 10.3.33　下排桩桩后总土压力

由表 10.3.13 和图 10.3.34 可见，悬臂段桩后动土压力在 −0.34m 处（约为悬臂段长度的 2/3 处）最大，其加速度峰值为 $0.1g_x$、$0.2g_x$、$0.3g_{xz}$、$0.4g_{xz}$、$0.5g_{xz}$、$0.7g_{xz}$、$0.9g_{xz}$ 地震作用下的土压力分别为 1.23kPa、1.83kPa、3.03kPa、4.58kPa、8.02kPa、13.29kPa、25.88kPa。$0.2g_x$、$0.3g_{xz}$、$0.4g_{xz}$、$0.5g_{xz}$、$0.7g_{xz}$、$0.9g_{xz}$ 地震作用下的总土压力较 $0.1g_x$ 状态下总土压力分别增加了 48.78%、146.34%、272.36%、552.03%、980.49%、2004.07%。

下排桩桩后动土压力（kPa）　　　　　　　表 10.3.13

| 桩身位置（m） | $0.1g_x$ | $0.2g_x$ | $0.3g_{xz}$ | $0.4g_{xz}$ | $0.5g_{xz}$ | $0.7g_{xz}$ | $0.9g_{xz}$ |
|---|---|---|---|---|---|---|---|
| 0 | 0 | 0 | 0 | 0 | 0 | 0 | 0 |
| −0.18 | 0.77 | 1.31 | 2.15 | 3.3 | 4.96 | 7.94 | 16.34 |
| −0.34 | 1.23 | 1.83 | 3.03 | 4.58 | 8.02 | 13.29 | 25.88 |
| −0.50 | 0.45 | 0.67 | 1.09 | 1.84 | 2.71 | 4.91 | 9.49 |
| −0.66 | 0.92 | 1.65 | 2.71 | 4.23 | 6.89 | 10.67 | 16.97 |
| −0.82 | 0.54 | 0.79 | 1.34 | 2.09 | 3.13 | 5.45 | 10.23 |
| −0.98 | 1.05 | 2.11 | 3.52 | 5.74 | 11.18 | 19.55 | 39.36 |

锚固段 −0.66m 处土压力仍较大，推测其原因同上。桩最下部动土压力在加速度峰值为 $0.1g_x$、$0.2g_x$、$0.3g_{xz}$、$0.4g_{xz}$、$0.5g_{xz}$、$0.7g_{xz}$、$0.9g_{xz}$ 地震作用下的数值分别为 1.05kPa、2.11kPa、3.52kPa、5.74kPa、11.18kPa、19.55kPa、39.36kPa。$0.2g_x$、$0.3g_{xz}$、$0.4g_{xz}$、$0.5g_{xz}$、$0.7g_{xz}$、$0.9g_{xz}$ 地震作用下的动土压力较 $0.1g_x$ 状态下动土压力分别增加了 100.95%、235.24%、446.67%、964.76%、1761.90%、3648.57%。

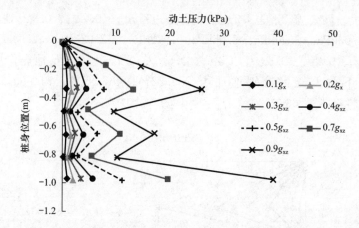

图 10.3.34　下排桩桩后动土压力

　　由表 10.3.14 和图 10.3.35 可见，与单排桩类似，双排桩模型下排桩桩前总土压力从上到下呈倒三角形分布。桩身－0.66m 处的土压力最大，其静力和加速度峰值为 $0.1g_x$、$0.2g_x$、$0.3g_{xz}$、$0.4g_{xz}$、$0.5g_{xz}$、$0.7g_{xz}$、$0.9g_{xz}$ 地震作用下的数值分别为 3.84kPa、8.36kPa、16.45kPa、20.65kPa、28.82kPa、39.66kPa、60.03kPa、95.57kPa。$0.1g_x$、$0.2g_x$、$0.3g_{xz}$、$0.4g_{xz}$、$0.5g_{xz}$、$0.7g_{xz}$、$0.9g_{xz}$ 地震作用下的总土压力较静力状态下总土压力分别增加了 117.71%、276.30%、437.76%、650.52%、932.81%、1463.28%、2388.80%。

**下排桩桩前总土压力**（kPa）　　　　　　　　　表 10.3.14

| 桩身位置（m） | 静力 | $0.1g_x$ | $0.2g_x$ | $0.3g_{xz}$ | $0.4g_{xz}$ | $0.5g_{xz}$ | $0.7g_{xz}$ | $0.9g_{xz}$ |
|---|---|---|---|---|---|---|---|---|
| －0.66 | 3.84 | 8.36 | 16.45 | 20.65 | 28.82 | 39.66 | 60.03 | 95.57 |
| －0.82 | 1.11 | 2.38 | 4.07 | 6.18 | 9.41 | 13.79 | 24.17 | 39.74 |
| －0.98 | 0.18 | 0.51 | 0.92 | 1.26 | 1.64 | 2.16 | 4.49 | 8.31 |

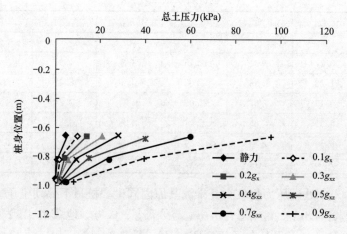

图 10.3.35　下排桩桩前总土压力

　　由表 10.3.15 和图 10.3.36 可见，与单排桩类似，双排桩模型下排桩前动土压力从上到下呈倒三角形分布。桩身－0.66m 处的土压力最大，其加速度峰值为 $0.1g_x$、$0.2g_x$、

$0.3g_{xz}$、$0.4g_{xz}$、$0.5g_{xz}$、$0.7g_{xz}$、$0.9g_{xz}$地震作用下的数值分别为 2.34kPa、6.66kPa、11.71kPa、17.48kPa、25.08kPa、40.55kPa、69.67kPa。$0.2g_x$、$0.3g_{xz}$、$0.4g_{xz}$、$0.5g_{xz}$、$0.7g_{xz}$、$0.9g_{xz}$地震作用下的动土压力较 $0.1g_x$ 状态下动土压力分别增加了184.62%、400.43%、647.01%、971.80%、1632.9%、2877.35%。

下排桩桩前动土压力（kPa）　　　　　　表 10.3.15

| 桩身位置（m） | $0.1g_x$ | $0.2g_x$ | $0.3g_{xz}$ | $0.4g_{xz}$ | $0.5g_{xz}$ | $0.7g_{xz}$ | $0.9g_{xz}$ |
|---|---|---|---|---|---|---|---|
| −0.66 | 2.34 | 6.66 | 11.71 | 17.48 | 25.08 | 40.55 | 69.67 |
| −0.82 | 0.87 | 2.03 | 3.64 | 6.22 | 9.72 | 18.97 | 33.03 |
| −0.98 | 0.13 | 0.21 | 0.34 | 0.58 | 0.89 | 2.33 | 5.01 |

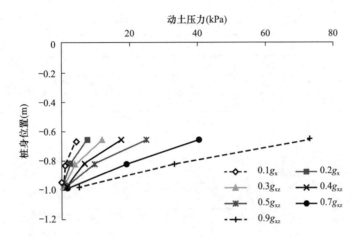

图 10.3.36　下排桩桩前动土压力

### 3. 桩后土体加速度

在双排桩板结构试验模型中，加速度计的埋设如图 10.3.37 所示，本部分通过对下排桩桩后 0.45m 和下排桩桩后 1.50m 处（上排桩桩后 0.45m）土体的实测加速度峰值进行比较，分析土体对于地震波的放大效应。

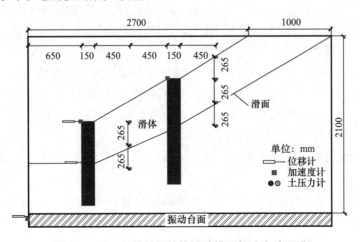

图 10.3.37　双排桩板结构试验模型加速度计埋设

1）下排桩桩后 0.45m 土体加速度分布

由表 10.3.16 和图 10.3.38 可以看出，除了 $0.1g_x$ 震次中滑面处的水平加速度峰值略小于滑面下 0.265m 处的水平加速度峰值之外，其他震次中的水平加速度峰值均随着高度增加而增大。另外，$0.1g_x$、$0.2g_x$ 两个震次的水平加速度峰值曲线近似呈线性分布，数值均随着高度增加而增加，且其增加速率分别为 0.40、0.82，呈增大趋势。$0.3g_{xz}$、$0.4g_{xz}$ 两个震次中，滑面处的加速度均发生不同程度的突变，说明在这两个地震作用下，滑面产生相对滑动。但是从滑面下 0.265m 和滑面上 0.265m 的水平加速度峰值来看，其整体水平加速度峰值增加速率分别为 3.48、5.70。$0.5g_{xz}$ 震次中，土体水平加速度峰值沿高度的分布仍近似呈线性分布，其水平加速度峰值增加速率为 11.40。由此可见，随着震级增加，土体整体水平加速度峰值增加的速率也急剧增加。

下排桩桩后 0.45m 土体水平加速度峰值（m/s²）　　　　　表 10.3.16

| 位置 | $0.1g_x$ | $0.2g_x$ | $0.3g_{xz}$ | $0.4g_{xz}$ | $0.5g_{xz}$ | $0.7g_{xz}$ | $0.9g_{xz}$ |
|---|---|---|---|---|---|---|---|
| 滑面上 0.265m | 1.42 | 2.71 | 5.13 | 7.27 | 11.41 | 16.25 | 30.48 |
| 滑面处 | 1.26 | 2.47 | 4.58 | 6.87 | 8.18 | 13.13 | 22.99 |
| 滑面下 0.265m | 1.27 | 2.28 | 3.29 | 4.25 | 5.38 | 8.15 | 11.77 |

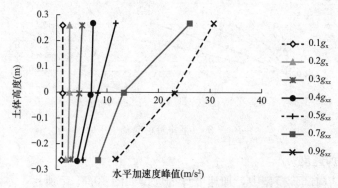

图 10.3.38　下排桩桩后 0.45m 土体水平加速度峰值分布图

对于 $0.7g_{xz}$、$0.9g_{xz}$ 两个震次，加速度峰值仍然随着高度增加而增加，其加速度峰值增加速率也较 $0.1g_x$、$0.2g_x$、$0.3g_{xz}$、$0.4g_{xz}$、$0.5g_{xz}$ 五个震次的加速度峰值增加速率要大很多，而且滑面处的土体加速度峰值较大，说明了土体在这两个震次地震作用下，滑面处土体发生较大的滑动。

由表 10.3.17 和图 10.3.39 可以看出，$0.1g_x$、$0.2g_x$ 两个震次的竖直加速度峰值沿高度方向呈近似直线关系，数值随着高度增加而增加，且增加速率分别为 0.25、0.45。$0.3g_{xz}$、$0.4g_{xz}$、$0.5g_{xz}$ 三个震次的滑面处土体加速度峰值均发生不同程度的突变，说明此处的土体产生了相对滑动。但是从滑面下 0.265m 和滑面上 0.265m 的加速度数值来看，其整体加速度峰值增加速率分别为 12.53、20.68、25.56，总体来看，仍随着震级增加而急剧增大。

对于 $0.7g_{xz}$、$0.9g_{xz}$ 两个震次，加速度峰值没有体现出随着高度增加而增加的趋势，但是滑面处土体加速度峰值较大，说明此处发生了较大的相对滑动。

2）下排桩桩后 1.50m 土体加速度分布

由表 10.3.18 和图 10.3.40 可以看出，$0.1g_x$、$0.2g_x$、$0.3g_{xz}$、$0.4g_{xz}$、$0.5g_{xz}$ 震次中

的土体水平加速度峰值均随高度增加而增加，其增加速率约为 0.57、1.00、3.18、6.11、11.15，呈随震级提高而急剧增大趋势。其中，$0.1g_x$、$0.2g_x$、$0.3g_{xz}$ 三个震次的水平加速度峰值曲线近似呈线性分布，而 $0.4g_{xz}$、$0.5g_{xz}$ 两个震次中，随着高度增加，其水平加速度峰值增加速率越来越大。

**下排桩桩后 0.45m 土体竖直加速度峰值（m/s²）**　　　　　　　　　　　表 10.3.17

| 位置 | $0.1g_x$ | $0.2g_x$ | $0.3g_{xz}$ | $0.4g_{xz}$ | $0.5g_{xz}$ | $0.7g_{xz}$ | $0.9g_{xz}$ |
|---|---|---|---|---|---|---|---|
| 滑面上 0.265m | 1.63 | 2.74 | 11.33 | 16.85 | 21.05 | 19.81 | 22.49 |
| 滑面处 | 1.53 | 2.61 | 10.67 | 13.64 | 20.19 | 27.49 | 30.19 |
| 滑面下 0.265m | 1.51 | 2.50 | 4.69 | 5.89 | 7.51 | 15.66 | 23.01 |

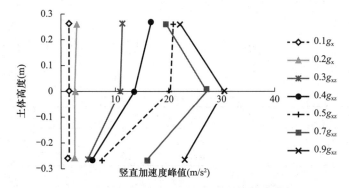

图 10.3.39　下排桩桩后 0.45m 土体竖直加速度峰值分布图

**下排桩桩后 1.50m 土体水平加速度峰值（m/s²）**　　　　　　　　　　　表 10.3.18

| 位置 | $0.1g_x$ | $0.2g_x$ | $0.3g_{xz}$ | $0.4g_{xz}$ | $0.5g_{xz}$ | $0.7g_{xz}$ | $0.9g_{xz}$ |
|---|---|---|---|---|---|---|---|
| 滑面上 0.530m | 1.71 | 3.19 | 6.39 | 9.18 | 13.82 | 28.07 | 29.91 |
| 滑面上 0.265m | 1.49 | 2.80 | 4.95 | 6.79 | 8.88 | 16.24 | 16.95 |
| 滑面处 | 1.36 | 2.62 | 4.18 | 5.37 | 6.76 | 15.50 | 23.03 |
| 滑面下 0.265m | 1.26 | 2.38 | 3.47 | 4.51 | 5.63 | 18.59 | 27.29 |

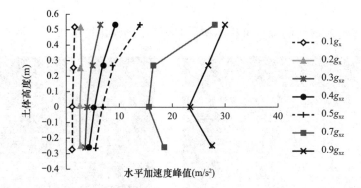

图 10.3.40　下排桩桩后 1.5m 土体水平加速度峰值分布图

对于 $0.7g_{xz}$、$0.9g_{xz}$ 两个震次，加速度峰值同样没有体现出随着高度增加而增加的趋势，但是滑面处土体加速度峰值较大，说明此处发生了较大的相对滑动。至于滑面下 0.265m 处的土体水平加速度峰值为何比滑面处和滑面上 0.265m 处的土体加速度峰值还要大，笔者认为可能是受到上排桩在这两个震次地震作用影响下发生瞬时转动，扰动了土体所致。

**4. 桩顶位移**

由测试数据，双排桩板结构振动台试验模型中的下排桩和上排桩在 $0.1g_x$、$0.2g_x$、$0.3g_{xz}$、$0.4g_{xz}$、$0.5g_{xz}$、$0.7g_{xz}$、$0.9g_{xz}$ 七个震次下的桩顶位移如表 10.3.19 和图 10.3.41 所示。

由表 10.3.19 和图 10.3.41 可见，双排桩板结构试验模型在加速度峰值为 $0.5g$ 的地震作用下，下排桩桩顶发生位移 5.57mm，按相似比折算到实际工程中为 11.14cm，按《铁路工程支挡结构规范》规定，处于使用极限状态，但仍未发生破坏；而上排桩在加速度峰值为 $0.7g$ 的地震作用下，桩顶才发生位移 6.75mm，按相似比折算到实际工程中为 13.50cm，达到了使用极限状态，但仍未破坏。上、下排桩在加速度峰值达到 $0.9g$ 时，两者桩顶位移分别为 13.42mm 和 10.73mm，折算到实际工程中对应为 16.84cm、21.46cm，达到破坏状态。

上、下排桩桩顶位移（mm）                               表 10.3.19

| 桩顶位移 | $0.1g_x$ | $0.2g_x$ | $0.3g_{xz}$ | $0.4g_{xz}$ | $0.5g_{xz}$ | $0.7g_{xz}$ | $0.9g_{xz}$ |
|---|---|---|---|---|---|---|---|
| 下排桩 | 0.03 | 0.25 | 0.76 | 2.81 | 5.57 | 8.83 | 13.42 |
| 上排桩 | 0.01 | 0.11 | 0.39 | 1.16 | 3.78 | 6.75 | 10.73 |

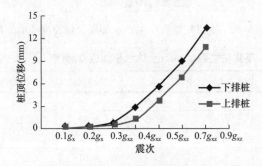

图 10.3.41　上、下排桩桩顶位移

$0.5g_{xz}$、$0.9g_{xz}$ 震次后的双排桩板结构试验模型图示如图 10.3.42、图 10.3.43 所示。

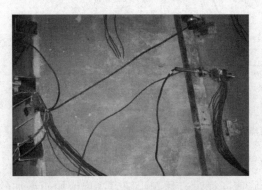

图 10.3.42　$0.5g_{xz}$ 震次后的双排桩
板结构桩顶位移

图 10.3.43　$0.9g_{xz}$ 震次后的双排桩板
结构桩顶位移

## 10.3.5 单排桩、双排桩板结构试验模型数据对比分析

鉴于工程抗震设计中，对 $0.7g_{xz}$、$0.9g_{xz}$ 地震作用的考虑很少涉及，故本部分对其不做比较。

**1. 桩后和桩前总土压力、动土压力对比**

对比单排桩、双排桩板结构试验模型，本部分仅对单排桩和双排桩下桩的桩后和桩前总土压力、动土压力进行比较分析。

从表 10.3.20 可以看出，除了双排桩下桩桩后 $-0.66m$ 处因为土压力计受压面突出桩后平面导致总土压力比较大之外，两个模型其他各点的土压力均呈反 S 形分布。悬臂段的最大土压力出现在 $-0.34m$ 处，约为悬臂段长度的 2/3 处，为主动土压力；锚固段的最大土压力出现在接近桩底的 $-0.98m$ 处，为被动土压力。其中静力阶段因为桩体被槽钢固定，没有发生应有的位移，故导致其桩底 $-0.98m$ 处的土压力较小。

单排桩、双排桩下桩桩后总土压力对比 表 10.3.20

| 位置（m） / 震次 | 单 静力 | 双下 静力 | 单 $0.1g_x$ | 双下 $0.1g_x$ | 单 $0.2g_x$ | 双下 $0.2g_x$ | 单 $0.3g_{xz}$ | 双下 $0.3g_{xz}$ | 单 $0.4g_{xz}$ | 双下 $0.4g_{xz}$ | 单 $0.5g_{xz}$ | 双下 $0.5g_{xz}$ |
|---|---|---|---|---|---|---|---|---|---|---|---|---|
| 0 | 0 | 0 | 0 | 0 | 0 | 0 | 0 | 0 | 0 | 0 | 0 | 0 |
| $-0.18$ | 1.51 | 1.03 | 3.52 | 2.82 | 4.56 | 3.62 | 6.00 | 4.73 | 8.52 | 7.11 | 11.42 | 9.98 |
| $-0.34$ | 4.02 | 1.99 | 6.07 | 4.31 | 8.21 | 5.46 | 11.10 | 7.75 | 16.32 | 11.16 | 25.84 | 16.88 |
| $-0.50$ | 2.12 | 0.23 | 3.54 | 1.65 | 4.38 | 2.13 | 5.52 | 2.57 | 7.87 | 3.31 | 11.21 | 4.55 |
| $-0.66$ | 0.81 | 3.71 | 2.11 | 6.22 | 2.95 | 7.05 | 3.93 | 8.52 | 5.43 | 10.50 | 7.56 | 16.06 |
| $-0.82$ | 2.14 | 0.82 | 4.22 | 2.72 | 6.06 | 3.33 | 7.38 | 4.25 | 9.18 | 5.50 | 13.38 | 7.43 |
| $-0.98$ | 4.19 | 1.03 | 8.19 | 3.70 | 11.87 | 5.85 | 16.98 | 8.72 | 16.04 | 12.92 | 44.78 | 22.98 |

对比单排桩、双排桩下桩桩后 $-0.34m$ 处和 $-0.98m$ 处的总土压力，可以发现静力状态和加速度峰值为 $0.1g_x$、$0.2g_x$、$0.3g_{xz}$、$0.4g_{xz}$、$0.5g_{xz}$ 地震作用下，单排桩与双排桩下桩桩后 $-0.34m$ 处的总土压力比值分别为 2.02、1.41、1.50、1.43、1.47、1.54，总体看来，单排桩桩后 $-0.34m$ 处的总土压力约为双排桩下桩桩后 $-0.34m$ 处的总土压力的 $1.5\sim2$ 倍。单排桩与双排桩下桩桩后 $-0.98m$ 处的总土压力比值分别为 3.07、2.21、2.02、1.94、2.02、1.95，总体看来，单排桩桩后 $-0.98m$ 处的总土压力约为双排桩下桩桩后 $-0.98m$ 处的总土压力的 $2\sim3$ 倍。

从表 10.3.21 可以看出，同总土压力的分布一样，除了双排桩下桩桩后 $-0.66m$ 处因为土压力计受压面突出桩后平面导致动土压力比较大之外，两个模型其他各点的土压力均呈反 S 形分布。悬臂段的最大土压力出现在 $-0.34m$ 处，约为悬臂段长度的 2/3 处，为主动土压力；锚固段的最大土压力出现在接近桩底的 $-0.98m$ 处，为被动土压力。

单排桩、双排桩下桩桩后动土压力对比 表 10.3.21

| 位置（m） / 震次 | 单 $0.1g_x$ | 双下 $0.1g_x$ | 单 $0.2g_x$ | 双下 $0.2g_x$ | 单 $0.3g_{xz}$ | 双下 $0.3g_{xz}$ | 单 $0.4g_{xz}$ | 双下 $0.4g_{xz}$ | 单 $0.5g_{xz}$ | 双下 $0.5g_{xz}$ |
|---|---|---|---|---|---|---|---|---|---|---|
| 0 | 0 | 0 | 0 | 0 | 0 | 0 | 0 | 0 | 0 | 0 |
| $-0.18$ | 1.18 | 0.77 | 1.98 | 1.31 | 2.76 | 2.15 | 4.38 | 3.30 | 6.18 | 4.96 |

| 震次<br>位置（m） | 单<br>$0.1g_x$ | 双下<br>$0.1g_x$ | 单<br>$0.2g_x$ | 双下<br>$0.2g_x$ | 单<br>$0.3g_{xz}$ | 双下<br>$0.3g_{xz}$ | 单<br>$0.4g_{xz}$ | 双下<br>$0.4g_{xz}$ | 单<br>$0.5g_{xz}$ | 双下<br>$0.5g_{xz}$ |
|---|---|---|---|---|---|---|---|---|---|---|
| −0.34 | 1.44 | 1.03 | 2.82 | 1.83 | 5.11 | 3.03 | 8.59 | 4.58 | 15.07 | 8.02 |
| −0.50 | 0.54 | 0.45 | 1.15 | 0.67 | 2.04 | 1.09 | 3.36 | 1.84 | 4.74 | 2.71 |
| −0.66 | 0.31 | 0.92 | 0.78 | 1.65 | 1.56 | 2.71 | 2.46 | 4.23 | 3.42 | 6.89 |
| −0.82 | 0.78 | 0.54 | 1.44 | 0.79 | 2.27 | 1.34 | 3.60 | 2.09 | 5.67 | 3.13 |
| −0.98 | 2.73 | 1.05 | 4.57 | 2.11 | 7.12 | 3.52 | 12.4 | 5.74 | 23.21 | 11.18 |

对比单排桩、双排桩下桩桩后−0.34m处和−0.98m处的动土压力，可以发现加速度峰值为$0.1g_x$、$0.2g_x$、$0.3g_{xz}$、$0.4g_{xz}$、$0.5g_{xz}$地震作用下，单排桩与双排桩下桩桩后−0.34m处的动土压力比值分别为1.40、1.54、1.69、1.88、1.88，总体看来，单排桩桩后−0.34m处的动土压力约为双排桩下桩桩后−0.34m处的动土压力的1.5~2倍。单排桩与双排桩下桩桩后−0.98m处的动土压力比值分别为2.60、2.17、2.02、2.16、2.08，总体看来，单排桩桩后−0.98m处的动土压力约为双排桩下桩桩后−0.98m处的动土压力的2~3倍。

从表10.3.22可以看出，两个模型的桩前总土压力均呈倒三角形分布，最大土压力出现在桩前−0.66m处。

**单排桩、双排桩下桩桩前总土压力对比**　　　　表10.3.22

| 震次<br>位置（m） | 单<br>静力 | 双下<br>静力 | 单<br>$0.1g_x$ | 双下<br>$0.1g_x$ | 单<br>$0.2g_x$ | 双下<br>$0.2g_x$ | 单<br>$0.3g_{xz}$ | 双下<br>$0.3g_{xz}$ | 单<br>$0.4g_{xz}$ | 双下<br>$0.4g_{xz}$ | 单<br>$0.5g_{xz}$ | 双下<br>$0.5g_{xz}$ |
|---|---|---|---|---|---|---|---|---|---|---|---|---|
| −0.66 | 6.06 | 3.84 | 13.78 | 8.36 | 18.91 | 16.45 | 25.97 | 20.65 | 35.41 | 28.82 | 50.96 | 39.66 |
| −0.82 | 1.83 | 1.11 | 3.71 | 2.38 | 5.7 | 4.07 | 8.52 | 6.18 | 13.82 | 9.41 | 20.85 | 13.79 |
| −0.98 | 0.24 | 0.18 | 0.98 | 0.51 | 1.94 | 0.92 | 2.13 | 1.26 | 3.02 | 1.64 | 4.17 | 2.16 |

对比单排桩、双排桩下桩桩前−0.66m处的总土压力，可以发现静力状态和加速度峰值为$0.1g_x$、$0.2g_x$、$0.3g_{xz}$、$0.4g_{xz}$、$0.5g_{xz}$地震作用下，单排桩与双排桩下桩桩前−0.66m处的总土压力比值分别为1.58、1.64、1.31、1.26、1.23、1.29，总体看来，单排桩桩前−0.66m处的总土压力约为双排桩下桩桩前−0.66m处的总土压力的1.2~1.6倍。

从表10.3.23可以看出，两个模型的桩前动土压力均呈倒三角形分布，最大土压力也出现在桩前−0.66m处。

**单排桩、双排桩下桩桩前动土压力对比**　　　　表10.3.23

| 震次<br>位置（m） | 单<br>$0.1g_x$ | 双下<br>$0.1g_x$ | 单<br>$0.2g_x$ | 双下<br>$0.2g_x$ | 单<br>$0.3g_{xz}$ | 双下<br>$0.3g_{xz}$ | 单<br>$0.4g_{xz}$ | 双下<br>$0.4g_{xz}$ | 单<br>$0.5g_{xz}$ | 双下<br>$0.5g_{xz}$ |
|---|---|---|---|---|---|---|---|---|---|---|
| −0.66 | 6.16 | 2.34 | 8.98 | 6.66 | 13.41 | 11.71 | 20.38 | 17.48 | 30.36 | 25.08 |
| −0.82 | 1.38 | 0.87 | 2.64 | 2.03 | 4.14 | 3.64 | 7.02 | 6.22 | 11.26 | 9.72 |
| −0.98 | 0.16 | 0.13 | 0.23 | 0.21 | 0.47 | 0.34 | 0.86 | 0.58 | 1.67 | 0.89 |

对比单排桩、双排桩下桩桩前−0.66m处的动土压力，可以发现加速度峰值为$0.1g_x$、$0.2g_x$、$0.3g_{xz}$、$0.4g_{xz}$、$0.5g_{xz}$地震作用下，单排桩与双排桩下桩桩前−0.66m处的动土压力比值分别为2.63、1.35、1.15、1.16、1.21，总体看来，单排桩桩前−0.66m处

的动土压力约为双排桩下桩桩前－0.66m 处的动土压力的 1.7～2.0 倍。

**2. 桩后土体加速度对比**

1）单排桩、双排桩下桩后 0.45m 土体水平加速度峰值对比

从表 10.3.24 可以看出，除了在双排桩板结构试验模型中，下桩后滑面下 0.265m 处的土体水平加速度峰值比滑面处的大之外，两个试验模型其他各个震次的水平加速度峰值均随着高度增加而逐渐增大，且单排桩、双排桩板结构试验模型都呈现随着震级增加，峰值增速也相应急剧增加的趋势。

单排桩、双排桩下桩后 0.45m 土体水平加速度峰值对比　　　　表 10.3.24

| 震次<br>位置（m） | 单<br>$0.1g_x$ | 双下<br>$0.1g_x$ | 单<br>$0.2g_x$ | 双下<br>$0.2g_x$ | 单<br>$0.3g_{xz}$ | 双下<br>$0.3g_{xz}$ | 单<br>$0.4g_{xz}$ | 双下<br>$0.4g_{xz}$ | 单<br>$0.5g_{xz}$ | 双下<br>$0.5g_{xz}$ |
|---|---|---|---|---|---|---|---|---|---|---|
| 0.530 | 1.76 | — | 3.33 | — | 7.98 | — | 11.81 | — | 20.29 | — |
| 0.265 | 1.58 | 1.42 | 2.94 | 2.71 | 5.83 | 5.13 | 8.76 | 7.27 | 16.55 | 11.41 |
| 0 | 1.45 | 1.26 | 2.61 | 2.47 | 4.36 | 4.58 | 7.37 | 6.87 | 11.11 | 8.18 |
| －0.265 | 1.29 | 1.27 | 2.32 | 2.28 | 3.59 | 3.29 | 4.75 | 4.25 | 5.80 | 5.38 |
| 峰值增速 | 0.58 | 0.40 | 1.27 | 0.82 | 5.77 | 3.48 | 8.68 | 5.70 | 18.57 | 11.40 |

通过对比单排桩、双排桩板结构试验模型的土体水平加速度峰值数据还可以发现，除了在 $0.3g_{xz}$ 地震作用下，单排桩板结构试验模型中的滑面处土体加速度峰值比双排桩板结构试验模型中同样位置的土体加速度峰值小之外，双排桩板结构试验模型中的土体水平加速度峰值比单排桩板结构试验模型中相同震次下相同位置的土体水平加速度峰值小。而且相同震次下，双排桩板结构试验模型中的土体水平加速度峰值增速比单排桩板结构试验模型中的土体水平加速度峰值增速也要小。

2）单排桩、双排桩下桩后 0.45m 竖直加速度峰值对比

从表 10.3.25 可以看出，两个试验模型各个震次的竖直加速度峰值均随着高度增加而逐渐增大，且单排桩、双排桩板结构试验模型都呈现随着震级增加，峰值增速也相应急剧增加的趋势。

单排桩、双排桩下桩后 0.45m 土体竖直加速度峰值对比　　　　表 10.3.25

| 震次<br>位置（m） | 单<br>$0.1g_x$ | 双下<br>$0.1g_x$ | 单<br>$0.2g_x$ | 双下<br>$0.2g_x$ | 单<br>$0.3g_{xz}$ | 双下<br>$0.3g_{xz}$ | 单<br>$0.4g_{xz}$ | 双下<br>$0.4g_{xz}$ | 单<br>$0.5g_{xz}$ | 双下<br>$0.5g_{xz}$ |
|---|---|---|---|---|---|---|---|---|---|---|
| 0.530 | 2.77 | — | 6.87 | — | 13.96 | — | 20.35 | — | 16.60 | — |
| 0.265 | 2.29 | 1.63 | 5.01 | 2.74 | 11.89 | 11.33 | 17.25 | 16.85 | 16.99 | 21.05 |
| 0 | 1.80 | 1.53 | 3.52 | 2.61 | 15.01 | 10.67 | 29.96 | 13.64 | 29.96 | 20.19 |
| －0.265 | 1.30 | 1.51 | 2.58 | 2.50 | 4.95 | 4.69 | 6.31 | 5.89 | 8.62 | 7.51 |
| 峰值增速 | 1.86 | 0.25 | 5.53 | 0.45 | 11.74 | 12.53 | 18.37 | 20.68 | 27.61 | 25.56 |

通过对比单排桩、双排桩板结构试验模型的土体竖直加速度峰值数据还可以发现，双排桩板结构试验模型中的土体竖直加速度峰值比单排桩板结构试验模型中相同震次下相同位置处的土体竖直加速度峰值小，而且除了 $0.3g_{xz}$、$0.4g_{xz}$ 两个震次以外，双排桩板结构试验模型中的土体竖直加速度峰值增速比单排桩板结构试验模型中的土体竖直加速度峰值增速也要小。

3）单排桩、双排桩下桩后 1.5m 水平加速度峰值对比

从表 10.3.26 可以看出，两个试验模型各个震次的水平加速度峰值均随着高度增加而逐渐增大，且单排桩、双排桩板结构试验模型都呈现随着震级增加，峰值增速也相应急剧增加的趋势。

单排桩、双排桩下桩后 1.5m 水平加速度峰值对比 表 10.3.26

| 震次 位置（m） | 单 $0.1g_x$ | 双下 $0.1g_x$ | 单 $0.2g_x$ | 双下 $0.2g_x$ | 单 $0.3g_{xz}$ | 双下 $0.3g_{xz}$ | 单 $0.4g_{xz}$ | 双下 $0.4g_{xz}$ | 单 $0.5g_{xz}$ | 双下 $0.5g_{xz}$ |
|---|---|---|---|---|---|---|---|---|---|---|
| 0.530 | 1.92 | 1.71 | 3.41 | 3.19 | 7.71 | 6.39 | 13.99 | 9.18 | 21.16 | 13.82 |
| 0.265 | 1.55 | 1.49 | 2.99 | 2.80 | 5.78 | 4.95 | 8.77 | 6.79 | 11.85 | 8.88 |
| 0 | 1.37 | 1.36 | 2.64 | 2.62 | 5.09 | 4.18 | 30.23 | 5.37 | 30.23 | 6.76 |
| −0.265 | 1.35 | 1.26 | 2.42 | 2.38 | 3.60 | 3.47 | 5.27 | 4.51 | 7.48 | 5.63 |
| 峰值增速 | 0.84 | 0.57 | 1.29 | 1.00 | 5.07 | 3.18 | 12.58 | 6.11 | 20.72 | 11.15 |

通过对比单排桩、双排桩板结构试验模型的土体水平加速度峰值数据还可以发现，双排桩板结构试验模型中的土体水平加速度峰值比单排桩板结构试验模型中相同震次下相同位置处的土体水平加速度峰值小，而且相同震次下，双排桩板结构试验模型中的土体水平加速度峰值增速比单排桩板结构试验模型中的土体水平加速度峰值增速也要小。

**3. 桩顶位移对比**

$0.1g_x$、$0.2g_x$、$0.3g_{xz}$、$0.4g_{xz}$、$0.5g_{xz}$ 五个震次下的单排桩、双排桩桩顶位移如表 10.3.27 和图 10.3.44 所示。

单排桩、双排桩桩顶位移（mm） 表 10.3.27

| 桩顶位移 | $0.1g_x$ | $0.2g_x$ | $0.3g_{xz}$ | $0.4g_{xz}$ | $0.5g_{xz}$ |
|---|---|---|---|---|---|
| 单排桩 | 0.45 | 1.23 | 2.85 | 5.26 | 10.55 |
| 双排桩下桩 | 0.03 | 0.25 | 0.76 | 2.81 | 5.57 |
| 双排桩上桩 | 0.01 | 0.11 | 0.39 | 1.16 | 3.78 |

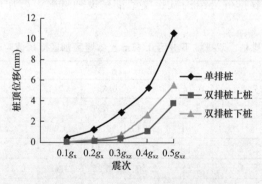

图 10.3.44 单排桩、双排桩桩顶位移

由表 10.3.27 和图 10.3.44 可见：参考《铁路工程支挡结构规范》的规定和相关工程经验，单排桩板结构试验模型在加速度峰值为 $0.4g$ 的地震作用下，桩顶发生位移 5.26mm，按相似比折算到实际工程中为 10.52cm，达到使用极限状态；在加速度峰值为 $0.5g$ 的地震作用下，桩顶发生位移 10.55mm，按相似比折算到实际工程中为 21.10cm，已经发生破坏。

而双排桩板结构试验模型在加速度峰值为 0.5g 的地震作用下,下排桩桩顶才发生位移 5.57mm,按相似比折算到实际工程中为 11.14cm,刚达到使用极限状态;下排桩桩顶发生位移 3.78mm,还远未达到使用极限状态。

综上可见,双排桩板结构试验模型对于边坡的支挡效果明显优于单排桩板结构试验模型。

### 10.3.6　小结

通过分析并对比单排桩、双排桩板结构模型振动台试验的实测数据,得出以下结论:

(1) 总体来看,单排桩、双排桩板结构试验模型中的测试桩的受力图示类似。单排桩和双排桩下桩的桩后总土压力、动土压力均为反 S 形分布,悬臂段部分最大的土压力出现在悬臂段从上到下的 2/3 高度处,锚固段部分的最大土压力出现在桩底处;桩前总土压力、动土压力均为倒三角形分布,且土压力随位置下降而急剧减小。

(2) 通过比较单排桩和双排桩下桩的桩后和桩前总土压力、动土压力的数值发现:单排桩后 -0.34m 处的总土压力、动土压力约为双排桩下桩桩后 -0.34m 处的对应的总土压力、动土压力的 1.5~2 倍,单排桩桩后 -0.98m 处的总土压力、动土压力约为双排桩下桩桩后 -0.98m 处对应的总土压力、动土压力的 2~3 倍;单排桩桩前 -0.66m 处的总土压力约为双排桩下桩桩前 -0.66m 处的总土压力的 1.2~1.6 倍;单排桩桩前 -0.66m 处的动土压力约为双排桩下桩桩前 -0.66m 处的动土压力的 1.7~2 倍。

(3) 通过对比桩后土体的水平和竖直加速度峰值发现:单排桩、双排桩板结构试验模型中土体加速度峰值均随着高度增加而增大,且震级越大,增加速率越大。但从总体来看,双排桩板结构试验模型中的土体加速度峰值比单排桩板结构试验模型中相同震次下相同位置处的土体加速度峰值要小,而且相同震次下,双排桩板结构试验模型中的土体加速度峰值增速比单排桩板结构试验模型中的土体加速度峰值增速也要小。

(4) 通过对比单排桩、双排桩板结构试验模型中各个测试桩的桩顶位移可以发现:单排桩板结构试验模型在加速度峰值为 0.4g 地震作用下,达到使用极限状态;在加速度峰值为 0.5g 地震作用下,达到破坏状态。对于双排桩板结构试验模型,下排桩在加速度峰值为 0.5g 地震作用下,下排桩才达到使用极限状态;在加速度峰值为 0.9g 地震作用下,下排桩达到破坏状态。上排桩在加速度峰值为 0.7g 地震作用下,下排桩才达到使用极限状态;在加速度峰值为 0.9g 地震作用下,同下排桩一样,达到破坏状态。这说明双排桩板结构的支挡效果明显优于单排桩板结构。

## 10.4　试验模型理论计算分析

首先应用传递系数法通过计算静力状态下和加速度峰值分别为 $0.1g_x$(对应 7 度地震)、$0.2g_x$ 和 $0.3g_{xz}$(对应 8 度地震)、$0.4g_{xz}$ 和 $0.5g_{xz}$(对应 9 度地震)地震作用下单排桩、双排桩板结构试验模型中桩体所承受的滑坡推力和桩前滑体抗力,进而得到了理论情况下桩体对边坡的桩后受力。然后由试验中实测得到的桩后总土压力计算出桩体实际承受的土体滑坡推力和桩前滑体抗力,再求出试验过程中桩体对边坡的桩后受力,将其与理论计算结果进行对比分析，以研究不同支挡形式下的桩板结构对于边坡的实际支护效果。

### 10.4.1 传递系数法

传递系数法又称不平衡推力传递法。目前我国水利、交通和铁道部门在核算滑坡稳定时普遍使用该种方法。对于倾角较缓，相互间变化不大的折线段组成的滑面，其滑坡推力计算可采用传递系数法。

传递系数法有以下假定：

（1）滑坡体不可压缩并做整体下滑，不考虑条块之间挤压变形；

（2）条块之间只传递推力不可传递拉力，不出现条块之间的拉裂；

（3）条块间作用力以集中力表示，作用线平行于前一块的滑面方向，作用在分界面中点；

（4）垂直滑坡主轴取单位长度（一般取 1.0m）宽的岩土体做计算的基本断面，不考虑条块间两侧的摩擦力；

由图 10.4.1、图 10.4.2 可知，取第 $i$ 条块为分离体，将各力分解在该条块滑面的方向上，可得出第 $i$ 条块的剩余下滑力（即该部分的滑坡推力）$E_i$。

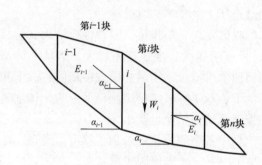

图 10.4.1 传递系数法计算图示（a）

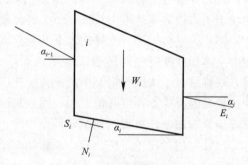

图 10.4.2 传递系数法计算图示（b）

$$E_i = W_i \sin\alpha_i - W_i \cos\alpha_i \tan\phi_i - c_i l_i + \Psi_i E_{i-1} \qquad (10.4.1)$$

$$\Psi_i = \cos(\alpha_{i-1} - \alpha_i) - \sin(\alpha_{i-1} - \alpha_i)\tan\phi_i \qquad (10.4.2)$$

式中，$E_i$ 为第 $i$ 块滑体剩余下滑力；$E_{i-1}$ 为第 $i-1$ 块滑体剩余下滑力；$W_i$ 为第 $i$ 块滑体重量；$\Psi_i$ 为传递系数；$C_i$ 为第 $i$ 块滑体滑面上岩土体的黏聚力；$l_i$ 为第 $i$ 块滑体的滑面长度；$\phi_i$ 为第 $i$ 块滑体滑面上岩土体的内摩擦角；$\alpha_i$ 为第 $i$ 块滑体滑面的倾角；$\alpha_{i-1}$ 为第 $i-1$ 块滑体滑面的倾角。

按公式计算得到的滑坡推力可以用来判断滑坡体的稳定性。如果最后一块的 $E_n$ 为正值，说明滑坡体是不稳定的；如果为负值或为零表明本块岩体稳定，并且下一条块计算按无上一条块推力计算。实际工程中计算滑坡体的稳定性还要考虑一定的安全储备，选用安全系数 $K$ 应大于 1.0。从而式（10.4.1）变为：

$$E_i = KW_i \sin\alpha_i - W_i \cos\alpha_i \tan\phi_i - c_i l_i + \Psi_i E_{i-1} \qquad (10.4.3)$$

考虑到采用拟静力法将地震作用转化成静力作用在滑体上，因此笔者参考土动力学中对于此类工程算例的方法，将地震角 $\lambda$ 引入计算公式，采用式（10.4.4）进行计算，地震角 $\lambda$ 按表 10.4.1 取值。

$$E_i = W_i\sin(\alpha_i + \lambda) - W_i\cos(\alpha_i + \lambda)\tan\phi_i - c_i l_i + \Psi_i E_{i-1} \qquad (10.4.4)$$

<table>
<tr><td colspan="4" align="center">地震角 $\lambda$ 取值                        表 10.4.1</td></tr>
<tr><td>地震加速度峰值</td><td>0.1g、0.15g</td><td>0.2g、0.3g</td><td>≥0.4g</td></tr>
<tr><td>地震角 $\lambda$</td><td>1.5°</td><td>3.0°</td><td>6.0°</td></tr>
</table>

## 10.4.2 土体参数和计算断面图选取

土体参数：土体的重度为 17.5kN/m³，黏聚力 $c=1.1$kPa，摩擦角 $\phi=30°$。其计算断面如图 10.4.3 所示。

## 10.4.3 桩体桩后受力理论计算

《铁路路基支挡结构设计规范》中规定作用在桩体上的滑坡推力按设计的桩间距来确定。本试验中，两个模型的桩间距均为 0.3m，故以下计算过程中的滑坡推力的计算宽度均为 0.3m。

由上，分别对试验模型在静力状态和加速度峰值为 $0.1g_x$、$0.2g_x$、$0.3g_{xz}$、$0.4g_{xz}$、

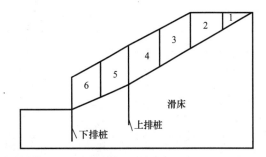

图 10.4.3 滑坡推力计算断面

$0.5g_{xz}$ 的地震作用下产生的滑坡推力进行计算，计算结果如表 10.4.2～表 10.4.5 所示。

<table>
<tr><td colspan="8" align="center">滑坡推力计算结果（静力）         表 10.4.2</td></tr>
<tr><td>条块编号</td><td>面积<br>(m²)</td><td>重量<br>(N)</td><td>滑面倾角<br>(°)</td><td>地震角<br>(°)</td><td>滑面长度<br>(m)</td><td>传递系数</td><td>剩余下滑力<br>(N)</td></tr>
<tr><td>1</td><td>0.0703</td><td>369.13</td><td>29.36</td><td>0</td><td>0.5737</td><td>—</td><td>-94.53</td></tr>
<tr><td>2</td><td>0.2109</td><td>1107.40</td><td>29.36</td><td>0</td><td>0.5737</td><td>1</td><td>95.03</td></tr>
<tr><td>3</td><td>0.2229</td><td>1170.43</td><td>29.36</td><td>0</td><td>0.4589</td><td>1</td><td>244.10</td></tr>
<tr><td>4</td><td>0.2459</td><td>1290.89</td><td>29.36</td><td>0</td><td>0.5163</td><td>1</td><td>405.17</td></tr>
<tr><td>5</td><td>0.2672</td><td>1402.73</td><td>22.62</td><td>0</td><td>0.4875</td><td>0.9616</td><td>421.32</td></tr>
<tr><td>6</td><td>0.2391</td><td>1255.08</td><td>22.62</td><td>0</td><td>0.4875</td><td>1</td><td>432.74</td></tr>
</table>

<table>
<tr><td colspan="8" align="center">滑坡推力计算结果（0.1g）         表 10.4.3</td></tr>
<tr><td>条块编号</td><td>面积<br>(m²)</td><td>重量<br>(N)</td><td>滑面倾角<br>(°)</td><td>地震角<br>(°)</td><td>滑面长度<br>(m)</td><td>传递系数</td><td>剩余下滑力<br>(N)</td></tr>
<tr><td>1</td><td>0.0703</td><td>369.13</td><td>29.36</td><td>1.5</td><td>0.5737</td><td>—</td><td>-84.87</td></tr>
<tr><td>2</td><td>0.2109</td><td>1107.40</td><td>29.36</td><td>1.5</td><td>0.5737</td><td>1</td><td>124.00</td></tr>
<tr><td>3</td><td>0.2229</td><td>1170.43</td><td>29.36</td><td>1.5</td><td>0.4589</td><td>1</td><td>303.70</td></tr>
<tr><td>4</td><td>0.2459</td><td>1290.89</td><td>29.36</td><td>1.5</td><td>0.5163</td><td>1</td><td>498.55</td></tr>
<tr><td>5</td><td>0.2672</td><td>1402.73</td><td>22.62</td><td>1.5</td><td>0.4875</td><td>0.9616</td><td>548.73</td></tr>
<tr><td>6</td><td>0.2391</td><td>1255.08</td><td>22.62</td><td>1.5</td><td>0.4875</td><td>1</td><td>593.80</td></tr>
</table>

滑坡推力计算结果（0.2g、0.3g）　　　　　　　表 10.4.4

| 条块编号 | 面积<br>（m²） | 重量<br>（N） | 滑面倾角<br>（°） | 地震角<br>（°） | 滑面长度<br>（m） | 传递系数 | 剩余下滑力<br>（N） |
|---|---|---|---|---|---|---|---|
| 1 | 0.0703 | 369.13 | 29.36 | 3 | 0.5737 | — | −75.29 |
| 2 | 0.2109 | 1107.40 | 29.36 | 3 | 0.5737 | 1 | 152.76 |
| 3 | 0.2229 | 1170.43 | 29.36 | 3 | 0.4589 | 1 | 362.86 |
| 4 | 0.2459 | 1290.89 | 29.36 | 3 | 0.5163 | 1 | 591.23 |
| 5 | 0.2672 | 1402.73 | 22.62 | 3 | 0.4875 | 0.9616 | 675.31 |
| 6 | 0.2391 | 1255.08 | 22.62 | 3 | 0.4875 | 1 | 753.90 |

滑坡推力计算结果（0.4g、0.5g）　　　　　　　表 10.4.5

| 条块编号 | 面积<br>（m²） | 重量<br>（N） | 滑面倾角<br>（°） | 地震角<br>（°） | 滑面长度<br>（m） | 传递系数 | 剩余下滑力<br>（N） |
|---|---|---|---|---|---|---|---|
| 1 | 0.0703 | 369.13 | 29.36 | 6 | 0.5737 | — | −56.35 |
| 2 | 0.2109 | 1107.40 | 29.36 | 6 | 0.5737 | 1 | 209.56 |
| 3 | 0.2229 | 1170.43 | 29.36 | 6 | 0.4589 | 1 | 479.69 |
| 4 | 0.2459 | 1290.89 | 29.36 | 6 | 0.5163 | 1 | 774.27 |
| 5 | 0.2672 | 1402.73 | 22.62 | 6 | 0.4875 | 0.9616 | 925.67 |
| 6 | 0.2391 | 1255.08 | 22.62 | 6 | 0.4875 | 1 | 1070.77 |

不难看出，双排桩板结构试验模型中的上排桩桩后的滑坡推力即为滑块 4 的剩余下滑力；单排桩板结构试验模型中桩后的滑坡推力为滑块 6 的剩余下滑力。对于双排桩板结构试验模型中的下排桩桩后的滑坡推力计算，应将上排桩的桩前土体抗力作为剩余下滑力传递到滑块 5 上来计算，最后滑块 6 的剩余下滑力即为下排桩应承担的滑坡推力。

对于双排桩板结构试验模型中的上排桩桩前滑体抗力计算，考虑到桩前滑体的下滑趋势较桩体前倾的趋势要明显得多，故本章中拟按主动土压力来考虑。

$$E_f = \frac{1}{2} \gamma h^2 K_a - 2ch \sqrt{K_a} + \frac{2c^2}{\gamma} \qquad (10.4.5)$$

式中，$E_f$ 为桩前滑体抗力；$\gamma$ 为滑体重度（kN/m³）；$h$ 为桩体与滑体接触面的高度（m）；$c$ 为滑体土黏聚力（kPa）；$K_a$ 为主动土压力系数。

经计算得出 $E_f=145.13$N，将其作为一个水平方向抗力作用到下部滑块 5、6 上，最终计算得出双排桩板结构试验模型中的下排桩桩后的滑坡推力，如表 10.4.6～表 10.4.9 所示。

下排桩桩后滑坡推力计算结果（静力）　　　　　　　表 10.4.6

| 条块编号 | 面积<br>（m²） | 重量<br>（N） | 滑面倾角<br>（°） | 地震角<br>（°） | 滑面长度<br>（m） | 传递系数 | 剩余下滑力<br>（N） |
|---|---|---|---|---|---|---|---|
| — | — | — | — | — | — | — | 145.13 |
| 5 | 0.2672 | 1402.73 | 22.62 | 0 | 0.4875 | 1.0261 | 180.62 |
| 6 | 0.2391 | 1255.08 | 22.62 | 0 | 0.4875 | 1 | 192.04 |

下排桩桩后滑坡推力计算结果（0.1g）　　　表 10.4.7

| 条块编号 | 面积 (m²) | 重量 (N) | 滑面倾角 (°) | 地震角 (°) | 滑面长度 (m) | 传递系数 | 剩余下滑力 (N) |
|---|---|---|---|---|---|---|---|
| — | — | — | — | — | — | — | 145.13 |
| 5 | 0.2672 | 1402.73 | 22.62 | 1.5 | 0.4875 | 1.0261 | 218.23 |
| 6 | 0.2391 | 1255.08 | 22.62 | 1.5 | 0.4875 | 1 | 263.31 |

下排桩桩后滑坡推力计算结果（0.2g、0.3g）　　　表 10.4.8

| 条块编号 | 面积 (m²) | 重量 (N) | 滑面倾角 (°) | 地震角 (°) | 滑面长度 (m) | 传递系数 | 剩余下滑力 (N) |
|---|---|---|---|---|---|---|---|
| — | — | — | — | — | — | — | 145.13 |
| 5 | 0.2672 | 1402.73 | 22.62 | 3 | 0.4875 | 1.0261 | 255.69 |
| 6 | 0.2391 | 1255.08 | 22.62 | 3 | 0.4875 | 1 | 334.27 |

下排桩桩后滑坡推力计算结果（0.4g、0.5g）　　　表 10.4.9

| 条块编号 | 面积 (m²) | 重量 (N) | 滑面倾角 (°) | 地震角 (°) | 滑面长度 (m) | 传递系数 | 剩余下滑力 (N) |
|---|---|---|---|---|---|---|---|
| — | — | — | — | — | — | — | 145.13 |
| 5 | 0.2672 | 1402.73 | 22.62 | 6 | 0.4875 | 1.0261 | 330.02 |
| 6 | 0.2391 | 1255.08 | 22.62 | 6 | 0.4875 | 1 | 475.12 |

　　将以上数据汇总，可分别得出静力状态和不同震次下的单排桩板结构试验模型桩后（单排桩后）、双排桩板结构试验模型上排桩后（双排桩上桩后）、双排桩板结构试验模型下排桩桩后（双排桩下桩后）的滑坡推力，如表 10.4.10 所示。

桩后滑坡推力（N）　　　表 10.4.10

| 滑坡推力 | 静力 | 0.1g | 0.2g、0.3g | 0.4g、0.5g |
|---|---|---|---|---|
| 单排桩后 | 432.74 | 593.80 | 753.90 | 1070.77 |
| 双排桩上桩 | 405.17 | 498.55 | 591.23 | 774.27 |
| 双排桩下桩 | 192.04 | 263.31 | 334.27 | 475.12 |

　　考虑上排桩的桩前滑体抗力，计算得到两个试验模型中桩体桩后受力如表 10.4.11 所示。

桩体桩后受力（N）　　　表 10.4.11

| 桩后受力 | 静力 | 0.1g | 0.2g、0.3g | 0.4g、0.5g |
|---|---|---|---|---|
| 单排桩 | 432.74 | 593.80 | 753.90 | 1070.77 |
| 双排桩上桩 | 260.04 | 353.42 | 446.10 | 629.14 |
| 双排桩下桩 | 192.04 | 263.31 | 334.27 | 475.12 |

　　由表 10.4.11 以看出：

　　(1) 桩后受力的大小顺序是：单排桩＞双排桩上桩＞双排桩下桩。

　　(2) 对于双排桩板结构试验模型，静力、0.1g、0.2g 和 0.3g、0.4g 和 0.5g 对应的上排桩的桩后受力分别占双排桩上桩和双排桩下桩的桩后受力之和的 57.52%、57.31%、

$57.17\%$、$56.97\%$，因此可以说，在本试验模型中，从理论计算结果来看，上排桩的桩后受力约占总滑坡推力的 $57\%$。

### 10.4.4　桩体桩后受力试验值计算结果分析

同上节一样，仍按桩间距 0.3m 作为计算宽度，分别将两个试验模型在静力状态和加速度峰值分别为 $0.1g_x$、$0.2g_x$、$0.3g_{xz}$、$0.4g_{xz}$、$0.5g_{xz}$ 地震作用下实测的桩体悬臂段总土压力数据进行计算，得出试验过程中桩体实际承受的滑坡推力，计算结果见表 10.4.12。

桩后滑坡推力（N）　　　　　　　　　　　表 10.4.12

| 滑坡推力 | 静力 | $0.1g_x$ | $0.2g_x$ | $0.3g_{xz}$ | $0.4g_{xz}$ | $0.5g_{xz}$ |
|---|---|---|---|---|---|---|
| 单排桩后 | 320.85 | 555.84 | 731.76 | 975.60 | 1406.76 | 2091.78 |
| 双排桩上桩 | 268.94 | 397.87 | 546.52 | 656.36 | 941.41 | 1373.09 |
| 双排桩下桩 | 153.57 | 390.30 | 497.82 | 674.91 | 977.73 | 1428.42 |

由表 10.4.12 可见，试验过程中在静力状态和加速度峰值分别为 $0.1g_x$、$0.2g_x$、$0.3g_{xz}$、$0.4g_{xz}$、$0.5g_{xz}$ 地震作用状态下双排桩上桩的桩前滑体抗力分别是 119.40N、123.15N、128.44N、135.26N、145.16N、158.48N。

由上，易得试验过程中桩体桩后受力如表 10.4.13 所示。

桩体桩后受力（N）　　　　　　　　　　　表 10.4.13

| 桩后受力 | 静力 | $0.1g_x$ | $0.2g_x$ | $0.3g_{xz}$ | $0.4g_{xz}$ | $0.5g_{xz}$ |
|---|---|---|---|---|---|---|
| 单排桩 | 320.85 | 555.84 | 731.76 | 975.60 | 1406.76 | 2091.78 |
| 双排桩上桩 | 149.54 | 274.72 | 418.08 | 521.10 | 796.25 | 1216.61 |
| 双排桩下桩 | 153.57 | 390.30 | 497.82 | 674.91 | 977.73 | 1428.42 |

由表 10.4.13 可以看出：

（1）桩后受力的大小顺序是：单排桩＞双排桩下桩＞双排桩上桩。

（2）双排桩上桩和双排桩下桩的桩后受力之和除了在静力状态下略小于单排桩的桩后受力之外，加速度峰值分别为 $0.1g_x$、$0.2g_x$ 和 $0.3g_{xz}$、$0.4g_{xz}$ 和 $0.5g_{xz}$ 地震作用下的双排桩上桩和双排桩下桩的桩后受力之和大于单排桩的桩后受力，加速度峰值分别为 $0.1g_x$、$0.2g_x$ 和 $0.3g_{xz}$、$0.4g_{xz}$ 和 $0.5g_{xz}$ 地震作用下对应的双排桩上桩和双排桩下桩的桩后受力之和分别约为单排桩的桩后受力的 1.196、1.252、1.226、1.261、1.264 倍，从总体来看约为 1.2 倍。

（3）对于双排桩板结构试验模型，静力、0.1g、0.2g 和 0.3g、0.4g 和 0.5g 对应的上排桩的桩后受力分别占双排桩上桩和双排桩下桩的桩后受力之和的 $49.34\%$、$41.31\%$、$45.65\%$、$43.57\%$、$44.88\%$、$45.96\%$，在本试验模型中，从总体试验值计算结果来看，上排桩的桩后受力约占总滑坡推力的 $40\%\sim50\%$。

### 10.4.5　小结

本章首先利用振动台模型试验对单排桩、双排桩板结构在静力状态和加速度峰值分别为 $0.1g_x$、$0.2g_x$、$0.3g_{xz}$、$0.4g_{xz}$、$0.5g_{xz}$、$0.7g_{xz}$、$0.9g_{xz}$ 地震作用下的桩身受力、变位及土体加速度进行了研究，并比较两者差异；然后通过应用考虑了地震角的传递系数法进行理论计算和对试验值进行计算两种手段对两个试验模型中的桩体桩后受力进行对比分析，比较两者之间的差异，以研究桩体对于边坡的实际支护情况，并对双排桩板结构进行重点分析，得到了滑坡推力的不同分配情况，最后提出了双排桩板结构模型中上、下排桩对于滑坡推力的不同分担比。

## 10.5　结论

本章首先利用振动台模型试验对单排桩、双排桩板结构在静力状态和加速度峰值分别为 $0.1g_x$、$0.2g_x$、$0.3g_{xz}$、$0.4g_{xz}$、$0.5g_{xz}$、$0.7g_{xz}$、$0.9g_{xz}$ 地震作用下的桩身受力、变位及土体加速度进行了研究，并比较两者差异；然后通过应用考虑了地震角的传递系数法进行理论计算和对试验值进行计算两种手段，对两个试验模型中的桩体桩后受力对比分析，比较两者之间的差异，以研究桩体对于边坡的实际支护情况，并对双排桩板结构重点分析，得到了滑坡推力的不同分配情况，最后提出了双排桩板结构模型中上、下排桩对于滑坡推力的不同分担比。

（1）总体来看，单排桩、双排桩板结构试验模型中的测试桩的受力图示类似。单排桩和双排桩下桩的桩后总土压力、动土压力均为反 S 形分布，悬臂段部分最大的土压力出现在悬臂段从上到下的 2/3 高度处，锚固段部分的最大土压力出现在桩底处；桩前总土压力、动土压力均为倒三角形分布，土压力随位置下降而急剧减小。

（2）通过比较单排桩和双排桩下桩的桩后和桩前总土压力、动土压力的数值发现：单排桩后 $-0.34\text{m}$ 处的总土压力、动土压力约为双排桩下桩桩后 $-0.34\text{m}$ 处的对应的总土压力、动土压力的 $1.5\sim2.0$ 倍，单排桩桩后 $-0.98\text{m}$ 处的总土压力、动土压力约为双排桩下桩桩后 $-0.98\text{m}$ 处对应的总土压力、动土压力的 $2\sim3$ 倍；单排桩桩前 $-0.66\text{m}$ 处的总土压力约为双排桩下桩桩前 $-0.66\text{m}$ 处的总土压力的 $1.2\sim1.6$ 倍；单排桩桩前 $-0.66\text{m}$ 处的动土压力约为双排桩下桩桩前 $-0.66\text{m}$ 处的动土压力的 $1.7\sim2.0$ 倍。

（3）通过对比桩后土体的水平和竖直加速度峰值发现：单排桩、双排桩板结构试验模型中土体加速度峰值均随着高度增加而增大，且震级越大，增加速率越大，但从总体来看，双排桩板结构试验模型中的土体加速度峰值比单排桩板结构试验模型中相同震次下相同位置处的土体加速度峰值要小，而且相同震次下，双排桩板结构试验模型中的土体加速度峰值增速比单排桩板结构试验模型中的土体加速度峰值增速也要小。

（4）通过对比单排桩、双排桩板结构试验模型中各个测试桩的桩顶位移可以发现：单排桩板结构试验模型在加速度峰值为 $0.4g$ 地震作用下，达到使用极限状态；在加速度峰值为 $0.5g$ 地震作用下，达到破坏状态。对于双排桩板结构试验模型，下排桩在加速度峰值为 $0.5g$ 地震作用下，下排桩才达到使用极限状态；在加速度峰值为 $0.9g$ 地震作用下，下排桩达到破坏状态。上排桩在加速度峰值为 $0.7g$ 地震作用下，下排桩才达到使用极限状态；在加速度峰值为 $0.9g$ 地震作用下，同下排桩一样，达到破坏状态。这说明双排桩板结构的支挡效果明显优于单排桩板结构。

（5）用传递系数法计算出的桩体桩后受力大小顺序是：单排桩＞双排桩上桩＞双排桩

下桩，而由试验值结果得出的桩体桩后受力大小顺序是：单排桩＞双排桩下桩＞双排桩上桩。这说明试验过程中上排桩并不能按照理论计算中假想的那样对 0.3m（桩间距）内的滑体土都起到很好的支护作用，上部滑体的滑坡推力还是会部分传到下部土体，并最终传到下排桩上。

（6）由试验结果，双排桩上桩和双排桩下桩的桩后受力之和除了在静力状态下略小于单排桩的桩后受力之外，加速度峰值分别为 $0.1g_x$、$0.2g_x$ 和 $0.3g_{xz}$、$0.4g_{xz}$ 和 $0.5g_{xz}$ 地震作用下的双排桩上桩和双排桩下桩的桩后受力之和约为单排桩的桩后受力的 1.2 倍。这说明双排桩上桩对双排桩下桩存在一定的影响。

（7）对于单排桩的桩后受力，在静力、$0.1g_x$（7 度）状态下理论计算值大于试验值，在 $0.2g_x$（8 度）状态下，二者接近；在 $0.3g_{xz}$（8 度）、$0.4g_{xz}$（9 度）、$0.5g_{xz}$（9 度）状态下，理论计算值小于试验值，其中 $0.4g_{xz}$（9 度）、$0.5g_{xz}$（9 度）两个状态下理论值远远小于试验值；对于双排桩上桩和双排桩下桩的桩后受力之和，有同样的规律。故可以认为，设计中按拟静力法计算桩体受力的话，在地震烈度小于 7 度的情况下，是偏于安全的，在地震烈度大于 8 度的情况下，应作适当修改。

（8）对于双排桩板结构试验模型，由理论计算出的在静力、0.1g、0.2g 和 0.3g、0.4g 和 0.5g 状态下对应的上排桩的桩后受力约占双排桩上桩和双排桩下桩的桩后受力之和的 57%；而由试验值计算出的在静力、0.1g、0.2g 和 0.3g、0.4g 和 0.5g 状态下对应的上排桩的桩后受力约占双排桩上桩和双排桩下桩的桩后受力之和的 40%～50%。也即，双排桩板结构试验模型中上排桩对边坡滑坡推力的分担比约为 40%～50%；下排桩对边坡滑坡推力的分担比约为 50%～60%。

# 第 11 章　包裹式加筋土挡土墙抗震特性试验研究

## 11.1　引言

　　土体具有一定的抗压和抗剪强度，但它们的抗拉强度却极低，在土内掺入或铺设适当的加筋材料，可以不同程度地改善土体的强度与变形特征。早在远古时代，劳动人民已掌握这种技术并应用于实践，在土中掺加稻草、芦苇等简易的加筋材料用于砌筑墙体和房屋。然而真正将加筋土技术上升为理论并作为近代建筑技术加以研究和推广应用，则是 20世纪 60 年代，法国工程师 Henri Vidal 在模型试验中发现，当土中掺入有机纤维材料后，其强度可明显提高，据此提出了加筋土概念，并于 1963 年首先公布了其研究成果，提出了土的加筋技术和设计理论。此理论应用于 1965 年法国在比利牛斯山的普拉聂尔斯修建的世界上第一座加筋土挡土墙。加筋土技术在法国的成功应用，引起了世界各国工程界、学术界的广泛重视，其发展速度相当快，应用范围也日益广泛。作为一种轻型支挡结构，被广泛应用于挡土墙、桥台、港口岸墙和地下结构等；作为土体的稳定体系，被应用于道路路堤、水工坝体、边坡稳定和加固地基等。西德《地下建设》杂志（1979 年）曾誉之为"继钢筋混凝土之后又一造福人类的复合材料"。

　　加筋土挡土墙作为一种轻型的支挡结构，适宜在软土地基上建造，并具有良好的抗震性。另外还具有施工简便、施工速度快、圬工量少、节省投资、占地少、外形美观等优点，因此加筋土技术在我国也得到了极其迅猛的发展和应用。诸如铁路、公路、矿山、采场、交通隧道与城市地下铁道、地下厂房、边坡与坝基，以及国防与民用防空工程等，几乎涉及土木建筑、矿业工程与水利水电建设领域的各个主要方面。经过大量的工程实践，证明加筋土挡土墙是一种很不错的支挡方式并具有极高的经济性。

### 11.1.1　加筋土挡土墙研究现状

　　自加筋土挡土墙应用于实际工程以来，国内外许多专家学者在理论分析、静力试验、动力试验及数值模拟分析等诸多方面都做了大量的研究，并得到了丰富的研究成果，这很好地促进了加筋土技术的发展和应用；但由于加筋土挡土墙筋土间作用机理的复杂性、结构形式和环境条件多变性，目前加筋土挡土墙仍然处于设计、施工、检测相关规范（规程）的建立和健全的阶段，尤其是动力和抗震方面更为不足，理论滞后于实践。

#### 1. 静力研究

　　加筋土的静力特性方面，从 20 世纪 70 年代开始，就有许多国外的专家学者进行了研究，通过试验室模型试验、现场足尺模型试验及原型试验、理论和数值分析得到了大量的理论及试验成果。

结合试验，以朗肯土压力理论及库仑土压力理论为理论分析的基础，通过假设破裂面位置及形式，对筋条的受力情况、内力分布等进行分析，得到加筋土挡墙的内部稳定、外部稳定等诸多方面的结论。

目前，通过试验和工程实践，在加筋土挡墙静力方面，设计理论已基本成熟。

**2. 动力研究**

在加筋土挡土墙动力特性方面的研究，早期国内鲜有报道，国外学者进行了一些试验研究。美国加州大学 G. N. Riehardson、加拿大 M. Yogen-drakumar 在模型试验基础上作了一些理论分析，但仅限于使用较少的金属筋材；德国 Claus H. Gobel、Uirike C. Weisemann 等在室内利用模型箱，研究了列车荷载作用下土工格栅的合理加筋位置及承载力和沉降量的变化；Mohamam H. Maher 等利用共振柱试验测试加筋砂的动力反应，得到加筋土结构具有较好的抗震性的结论。近年来我国才对其展开研究，但多数集中在加筋土方面，如张小江等对纤维加筋土的动力特性进行了研究，试验研究结果表明纤维加筋土的动强度、动模量与普通土相比均有很大的提高，并且指出即使加筋土体发生动力破坏，仍能保持其整体性，不会因裂缝导致的应力重分布而引起整体性破坏；张友葩等研究了动荷载下挡土墙的可靠性；兰州铁道学院梁波等从加筋机理入手，建立了加筋强度的等效约束力模型，分析了粉煤灰静、动强度的拉力破坏和粘结破坏两种情况下的强度指标，用窗纱和硬塑料板作加筋模拟材料，做动三轴试验得出了动内摩擦角和动内聚力两个强度指标；杨果林等利用室内模型试验，研究了列车荷载作用下加筋土挡墙的动态响应，并开展对加筋土挡墙在动力荷载作用下的理论分析、动力参数和解析方法的研究。然而，就目前对加筋土挡土墙的动力特性的研究来看，还远远不够。动力设计理论并不成熟。

**3. 试验研究**

1）筋土界面间特性试验

包裹式加筋土挡墙的设计需要了解筋土界面间特性与作用机理，其中筋土界面间摩擦力的大小及变化是进行结构内部稳定性分析重要的参数。目前，国内外学者对加筋土的筋土界面间特性试验以拉拔试验与直剪试验为主。拉拔试验能反映筋材整体沿其作用界面剪应力与位移的变化关系，而直剪试验则能模拟加筋土局部剪应力与位移的变化关系。对两种不同的试验周志刚等认为若能预估实际工程填土和织物可能出现的相对位移，则直剪试验较为合适，若双面均与土发生相对位移，则拉拔试验更适合。另外，对于刚度较小的土工合成材料，直剪试验较为符合实际情况，对刚度大的材料，则拉拔试验更好。吴景海等采用大比例拉拔试验与直剪试验进行了筋土界面间特性的研究，也得到了一些有用的结论。

对于筋土界面间的摩擦特性，通过大量试验得到了如下的结论：土工合成材料的直剪系数一般低于 1.0，不同填料与不同土工加筋材料对直剪系数影响不大，国内推荐采用 0.7~0.8，国外也有人推荐 0.65 左右。对于不同类型的填土（砂土和黏性土），在剪应力和应变的关系上表现的特征不一样，砂土越密实，峰值越显著，峰值摩擦力也越大；而黏性土的整个曲线相对比较平缓，几乎没有峰值。

2）加筋机理试验

加筋机理试验研究一般是通过静三轴模型试验、离心机模型试验和原位试验来实现。在静三轴模型试验中，假定模型试样为均匀的连续介质，通过施加围压和轴压来模拟加筋土中一点的应力状态及所经历的路径，来研究加筋土体的变形和强度特征。1969 年，Henri Vidal 最先发表了他在试验场地的轴对称应力条件下加筋土三轴试验结果。该结果显示加筋确实改善了土的受力性能，即加筋土的黏聚力增大了。Hausmann(1976)指出在低应力阶段，加筋土出现滑移破坏，并且没有明显的黏聚力，仅提高了内摩擦角。Ingold (1983) 认为加筋能提高侧限力与粘结力。国内如袁雪琪等用常规三轴仪，研究了巫山县集仙中路 1 号 CAT30020 型复合拉筋带加筋土挡墙在不固结、不排水条件下的变形破坏机理和抗剪强度性质；吴景海等通过三轴试验对 5 种国产土工合成材料的加筋效果作了对比研究；邓容基在改装过的简易平面应变仪上对加筋土进行了研究；孙丽梅等对不同布筋方式下加筋土强度特性进行了研究，并得到一些有益的结论。目前为止，对加筋土加筋机理仍然以准黏聚力理论与摩擦加筋理论为主。

离心机模型试验原理是根据相似理论，通过离心机产生离心加速度来模拟重力场，使试验模型具有与原型相似的边界条件和受力状态。当重力加速度增至 $ng$ 时，模型尺寸可缩小为原型的 $1/n$。近年来随着激振技术的不断改进和提高，离心机模型试验已成为岩土工程研究领域的重要手段之一，它不仅可以用于解决常规的土力学问题，而且可以模拟原型的受力特点。研究人员已将离心机模型试验用于土石坝、边坡、挡土墙、桩基、深基坑与土工抗震等诸多方面的研究。黄文熙院士曾称土工离心机是岩土工程发展的一个里程碑。

在加筋土挡土墙方面的离心机模型试验的研究，张师德和杜鸿梁通过对包裹式加筋土挡土墙的离心机模型试验，发现包裹面内的实测土压力大于主动土压力，土压力最大值位于墙高中部，当墙顶有均布超载时，侧压力系数接近 1，如墙顶无超载，则墙面土压力分布为上小下大，沿墙高近似线形分布或抛物线分布。章为民等通过离心机模型试验研究了加筋土挡土墙的主要破坏形式、破坏机理以及主要加筋设计参数对加筋土挡土墙墙体的影响；研究表明，随着筋材强度增加、布筋密度加大，墙体的整体刚度与强度也相应增加，软基础对墙体应变分布无明显的不利影响。黄广军通过离心机模型试验研究了影响加筋土挡土墙性状的因素，包括填土、面板和筋材等，并且结合量纲分析法，明确提出了刚性墙面、柔性墙面、刚性筋材和柔性筋材的定义。

原位试验又称现场足尺试验。虽然不太经济，但能够很好地反映加筋土在实际工程中的受力变形情况，有助于对加筋土的受力变形及加筋机理进行更直观的认识。Chistopher 等（1994）在加筋土挡土墙足尺试验中发现，当筋材与面板间为刚性连接时，面板上的侧向土压力接近主动土压力；为柔性连接时，则小于主动土压力。还有一些实测数据表明面板上的侧向土压力小于朗肯或库仑土压力。Konami(1994)在加筋土挡土墙原型试验中发现，越靠近底层，筋材最大拉力越大，且最大拉力点越靠近墙面，上层的最大拉力值则变小，且向墙体内部移动，各层筋材最大拉力点连线接近 $0.3H$ 型的潜在破裂面。但也有不少学者发现，当筋材刚度很大，面板刚度相对较小时，各层筋材的最大拉力点均在筋材与面板连接处。

近年来国内学者针对影响加筋土力学特性的不同因素进行了相应类型的试验研究，得到如下一些看法：

（1）筋材作用的发挥与其本身的变形有关，只有当加筋土体发生一定的侧向位移时，加筋体才会发挥作用；

（2）筋材能均化应力，降低地基中的附加竖向应力，提高地基承载力；

（3）加筋能有效减少侧向与竖向变形；

（4）加筋效果还与织物边界条件有关，比如织物平铺与卷边（普通式与包裹式）对加筋土的性能也有一定影响；

（5）加筋量（间距与层数）、筋材的类型与填土类型对加筋土的性能和加筋土的破坏模式有影响。

3）动力特性试验

对加筋土动力试验的研究主要通过振动台试验、动三轴试验、共振柱试验等方法来实现。振动台试验是在振动台上给模型箱中的加筋土挡土结构施加振动荷载，用于模拟地震作用下的加筋土挡土结构的动力特性。大连理工大学孔宪京等对加筋边坡进行了振动台模型试验研究，指出增大加筋长度和密度均能提高边坡的抗震稳定性，但当加筋密度增大到一定程度时，滑动面深度变化不再明显。昆明理工大学周亦唐等对塑料土工格栅加筋土进行了振动台模型试验研究，通过在地震作用下的抗拔试验得出了动摩擦系数与震级的关系。

兰州铁道学院梁波等利用动三轴试验，建立了加筋强度的等效约束模型，测得加筋土动内摩擦角和动内聚力两个强度指标。Mohamam H. Maher 等利用共振柱试验测量加筋砂的动力反应，得出加筋砂在动力荷载作用下筋材对剪应变值、侧向应力、剪切模量和阻尼率的影响。另一种方法是用爆炸作为激振源，来研究加筋土挡土墙结构的动力特性。如 Richardson 报道了美国加利福尼亚大学进行的加筋土挡土墙遭受随机激励荷载的现场试验；加筋土挡土墙高 6.1m，加筋采用钢条带，筋带长 4.88m，垂直间距 0.76m，挡土墙遭受几次爆炸荷载，用连续性爆炸荷载提供激振力模拟地震作用，4 个 0.6kg 的炸药包置于距挡土墙墙址 9.46m 处，4 个炸药爆炸的延时从 0 开始分别为 0.0125s、0.0250s、0.0500s、0.0750s。在墙体内选择适当的位置测量加速度时程曲线和动应力时程曲线。

### 4. 数值模拟研究

有限元模型主要有三种形式：整体式、组合式和分离式。在整体式有限元模型中，把单元视为连续均匀的材料，将筋带离散在整个单元中，筋带对整个结构的贡献，可以通过调整材料的屈服强度、材料的弹性模量等力学参数来实现。在分离式模型中，将土体和加筋材料各自划分为足够小的单元，按照土体和加筋材料不同的力学性能，选择不同的单元形式和力学参数。一般可将有限元网格划分为：填土单元、筋带单元和面板单元，其中筋带单元用一维杆单元，面板单元用梁单元，加筋材料与土体之间在土压力作用下会产生相对滑移，在网格单元中可插入四结点或六结点节理单元模拟两者之间这种粘结约束作用和相对滑移。分离式模型可反映加筋材料和土体之间相互作用的微观机理。组合式模型是介于整体式与分离式之间的一种有限元模型，组合式模型假定加筋材料与土体之间的相互粘结很好，不会产生滑移。除此之外还有别的模型，如李海深等提出了筋-土单元模型，由于土工格栅具有网孔且表面凹凸不平，所以土工格栅在填土中的滑移面不在其表面，而是在土工格栅上下表面附近的填料中，即土工格栅与其表面一定厚度的填土共同工作，于是他视土工格栅与其上下表面一定厚度的土层为筋-土单元。这种有限元模型解决了筋材无厚度问题，在网格单元划分时又不需要设置接触面单元，这样使解题更加方便。

目前，国内外许多学者对加筋土挡土墙进行了数值模拟方面的研究。蒋清建等采用四节点平面矩形单元模拟土体，对动力作用下加筋土挡土墙进行数值模拟，得到了在地震作用下筋材的受力变形规律。刘华北应用动力弹塑性有限元方法，研究了水平与竖向地震、加筋长度、加筋层间隔等设计参数对土工格栅加筋土挡土墙动力响应的影响。湖南大学伍永胜根据有限元分析结果提出了反应谱法抗震设计方法。

## 11.1.2　研究背景

　　我国是个多地震的国家，地震区域分布广泛，且破坏性地震发生较为频繁。"5·12"汶川大地震发生后，经调查发现加筋土挡土墙具有较好的抗震效果，但传统的面板式却有着不同程度的破坏，如面板开裂，而包裹式加筋土挡土墙则有较大的变形能力和较好的抗震效果。

　　广（通）大（理）铁路某车站工点试验段，该段工程为车站路基，路基以填方通过，最大填高约 10m。工点所在区域为高烈度地区，抗震设防等级为Ⅷ度。受站点用地限制不能采用自然放坡。经综合分析论证，认为包裹式加筋土挡土墙方案可满足设计要求。

## 11.1.3　研究内容

　　针对广大线某车站工点的工程特性，对包裹式加筋土挡土墙在地震作用下的加筋机理、受力、变形、设计方法、计算理论及破坏模式进行系统研究；完善加筋土挡土墙的抗震设计计算理论，推动加筋土挡土墙技术在我国工程建设中的应用；并以此为依据指导加筋土挡土墙抗震设计及施工，具有重大的工程使用价值和经济价值。主要研究内容如下：

　　（1）对加筋土理论研究中普遍关心的筋-土相互作用机制和加筋土的分析理论等问题的研究成果进行了回顾；对包裹式加筋土挡土墙结构稳定性分析的主要内容及分析方法进行总结。

　　（2）确定振动台试验模型的相似率，进而确定模型尺寸及材料，并进行模型试验的设计。

　　（3）通过室内振动台模型试验，研究包裹式加筋土挡墙在地震作用下的受力、变形特性及破坏模式；并与普通式加筋土挡土墙在地震作用下的受力变形对比分析。

　　（4）通过对试验模型进行理论计算和试验实测值进行计算，对加筋土挡土墙的抗震设计方法进行研究，分析目前抗震设计方法的不足。

# 11.2　包裹式加筋土挡土墙的加筋原理与稳定性分析

## 11.2.1　包裹式加筋土挡土墙结构形式及优点

### 1. 包裹式加筋土挡土墙结构形式

　　包裹式加筋土挡土墙结构主要由筋材、填土和面板三部分组成。普通加筋土挡土墙筋材可为预制钢筋混凝土条带、土工格栅等，而包裹式加筋土挡土墙的加筋材料常为土工格栅，将其在土内满铺，在铺设的每一层土工格栅上填土并压实，将外端部土工格栅卷回一定长度后，再在其上铺放另一层土工格栅，每层填土厚为 0.3～0.5m，逐层增高。由于包裹式加筋土挡土墙不承受土压力，只起防护与装饰作用，因此其面板形式也更加多变，可整体现浇、预制拼装，也可在包裹端处用土工带代替墙面板。另外其面板也不像普通式加筋土挡土墙那样在设计时要考虑与土工格栅的直接连接。在高烈度地震区采用预制拼装式的面板，在面板与面板之间设置凹槽与凸榫使其有相对较大的抵抗变形能力，能更好地抵抗地震作用。

**2. 包裹式加筋土挡土墙优点**

包裹式加筋土挡土墙是一种具有一定柔性和变形适应能力的轻型支挡结构，传统的重力式挡土墙是以自重等因素抵抗墙后土压力和保持自身稳定，而包裹式加筋土挡土墙则是通过筋带和填土之间的摩擦作用，改善土体的变形条件和稳定性，从而加固稳定土体，抵抗土压力。同时，包裹式加筋挡土墙还具有以下优点：

（1）造价低廉。包裹式加筋土挡土墙面板薄（装饰作用），基础尺寸小，与钢筋混凝土挡土墙相比，可减少造价一半左右，与石砌重力式挡土墙相比，可以节省造价20％左右，且墙越高其经济效益越显著。

（2）节约用地。由于墙面板可以垂直砌筑，可大量减少占地。针对工点为车站的实际情况，这一特点的优势更加明显。

（3）施工简便。墙面板和其他构件均可以预制，整个构筑物均可在现场用机械（或人工）分层拼装和填筑。除需配置压实机械外，施工时一般不需要配备其他机械，易于掌握，节省劳力，缩短工期。

（4）造型美观。包裹式加筋土挡土墙的总体布设和墙面板的形式图案可根据周围环境特点和需要实现路、景、物美化协调，人与工程环境和谐共存。

（5）适应性好。加筋土属柔性轻型支挡结构，在一定范围内可承受比较大的地基变形，对地基承载能力要求较低，其稳定性高，比其他类型的支挡结构抗震性能好。

## 11.2.2　加筋土的基本原理

砂性土是一种粒散性堆积材料，当无侧限约束时，在自重或外荷载作用下易产生严重变形或坍塌。若在土中沿垂直于荷载作用的方向布置柔性的拉筋材料，当土体沿拉筋方向产生变形时将与拉筋材料产生摩擦，能有效地约束侧向变形，使加筋土犹如具有某种程度的黏聚力，从而可较大程度地改良土的力学特性。这种力学特性的改变归根结底是筋土的相互作用。从加筋的类型区分，分为线状加筋（条带式）和面状加筋（铺垫式）两种。两种类型表现出不同的筋土相互作用机制，对于线状加筋，作用机制为摩擦-约束剪胀机制，当筋材为条带式时，筋带受拉会引起筋带周围密实砂土发生剪胀，而体积的膨胀会受到周围土体的约束，使得作用于筋材上的正应力增加，从而表现为视摩擦角大于测量值。对于筋材为面状的加筋，作用机制为摩擦-被动抵制机制，当筋材为格栅、格网等铺垫式时，与受拉方向平行的筋带与砂土间存在相互摩擦，而与受拉方向垂直的筋带主要表现为抗弯，总的抗拔力是两者的组合。

随着工程实践经验的积累，试验研究和理论研究的不断深入，目前主要形成两种分析理论来解释加筋土改良土的力学特性这一现象：摩擦加筋原理和准黏聚力原理。

**1. 摩擦加筋原理**

摩擦加筋原理认为：在加筋土挡土墙结构中，填土自重与外力产生的土压力作用于墙面板，土压力会传递给与面板连接在一起的拉筋上，这样就存在着将拉筋从土中拉出的可能，而拉筋又被密实的填土压住，于是填土与拉筋之间的摩擦力阻止拉筋被拔出。因此，对加筋材料有两点要求：一是表面要粗糙，能在拉筋与填土之间产生足够的摩擦力；二是要有足够的强度和弹性模量。前者保证加筋材料不被拉出，后者保证加筋材料不会拉断或产生较大的变形。

在加筋土挡土墙中加筋材料常常呈水平状态，相间或成层地铺设在土体中。如果土体密实，拉筋布置的竖向间距较小，上下拉筋间的土体会由于加筋对土的竖向法向力和水平向的摩擦力在土体颗粒中相互传递（即由拉筋直接接触的土颗粒传递给没有直接接触的土颗粒），而形成与土压力相平衡的承压拱。这时，在上下筋条之间的土体，除了在端部的土体不稳定外，将与拉筋形成一个稳定的整体。同理，如果同层拉筋的左右间距不大，左右拉筋间的土体也会在侧向力的作用下，通过土拱作用传递给上下拉筋间已经形成的土拱，最后也由拉筋对它的摩擦阻力承受侧压力，于是，除端部的土体外，左右拉筋间的土体也将获得稳定。

加筋土的成拱条件非常复杂，特别是在拉筋间距大而填土的颗粒小，以及土体的密实度不够的情况下，这时，拉筋间的土体将失去约束而出现塌落和侧向位移，在拉筋间土体很难形成稳定的土拱。因此在加筋土挡土墙设计时，选择合适的加筋层间距和保证一定密实度的填土尤为重要。在加筋土挡土墙中由于端部土体的不稳定，在工程中常在拉筋端部加设墙面板，用以支挡不稳定的土体，承受拉筋与土体之间的摩擦阻力未能克服的剩余土压力，并通过连接件传递给其后稳定的拉筋。对于加筋材料为土工格栅的包裹式加筋土挡土墙，只存在上下层拉筋且端部土体由于包裹端的存在也能达到稳定。

如图 11.2.1 所示，在加筋土体中取一微段进行分析，设微段长度为 $\mathrm{d}l$，拉筋左侧受力为 $T_1$，右侧受力为 $T_2$，作用在拉筋上的法向应力为 $N$，拉筋与土粒之间的摩擦系数为 $f$，筋带宽度为 $b$，不计筋带重量与微元体中土体重量。则填土的水平推力在该微段拉筋中所引起的拉力为：

$$\mathrm{d}T = T_1 - T_2 \tag{11.2.1}$$

填土与拉筋在该微段上产生的摩擦力为：

$$\mathrm{d}F = 2Nfb\mathrm{d}l \tag{11.2.2}$$

根据对该微段的受力分析可知，如果：

$$\mathrm{d}T = T_1 - T_2 < \mathrm{d}F = 2Nfb\mathrm{d}l \tag{11.2.3}$$

则拉筋与土体之间就不会产生相互滑动，即微元体可保持稳定，此时拉筋与土体之间直接相连在一起发挥着作用。如果每一层加筋均能满足上式的要求，则整个加筋土挡土墙的内部抗拔稳定性就得到保证。

摩擦加筋理论由于概念明确、理解简单，并在加筋土挡土墙的现场试验中得到很好的验证，因此，在加筋土的实际工程中，特别是加筋土挡土墙工程中得到广泛的应用。但是，摩擦加筋原理忽略了加筋材料在荷载作用下的变形，也未考虑土体是非连续介质，具有各向异性的特点。所以，对高模量的加筋材料，如金属加筋材料比较适用，而对模量较小、相对变形较大的土工合成材料，其结果则只是比较近似。

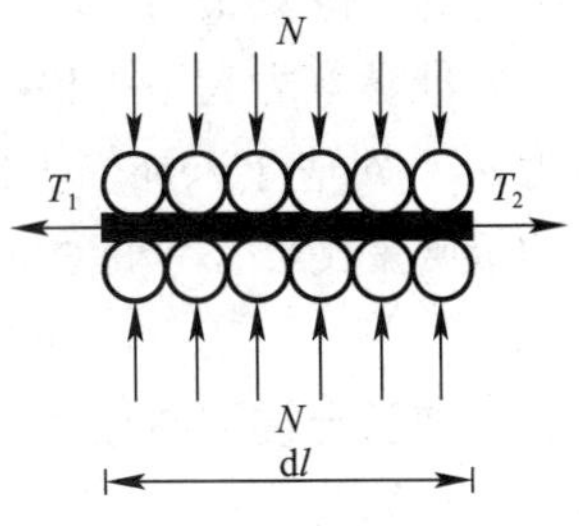

图 11.2.1　摩擦加筋原理

### 2. 准黏聚力原理

准黏聚力原理认为：加筋土结构可以看作是各向异性的复合材料，这种加筋土复合材料的受力（填土的抗剪力、填土与拉筋的摩擦阻力及拉筋的抗拉力）是由拉筋与填土的共同作用来承担。通常采用的加筋材料，其弹性模量远远大于填土的弹性模量，从而使得带有拉筋的填土的强度明显提高。

未加筋的土体在竖向应力 $\sigma_1$ 作用下，土体产生竖向压缩变形和侧向膨胀变形。随着竖向应力的增大，压缩变形和侧向膨胀变形会随之增大，直至土体破坏。如果在土体中铺设水平方向的加筋材料，在同样的竖向应力 $\sigma_1$ 作用下，由于筋材与土体之间产生了摩擦作用，将引起侧向膨胀的拉力传递给拉筋，使土体的侧向变形受到约束。拉筋产生的这种约束力相当于在土体侧向施加了一个侧压力，起着限制土体侧向变形的作用，使土体强度得到提高。这一点在加筋砂土样与未加筋砂土样进行的三轴对比试验中得到证实。加筋砂样比未加筋砂样强度有所提高，可根据库仑理论和摩尔破坏准则来加以解释。

根据库仑理论，土的极限强度为：

$$\tau_f = \sigma \tan\varphi + c \tag{11.2.4}$$

式中，$\tau_f$ 为土的极限抗剪强度；$\sigma$ 为土体上受到的正应力；$c$、$\varphi$ 分别为土的黏聚力和内摩擦角。

设 $\sigma_{1f}$ 为土样破坏时的最大主应力，$\sigma_3$ 为土样侧向的最小主应力。根据土样破坏时土样的摩尔圆与土样的库仑强度相切的条件，可得：

$$\sigma_{1f} = \sigma_3 \tan^2(45° + \varphi/2) + 2c\tan(45° + \varphi/2) \tag{11.2.5}$$

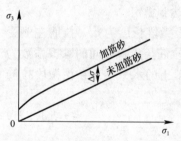

图 11.2.2　加筋砂和未加筋砂
强度曲线

在加筋砂土样与未加筋砂土样进行的三轴对比试验中发现，未加筋砂在 $\sigma_1$ 和 $\sigma_3$ 作用下达到极限平衡状态，见图 11.2.2 中摩尔圆 Ⅱ；保持 $\sigma_3$ 不变，而加筋砂在同样的 $\sigma_1$ 作用下却达不到极限平衡，而是处于弹性平衡状态，见图 11.2.2 中摩尔圆 Ⅰ；当 $\sigma_1$ 增加至 $\sigma_{1f}$ 时才达到极限平衡状态，见图 11.2.2 中摩尔圆 Ⅲ。说明砂样在加筋前后的 $\varphi$ 值不变，但加筋后土的强度却提高了。

从三轴对比试验结果来看（图 11.2.2），加筋砂与未加筋砂的强度包线几乎完全平行，说明加筋前后砂样的内摩擦角 $\varphi$ 值基本保持不变，但加筋砂的强度曲线却不通过坐标原点，而与纵坐标 $\tau$ 相截，其截距相当于式（11.2.4）中的 $c$。因此，加筋砂力学性能的改善是由于新的复合土体具有某种"黏聚力"的缘故，砂土本身是没有这个"黏聚力"的，而是加筋的原因产生，故称之为"准黏聚力"。

准黏聚力大小可根据摩尔-库仑理论求得。设加筋后达到极限平衡状态时最大主应力为 $\sigma_{1f}$，对应于未加筋土也达到极限平衡状态时，由图 11.2.3 摩尔圆 Ⅳ 按未加筋土达到新的极限平衡状态（即侧向最小主应力为 $\sigma_3' = \sigma_3 + \Delta\sigma$ 时）的计算公式得：

$$\sigma_{1f} = \sigma_3'\tan^2(45° + \varphi/2) = (\sigma_3 + \Delta\sigma)\tan^2(45° + \varphi/2) \tag{11.2.6}$$

加筋土样侧向最小土压力为 $\sigma_3$，达到极限平衡状态时，由图 11.2.2 摩尔圆 Ⅲ 按加筋土的计算公式得：

$$\sigma_{1f} = \sigma_3\tan^2(45° + \varphi/2) + 2c_p\tan(45° + \varphi/2) \tag{11.2.7}$$

结合式（11.2.6）和式（11.2.7）可得：

$$\Delta\sigma\tan^2(45°+\varphi/2)=2c_p\tan(45°+\varphi/2) \tag{11.2.8}$$

即：

$$c_p=\frac{1}{2}\Delta\sigma\tan(45°+\varphi/2) \tag{11.2.9}$$

上式是建立在加筋土稳定时，即筋材不出现断裂或滑动，同时也不考虑拉筋受力作用后产生拉伸变形的条件下得出的。显然这只适用于高抗拉强度和高模量的拉筋材料，如钢带和高强度、高模量的塑料加筋带等。对于低模量、延伸率大的土工合成材料的加筋作用机理，不考虑其拉伸变形的影响是不符合实际的。为了考虑低模量拉筋拉伸变形的影响，取三轴试验中的楔形体做进一步分析，如图 11.2.4 所示。

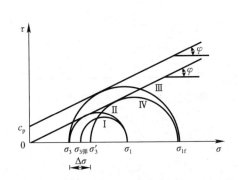

图 11.2.3　加筋土和未加筋土摩尔圆分析

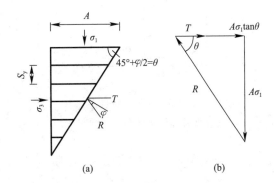

图 11.2.4　加筋土楔形体力学平衡分析

图 11.2.3 中 Ⅰ 为加筋土弹性平衡状态下摩尔圆；Ⅱ 为未加筋土极限平衡状态下摩尔圆；Ⅲ 为加筋土极限平衡状态下摩尔圆；Ⅳ 为未加筋土在最大主应力 $\sigma_{1f}$ 下达到极限平衡状态时的摩尔圆。图 11.2.4 中，$A$ 为试样的截面面积；$\varphi$ 为土的内摩擦角；$\theta$ 为破裂角，$\theta=45°+\varphi/2$；$T$ 为与破裂面相交的各拉筋层的水平合力；$R$ 为破裂面上填土的反作用力，其中 $R=A\sigma_1/\sin(45°+\varphi/2)$。

设拉筋的截面积为 $A_s$，极限抗拉强度为 $\sigma_s$，加筋土体中拉筋层的水平和竖向间距分别为 $S_x$ 和 $S_y$。则破坏时拉筋承受的水平合力 $T$ 为：

$$T=\frac{\sigma_s A_s A\tan(45°+\varphi/2)}{S_x S_y} \tag{11.2.10}$$

由极限静力平衡条件可得：

$$T+\sigma_3 A\tan(45°+\varphi/2)=\sigma_1 A/\tan(45°+\varphi/2) \tag{11.2.11}$$

将式（11.2.7）和式（11.2.10）代入式（11.2.11）中可得：

$$c_p=\frac{\sigma_s A_s\tan(45°+\varphi/2)}{2S_x S_y} \tag{11.2.12}$$

式（11.2.12）求得的 $c_p$ 即是低模量拉筋作用产生的准黏聚力。

## 11.2.3　加筋土挡土墙破坏模式

加筋土挡土墙的破坏模式大致可分为外部稳定性破坏和内部稳定性破坏。外部稳定性破坏包括平面滑移、地基承载力不足、连同地基整体滑动及倾覆破坏几种类型。这类破坏模式的特点是破裂面发生在加筋层的下面。如图 11.2.5 所示，内部稳定性破坏主要为筋材破坏及破裂面发生在两个加筋层之间的破坏。这种破坏模式的特点是破裂面发生在加筋土挡土墙的内部。筋材破坏还可分为筋材抗拉强度不够被拉断的破坏和筋-土摩擦力不足筋材被拔出的破坏。如图 11.2.6 所示；对于包裹式加筋土挡土墙还存在着包裹段长度不够而引起的破坏；此外还有因过大的侧向变形引起的破坏及筋材蠕变引起的破坏。

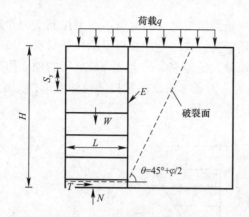

图 11.2.5　外部稳定性破坏

（破裂面位于加筋层下面）

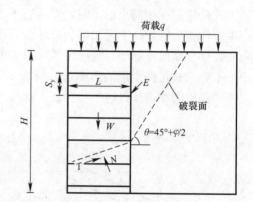

图 11.2.6　内部稳定性破坏

（破裂面位于加筋层之间）

## 11.2.4　加筋土挡土墙稳定性分析

铁路、公路设计规范中对加筋土挡土墙设计计算，是根据加筋土挡土墙在外部荷载作用下产生的各种破坏模式，考虑外部稳定性分析和内部稳定性分析共同决定的。计算步骤为先根据外部稳定性分析验算结果，初步确定加筋体宽度即初步确定筋材长度，再对加筋土体进行内部稳定性分析验算，必须满足外部稳定和内部稳定。因此对加筋土挡土墙的稳定性分析分为两大部分：一是外部稳定性分析，二是内部稳定性分析。外部稳定性分析是要分析筋土形成的复合墙体的整体稳定、抗滑稳定、抗倾覆稳定、沉降及基础稳定等问题。内部稳定性分析是要解决加筋材料选择和设置问题，即通过计算筋带的拉力和抗拔稳定性，确定筋带材料的选择、筋带长度、加筋密度和加筋方式等问题，确保筋土形成的复合体能够共同工作。

**1. 外部稳定性分析计算方法**

加筋土挡土墙外部稳定性分析计算包括滑移稳定计算、倾覆稳定计算、基底应力计算、整体稳定性计算和沉降计算。总的说来，这些计算内容和计算方法与重力式挡土墙相近。

1）滑移稳定计算

滑移稳定计算，将加筋土体视为重力式挡土墙。验证加筋土体承受的总水平力是否小于加筋土体与地基间产生的抗滑力。即：

$$K_c = \frac{f \cdot \sum N}{\sum T} \geqslant \left[K_c\right] \qquad (11.2.13)$$

式中，$K_c$ 为抗滑稳定安全系数；$\sum N$ 为竖直方向力总和；$f$ 为基底与地层间的摩擦系数；$\sum T$ 为水平方向力总和；$\left[K_c\right]$ 为规定的抗滑稳定安全系数，《铁路路基支挡结构设计规范》TB 10025 中规定其值为 1.3。

2）倾覆稳定计算

同滑移稳定计算，将加筋土体视为重力式挡土墙，其倾覆稳定计算与重力式挡墙一样，即：

$$K_0 = \frac{\sum M_y}{\sum M_0} \geqslant [K_0] \tag{11.2.14}$$

式中，$K_0$ 为抗倾覆稳定系数；$\sum M_y$ 为稳定力系对加筋土挡土墙墙趾的总力矩；$\sum M_0$ 为倾覆力系对加筋土挡土墙墙趾的总力矩；$[K_0]$ 为规定的抗倾覆稳定安全系数，《铁路路基支挡结构设计规范》TB 10025 中规定其值为 1.5。

3）基底应力计算

将加筋土体视为重力式挡土墙，沿用刚性基础基底应力的计算公式。铁路规范中先计算挡土墙基底合力偏心距，根据偏心距再计算出基底压应力。即：

$$e = \frac{B}{2} - c = \frac{B}{2} - \frac{\sum M_y - \sum M_0}{\sum N} \tag{11.2.15}$$

$$当 |e| \leqslant \frac{B}{6} 时，\sigma_{1,2} = \frac{\sum N}{B}\left(1 \pm \frac{6e}{B}\right) \tag{11.2.16}$$

$$当 e > \frac{B}{6} 时，\sigma_1 = \frac{2\sum N}{3c}，\sigma_2 = 0 \tag{11.2.17}$$

$$当 e < -\frac{B}{6} 时，\sigma_1 = 0，\sigma_2 = \frac{2\sum N}{3(B-c)} \tag{11.2.18}$$

式中，$e$ 为基底合力的偏心距；$B$ 为基底宽度，即加筋土体的宽度；$c$ 为作用于基底上的垂直分离对墙趾的力臂；$\sum M_y$ 为稳定力系对加筋土挡土墙墙趾的总力矩；$\sum M_0$ 为倾覆力系对加筋土挡土墙墙趾的总力矩；$\sum N$ 为作用于基底上的总垂直力；$\sigma_1$ 为墙趾处的压应力；$\sigma_2$ 为墙踵处压应力。

应当指出，加筋土挡土墙结构为柔性整体结构，按照重力式挡土墙刚性基底应力计算公式进行计算会造成一定的浪费，计算得到的基底应力偏于保守。通常情况下，加筋土挡土墙自重较重力式挡土墙重度小，对基底产生的压力较小，对地基承载能力要求较低。

4）整体稳定性计算

加筋土挡土墙整体稳定性计算主要是针对加筋土体随地基一起滑动这一破坏状态（图 11.2.5），一般采用圆弧滑面法计算。要求圆弧滑面上的抗滑力（或力矩）与下滑力（或力矩）平衡，这样挡土墙整体就是稳定的。

$$K = \frac{M_r}{M_s} = \frac{\sum\limits_{i=1}^{n}(W_i \cdot \cos\alpha_i \cdot \tan\varphi + cl_i)}{\sum\limits_{i=1}^{n}W_i \sin\alpha_i} \tag{11.2.19}$$

式中，$M_r$ 为抗滑力矩；$M_s$ 为滑动力矩；$W_i$ 为土条自重；$\alpha_i$ 为圆弧切线与水平线的夹角；$l_i$ 为圆弧长度；$c$ 为黏聚力；$\varphi$ 为内摩擦角，铁路路基规范中规定其值取 1.05～1.25。

5）沉降计算

加筋土挡土墙的地基沉降计算与一般重力式挡土墙地基沉降计算相同。地基沉降量可用实测沉降过程线推算，一般按分层总和法计算。即：

$$S = m_s \sum \frac{e_{1i} - e_{2i}}{1 + e_{1i}} h_i \qquad (11.2.20)$$

式中，$S$ 为地基最终沉降量计算值；$h_i$ 为第 $i$ 层土的厚度；$m_s$ 为经验修正系数；$e_{1i}$、$e_{2i}$ 分别为第 $i$ 层土受到自重压力和最终压力压缩稳定时的孔隙比。

**2. 内部稳定性分析计算方法**

加筋土挡土墙的内部稳定性分析受许多因素的影响，如拉筋数量、断面尺寸、强度、间距、长度以及作用在墙面板上的土压力、填土的性质等；而且，上述诸因素又相互影响。然而究其主要因素是用拉筋在拉力作用下抗拉能力和抗拔能力来衡量的。

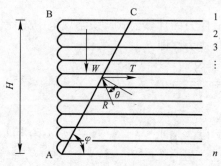

图 11.2.7　库仑破裂面及滑楔体

加筋土挡土墙内部稳定性分析方法很多，大多采用上述的库仑和朗金理论，还有应力分析法、楔体平衡分析法、滑裂楔体法、能量分析法、剪胀区法和有限元分析法等。

1）库仑理论计算法

根据库仑理论，假设加筋土挡土墙破坏是由于筋材被拉断或拔出所导致的破坏，滑楔体 ABC 的滑裂面 AC 与水平面的夹角为 $\theta$。如图 11.2.7 所示。作用于滑楔体上的各力有：

滑楔体自身的重量 $W = \frac{1}{2} \gamma H^2 \tan(90° - \theta)$；

滑裂面对滑楔体的支反力 $R$；

单位墙长上筋材的拉力 $T$。

从受力三角形可知，$T = W\tan(\theta - \varphi) = \frac{1}{2} \gamma H^2 \tan(90° - \theta)\tan(\theta - \varphi)$。当 $\theta = 45° + \varphi/2$ 时，筋材所受拉力最大值为：

$$T_{\max} = \frac{1}{2}\gamma H^2 \tan^2(45° - \varphi/2) = \frac{1}{2}K_a \gamma H^2 \qquad (11.2.21)$$

其中 $K_a = \tan^2(45° - \varphi/2)$ 为主动土压力系数。

假设拉筋所受的拉力随深度增大而增大，并呈三角形分布，设 $n$ 为拉筋层数，从墙顶到墙底有：

$$T_i = \frac{2T_{\max}i}{n(n+1)} = \frac{i}{n(n+1)}K_a \gamma H^2 \qquad (11.2.22)$$

2）朗金理论计算法

根据朗金理论，考虑一个典型单元位于第 $i$ 水平层，假设由各拉筋层与其上、下各半土层构成一个单元，厚度为 $S_v$ 从水平 $i-1/2$ 到 $i+1/2$。单位墙长作用于 $i-1/2$ 竖向土压力为 $\gamma S_v(i-1/2)$。在这一水平层的侧向土压力为 $P_{a(i-1)} = K_a \gamma S_v(i-1/2)$。单位墙长作用于 $i+1/2$ 竖向土压力为 $\gamma S_v(i+1/2)$。在这一水平层的侧向土压力为 $P_{a(i+1)} = K_a \gamma S_v(i+1/2)$。第 $i$ 根拉筋所受的拉力为：

$$T_i = S_v K_a \gamma S_v \frac{(i-1/2)+(i+1/2)}{2} = iK_a \gamma S_v^2 \qquad (11.2.23)$$

当 $n$ 较大时，$H/n=S_v$。此时有：

$$T_i = K_a S_v \sigma_v \tag{11.2.24}$$

式中：$\sigma_v = i\gamma S_v$。

3）应力分析法

应力分析法是以朗金理论为基础，将加筋土视为复合材料。其基本原理是依填土中最大拉应力点上的应力来计算拉筋所受的最大拉力。在最大拉应力点处的剪应力为零，仅存在竖向应力和水平应力，且水平应力由拉筋所平衡。其基本假设为：

（1）在土体自重和外荷载作用下，加筋土体沿着各层拉筋最大拉力点的连线产生破坏，该连线也称之为加筋土挡土墙的潜在破裂面。加筋土体被各层拉筋最大拉力点的连线分为活动区和稳定区（采用的简化破裂面 $0.3H$ 法如图 11.2.8 所示）。

（2）只有稳定区内的拉筋与填土的相互作用产生抗拔阻力。

（3）加筋土体中的土压力状态在结构顶部为静止土压力状态，随着深度增加逐渐向主动土压力状态变化，深度超过 6m 便为主动土压力状态。

4）楔体平衡分析法

楔体平衡分析法以库仑理论为基础，认为填

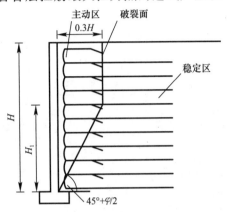

图 11.2.8　应力分析法计算图示

土自重和荷载引起的土压力通过筋带与面板的连接而传递给拉筋，即拉筋承担的拉力为面板所承受的土压力。在加筋土挡土墙修建时面板处能产生足够的侧向位移，从而使墙后土体达到主动土压力状态，这样拉筋与填土之间就会产生相对滑移，使拉筋与填土之间发挥摩阻作用，于是加筋土体内部达到平衡。其基本假定为：

（1）加筋体形成的楔体视为刚性体，视墙面板光滑，不计与填土之间的摩擦，作用于面板上的侧向土压力为库仑主动土压力；

（2）加筋体墙面板顶部能产生足够的侧向位移，从而使面板后土体达到主动土压力状态（即绕加筋体的面板底部墙趾向外旋转），在加筋土体内部产生与垂直面成 $\theta$ 角的破裂面（即库仑破裂面），破裂面将加筋土体分为活动区和稳定区；

（3）拉筋拉力随深度增加逐渐增大，在拉筋长度方向上，自由端拉力为零，墙面处的拉力最大，并呈线性变化；

（4）加筋土体的填料为非黏性土；

（5）只有稳定区的拉筋与填土的相互作用才能产生抗拔力。

5）滑裂楔体法

滑裂楔体法又称为总体平衡法，认为加筋土挡土墙设计时，不应该仅局限于验算从墙趾开始与水平面成 $45°+\varphi/2$ 夹角的破裂面，而是在土体自重和外荷载作用下，加筋土挡土墙内部产生的破裂楔体可能具有任何尺寸和形状；并将楔体假定为刚性的，破裂面、墙面与填土表面形成一个楔体，设其顶部在两层拉筋的中间，滑裂楔体不是被墙面板而是被位于 $h_i/2$ 深度处的第一层拉筋所稳定。其基本假定为：

（1）沿墙面上任一点与水平方向以任何夹角都可能是潜在的破裂面；

（2）破裂面在加筋土体以外改变方向；

（3）破裂楔体顶部在两拉筋之间。

6）能量分析法

1977 年英国学者奥斯曼（Osman M. A.）提出用能量法原理分析加筋土挡土墙的内部稳定性，其基本出发点是考虑外部土压力所做的功与包括拉筋在内的内部应变能的平衡，同时考虑了拉筋长度对拉力的影响，拉力分布随埋深和到面板的距离不同而不同，以及面板和拉筋的变形等因素。土压力和拉筋的能量关系可以从面板和拉筋的弹性变形中建立，通过土压力所做的外部功而得到能量关系为：

$$U_{ext} = S_x \int_0^H E(Z)Y(Z)dZ \qquad (11.2.25)$$

式中，$E(Z)$ 为土压力函数；$Y(Z)$ 为墙面板水平位移函数。

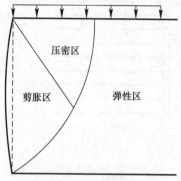

图 11.2.9　剪胀区法

能量法的基本假设为：

（1）沿墙长方向，拉筋的拉力呈线性分布，且墙面板处的强度为最大强度的一半；

（2）墙面变形呈抛物线状，且是土压力 $E$ 和起着复合材料的加筋土弹性模量 $E_1$ 的函数；

（3）土压力呈三角形分布。

7）剪胀区法

剪胀区法认为可将在荷载作用下的填土分为 3 个区，如图 11.2.9 所示。压密区就是自身的受力状态在不需要加筋情况下而能稳定，加筋的重点范围是在剪胀区。试验发现，破裂面是从底部开始向上发展的，只要底部加筋得到加强，最危险破裂面就不会产生，塑性区转移到新的部位，所以采用逐段加筋的方法，让塑性区转移。

8）有限元分析法

有限元分析法是将正交的各向异性材料模拟呈均质的复合材料，并分割成相互连接的单元体，通过单元体的计算来反映复合材料中的拉筋及填土上下拉筋之间的相互影响。

## 11.2.5　地震作用下包裹式加筋土挡土墙稳定性分析

依据《公路工程抗震设计规范》，在验算包裹式加筋土挡土墙的抗震强度和稳定性时，只考虑垂直路线走向的水平地震作用，地震作用应与结构重力、土的重力与水的浮力相组合，其他荷载均不考虑，并且地震作用采用静力方法计算。在对加筋土挡土墙的地震作用效应分析中，水平地震作用于加筋挡土墙墙体的土压力计算方法，可采用库仑理论近似计算。对加筋土结构，如采用高模量（如金属）拉筋材料多应用摩擦加筋理论与原理进行分析；对其他如采用土工织物等加筋材料，可应用准黏聚力理论分析。

外部稳定性分析时，墙身水平地震作用按照《铁路工程抗震设计规范》规定将包裹式加筋土挡土墙视为重力式挡土墙，挡土墙第 $i$ 截面以上墙身质心处的水平地震作用，应按照下式计算：

$$F_{ihE} = \eta A_g \eta_i m_i \qquad (11.2.26)$$

式中，$F_{ihE}$ 为第 $i$ 截面以上墙身质心处水平地震作用（kN）；$\eta$ 为水平地震作用修正系数，岩石地基取 0.2，非岩石地基取 0.25；$m_i$ 为第 $i$ 截面以上墙身质量（t）；$\eta_i$ 为水平地震作用沿墙高增大系数，当 $H \leqslant 12\text{m}$ 时取值为 1，当 $H > 12\text{m}$ 时，$\eta_i = 1 + h_i/H$；$A_g$ 为地震动峰值加速度（$\text{m/s}^2$）。

内部稳定性分析时，将包裹式加筋土挡土墙按 $0.3H$ 法分为主动区和稳定区，计算水平地震作用时仍用式（11.2.26）进行计算，但只考虑 $0.3H$ 范围内的加筋土体。

此外对于有面板的包裹式加筋土挡土墙还需考虑墙面板在地震作用下的稳定性，根据式（11.2.26）计算墙面板的水平地震力，确保墙面板在地震作用下不被甩出。

## 11.3　包裹式加筋土挡土墙振动台模型试验

振动台试验是 20 世纪 70 年代发展起来的，最初应用于研究土层液化性状的室内动力试验。它可使地震破坏现象在试验室中得以实现，并可根据试验需要，对土层自下而上地输入某一随机波或给定特定参数的谐波振动，使土层在输入的水平加速度作用下受剪，能最大限度地模拟地震波的实际作用，弥补了地震发生偶然性、随意性的不足，使研究工作的周期大大缩短。较之动三轴试验、动单剪试验、动扭剪试验等，更能利用大试样模拟天然土层及构筑物的应力条件，直观再现地震现场土体破坏的宏观过程。基于上述优点，通过振动台模拟地震作用，研究包裹式加筋土挡土墙的地震反应规律，确定结构的动力特性及其在地震作用下的破坏模式，从而为今后实际工程中该类支挡结构的抗震设计提供科学依据。

### 11.3.1　试验背景工程及研究内容

目前，包裹式加筋土挡土墙已在工程中大量应用，但对于筋土间的复杂结合方式、受力机理、破坏模式等问题，尤其是高烈度地区该类支挡结构的设计该如何考虑，尚缺少成熟的设计计算方法。

广（通）大（理）铁路某工点试验段，该段工程为车站路基，路基以填方形成，最大填高约 10m。工点所在区域为高烈度地区，抗震设防等级为Ⅷ度。受站点用地限制不能采用自然放坡。经综合分析论证，认为采用包裹式加筋土挡土墙方案可满足设计要求。

本试验结合广大线某工点试验段的现场情况，选取该试验工点段的原型断面为参考原型，通过振动台模型试验，拟对以下几个方面进行试验研究：

（1）包裹式加筋土挡土墙动力特性；

（2）不同地震作用下，填筑体与支挡结构的变形规律；

（3）不同地震作用下，筋土间作用力的变化规律；

（4）包裹式加筋土挡土墙在地震过程中可能产生的破坏模式；

（5）包裹式加筋土挡土墙与普通加筋土挡土墙在地震作用下受力及破坏模式的差异。

### 11.3.2　试验方案

#### 1. 试验设备及仪器

本次试验是在西南交通大学道路与铁道试验室进行的，需要的试验设备与仪器主要有：振动台、电阻应变片、加速度传感器、土压力计、动应变采集仪、混凝土面块、土工格栅、填土等。

1）振动台技术参数

振动台台面尺寸：4m×2m；最大载重量：20t；最大倾覆力矩：35t·m；

工作频率范围：0.1~30Hz；振动方向：水平单向；

最大加速度：水平向1.2$g$；最大速度：水平向±400mm/s；最大位移：水平向±40mm；

振动波形：各类规则波、随机波和人工模拟地震波。

2）加速度传感器

加速度传感器采用德国PCB公司的352C66型加速度计，幅值范围±50$g$，电压灵敏度为100mV/$g$。

3）电阻应变片

电阻应变片型号为BE120-3AA，电阻值为120.7±0.1，灵敏度为2.21±1%。试验前均对加速度传感器和土压力计在所要求的压力和变形范围、试验条件和初始状态下进行了标定，以避免或减小仪器产生的系统误差。

**2. 模型试验原型**

试验根据广大铁路某车站工点试验段包裹式加筋土挡土墙抗震特性研究为背景进行的，选取该段内的典型横断面为原型。原型为10m高的包裹式加筋土挡土墙，墙宽8m，土工格栅长8m，上下层间距0.5m，混凝土面板厚0.6m。原型横断面如图11.3.1所示。

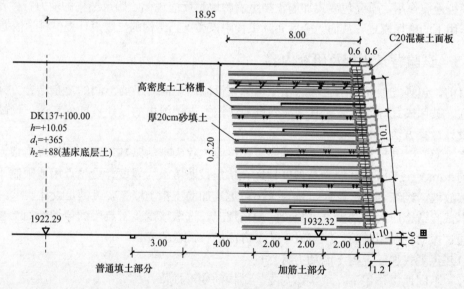

图11.3.1 原型横断面

**3. 试验模型相似比的确定**

包裹式加筋土挡土墙振动台模型试验的重要目标之一，就是将现场的原型工点在静、动力荷载作用下的力学现象在模型上进行相似模拟，测量模型中应力应变、土压力和加速度等物理量，在通过一定的相似关系还原到现场原型工点中。根据相似理论，相似律的确定一般应遵循以下原则：

（1）几何条件相似：原型和模型的几何尺寸及空间上的相似位置保持不变。

（2）运动条件相似：原型和模型空间对应点在对应时刻上速度方向一致，大小成比例。

（3）物理条件相似：原型和模型的物理力学特性及加载后引起变形、沉降等相似。

（4）动力平衡相似：原型和模型的土体、面板、孔隙水等在动力作用下动力平衡相似。

（5）边界条件相似：原型和模型具有相似的边界条件。

鉴于以上几点原则，并考虑振动台最大承载能力，最终确定采用几何相似比为 1∶5 的试验模型。其相似常数如表 11.3.1 所示。

包裹式加筋土挡土墙振动台模型相似常数　　　　　　　　　　表 11.3.1

| 序号 | 参数 | 相似常数（原型/模型） | 试验中的相似常数 |
|---|---|---|---|
| 1 | 几何尺寸 $L$ | $C_l$ | 5 |
| 2 | 质量密度 $\rho$ | $C_\rho$ | 1 |
| 3 | 输入振动加速度 $A$ | $C_A=1$ | 1 |
| 4 | 模量系数 $X$ | $C_X$ | 1 |
| 5 | 应力 $\sigma$ | $C_\sigma=C_\rho C_l$ | 5 |
| 6 | 动位移 $u$ | $C_u=C_\rho^{1/2}C_l^{3/2}/C_X$ | 11.18 |
| 7 | 动应变 $\varepsilon$ | $C_\varepsilon=C_\rho^{1/2}C_l^{1/2}/C_X$ | 2.236 |
| 8 | 质点的振动速度 $\dot{u}$ | $C_{\dot{u}}=C_\rho^{1/4}C_l^{3/4}/C_X^{1/2}$ | 3.344 |
| 9 | 振动质点的加速度 $\ddot{u}$ | $C_{\ddot{u}}=1$ | 1 |
| 10 | 时间 $t$ | $C_t=C_\rho^{1/4}C_l^{3/4}/C_X^{1/2}$ | 3.16 |
| 11 | 频率 $f$ | $C_f=C_\rho^{-1/4}C_l^{-3/4}/C_X^{1/2}$ | 0.316 |
| 12 | 阻尼比 $\xi$ | $C_\xi=1$ | 1 |
| 13 | 摩擦角 $\varphi$ | $C_\varphi=1$ | 1 |
| 14 | 轴向刚度 | $\lambda_3$ | 125 |

**4. 试验模型制作**

根据广大线某车站试验工点现场原型的科研横断面及确定的几何相似比，试验模型尺寸为 2.8m×1.5m×2.0m（长×宽×高），分两组试验，其中一组为包裹式加筋土挡土墙，另一组为普通加筋土挡土墙，墙面板为预制混凝土面块拼装，厚 30cm，土工格栅共铺设 10 层，竖向间隔为 0.2m，每层长度为 1.6m，包裹端长度 0.5m。在第 1、3、5、7、9 层每层土工格栅上布设 5 个应变测点，在紧贴混凝土面板处沿墙高 0m、0.5m、0.9m、1.3m、1.7m、2.0m 布设 6 个加速度传感器，并在紧贴混凝土面板处沿墙高 0m、0.1m、0.5m、0.9m、1.3m、1.7m 布设 6 个土压力计。模型仪器布置如图 11.3.2、图 11.3.3 所示。

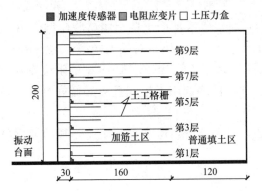

图 11.3.2　包裹式加筋土挡土墙试验模型
仪器布置

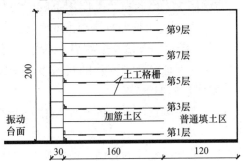

图 11.3.3　普通加筋土挡土墙试验模型
仪器布置

### 5. 模型箱设计

在实际情况下，路基沿线走向可以作为一种无限体，理论上是没有边界的，然而振动台模型试验需在一个箱体中制作，这样就人为地增加了一个约束，使土体受到箱体侧壁的约束。在动力试验中，边界对土体变形的限制以及波的反射和散射都将对试验结果产生严重影响，即"模型箱效应"。因此，振动台模型试验中理想的模型箱应满足两个条件：①能够正确模拟包裹式加筋土挡土墙的边界条件，尽可能减小边界效应的影响；②能够正确模拟包裹式加筋土挡土墙受地震时剪切波影响而产生的剪切变形和破坏。

在本次振动台试验中，采用由钢材和有机玻璃制作的刚性模型箱，尺寸为 3.5m×1.5m×2.2m（长×宽×高）。由于包裹式加筋土挡土墙筋土间作用的复杂性及地震波在其传播过程中的复杂性，完全模拟包裹式加筋土挡土墙的边界是很困难的。为减小"模型箱效应"的影响，在垂直于振动方向对土体有约束一侧的内壁上铺设5cm厚的泡沫板，来吸收侧向边界波，模拟土体的边界。在平行于振动方向的侧壁上粘贴透明玻璃纸，并在其上涂抹凡士林，以减小土体和模型箱侧壁的摩擦。

图 11.3.4　混凝土面块

### 6. 混凝土面块制作

混凝土面块为 C20 素混凝土，其尺寸为 A 型 30cm×30cm×20cm（长×宽×高）、B 型 15cm×30cm×20cm（长×宽×高）两种型号。在 A 型面块中预置钢钩，以便于面板与土工格栅连接。面块制作需保证面块大小一致及强度要求，并保证养护 15d 后进行试验模型制作。混凝土面块见图 11.3.4。

### 7. 土样参数

对填料土样进行了含水率、筛分试验和击实试验。根据试验结果，土样为级配良好的 C 组填料。主要参数见表 11.3.2。

土样主要参数　　　　　　　　　　　　　　　　　　表 11.3.2

| 含水率（%） | 不均匀系数 | 曲率系数 | 最大干重度（g/cm³） | 最优含水量（%） |
|---|---|---|---|---|
| 2.3 | 40.9 | 1.2 | 2.15 | 5.4 |

### 8. 测点应变计制作

为测试土工格栅在地震作用下的受力情况，对包裹式加筋土挡土墙试验模型中第 1、3、5、7、9 层土工格栅每层布设 6 个测点，普通加筋土挡土墙试验模型中第 1、3、5、7、9 层土工格栅每层布设 5 个测点。采用中航电测厂家生产的 BE120-3AA 型电阻应变片测其应变，为保证电阻应变片的灵敏度及抗干扰性，桥路选用半桥式且务必做好绝缘（防水）。制作过程如下：

（1）先对测点位置处的土工格栅进行打磨，以保证电阻应变片与土工格栅应变保持一致。

（2）进行应变片的粘贴，按半桥式焊接。

（3）对焊接好的应变片上刷层绝缘漆，保证其绝缘。

（4）进行防水处理，用 704 硅胶封闭处理。待硅胶凝固后用医用胶布进行保护，同时在其上再刷层硅胶，待硅胶凝固后用绝缘胶布封闭保护。

测点应变片制作过程见图 11.3.5～图 11.3.8。

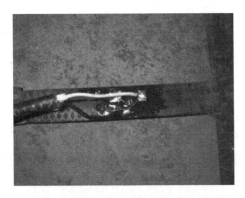

图 11.3.5　绝缘处理后

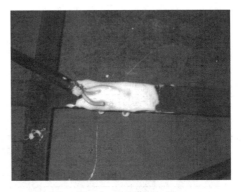

图 11.3.6　防水处理后 1

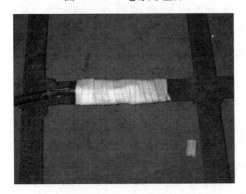

图 11.3.7　防水处理后 2

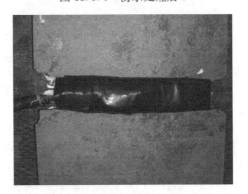

图 11.3.8　测点应变片制作完成

**9. 模型制作过程及仪器埋设**

模型制作按相似比 1∶5 制作，每 20cm 铺设一层土工格栅，填土压实度按 97％～98％控制，由人工夯实，待每层填土夯平后铺设土工格栅。包裹式加筋土挡土墙模型试验，面板与土工格栅的连接通过钢丝捆绑并保持一定的间距，以防在振动过程中墙面板被甩出。普通加筋土挡土墙模型试验，土工格栅与面板的连接用钢丝捆绑牢固，使面板与土工格栅保持一个整体。土压力盒与加速度计按试验方案布置的位置埋设，见图 11.3.9～图 11.3.11。

图 11.3.9　填土进行
人工夯实

图 11.3.10　土工格栅铺设

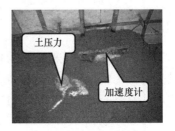

图 11.3.11　土压力盒与
加速度计埋设

#### 10. 试验加载方式

为使试验结果更加接近现场真实情况，本次试验采用经压缩过大瑞波（代号 DR）为加载地震波。大瑞波是大理-瑞丽地震波。时程曲线如图 11.3.12 所示。

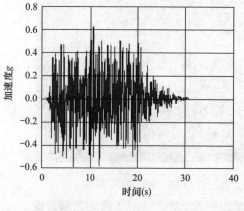

图 11.3.12　大瑞波时程曲线

试验加载方向为 $X$ 向单向输入，加载顺序采用从小到大的顺序，分别对模型施加峰值 $0.085g$（相当于 6 度）、$0.150g$（相当于 6 度）、$0.200g$（相当于 7 度）、$0.250g$（相当于 8 度）、$0.312g$（相当于 8 度）、$0.400g$（相当于 9 度）、$0.616g$（相当于 11 度）水平地震加速度，测试在不同峰值加速度下模型的动力响应。每次试验开始前均先进行长度不小于 30s 的白噪声（加速度峰值 $0.040g$）激励的微波（代号 WN），观察模型动力特性的变化情况。每台次加载顺序如表 11.3.3 所示。

加 载 顺 序　　　　　　　　　　　　　　　　　　　　表 11.3.3

| 序号 | 工况代号 | 加速度幅值 $g$ | 时间压缩比 |
|---|---|---|---|
| 1 | WN-1 | 0.040 | |
| 2 | DR-1 | 0.085 | 3.95 |
| 3 | WN-2 | 0.040 | |
| 4 | DR-2 | 0.150 | 3.95 |
| 5 | WN-3 | 0.040 | |
| 6 | DR-3 | 0.200 | 3.95 |
| 7 | WN-4 | 0.040 | |
| 8 | DR-4 | 0.250 | 3.95 |
| 9 | WN-5 | 0.040 | |
| 10 | DR-5 | 0.312 | 3.95 |
| 11 | WN-6 | 0.040 | |
| 12 | DR-6 | 0.400 | 3.95 |
| 13 | WN-7 | 0.040 | |
| 14 | DR-7 | 0.616 | 3.95 |
| 15 | WN-8 | 0.040 | |

### 11.3.3　试验结果与分析

本节主要列举了两组试验模型在地震作用下的试验数据（时程曲线中的最大值），从其受力、变形、动土压力分布及加速度分布几个方面展开分析和归纳，并对两种加筋土挡土墙试验模型动力特性进行对比和分析。

#### 1. 试验数据

由加速度计、土压力盒与电阻应变片在不同地震作用下记录的时程曲线，取最大值作为分析的数据。加速度、土压力、动应变时程曲线如图 11.3.13～图 11.3.17（只列举部分时程曲线）。

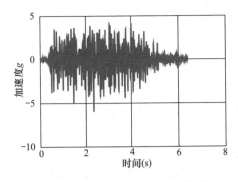

图 11.3.13　0.2$g$ 加速度时程曲线

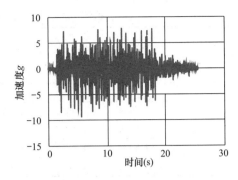

图 11.3.14　0.4$g$ 加速度时程曲线

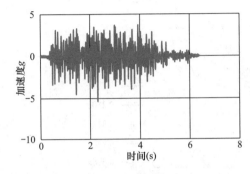

图 11.3.15　0.2$g$ 土压力时程曲线

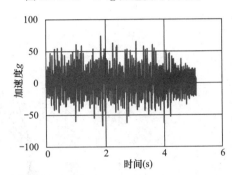

图 11.3.16　0.2$g$ 动应变时程曲线

**2. 加速度放大倍数分析**

1）包裹式加筋土挡土墙模型加速度放大倍数分析

加速度放大倍数测量结果见表 11.3.4、图 11.3.18，可以看出：

（1）在各震级、各墙高位置处加速度放大倍数均大于 1，即墙上位置处的地震加速度均比墙底处的要大。

（2）当台面地震峰值加速度在 0.085$g$、0.150$g$、0.200$g$、0.250$g$ 时，加速度放大倍数随墙高呈线性增长趋势；当台面地震峰值加速度在 0.312$g$、0.400$g$、0.616$g$ 时，墙高 1.7m 处出现突变点，下部加速度放大倍数随墙高线性增长，上部线性减小。

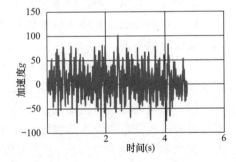

图 11.3.17　0.4$g$ 动应变时程曲线

（3）随地震峰值加速度增加，在 0.085$g$、0.150$g$、0.200$g$、0.250$g$ 时，加速度放大倍数分布曲线逐渐变缓，即在相同墙高位置处，加速度放大倍数随震级增大而增大；在 0.312$g$、0.400$g$、0.616$g$ 时，加速度放大倍数分布曲线逐渐变陡，即在相同墙高位置处，加速度放大倍数随震级增大而减小。

（4）当台面地震峰值加速度在 0.085$g$、0.150$g$、0.200$g$、0.250$g$ 时，加速度最大值发生在墙顶，其值分别为 1.719、1.777、2.250、2.327，在 0.250$g$ 时，加速度放大倍数最大值为 2.327；在 0.312$g$、0.400$g$、0.616$g$ 时，加速度最大值发生在墙高 1.7m 处，其值分别为 2.145、1.800、1.570，在 0.312$g$ 时，加速度放大倍数最大值为 2.145。

包裹式加筋土挡土墙模型加速度放大倍数　　　表 11.3.4

| 震级<br>位置（m） | 0.085g | 0.150g | 0.200g | 0.250g | 0.312g | 0.400g | 0.616g |
|---|---|---|---|---|---|---|---|
| 0 | 1 | 1 | 1 | 1 | 1 | 1 | 1 |
| 0.5 | 1.0610 | 1.0250 | 1.0834 | 1.0702 | 1.0146 | 1.0576 | 1.0739 |
| 0.9 | 1.3449 | 1.3666 | 1.3632 | 1.2805 | 1.1271 | 1.1997 | 1.1945 |
| 1.3 | 1.3916 | 1.4457 | 1.5210 | 1.9940 | 1.5067 | 1.5001 | 1.3385 |
| 1.7 | 1.6292 | 1.6660 | 1.6638 | 2.2726 | 2.1454 | 1.8004 | 1.5704 |
| 2.0 | 1.7194 | 1.7773 | 2.2498 | 2.3268 | 2.0826 | 1.4128 | 1.3591 |

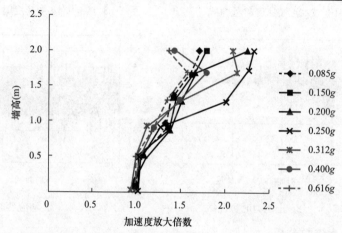

图 11.3.18　包裹式加筋土挡土墙模型加速度放大倍数分布图

2）普通加筋土挡土墙加速度放大倍数分析

加速度放大倍数测量结果见表 11.3.5、图 11.3.19，可以看出：

（1）在各震级、各墙高位置处加速度放大倍数均大于 1，即墙上位置处的地震加速度均比墙底处的要大。

（2）在各台面地震峰值加速度作用时，加速度放大倍数在墙高 1.7m 处出现突变点，下部加速度放大倍数随墙高线性增长，上部线性减小。

（3）随地震峰值加速度增加，在 0.085g、0.150g、0.200g、0.250g、0.312g 时，加速度放大倍数分布曲线逐渐变缓，即在相同墙高位置处，加速度放大倍数随震级增大而增大；在 0.400g、0.616g 时，加速度放大倍数分布曲线逐渐变陡，即在相同墙高位置处，加速度放大倍数随震级增大而减小。

普通加筋土挡土墙模型加速度放大倍数　　　表 11.3.5

| 震级<br>位置（m） | 0.085g | 0.150g | 0.200g | 0.250g | 0.312g | 0.400g | 0.616g |
|---|---|---|---|---|---|---|---|
| 0 | 1 | 1 | 1 | 1 | 1 | 1 | 1 |
| 0.5 | 1.0164 | 1.0284 | 1.1419 | 1.2402 | 1.1096 | 1.1514 | 1.0255 |
| 0.9 | 1.1383 | 1.2693 | 1.3604 | 1.3437 | 1.3996 | 1.2962 | 1.2214 |
| 1.3 | 1.3715 | 1.4807 | 1.5603 | 1.5757 | 1.7995 | 1.6111 | 1.5067 |
| 1.7 | 1.7541 | 1.8265 | 2.2855 | 2.3758 | 2.5189 | 1.9333 | 1.6584 |
| 2.0 | 1.1463 | 1.1910 | 1.2014 | 1.2127 | 1.2396 | 1.1258 | 1.2382 |

（4）加速度放大倍数最大值发生在墙高 1.7m 处，其值分别为 1.754、1.827、2.286、2.376、2.519、1.933、1.658，在 0.312g 时，加速度放大倍数最大值为 2.519。

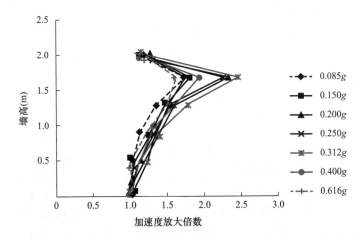

图 11.3.19　普通加筋土挡土墙模型加速度放大倍数分布

3）两种模型加速度放大倍数比较

根据两种试验模型的加速度放大倍数分布曲线对比分析，在 0.085g、0.150g、0.200g、0.250g 时，包裹式加筋土挡土墙的加速度分布曲线呈线性增加，最大值发生在墙顶，普通加筋土挡土墙的加速度分布曲线最大值发生在墙高 1.7m 处。在 0.312g、0.400g、0.616g 时，两者分布曲线大致相同，最大值均出现在墙高 1.7m 处。通过比较两种模式下各地震峰值加速度的放大倍数的最大值，包裹式均小于普通式加筋土挡土墙，说明包裹式加筋土挡土墙由于包裹端的作用能使地震波沿墙体向上传播放大过程中得到减弱。

**3. 动土压应力分析**

1）包裹式加筋土挡土墙模型动土压应力分析

动土压应力测量结果见表 11.3.6、图 11.3.20，可以看出：

（1）随着台面地震峰值加速度增加，在墙底及墙高 0.9m、1.3m、1.7m 处动土压应力逐渐增大，在墙高 0.1m、0.5m 处动土压应力随震级变化不大且规律不明显，动土压应力分别为 0.1kPa、0.3kPa 左右。

（2）在台面地震峰值加速度 0.085g、0.150g、0.200g、0.250g 时，动土压应力分布

包裹式加筋土挡土墙模型动土压应力　　　　　　　　　　　表 11.3.6

| 震级<br>位置（m） | 0.085g | 0.150g | 0.200g | 0.250g | 0.312g | 0.400g | 0.616g |
|---|---|---|---|---|---|---|---|
| 0 | 0.1626 | 0.1855 | 0.2039 | 0.2663 | 0.3581 | 0.4131 | 0.6343 |
| 0.1 | 0.1138 | 0.1072 | 0.1060 | 0.1084 | 0.1183 | 0.1114 | 0.1099 |
| 0.5 | 0.2824 | 0.3055 | 0.2913 | 0.2949 | 0.2851 | 0.3038 | 0.4177 |
| 0.9 | 0.1773 | 0.2107 | 0.2449 | 0.2852 | 0.4235 | 0.4662 | 0.5594 |
| 1.3 | 0.4556 | 0.6619 | 0.9296 | 1.0077 | 1.0694 | 1.1295 | 1.1695 |
| 1.7 | 0.0852 | 0.2508 | 0.6116 | 0.8571 | 0.9711 | 1.1081 | 1.1415 |

曲线为双峰值曲线，在墙高 0.5m 和 1.3m 处出现峰值，其中最大值出现在墙高 1.3m 处；在加速度 0.312$g$、0.400$g$、0.616$g$ 时，动土压应力最大值出现在墙高 1.3m 处，动土压应力分布曲线在 0.1～1.3m 范围内为线性增加，1.3m 以上部位线性减小。

（3）动土压应力在 0.616$g$ 地震峰值加速度作用下，在墙高 1.3m 处最大值为 1.1695kPa。

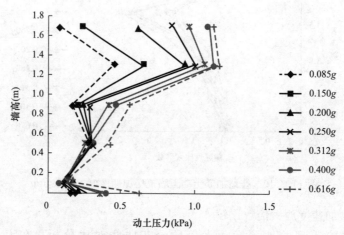

图 11.3.20　包裹式加筋土挡土墙模型动土压应力分布

2）普通加筋土挡土墙动土压应力分析

动土压应力测量结果见表 11.3.7、图 11.3.21，可以看出：

（1）随着台面地震峰值加速度增加，在墙底及墙高 0.5m、1.3m 处动土压应力逐渐增大，在墙高 0.1m、0.9m 处动土压应力随震级变化规律不明显，在墙高 1.7m 处 0.085$g$、0.150$g$、0.200$g$、0.250$g$、0.312$g$ 时动土压应力逐渐增大，0.400$g$、0.616$g$ 时又减小。

（2）在台面地震峰值加速度 0.085$g$、0.150$g$、0.200$g$、0.250$g$、0.312$g$ 时，动土压应力分布曲线为单峰值曲线，在墙高 0.9m 以下，动土压应力变化不大，分布曲线近乎直立，0.9～1.3m 段呈线性增加，1.3m 以上线性减小，在墙高 1.3m 处出现峰值；在加速度 0.400$g$、0.616$g$ 时，墙底处土压应力较 0.085$g$、0.150$g$、0.200$g$、0.250$g$、0.312$g$ 时大，动土压应力分布曲线随墙高为双峰值曲线，在墙高 0.5m、1.3m 处出现峰值，最大值出现在墙高 0.5m 处。

（3）动土压应力在 0.616$g$ 地震峰值加速度作用下，在墙高 0.5m 处最大值为 0.5778kPa。

普通加筋土挡土墙模型动土压应力　　　　　　　　　　　表 11.3.7

| 位置（m） 震级 | 0.085$g$ | 0.150$g$ | 0.200$g$ | 0.250$g$ | 0.312$g$ | 0.400$g$ | 0.616$g$ |
|---|---|---|---|---|---|---|---|
| 0 | 0.0087 | 0.0113 | 0.0180 | 0.0195 | 0.0264 | 0.3305 | 0.4581 |
| 0.1 | 0.0028 | 0.0060 | 0.0037 | 0.0052 | 0.0050 | 0.2844 | 0.3484 |
| 0.5 | 0.0073 | 0.0131 | 0.0181 | 0.0202 | 0.0332 | 0.4310 | 0.5778 |
| 0.9 | 0.0047 | 0.0160 | 0.0150 | 0.0209 | 0.0358 | 0.2977 | 0.2712 |
| 1.3 | 0.0489 | 0.1530 | 0.2733 | 0.3245 | 0.3614 | 0.3949 | 0.3977 |
| 1.7 | 0.0091 | 0.0445 | 0.0469 | 0.0735 | 0.0866 | 0.0466 | 0.0170 |

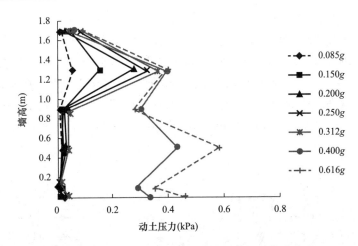

图 11.3.21　普通加筋土挡土墙模型动土压应力分布

按理论分析静态的加筋土挡土墙面板处应该没有土压力。根据两种模型试验的实测结果，在地震作用下两者面板处均有土压力。这是由于在地震作用下，加筋土体会产生一定的震陷，从而产生土拱挤压面板，而墙面板相对加筋土体是刚性的，正是由于墙面板与墙后土体变形的差异产生了这种动土压力，但这种土压应力值很小，最大值仅为1.1695kPa。这种土压力在包裹式加筋土挡土墙面板抗震设计时应加以考虑，即除要考虑墙面板的水平地震作用外，还需考虑这种由地震作用产生的土压力。这就要求墙面板与包裹式加筋土挡土墙墙体连接牢固，以防地震作用时被甩出。

**4. 动应变分析**

根据试验模型在地震作用下应变的时程曲线，分析了相同层位土工格栅的应变及相同震级不同层位土工格栅的应变。数据分析时，根据同层各测点应变时程曲线的峰值进行比较取最大值，再根据最大值对应时刻取其他测点的应变值，而不是由各测点的动应变峰值连成土工格栅应变曲线。这样更能清楚地看到各层土工格栅在某一时刻下的受力变形状态。

1）包裹式加筋土挡土墙模型动应变分析

由于第 1 层土工格栅上应变片绝缘性不够，数据异常，未能在下文中分析。其余各层土工格栅应变数据如下。

（1）第 3 层土工格栅应变试验数据及应变分布，见表 11.3.8、图 11.3.22。

第 3 层土工格栅应变试验数据　　　　　　　　　　　　　　表 11.3.8

| 震级<br>位置（m） | 0.085$g$ | 0.150$g$ | 0.200$g$ | 0.250$g$ | 0.312$g$ | 0.616$g$ |
|---|---|---|---|---|---|---|
| 0.3 | 162.675 | 249.6778 | 278.409 | 309.0286 | 294.056 | 404.7991 |
| 0.6 | 13.5123 | 26.8909 | 36.1221 | 41.8748 | 308.1078 | 354.7989 |
| 0.9 | 23.1776 | 24.2372 | 27.9456 | 34.7002 | 7.9466 | 128.6027 |
| 1.2 | 5.4938 | 22.9132 | 14.8735 | 23.0472 | 14.2035 | 73.0276 |
| 1.5 | 46.0553 | 52.4630 | 44.8538 | 38.1792 | — | — |

可以看出，随着台面峰值加速度增大，除个别测点外，相同位置处的动应变总体是增

大的。在台面峰值加速度 $0.085g$、$0.150g$、$0.200g$、$0.250g$ 时，应变分布曲线走势基本相同，最大值出现在距墙面板 $0.3m$ 处，且随着加速度增大而增大，在 $0.6{\sim}1.5m$ 段，应变变化不大，说明该段土工格栅受力较均匀，但端部 $1.5m$ 处应变较其余三处略大。$0.312g$ 时，动应变最大值出现在距墙面板 $0.6m$ 处，但与 $0.3m$ 处相差不大。$0.616g$ 时，动应变最大值出现在距墙面板 $0.3m$ 处，分布曲线线性递减。各峰值加速度作用下，动应变的最大值分别为 $162.68\mu\varepsilon$、$249.68\mu\varepsilon$、$278.41\mu\varepsilon$、$309.03\mu\varepsilon$、$308.11\mu\varepsilon$、$404.80\mu\varepsilon$。

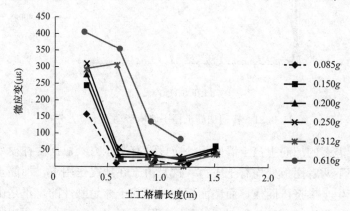

图 11.3.22　第 3 层土工格栅应变分布

（2）第 5 层土工格栅应变试验数据及应变分布，见表 11.3.9、图 11.3.23。

第 5 层土工格栅应变试验数据　　　　　　　　　　　　　　表 11.3.9

| 位置（m） 震级 | $0.085g$ | $0.150g$ | $0.200g$ | $0.250g$ | $0.312g$ | $0.616g$ |
|---|---|---|---|---|---|---|
| 0.3 | 12.8364 | 32.2896 | 74.6366 | 65.9025 | 98.3244 | 136.3044 |
| 0.6 | 21.6941 | 38.6721 | 54.7069 | 67.1035 | 105.2366 | 122.3494 |
| 0.9 | 99.9176 | 118.8667 | 132.7808 | 147.3258 | 159.2227 | 243.9443 |
| 1.2 | 18.5105 | 16.7540 | 15.6731 | 38.3722 | 65.2597 | 77.2848 |
| 1.5 | 43.1413 | 50.9232 | 56.6571 | 72.6303 | 83.2792 | 85.1905 |

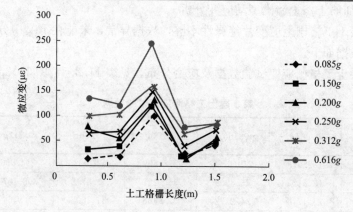

图 11.3.23　第 5 层土工格栅应变分布

可以看出，随着台面峰值加速度增大，除个别测点外，相同位置处的动应变总体是增大的。在台面峰值加速度 $0.085g$、$0.150g$、$0.200g$、$0.250g$、$0.312g$ 和 $0.616g$ 时，应变分布曲线走势基本相同，最大值出现在距墙面板 0.9m 处，且随着地震加速度增大而增大。在 0.085g、0.150g 小震级作用时，靠近墙面板处的两个测点与端部的两个测点应变相差不大，随着震级增大，在 0.200g、0.250g、0.312g、0.616g 时，靠近墙面板处的两个测点的应变大于端部的两个测点的应变，说明土工格栅靠近面板 0.3～0.9m 段较 0.9～1.5m 段应力大。各峰值加速度作用下，动应变的最大值分别为 99.92$\mu\varepsilon$、118.87$\mu\varepsilon$、132.78$\mu\varepsilon$、147.33$\mu\varepsilon$、159.22$\mu\varepsilon$、243.94$\mu\varepsilon$。

（3）第 7 层土工格栅应变试验数据及应变分布，见表 11.3.10、图 11.3.24。

第 7 层土工格栅应变试验数据　　　　　　　表 11.3.10

| 位置（m）\震级 | 0.085g | 0.150g | 0.200g | 0.250g | 0.312g | 0.400g | 0.616g |
|---|---|---|---|---|---|---|---|
| 0.3 | 28.2092 | 76.2578 | 84.0076 | 88.0375 | 95.1673 | 95.1673 | 144.7659 |
| 0.6 | 34.9443 | 100.8129 | 107.3070 | 115.9657 | 121.5321 | 101.7406 | 149.3639 |
| 0.9 | 39.2394 | 112.1567 | 129.7681 | 160.0473 | 170.8613 | 133.7847 | 124.8245 |
| 1.2 | 17.3950 | 44.8608 | 33.8745 | 57.6782 | 82.3975 | 41.5039 | 47.9126 |
| 1.5 | 26.8555 | 59.5093 | 29.9072 | 42.1143 | 57.3730 | 62.8662 | 51.2695 |

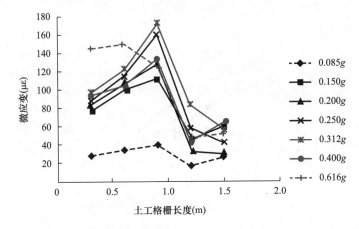

图 11.3.24　第 7 层土工格栅应变分布

可以看出，随着台面峰值加速度增大，除个别测点外，相同位置处的动应变总体是增大的。在 0.085g、0.150g、0.200g、0.250g、0.312g 和 0.400g 时，应变分布曲线走势基本相同，最大值出现在距墙面板 0.9m 处，且随着地震加速度增大而增大。在 0.400g 时，应变最大值也出现在距墙面板 0.9m 处，但较 0.250g、0.312g 时小。在 0.616g 时，应变分布曲线与前者不同，可能是模型发生破坏，应变最大值出现在距墙面板 0.6m 处。在 0.085g 时，靠近墙面板处的两个测点与端部的两个测点应变相差不大，随着震级增大，在 0.150g、0.200g、0.250g、0.312g、0.400g 和 0.616g 时，靠近面板处的两个测点的应变大于端部的两个测点的应变，说明土工格栅靠近面板 0.3～0.9m 段较 0.9～1.5m 段应力大。各峰值加速度作用下，动应变的最大值分别为 39.24$\mu\varepsilon$、112.16$\mu\varepsilon$、129.77$\mu\varepsilon$、160.05$\mu\varepsilon$、170.86$\mu\varepsilon$、133.78$\mu\varepsilon$、149.36$\mu\varepsilon$。

（4）第 9 层土工格栅试验数据及应变分布，见表 11.3.11、图 11.3.25。

可以看出，0.085g 时，应变分布近乎水平，最大值出现在距墙顶 0.9m 处。随着台面峰值加速度增大，在 $0.150g$、$0.200g$、$0.250g$ 和 $0.312g$ 时，应变分布曲线走势基本相同，在 $0.3\sim0.6m$ 段线性增大，$0.6\sim1.5m$ 段线性减小。除个别测点外，随着地震加速度增大，相同位置处的动应变总体是增大的，最大值出现在距墙面板 $0.6m$ 处，且随着地震加速度的增大而增大。在 $0.400g$ 和 $0.616g$ 时，应变分布曲线与前者不同，可能是模型发生破坏，应变最大值出现在距墙面板 $0.9m$ 处。各峰值加速度作用下，动应变的最大值分别为 $47.55\mu\varepsilon$、$130.92\mu\varepsilon$、$204.47\mu\varepsilon$、$253.3\mu\varepsilon$、$232.54\mu\varepsilon$、$207.49\mu\varepsilon$、$253.71\mu\varepsilon$。

**第 9 层土工格栅应变试验数据**　　　　　　　　　　　　表 11.3.11

| 位置（m）＼震级 | 0.085g | 0.150g | 0.200g | 0.250g | 0.312g | 0.400g | 0.616g |
|---|---|---|---|---|---|---|---|
| 0.3 | 26.3061 | 115.1279 | 147.9332 | 183.8333 | 162.1694 | 106.7719 | 148.5522 |
| 0.6 | 33.5693 | 130.9204 | 204.4678 | 253.2959 | 232.5439 | 149.8413 | 218.811 |
| 0.9 | 47.5504 | 89.1154 | 132.6755 | 182.5536 | 185.5462 | 207.4926 | 253.7129 |
| 1.2 | 34.1611 | 43.3938 | 63.0903 | 105.8686 | 101.5600 | 198.8114 | 202.1967 |
| 1.5 | 43.6216 | 42.3841 | 21.9655 | 50.7372 | 38.6716 | 134.5773 | 125.2961 |

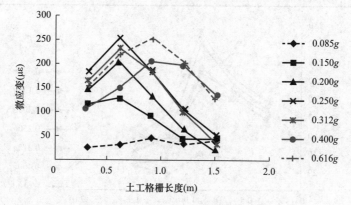

图 11.3.25　第 9 层土工格栅应变分布

2）普通加筋土挡土墙模型动应变分析

（1）第 1 层土工格栅应变试验数据及应变分布，见表 11.3.12、图 11.3.26。

**第 1 层土工格栅应变试验数据**　　　　　　　　　　　　表 11.3.12

| 位置（m）＼震级 | 0.085g | 0.150g | 0.200g | 0.250g | 0.312g | 0.400g | 0.616g |
|---|---|---|---|---|---|---|---|
| 0.3 | 50.1868 | 62.7335 | 76.8991 | 88.3666 | 102.802 | 119.396 | 185.0976 |
| 0.6 | 4.3379 | 20.76 | 24.7881 | 16.1122 | 31.9146 | 9.6054 | 37.1821 |
| 0.9 | 6.4902 | 21.6341 | 25.0338 | 13.5986 | 33.3784 | 21.9432 | 19.4707 |
| 1.2 | 36.5668 | 51.4644 | 56.0691 | 52.9542 | 52.8187 | 33.7227 | 29.9306 |
| 1.5 | 36.4699 | 44.8756 | 49.6207 | 54.2303 | 56.264 | 36.4699 | 37.5545 |

可以看出，随着台面峰值加速度增大，应变分布曲线走势基本相同，在距墙面板 $0.3\sim0.6m$ 段线性减小，$0.6\sim1.5m$ 段线性增大且变化较缓。除个别测点外，随着地震加速度增大，相同位置处的动应变总体是增大的。最大值出现在距墙面板 $0.3m$ 处，且随着地震

加速度增大而增大。各峰值加速度作用下，动应变的最大值分别为 $50.19\mu\varepsilon$、$62.73\mu\varepsilon$、$76.9\mu\varepsilon$、$88.37\mu\varepsilon$、$102.80\mu\varepsilon$、$119.40\mu\varepsilon$、$185.10\mu\varepsilon$。

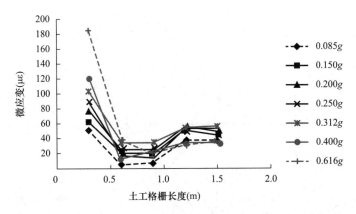

图 11.3.26　第 1 层土工格栅应变分布

（2）第 3 层土工格栅应变试验数据及应力分布，见表 11.3.13、图 11.3.27。

第 3 层土工格栅试验数据　　　　　　　　　　　　　表 11.3.13

| 位置（m） 震级 | 0.085g | 0.150g | 0.200g | 0.250g | 0.312g | 0.400g | 0.616g |
|---|---|---|---|---|---|---|---|
| 0.3 | 8.0933 | 21.5821 | 34.8377 | 81.1774 | 89.5222 | 99.8285 | 121.4724 |
| 0.6 | 48.5623 | 61.6732 | 80.2016 | 112.0746 | 140.0018 | 153.5123 | 185.5209 |
| 0.9 | 31.6550 | 55.6273 | 66.2238 | 82.5811 | 109.1356 | 114.4333 | 140.2578 |
| 1.2 | 22.8636 | 43.4146 | 54.9232 | 61.6726 | 79.8614 | 100.8987 | 121.8020 |
| 1.5 | 19.3312 | 23.0076 | 33.8940 | 54.5495 | 64.1850 | 82.0011 | 107.4129 |

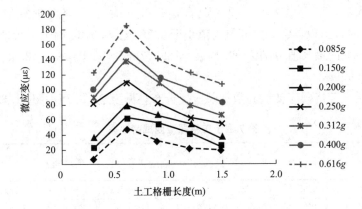

图 11.3.27　第 3 层土工格栅应变分布

可以看出，随着台面峰值加速度增大，应变分布曲线走势基本相同，在距墙面板 0.3～0.6m 段应变分布曲线线性增大，0.6～1.5m 段应变分布曲线线性减小且变化较缓。随着地震加速度增大，相同位置处的动应变总体是增大的，应变最大值出现在距墙面板 0.6m处，且随着地震加速度增大而增大。各峰值加速度作用下，动应变的最大值分别为$48.56\mu\varepsilon$、$61.67\mu\varepsilon$、$80.2\mu\varepsilon$、$112.07\mu\varepsilon$、$140.00\mu\varepsilon$、$153.51\mu\varepsilon$、$185.52\mu\varepsilon$。

（3）第5层土工格栅应变试验数据及应变分布，0.3m和1.5m处应变片出现异常，数据未列出，见表11.3.14、图11.3.28。

第5层土工格栅应变试验数据                                表11.3.14

| 位置（m） \ 震级 | 0.085g | 0.150g | 0.200g | 0.250g | 0.312g | 0.400g | 0.616g |
|---|---|---|---|---|---|---|---|
| 0.6 | 18.0560 | 41.1747 | 54.0331 | 75.8620 | 107.5273 | 113.8604 | 137.0367 |
| 0.9 | 90.1007 | 139.1256 | 153.0367 | 182.4875 | 210.9970 | 176.9739 | 265.5953 |
| 1.2 | 12.4304 | 32.9644 | 49.3163 | 57.0178 | 67.1513 | 103.0914 | 183.4838 |

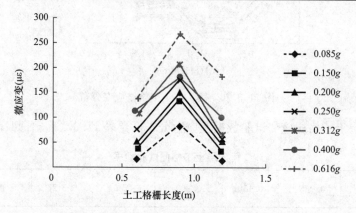

图11.3.28　第5层土工格栅应变分布

可以看出，随着台面峰值加速度增大，应变分布曲线走势基本相同，在距墙面板0.6～0.9m段应变分布曲线线性增大，0.9～1.2m段应变分布曲线线性减小。在0.085g、0.150g、0.200g、0.250g、0.312g和0.616g时，随着地震加速度增大，相同位置处的动应变总体是增大的，应变最大值出现在距墙面板0.9m处，且随着地震加速度增大而增大。在0.400g时，出现异常，应变最大值小于0.250g、0.312g时的最大值。各峰值加速度作用下，动应变的最大值分别为90.10με、139.13με、153.04με、182.49με、211.00με、176.97με、265.60με。

（4）第7层土工格栅应变试验数据及应变分布，见表11.3.15、图11.3.29。

第7层土工格栅应变试验数据                                表11.3.15

| 位置（m） \ 震级 | 0.085g | 0.150g | 0.200g | 0.250g | 0.312g | 0.400g | 0.616g |
|---|---|---|---|---|---|---|---|
| 0.3 | 41.8488 | 61.0683 | 89.2775 | 101.6771 | 149.7257 | 81.8377 | 83.0776 |
| 0.6 | 49.4787 | 80.7122 | 116.8935 | 115.0380 | 154.6210 | 102.3591 | 119.6766 |
| 0.9 | 65.5020 | 100.4158 | 129.4591 | 141.2000 | 170.8613 | 137.8013 | 173.0241 |
| 1.2 | 36.0107 | 56.4575 | 84.2285 | 84.2285 | 101.3184 | 99.1821 | 125.4272 |
| 1.5 | 39.0625 | 54.6265 | 44.2505 | 66.2231 | 78.1250 | 65.6128 | 120.2393 |

可以看出，随着台面峰值加速度增大，应变分布曲线走势基本相同，在距墙面板0.3～0.9m段应变分布曲线线性增大，0.9～1.5m段应变分布曲线线性减小。在0.085g、0.150g、0.200g、0.250g、0.312g时，随着地震加速度增大，相同位置处的动应变总体

是增大的，应变最大值出现在距墙面板 0.9m 处，且随着地震加速度增大而增大。在 0.400g 时，出现异常，应变最大值小于 0.250g、0.312g 时的最大值。在 0.150g、0.200g、0.250g、0.312g 时，应变分布曲线在 0.3～1.9m 段有变缓的趋势，0.312g 时该段曲线最缓，而在 0.400g 和 0.616g 时该段曲线又变陡。各峰值加速度作用下，动应变的最大值分别为 65.50$\mu\varepsilon$、100.42$\mu\varepsilon$、129.46$\mu\varepsilon$、141.20$\mu\varepsilon$、170.86$\mu\varepsilon$、137.80$\mu\varepsilon$、173.02$\mu\varepsilon$。

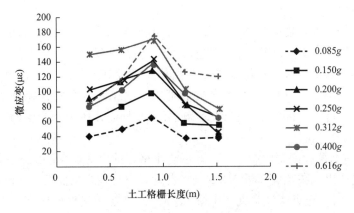

图 11.3.29　第 7 层土工格栅应变分布

（5）第 9 层土工格栅应变试验数据及应变分布，见表 11.3.16、图 11.3.30。

第 9 层土工格栅应变试验数据　　　　　　　　表 11.3.16

| 位置（m）＼震级 | 0.085g | 0.150g | 0.200g | 0.250g | 0.312g | 0.400g | 0.616g |
|---|---|---|---|---|---|---|---|
| 0.3 | 60.3493 | 85.7270 | 191.8799 | 213.2342 | 167.7401 | 166.8117 | 164.3358 |
| 0.6 | 52.7954 | 90.3320 | 141.6016 | 159.9121 | 163.2690 | 167.2363 | 190.1245 |
| 0.9 | 69.4967 | 150.2991 | 121.3699 | 158.9446 | 228.1088 | 243.7373 | 314.2315 |
| 1.2 | 56.3196 | 124.3341 | 85.8644 | 89.8652 | 160.3417 | 173.2675 | 190.5019 |
| 1.5 | 61.5653 | 98.3807 | 39.5998 | 30.9373 | 79.8183 | 57.5434 | 122.5118 |

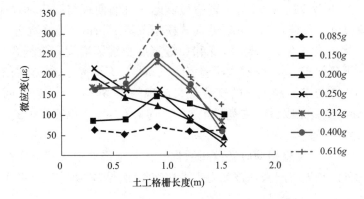

图 11.3.30　第 9 层土工格栅应变分布

可以看出，在 0.085g 时，应变变化不大，应变分布曲线近乎水平，说明土工格栅受力较均匀，最大值出现在距墙面板 0.9m 处。在 0.150g 时，应变分布曲线在距墙面板

0.3～0.9m段线性增大，0.9～1.5m段线性减小，最大值出现在距墙面板0.9m处。在0.200$g$和0.250$g$时，应力分布曲线为线性减小，最大值出现在距墙面板0.3m处。在0.312$g$、0.400$g$和0.616$g$时，应变分布曲线同0.150$g$时的应变分布，相同位置处的动应变总体是增大的，最大值出现在距墙面板0.9m处。各地震加速度作用下，应变最大值随着地震加速度增大而增大。各峰值加速度作用下，动应变的最大值分别为69.50$\mu\varepsilon$、150.30$\mu\varepsilon$、191.88$\mu\varepsilon$、213.23$\mu\varepsilon$、228.11$\mu\varepsilon$、243.74$\mu\varepsilon$、314.23$\mu\varepsilon$。

3）两种模型比较

根据上述分析，在地震峰值加速度作用下，两种模型中各层土工格栅的应变基本上随着加速度增大而增大。在各级峰值加速度作用下，包裹式试验模型第3层土工格栅受力较其余各层大，而普通式试验模型第9层土工格栅受力较其余各层大，且第7、9层受力普通式较包裹式大，第3、5层受力包裹式较普通式大。说明普通式试验模型由于墙面板与土工格栅绑扎在一起，上部的土工格栅受墙面板水平地震作用影响产生的变形大于包裹式试验模型。

在0.085$g$时，两种模型中第5、7、9层土工格栅的应变最大值出现在距墙面板0.9m处，第3层包裹式出现在距墙面板0.3m处，普通式出现在距墙面板0.6m处。在0.150$g$、0.200$g$、0.250$g$时，包裹式试验模型中第9、7、5、3层土工格栅应变最大值分别出现在距墙面板0.6m、0.9m、0.9m、0.3m。在0.312$g$、0.400$g$时，包裹式试验模型中第9、7、5、3层土工格栅应变最大值分别出现在距墙面板0.6m、0.9m、0.9m、0.6m。在0.616$g$时，包裹式试验模型中第9、7、5、3层土工格栅应变最大值分别出现在距墙面板0.9m、0.3m、0.9m、0.3m。在0.150$g$、0.200$g$、0.250$g$时，普通式试验模型中第9、7、5、3、1层土工格栅应变最大值分别出现在距墙面板0.3m、0.9m、0.9m、0.6m、0.3m。在0.312$g$、0.400$g$、0.616$g$时，普通式试验模型中第9、7、5、3、1层土工格栅应变最大值分别出现在距墙面板0.9m、0.9m、0.9m、0.6m、0.3m。

**5. 破坏模式**

1）直观破坏

两种试验模型在台面峰值加速度0.085$g$～0.312$g$逐级加载过程中，均未产生明显的变形和破坏。在0.400$g$时，两者均出现明显震陷，且墙面板与墙后加筋土体产生裂缝。包裹式模型沉降2cm，裂缝宽2.5cm。普通式模型沉降2.5cm，裂缝宽1.5cm。随着峰值加速度的继续增大，在0.616$g$时，沉降和裂缝宽度也继续增大，包裹式模型沉降3cm，裂缝宽5cm，向下延伸45cm，普通式模型沉降4.5cm，裂缝宽3.5cm，向下延伸30cm左右，此时在加筋土体与未加筋土体的交界处又出现一条裂缝，该条裂缝两种模型相差不大，宽度约2mm。试验完成后，在模型拆除中，均未发现土工格栅产生破坏。

2）潜在破裂面位置

根据11.3.4节中土工格栅动应变分析数据，在各地震峰值加速度作用下，将每层土工格栅受力最大处的点连接起来，该面视为潜在破裂面。各震级作用下两种模型潜在破裂面位置分布如图11.3.31～图11.3.34所示。

可以看出，在0.085$g$时两种模型的潜在破裂面位置分布变化不大，在墙高0.9m以上土工格栅受力最大点在距墙面板0.9m处，包裹式模型在墙高0.5m处的土工格栅应力最大点在距面板0.3m处，普通式模型在墙高0.5m、0.1m处的土工格栅应力最大点在距面板 0.6m、0.3m 处。在 0.150g、0.200g、0.250g 时潜在破裂面位置分布相同，包裹式模型在墙高 1.7m 处土工格栅受力最大位置在距墙面板 0.6m 处，0.5m 处土工格栅受力最大位置在距墙面板 0.3m 处，普通式模型在墙高 1.7m 时在 0.3m 处，墙高 0.1m、0.5m 时分别在 0.3m、0.6m 处，墙高 0.9m 和 1.3m 时两者相同均在 0.9m 处。在 0.312g、0.400g 时潜在破裂面位置分布相同，包裹式模型在墙高 1.7m 处土工格栅受力最大位置在距墙面板 0.6m 处，0.5m 处土工格栅受力最大位置在距墙面板 0.6m 处，普通式模型在墙高 1.7m 时在 0.9m 处，墙高 0.1m、0.5m 时分别在 0.3m、0.6m 处，墙高 0.9m 和 1.3m 时两者相同均在 0.9m 处。在 0.616g 时，包裹式模型潜在破裂面在墙高 1.3m 处有突变，最大值出现在距墙面板 0.3m 处，普通式模型破裂面位置分布与 0.312g、0.400g 时相同。

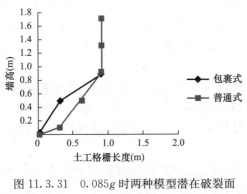

图 11.3.31　0.085g 时两种模型潜在破裂面位置分布

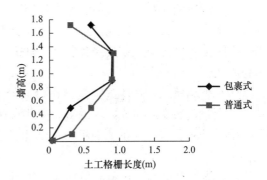

11.3.32　0.15g、0.20g、0.25g 时两种模型潜在破裂面位置分布

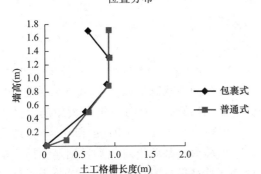

图 11.3.33　0.312g、0.400g 时两种模型潜在破裂面位置分布

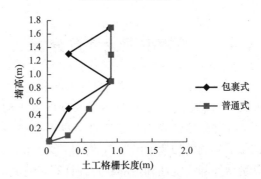

图 11.3.34　0.616g 时两种模型潜在破裂面位置分布

根据上述分析可以看出两种试验模型在地震作用时的潜在破裂面位置分布大致相同，近似为 0.45H 的竖折线，较静力时 0.3H 潜在破裂面后移。

## 11.3.4　小结

本节通过对比分析包裹式加筋土挡土墙试验模型和普通式加筋土挡土墙试验模型的试验数据，得出以下结论：

（1）加速度放大倍数。在 0.085g、0.150g、0.200g、0.250g 时，包裹式加筋土挡土墙的加速度分布曲线呈线性增加，最大值发生在墙顶，普通加筋土挡土墙的加速度分布曲线最大值发生在墙高 1.7m 处。在 0.312g、0.400g、0.616g 时，两者分布曲线大致相同，最大值均出现在墙高 1.7m 处。通过比较两种模式下各地震峰值加速度的放大倍数的最大值，包裹式均小于普通式加筋土挡土墙，说明包裹式加筋土挡土墙由于包裹端的作用能使地震波沿墙体向上传播放大过程中得到减弱。

（2）动土压应力。在地震作用下，加筋土体会产生一定的震陷，从而产生土拱挤压面板，产生动土压力。在各震级加速度作用下，包裹式加筋土挡土墙的动土压力最大值均出现在墙高 1.3m 处，普通式加筋土挡土墙在 $0.085g$、$0.150g$、$0.200g$、$0.250g$、$0.312g$ 地震峰值加速度作用时，与包裹式加筋土挡土墙相同，其动土压力最大值也出现在墙高 1.3m 处，当地震峰值加速度为 $0.400g$、$0.616g$ 时，动土压力最大值出现在墙高 0.5m 处。根据试验数据来看，这种由地震作用产生的动土压力值均很小。

（3）动应变。在地震峰值加速度作用下，两种模型中各层土工格栅的应变基本上随着加速度增大而增大。包裹式试验模型第 3 层土工格栅受力较其余各层大，而普通式试验模型第 9 层土工格栅受力较其余各层大，且第 7、9 层受力普通式较包裹式大，第 3、5 层受力包裹式较普通式大。

（4）破坏模式。两种试验模型在台面峰值加速度 $0.085g \sim 0.312g$ 逐级加载过程中，均未产生明显的变形和破坏，说明该类结构有很好的抗震性。在 $0.400g$ 和 $0.616g$ 时，模型产生明显的震陷，且在墙面板与加筋土体交界处及加筋土体与未加筋土体交界处先后裂缝。

（5）潜在破裂面。在各峰值加速度作用下，两种试验模型的潜在破裂面位置分布大致相同，近似为 $0.45H$ 的竖折线，较静力时 $0.3H$ 潜在破裂面后移。

## 11.4  试验模型理论计算分析

本节对试验模型按照规范进行理论计算，分别计算静力状态下和 $0.150g$（6 度地震）、$0.200g$（7 度地震）、$0.300g$（8 度地震）和 $0.400g$（9 度地震）时，包裹式加筋土挡土墙的外部稳定性和内部稳定性。再根据模型在 $0.150g$、$0.200g$、$0.312g$ 和 $0.400g$ 地震作用下实测的加速度沿墙高放大倍数分布数据，在拟静力法基础上对包裹式加筋土挡土墙分别做外部稳定性和内部稳定性计算，将其与理论计算结果进行对比分析，以便为以后的设计提供参考。

### 11.4.1  外部稳定性计算

根据《铁路路基支挡结构设计规范》及《铁路工程抗震设计规范》，作用在加筋土挡土墙上的力系有墙身自重、作用于墙背的地震主动土压力、墙身重力所产生的水平地震作用、墙底法向反力和摩擦力。作用在墙背上的主动土压力按库仑理论计算。考虑地震时，外部稳定性分析视加筋土挡土墙为重力式挡土墙进行验算。如图 11.4.1 所示。

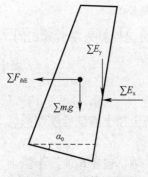

图 11.4.1  验算挡土墙稳定性

1）试验模型计算数据

墙高 $H = 2$m，土工格栅长度 $L = 1.6$m，填土重度 $\gamma =$

18kN/m³，内摩擦角 $\varphi = 35°$，墙背摩擦角 $\delta = 35°$。

2）主动土压力计算

由库仑理论主动土压力计算公式：

$$E_a = \frac{1}{2}\gamma H^2 K_a \tag{11.4.1}$$

$$K_a = \frac{\cos^2(\varphi - \alpha)}{\cos^2\alpha \cdot \cos(\alpha + \delta)\left[1 + \sqrt{\dfrac{\sin(\varphi + \delta) \cdot \sin(\varphi - \beta)}{\cos(\alpha + \delta) \cdot \cos(\alpha - \beta)}}\right]^2} \tag{11.4.2}$$

式中，$K_a$ 为库仑主动土压力系数；$\gamma$、$\varphi$ 为填土的重度和内摩擦角；$\alpha$ 为墙背与竖直线之间的夹角；$\beta$ 为填土表面与水平面之间的夹角；$\delta$ 为墙背与填土之间的摩擦角。

作用在挡土墙上的地震主动土压力，仍按库仑理论公式计算，但土的内摩擦角 $\varphi$ 或土的综合内摩擦角 $\varphi_0$、墙背摩擦角 $\delta$、土的重度 $\gamma$ 受地震作用的影响，应根据地震角分别按下列公式进行修正：

$$\varphi_E = \varphi - \theta \tag{11.4.3}$$

$$\varphi_{0E} = \varphi_0 - \theta \tag{11.4.4}$$

$$\delta_E = \delta + \theta \tag{11.4.5}$$

$$\gamma_E = \frac{\gamma}{\cos\theta} \tag{11.4.6}$$

式中，$\varphi_E$ 为修正后的土的内摩擦角（°）；$\varphi_{0E}$ 为修正后的土的综合内摩擦角（°）；$\delta_E$ 为修正后的墙背摩擦角（°）；$\gamma_E$ 为修正后的土的重度（kN/m³）；

其中地震角（°），应按表 11.4.1 采用。

| | | | 地　震　角 | | 表 11.4.1 |
|---|---|---|---|---|---|
| $A_g$ | 0.1g、0.15g | | 0.2g | 0.3g | 0.4g |
| 地震角 $\theta$ | 1°30′ | | 3° | 4°30′ | 6° |

3）水平地震作用

挡土墙第 $i$ 截面以上墙身质心处的水平地震作用按下列公式计算：

$$F_{ihE} = \eta A_g \eta_i m_i \tag{11.4.7}$$

式中，$F_{ihE}$ 为第 $i$ 截面以上墙身质心处水平地震作用（kN）；$\eta$ 为水平地震作用修正系数，岩石地基取 0.2，非岩石地基取 0.25；$m_i$ 为第 $i$ 截面以上墙身质量（t）；$\eta_i$ 为水平地震作用沿墙高增大系数，当 $H \leqslant 12$m 时取值为 1，当 $H > 12$m 时，$\eta_i = 1 + h_i/H$；$A_g$ 为地震动峰值加速度（m/s²）。

4）沿基础底面抗滑稳定安全系数 $K_c$

$$K_c = \frac{\left[\sum N + \left(\sum E_x + \sum F_{ihE}\right)\tan\alpha_0\right] \cdot f}{\sum E_x + \sum F_{ihE} - \sum N \cdot \tan\alpha_0} \tag{11.4.8}$$

式中，$\sum N$ 为作用于基础底面上的总垂直力（kN）；$\sum E_x$ 为地震主动土压力的总水平分力（kN）；$\sum E_y$ 为地震主动土压力的总垂直分力（kN）；$\alpha_0$ 为基础底面倾斜角（°）；$\sum F_{ihE}$ 为挡土墙墙身的总水平地震作用（kN）；$f$ 为基础底面与地基间的摩擦系数。

5）抗倾覆稳定安全系数 $K_0$

$$K_0 = \sum M_y / \sum M_0 \tag{11.4.9}$$

式中，$\sum M_y$ 为稳定力系对墙趾的总力矩（kN·m）；$\sum M_0$ 为倾覆力系对墙趾的总力矩（kN·m）。

6）计算结果

静力状态下与各地震动峰值加速度作用下的外部稳定计算结果见表 11.4.2、表 11.4.3。

地震主动土压力计算 表 11.4.2

| $A_g$ | 地震角 $\theta(°)$ | 内摩擦角 $\varphi_E(°)$ | 墙背摩擦角 $\delta_E(°)$ | 重度 $\gamma_E(kN/m^3)$ | 土压力系数 $K_a$ | 土压力 $E_a(kN)$ |
|---|---|---|---|---|---|---|
| 静力 | 0 | 35.0 | 35.0 | 18.000 | 0.2499 | 8.995 |
| 0.15g | 1.5 | 33.5 | 36.5 | 18.006 | 0.2662 | 9.586 |
| 0.20g | 3.0 | 32.0 | 38.0 | 18.025 | 0.2834 | 10.217 |
| 0.30g | 4.5 | 30.5 | 39.5 | 18.056 | 0.3017 | 10.895 |
| 0.40g | 6.0 | 29.0 | 41.0 | 18.099 | 0.3211 | 11.625 |

外部稳定性计算 表 11.4.3

| $A_g$ | 规范计算 | | | 试验值计算 | | |
|---|---|---|---|---|---|---|
| | $F_E(kN)$ | 抗滑 $K_c$ | 抗倾覆 $K_0$ | $F_E(kN)$ | 抗滑 $K_c$ | 抗倾覆 $K_0$ |
| 静力 | — | 3.351 | 7.537 | — | — | — |
| 0.15g | 1.728 | 2.652 | 5.520 | 2.452 | 2.463 | 4.994 |
| 0.20g | 2.304 | 2.450 | 5.063 | 3.497 | 2.196 | 4.380 |
| 0.30g | 3.456 | 2.171 | 4.400 | 5.470 | 1.856 | 3.600 |
| 0.40g | 4.608 | 1.956 | 3.919 | 6.343 | 1.731 | 3.361 |

## 11.4.2 内部稳定性计算

1）土工格栅拉力计算

《铁路路基支挡结构设计规范》将加筋土体分为拉筋锚固区和非锚固区，两者的分界采用 $0.3H$ 分界线。见图 11.4.2。在地震作用下，为确定筋材的水平地震力增量，仍按 $0.3H$ 分界线将加筋土挡土墙分为锚固区和非锚固区，既是主动区与稳定区。对于筋材中产生的水平地震作用，假设是由于主动区的水平地震引起的，由式（11.4.7）计算出水平地震作用，并假设由主动区产生的水平地震作用均匀地分布到各层拉筋上。计算公式如下：

面板后填料产生的水平土压应力计算公式：

$$\sigma_{hi} = \lambda_i \gamma h_i \tag{11.4.10}$$

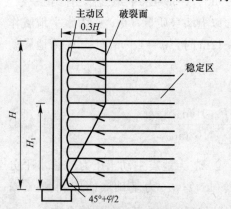

图 11.4.2 内部稳定分析计算

当 $h_i \leqslant 6\text{m}$ 时，$\lambda_i = \lambda_0(1 - h_i/6) + \lambda_a(h_i/6)$；$\lambda_0 = 1 - \sin\varphi_0$；$\lambda_a = \tan(45° - \varphi_0/2)$

式中，$\sigma_{hi}$ 为填料产生的水平土压应力（kPa）；$\gamma$ 为加筋体的填料重度（kN/m³）；$h_i$ 为墙顶距第 $i$ 层墙面板中心的高度（m）；$\lambda_i$ 为加筋土挡墙内 $h_i$ 深度处的土压力系数；$\lambda_0$ 为静止土压力系数；$\lambda_a$ 为主动土压力系数；$\varphi_0$ 为填料综合内摩擦角。

拉筋拉力计算公式：

$$T_i = K\sigma_{hi}S_xS_y \tag{11.4.11}$$

式中，$T_i$ 为第 $i$ 层拉筋的计算拉力（kN）；$K$ 为拉筋拉力峰值附加系数，取 $1.5\sim2.0$；$S_x$、$S_y$ 为拉筋之间水平及垂直间距（m），采用土工格栅拉筋时只有垂直间距 $S_y$。

考虑水平地震作用时，拉筋拉力计算应为：

$$T_{iE} = K\sigma_{hi}S_xS_y + f_{ihE} \tag{11.4.12}$$

式中，$f_{ihE} = \eta A_g \eta_i m_i$ 为计算出的水平地震作用。

2）土工格栅抗拔力计算

抗拔力与土工格栅填土间的摩擦力、拉筋长度及破裂面形状有关，只有稳定区拉筋长度（锚固区长度）才能提供抗拔力。加筋土挡土墙的抗拔力及有效锚固长度计算公式如下：

$$S_{fi} = 2\sigma_{vi}aL_bf \tag{11.4.13}$$

式中，$S_{fi}$ 为拉筋抗拔力（kN）；$a$ 为拉筋宽度（m）；$L_b$ 为拉筋的有效锚固长度（m）；当 $0 < h_i \leqslant H_i$ 时，$L_b = L - h_i\tan(45° - \varphi/2)$，当 $H_1 < h_i \leqslant H$ 时，$L_b = L - 0.3H$，其中 $H_1 = 0.3H\tan(45° + \varphi/2)$；$f$ 为拉筋与填料间摩擦系数，应根据抗拔试验确定，无试验数据时，可采用 $0.3\sim0.4$。

3）抗拔稳定性验算

抗拔稳定性验算应分别验算全墙抗拔稳定和各层抗拔稳定。计算公式如下：

$$K_s = \sum S_{fi} / \sum T_i \tag{11.4.14}$$

$$K_{si} = S_{fi}/T_i \tag{11.4.15}$$

式中，$K_s$ 为全墙抗拔稳定系数；$K_{si}$ 为各层抗拔稳定系数；$\sum S_{fi}$ 为各层拉筋摩擦力的总和（kN）；$\sum T_i$ 为各层拉筋拉力的总和（kN）；$S_{fi}$ 为各层拉筋的摩擦力（kN）；$T_i$ 为各层拉筋的拉力（kN）。

4）内部稳定性

理论计算按 $0.3H$ 法，试验数据按实测数据确定的 $0.45H$ 法计算。静力状态下与各地震动峰值加速度作用下的内部稳定计算结果见表 11.4.4～表 11.4.12。

静力状态下内部稳定性计算　　　　　　　　　　　　　　表 11.4.4

| 拉筋距墙顶高 $h_i$(m) | $h_i$ 处土压力系数 $\lambda_i$ | 水平土压力 $\sigma_{hi}$ | 拉力 $T_i$(kN) | 压力 $\sigma_{vi}$ | 有效锚固长度 $L_b$(m) | 抗拔力 $S_{fi}$(kN) | 各层抗拔稳定系数 $K_{si}$ | 全墙抗拔稳定系数 $K_s$ |
|---|---|---|---|---|---|---|---|---|
| 0.1 | 0.684 | 1.231 | 0.493 | 1.8 | 1.000 | 1.260 | 2.135 | |
| 0.3 | 0.670 | 3.619 | 1.447 | 5.4 | 1.000 | 3.780 | 2.439 | 3.741 |
| 0.5 | 0.656 | 5.905 | 2.362 | 9.0 | 1.000 | 6.300 | 2.548 | |

| 拉筋距墙顶高 $h_i$(m) | $h_i$ 处土压力系数 $\lambda_i$ | 水平土压力 $\sigma_{hi}$ | 拉力 $T_i$(kN) | 压力 $\sigma_{vi}$ | 有效锚固长度 $L_b$(m) | 抗拔力 $S_{fi}$(kN) | 各层抗拔稳定系数 $K_{si}$ | 全墙抗拔稳定系数 $K_s$ |
|---|---|---|---|---|---|---|---|---|
| 0.7 | 0.642 | 8.090 | 3.236 | 12.6 | 1.000 | 8.820 | 2.626 | |
| 0.9 | 0.628 | 10.175 | 4.070 | 16.2 | 1.028 | 11.654 | 2.770 | |
| 1.1 | 0.614 | 12.158 | 4.863 | 19.8 | 1.132 | 15.686 | 3.125 | |
| 1.3 | 0.600 | 14.041 | 5.616 | 23.4 | 1.236 | 20.243 | 3.494 | 3.741 |
| 1.5 | 0.586 | 15.822 | 6.329 | 27.0 | 1.340 | 25.324 | 3.877 | |
| 1.7 | 0.572 | 17.503 | 7.001 | 30.6 | 1.444 | 30.929 | 4.276 | |
| 1.9 | 0.558 | 19.083 | 7.633 | 34.2 | 1.548 | 37.059 | 4.693 | |

**0.15g 内部稳定性理论计算** 表 11.4.5

| 拉筋距墙顶高 $h_i$(m) | $h_i$ 处土压力系数 $\lambda_i$ | 水平土压力 $\sigma_{hi}$ | 地震作用 $F_i$(kN) | 压力 $\sigma_{vi}$ | 拉力 $T_{iE}$(kN) | 抗拔力 $S_{fi}$(kN) | 各层抗拔稳定系数 $K_{si}$ | 全墙抗拔稳定系数 $K_s$ |
|---|---|---|---|---|---|---|---|---|
| 0.1 | 0.684 | 1.232 | 0.0462 | 1.8 | 0.539 | 1.260 | 2.337 | |
| 0.3 | 0.671 | 3.625 | 0.0462 | 5.4 | 1.496 | 3.780 | 2.527 | |
| 0.5 | 0.658 | 5.920 | 0.0462 | 9.0 | 2.414 | 6.300 | 2.610 | |
| 0.7 | 0.644 | 8.119 | 0.0462 | 12.6 | 3.294 | 8.820 | 2.678 | |
| 0.9 | 0.631 | 10.221 | 0.0462 | 16.2 | 4.135 | 11.654 | 2.819 | 3.676 |
| 1.1 | 0.617 | 12.227 | 0.0462 | 19.8 | 4.937 | 15.686 | 3.177 | |
| 1.3 | 0.604 | 14.135 | 0.0462 | 23.4 | 5.700 | 20.243 | 3.551 | |
| 1.5 | 0.590 | 15.947 | 0.0462 | 27.0 | 6.425 | 25.324 | 3.941 | |
| 1.7 | 0.577 | 17.663 | 0.0462 | 30.6 | 7.111 | 30.929 | 4.349 | |
| 1.9 | 0.564 | 19.281 | 0.0462 | 34.2 | 7.759 | 37.059 | 4.776 | |

**0.15g 内部稳定性试验数据计算** 表 11.4.6

| 拉筋距墙顶高 $h_i$(m) | $h_i$ 处土压力系数 $\lambda_i$ | 水平土压力 $\sigma_{hi}$ | 地震作用 $F_i$(kN) | 压力 $\sigma_{vi}$ | 拉力 $T_{iE}$(kN) | 抗拔力 $S_{fi}$(kN) | 各层抗拔稳定系数 $K_{si}$ | 全墙抗拔稳定系数 $K_s$ |
|---|---|---|---|---|---|---|---|---|
| 0.1 | 0.684 | 1.232 | 0.114 | 1.8 | 0.607 | 0.882 | 1.453 | |
| 0.3 | 0.671 | 3.625 | 0.114 | 5.4 | 1.564 | 2.646 | 1.692 | |
| 0.5 | 0.658 | 5.920 | 0.114 | 9.0 | 2.482 | 4.410 | 1.777 | |
| 0.7 | 0.644 | 8.119 | 0.114 | 12.6 | 3.362 | 6.174 | 1.837 | |
| 0.9 | 0.631 | 10.221 | 0.114 | 16.2 | 4.202 | 7.938 | 1.889 | |
| 1.1 | 0.617 | 12.227 | 0.114 | 19.8 | 5.005 | 9.702 | 1.939 | 2.945 |
| 1.3 | 0.604 | 14.135 | 0.114 | 23.4 | 5.768 | 14.742 | 2.556 | |
| 1.5 | 0.590 | 15.947 | 0.114 | 27.0 | 6.493 | 20.790 | 3.202 | |
| 1.7 | 0.577 | 17.663 | 0.114 | 30.6 | 7.179 | 27.846 | 3.879 | |
| 1.9 | 0.564 | 19.281 | 0.114 | 34.2 | 7.827 | 35.910 | 4.588 | |

### 0.20g 内部稳定性理论计算 表 11.4.7

| 拉筋距墙顶高 $h_i$(m) | $h_i$ 处土压力系数 $\lambda_i$ | 水平土压力 $\sigma_{hi}$ | 地震作用 $F_i$(kN) | 压力 $\sigma_{vi}$ | 拉力 $T_{iE}$(kN) | 抗拔力 $S_{fi}$(kN) | 各层抗拔稳定系数 $K_{si}$ | 全墙抗拔稳定系数 $K_s$ |
|---|---|---|---|---|---|---|---|---|
| 0.1 | 0.685 | 1.234 | 0.0616 | 1.8 | 0.555 | 1.260 | 2.269 | |
| 0.3 | 0.672 | 3.633 | 0.0616 | 5.4 | 1.515 | 3.780 | 2.495 | |
| 0.5 | 0.659 | 5.940 | 0.0616 | 9.0 | 2.438 | 6.300 | 2.584 | |
| 0.7 | 0.646 | 8.155 | 0.0616 | 12.6 | 3.323 | 8.820 | 2.654 | |
| 0.9 | 0.633 | 10.277 | 0.0616 | 16.2 | 4.172 | 11.654 | 2.793 | 3.635 |
| 1.1 | 0.621 | 12.306 | 0.0616 | 19.8 | 4.984 | 15.686 | 3.147 | |
| 1.3 | 0.608 | 14.244 | 0.0616 | 23.4 | 5.759 | 20.243 | 3.515 | |
| 1.5 | 0.595 | 16.089 | 0.0616 | 27.0 | 6.497 | 25.324 | 3.898 | |
| 1.7 | 0.582 | 17.842 | 0.0616 | 30.6 | 7.198 | 30.929 | 4.297 | |
| 1.9 | 0.569 | 19.502 | 0.0616 | 34.2 | 7.862 | 37.059 | 4.713 | |

### 0.20g 内部稳定性试验数据计算 表 11.4.8

| 拉筋距墙顶高 $h_i$(m) | $h_i$ 处土压力系数 $\lambda_i$ | 水平土压力 $\sigma_{hi}$ | 地震作用 $F_i$(kN) | 压力 $\sigma_{vi}$ | 拉力 $T_{iE}$(kN) | 抗拔力 $S_{fi}$(kN) | 各层抗拔稳定系数 $K_{si}$ | 全墙抗拔稳定系数 $K_s$ |
|---|---|---|---|---|---|---|---|---|
| 0.1 | 0.685 | 1.234 | 0.1635 | 1.8 | 0.657 | 0.882 | 1.342 | |
| 0.3 | 0.672 | 3.633 | 0.1635 | 5.4 | 1.617 | 2.646 | 1.637 | |
| 0.5 | 0.659 | 5.940 | 0.1635 | 9.0 | 2.540 | 4.410 | 1.737 | |
| 0.7 | 0.646 | 8.155 | 0.1635 | 12.6 | 3.425 | 6.174 | 1.802 | |
| 0.9 | 0.633 | 10.277 | 0.1635 | 16.2 | 4.274 | 7.938 | 1.857 | 2.891 |
| 1.1 | 0.621 | 12.306 | 0.1635 | 19.8 | 5.086 | 9.702 | 1.908 | |
| 1.3 | 0.608 | 14.244 | 0.1635 | 23.4 | 5.861 | 14.742 | 2.515 | |
| 1.5 | 0.595 | 16.089 | 0.1635 | 27.0 | 6.599 | 20.790 | 3.150 | |
| 1.7 | 0.582 | 17.842 | 0.1635 | 30.6 | 7.300 | 27.846 | 3.814 | |
| 1.9 | 0.569 | 19.502 | 0.1635 | 34.2 | 7.964 | 35.910 | 4.509 | |

### 0.30g 内部稳定性理论计算 表 11.4.9

| 拉筋距墙顶高 $h_i$(m) | $h_i$ 处土压力系数 $\lambda_i$ | 水平土压力 $\sigma_{hi}$ | 地震作用 $F_i$(kN) | 压力 $\sigma_{vi}$ | 拉力 $T_{iE}$(kN) | 抗拔力 $S_{fi}$(kN) | 各层抗拔稳定系数 $K_{si}$ | 全墙抗拔稳定系数 $K_s$ |
|---|---|---|---|---|---|---|---|---|
| 0.1 | 0.685 | 1.237 | 0.0923 | 1.8 | 0.587 | 1.260 | 2.146 | |
| 0.3 | 0.673 | 3.645 | 0.0923 | 5.4 | 1.550 | 3.780 | 2.438 | |
| 0.5 | 0.661 | 5.965 | 0.0923 | 9.0 | 2.478 | 6.300 | 2.542 | |
| 0.7 | 0.649 | 8.197 | 0.0923 | 12.6 | 3.371 | 8.820 | 2.616 | |
| 0.9 | 0.636 | 10.342 | 0.0923 | 16.2 | 4.229 | 11.654 | 2.756 | 3.579 |
| 1.1 | 0.624 | 12.398 | 0.0923 | 19.8 | 5.052 | 15.686 | 3.105 | |
| 1.3 | 0.612 | 14.367 | 0.0923 | 23.4 | 5.839 | 20.243 | 3.467 | |
| 1.5 | 0.600 | 16.248 | 0.0923 | 27.0 | 6.591 | 25.324 | 3.842 | |
| 1.7 | 0.588 | 18.041 | 0.0923 | 30.6 | 7.309 | 30.929 | 4.232 | |
| 1.9 | 0.576 | 19.746 | 0.0923 | 34.2 | 7.991 | 37.059 | 4.638 | |

**0.30g 内部稳定性试验数据计算**　　　　　　　表 11.4.10

| 拉筋距墙顶高 $h_i$(m) | $h_i$ 处土压力系数 $\lambda_i$ | 水平土压力 $\sigma_{hi}$ | 地震作用 $F_i$(kN) | 压力 $\sigma_{vi}$ | 拉力 $T_{iE}$(kN) | 抗拔力 $S_{fi}$(kN) | 各层抗拔稳定系数 $K_{si}$ | 全墙抗拔稳定系数 $K_s$ |
|---|---|---|---|---|---|---|---|---|
| 0.1 | 0.685 | 1.237 | 0.2505 | 1.8 | 0.745 | 0.882 | 1.183 | |
| 0.3 | 0.673 | 3.645 | 0.2505 | 5.4 | 1.708 | 2.646 | 1.549 | |
| 0.5 | 0.661 | 5.965 | 0.2505 | 9.0 | 2.636 | 4.410 | 1.677 | |
| 0.7 | 0.649 | 8.197 | 0.2505 | 12.6 | 3.529 | 6.174 | 1.749 | |
| 0.9 | 0.636 | 10.342 | 0.2505 | 16.2 | 4.387 | 7.938 | 1.809 | |
| 1.1 | 0.624 | 12.398 | 0.2505 | 19.8 | 5.210 | 9.702 | 1.862 | 2.813 |
| 1.3 | 0.612 | 14.367 | 0.2505 | 23.4 | 5.997 | 14.742 | 2.458 | |
| 1.5 | 0.600 | 16.248 | 0.2505 | 27.0 | 6.750 | 20.790 | 3.080 | |
| 1.7 | 0.588 | 18.041 | 0.2505 | 30.6 | 7.467 | 27.846 | 3.729 | |
| 1.9 | 0.576 | 19.746 | 0.2505 | 34.2 | 8.149 | 35.910 | 4.407 | |

**0.40g 内部稳定性理论计算**　　　　　　　表 11.4.11

| 拉筋距墙顶高 $h_i$(m) | $h_i$ 处土压力系数 $\lambda_i$ | 水平土压力 $\sigma_{hi}$ | 地震作用 $F_i$(kN) | 压力 $\sigma_{vi}$ | 拉力 $T_{iE}$(kN) | 抗拔力 $S_{fi}$(kN) | 各层抗拔稳定系数 $K_{si}$ | 全墙抗拔稳定系数 $K_s$ |
|---|---|---|---|---|---|---|---|---|
| 0.1 | 0.685 | 1.240 | 0.1231 | 1.8 | 0.619 | 1.260 | 2.034 | |
| 0.3 | 0.674 | 3.659 | 0.1231 | 5.4 | 1.587 | 3.780 | 2.382 | |
| 0.5 | 0.662 | 5.995 | 0.1231 | 9.0 | 2.521 | 6.300 | 2.499 | |
| 0.7 | 0.651 | 8.247 | 0.1231 | 12.6 | 3.422 | 8.820 | 2.577 | |
| 0.9 | 0.639 | 10.416 | 0.1231 | 16.2 | 4.290 | 11.654 | 2.717 | |
| 1.1 | 0.628 | 12.502 | 0.1231 | 19.8 | 5.124 | 15.686 | 3.061 | 3.521 |
| 1.3 | 0.616 | 14.505 | 0.1231 | 23.4 | 5.925 | 20.243 | 3.416 | |
| 1.5 | 0.605 | 16.425 | 0.1231 | 27.0 | 6.693 | 25.324 | 3.784 | |
| 1.7 | 0.594 | 18.261 | 0.1231 | 30.6 | 7.428 | 30.929 | 4.164 | |
| 1.9 | 0.582 | 20.014 | 0.1231 | 34.2 | 8.129 | 37.059 | 4.559 | |

**0.40g 内部稳定性试验数据计算**　　　　　　　表 11.4.12

| 拉筋距墙顶高 $h_i$(m) | $h_i$ 处土压力系数 $\lambda_i$ | 水平土压力 $\sigma_{hi}$ | 地震作用 $F_i$(kN) | 压力 $\sigma_{vi}$ | 拉力 $T_{iE}$(kN) | 抗拔力 $S_{fi}$(kN) | 各层抗拔稳定系数 $K_{si}$ | 全墙抗拔稳定系数 $K_s$ |
|---|---|---|---|---|---|---|---|---|
| 0.1 | 0.685 | 1.240 | 0.2934 | 1.8 | 0.790 | 0.882 | 1.117 | |
| 0.3 | 0.674 | 3.659 | 0.2934 | 5.4 | 1.757 | 2.646 | 1.506 | |
| 0.5 | 0.662 | 5.995 | 0.2934 | 9.0 | 2.691 | 4.410 | 1.639 | |
| 0.7 | 0.651 | 8.247 | 0.2934 | 12.6 | 3.592 | 6.174 | 1.719 | |
| 0.9 | 0.639 | 10.416 | 0.2934 | 16.2 | 4.460 | 7.938 | 1.780 | |
| 1.1 | 0.628 | 12.502 | 0.2934 | 19.8 | 5.294 | 9.702 | 1.833 | 2.762 |
| 1.3 | 0.616 | 14.505 | 0.2934 | 23.4 | 6.095 | 14.742 | 2.419 | |
| 1.5 | 0.605 | 16.425 | 0.2934 | 27.0 | 6.863 | 20.790 | 3.029 | |
| 1.7 | 0.594 | 18.261 | 0.2934 | 30.6 | 7.598 | 27.846 | 3.665 | |
| 1.9 | 0.582 | 20.014 | 0.2934 | 34.2 | 8.299 | 35.910 | 4.327 | |

### 11.4.3　小结

外部稳定性分析：通过上述计算分析可以看出，随着震级增大，抗滑系数 $K_c$ 与抗倾覆系数 $K_0$ 均减小。由于试验实测的加速度沿墙高放大倍数大于规范中规定数值，故计算的水平地震作用大于理论计算数值，因此试验数据计算的 $K_c$ 与 $K_0$ 较理论计算小。

内部稳定性分析：通过上述计算分析可以看出，随着震级增大，全墙抗拔稳定系数 $K_s$ 与各层土工格栅抗拔稳定系数 $K_{si}$ 均减小。根据试验实测数据，试验实测的加速度沿墙高放大倍数大于规范中规定数值，潜在破裂面位置较静力状态下 $0.3H$ 后移，大致为 $0.45H$。这样计算出的拉筋的有效锚固长度较理论值小，水平地震作用较理论值大，因此计算的 $K_s$ 与 $K_{si}$ 较理论计算小。说明当考虑地震作用时按规范 $0.3H$ 法做内部稳定分析是偏于不安全的，应做适当修改。

## 11.5　结论

通过振动台模型试验对包裹式加筋土挡土墙和普通加筋土挡土墙进行了试验研究。对两种模型在 $0.085g$、$0.150g$、$0.200g$、$0.250g$、$0.312g$、$0.400g$ 和 $0.616g$ 地震峰值加速度作用下加速度沿墙高放大倍数、动土压力、土工格栅动应变和破坏模式进行对比分析，并通过对模型进行理论计算和试验值计算，比较了两者之间的差异，得到如下结论：

（1）在前人研究基础上利用摩擦加筋原理和准黏聚力理论对加筋土的基本原理进行了深入分析，总结了加筋土挡土墙的几种破坏模式，对加筋土挡土墙外部稳定性和内部稳定性进行了深入分析和总结。

（2）根据两种试验模型的加速度放大倍数分布曲线对比分析，在 $0.085g$、$0.150g$、$0.200g$、$0.250g$ 时，包裹式加筋土挡土墙的加速度分布曲线呈线性增加，最大值发生在墙顶，普通加筋土挡土墙的加速度分布曲线最大值发生在墙高 1.7m 处。在 $0.312g$、$0.400g$、$0.616g$ 时，两者分布曲线大致相同，最大值均出现在墙高 1.7m 处。通过比较两种模式下各地震峰值加速度的放大倍数的最大值，包裹式均小于普通式加筋土挡土墙，说明包裹式加筋土挡土墙由于包裹端的作用能使地震波沿墙体向上传播放大过程中得到减弱。因此包裹式加筋土挡土墙较普通加筋土挡土墙相比有更好的抗震性能。

（3）根据两种试验模型的动土压应力分布曲线对比分析，在各震级加速度作用下，包裹式加筋土挡土墙的动土压应力最大值均出现在墙高 1.3m 处，普通式加筋土挡土墙在 $0.085g$、$0.150g$、$0.200g$、$0.250g$、$0.312g$ 地震峰值加速度作用时，与包裹式加筋土挡土墙相同，其动土压应力最大值也出现在墙高 1.3m 处，当地震峰值加速度为 $0.400g$、$0.616g$ 时，其动土压应力最大值出现在墙高 0.5m 处。根据两组试验的数据来看，这种由地震作用而产生的土压力值都很小。

（4）在地震峰值加速度作用下，两种模型中各层土工格栅的应变基本上随着加速度增大而增大。在各级峰值加速度作用下，包裹式加筋土挡土墙中部位置处土工格栅受力较其余各层大，而普通式加筋土挡土墙上部位置处土工格栅受力较其余各层大，且上部位置处土工格栅受力普通式较包裹式大，中下部位置处土工格栅受力较包裹式小。说明普通式加筋土挡土墙由于墙面板与土工格栅绑扎在一起，上部的土工格栅受墙面板水平地震作用影响产生的变形较大。

（5）两种试验模型在台面峰值加速度 $0.085g \sim 0.312g$ 逐级加载过程中，均未产生明显的变形和破坏，说明该类结构有很好的抗震性。在 $0.400g$ 和 $0.616g$ 时，模型产生明显的震陷，且在墙面板与加筋土体交界处及加筋土体与未加筋土体交界处先后裂缝。

（6）在各峰值加速度作用下，根据各层土工格栅受力最大点位置，得出两种试验模型的潜在破裂面位置分布大致相同。潜在破裂面位置较静力状态下 $0.3H$ 后移，大致为 $0.45H$。

（7）根据理论计算和试验数据计算的加筋土挡土墙内、外部稳定性分析结果，抗滑系数 $K_c$、抗倾覆系数 $K_0$、全墙抗拔稳定系数 $K_s$ 与各层土工格栅抗拔稳定系数 $K_{si}$ 理论计算均大于试验数据计算。说明按规范计算偏于不安全，应做适当修改。

（8）试验中的相似比设计，受条件限制，除了几何相似比满足 $1:5$ 之外，土样、墙面板、拉筋材料等均不能完全按相应的相似比设计，建议以后做出修改。

（9）由于加筋土本身的复杂多变性，尤其是在动力作用下，筋土间的动摩擦系数，限于试验条件，未能测定。在做内部稳定性分析时仍按规范提供数值，可能会与实际情况有出入，有待进一步研究。对于地震作用下，潜在破裂面位置 $0.45H$ 是否正确，应结合更多的试验（改变拉筋长度、间距）做进一步验证。

# 第 12 章　结论与创新

## 12.1　吹填场地工后次固结变形及沉降预测试验研究

在次固结系数影响因素讨论的基础上，建立了次固结系数计算模型 $C_a = KC_c$。新的次固结系数计算方法充分考虑了时间和荷载以及主次固结划分等因素对于次固结系数的影响。在次固结系数计算模型的基础上进一步得到了次固结变形的计算公式，并且通过计算值和试验值的对比证明了计算公式的正确性。

（1）针对吹填场区真空预压处理前后地基土、系统开展次固结特性研究尚不多见，针对天津滨海中心渔港真空预压处理后和未处理吹填场地以及天津大港轻纺城经济区堆填土场地的三种类型土层，进行了一系列一维压缩次固结试验研究。利用改装的单向固结仪，模拟实际受力状态和排水条件，探讨不同压力、不同试样高度以及不同排水条件下固结变形规律以及次固结系数的变化特点。

（2）开展了直接反映超软土排水加固速率的固结系数尤其是其在低应力水平（0～20kPa）下变化特点的研究工作，利用改装的低压固结仪，考虑真空预压法地基加固方法中径向排水固结占重要地位，开展了"浅层加固处理"后吹填土的竖向和径向固结特性分析，同时探讨超软土固结系数随固结荷载的变化规律。此外，提出了修正固有压缩曲线（RICL）和次固结系数曲线（SCCC）。

（3）针对中心渔港考虑不同成因造成的不同深度土层进行了一系列次固结试验，纵向研究了不同深度土层的工程特性的差异；而以往的工作多是针对不同场地的天然软土和吹填土进行横向对比研究。

（4）建立了新的适用于天津地区吹填土的次固结系数计算的模型。通过考虑时间和荷载等因素对次固结系数的影响，对次固结系数的计算方法进行了改进，提出了一种适合吹填土的次固结系数计算模型以及次固结变形量的计算公式。新建模型具有参数少且易确定的优点。试验值与计算值的拟合结果吻合较好，说明本书所建模型对天津地区吹填土是适用的；根据新建模型对天津吹填土地区进行了次固结沉降量预测。

（5）探讨了次固结试验的测试方法，克服了传统的基于重塑土研究所得到的主次固结划分及次固结系数计算方法不能反映土的结构性的缺陷，提出一种根据应变速率和应变关系曲线来划分主次固结的新方法，经验证这种方法可以合理地适用于各种荷载。探讨了主次固结划分影响因素，包括荷载等级、预压荷载、加荷比、试样高度以及排水条件等，为建立反映结构性影响的次固结变形预测方法提供依据。

吹填场地地基土在工程特性上与历经数百万年形成的天然地基存在较大差异，既不同于天然地基，又有别于人工换填的地基。与下卧正常沉积软土形成典型的双层地基。随着大面积的新近吹填土地投入建设和使用，这种差异性不仅为后续工程的建设使用带来了更大的难度和挑战，如明确了超软土经过"浅层真空预压"处理后的竖向和横向结构屈服应力的比值与正常海相沉积结构性软土的不同，但是对于宏观力学现象仍缺乏深入系统地探讨，如何将土体的微观结构特征与宏观强度和变形特性相联系，如何对其微细观结构特别是变形的动态微细观特性进行研究，进而揭示和认识软土的变形机理和本质，又如，深入研究动荷载作用下地基沉降控制的基础理论，揭示软土变形特性的理论根源，指出工程安全事故的形成机理和复杂的演化规律，从而为吹填场区地基土的合理使用和其上构筑物的长期稳定提出更为有效的控制理论和方法的支持。

## 12.2 软黏土动力特性试验研究

以杭州地区软黏土为对象，研究相关场地土的动力学性质，以便全面掌握软黏土的结构特点与其动力学特性之间的相关关系。

（1）动三轴试验表明，振动次数对土的动强度和初始动模量有影响。振动次数越大，土的动强度越小，初始动模量也越小。但在本次试验中，振动次数 5 和振动次数 8 所对应的动强度、动摩擦角和初始动模量差别并不是特别大。

（2）影响动模量阻尼比的因素有 10 多种，应变水平影响动模量阻尼成倍增减；在相同应变水平下，固结围压越大，动模量也越大；固结压力和应力比对土体阻尼的影响也很明显；土类不同，模量阻尼的影响也不尽相同。在使用时要考虑几个重要因素的影响。

（3）土的结构性对土的动力特性影响试验发现，选取双曲线模型由式 $\gamma_r = -a/b = \tau_f/G_{max}$ 所得的动模量中的最大值作为初始动模量是不恰当的，特别对于结构性较强的土类，将会比实际的最大初始模量减小数倍。初始动模量 $E_{d0}$ 可以利用动骨干曲线方程、根据其与初始动模量的关系式并以经验适当调整后来推算初始动模量。

（4）软黏土结构单元体以边面或边边等形式接触居多，形成淤泥质土高孔隙比的架空结构。动力作用后，土体颗粒的大小和形状基本上没有太大变化，而颗粒的排列方式在振动后比振动前存在一定的定向规律性。

（5）软黏土微结构定量化分析表明，增大动应力或循环作用次数，黏土内部的总孔隙度较原状土有所增大，比表面积 $S$ 较原状土均有下降，均布孔径平均值较原状土大幅增加；孔径分布中，孔径小于 20nm 的孔隙均较原状土有所减少，且试样的持水系数 $R_f$ 较原状土略有增长；但如持续增大动应力或循环作用次数，则结果恰好其反。同时，软黏土在低动力作用时，土颗粒主要以压密和定向排列为主，孔隙变得有定向性和规律性。随着作用力增加，土颗粒开始出现滑移和破损，孔隙分布变得更加复杂。在动应力作用相当长的一段时间内，杭州软黏土存在结构单元之间的压密过程，单元之间的错动将会是变形的主要因素。因此，在相当长的时间内，变形仍将继续。

（6）软黏土孔隙微结构分形分析表明，利用热力学关系模型分析黏土微结构孔隙的分形特征较为理想，维数 $D_T$ 随着循环应力作用次数增加先是下降然后逐渐上升。

## 12.3　不同湿度条件下膨胀土膨胀特性试验研究

通过常规膨胀力试验、膨胀率试验、膨胀土吸水过程试验、不同含水率条件下抗剪强度试验和瞬时剖面法非饱和膨胀土渗透试验，对不同湿度条件下膨胀土膨胀特性进行了研究。

（1）现行工程实践和试验研究，膨胀土膨胀性试验规程和方法均不能满足膨胀力计算所需参数的要求。在大量研究反复试制基础上，建立了以研制专用装置和改制常规土三轴仪为设备、单土样含水率连续变化的膨胀参数试验方法，并制定了相关操作规程。

（2）自行设计研制膨胀土单土样持续（阶段）吸水条件下获取含水率-膨胀力（率）全过程膨胀曲线的专用试验装置，膨胀力以及膨胀率试验结果分析，拟合了膨胀率与过程含水率间的方程：$d=5.57e_0^{0.049w}\ln(w/w_0)$；提出了膨胀力的简明计算公式 $P=aDw$。

（3）三轴试验可以通过围压控制土样的约束条件，可以同时测量土样的轴向和径向变形，可以更真实地反映土体在自然环境中的应力状态，单轴试验结果较三轴试验结果偏大，单轴试验结果更加保守。

（4）采用瞬时剖面法制作了一套非饱和渗流试验装置对成都黏土的土-水特征曲线与非饱和渗透系数进行试验研究，试验结果表明，土-水特征曲线可呈幂函数关系，方程形式为 $y=Ax^B$，非饱和渗流系数采用 VG 模型进行拟合，拟合参数 $a=0.048\text{kPa}^{-1}$，$n=1.79$，$m=0.48$。

（5）不同初始含水率条件下的强度参数试验结果表明，膨胀土内摩擦角、黏聚力随含水率增加而降低，试验结果拟合曲线：$c=140.61e^{-0.058w}$，$j=-0.0606w^2+1.0953w+20.004$。

## 12.4　刚性桩承载桩土作用特性离心模型试验研究

结合已有的研究成果，探讨了通过离心模型试验方法，并针对单桩在竖向荷载作用下的桩身荷载传递规律、桩侧摩阻力对地基应力场和位移场的影响等进行研究。

（1）桩顶荷载沿桩身向下方向呈现出衰减的趋势；桩身轴力、桩侧摩阻力、桩端阻力、桩端阻力占总荷载的比例在加载过程中均随桩顶荷载增大而增大，桩侧摩阻力占总荷载的比例随桩顶荷载增大而减小。

（2）桩端土体强度的提高，可以提高单桩极限承载力、桩端阻力，桩端附近侧摩阻力也表现出增强的现象；增加桩长时，单桩极限承载力同样可以得到提高。

（3）桩侧摩阻力随着桩顶荷载增大而增大，因此桩侧摩阻力影响产生的桩周土体应力变化量也随之增大，桩侧摩阻力对桩周土体的影响在桩身径向表现出衰减的趋势。桩侧摩阻力对桩周土体产生的影响和桩侧摩阻力的分布形式有较好的一致性：侧摩阻力大的断面，相应的桩周土体受到的影响大，土体的应力变化量较大；侧摩阻力小的断面，相应的桩周土体受到的影响小，土体的应力变化量相应降低。

（4）桩侧摩阻力在距桩中心 0.6m 处产生的桩周土体应力变化量沿桩身轴向的分布趋

势表现出"S"形：桩侧摩阻力在桩身上部对桩周土体产生拉应力并且表现出先增大后减小的趋势，桩侧摩阻力在桩身下部对桩周土体产生压应力且同样为先增大后减小的趋势，根据 Mindlin 公式求得的桩端力与三角形分布桩侧摩阻力引起的土中应力有较好的一致性。

（5）桩侧摩阻力随着桩顶荷载增大而增大，桩侧摩阻力影响产生的桩周土体沉降也随之增大，桩侧摩阻力对桩周土体沉降的影响在桩身径向呈现出逐渐减小的特征，桩侧摩阻力的显著影响范围为 3.9 倍桩径，而且在距桩中心 8.5 倍桩径处桩侧摩阻力的影响依然存在。

## 12.5 混凝土芯砂石桩复合地基工作性状研究

通过现场试验研究了混凝土芯砂石桩复合地基路堤填土土拱效应，采用数值方法对比分析了混凝土芯砂石桩复合地基和常规桩承式加筋路堤承载机理的不同，建立了能够考虑路堤填土土拱效应、加筋体三维变形特征和桩土相互作用的桩承式加筋路堤桩、土荷载分担计算模型和混凝土芯砂石桩复合地基固结计算方法，以及能够考虑路堤逐级填筑和桩间土固结相耦合的混凝土芯砂石桩复合地基桩、土荷载分担计算模型。

（1）混凝土芯砂石桩复合地基现场试验实测数据表明路堤中存在着明显的土拱效应；路堤填筑结束后环形砂石桩和桩间土承担约 65.5% 的路堤荷载，芯桩承担约 34.5% 的路堤荷载；随着路堤填筑桩土差异沉降逐渐增加，桩间土的应力折减系数逐渐减小，路堤填筑结束进入预压期后桩间土的应力折减系数基本保持不变；混凝土芯砂石桩复合地基的荷载传递机制是路堤填土的土拱效应、加筋体的拉膜效应、环形砂石桩的固结效应、桩土相互作用与桩端土的支撑等相互作用。

（2）对复合地基单桩加固范围土体及上部路堤进行数值计算，分析提高桩间土固结特性对路堤填土土拱效应发挥的影响表明，设置环形砂石桩加速桩间土的排水固结，路堤填筑产生的超静孔压能够很快消散，桩土差异沉降大，路堤填土土拱效应发挥程度提高；同时设置的碎石扩大头具有一定的桩帽效应。

（3）建立考虑路堤填土-加筋体-桩（桩帽）-桩间土-下卧层互相协调共同工作的桩承式加筋路堤土拱效应计算方法，并给出了计算模型的求解方法，采用相关文献中的工程试验结果验证提出的计算模型和计算方法的合理性，并分析了不同影响因素对土拱效应值的影响。

（4）提出固结计算中根据桩间土分担的荷载来合理地考虑芯桩的应力集中效应，建立了两种混凝土芯砂石桩复合地基加固区的固结解析解模型，并提出了未打穿的混凝土芯砂石桩复合地基固结计算方法，同时研究了混凝土芯砂石桩复合地基的固结特性。

（5）基于混凝土芯砂石桩复合地基荷载传递机理，建立了能够考虑路堤填筑过程与桩间土固结相耦合的桩、土荷载分担计算模型，计算模型得到的桩间土土压力、桩间土孔压计算结果与现场实测结果比较吻合。本章建立的桩、土荷载分担计算模型能够考虑路堤填筑过程及桩间土固结过程对土拱效应和拉膜效应的影响，能反映土拱效应发展变化过程。

由于现场施工和环境的复杂性，现场试验研究受到的外界干扰和制约较大，本次现场试验实测数据不够全面；为了弥补现场试验研究的不足，宜开展离心机模型试验进一步分析混凝土芯砂石桩复合地基的承载机理。

## 12.6　新近填土桩负摩阻力分布试验研究

以实际工程为背景，设计了 11 组室内模型试验，采用了密实粗砂、松散细砂、密实细砂、中密粉砂、密实粉砂 5 类石英砂作为模型土，进行了土压力、桩身轴力、填土沉降、桩顶沉降等试验研究。

（1）研究了新近填土自重固结过程中桩侧负摩阻力的变化规律。随着填土自重固结的发展，桩侧负摩阻力不断增大，负摩阻力从非极限状态向极限状态逐渐过渡。其中达到极限状态的桩侧负摩阻力沿深度呈线性分布，未达极限状态的桩侧负摩阻力沿深度呈二次函数分布。

（2）分析了桩端持力层性质对桩侧负摩阻力的影响。相比持力层为填土的情况，持力层为基岩时的中性点位置会降低，负摩阻力分布范围以及达到极限状态的负摩阻力范围会增大；但是在负摩阻力都达到极限状态的范围内，持力层性质对负摩阻力并无明显影响。

（3）研究了填土自重加载和桩顶加载的先后次序对填土自重作用部分产生的桩侧负摩阻力造成的影响。相比先加桩顶荷载，先加填土自重时的中性点位置更深、负摩阻力分布范围以及达到极限状态的负摩阻力范围更大；负摩阻力达到极限状态的深度范围内，加载次序对桩侧负摩阻力影响非常小。

（4）研究了新近填土的密实度对桩侧负摩阻力的影响。新近填土密实度的增大会使达到极限状态的桩侧负摩阻力范围增大，使同一深度处的桩侧负摩阻力减小，并导致负摩阻力系数减小；桩端持力层为基岩时，一般情况下桩侧摩阻力均为负摩阻力，但是随着密实度增加，如果填土达到较高的压缩模量，桩体下部则可能出现正摩阻力。

## 12.7　隧道锚承载特性试验研究

依托金沙江特大桥隧道式锚碇工程，采用现场原位模型试验和室内模型试验对隧道锚受力特性和隧道锚破坏形式进行研究。

（1）现场原位缩尺模型试验，隧道锚在各级蠕变荷载（4$P$、6$P$、8$P$）作用下，锚体和围岩均能保持较好的粘结，因围岩的夹持效应，围岩的蠕变速率大于后锚面和前锚面的蠕变速率，隧道锚的蠕变是衰减型蠕变，蠕变位移随时间增加在减少。在循环荷载作用下，当荷载小于 8$P$ 时，隧道锚处于弹性阶段；当荷载大于 8$P$，隧道锚进入塑性发展阶段；当荷载大于 8$P$ 且小于 10$P$ 时，锚塞体和围岩发生了较小的相对位移；当荷载大于 10$P$ 时，后锚面发生了较大的塑性变形；当荷载加至 12$P$ 时，锚体后锚面和前锚面位移均较小，且在荷载维持阶段，位移不会持续增长，隧道锚未达到承载能力极限状态。

（2）室内模型试验得出隧道锚最大位移均发生在锚塞体后锚面处，并以锚塞体为中心向两端快速衰减，四种方案锚塞体后锚面荷载-位移曲线趋势相同。当荷载较小时，曲线斜率较小，当荷载大于一定值时，曲线斜率显著增大，围岩变形较小，说明此时锚塞体和围岩接触面粘结被破坏，锚塞体发生了相对滑移。

（3）在室内模型试验中，随着锚塞体长度增加，锚塞体后锚面荷载-位移曲线斜率变小，在同一荷载水平作用下，锚塞体越长后锚面位移越小，增加锚塞体长度可以增加隧道锚承载力，当锚塞体坡度比增加时，其后锚面荷载-位移曲线斜率变小，相同荷载水平作用下，锚塞体坡度比的增加减少了后锚面位移，增加锚塞体坡度比可以增加隧道锚承载力。

（4）锚塞体周围土体变形不太明显，隧道锚变形影响范围为一近似的圆柱体。紧靠锚塞体围岩位移很大，远远大于其余位置围岩的位移，说明隧道锚的破坏为锚塞体和围岩接触面的剪切滑移破坏。

（5）由现场原位模型试验和室内模型试验得到的锚塞体轴力分布规律相同，锚塞体各截面轴力随着荷载增加，近似线性递增。在同一荷载水平作用下，锚塞体后端面轴力最大，随着与后锚面距离的增加，轴力呈非线性减小，说明隧道锚的荷载传递是由锚塞体后锚面传向前锚面，后锚面承受较大荷载。

基于现场原位模型试验和室内模型试验对隧道式锚碇的受力特性和隧道锚破坏模式进行了研究，虽然取得了一些成果，但由于隧道式锚碇与围岩作用机理的复杂性以及时间有限，仍需进一步研究后锚面围岩以及锚塞体周围岩体的受力、变形特征、前锚室长度对隧道锚承载能力和破坏模式的影响等。

## 12.8　膨胀土边坡膨胀力分布模型试验研究

以某膨胀土边坡工程为研究背景，通过原状土模拟试验，基于膨胀力约等于吸力，对出膨胀土边坡中膨胀力的分布及计算方法进行研究。

（1）通过开展成都原状膨胀土边坡模型试验，得到了成都膨胀土湿度场沿着深度方向的变化，测试桩的桩顶位移和测试桩的桩身应变随模型试验加水量的变化规律。

（2）在前人研究的基础上，提出了一种适用于膨胀土边坡膨胀力计算的方法。通过数值模拟，验证了膨胀力计算公式 $\sigma_e = k\ln(w_0/w_1)$ 在成都膨胀土边坡中的适用性。

（3）结合模型试验得到的湿度场与膨胀力计算公式，得到成都膨胀土边坡中，膨胀力沿深度的分布规律，膨胀力分布曲线近似为梯形，在深度为 0.75m 时，膨胀力达到最大值 31.2kPa。

## 12.9　地震条件下桩板结构振动台试验研究

利用振动台模型试验对单排桩、双排桩板结构在静力状态和加速度峰值分别为 $0.1g_x$、$0.2g_x$、$0.3g_{xz}$、$0.4g_{xz}$、$0.5g_{xz}$、$0.7g_{xz}$、$0.9g_{xz}$ 地震作用下的桩身受力、变位及土体加速度进行了研究。

（1）单排桩、双排桩板结构试验模型中的测试桩的受力图示类似。单排桩和双排桩下桩的桩后总土压力、动土压力均为反 S 形分布，悬臂段部分最大的土压力出现在悬臂段从上到下的 2/3 高度处，锚固段部分的最大土压力出现在桩底处；桩前总土压力、动土压力均为倒三角形分布，土压力随位置下降而急剧减小。

（2）通过比较单排桩和双排桩下桩的桩后和桩前总土压力、动土压力的数值发现：单排桩后 $-0.34m$ 处的总土压力、动土压力约为双排桩下桩桩后 $-0.34m$ 处对应的总土压力、动土压力的 $1.5\sim2.0$ 倍，单排桩桩后 $-0.98m$ 处的总土压力、动土压力约为双排桩下桩桩后 $-0.98m$ 处对应的总土压力、动土压力的 $2\sim3$ 倍；单排桩桩前 $-0.66m$ 处的总土压力约为双排桩下桩桩前 $-0.66m$ 处的总土压力的 $1.2\sim1.6$ 倍；单排桩桩前 $-0.66m$ 处的动土压力约为双排桩下桩桩前 $-0.66m$ 处的动土压力的 $1.7\sim2.0$ 倍。

（3）通过对比桩后土体的水平和竖直加速度峰值发现：单排桩、双排桩板结构试验模型中土体加速度峰值均随着高度增加而增加，且震级越大，增加速率越大。双排桩板结构试验模型中的土体加速度峰值比单排桩板结构试验模型中相同震次下相同位置处的土体加速度峰值小，而且相同震次下，双排桩板结构试验模型中的土体加速度峰值增速也比单排桩板结构试验模型中的土体加速度峰值增速小。

（4）通过对比单排桩、双排桩板结构试验模型中各个测试桩的桩顶位移可以发现：单排桩板结构试验模型在加速度峰值为 $0.4g$ 的地震作用下，达到使用极限状态；在加速度峰值为 $0.5g$ 的地震作用下，达到破坏状态。而对于双排桩板结构试验模型，下排桩在加速度峰值为 $0.5g$ 的地震作用下，下排桩才达到使用极限状态；在加速度峰值为 $0.9g$ 的地震作用下，下排桩达到破坏状态。上排桩在加速度峰值为 $0.7g$ 的地震作用下，下排桩才达到使用极限状态；在加速度峰值为 $0.9g$ 的地震作用下，同下排桩一样，达到破坏状态。这说明双排桩板结构的支挡效果明显优于单排桩板结构。

（5）用传递系数法计算出的桩体桩后受力大小顺序是：单排桩＞双排桩上桩＞双排桩下桩，而由试验值结果得出的桩体桩后受力大小顺序是：单排桩＞双排桩下桩＞双排桩上桩。说明试验过程中上排桩并不能按照理论计算中假想的那样对 $0.3m$（桩间距）内的滑体土都起到很好的支护作用，上部滑体的滑坡推力还是会部分传到下部土体，并最终传到下排桩上。

（6）双排桩上桩和双排桩下桩的桩后受力之和除了在静力状态下略小于单排桩的桩后受力之外，加速度峰值分别为 $0.1g_x$、$0.2g_x$ 和 $0.3g_{xz}$、$0.4g_{xz}$ 和 $0.5g_{xz}$ 地震作用下的双排桩上桩和双排桩下桩的桩后受力之和约为单排桩的桩后受力的 $1.2$ 倍左右。这说明双排桩上桩对双排桩下桩存在一定的影响。

（7）对于单排桩的桩后受力，在静力、$0.1g_x$（7 度）状态下理论计算值大于试验值，在 $0.2g_x$（8 度）状态下，二者接近；在 $0.3g_{xz}$（8 度）、$0.4g_{xz}$（9 度）、$0.5g_{xz}$（9 度）状态下，理论计算值小于试验值，其中 $0.4g_{xz}$（9 度）、$0.5g_{xz}$（9 度）两个状态下理论值远远小于试验值；对于双排桩上桩和双排桩下桩的桩后受力之和，有同样的规律。可以认为设计中按拟静力法计算桩体受力，在地震烈度小于 7 度的情况下，是偏于安全的，在地震烈度大于 8 度的情况下，应做适当修改。

（8）对于双排桩板结构试验模型，由理论计算出的在静力、$0.1g$、$0.2g$ 和 $0.3g$、$0.4g$ 和 $0.5g$ 状态下对应的上排桩的桩后受力约占双排桩上桩和双排桩下桩的桩后受力之和的 57％；而由试验值计算出的在静力、$0.1g$、$0.2g$ 和 $0.3g$、$0.4g$ 和 $0.5g$ 状态下对应的上排桩的桩后受力约占双排桩上桩和双排桩下桩的桩后受力之和的 $40\%\sim50\%$。也即，双排桩板结构试验模型中上排桩对边坡滑坡推力的分担比约为 $40\%\sim50\%$；下排桩对边坡滑坡推力的分担比约为 $50\%\sim60\%$。

## 12.10 包裹式加筋土挡土墙抗震特性试验研究

通过振动台模型试验对包裹式加筋土挡土墙和普通加筋土挡土墙进行了试验和理论计算研究。

（1）总结了加筋土挡土墙的几种破坏模式，对加筋土挡土墙外部稳定性和内部稳定性进行了深入分析。

（2）根据两种试验模型的加速度放大倍数分布曲线对比分析，在 $0.085g$、$0.150g$、$0.200g$、$0.250g$ 时，包裹式加筋土挡土墙的加速度分布曲线呈线性增加，最大值发生在墙顶，普通加筋土挡土墙的加速度分布曲线最大值发生在墙高 1.7m 处。在 $0.312g$、$0.400g$、$0.616g$ 时，两者分布曲线大致相同，最大值均出现在墙高 1.7m 处。通过比较两种模式下各地震峰值加速度的放大倍数的最大值，包裹式均小于普通式加筋土挡土墙，说明包裹式加筋土挡土墙由于包裹端的作用能使地震波沿墙体向上传播放大过程中得到减弱。

（3）根据两种试验模型的动土压应力分布曲线对比分析，在各震级加速度作用下，包裹式加筋土挡土墙的动土压应力最大值均出现在墙高 1.3m 处，普通式加筋土挡土墙在 $0.085g$、$0.150g$、$0.200g$、$0.250g$、$0.312g$ 地震峰值加速度作用时，与包裹式加筋土挡土墙相同，其动土压应力最大值也出现在墙高 1.3m 处，当地震峰值加速度为 $0.400g$、$0.616g$ 时，其动土压应力最大值出现在墙高 0.5m 处，表明由地震作用而产生的土压力值都很小。

（4）在地震峰值加速度作用下，两种模型中各层土工格栅的应变基本上随着加速度增大而增大。在各级峰值加速度作用下，包裹式加筋土挡土墙中部位置处土工格栅受力较其余各层大，而普通式加筋土挡土墙上部位置处土工格栅受力较其余各层大，且上部位置处土工格栅受力普通式较包裹式大，中下部位置处土工格栅受力较包裹式小，说明普通式加筋土挡土墙由于墙面板与土工格栅绑扎在一起，上部的土工格栅受墙面板水平地震作用影响产生的变形较大。

（5）两种试验模型在台面峰值加速度 $0.085g \sim 0.312g$ 逐级加载过程中，均未产生明显的变形和破坏，说明该类结构有很好的抗震性。在 $0.400g$ 和 $0.616g$ 时，模型产生明显的震陷，且在墙面板与加筋土体交界处及加筋土体与未加筋土体交界处先后裂缝。

（6）在各峰值加速度作用下，根据各层土工格栅受力最大点位置，得出两种试验模型的潜在破裂面位置分布大致相同。潜在破裂面位置较静力状态下 $0.3H$ 后移，大致为 $0.45H$。

（7）根据理论计算和试验数据计算的加筋土挡土墙内、外部稳定性分析结果，抗滑系数、抗倾覆系数、全墙抗拔稳定系数与各层土工格栅抗拔稳定系数理论计算均大于试验数据计算。说明按规范计算偏于不安全，应作适当修改。


本书结合近年来在工程实践中遇到的问题，对室内试验、模型试验及局域试验的理论分析等方法进行探讨，希望在深入认识、解决工程实际问题的同时与相关专家、学者进行交流，以加深对地基基础工程遇到的新问题的认识，促进新技术、新理论、新方法的不断发展。